海绵城市低影响开发设施优化设计与配置研究

李家科　蒋春博　李怀恩
李亚娇　郭　超　马　越　等　著

科　学　出　版　社
北　京

内 容 简 介

面对城市化带来的水环境污染、水资源短缺、水生态破坏、水灾害风险等城市水问题，本书系统研究了生物滞留池、雨水渗井等典型低影响开发设施填料改良、径流调控效能、结构设计与模拟优化等关键问题。在海绵城市建设效益定量化、货币化研究的基础上，构建灰-绿结合的城市雨水管理模型，提出海绵城市建设多目标优化设计方案。为明确设施运行的可持续性，系统研究雨水集中入渗对土壤污染物累积、微生物群落结构及演替、地下水水位和水质等的影响。

本书可供给排水科学与工程、水污染控制、水资源利用、水灾害模拟等领域的科技工作者和研究生参考和借鉴，同时可为城市水系统的规划、设计和管理人员提供理论和技术支撑。

图书在版编目（CIP）数据

海绵城市低影响开发设施优化设计与配置研究 / 李家科等著.—北京：科学出版社，2021.3

ISBN 978-7-03-068256-7

Ⅰ.①海… Ⅱ.①李… Ⅲ.①城市建设－研究②雨水资源－水资源利用－研究 Ⅳ.①TU984②P426.62

中国版本图书馆 CIP 数据核字(2021)第 039773 号

责任编辑：杨帅英 张力群 / 责任校对：何艳萍

责任印制：吴兆东 / 封面设计：蓝正设计

科学出版社 出版

北京东黄城根北街 16 号

邮政编码：100717

http://www.sciencep.com

北京建宏印刷有限公司 印刷

科学出版社发行 各地新华书店经销

*

2021 年 3 月第 一 版 开本：787×1092 1/16

2022 年 9 月第二次印刷 印张：29

字数：670 000

定价：280.00 元

（如有印装质量问题，我社负责调换）

前　　言

目前，我国正处在城镇化快速发展的时期，由于不合理的城市规划和建设，自然水循环系统受到无序的干扰和破坏，引发一系列城市水问题，城市水管理工作面临巨大挑战。面对日益凸显的面源污染加重、城市内涝、水资源短缺以及自然生态退化等城市水问题，亟需对城市雨水径流加以有效控制及利用，进而发挥雨水在可持续水循环系统中的重要作用。鉴于此，世界各国进行了积极的理论探索与实践，如美国的低影响开发（low impact development，LID）等。这些理论与实践为城市水环境管理提供了理论和实践支撑，均以减少洪峰流量和径流总量、减少径流雨水污染物负荷、补给地下水、减少城市洪涝灾害和改善城镇的生态环境为目标。为解决城市降雨与城市水资源短缺之间的矛盾，我国于2013年提出海绵城市建设，通过实施源头削减、过程控制、系统治理，采用“渗、滞、蓄、净、用、排”等措施，实现城市良性水文循环，提高对径流雨水的渗透、调蓄、净化、利用和排放能力，维持或恢复城市的“海绵”功能。《国务院办公厅关于推进海绵城市建设的指导意见》（国办发〔2015〕75号）指出将70%的降雨就地消纳和利用的工作目标。2020年和2030年，分别实现城市建成区20%和80%以上的面积达到目标要求。

海绵城市通过生物滞留、雨水渗井、下沉绿地、透水铺装等低影响开发源头设施，调整径流组织模式。同时涉及山、水、林、田、湖、草等生命共同体的保护，城市防洪排涝、水污染治理、水生态修复等骨干工程的构建和完善。海绵城市建设以低影响开发雨水系统的构建为核心，统筹城市雨水管渠系统及超标雨水径流排放系统，三者相互补充、相互依存，是海绵城市建设的重要基础元素。我国海绵城市建设理论滞后于实践，低影响开发设施设计、施工缺乏研究和实践基础，施工后可能存在运行效率不高、生命周期短等问题；传统低影响开发设施净化效果不理想，经济高效的填料有待进一步研发；适合区域特点的设施工艺参数缺乏基础试验和优化方法研究；低影响开发设施的区域优化配置模式及其综合效益评价缺乏定量化系统研究；低影响开发设施长效运行有待实际降雨过程的检验。其中，低影响开发设施填料改良及参数优化是国际研究的热点问题，由于降雨条件、土壤地质条件等的差异，区域之间借鉴性差，黄土地区相关研究较为缺乏，且主要停留在实验室阶段，缺乏实际效果的检验。

本书在省部共建西北旱区生态水利国家重点实验室［非点源污染与海绵城市创新团队项目（2019KJCXTD-7）］、国家自然科学基金面上项目［黄土地区海绵城市雨水径流集中入渗的影响过程与污染风险研究（51879215）］、陕西省重点研发计划项目［海绵城市生物滞留技术高效渗滤介质研发及应用机理研究（2017ZDXM-SF-073）、汉江流域陕西段面源污染特征及控制技术方法研究（2019ZDLSF06-01）］，以及西咸新区沣西新城海绵城市基础研究课题（沣西委合同字〔2017〕49号、沣西委合同字〔2017〕50号）等资助下，以西安地区海绵城市建设为背景，对上述问题进行了系统研究和总结。第1章系统介绍了旱区城市水循环、城市化效应、低影响开发与海绵城市理念，以及城市雨洪管理模型和单项设施模拟模型研究进展。在此基础上全书分为三部分核心内容，第一部分（第2～6章）为低影响开发设施功能提升研究，通过系统性试验，对生物滞留池、雨水渗井设施进行填料改良、关键参数优化设计和效果评估；第二部分（第 7～9 章）为海绵城市建设效益量化与区域优化配置研究，基于雨洪管理模型 SWMM 和 MIKE FLOOD 分别对新建区与建成区进行低影响开发设施的合理规划设计；第三部分（第 10～13 章）为低影响开发设施运行可持续性研究，分别研究雨水集中入渗对填料污染物累积规律、微生物群落结构及演替、地下水水位水质的影响。

全书由李家科、蒋春博、李怀恩、李亚娇统稿，李家科定稿。第 1 章由李家科、蒋春博、李亚娇、郝改瑞、徐毓江、张蓓执笔；第 2 章由李家科、蒋春博、郭超、李怀恩、马越、姬国强、赵瑞松、邓朝显、胡艺泓执笔；第 3 章由蒋春博、李家科、李怀恩、郭超、马越、姬国强、邓朝显、胡艺泓执笔；第 4 章由蒋春博、李家科、李怀恩、郭超、马越、司建辉执笔；第 5 章由李家科、刘芳、赵瑞松、蒋春博、李亚娇执笔；第 6 章由李家科、刘芳、刘周立、李亚娇执笔；第 7 章由李怀恩、党菲、贾斌凯执笔；第 8 章由李家科、穆聪、高佳玉、李越、罗玮执笔；第 9 章由李家科、马萌华、姚雨彤、李越、罗玮执笔；第 10 章由郭超、李家科、李怀恩执笔；第 11 章由李亚娇、张静玉、张兆鑫执笔；第 12 章由王东琦、单稼琪、杨张洁、刘恩毓、苏振铎、张兆鑫执笔；第 13 章由范远航、张强、郭超执笔。此外，研究生李宁、翟萌萌等参加了书稿的校对工作。感谢科学出版社杨帅英编辑在本书出版过程中付出的辛勤工作。

由于作者水平有限，书中不妥之处在所难免，敬请广大读者不吝批评指正。

作　者
2020 年 8 月

目　录

第 1 章　城市化效应与海绵城市理念

城市化进程的加快和城市规模的扩大，城市水文、生态与环境等问题日益凸显。面对这些问题，亟需对城市雨水径流加以有效控制和利用，进而发挥雨水在构建可持续水循环系统中的重要作用。鉴于此，多国进行了积极的理论探索与实践如美国的最佳管理措施（best management practices，BMPs）和低影响开发（low impact development，LID）、英国的可持续城市排水系统（sustainable urban drainage systems，SUDS）、澳大利亚的水敏感城市设计（water sensitive urban design，WSUD）、新西兰的低影响城市设计与开发（low impact urban design and development，LIUDD）、德国的雨水利用（strom water harvesting）和雨洪管理（storm water management）以及日本的雨水储藏渗透等。这些理论与实践为城市水环境管理提供了理论和实践支撑，均以减少洪峰流量和径流总量、减少雨水污染物负荷、补给地下水、减少城市洪涝灾害和改善城镇的生态环境为目标（王姝，2015）。为解决城市降雨与城市水资源短缺之间的矛盾，我国于 2013 年提出海绵城市的建设。采用源头削减、中途转输、末端调蓄等多种手段，通过渗、滞、蓄、净、用、排等多种技术，实现城市良性水文循环，提高对径流雨水的渗透、调蓄、净化、利用和排放能力，维持或恢复城市的“海绵”功能。本章内容包括旱区城市水循环、城市化效应、低影响开发与海绵城市、城市雨洪管理模型、单项设施模型等方面内容。

1.1　旱区城市水循环

1.1.1　城市水系统

水作为一种自然物质，与人类生存、经济和社会发展息息相关，具有自然属性与社会属性。自然属性包括：蒸发、降水、径流的周而复始水循环运动，良好的溶剂以及其势能、动能和化学能等；社会属性包括：水是维持生命的不可替代物质，旱灾、水灾和水污染特性，以及水资源的价值属性等（芮孝芳，2004）。因此，城市水循环可以分为自然和社会两种水循环类型。自然水循环是指，地球上不同地方的水能够在岩石、生物、大气及水圈中活动和储存的现象。水通过蒸散发、降水、产汇流、下渗等过程进行转化运移，从而形成自然界的水文循环。社会水循环是指，通过兴建引水、蓄水、供配水、排水及污水处理等设施来满足人类生活生产需求，实现供、用、耗、排及污水处理等阶段的水循环（马萨利克，2014）。城市水循环作为全球水循环的一个组成部分，是一个复合的水循环系统（图 1.1）。流域的自然面貌会受到城市化和工业化的综合影响，城市水循环也必然受到区域或全球气候变化及自然水循环的影响，主要表现在增加的城市人口对合理的水服务的迫切需要。

中国的西北旱区从行政区划角度划分，主要包括新疆维吾尔自治区、青海省、甘肃省、陕西省及宁夏回族自治区，土地面积达到 310 万 km^2，约占全国的三分之一（石玉林，2004）。西北旱区总体降水量少，水资源量有限，水资源开发率较高但用水效率较低，水环境还会

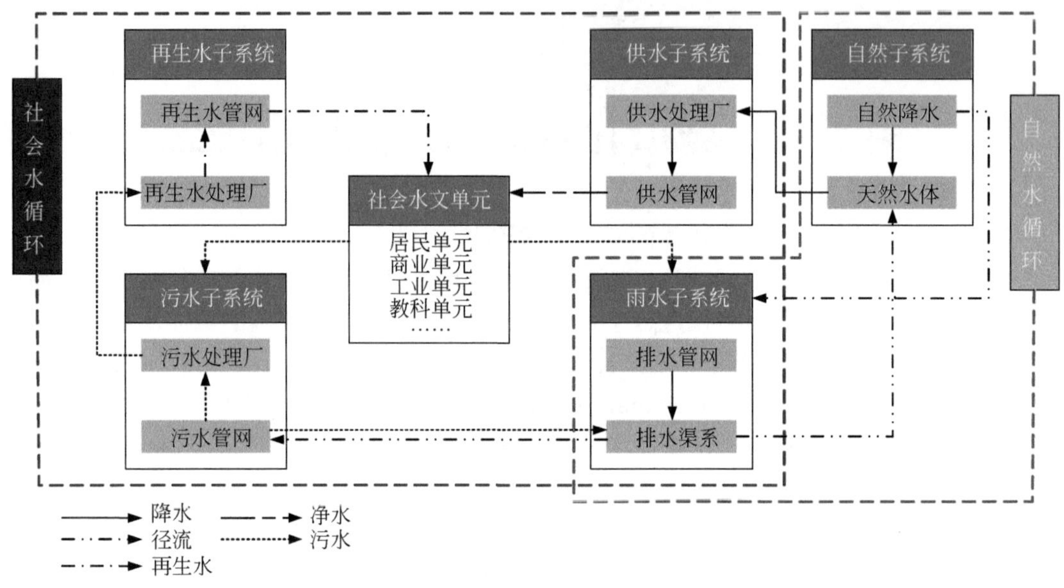

图 1.1　城市“自然-社会”水循环耦合概念图（陈吉宁等，2014）

因为无节制开发和未采取保护措施而进一步恶化，可供给水量受环境污染影响会减少，从而制约西北地区经济社会发展（丁超，2013）。水资源作为可持续资源，经水源地取水、给水设施、供水管网、用水设施、排水管网、污水处理到受纳水体，构成了城市水文循环的全过程。城市水循环虽然是自然水循环在城市区域的人工强化环节，且已经完全不同于自然水循环过程，但水循环过程的连续性，使城市水循环与区域自然水循环及区域-自然-社会水循环的联系日益密切。

在我国，城市水循环系统也经历了从传统城市建设水循环系统到多尺度系统的转变进程，比较完善的如任南琪院士城市水循环 4.0 版本和夏军院士城市水循环 5.0 版本（图 1.2）。城市水循环 1.0 版本是绿色的，饮用水源和城镇两者之间的供水、排水及污水处理过程均直接利用自然的能力。城市水循环 2.0 版本是灰色的，目前是我国城市中存在的主要系统，其中根据上游城市的用水需求建造了取水、供水、排水及污水处理等设施，对资源和能源的消耗都很大，但是用水用户产生的大量污水通过自然能力作用和设施处理后依然会有黑臭水体及其他水环境问题存在。城市水循环 3.0 版本则是灰绿联结的系统，增加了资源和能源吸收、污水回用、营养物归田、生态补水等环节，而且基于城市梯级建设管理的需要兴建了海绵城市设施及人工湿地等，充分发挥自然水体的净化能力和各种处理设施对雨水的处理能力，最终达到高效使用水资源和减轻众多水安全问题的目标。城市水循环 4.0 版本是在 3.0 版本的基础上发展，并增加了大排水系统，通过大排水系统最终实现城市排涝和环境宜居的目标，此版本比较关键的是暴雨径流管理、黑臭水体整治和污水处理三个方面。城市水循环 5.0 版本是基于多个空间尺度结合的水循环系统，强调小海绵、中海绵及大海绵多尺度的水循环过程，其本质是水循环联系并支撑人与城市规模、人与城市规模是否反过来影响和制约水循环健康及人-水-城形成城市的水环境与水生态。

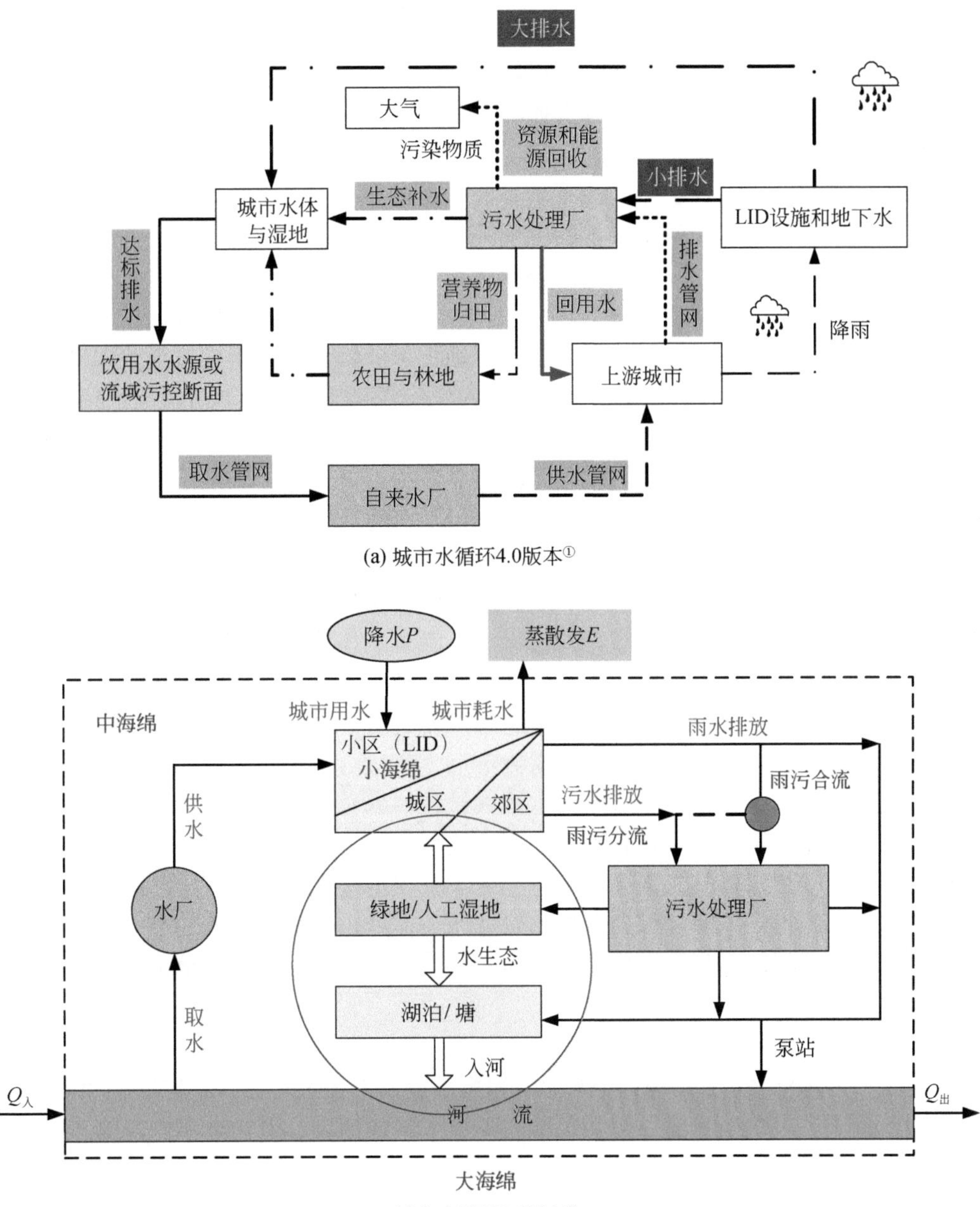

(a) 城市水循环4.0版本①

(b) 城市水循环5.0版本②

图 1.2 城市水循环系统

1.1.2 城市自然水循环过程

城市自然水循环系统由蒸散发、降水、产汇流、下渗、地下水补给及地表地下径流等环节组成，与社会水循环系统相互依存相互影响，社会水循环会从自然水循环系统中取水，在人类活动的供水、用水、排水、再生水利用的过程中又有一部分水资源通过蒸发、渗漏等形式回到自然水循环系统（房明惠，2009）。自然水循环即在太阳辐射和地心引力等的作

① 任南琪. 海绵城市总体思路及技术措施. 2018-11-10. https://www.sohu.com/a/274429930_199586

② 夏军. 城市绿色发展的水系统理论与智慧管理. 2020-11-18. https://www.bilibili.com/video/BV1sA411x7fn

用下，水分在垂直方向和水平方向上连续的转化、交替及运移，与此同时水分的形态也会在气态、固态和液态之间进行转化。同时，作为一个嵌套的水循环系统，众多小尺度水循环系统结合会构成全球尺度上的大水文循环。根据水分存在的环境和不同的介质可将自然水循环系统分为地表、地下、大气和土壤四个子循环系统。不同的自然子循环系统的内部阶段同样包括大气、地表、土壤和地下基本过程。自然界中的水分会经过通量的差异性在四个基本过程中进行交替，其中涉及的主要环节有：蒸散发（液态水分经蒸腾挥发为大气中的水汽）、降水（水汽受冷凝结转化为液态并降落到地面）、产流（降水量扣除各种损失形成净雨）、汇流（产流水量在某一范围内的集中过程）、上输（土壤水通过蒸发进入到大气中）、下渗（水分渗入地下及土壤的过程）、地下水补给（通过不同途径获取地下水量的过程）。

1. 大气过程

大气过程主要包括降水和蒸散发两个环节。其中，降水主要来源于大气中的水汽，气流升高和动力的冷却是降水产生的必要前提，但是有时大量水汽的积聚也不确定会产生降水，可能原因是有时候降水过程和大气凝聚过程是互相独立的。大气过程中不容忽视的要素之一是气温，因为降水的类型（雪、雨或露）取决于气温的变化。基于全球气候变化的大背景，城市地区的空气流动方式、能源机制、温室气体排放、大气污染（提供凝结核）等会发生变化，从而影响城区局部小气候的特性。利用全球大气环流模式进行模拟推测，发现地点不同气候会存在很大的差异，降水量可能也有下降或上升的趋势，比较关键的是与过去相比，极端事件出现的概率大幅增加。

液态或固态的水分转化为大气中的水汽的过程称为蒸发。蒸散发顾名思义除了有描述的土壤及水面的蒸发过程外，还有植物的蒸腾过程，即土壤水分在植被根茎的作用下被运输到植被的表面叶片，以气态水分的形态存在大气中的过程。通常假定蒸散发过程中拥有比较丰富的供水能力，能够发挥最大的蒸发能力。在城市中蒸发率比较高的主要原因是气温高和大量增加的能源消耗量。但是下垫面条件变化会导致城区绿地数量下降，从而引发植被和树木的总蒸腾量下降。

2. 地表过程

地表过程主要有产流、汇流两个环节。城市地表产汇流过程与自然流域相比明显不同。城市化发展改变了下垫面状况，增加了地表不透水区的面积、城市地表产流量，提高了径流系数。此外，城市地表结构复杂，汇流路径受地表构筑物导水或阻水作用而发生改变，再加上管网排水系统影响，地表坡面汇流显得更为复杂。城市化地区的产汇流过程中的水力特性有所不同：①下垫面入渗特性不同。自然区域下垫面往往是耕地、林地、草地和池塘等，降水可以直接渗入土壤中，在土壤由非饱和到饱和过程中，渗透速率趋于稳定。城区下垫面一般有交通、房屋建筑和绿化利用土地及水域，由于下垫面硬化后的孔隙远小于自然土壤孔隙，使得渗透速率要远小于土壤中的渗透速率，入渗水量就减少，从而造成积水深度增加。②下垫面阻力作用不同。自然区域下垫面凸凹不平，土壤颗粒相对较粗，摩擦力较大，地面径流在运动过程中所受阻力较大，运动速度相对较慢，而城市化地区硬化地面的坡度相对单一，表面光滑，所受阻力较小，流速较快。在城市化的前提下，降水径流量增加，汇水时间变短，可能造成城市道路积水和河道洪峰流量增加等问题，进而引发局部和下游地区的水安全问题。

降雨产流指降水经过叶面截留、填洼、蒸发、入渗等循环损失形成净雨的水文过程。

产流过程涉及的水量损失包括蒸散发量、填洼量、下渗量、截流量等。蒸散发量是蒸腾过程与水土表面蒸发作用下的水汽回到大气过程中总的耗水量。能够滞留及蓄存于地表洼坑塌陷处的水量称为填洼量，经过蒸发或下渗作用后会消失，它的重要性取决于降雨量，降雨量越大，在暴雨径流计算中起的作用就越小。下渗量是经过重力及毛管力的综合作用进入土壤的水量。被地表物体（如植被）阻拦截留的水量称为截留量，通常出现时间为降雨初期，会通过蒸发过程回到大气，影响截留量的要素可能有季节、植被的不同特征性质（密度、树种和植物的种类、树木年龄）及暴雨事件的特点。

地表有效降雨会沿着坡面进行流动的现象称为地表汇流，部分地表径流经排水口或者直接流入河道，随着水系的流向从低级河流一直向更高级别的河流汇合，最后到达流域出口的过程。明确城市产汇流与河道径流的耦合作用，需要注意河道沿线入河排水口产生的复杂叠加效应，需要利用河道水动力学模型综合演绎每个入河排水口的水流演进过程，从而准确描述城市产汇流对河道径流的影响过程。

3. 土壤过程

土壤过程中涉及上输和下渗的过程。上输环节其实是蒸腾过程，即土壤中水分经过蒸腾作用转化空气中水汽的过程。描述雨水在重力及毛管力等的综合作用下渗入土壤的历程被称为下渗。地下浅层含水层可以通过下渗进行补充，对地表水和河道基流的补给在枯水期更加重要。自然状态下的区域与建设后的区域对比发现，下渗率在建设后的城区会降低，这种结果的出现是由于增大的不透水性面积（停车场、路面及屋顶）、城区土壤的坚固及快速排水未有充足时间留给下渗过程等因素导致的。描述下渗过程可以利用基于相关参数的水文学方法，计算方法有诸如霍尔坦、霍顿、菲利普和格林-安普特等公式，再结合研究区土壤的综合性质确定下渗率，继而计算出下渗量。较多的城市径流模型中的下渗过程同样也使用了水文学计算方法。

4. 地下过程

地下过程主要是补给地下水的过程。在分子力、毛管力和重力的作用下渗入土壤的雨水参与地下汇流过程。大部分城市地区的不透水面积（道路、停车场、屋顶）的大量增加导致城市下渗量减少，进而造成壤中流减少，地下浅层含水层可以依靠废水收集管网和配水管网中的渗漏水进行补给，极为关键的是有压输水管线的渗漏。管道渗漏水流的传输方向和渗漏量大小取决于管道水位和地下水位的位置。当地下水位高于下水管道水位时，因为水位差会造成地下含水层的水排入下水管道的现象，最终经过输送进入污水处理厂；当土壤干燥时，地下水可以依靠下水管道的渗漏量补给。即便是管网渗漏在输水总量中所占比例较小，但是等同于一年几百毫米降雨对地下水的补给贡献。城市里的地下径流补给来源可依靠排水洼地、透水路面、透水检修口及不同形式（井、沟、池）等下渗设施，部分地下径流可能流入城市或是市政下水管道中，导致市政污水量的增加，经当地污水处理厂处理后，会被排入到受纳水体中。

地下水情况好坏与否会影响城市基础设施的施行，如污水处理厂、雨水管道、雨污合流及污水管道等设施，对于城区水资源平衡也会有一定的改变。不同城市的气候、土地利用方式、城市面积、环境保护及其他情况不同，会导致不同城市的地下水问题千差万别，城市基础设施、地下水及地表水之间互相独立又互相影响。发达国家的城市供水一般较少利用地下水资源，但是地下水会因为大量不透水性地面造成补给不足的局面，出现水位下降的趋势，也有比较少见的地下水位上升的现象，可能原因是输水管道比较明显的渗漏和开发地下水较少，如英国诺丁汉郡。在干旱的西北地区，通常会超采地下水以满足市政和工业供水需求，从而引起地面沉降、地下水位下降及地下水污染等问题，所以后期应更加关注城市化对地下水的影响机制。

1.1.3 城市社会水循环过程

社会水循环是通过人工修建管道和沟渠的途径来实现供、用、耗、排等过程。通过人工强化形成的社会水循环主要有以下几种表现形式：河流上游排水，下游取用；用户排水处理后回用；地下水及地表水到海洋；地下水回灌等。社会水循环经过归纳总结为供水、用水、排水及再生水利用四个过程（梅超，2019；臧文斌，2019）。

1. 供水过程

供水过程包括取水、制水、输水三个环节。其中取水量来自地表水、地下水、非常规水及外调的各类水源，通过制水输送到各用水户。供水（市政水源）一般是从外部引入大量水，有时还会从距离较远的其他流域引水，进入城市后进行分配，一部分流入城市地下水，其余被城市人口利用后排入污水管道，此过程参与不了城市水循环的全部途径。因此，市政供水管网服务的人口及相关工商活动决定着可从外部调入的引水量。

2. 用水过程

用水过程包括配水、用水、循环用水三个环节。配水过程包括各类水源（地表水水库、地下水水井、非常规用水、外调水）的可供水量、各类用户的需水量以及供需平衡的分析。循环用水过程包括各类用户的用水量、各类用水户的用水信息及循环用水信息。根据不同城市用户的性质可将市政用水分为商业、工业、生活及其他用水四个类型，其中其他用水包括渗漏损失、没有纳入前三种类型的用水及不能计量的用水（冲洗及消防用水等）。

3. 排水过程

排水过程包括排放、收集、处理三个环节。排放过程包括各类用户（生活、工业、农业、生态）的排放水量，收集处理过程包括污水处理厂的处理工艺、排放水的水量及处理后的水量。城市排水可以减少积水在路面的聚集，减轻洪水带来的风险，使城区面貌变好，减缓洪涝灾害对人类健康的侵害。城市排水系统由主要和次要排水系统组成，次要排水系统能够使城市积水减少，主要设施包括雨水管道、地表地下蓄水设施、洼地和沟渠等；主要排水系统可以减轻大洪水，涉及的排水设施除了天然的河谷和河道外，还有修建的池塘、大面积洼地、渠道及街道等。当城市排水系统为“雨污合流”时，社会水循环中的排水在排水管网和污水处理厂中进入自然水循环，当城市排水系统为“雨污分流”时，社会水循环排水量一般只在污水处理厂的末端进入自然水循环。

不同的排水方式对应的水力特性截然不同，河道排水属于明渠输水，管道排水可能是有压输水或明渠输水。城市不同区域的地形差异大，使得相应的排水管道高程也不同，会出现管道局部有压输水或压力不等的情况，所以城市化地区的排水问题相对较为复杂。城市中每条市政排水支管的水流汇集到干管，最终通过末级干管的入河排水口排到河道中，河道沿线入河排水口会产生复杂的叠加效应，所以不能利用每个入河排水口的简单相加来分析城市排水对河道径流的影响，而是需要利用河道水动力学模型综合演绎每个入河排水口的水流演进过程，从而准确描述城市排水对河道径流的影响过程。

4. 再生水利用过程

再生水利用过程主要包括中水收集、再生、输水三个环节，涉及污水处理厂收集的中水量、再生水量及向用户输送的输水量。再生水利用是应对水资源危机、缓解水资源短缺的必然途径。城市再生水对地下水的补给和回灌河湖生态用水是环境保护、供水量增加、应对地下水开采过量、节约水资源的重要措施。再生水作为一种重要的水资源，有流量大、水量稳定、不受其他自然因素控制及可以回用于多种场合等优点。但是，再生水的使用中仍然存在选择水源和保证再生水水质等问题，后续还要更加深入研究再生水的回用。

在主观及客观要素的影响下，随着自然和社会二元水循环系统逐渐增强的复杂性和日益联系密切的不同时空分布的耦合性，对其进行科学的认识和研究、调节控制及量化不仅对多个学科的交叉性提出挑战，而且还可能决定着与人类生存息息相关的地球水圈的未来。在全球气候变化和快速城市化双重影响下，城市洪涝灾害发生频率增加，对城市生产生活的影响不断加深，造成的直接和间接损失也显著增加。通过合适的城市雨水数值模拟，应用于城市雨洪风险评估和城市建设等相关研究中，为科学防治城市洪涝、探索城市洪涝机理提供一定科技支撑。

1.1.4 旱区城市水循环的特点

干旱半干旱地区由于受特殊的地理环境和气候条件的影响，是生态环境脆弱的重点地区。我国干旱半干旱地区多处在风沙活动频繁的绿洲边缘区，冬春季干燥多风，温差大，且随着城市建设的高速发展，城市热岛效应也变得越来越明显（王志刚和刘芳，2011）。旱区城市生态结构简单，稳定性差。主要表现为生物种群贫乏，食物链和营养级组成简单，造成生态系统稳定性脆弱，在外界力量的过度作用下，极易遭受破坏且难以恢复，并因水、植被环境的裂变，引发土地沙漠化、土壤盐渍化、草地退化、生物多样性减少、区域气候环境恶化等一系列生态环境问题（潘晓玲等，2001）。我国旱区城市多为内流河（湖），径流以季节性雨水和高山冰雪融水补给为主。水文基本特征表现在河川年径流量较多，如新疆地区达 884 亿 m^3；垂直地带性规律明显，从平原到高山要经过干旱、半干旱、半湿润地带，山地是径流的形成区，而山前平原则为径流的散失区；地表水与地下水的相互转换频繁；河川径流补给多样化，除地下水、雨水补给外，还有高山冰雪融水补给、季节积雪融水补给及各种组合的混合补给。

1.2 城市化效应

1.2.1 城市化气候效应

在城市化地区，气候效应主要通过下垫面的性质来体现。城市化导致原来空旷的土地或植物覆盖的土壤变成以沥青、砖石和水泥等干燥而不透水、坚硬密实的人工建筑物，使得相对于非城市地区，城市地区拥有更大的热容量和表面粗糙度，这些物理特性进一步改变城市地区的能量、动量和水汽交换，进而影响到局地和区域的气候。据统计，2000 年世界上有 45%的人口居住在城市里，而这一比例在发达国家更高。2008 年，全球城市人口首次超过非城市人口，预测在 2050 年全球城市人口甚至能达到 70%。因此，研究城市化对气候的影响能够为保护环境和人类经济发展提供一定的决策根据。

城市化对城区气温的影响会形成“热岛效应”现象，主要表现在三个方面。首先，城市化的大力发展会增加密集的建筑物，会导致地表的热物理属性改变，地表大量储存和吸收在屋顶、墙壁及路面等经多次反射的太阳辐射热量，造成地温急速升高。其次，城区大气中的颗粒态污染物及 CO_2 浓度都相对较高，夜间靠近地面的大气层会将白天地表保存的热量进行吸收，导致气温明显高于郊区。最后，城市热岛效应增强也包括人工热源的大量排放。城市化气候效应在局地和区域尺度上会受到城市本身特定的城市化特征影响，虽然城市化可导致城市增暖的观点已经被学术界普遍接受，但在城市化是否对区域乃至全球尺度的气候产生影响的问题上仍然存在一定争议。

城市原有的自然环流会因为城区温度的变化而改变，形成特有的城市“热岛环流”现象。此现象是城郊两地气温差导致的，城区接近地面的大气层会因为受热膨胀加剧上升运动，从而形成一定区域低压中心，而郊区的冷空气会慢慢向城市地区低压中心辐合。大量研究结果证明地表粗糙度会随着密度增加的建筑群而增大，而风速会下降，空气的摩阻力会增加，而城市绿化及水面面积相对而言较小，空气干燥，实际蒸发量也较小，在夜间城区低空易形成逆温层，从而对区域环流规律造成一定的影响。

城市范围的不断扩张，通过地表能量平衡改变、城市边界层热力结构和局地尺度环流改变、大量污染物排放及城市热岛形成等形式来影响城市气候。随着社会的发展，中国确定了 7 个国家级城市群，分别是成渝、长三角、长江中游、京津冀、中原、关中平原和粤港澳，而城市群拥有城市密集、人口多、扩展速度快及经济较发达等特点，但是目前较多的研究是发达地区的城市扩展带来的气候效应问题，针对旱区城市范围扩展所带来的气候效应问题研究较少。

1.2.2 城市化水文效应

在城市化水文效应方面，城市化会通过局部小气候和下垫面条件的改变引发水文循环过程的改变，通过水文气象观测实验、历史观测数据及不同类型水文模型，对城市化所引起的降雨、蒸散发、径流、地下水等水文循环要素的变化等方面进行研究。

城市化对降雨的影响主要表现在：①具有一定的季节性，降雨在夏季受到显著的影响，与之相反的观点是降雨在冬季受到的影响更为显著，还有一定的区域性特征；②影响着不同量级的降雨，尤其显著影响着较高量级的降雨，且暴雨发生频率明显增大；③降雨具有明显的时空分布，雨量市区大于郊区，降雨强度也表现为一定范围内的市区大于郊区。主要的影响因素包括热岛效应、气溶胶效应、地形抬升与阻滞作用等，城市化影响会因城市地理地形和气候类型不同而表现出一定的差异性。也有学者认为城市化与降雨特征变化并无直接联系，所以进一步研究城市化对降雨的响应机制很有必要。

城市化对蒸散发的影响因素包括四个方面：一是植物生理特性；二是气温气压、风速、辐射、湿度、蒸发等气象因素；三是潜水埋深、岩土和土壤结构的性质；四是在土壤中含水率的分布及大小。除上述因素的影响外，城市不透水区域的蒸散发还与洼地储水量和降水量密切相关。与城市化程度较低时相比，辐射能量会随着日照时数的减少而减少，进而减少蒸散发量。温度升高会增加蒸散发，但是受制于城区较小的植被覆盖和水面面积，以及土壤及潜水蒸发的通道被大量不透水路面阻隔，可能减少实际蒸散发量。超采地下水会降低地下水水位，造成含水层疏干，使得土壤中的潜水及水分蒸发困难；而大量坚硬路面阻隔也会减少降水对土壤的补给。也有学者认为自然下垫面蒸散量小于城区蒸散量，但是前提是全面考虑建筑物内部、人为热以及渗漏对蒸散发的影响。影响城市地区蒸散发增减的因素同时存在，迫切需要基于城市水循环和不同下垫面蒸散发原理的认识，探究城市化对蒸散发过程变化的影响机制。

城市化对水文循环中的径流要素的影响主要表现在产汇流方面。根据径流的形成过程，首先是产流阶段的改变，不透水地面隔断了城市地区降雨的垂向过程，能够入渗至土壤中的水分十分有限，通过洼地及数量不多的植被进行截留的水量也直线下降，会大大提升降雨直接转变为地表径流的比例。然后是汇流阶段的变化过程，城市管排系统将产生的水量迅速排入河道，短时间内加速了在河道内的汇流进程，显著加大产生洪水的洪峰流量，提前出现洪峰，降低了汇流的时间，地表径流量随着径流系数的增大而增大。

城市化对区域地下水的主要影响因素包括土地利用、含水层边界及潜在含水量、地下水补给区的范围和位置。城市化进程中，由于城市含水层的补给范围不断缩小而导致地下水垂直渗透的补给量下降；过量采掘地下水等行为会极大改变城区含水层的边界条件及潜在含水量，造成地下水位持续下降、不断扩大地下漏斗等现象，从而导致地下水资源锐减及枯竭。同时，城市密集的建筑物桩基及大规模地下工程，地下水自然循环流动途径会受到阻拦，如建设地下交通系统时通过抽排设施造成地下水位局部下降。对地下水补给量的影响，通常认为垂向上的地下水补给会降低，但是总补给量减小与否不能直接断定。原因可能包括两方面：一是超采造成地下水水位降低，诱发抢夺地表水和地下水的现象，增加了地下水的侧向补给；二是地下水补给的重要部分为供排水系统的渗漏。城市化对地下水的影响要根据地下水系统的不确定性和复杂性全面深入研究，不能简易的概括讨论。

1.2.3 城市化生态环境效应

城市群大多在湖滨和河滨附近发展，因此在城市化的发展过程中会带来各种各样的生态环境问题，如径流量增加、黑臭水体、沉积物增加、生态系统退化等。城市活动带来的生产、生活污水排放和降雨期间建筑垃圾、汽车尾气、工业废气造成的酸雨等不同形成的污染，会对处于城市地区内的下水道排污口和近岸水域产生影响，进一步影响到港口、河口和沿海水资源，加重水质恶化。一方面，城市化使得地面硬化面积增加，限制了降水下渗的可能性，径流量显著增大，继而导致出现城市洪涝等严重的灾害；另一方面，导致植被的覆盖面积减少，植物根系对污染物的拦截、削减以及对土壤的束缚能力降低，从而显著的提高了降雨对地表的侵蚀冲刷能力，造成水体泥沙沉淀物和污染物增加。此外，城市建设会改变流域河网的形态，导致河流缩窄变短、湖泊湿地面积减少；通过改变自然栖息地生态系统的结构及过程、扰动横向和纵向的自然连通性，进而造成生物栖息地的退化和物种数量锐减；城市水循环会对水生生物的生存环境造成干扰，改变物种的新陈代谢或导致物种消失，最终破坏城市生态特有的景观格局和生物多样性。

1.3 低影响开发与海绵城市

1.3.1 低影响开发理念的发展

暴雨管理体系一般经历传统排水和生态排水管理体系两个过程，城市传统排水是以管道为主的排水方式，生态排水则主要以生态措施为主，最大程度以模仿自然、恢复自然为目的，最终实现环境和社会的可持续发展。到 20 世纪 90 年代中期，美国暴雨管理体制经历了传统排水、调蓄排水、渗透排水、低影响开发暴雨管理体系几个阶段。LID 技术提倡采用分散式的小规模雨水处理设施，使区域开发前后的水文特性基本一致，最大程度的降低由于区域开发对周围生态环境的影响，建造出一个具有良好水文功能的片区（USEPA，2000）。从理念上而言，暴雨管理体系发展的前两个阶段主要以快排的方式为主，将收集的雨水经过调蓄塘后进入下游水体或直接排入水体；第三阶段强调雨水径流的下渗，但仍是一种以渗透为主的末端处理方式；LID 则是一种源头分散措施，尽量让雨水在源头进行消纳和处理。生态修复能力方面，前两个阶段几乎没有生态修复功能；第三阶段对地下水有一定的补给，具有一定的生态修复功能；LID 提倡模拟自然，维持或恢复区域开发前的水文特性，因此对由于土地开发造成的生态破坏有很大的修复能力。建设投资方面，第一个阶段以混凝土管道设施为主，投资费用最大；第二、三阶段主要采用塘、湿地等作为主要生态措施，占地面积大、投资费用高；LID 主要采用生物滞留、人工湿地、透水铺装等小规模、分散式处理措施，占地面积小、投资费用低、灵活性较强。

LID 理念之初是通过在场地源头进行分散式控制，以维持场地开发前后水文特征，从而达到地表径流总量和峰值流量的削减，随后为雨水径流污染物的有效控制、实现雨水资源化利用以及水生态系统的自我调节与修复，低影响开发经历了从水量控制到水量、水质、雨水资源化利用、水生态修复、可持续水循环综合考虑的发展历程（王建龙等，2015）。实践经验表明，城市雨水问题具有系统性、长期性、复杂性的特点，经过近 30 年的探索和实践，低影响开发技术已被证实是应对城市雨水问题的有效措施之一，在国外已形成相对较完善的法律法规和理论体系。尽管如此，LID 技术的应用依然受技术问题、气候要素、政策法规、公众培训与维护以及成本计算等因素的限制。其中，技术问题是 LID 受限制的最主要因素（孙艳伟等，2011）。技术问题主要包括：选用何种最经济、合理的 LID 措施来实现雨洪调控、雨水资源利用、水质净化等目标；以及如何对所选用的 LID 措施的各项要素进行设计，而其设计要素涉及设计目标、区域的降水系列、地形条件、土壤要素以及模型模拟等诸多因素。LID 措施如何在中国实现本土化广泛推广应用，需结合我国国情，拓展和完善 LID 技术理论体系，提出一套有效缓解中国城市化进程所面临的雨水问题的有效措施。

美国雨水管理标准体系中，针对高频率中小降雨事件设计源头减排体积，而针对低频率强降雨事件设计河道保护和洪水控制体积，各体积控制标准之间又逐级包含，即雨水源头减排是城市防洪排涝系统的重要组成部分。在中国，大多数城市的土地开发强度普遍较大，因此，仅在源头采用分散式削减措施，很难实现雨水径流总量和洪峰流量等在开发前后维持不变。低影响开发措施的含义在我国已延伸至源头、中途和末端不同尺度的综合措施，来实现开发后区域水文特征接近于开发前的状态，即广义的低影响开发。中国的海绵城市将低影响开发理念纳入城市规划、设计、实施等各个环节，并统筹协调城市水文、规划、市政、园林绿化、道路交通、建筑等专业，共同实现低影响开发的控制目标。国务院办公厅《关于推进海绵城市建设的指导意见》（国办发〔2015〕75 号）指出将 70%的降雨就地消纳和利用的工作目标。2020 年和 2030 年，分别实现城市建成区 20%和 80%以上的面积达到目标要求。

1.3.2 海绵城市理念

海绵城市建设应统筹城市低影响开发、雨水管渠及超标雨水排放三大系统。其中，低影响开发系统的构建，规划控制目标一般包括雨水径流量控制、峰值流量控制、面源污染控制以及雨水资源化利用等。各研究区域应结合自身水环境现状、水文地质条件等，合理选择规划目标。鉴于径流污染控制和雨水资源化利用目标大多可通过径流总量控制实现，因此径流总量控制可作为低影响开发雨水系统构建的首选规划控制目标。年径流总量控制率是指通过自然和人工强化的渗透、集蓄、利用等方式，场地内累计全年得到控制（不外排）的雨量占全年降雨总量的比例。《海绵城市建设技术指南——低影响开发雨水系统构建》（试行）给出了中国部分城市年径流总量控制率对应的海绵城市建设设计降雨量。并通过对全国 200 个城市 1983～2012 年的日降雨量数据统计分析，给出了全国不同的控制指标分区图，大致将中国大陆地区分为五个区，Ⅰ区～Ⅴ区年径流总量控制率α的最低值和最高限值分别为：85%≤α≤90%、80%≤α≤85%、75%≤α≤85%、70%≤α≤85%、60%≤α≤85%。参照此限值，各地应因地制宜的确定其年径流总量控制目标。结合研究区域城市水环境质量控制要求、雨水径流污染特征等确定主要污染物指标及其污染物综合控制目标，一般可选用总固体悬浮物、化学需氧量、总氮、总磷等。城市径流污染物中，总固体悬浮物往往与其他污染物指标具有一定的相关性，因此，一般可将其作为主要雨水径流污染物控制指标。

2013 年 12 月 12 日，习近平总书记在中央城镇化工作会议上发表讲话：在提升城市排水系统时要优先考虑把有限的雨水留下来，优先考虑更多利用自然力量排水，建设自然积存、自然渗透、自然净化的“海绵城市”。住建部《海绵城市建设技术指南——低影响开发雨水系统构建》（试行）对“海绵城市”的概念给出了明确的定义，即海绵城市是指城市能够像海绵一样，在适应环境变化和应对自然灾害等方面具有良好的“弹性”，下雨时吸水、蓄水、渗水、净水，需要时将蓄存的水“释放”并加以利用。海绵城市建设应遵循生态优先等原则，将自然途径与人工措施相结合，在确保城市排水防涝安全的前提下，最大限度地实现雨水在城市区域的积存、渗透和净化，促进雨水资源的利用和生态环境保护。近几年，随着海绵城市建设的不断推进，海绵城市理念也发展的更为具体。任南琪院士给出海绵城市的含义：“海绵城市”指城市应该能够像海绵一样，在适应环境变化和应对自然灾害等方面具有良好的“弹性”和“韧性”，重点解决城市涝灾与城市水环境恶化等问题，实现饮用水水源、污水、生态用水、自然降水、地表水等统筹管理、保护与利用，充分考虑水资源、水环境、水生态、水安全、水文化，缓解城市热岛效应，确保社会水循环与自然水循环相互贯通。海绵城市已发展为一种理念，应作为创新城市建设的先导。

1.3.3 低影响开发设施功能与分类

低影响开发设施一般具有渗透、调节、储存、传输、截污、净化等几种主要功能。在实际工程应用中，需结合区域水文地质条件及水资源状况，以及经济指标分析，按照因地制宜和经济高效的原则选择适宜的 LID 技术及其组合方式。各类 LID 技术又包含若干不同形式的 LID 设施，如透水铺装、绿色屋顶、生物滞留池、下沉式绿地、雨水湿地、渗透塘、渗井、湿塘、干塘、蓄水池、调节塘、植草沟、渗管/渠、植被过滤带、雨水初期弃流设施等。不同 LID 设施按功能作用、控制目标和经济型比选如表 1.1 所示（住建部，2014）。雨水渗透设施的选择需考虑区域地形、土壤条件、地下水位等因素，土壤渗透条件较好、地下水位较低、径流水质较好、无特殊雨水回用需求的区域，可优先选择雨水渗透设施，以辅助解决市政管渠排水能力不足、提标改造难等问题。自重湿陷性黄土、膨胀土和高含盐土等特殊土壤的场所不宜采用雨水渗透。有雨水回用需求的区域，可选择蓄水池、雨水罐、雨水湿地等雨水储存回用设施，实现雨水资源化利用、节约水资源的目的。雨水综合调蓄可通过一种或多种LID设施组合来实现。通过构建多功能调蓄设施，非暴雨时兼可作为公园、绿地、运动场等其他用途，充分利用城市土地资源，发挥峰值流量削减、径流污染控制、自身景观或休闲娱乐功能等多种海绵功能。

表 1.1　LID 设施比选一览表

LID 单项设施	功能					控制目标			经济型	
	雨水集蓄利用	地下水补给	峰值流量削减	雨水净化	传输	径流总量	径流峰值	径流污染	建造费用	维护费用
透水砖铺装	○	●	◎	◎	○	●	◎	◎	低	低
绿色屋顶	○	○	◎	◎	○	●	◎	◎	高	中
下沉式绿地	○	●	◎	◎	○	●	◎	◎	低	低
简易型生物滞留池	○	●	◎	◎	○	●	◎	◎	低	低
复杂型生物滞留池	○	●	◎	●	○	●	◎	●	中	低
渗透塘	○	●	◎	◎	○	●	◎	◎	中	中
渗井	○	●	◎	◎	○	●	◎	◎	低	低
湿塘	●	○	●	◎	○	●	●	◎	高	中
雨水湿地	●	○	●	●	○	●	●	●	高	中
蓄水池	●	○	◎	◎	○	●	◎	◎	高	中
雨水罐	●	○	◎	◎	○	●	◎	◎	低	低
调节塘	○	○	●	◎	○	○	●	◎	高	中
调节池	○	○	●	○	○	○	●	○	高	中
传输型植草沟	◎	○	○	◎	●	◎	○	◎	低	低
干式植草沟	○	●	○	◎	●	●	○	◎	低	低
湿式植草沟	○	○	○	●	●	○	○	●	中	低
渗管/渠	○	◎	○	○	●	◎	○	◎	中	中
植被缓冲带	○	○	○	●	—	○	○	●	低	低
初期雨水弃流设施	◎	○	○	●	—	○	○	●	低	中
人工土壤渗滤	●	○	○	●	—	○	○	◎	高	中

注：●——强，◎——较强，○——弱

1.4　区域尺度城市雨洪及污染模型研究进展

城市暴雨径流模型可以模拟城市产汇流的形成，从而有效进行洪水预测以及减灾措施的实施和改善；面源污染模型可以模拟污染物在径流形成过程中的迁移和转化，从而有效控制和防止降雨径流产生的污染（冯耀龙等，2015）。目前，国内外在城市雨洪与面源污染模型的研究已相当广泛，代表性模型有SWMM、MIKE、Digital water、InfoWorks、SWC、SUSTAIN 等（李玥等，2016），其中，城市雨洪产汇流计算方法是城市雨洪模型建立的基础，污染负荷定量化研究是非点源污染模型研究的本质（宋晓猛等，2014）。现阶段，部分模拟软件已添加了低影响开发模块，但由于城市地表污染受降雨特征、天气情况和地表特征等影响因素，大大增加了模拟径流流量削减、污染定量分析和有效控制等的难度，同时也是现有模型准确性和适用性欠佳的原因。为提高模型的适应性和模拟的准确性，城市雨洪及面源污染模型在模拟计算时需强化具体的量化方法、考虑多种影响因素并对模型模拟结果进行不确定性分析。未来研究的重点应侧重于：从宏观尺度上，研究和开发水文学-水力学、水量-水质耦合模型、提高雨水监测技术、强化 3S 技术耦合能力；从微观尺度上，耦合土壤孔隙介质变化过程中水流和溶质迁移过程模型。同时，结合低影响开发水文与水质改善情况，模拟过程中可进行经济、环境和社会效益分析，为区域水土环境保护决策提供定量依据。鉴于此，在总结模型基本原理和近几年模型应用进展的基础上，主要就模型计算方法选取、模型模拟效果进行了总结和分析，归纳并提出了几个亟待解决的科学问题，以期使模型能更好地服务于城市水资源和水环境管理。

1.4.1 模型基本原理简介

城市雨洪和非点源污染模型发展进程均经历了 3 个阶段：经验阶段、模型阶段和 3S（GIS、GPS、RS）技术耦合应用阶段（张一龙等，2015）。目前，城市雨洪产汇流计算被归纳为地面产流计算、地面汇流计算及地下管流计算三方面；面源污染定量负荷计算的主要方法有污染物累积和污染物冲刷计算。

1. 城市雨洪产汇流计算

城区雨洪产汇流因城市下垫面的特殊性，使其计算方法具有独特性。模拟中往往采用简便快捷的水文学方法与准确的水力学方法相结合的方式（Yang et al.，2010），以满足城市防涝减灾的模拟及预测。

（1）地面产流计算

城市产流过程就是暴雨扣损过程（Warwick and Wilson，1990）即城市降雨消耗于城市地表植物截留、下渗、洼蓄等，产生径流的部分降雨。根据城市下垫面组成的不同，将城市分为透水区和不透水区，城市透水区与不透水区的分布直接影响城市的产流特性（岑国平等，1997）。目前多采用一些简单经验型公式或数据统计分析拟合公式来研究城市产流过程，如表 1.2 所示。

表 1.2 城市雨洪产流计算方法汇总

方法		优点	缺点	功能
城市不透水区（降雨损失主要以洼蓄为主）	SCS 曲线法	结构较简单、资料需求量少，应用广泛	概化严重，计算不够精确	降雨径流关系用一个反映流域综合特征的参数来计算降雨损耗
	降雨径流相关法	资料需求量少，原理简单	可靠性偏低	建立一个径流与降雨量、不透水面积等相关性关系 形成降雨与净峰、洪峰的经验相关图
	径流系数法	经验丰富，精确度高，简易可行	仅有一个经验系数，可靠性低	应用不同地表类型的降雨径流系数结合降雨强度来计算降雨损耗
	蓄满产流法	计算精度较高	计算较为复杂	用径流系数来计算降雨损耗，径流系数等于累积面积与流域总面积之比
城市透水区（降雨损失主要以下渗为主）	ϕ 指数法	计算简单，资料需求量少	精确度低	通过给定的指数判断降雨强度与径流量的关系
	下渗曲线法	应用广泛，计算精度较高	计算稍复杂	由下渗公式计算产流过程，如 Green-Ampt，Horton 和 Philip 下渗曲线等

因城市下垫面的复杂性、土壤湿度和植物截留等因素直接影响到城市的产流特性（岑国平和沈晋，1996），产流计算方法研究仍与实际状况存在较大差距。如何确定上述因素对产流规律的影响是日后发展的主要方向。目前，产流计算方法不仅仅局限于单一的某种算法，人们通常会按照下垫面的不同情况及所要求数据的精确性来选取较为适合的计算方法。

（2）地面汇流计算

城市地面汇流过程是净雨在地表产流后到流入雨水管道系统集水口的过程（王纲胜等，2004）。目前已经具有多种城市雨洪汇流计算方法，大体可分为水动力学和水文学两种计算方法，如表 1.3 所示。

表 1.3　城市雨洪汇流计算方法汇总

方法		优点	缺点	功能
水动力学方法	圣维南方程组法	物理过程明确，计算精确	计算相对复杂，耗时	基于圣维南方程组模拟地表坡面汇流过程；流量和水位形成空间和时间的函数
水文学方法	推理公式法	过程简单	不能很好反映径流过程线，计算精确度低	假定径流系数不变、流域面积线性增长，只关注洪峰，不关注流量过程变化
	等流时线法	较好的模拟汇流的整个过程	较难划分较难汇流区域	根据时间-面积曲线计算流量过程；假定径流系数不变、流域面积线性增长；瞬时暴雨强度通过积分确定过程线
	瞬时单位线法	资料需求少，计算简单	精确度较差	假设区域为线性系统，将瞬时单位线采用 S 曲线法转化为时段单位线
	线性水库法	计算简单	效果一般	过于理想化的计算方法来模拟地表坡面汇流过程
	非线性水库法	计算相对简单，精确	物理机制不太明显	用非线性水库的调蓄过程进行模拟，采用有限差分法求其数值解

地表汇流计算，水动力学计算模型计算烦琐，应用较为困难；而水文学计算方法简单，但物理机制不明确。精确的水动力学方法和简便快捷的水文学方法者均有局限性（任伯帜和邓仁建，2006）。如何将两者结合起来，建立适合城市地区的地表汇流水文-水动力学计算方法是目前亟待开展的研究。目前，模型中多采用非线性水库法进行地表汇流模拟（班玉龙等，2016）。

（3）地下管流计算

排水管网是一个水流状况较复杂的汇流系统，且水流为非恒定流，模拟和模型的构建过程也相应复杂。构建管网汇流模型的方法大致可分为两类：一类是水动力学方法，另一类是水文学方法，如表 1.4 所示。水文学方法相对简单，一般只是时间的一维函数，如马斯京根法参数少、计算相对简单但精度低；水动力学方法除了考虑时间因素，还需考虑空间因素（汪俊杰，2015），如动力波法精度高但求解复杂。

表 1.4　城市管网水流计算方法汇总

方法		优点	缺点	功能
水动力学方法（圣维南方程组）	运动波	计算简单，只需要一个边界条件	完全忽略下游回水的影响	假定水流是均匀的，消除了加速度和压力的影响，只适用于坡度大、下游回水影响小的管道
	扩散波	可以较准确地模拟管网水流状况，计算精度较高	不适用于各种流态共存的水流运动	省去了动量方程中的惯性项，本地加速度和对流加速度项，所以也称为非惯性波

续表

方法		优点	缺点	功能
水动力学方法（圣维南方程组）	动力波	精度高且适用范围广	资料要求较高，求解比较复杂	能够模拟回水对上游水流的影响，管道中的逆向流、压力流、渗入渗出等相对管道而言的损失以及洪峰在管道传播中的衰减
水文学方法	马斯京根法	计算相对简便，参数少，应用范围广，资料需求少	计算精度较低	把连续方程简化为水量平衡方程，将动力方程简化为槽蓄方程再求出流量的过程
	瞬时单位线法	计算精确	调试难度较大	瞬时单位线转换成 10 mm 实用单位线后，再进行汇流计算

目前简单的水文学方法和精确的水动力学方法的应用均已相对成熟。根据已有研究成果分析，可针对不同精度要求和资料掌握情况，若精度要求高，资料完整，可优先考虑水力学方法，反之选择水文学方法，选用最适合的管网水流计算方法模拟研究区的城市管网水流形态。

2. 面源污染定量负荷计算

在径流形成过程中，污染物迁移和转化非常复杂，为了有效防止和控制径流污染，有必要对污染物进行分析和模拟（李家科等，2014）。其中，面源污染过程主要分为污染物累积和污染物冲刷。

（1）*污染物累积*

污染物的累积过程，可以通过单位子汇水面积的质量或者单位边沿长度的质量进行描述。地表污染物的累积具有上限，累积速度在初始时最快，随后逐渐降低。因城市下垫面不同，污染物累积过程就会有不同计算方法，如表 1.5 所示。常见的污染物累积过程曲线有线性函数模型、幂函数模型、指数函数模型和饱和函数模型等（边博，2010）。

表 1.5　污染物累积过程计算方法汇总

方法	表达式	参数	优点	缺点	功能
线性函数	$B=\mathrm{Min}(C_1,C_2\cdot t)$	C_1为最大增长可能 C_2为增长速率常数	计算简单，参数易于确定	过于理想化的污染物描述累积过程	污染物累积（B）与时间（t）成正比关系，直到达到最大限制
幂函数	$B=\mathrm{Min}(C_1,C_2t^{C_3})$	C_1为最大增长可能 C_2为增长速率常数 C_3为时间指数	计算较为精确，过程简单	无雨期历时较长，计算不精确	污染物累积（B）与时间（t）的C_3次幂成正比关系，直到达到最大限制
指数函数	$B=C_1(1-\mathrm{e}^{-C_2t})$	C_1为最大增长可能 C_2为增长速率常数	计算精度较好	污染物模拟上限值不定	污染物累积（B）遵从指数增长曲线，渐进达到最大值
饱和函数	$B=\dfrac{C_1t}{C_2+t}$	C_1为最大增长可能 C_2为半饱和常数	参数易于选取，计算精度较差	机理模糊，拟合效果一般	污染物累积（B）以线性速率开始，随时间持续下降，直到达到饱和数值

（2）*污染物冲刷*

径流形成过程中，对污染物会形成冲刷，冲刷过程会形成再次污染（Murakami et al., 2009）。污染物累积模型的输出是污染物冲刷模型的输入。常见模拟冲刷计算方法有指数冲刷、性能曲线冲刷和事件平均浓度，如表 1.6 所示。性能曲线冲刷和事件平均浓度冲刷两者仅考虑了降雨径流量对冲刷过程的影响，指数冲刷则同时考虑污染物累积量和降雨径流量对冲刷过程的影响，但目前存在的冲刷模型在无雨期历时较长时，计算均不精确（马箐等，2015）。事件平均浓度和指数冲刷方法因计算简单、参数易选取，普遍被用于模拟冲刷过程（王龙等，2010）。目前污染物累积模型和污染物冲刷模型基本属于经验模型或统计学模型，缺乏对污染物转移过程的机理描述（王龙等，2010）。因此，从污染物转移机理出发进行模型的构建是今后污染物累积和冲刷模型发展方向。

表 1.6　污染物冲刷过程计算方法汇总

方法	公式	参数	功能	优点	缺点
指数冲刷	$W = C_1 q^{C_2} B$	C_1为冲刷系数 C_2为冲刷指数 q为单位面积的径流速率 B为污染物增长	冲刷负荷（W）与径流的C_2次幂成正比关系	计算较为简单，参数易选取	仅考虑了降雨径流量对冲刷过程的影响
性能曲线冲刷	$W = C_1 Q^{C_2}$	C_1为冲刷系数 C_2为冲刷指数 Q为径流速率	冲刷（W）的性能与径流速率的C_2次幂成正比关系	参数易选取，计算简单	计算不精确，物理机制不明确
事件平均浓度	$W = C_1 Q$	C_1为冲刷系数 Q为径流速率	性能曲线的冲刷的特殊情况，污染物相对于径流量的平均浓度	可比较不同场次、不同样点	物理机制不明确，理想化严重

1.4.2　城市雨洪模拟模型应用进展

城市化快速发展引起城市区域总径流量增加、洪峰流量增多、径流污染物增长等问题，针对这些问题，美国最先提出了最佳管理措施（BMPs）和低影响开发（LID）技术，英国提出了可持续城市雨水管理理念（SUDS），澳大利亚提出了水敏感性城市设计理念（WSUD），新西兰提出了低影响城市设计与开发理念（LIUDD），新加坡提出了 ABC 计划等，随后中国提出了海绵城市建设理念。根据目前国际城市的发展理念，传统城市暴雨管理和非点源控制技术已不能满足目前城市发展可持续发展的需求。低影响开发（LID）技术是从源头上控制、通过结合一系列景观实现对研究区域地表径流调控的措施（侯改娟，2014），加强 LID 等措施对城市地表径流水质、水量调控效果的模拟研究可以有效缓解城市化发展带来的上述问题。SWMM、MIKE Urban、Digital water、InfoWorks、SWC、SUSTAIN 等雨洪管理模型现广泛应用于 LID 技术中。现阶段，我国对低影响开发模拟大多为试点区或住宅小区，结合城市管网的大规模区域研究模拟相对较少。表 1.7 对比了试点区有无 LID 措施下城市雨洪模拟应用研究，并对其模拟效果进行了归纳和总结。

表 1.7　有无 LID 措施下城市雨洪模拟应用研究对比

模型	模型方法	模拟条件	降雨径流条件	峰流量削减率/%	径流量削减率/%
SWMM	产流：入渗曲线法（Horton） 汇流：非线性水库法 管网水流：动力波法	研究区域：清华大学校园 研究区域总面积：18.7 hm^2 LID 措施改造面积：1.525 hm^2（8.2%） LID 布设方案：透水铺装 69%、下凹式绿地 25%、雨水花园 3%、地下蓄水池 3%	采用 5 年一遇设计暴雨 历时 10 小时 17 分区域径流达到峰值状态	28.57	24.35

续表

模型	模型方法	模拟条件	降雨径流条件	峰流量削减率/%	径流量削减率/%
SWMM	产流：入渗曲线法（Horton） 汇流：非线性水库法 管网水流：水动力学法	研究区域：汉中市某一住宅商业区 研究区域总面积：36.48 hm^2 LID 措施改造面积：10.9 hm^2（30%） LID 布设方案：下凹式绿地 80%、透水砖 20%	采用 5 年一遇设计暴雨 降雨历时 2 h	17.64	—
MIKE Urban	产流：入渗曲线法（Horton） 汇流：非线性水库法 管网水流：运动波法	研究区域：北京市新开发区 研究区域总面积：960 km^2 LID 措施改造面积：33.6 km^2（3.5%） LID 布设方案：雨水花园	采用 5 年一遇设计暴雨 降雨历时 2 h	—	25.7
	产流：入渗曲线法（Horton） 汇流：等流时线法 管网水流：运动波法	研究区域：深圳市光明新区 研究区域总面积：68 hm^2 LID 措施改造面积：20.1 hm^2（70.4%） LID 布设方案：多功能景观水体 99.5%、复合介质生物滞留减排措施 0.5%	设计雨量来自示范区雨量计场次降雨 降雨历时 3 h	76	65
	产流：入渗曲线法（Green-Ampt） 汇流：水文学方法 管网水流：水动力学方法	研究区域：长沙市某居民小区 研究区域总面积：8.0 hm^2； LID 措施改造面积：3.64 hm^2（45%） LID 布设方案：绿色屋顶 7%、下凹式绿地 23%、植被浅沟 26.5%、渗透铺装 43.5%	采用 0.5 年一遇设计暴雨 总降雨量 80.88 mm 降雨历时 1 h	30.51	46.43
	产流：入渗曲线法（Horton） 汇流：非线性水库法 管网水流：动力波法	研究区域：第一批海绵城市试点区 研究区域总面积：1.3525 hm^2 LID 措施改造面积：0.3127 hm^2（23%） LID 布设方案：生态滞留池 65.37%、透水铺装 34.63%	采用 10 年一遇设计暴雨 总降雨量 78.16 mm 平均雨强 39.08 mm/h 峰值雨强 211.36 mm/h 降雨历时 2 h	—	29
	产流：入渗曲线法（Horton） 汇流：水动力学方法 管网水流：水动力学方法	研究区域：合肥市老城区 研究区域总面积：273.35 m^2 LID 措施改造面积：77.68 m^2（28.42%） LID 布设方案：绿色屋顶 70.48%、渗透铺装 20.37%、生物滞留池 9.15%	选取 1993 年为典型平水年，以该年4～11月实际降雨过程作为输入进行长期连续模拟	—	26.89
	产流：入渗曲线法（Horton） 汇流：等流时线法 管网水流：运动波法	研究区域：天津某大学生活区 研究区域总面积：3.32 hm^2 LID 措施改造面积：1.46 hm^2（45.3%） LID 布设方案：绿色屋顶 61.6%、下凹式绿地 38.4%	采用 5 年一遇设计暴雨 降雨历时 2 h 累计降水量为 78.7 mm	41.1	49.9
	产流：入渗曲线法（Green-Ampt） 汇流：非线性水库法 管网水流：动力波法	研究区域：嘉兴市蒋水港 研究区域总面积：40.5 hm^2 LID 措施改造面积：0.1392 hm^2（3‰） LID 布设方案：雨水花园 34.5%、植被浅沟 34.6%、生物浮岛 21.9%	全年平均降雨量 1135.38 mm	21.2	23

续表

模型	模型方法	模拟条件	降雨径流条件	峰流量削减率/%	径流量削减率/%
MIKE Urban	产流：入渗曲线法（Green-Ampt） 汇流：非线性水库法 管网水流：动力波法	研究区域：嘉兴市晴湾佳苑 研究区域总面积：8.3 hm^2 LID 措施改造面积：0.448 hm^2（5.4%） LID 布设方案：雨水花园 6.25%、植被浅沟 40.18%、透水铺装 53.57%	采用 2014 年全年每日每小时的降雨量为基础降雨数据 总降雨量为 1438 mm 最大小时降雨量为 125.4 mm	35.4	40

对比表 1.7 分析研究成果可以发现：LID 措施对于小型降雨的滞蓄作用明显，具有削峰减量的作用，但随着重现期的增大、降雨强度的增加径流削减率也随之减少；同时，LID 措施改造面积和布设方案的优化对雨水资源达到有效的利用。现阶段，城市雨洪模拟技术已形成了较为完善的模型框架，但由于对水文物理过程机理的认识和数据管理能力的不足，模型通常采用相对简单的数学公式来描述复杂的水文过程，往往会导致“失真”，这必然导致城市雨洪模型的不确定性（Mcdonald et al.，2011）。问题的解决主要依靠水文学、水动力学理论、计算机技术及测量技术的发展（Deletic et al.，2012）。因此，融合 RS、GIS 等空间信息技术、强化城市暴雨洪水监测能力、进行参数敏感性分析，形成较好的快速的运算速度、准确的分析结果和预报预警等功能的城市雨洪模型必将成为雨洪模拟技术发展的趋势（刘艳丽等，2009）。总体而言，LID 措施对城市区域削峰减量有一定的功效，在以后发展建设中，考虑参数敏感性、输入数据误差以及模型结构误差等多种影响因素，强化具体的量化方法和精确的计算能力，可为研究城市雨洪模型提供可靠的技术支持（陈昌军，2012）。

在以往研究中，LID 技术的研究主要侧重于水量方面的削减效果，关于水质净化效果研究总体很少。表 1.8 归纳了几种常用模拟软件在有无 LID 措施下各种面源污染模拟应用，为妥善解决城市水质问题提供一定依据。

表 1.8 有无 LID 措施下面源污染模拟应用研究对比

模型	模型方法	模拟条件	降雨径流条件	峰值污染物浓度削减率/%			
				TSS	COD	TN	TP
SWMM	污染物累积和冲刷模型均选用指数模型	研究区域：北京某拟建小区 研究区域总面积：1.3 hm^2 LID 措施改造面积：0.177 hm^2（14%） LID 布设方案：植被浅沟 18.1%、雨水花园 25.9%、渗透铺装 56%	采用 5 年一遇设计暴雨 降雨历时 2 h 降雨量 71 mm	73	—	—	—
MIKE	污染物累积和冲刷模型均选用指数模型	研究区域：深圳市光明新区 研究区域总面积：68 hm^2 LID 措施改造面积：20.1 hm^2（70.4%） LID 布设方案：多功能景观水体 99.5%、复合介质生物滞留减排措施 0.5%	采用 0.5 年一遇设计暴雨 降雨历时 1 h 总降雨量 80.88 mm	48	69	45	59
Digital Water	污染物累积：指数函数 污染物冲刷：EMC 函数	研究区域：海绵城市试点区 研究区域总面积：1.35 hm^2 LID 措施改造面积：0.31 hm^2（23%） LID 布设方案：生态滞留池 65.37%、透水铺装 34.63%	采用 10 年一遇设计暴雨 降雨历时 2 h 总降雨量 78.16 mm 平均雨强 39.08 mm/h 峰值雨强 211.36 mm/h	56.5	41.5	49.5	—

续表

模型	模型方法	模拟条件	降雨径流条件	峰值污染物浓度削减率/%			
				TSS	COD	TN	TP
SUSTAIN	污染物累积：指数函数 污染物冲刷：事件平均浓度	研究区域：嘉兴市晴湾佳苑 研究区域总面积：8.3 hm^2 LID 措施改造面积：0.4 hm^2（5.4%） LID 布设方案：雨水花园 6.25%、植被浅沟 40.18%、透水铺装 53.57%	采用2014年全年每日每小时的降雨量为基础降雨数据 总降雨量为 1438 mm 最大小时降雨量为 125.4 mm	59	52	52	55

由表 1.8 可以看出：LID 多种措施组合串联效应的广泛应用能较大程度上解决传统工艺易堵塞、渗透性能差的问题并提升雨水控制效果；高强度降雨较低强度降雨对受纳水体造成更大的污染。目前，城市面源污染模型虽有一定的研究成果但经验型的多，机理型的少，不能充分模拟污染物的生化反应过程，所以软件在运用 LID 措施模拟方面存在一定的局限性（徐宗学和李占玲，2009）；同时，随着人们对模型模拟精度要求的提高，对于定量描述污染物迁移转化结果的可靠性引起了很大的争议，自然界本身固有的不确定性、模型不确定性和数据的不确定性都会导致理论值与真实值的差异（Delleur，2001），敏感性分析是一种动态不确定性分析，是城市面源污染模型中不确定性分析常用的方法。现阶段，无论国内还是国外环境模型，不确定性分析主要应用于地下水、水文和空气质量模型方面，关于城市面源污染模型不确定性分析的研究还比较少，这也将成为面源污染模型未来研究方向之一。综上，多种 LID 措施组合布施，是雨水污染控制效果改善的有效途径之一，进一步向模块化发展、与 GIS 的耦合应用以及在模型中引入模糊理论、不确定性分析和风险评价等是面源污染模型今后的发展趋势。

城市雨洪和面源污染模拟在城市水环境管理中有不可替代的作用。多种模型计算方法综合应用是目前对模型模拟结果的合理完善；考虑多种影响因素影响，对模拟结果进行不确定性分析以及研究和开发水文学-水力学、水量-水质耦合模型是今后研究的重点。随着 LID 技术的发展，强稳定性、高精确度和快速计算能力是城市模拟发展的要求与未来发展的趋势。随着模型应用发展研究的深入，在宏观尺度上，未来模型在 3S 技术耦合、水量和水质监测和定量模拟等方面相继会得到进一步发展；与此同时，在微观尺度上，耦合土壤空隙介质变化过程中水流和溶质迁移过程的理论与定量模型能更加准确地评估污染物负荷；地表水与地下水的区域耦合模型亟待提升；同时，结合水文与水质改善情况，模拟过程中可进一步分析 LID 措施对城市发展所带来的经济、环境效益和社会效益，为区域水土环境保护决策提供定量工具。

1.5 城市低影响开发单项设施模型研究进展

低影响开发是在最佳管理措施（best management practices，BMP）基础上提出的新概念（赵林波等，2013）。LID 于 20 世纪 90 年代发源于美国马里兰州，其主要包括生物滞留（bio-retention）、绿色屋顶（green roof）、可渗透/漏路面铺装系统（permeable/porous pavement system，PPS）等措施（孙艳伟等，2011）。LID 的出现为治理城市化快速发展引起的非点源污染问题提供了新的思路，为更好应用 LID 的各种措施，低影响开发模拟模型应运而生，且很快得到了广泛的关注和应用。这些模型既包括适用于流域的大尺度模型也包括适用于单项设施的小尺度模型。一般适用于 LID 流域的大尺度模型有十种左右，如 SWMM、HSPF、InfoWorks CS、SLAMM、STORM、DR3M-QUAL、MOUSE、SUSTAIN、MIKE 等。但适用于 LID 典型单项设施的小尺度模型并不多，主要有 SWC、DRAINMOD、HYDRUS、RECARGA。国内外对大尺度模拟模型使用率较高，相应模型成熟，适用性广泛，如 SWMM、SUSTAIN 等。但系统的分析 LID 单项设施模拟模型的研究，国内外尚不多见。基于此，本节总结典型小尺度模型的特点、结构、适用条件和优缺点，分析现有典型单项设施模拟模型的不足之处，以期为 LID 单项设施的结构优化和净化效果的提高以及我国的海绵城市建设提供参考和依据。

1.5.1 LID 单项设施模拟模型简介

模型模拟是指导 LID 设计、预测运行结果的有效手段。为优化系统的运行，开发一些高灵敏度、高精度的模型很有必要（Phillips and Thompson，2002）。对于 LID 单项设施模型而言，典型模型有 SWC、HYDRUS、DRAINMOD、RECARGA 4 种。此外，Deletic（2001）开发了一维模型 TRAVA，该模型是在假设植物未被水流淹没的条件下，预测径流的产生和泥沙的运移，既能用于预测出流沉积物的粒度分布，又能用于预测生物滞留带对泥沙的去除效果；随后又对 TRAVA 模型进行了改进，改进后的模型对预测出水中的泥沙量有较好效果，但该模型对除泥沙外的污染物预测尚显不足（Deletic，2005）。Li 和 Davis（2016）基于填料平衡浓度的假设，建立了生物滞留系统出水磷预测模型，该模型既适用于短期也适用于长期模拟。对于短期或单场降雨，高浓度磷含量的填料中的浓度关系为 $C_{eq}>C_e>C_0$（C_{eq} 为平衡浓度，C_e 为出流浓度，C_0 为入流磷浓度），低浓度磷含量的填料中 $C_{eq}<C_e<C_0$；在长期的模拟中，入流雨水与填料平衡磷浓度的关系为 $C_{eq}\approx C_e\approx C_0$。同时，该模型还解释了磷浓度随填料深度变化。以下对典型 LID 单项设施模型进行概述。

1. SWC 模型

SWC（storm water calculator）是 2014 年由 USEPA 发布的城市雨洪管理计算机模型程序，使用 SWMM 的径流、入渗和 LID 子模型作为其后台计算引擎，通过内嵌的全美范围长期的气象、水文和 LID 设施等资料测算模拟区域的径流量。该模型主要用于分析雨水径流生成量、滞留量和 LID 设施类型及其面积，也可以直观显示出模拟区域的降雨径流比例关系。每种控制设施都有特定的设计参数，同时根据实际情况，使用者可以将所需设施的默认参数进行修改。SWC 模型适用于土壤均匀、场地规模较小的环境中。其模拟的水文过程包括植被表面的蒸发、洼蓄降雨的蒸发、土壤的渗透损失和地表漫流。

SWC 模型具有位置、降雨量、蒸发量、土壤类型、气候变化、地形、土壤排水、土地覆盖和 LID 设施等 9 个输入界面（USEPA，2014），并且可模拟以面积为参数的屋面断接、收集雨水、绿色屋顶、雨水花园、绿化带、渗坑和渗透漏水铺装等 7 种 LID 设施。而且以上 7 种 LID 设施都可以被该模型任意进行简单组合。每种控制设施都有特定的设计参数，根据实际情况，使用者可以将所需设施的默认参数进行相应的修改。该模型能够利用简单的输入条件进行运算，直观显示出模拟区域的降雨径流比例关系。但由于该软件的使用需要获取大量前期基础资料，故对不同地区的推广使用存在一定局限性（乔冈，2006）。

2. HYDRUS 模型

HYDRUS-1D 是由美国盐土实验室（US Salinity Laboratory）所研发的，该模型可用来计算盐分运移规律和包气带水分。且不仅可以进行建模用以分析饱和-非饱和多孔介质水的流动和多种溶质运移，也可以模拟非均匀土壤的水流区域（王宝山，2011）。近年来在农业领域或室内模拟试验中，该模型越来越被广泛应用。如计算田间氮的转化和流失（Ramos et al.，2011；郝芳华等，2008；Heatwole and McCray，2007）；农药在田间的转化迁移（Kohne et al.，2006）；灌溉水量周期性变化（汤英等，2011；马欢等，2011）；重金属离子的运移（Ngoc et al.，2009；傅臣家等，2008）。

HYDRUS-1D 模型不仅能准确模拟 LID 的小型试验出水情况，也可以准确模拟污染物浓度的垂向分布。在各个参数的实测值和经验值较为准确的情况下，其模拟结果比较接近实测值，故实用价值很高。但 HYDRUS-1D 模型不能模拟生物滞留槽中微生物的生化反应；仅能模拟污染物的物理吸附和化学反应。而由于现阶段很难准确获得中下层非饱和介质土壤特性曲线的参数值，所以这也是将 HYDRUS-1D 应用于现有 LID 技术的障碍（张佳扬，2014）。

3. DRAINMOD 模型

DRAINMOD 是一种计算机模拟长期的农田排水模型，主要应用于农业领域。1980 年由北卡罗来纳州立大学生物与农业工程系的 R.Wayne Skaggs 博士开发。该模型被开发以来，已被应用于控制排水、灌溉、湿地水文、氮动态，现场废水处理、森林水文和其他应用程序的农业排灌系统。近年来，DRAINMOD 模型也逐渐被应用于 LID 设施调控效果的模拟，如验证和校准生物滞留池的水文特性（Brown et al.，2013）等。该模型主要输入参数包括模拟区域的气象数据（日最高、最低气温等）、水力设计参数（排水沟渠的深度、间距等）、土壤参数（土壤水分特性曲线，不透水层深度，饱和导水率等），以及作物资料（作物根系深度和种植及收获日期等）。该模型还可以根据实际要求，模拟土壤中的氮素转化以及盐分积累。输出参数为排泄水量、氮素流失、盐分运移、蒸散量等。

4. RECARGA 模型

RECARGA 是由 Wisconsin 大学研发的专门针对生物滞留池等入渗设施水文性能分析和设计的软件，具有界面友好、操作简单等特点，用户还可以通过修改程序中的土壤参数满足自己特定的要求。该模型可以分析不同设计要素下生物滞留池的水文性能，以此为生物滞留池的合理设计提供理论依据。RECARGA 模型采用 TR-55CN 程序模拟研究区（透水性区域和不透水性区域）的径流量。其输入参数主要包括不透水性区域的比例、研究区域面积和 CN（无量纲综合参数，用来反映研究区域的土壤特性和土地利用特征）（Cronshey et al.，1986；Vangenschten，1980）。模型输出包括水量平衡方程的各项要素（如排泄水量、地下水补给、溢出水量等）。因此，利用该模型可以反复设计模拟生物滞留池的各个要素（如根区土壤特性、面积等），从而达到特定的性能目标（如增加地下水入渗量，降低径流量等）。四种 LID 单项设施模拟模型概况如表 1.9 所示。

表 1.9　LID 单项设施模拟模型概况

模型名称	SWC	HYDRUS	DRAINMOD	RECARGA
发行方	USEPA	US Salinity Laboratory	U.S. Department of Agriculture	Dussaillant
模拟类型	水量模型	水量模型 水质模型	水量模型	水量模型
模拟方式	连续模拟 暴雨事件	连续模拟 暴雨事件	连续模拟 暴雨事件	连续模拟 暴雨事件

续表

模型名称	SWC	HYDRUS	DRAINMOD	RECARGA
功能	输出降雨径流比例关系、雨水径流生成量、滞留量等	输出水量、氮（氨氮和硝氮）、磷（磷酸盐）和常见金属离子等	输出排泄水量、氮素流失、盐分运移等	输出溢流和排泄水量、地下水补给量、水量消减曲线等
模型结构	Green-Ampt 模型计算土壤入渗率三个参数： （1）饱和导水率（Ksat）； （2）吸入水头； （3）初始水分亏缺（IMD）	Pemman 植物蒸发方程，水分胁迫和盐分胁迫模型处理根系吸水过程；PHREEQC 模型；Logistic 方程模拟植物生长过程；Freundlich 非线性方程模拟土壤吸附过程	Green-Ampt 入渗模型、Hooghoudt 和 Kirkham 排水公式、Thornthwaite 蒸发模型、氮素运移、盐分运移模型	TR-55CN 程序模拟研究区域的径流量、Green-Ampt 模型模拟入渗、van Genuchten 非线性方程模拟介质中的水分运动

表 1.9 中按照模拟类型可分为水量模型和水质模型，其中，仅有 HYDRUS-1D 既可模拟水量也可模拟水质，其余三种模型只能模拟水量；按照模拟方式可分为单场降雨和连续模拟，四种模型均可进行两种方式模拟。SWC 是 2014 年由 USEPA 发布，可以将任意 LID 设施进行简单组合，但尚属于新型模型且使用率不高，使用 SWC 模型模拟的成果并不多见；HYDRUS 和 DRAINMOD 不仅模型成熟、易于操作，而且长期监测结果表明这两种模型较其他模型更精确，故应用最为广泛。

1.5.2 LID 单项设施模拟模型应用进展

用 SWC 模型对浙江省嘉兴市蒋水港生态驳岸研究区域进行建模，根据模拟区域的地形、土壤类型、蒸发量、降雨量及土壤覆盖等基础数据，对该研究区域内地表降雨量与径流量的关系、降雨天数、降雨滞留率以及不同重现期条件下降雨量与径流量的关系进行模拟，并评估了 LID 设施削减径流量的潜力（李研，2012）。结果表明，产生径流的主要因素是不透水面积的变化，同时，对于 30 mm 以下降雨所产生径流量，LID 设施具有良好的削减效果；但对于重现期五年以上的强降雨情形，其削减效果仍然有限，又由于该模型内嵌美国城市气象数据，在使用过程中需选择与研究地气候相近的城市，故计算数据精确性不高，具有一定的误差。

HYDRUS-1D 模型主要应用于农业水土工程领域。赖晓明等（2015）利用 HYDRUS-1D 模型并结合深层土壤溶液取样和氮磷浓度的测定，对太湖流域典型稻麦轮作农田的土壤水分渗漏作了模拟，分析了在当前耕作方式下农田水分渗漏和氮磷淋失特征。结果表明，土壤水的渗漏与前期土壤含水率、降雨及灌溉有关。近年来，该模型也逐渐被应用于 LID 设施调控效果的模拟。李家科等（2016）利用 HYDRUS-1D 模型对在生态滤沟系统中的三种入流浓度下 TP 迁移进行了模拟，TP 出水浓度模拟值与实测值平均相对误差分别为 14.11%、17.33%和 26.57%，模拟结果可靠。同时也用该模型模拟了 TN 污染物溶质运移的过程，因对氮的去除而言，生物作用相对明显，故模拟效果偏差较大。但该软件不能模拟生物滞留槽填料层中微生物的生化反应，仅能模拟污染物的物理吸附及其伴随的化学反应，因此在模拟上有一定的局限性。

DRAINMOD 模型是一个田间水文模型，主要应用于农业领域。罗纨等（2006）利用 DRAINMOD 模型对宁夏银南灌区稻田的田间地下水位和排水过程进行了模拟。研究发现，年平均排水量误差仅为 0.4%，非常接近试验观测值。王少丽等（2006）等运用 DRAINMOD 模型模拟了不同排水系统布置下的地下水位和排水量，发现实测结果非常接近模拟结果，说明该模型可以对田间水文过程作较好的预测。近年来，LID 设施调控效果的模拟也逐渐应用此模型。Brown 等（2013）应用 DRAINMOD 模型来验证和校准北卡罗来纳州 Nashville 和 Rocky Mount 两处生物滞留池的水文特性，考虑的因素主要有填料的类型、填料的深度、底层土壤类型以及排水结构等。结果表明，两处生物滞留池排水和蒸散发模拟效果良好。

RECARGA 模型为生物滞留入渗模型。Sun 等（2011）通过 RECARGA 模型分析了位于美国雷内克萨市一处停车场的 LID 单项设施的水文性能指标，发现对于大部分水文指标来说，表面积是最敏感的因素，砾石深度是不敏感因素，种植土壤的饱和入渗率和原生土壤饱和入渗率是其他两个最敏感的元素。朋四海等（2014）通过该模型对合肥市建造的 3 个生物滞留设施的水文效应以及对径流的净化效果进行考察，提出建有下排水系统的生物滞留设施的服务面积比宜取 5%～7%，填料渗透速率宜取 3～5 cm/h，设施的表面出水深度宜取 15～20 cm。孙艳伟和魏晓妹（2011）利用 RECARGA 模型模拟了生物滞留系统的水文效应，表明影响其地下水补给幅度、积水时间和径流削减幅度的最重要影响因素是生物滞留池面积。当研究区域中不透水面积有 15%左右为生物滞留池的面积时，径流削减量可达到 80%，且可将其补给地下水；当出于为了增加地下水入渗补给的目的而设计生物滞留池时，影响地下水入渗补给最重要的因素为研究区域天然土壤的饱和水力传导系数。

综上所述，SWC 模型适用于分析雨水径流生成量、滞留量和 LID 设施类型及其面积，适用于土壤均匀、场地规模较小的环境；HYDRUS 模型可用于模拟田间尺度的水盐运移规律、地下水污染评估和计算农业领域或室内试验的径流和泥沙，氮、磷等元素的浓度和流失，也适用于分析生物滞留系统对城市径流的净化效果和污染物的迁移机理；DRAINMOD 模型可以准确地预测地下水位、排水速率和排水总量，尤其适用于分析长时间序列的田间水文模拟、氮素的转化和盐分的积累以及盐碱地的灌溉和排水系统，也可用于 LID 设施水文模拟；RECARGA 模型适用于模拟生物滞留入渗的各项要素。

对上述四种典型 LID 单项设施模型从优缺点、特点三方面来进行详细比较，具体如表 1.10 所示。并指出其存在问题，以供使用者参考。

表 1.10　LID 单项设施模拟模型优缺点、特点对比

模型名称	特点	优点	缺点
SWC	可以直观显示出模拟区域的降雨径流比例关系。能够模拟植被表面或洼蓄降雨的蒸发、土壤的渗透损失，未涉及植被吸收散失或重新转化为地表水进入排水渠道或溪流等渗透水的最终转化路径	可以任意将 LID 设施进行简单组合。每种控制设施都有特定的设计参数，根据实际情况，使用者可以将所需设施的默认参数进行相应的修改，在强大数据库下的简化模型，操作简便，易于推广	模型内嵌美国城市气象数据，使用过程中，需选择与研究地气候，相近的城市，计算数据精确性不高，具有一定的误差，影响模拟结果准确性。对不同地区的推广使用有一定的局限性
HYDRUS	既可以预测排泄水量，也可以预测出流水质（部分污染物）	能准确模拟 LID 的小型试验出水情况，也可以准确模拟污染物浓度的垂向分布。在各个参数的实测值和经验值较为准确的情况下，其模拟结果比较接近实测值，实用价值很高	不能模拟生物滞留槽中微生物的生化反应；仅能模拟污染物的物理吸附和化学反应。而由于现阶段很难准确获得中下层非饱和介质土壤特性曲线的参数值，所以这也是将 HYDRUS-1D 应用于现有 LID 技术的障碍

续表

模型名称	特点	优点	缺点
DRAINMOD	可以准确地预测地下水位、排水速率和排水总量，尤其适合于长时间序列水文模拟。该模型区别于其他模型之处主要在于：其内部储水区排水结构和土壤含水率的计算方法，DRAINMOD 模型使用土壤水分分布特征曲线来研究填料介质中的水文特性	可以连续不断地进行长期模拟（50年或者更多），对生物滞留设施进行校正和检验。也可模拟多种不同的排水情况（其他模型到目前为止仍未做到这点）	未总结降雪、融雪以及冻融情况下，对土壤中水分运移过程的影响，因此，只适用于湿润地区土壤没有冻融的条件
RECARGA	能够预测不同根区深度、不同介质层土壤、不同天然土壤、不同降水类型以及出流设施对LID水文效应的影响	通过 LID 设施的非均质渗透状况，可以准确地模拟雨水径流，也可以预测 LID 系统的堵塞问题	该模型较为复杂，对特定的暴雨量常会出现保守的设计。而且在预测粒径小于 6 μm 的颗粒浓度方面尚缺乏灵敏性

由表 1.10 知，上述 4 种模型都由欧美国家机构研发，有些模型内嵌自己国家的城市气象数据，针对性较强，所以在使用过程中局限性较大，如 SWC 模型。HYDRUS 模型的模拟结果比较接近实测值，故实用价值很高。但由于现阶段很难获得中下层非饱和介质土壤特性曲线的参数值，所以这是目前将 HYDRUS 应用到现有 LID 技术的阻碍。DRAINMOD 模型为田间水文模型，它既可以连续不断的进行长期模拟，也可模拟多种不同的排水情况。但未总结降雪、融雪以及冻融情况下对土壤中水分运移过程的影响。RECARGA 模型既可以准确模拟雨水径流通过 LID 设施的非均质渗透状况，也可以预测 LID 系统的堵塞问题，但模型较为复杂，计算精度不高。

通过上述分析，LID 单项设施模拟模型研究的不足之处为：对于 LID 技术的很多研究，仅仅只是局限在某些具体措施上，缺乏对 LID 技术全面、系统深入的监测、模拟和评价研究。模型模拟研究需要结合研究区域土地利用的实际情况，用监测数据来验证模型的准确性，从而指导 LID 措施的建造和设计，但这些数据往往积累不够。目前，关于 LID 技术的研究大多基于小试及模拟降雨的条件，对各种污染物的影响系统效能发挥因素、去除机理等方面尚未明晰，也缺乏对长期运行效果进行考察。所以 LID 技术模拟模型的发展仍处于起步阶段，需要大量的研究为目前众多问题的解决提供理论支持。

1.6 本章小结

城市生态水文过程中包括自然状态下的生态水文过程和社会水循环过程。自然生态水文过程是指自然水循环与生态格局等相互作用和影响的过程。水可以以不同形态在不同介质中存在，通过蒸散发、降水、产汇流、下渗等过程进行转化运移，从而形成自然界的水文循环。社会水循环是指，通过兴建引水、蓄水、供配水、排水及污水处理等设施来满足人类生活生产需求，实现供、用、耗、排及污水处理等阶段的水循环。随着城市化水平的快速发展，全球的气候与环境发生了重大的变化，主要表现在水资源短缺、生态系统退化、土壤侵蚀加剧、生物多样化锐减、臭氧层耗损、大气化学成分改变等。海绵城市是指城市能够像海绵一样，在适应环境变化和应对自然灾害等方面具有良好的“弹性”，下雨时吸水、蓄水、渗水、净水，需要时将蓄存的水“释放”并加以利用。统筹低影响开发雨水系统、城市雨水管渠系统及超标雨水径流排放系统推进海绵城市建设是社会各界关注的热点。

另外，城市雨洪和面源污染模拟在城市水环境管理中有不可替代的作用，考虑多种影响因素、对模拟结果进行不确定性分析及研究和开发水文学-水力学、水量-水质耦合模型是今后研究的重点。随着低影响开发技术的发展，强稳定性、高精确度和快速计算能力是城市模拟发展的要求与未来发展的趋势。

参考文献

班玉龙，孔繁花，尹海伟，等. 2016. 土地利用格局对 SWMM 模型汇流模式选择及相应产流特征的影响. 生态学报，36（14）：4317-4326

边博. 2010. 城市地表污染物累积模型研究. 土木建筑与环境工程，32（6）：137-141

岑国平，沈晋. 1996. 城市暴雨径流计算模型的建立和检验. 西安理工大学学报，（3）：184-190，225

岑国平，沈晋，范荣生，等. 1997. 城市地面产流的试验研究. 水利学报，（10）：48-53，72

陈昌军，郑雄伟，张卫飞. 2012. 三种水文模型不确定性分析方法比较. 水文，32（2）：16-20

陈吉宁，曾思育，杜鹏飞，等. 2014. 城市二元水循环系统演化与安全高效用水机制. 北京：科学出版社

丁超. 2013. 支撑西北干旱地区经济可持续发展的水资源承载力评价与模拟研究. 西安：西安建筑科技大学博士学位论文

房明惠. 2009. 环境水文学. 合肥：中国科学技术大学出版社

冯耀龙，肖静，马姗姗. 2015. 城区产汇流计算方法分析研究. 中国农村水利水电，（6）：43-47

傅臣家，刘洪禄，吴文勇，等. 2008. 六价铬在土壤中吸持和迁移的试验研究. 灌溉排水学报，27（2）：9-14

郝芳华，孙雯，曾阿妍，等. 2008. Hydrus-lD 模型对河套灌区不同灌施情景下氮素迁移的模拟. 环境科学学报，28（5）：853-858

侯改娟. 2014. 绿色建筑与小区低影响开发雨水系统模型研究. 重庆：重庆大学硕士学位论文

赖晓明，廖凯华，朱青，等. 2015. 基于 Hydrus-1D 模型的太湖流域农田系统渗漏和氮磷淋失特征分析. 长江流域资源与环境，24（9）：1491-1498

李家科，蒋春博，张思翀，等. 2016. 生态滤沟对城市路面径流的净化效果试验及模拟. 水科学进展，27（6）：898-908

李家科，刘增超，黄宁俊，等. 2014. 低影响开发（LID）生物滞留技术研究进展. 干旱区研究，31（3）：431-439

李鹏，李家科，林培娟，等. 2016. 生物滞留槽对城市路面径流水质处理效果的试验研究. 水力发电学报，35（8）：72-70

李研. 2012. 基于 SUSTAIN 与 SWC 的城市雨水 LID 设施评价方法研究. 北京：北京建筑大学硕士学位论文

李玥，俞快，程娘珠，等. 2016. 低影响开发的 7 种城市雨洪管理模型. 广东园林，38（4）：9-13

刘艳丽，梁国华，周惠成. 2009. 水文模型不确定性分析的多准则似然判据 GLUE 方法. 四川大学学报（工程科学版），41（4）：89-96

罗纨，贾忠华，Skaggs R W. 2006. 利用 DRAINMOD 模型模拟银南灌区稻田排水过程. 农业工程学报，22（9）：53-57

马欢，杨大文，雷慧闽，等. 2011. Hydrus-1D 模型在田间水循环规律分析中的应用及改进. 农业工程学报，27（3）：6-12

马箐，沙晓军，徐向阳，等. 2015. 基于 SWMM 模型的低影响开发对城市住宅区非点源污染负荷的控制效果模拟. 水电能源科学，24（9）：53-57

马萨利克. 2014. 城市水循环过程及其交互. 荆茂涛译. 北京：中国水利水电出版社
梅超. 2019. 城市水文水动力耦合模型及其应用研究. 北京：中国水利水电科学研究院博士学位论文
潘晓玲，潘小珍，李永东. 2001. 论我国西北干旱区的可持续发展. 地域研究与开发，20（3）：18-22
朋四海，李田，黄俊杰. 2014. 合肥地区生物滞留设施的合理构型和设计参数. 中国给水排水，30（17）：145-149
乔冈. 2006. 天山北麓平原区包气带水分运移机理与数值分析. 西安：长安大学硕士学位论文
任伯帜，邓仁建. 2006. 城市地表雨水汇流特性及计算方法分析. 中国给水排水，22（14）：39-42
芮孝芳. 2004. 水文学原理. 北京：中国水利水电出版社
石玉林. 2004. 西北地区水资源配置生态环境建设和可持续发展战略研究（综合卷）. 北京：科学出版社
宋晓猛，张建云，王国庆，等. 2014. 变化环境下城市水文学的发展与挑战——Ⅱ. 城市雨洪模拟与管理. 水科学进展，25（5）：752-764
孙艳伟，魏晓妹. 2011. 生物滞留池的水文效应分析. 灌溉排水学报，30（2）：98-103
孙艳伟，魏晓妹，Pomeroy C A. 2011. 低影响发展的雨洪资源调控措施研究现状与展望. 水科学进展，22（2）：287-293
汤英，徐利岗，张红玲，等. 2011. HYDRUS-1D/2D 在土壤水分入渗过程模拟中的应用. 安徽农业科学，39（36）：22390-22393
汪俊杰. 2015. 城市雨水排水系统的管网模型研究. 成都：西南交通大学硕士学位论文
王宝山. 2011. 城市雨水径流污染物输移规律研究. 西安：西安建筑科技大学博士学位论文
王纲胜，夏军，牛存稳. 2004. 分布式水文模拟汇流方法及应用. 地理研究，23（2）：175-182
王建龙，王明宇，车伍，等. 2015. 低影响开发雨水系统构建关键问题探讨. 中国给水排水，（22）：6-12
王龙，黄跃飞，王光谦. 2010. 城市非点源污染模型研究进展. 环境科学，31（10）：2532-2540.
王少丽，王兴奎，Prasher S O，等. 2006. 应用 DRAINMOD 农田排水模型对地下水位和排水量的模拟. 农业工程学报，22（2）：54-59
王姝. 2015. 基于海绵城市理念的城镇雨水系统规划方案模拟与评价. 天津：天津大学硕士学位论文
王志刚，刘芳. 2011. 西北干旱区气候特点及城市树种选择. 中国城市林业，9（2）：42-50
徐宗学，李占玲. 2009. 黑河源区径流模拟与模型不确定性分析. 中国水利学会水资源专业委员会 2009 学术年会
臧文斌. 2019. 城市洪涝精细化模拟体系研究. 北京：中国水利水电科学研究院博士学位论文
张佳扬. 2014. 生态滤沟处理城市雨水径流的小试与模拟. 西安：西安理工大学硕士学位论文
张一龙，王红武，秦语涵. 2015. 城市地表产流计算方法和径流模型研究进展. 四川环境，34（1）：113-119
赵林波，李龙，陈新，等. 2013. 城市雨洪管理新模式——低影响开发. 价值工程，（24）：147-148
Brown R A，Skaggs R W，Hunt III W F. 2013. Calibration and validation of DRAINMOD to model bioretention hydrology. Journal of Hydrology，486：430-442
Cronshey R G，Roberts R T，Miller N. 1985. Urban hydrology for small watersheds（TR-55 REV. ）. American Society of Civil Engineers，55：1268-1273
Deletic A. 2001. Modeling of water and sediment transport over grassed areas. Journal of Hydrology，248（1-4）：168-182
Deletic A. 2005. Sediment transport in urban runoff over grassed areas. Journal of Hydrology，301（1-4）：108-122
Deletic A，Dotto C B S，Mccarthy D T，et al. 2012. Assessing uncertainties in urban drainage models. Physics & Chemistry of the Earth Parts A/b/c，42-44（208）：3-10

Delleur J W. 2001. New Results and Research Needs on Sediment Movement in Urban Drainage. Journal of Water Resources Planning & Management，127（3）：186-193

Heatwole K，McCray J. 2007. Modeling potential vadose-zone transport of nitrogen from onsite wastewater systems at the development scale. Journal of Contaminant Hydrology，91（1-2）：184-201

Infrastructure G，Rossman L A. 2013. National Stormwater Calculator User's Guide. Environmental Protection Agency

Kohne J，Kohn S，Simunek J. 2006. Multi-process herbicide transport in structured soil columns：Experiments and model analysis. Journal of Contaminant Hydrology，85（1-2）：1-32

Li J，Davis A P. 2016. A unified look at phosphorus treatment using bioretention. Water Research，90：141-155

Mcdonald R I，Green P，Balk D，et al. 2011. Urban growth，climate change，and freshwater availability. Proceedings of the National Academy of Sciences of the United States of America，108（15）：6312

Murakami M，Fujita M，Furumai H，et al. 2009. Sorption behavior of heavy metal species by soakaway sediment receiving urban road runoff from residential and heavily trafficked areas. Journal of Hazardous Materials，164（2-3）：707-712

Ngoc M，Dultz S，Kasbohm J. 2009. Simulation of retention and transport of copper，lead and zinc in a paddysoil of the Red River Delta，Vietnam. Agriculture. Ecosystems and Environment，129（1-3）：8-16

Phillips B C，Thompson G. 2002. Virtual stormwater management planning in the 21st century. International Conference on Urban Drainage，147：1-15

Ramos T，Simunek J，Goncalves M，et al. 2011. Field evaluation of a multicomponent solute transport model in soils irrigated with saline water. Journal of Hydrology，407（1-4）：129-144

Sun Y W，Wei X M，Christine A P. 2011. Global analysis of sensitivity of bioretention cell design elements to hydrologic performance. Water Science and Engineering，4（3）：246-257

US. Environmental Protection Agency（USEPA）. 2000. Low impact development：A Literature Review. Washington，DC

Vangenschten J T. 1980. A closed-form equation for predicting the hydraulic conductivity for unsaturated soil. Soil Science Society of America Journal，44（5）：892-898

Warwick J J，Wilson J S. 1990. Estimating Uncertainty of Stormwater Runoff Computations. Journal of Water Resources Planning & Management，116（2）：187-204

Yang H B，Mccoy E L，Grewal P S，et al. 2010. Dissolved nutrients and atrazine removal by column-scale monophasic and biphasic rain garden model systems. Chemosphere，80（8）：929-934

第2章　典型低影响开发设施填料改良

填料或介质是低影响开发设施（以生物滞留和雨水渗井为例）功能发挥的关键因素，低影响开发设施填料及其改良已成为国内外研究的热点问题。从目前应用情况来看，国内生物滞留系统填料的选择标准大多借鉴国外的经验。不同地区土壤特性、气象条件、雨水径流水质等方面存在差异，国外的填料选择标准在国内难以直接应用。在借鉴国外的填料时，大多未考虑经济性因素，这对于具有丰富废弃生物质资源的我国来说，是极大地浪费。从目前已有的水质净化研究来看，对于生物滞留系统中的填料及其改良研究还存在很大空间，并且国内大多数研究只是偏向于各类污染物的短期净化效果，缺乏对生物滞留设施长期水质净化效果的研究以及较少更深层次地研究各类污染物在生物滞留填料中的迁移转化机制。深化这方面的研究，可为该技术更好地应用于城市面源污染控制提供参考。对于雨水渗井，我国普遍填充砂和砾石，渗透性能好，但对水质净化效果较差。为了提高雨水渗井中填料的渗透性能和污染物净化功能，亟待开展雨水渗井填料技术指标的研究。低影响开发设施填料的获取须遵循吸附能力强、解吸率低、持水能力强、成本低、本地易获取的原则。为弥补低影响开发设施传统填料或者原状土渗透能力/净化能力的不足，本章在研究区域土壤条件、传统低影响开发填料成分、常用改良剂基本特性分析的基础上，提出生物滞留池和人工雨水渗井填料改良的技术路线与方法。

2.1　传统低影响开发设施填料组成

2.1.1　生物滞留池传统填料

现阶段，生物滞留系统填料设计形式主要有分层填料与混合填料两类。以分层填料形式填充的生物滞留系统自上而下分别为覆盖层、种植土层、人工填料层、粗砂层和砾石排水层。以混合填料形式填充的生物滞留系统自上而下分别为覆盖层、混合填料层、粗砂层和砾石排水层。国外相关设计中多采用混合填料的方式，生物滞留传统填料 BSM（bioretention soil media）配比为30%～60%砂、20%～30%表层土及20%～40%的有机物质（Guo et al.，2015；Wan et al.，2017；Hunt et al.，2008）。为提高生物滞留设施的运行效果，生物滞留填料的改良已成为国内外研究的热点问题，推荐的典型配比方式如表2.1所示。

表2.1　生物滞留填料组成及配比（高晓丽等，2015）

机构或研究者	填料组成及配比	配比类型
北卡罗来纳州	85%～88%砂、8%～12%黏土和粉砂、3%～5%有机质	质量比
特拉华州	1/3砂、1/3泥炭、1/3有机质	体积比
马里兰州	50%砂、30%表层土、20%有机质（木屑、树叶堆肥）	体积比
FAWB	推荐砂壤土，同时可添加10%～20%的矿物质	体积比

续表

机构或研究者	填料组成及配比	配比类型
胡爱兵等	65%砂、25%～30%壤质土、5%～10%营养土	质量比
潘国艳等	65%～70%粗砂、30%～35%炭土	质量比
罗艳红	90%河沙、5%粉煤灰、5%有机质	质量比

注：FAWB 为澳大利亚生物滞留推广协会

生物滞留传统填料的组成成分包括土壤、河沙和木屑。根据三种土粒（砂粒、粉粒、黏粒）含量不同，将土壤分为 12 类，其中较为典型的有砂土、黏土、壤土三种。壤土耕性最好，水气比例最易达到理想范围。砂土往往气多水少，温度易偏高。而黏土则水多气少，温度易偏低，紧实黏重。木屑具有轻松透气、吸湿保水性强、缓冲性能好等特点。锯末大小选用中等粗细的锯末为好，因锯末过细，容易蓄水太多，影响植物生长。木屑处理一是发酵后使用，新木屑热量多，栽种植物后容易发酵烧根死苗。另外，被视为废弃物的松树皮经加工现已广泛应用于农业栽培、园林绿化、生物环保等领域。松树皮具有较高的有机质含量，适宜的化学成分，稳定的 pH 值，较低的电导率，较高的氮、磷、钾、钙、镁含量，主要作用可概括为：①涵养土壤水分，减少水分直接蒸腾；②抑制杂草生长；③使填料维持一个更加均衡的温度，其热传导慢，达到夏季保持凉爽，冬季保温的效果；④能够防止填料表面的板结，提高水分的吸收和渗透，并且减少水土的流失；⑤能够改善填料结构，有机覆盖物腐烂分解后可以作为肥料补充填料的养分。为增加生物滞留填料的通透性、比表面积、吸附能力，在以上生物滞留传统填料的基础上，以混掺或分层的形式填充石灰石、草炭土、椰糠、蛭石、炉渣、陶粒、粉煤灰、给水厂污泥（WTR）、蒙脱石等填料，可以提高污染物的净化效果（Paliza et al.，2018）。生物滞留系统中的氮素需要在厌氧环境、有足够的碳源的条件来促进反硝化作用，通常填料中可作为碳源的材料有：覆盖堆肥、报纸、木屑、小麦秸秆、木材芯片等，但碳源添加量不能过量且释放过快，典型的碳源为上层 5%的覆盖物（即用麦秆、树叶等覆盖树木周围地面以保护根部、肥沃土壤）和填料中混掺 5%（质量比）的木屑。

为提高各种污染物的去除效果，通常也将生物滞留系统设计成三层结构，上层填料通过添加有机物主要捕获悬浮固体、溶解性金属和憎水有机物；中间层填料通过添加铁/铝氧化物以提高对磷素的吸附作用；对于渗透型或半渗透型生物滞留系统，如果设施底部土壤渗透性能小于生物滞留系统填料本身的渗透能力，则也会在设施底部形成一定的内部储水区。防渗型生物滞留系统下层配置有电子受体的饱和厌氧区，排水管排口上翘形成内部储水（internal water storage，IWS）区域为反硝化提供缺氧条件。层状生物滞留池填料构造入渗过程可分为三类，一类为均质填料入渗过程，另一类为较小入渗性的填料覆盖较大渗透性的填料，还有一类为较大渗透性的填料覆盖较小渗透性的填料。研究表明不同渗透性能填料的分层组合有助于形成好氧-厌氧的反应条件，高渗透型的填料层在较低渗透性的填料层之上的滤柱比相反填料顺序的滤柱对氨的去除效果要好（Hsieh et al.，2007）。生物滞留池三层结构水力特性如图 2.1 所示。

从目前应用情况来看，国内生物滞留系统填料的应用标准大多借鉴国外的经验。不同地区土壤地质、降雨条件、雨水径流水质特性等方面存在较大差异，国内填料选择难以直

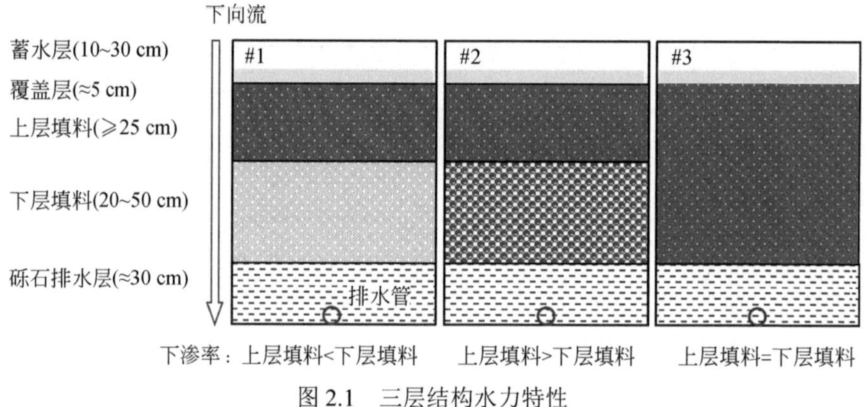

图 2.1 三层结构水力特性

接套用国外经验。在借鉴国外的填料时，大多未考虑经济性因素，这对于具有丰富废弃生物质资源的我国来说，是极大地浪费。从目前已有的水质净化研究来看，生物滞留设施填料选择及其改良的相关研究还存在很大空间，并且国内大多数研究只是偏向于各类污染物的短期净化效果，缺乏对生物滞留设施长期水质净化效果的研究以及更深层次的研究生物滞留系统中径流污染物的迁移转化机理。深化这方面的研究，可为该技术更好的应用于城市非点源污染控制提供理论支撑。

2.1.2 人工雨水渗井传统填料

传统人工雨水渗井一般选取渗透性能较好的滤料如天然河砂、陶粒、砾石、煤矸石等替代天然土层，以提高系统的水力负荷，通常采用干湿交替的方式运行，污水中的污染物经过填料层滤料的过滤、吸附截留、物理化学反应和好氧厌氧微生物的降解等综合作用得以去除，最终净化污水的水质。人工雨水渗井填料选择遵循以下原则：

1）渗透性能：水力负荷高是人工土快速渗滤系统的突出特点，因此选配的人工土的渗透系数应不低于作为快速渗滤介质的最小渗透系数值。

2）污染物去除效果：所选择的渗透介质既要有很好的渗透性能，又要含有一定量的黏土矿物和有机质，来加强其对污染物的截留和吸附作用；同时也可以保证渗滤介质具有较大的比表面积和高浓度的生物量，从而具有较好的污染物去除效果。

3）价格因素即经济性：用来配制人工土的天然土壤可以就地取材，基本不需要任何费用。粗砂也能在当地购买，并且来源丰富价格低廉。

2.2 常用改良剂种类及特性

改良剂的选择需从取材的便捷性、适用性与经济性考虑，常见改良剂中：给水厂污泥为城市给水厂原水净化处理过程中产生的残余物（颗粒、胶体和部分可溶性物质）；绿沸石、麦饭石和蛭石都属硅酸盐矿物；草炭土即泥炭土，是沼泽发育过程的产物；粉煤灰是燃煤电厂产生的主要固体废弃物；海绵铁（主要是氧化铁）是由铁矿石（或氧化铁球团）低温还原所得的低碳多孔状产物（表 2.2）。

表 2.2 改良剂基本特征

序号	种类	性质
1	火山石	优点：多孔、表面积大，质量轻、强度高，耐酸碱、耐腐蚀，且无污染、无放射性等。经高温煅烧处理后，对含正磷酸根离子的水溶液有非常明显的去除效果 缺点：会增加一定的 pH 值，不易获得
2	麦饭石	优点：无毒无害，且具有一定生物活性，对污染物有良好的吸附与分解能力，特别是对磷素污染物的净化表现出一定的高效性。可以吸附下层土壤中蒸发的水分，锁水性较好 缺点：浸润性差，对真菌的杀灭作用有限，防黑腐效果较差
3	小陶粒	主要由 SiO_2 和 Al_2O_3 组成 优点：多孔、质轻、表面强度大，易挂膜，满足植物透气方面的要求，并且能够吸附水体中污染物质 缺点：对有机物，浊度、色度等的吸附效果较差，易堵塞
4	草炭土	优点：质地松软易散碎，无毒无公害、无污染无残留，可用于改良生物滞留设施土壤的持水通气能力，提高设施对污染物的净化能力 缺点：国产泥炭品质不好，很多种植者购买欧洲草炭土，价格昂贵
5	蛭石	优点：天然无毒，低成本，由于其优良的吸附性和阳离子交换性，能够有效改善土壤结构，储水保墒，进而增强透气性及含水性 缺点：容易破碎，使用和运输过程中不能受到重压，一般使用 1～2 次就需更换
6	绿沸石	主要由四面体结构的四氧化铝（AlO_4）、四氧化硅（SiO_4）形成 优点：具有吸附性、离子交换性、稳定性和耐酸耐热等性能，被广泛用于气体净化和污水处理等方面 缺点：不易回收，质地较重，价格昂贵
7	炉渣	通常为金属氧化物和二氧化硅（SiO_2）的混合物 优点：活性成分较多，比表面积较大，因此吸附能力较强 缺点：炉渣易受污染，且含有硫的氧化物，遇水后形成酸，改变 pH 值
8	粉煤灰	火电厂燃煤产生的固体废弃物，含有大量的二氧化硅（SiO_2）及氧化钙（CaO） 优点：活性点较多、颗粒的比表面积较大。煤中还含有微量砷、硼、镉、铬、硒、汞等重金属成分，吸附能力较强 缺点：由于粉煤灰中的玻璃微珠吸附性较差，因此在使用前需要进行改性。粉煤灰吸附后分离复杂，容易造成二次污染，吸附后的物质在淋溶过程中容易析出，最终处理难度大
9	给水厂污泥	指添加铁盐或铝盐絮凝剂的给水厂净水工艺副产物 优点：含有大量的 Al^{3+}和 Fe^{3+}，具有较强的吸磷能力。能有效改善土壤结构，增加保水能力，增加各种植物所需营养物质的供应能力。易获得 缺点：预处理难度大，有异味，运行较长后会有少量金属离子析出，后续处理难度大
10	椰糠	优点：基质结构均匀统一，内部是海绵状的纤维，能够吸收自身 8 倍质量的水分。pH 值适中，透气性和持水性好，天然环保，无有害物质，干净卫生，节水节肥 缺点：国内只有海南生产一定量的椰糠，来源不够广泛
11	海绵铁	优点：具有反洗频率低，抗压强度高，不粉化、不板结，比表面积大，活性高，再生效果好 缺点：成本较高、会出现板结情况

2.3 生物滞留池填料改良

2.3.1 生物滞留池填料改良技术路线

定义生物滞留传统填料为河沙，原状土和木屑的混合物，质量比为 65∶30∶5（≈50%

沙、30%土、20%木屑，体积比）。混合填料设计流程如表 2.3 所示。按美国农业部（USDA）土壤质地分类，本研究中的原状土为粉砂土（黏粒、粉粒、砂粒比例分别为 8.5%、76.5%、15%），按混合填料设计流程依次得到生物滞留传统填料，其土壤质地分类为砂壤土。将生物滞留传统填料和改良剂以不同比例混合形成改良填料，综合考虑填料对目标污染物的吸附能力、运行寿命、入渗能力和持水能力，建立因素两两比较的判断矩阵，优选生物滞留改良填料。

表 2.3　改良填料设计框架

USDA 土壤质地分类	黏粒（<0.002 mm）	粉粒（0.002～0.05 mm）	砂粒（0.05～2 mm）
原状土	8.5%	76.5%	15%
渗滤土	原状土+沙（3∶7，质量比）		
	5.5%	32.5%	62%
传统 BSM	渗滤土+木屑（19∶1，质量比）		
	5.5%	34.5%	60%
改良填料	传统 BSM+改良剂		

注：USDA（U.S. Department of agriculture）为美国农业部

2.3.2　填料改良实验方案

1. 改良剂等温吸附试验（批次 I）

批次 I 采用批量平衡法分别测定不同改良剂对氨氮和溶解性活性磷（SRP）的吸附等温线。将适量的改良剂置于 250 mL 具塞锥形瓶中，分别加入 200 mL 不同浓度 NH_4Cl/KH_2PO_4 溶液中，氨氮/溶解态活性磷（SRP）浓度梯度为 2 mg/L、5 mg/L、10 mg/L、20 mg/L、50 mg/L、100 mg/L。将具塞锥形瓶置于恒温摇床中，以 120 r/min，25±1℃振荡 48 h，取出，过滤，测定滤液中 NH_3-N/SRP 浓度，根据溶液浓度的变化，计算填料基质对 NH_3-N/SRP 的吸附量，绘制 Langmuir 吸附等温曲线。

$$q_e = \frac{X_m K_a C_e}{1 + K_a C_e} \tag{2.1}$$

式中，q_e 为单位质量基质的磷吸附量，g/kg；C_e 为吸附平衡浓度，mg/L；K_a 代表吸附键能强度，L/kg；X_m 为 Langmuir 理论饱和吸附量，g/kg。

针对改良剂进行吸附/解吸附实验。吸附实验步骤如下：分别称取 10 种改良剂各 5 g 于 250 mL 锥形瓶中，加入 100 mg/L 的 KH_2PO_4/NH_4Cl 溶液 200 mL，将锥形瓶置于恒温摇床中在 25℃，转速 120 r/min 的条件下振荡进行快速/慢速吸附实验（慢速吸附 24 h、快速吸附 5 min），振荡完毕后静置 30 min，通过 0.22 μm 膜滤器过滤，然后取上清液用紫外分光光度法测定 NH_3-N/SRP 浓度，重复三次以减少实验误差。解吸附实验步骤如下：将快速吸附和慢速吸附后的改良剂于阴凉处风干后，分别取 2.5 g 于锥形瓶中，加入 200 mL 蒸馏水，置于恒温摇床中在 25℃条件下振荡（慢速吸附 24 h、快速吸附 5 min），振荡完毕后静置 30 min，通过 0.22 μm 膜滤器过滤上清液并测定溶液中 NH_3-N/SRP 浓度，重复三次以减少实验误差。

2. 改良填料等温吸附试验（批次Ⅱ）

对传统的BSM进行改良，将批次Ⅰ所筛选出的单一填料作为改良剂，与生物滞留传统填料按不同配比进行混合（BSM+5%、10%、15%改良剂，质量比）配制改良填料。称取改良填料10 g，其中三个混合比例中改良剂质量分别为0.5 g、1.0 g和1.5 g，依次减少生物滞留传统填料质量，通过批次Ⅱ实验进行改良填料对NH_3-N和SRP的吸附特性，溶液浓度、温度、时间等设置同批次Ⅰ（图2.2）。根据设定的污染物吸附量目标值，确定生物滞留传统填料和改良剂的混合比例。

(a) 试样制备

(b) 恒温振荡

图2.2 各批次实验照片

3. 入渗与持水能力试验

填料风干后含水率为2%～5%，其含水率用环刀法测定（图2.3）。具体操作步骤为：环刀装配完成后编号，重量记为m，填料土风干后过2 mm筛，取适量土样于环刀中，称量其总重量M_0。将装有土样的环刀放入盛有水的容器中，水位刚好到达环刀顶端下沿，浸泡12 h后称重，记为M_1，再将环刀隔空放置24 h，称量其重量，记为M_2。浸泡后的填料在109℃的烘箱中烘至恒重，记录下各样品重量M_3。初始含水率、残余含水率、饱和含水率计算如式（2.2）～式（2.4）所示。

本研究采用马氏瓶定水头供水进行一维土壤入渗实验。实验装置由马氏瓶和入渗土柱组成，尺寸均为高50 cm，内径10 cm的圆柱形。将等温吸附试验筛选的生物滞留改良填料分别装填土柱内，每5 cm夯实压平，测定不同生物滞留改良填料水分特征曲线。实验装置如图2.4所示。

$$初始含水率：\theta_0 = (M_0 - M_3)/(M_3 - m) \tag{2.2}$$

$$残余含水率：\theta_r = (M_2 - M_3)/(M_3 - m) \tag{2.3}$$

$$饱和含水率：\theta_s = (M_1 - M_3)/(M_3 - m) \tag{2.4}$$

4. 吸附饱和试验

通过迷你柱实验（mini-column experiment），研究改良填料动态运行下的吸附能力。迷你柱高 22 cm，内径 3.4 cm，填充改良填料均为 180 g，填料高度维持在 16.3～19.2 cm，如图 2.5、图 2.6 所示。合成雨水径流分别为 1.0 mg/L SRP 和 1.5 mg/L NH_3-N，该取值参考西安市下垫面雨水径流平均浓度中的低浓度（陈莹等，2011；王小林等，2017）。所用药剂分别为 KH_2PO_4 和 NH_4Cl，西安市年降水量（H）为 560 mm，进水总水量（V）按式（2.5）计算。

$$V = 10^{-6} \times H \times n \times A \times \frac{m}{M} \tag{2.5}$$

式中，n 为设计年限，15 年；A 为汇水面积，20 m^2；m 为迷你柱填料质量，180 g；M 为实际生物滞留设施单位面积填料质量，其中密度ρ 以 BSM 计，1.116 g/cm^3，填充高度 h 以 0.7 m 计。

15 年设计水量下，每根迷你柱进水总量约 38.71 L，平均年进水量 2.581 L/a。实验系统用蠕动泵（LONGER，BT100-1L-A）连续注水。采用相同浓度下三种不同的进水流量，由低到高依次进行。三种设计流量分别为 0.5 年、2 年、3 年重现期，降雨历时 60 分钟下的降雨强度。所有迷你柱的开始流速为 2.6 mL/min，流量约为三年。然后将流入速率提高到 5.42 mL/min，并继续运行约三年的水量。此时，将入流速率提高到 6.24 mL/min，直

(a) 浸泡前

(b) 浸泡后

图 2.3　填料含水率实验

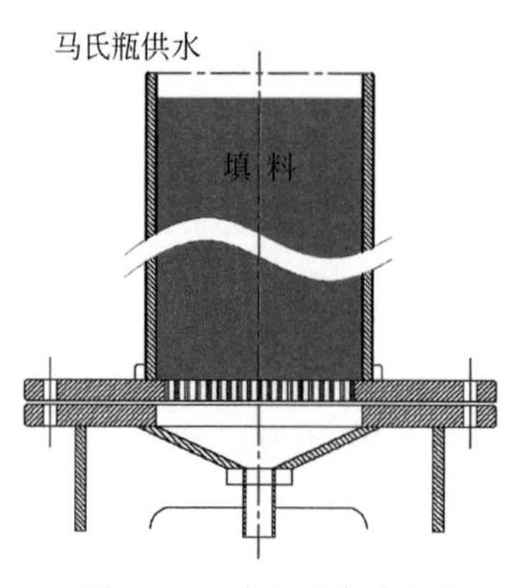

图 2.4　一维入渗实验土柱

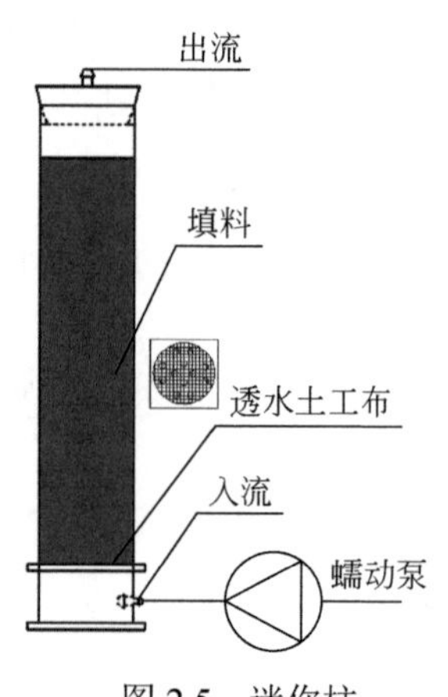

图 2.5　迷你柱

到运行完 15 年的设计水量。

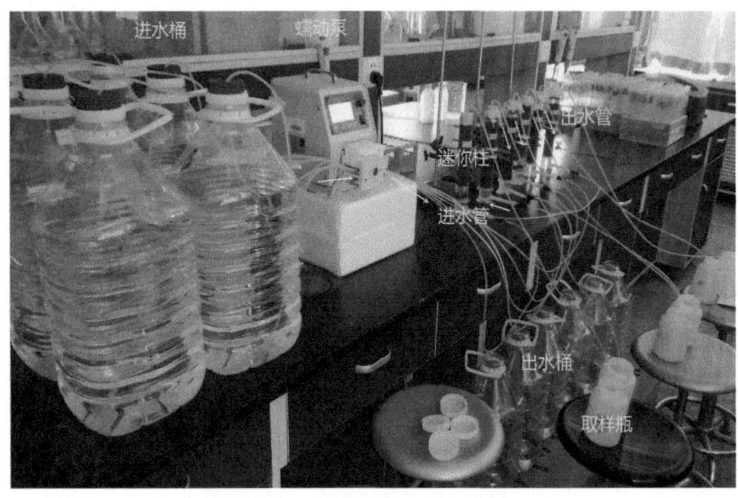

图 2.6 迷你柱实验装置

2.3.3 改良剂吸附特性研究

常用的改良剂主要有商业材料颗粒状活性炭（granular activated carbon，GAC）、沸石等，可循环材料给水厂污泥（WTR）、生物炭（Biochar）、粉煤灰等。本研究对建筑、水处理、绿化等方面常用材料进行调研，从分析填料的成本、便捷性、填料本身性能等方面，选取吸附能力强、对生物无毒无害的几种改良剂，分别为：草炭土、蛭石、给水厂污泥、绿沸石、麦饭石、粉煤灰、椰糠、高炉渣、火山石、小陶粒。检测改良剂基本特性包括阳离子交换量（cation exchange capacity，CEC）容重、比表面积（specific surface area，SSA）、孔隙度、粒径、氮磷含量等，检测结果如表 2.4 所示。以气体吸附 BET 法测定固态物质比表面积，阳离子交换量采用乙酸铵交换法测定。

表 2.4 改良剂基本特性

编号	填料	ρ /（g/mL）	SSA /（m^2/g）	CEC /（cmol/kg）	P /（mm^3/g）	ϕ /mm
1	草炭土	0.144	0.74	15.44	5.62	≤2
2	蛭石	0.110	2.99	17.16	11.35	1～3
3	给水厂污泥	0.917	25.97	10.72	22.91	≤2
4	绿沸石	0.969	16.24	21.08	41.91	3～6
5	麦饭石	1.115	1.08	18.82	2.27	2～4
6	粉煤灰	0.99	1.95	18.38	4.98	≤0.3
7	椰糠	0.083	0.85	14.23	1.96	≤2
8	高炉渣	0.502	5.64	16.35	7.53	2～5
9	火山石	0.727	5.62	12.73	17.10	3～5
10	小陶粒	0.481	0.40	11.52	1.17	5～10

注：ρ 为颗粒的填充密度；SSA 为比表面积，m^2/g；CEC 为阳离子交换量；P 为孔隙率；ϕ为粒径

通过等温吸附实验、吸附-解吸实验、持水能力实验，确定了 10 种常用改良剂的性能指标（表 2.5）。改良剂的选择遵循效能高、易获取、成本小的原则，其中材料的价格在不同区域差异较大，也受需求量的影响。研究区域位于西安地区，通过市场调研与资料搜集得到各改良剂的成本范围。比较改良剂的基本特性，WTR 和绿沸石的比表面积相对较大；绿沸石、给水厂污泥、火山石孔隙度较大；绿沸石、麦饭石和粉煤灰阳离子交换量相对较高；给水厂污泥、绿沸石、火山石孔隙度较大；给水厂污泥、草炭土本底营养物（氮和磷）含量较高；粉煤灰本底磷素含量较高。

表 2.5　改良剂性能比选

改良剂	氨氮		SRP		田间持水量/%	成本（CNY/t）
	X_m/（mg/g）	K_a/（L/kg）	X_m/（mg/g）	K_a/（L/kg）		
草炭土	a	a	a	a	45～50	750～850
蛭石	2.881	0.007	0.543	0.044	30～35	650～750
给水厂污泥	2.578	0.008	4.100	0.988	30～35	50～100
绿沸石	7.250	0.014	0.697	0.011	13～16	300～500
麦饭石	6.316	0.005	0.504	0.068	14～17	300～500
粉煤灰	3.557	0.004	1.481	0.172	35～37	100～150
椰糠	a	a	a	a	50～55	1200～1700
高炉渣	4.366	0.002	0.473	0.127	18～20	100～150
火山石	5.451	0.002	0.812	0.02	15～17	400～600
小陶粒	5.451	0.003	1.009	0.015	4～5	200～350

注：a 为数据未获取；K_a 为吸附键能强度；X_m 为理论饱和吸附量。

雨水径流中的 NH_4^+ 随雨水径流进入生物滞留系统，首先被带负电的填料颗粒吸附。因此，NH_4^+ 的吸附量取决于填料的阳离子交换能力（土壤胶体可吸收的可交换阳离子的最大量）。Tian 和 Liu（2017）在生物滞留填料中添加生物炭后，使填料孔隙度增加了约 28%，阳离子交换量增加了约 33%，氨氮的去除率从−26%～28%增加到 50%～90%。雨水径流中的磷主要通过化学沉淀反应和土壤颗粒的吸附去除，因此具有更多阳离子的碱性填料对磷具有更好的吸附能力。磷的吸附过程涉及两种类型的反应：表面部位（外球复合物）快速，高度可逆的吸附反应，以及磷与金属氧化物矿物结构（内球复合物）之间较慢的，很大程度上不可逆的反应，这种反应的发生很大程度上与填料的 pH 值有关（Wei et al.，2019；Lucas and Greenway，2011）。等温吸附实验结果表明：改良剂对 NH_3-N 吸附能力排序为：绿沸石＞麦饭石＞给水厂污泥＞粉煤灰＞蛭石＞小陶粒＞火山石＞炉渣，对 SRP 吸附能力排序为：给水厂污泥＞粉煤灰＞火山石＞绿沸石＞蛭石＞麦饭石＞炉渣＞小陶粒。

固体表面由于多种原因总是凹凸不平的，凹坑深度大于凹坑直径就成为孔。有孔的物质叫做多孔体（porous material），多孔体具有各种各样的孔直径、孔径分布和孔容积，孔的吸附行为因孔直径而异。对改良剂进行吸附-解吸附实验，分析改良剂在快速/慢速吸附条件下的吸附-解吸附能力（图 2.7）。吸附前后的改良剂风干，表面进行喷金处理后，进行扫描电子显微镜（scanning electron microscope，SEM）成像表面形貌特征分析。

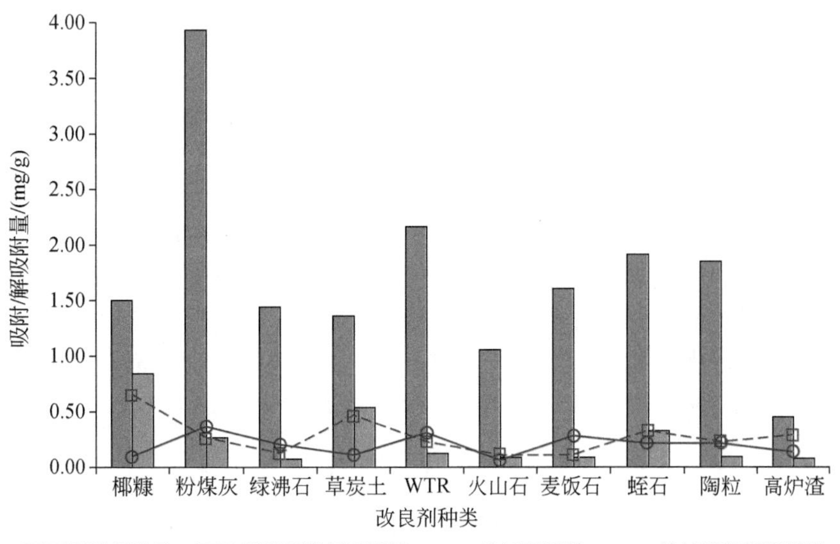

(a) SRP

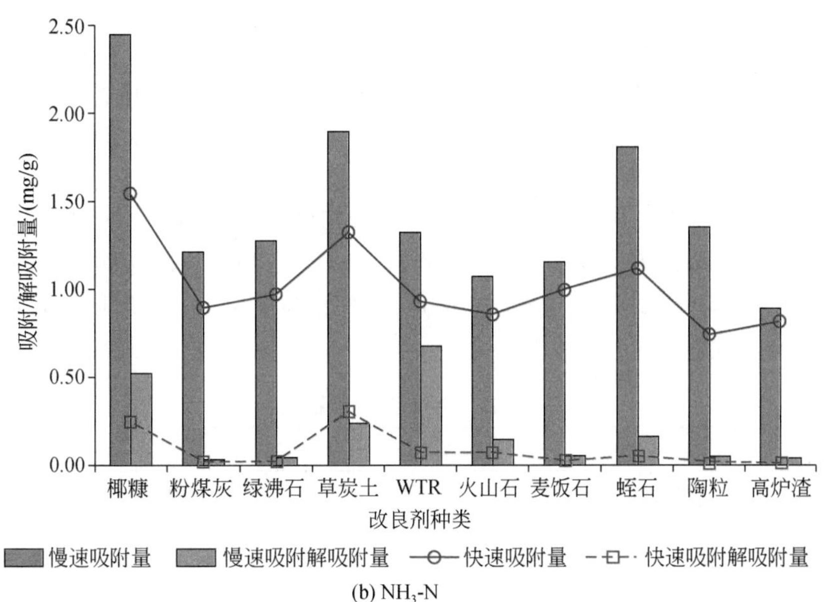

(b) NH_3-N

图 2.7　改良剂吸附-解吸附比率

扫描电子显微镜（SEM）图像显示，改良剂表面形貌差异较大，如绿沸石、WTR、粉煤灰和椰糠表面形貌分别为微米/纳米颗粒、微米/纳米片、微球和微管阵列。慢速吸附比快速吸附明显有更大的吸附量，对 SRP 来说，粉煤灰和 WTR 慢速吸附吸附量较大，椰糠和草炭土的解吸附量较大。快速吸附条件下，SRP 吸附与解吸附量差异不大。对 NH_3-N 来说，椰糠和草炭土慢速吸附条件下的吸附量较大，同样解吸附量也较大。快速吸附条件下，改良剂对 NH_3-N 也有较好的吸附效果，与吸附量相比，解吸附量较低。综合比较，选取吸附量较大，解吸附率低，田间持水量和饱和含水量较高，价格合理且本地易得等特点，本研究中初选给水厂污泥、绿沸石、麦饭石和粉煤灰为改良剂。

2.3.4 改良填料配比及其性能参数的确定

根据研究区域的雨水径流污染物浓度，生物滞留池的设计降雨强度、设计汇流比、设计使用年限，确定配制的改良填料对目标污染物吸附能力的基准，以此确定生物滞留传统填料和改良剂的混合比例。O'Neill 和 Davis(2012)以华盛顿都会区(Washington Metropolitan Area)为例研究生物滞留混合填料（77%砂粒、14%粉粒、8%黏粒）对磷素的吸附能力，年降水量 102 cm，雨水径流溶解态磷平均浓度 120 ug/L，汇流面积比 20∶1，计算得出该生物滞留混合填料对雨水径流磷素的吸附容量基准为 34 mg/ kg。与此同时，当填料中添加至少 4%～5% WTR（质量比，空气干燥）时，填料可以满足最小的磷素吸附要求。以 SRP 和 NH_3-N 为目标污染物，计算生物滞留填料吸附容量基准，计算公式为

$$q_{\text{goal}} = (V_{\text{P,1}} \times C \times t)/(V_{\text{C}} \times \rho) \tag{2.6}$$

式中，$V_{\text{P,1}}$ 为汇流面积上年降雨体积；C 为径流雨水中 SRP 和 NH_3-N 浓度；t 为填料达到吸附容量的运行年限；V_C 为填料体积；ρ 为填料密度，1.243 g/cm^3。

莫纳什大学澳大利亚生物滞留推广协会（Facility for Advancing Water Biofiltration，FAWB）建议生物滞留填料 TN＜1000 mg/kg，OM=3%～5%，PO_4^{3-}＜80 mg/kg 比较合适。分别以 SRP 和 NH_3-N 为目标污染物，其雨水径流浓度分别以 1.0 mg/L（SRP）、1.5 mg/L（NH_3-N）计算，西安市降水量以 560 mm/a 计。由于入流污染物浓度较美国标准高（溶解态磷平均浓度 120 μg/L），本研究中设计汇流比 10∶1，以两年降水量为计算标准，计算得出 BSM 吸附量的基准为 11.3 mg/kg（SRP），16.9 mg/kg（NH_3-N）。从吸附容量方面考虑，BSM+10%WTR、BSM+10%粉煤灰、BSM+10%绿沸石、BSM+10%麦饭石的填料组合比较合适（表 2.6 和表 2.7）。同时考虑添加不同比例改良剂后，改良填料中 OM、TN、PO_4^{3-} 含量，以及填料的持水能力，BSM+5%蛭石、BSM+5%草炭土、BSM+5%椰糠也被考虑在内进行进一步研究。

表 2.6 NH_3-N 吸附容量

改良填料	K_a/(L/kg)	X_m/(g/kg)	R^2	(q-1.5)/(mg/L)
BSM	0.003	1.594	0.990	8.112
BSM+5%绿沸石	0.002	5.684	0.997	17.423
BSM+10%绿沸石	0.003	6.546	0.998	24.943
BSM+15%绿沸石	0.003	7.434	0.999	32.200
BSM+5%麦饭石	0.004	1.930	0.982	12.656
BSM+10%麦饭石	0.004	2.825	0.981	16.347
BSM+15%麦饭石	0.003	3.871	0.979	17.571
BSM+5%粉煤灰	0.002	3.560	0.973	8.735
BSM+10%粉煤灰	0.008	1.179	0.992	14.691
BSM+15%粉煤灰	0.012	1.091	0.988	18.911
BSM+5% WTR	0.003	2.748	0.996	11.820
BSM+10% WTR	0.004	2.260	0.992	13.779
BSM+15% WTR	0.012	1.182	0.988	20.854

注：K_a 代表吸附键能强度，L/kg；X_m 为理论饱和吸附量，g/kg。

表 2.7　SRP 的吸附容量

改良填料	K_a/（L/kg）	X_m/（g/kg）	R^2	（q-1.0）/（mg/L）
BSM	0.019	0.514	0.981	9.661
BSM+5%绿沸石	0.017	0.661	0.987	10.989
BSM+10%绿沸石	0.017	0.649	0.986	11.143
BSM+15%绿沸石	0.021	0.651	0.932	13.173
BSM+5%麦饭石	0.020	0.606	0.951	12.062
BSM+10%麦饭石	0.026	0.568	0.953	14.179
BSM+15%麦饭石	0.029	0.557	0.961	15.868
BSM+5%粉煤灰	0.020	0.678	0.961	13.340
BSM+10%粉煤灰	0.019	0.834	0.979	15.226
BSM+15%粉煤灰	0.017	0.994	0.990	16.802
BSM+5% WTR	0.023	0.823	0.993	18.859
BSM+10% WTR	0.031	0.963	0.999	29.301
BSM+15% WTR	0.044	1.097	0.996	46.531

注：K_a代表吸附键能强度，L/kg；X_m为理论饱和吸附量，g/kg；q 为吸附容量，mg/kg。

2.3.5　水力传导率的测定

对原状土、渗滤土（沙∶土=7∶3，质量比）、生物滞留传统填料（沙∶土：木屑=6.5∶3∶0.5，质量比）、改良填料进行一维垂直入渗试验。经测定，本研究中不同填料的渗透系数、饱和含水率（θ_s）、残余含水率（θ_r）如表 2.8 所示。

表 2.8　填料渗透系数与含水量

填料类型	渗透系数/（m/s）	θ_s/（%）	θ_r/（%）	容重/（g/cm³）
土	1.79×10^{-5}	44.0	23.6	1.181
沙	7.61×10^{-4}	25.4	12.2	1.415
渗滤土	1.55×10^{-4}	31.0	15.6	1.345
BSM	2.75×10^{-4}	42.0	27.2	1.243
BSM+10% WTR	2.47×10^{-4}	40.3	24.0	1.210
BSM+10%麦饭石	1.91×10^{-4}	36.4	20.6	1.251
BSM+10%绿沸石	1.56×10^{-4}	36.6	21.8	1.216
BSM+10%粉煤灰	6.10×10^{-5}	46.0	30.3	1.218
BSM+5%草炭土	2.36×10^{-4}	49.9	29.4	0.881
BSM+5%椰糠	6.03×10^{-4}	56.6	34.0	0.909
BSM+5%蛭石	4.60×10^{-4}	67.1	36.5	0.904

美国环境保护署（EPA）和新西兰要求生物滞留池渗透系数在 3.47×10^{-6} m/s 以上，奥地利要求渗透系数应该为 1×10^{-5}～1×10^{-4} m/s，澳大利亚要求在 1.38×10^{-5}～5.55×10^{-5} m/s

（Coustumer et al.，2009）。根据中国的雨水特征情况，国内学者综合考虑径流量和污染物负荷的削减，建议渗透系数 K 应大于 10^{-5} m/s（向璐璐等，2008）。生物滞留设施的植被和设计规模对其水力传导率和处理的年径流量比例具有重要影响。对于初始导水率较大的系统（$K>5.56\times10^{-5}$ mm/h），随着时间的推移，在水力压实和沉积物的综合影响下，生物滞留系统渗透系数有明显的减少；对于初始含水率较低的系统，水力传导没有明显的减少，可能由于过滤介质的粒度分布更类似于进水沉积物的粒度分布，随着运行时间的延长，电导率的下降很可能是由于系统表面的沉积物沉积以及水力压实造成的（Hatt et al.，2007；Nabiul Afrooz et al.，2017）。研究发现：生物滞留土柱运行约 50 周的渗透速率平均下降为初始值的 30.8%，恰当的颗粒级配是保证透水孔隙有效性的有效措施（孟莹莹等，2013）。本研究中，改良填料渗透系数为 6.10×10^{-5} m/s～6.03×10^{-4} m/s（均值=2.79×10^{-4} m/s），入渗能力是原状土的 3.4～33.8 倍(均值=15.6)，是生物滞留传统填料的 0.22～2.20 倍(均值=1.02)。以饱和含水率表征填料的持水能力，改良填料持水能力是生物滞留传统填料的 0.9～1.6 倍，大多数高于生物滞留传统填料。

2.3.6 改良填料吸附容量和寿命计算

生物滞留设施运行年限是相关学者关注的重要问题之一。设施在水分压力和土壤自然沉降作用下，填料孔隙导度会逐渐闭合，导水能力逐渐减弱，水量调控效果降低；另外，难降解污染物的不断积累，填料内植物吸收、微生物降解污染物的速率小于填料吸附污染物的速率时，会导致填料吸附污染物的量逐渐减弱，径流污染调控效果降低。选取生物滞留传统填料，改良填料 BSM+10%WTR、BSM+10%粉煤灰、BSM+10%绿沸石、BSM+10%麦饭石、BSM+5%椰糠、BSM+5%蛭石、BSM+5%草炭土搭建迷你柱系统，进行连续运行吸附饱和试验。本研究中，实测入流氨氮和溶解性活性磷浓度分别为 1.536 mg/L 和 0.959 mg/L，当 $C_{out}>0.9C_{in}$ 时，认为填料已达到饱和。不同填料出流浓度趋势线如图 2.8 所示。对出流浓度离散点进行多项式拟合，出流浓度趋势线与 0.9 倍入流浓度（$0.9C_{in}$）的交点即为改良填料的饱和吸附点。求解填料吸附饱和时的累积进水水量，该累积进水水量除以年入流水量 2.581 L/a（由式（2.5）计算），即求得该填料的运行年限。改良填料运行寿命估算结果如表 2.9 所示。

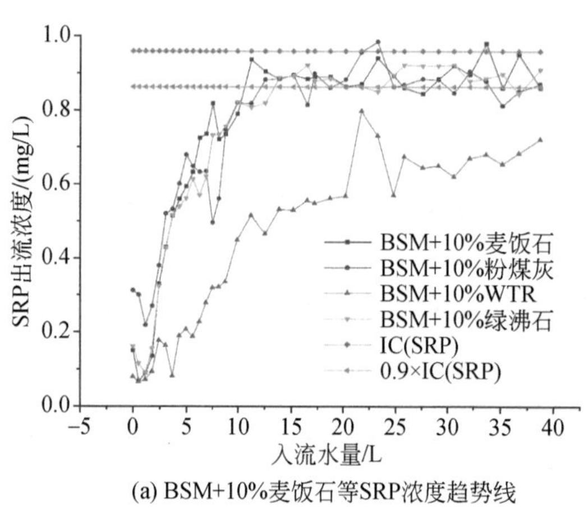

(a) BSM+10%麦饭石等SRP浓度趋势线

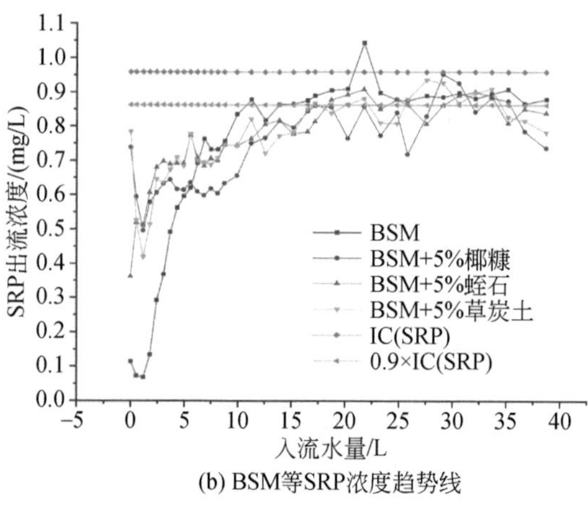

(b) BSM等SRP浓度趋势线

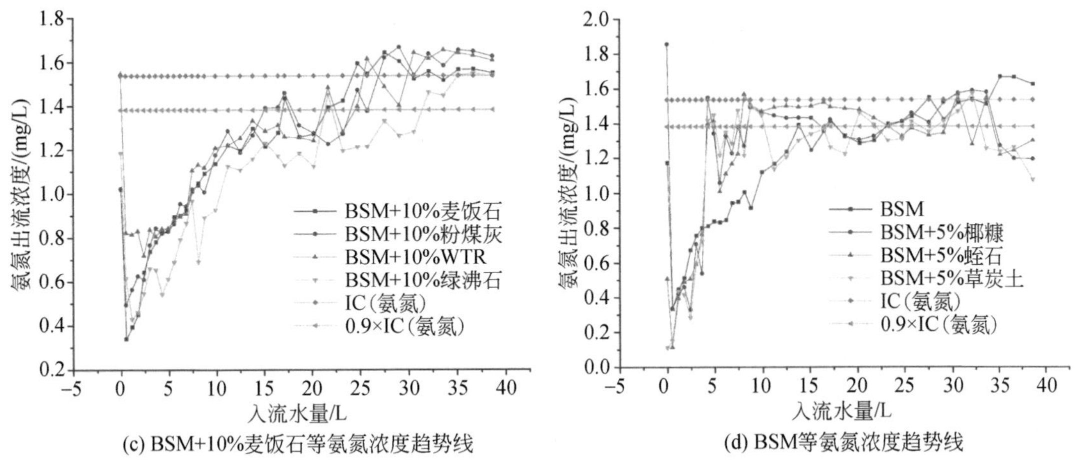

(c) BSM+10%麦饭石等氨氮浓度趋势线　　(d) BSM等氨氮浓度趋势线

图 2.8　出流浓度趋势线

表 2.9　改良填料运行寿命估算

改良填料	出流浓度趋势线（SRP）	寿命/年	出流浓度趋势线（NH_4^+-N）	寿命/年
BSM	$Y=-0.0013x^2+0.0651x+0.2038$（$R^2=0.857$）	5.5	$Y=-0.0007x^2+0.0521x+0.5988$（$R^2=0.862$）	8.1
BSM+5%草炭土	$Y=-0.0004x^2+0.0224x+0.5721$（$R^2=0.725$）	7.9	$Y=-0.002x^2+0.0904x+0.502$（$R^2=0.608$）	5.5
BSM+5%椰糠	$Y=-0.0003x^2+0.0195x+0.5504$（$R^2=0.716$）	11.1	$Y=-0.0014x^2+0.0642x+0.7646$（$R^2=0.377$）	5.3
BSM+5%蛭石	$Y=-0.0005x^2+0.0256x+0.5463$（$R^2=0.828$）	8.1	$Y=-0.0021x^2+0.0953x+0.535$（$R^2=0.692$）	4.7
BSM+10%绿沸石	$Y=-0.0012x^2+0.0605x+0.2219$（$R^2=0.803$）	5.9	$Y=-0.0004x^2+0.0381x+0.5787$（$R^2=0.888$）	12.2
BSM+10%粉煤灰	$Y=-0.001x^2+0.0506x+0.3154$（$R^2=0.892$）	6.1	$Y=-0.0007x^2+0.0506x+0.6389$（$R^2=0.879$）	8.0
BSM+10%WTR	$Y=-0.0007x^2+0.043x+0.03$（$R^2=0.750$）	15.0	$Y=-0.0002x^2+0.0279x+0.8476$（$R^2=0.949$）	8.9
BSM+10%麦饭石	$Y=-0.0012x^2+0.0614x+0.2361$（$R^2=0.897$）	5.5	$Y=-0.001x^2+0.063x+0.5451$（$R^2=0.829$）	7.4

当以 SRP 为目标污染物时，BSM+10%WTR 的填料 15 年进水后仍未达到饱和点，BSM+5%椰糠在进水量相当于 11 年降水量左右时达到饱和，此两种填料相对吸附能力较好；BSM+5%草炭土和 BSM+5%蛭石在进水量相当于 8 年降水量左右时达到饱和；BSM 和添加 10%绿沸石或 10%粉煤灰的混合填料在进水量相当于 6 年降水量左右时达到饱和；BSM、BSM+10%麦饭石在进水量相当于 5.5 年降水量左右时达到饱和。当以 NH_3-N 为目标污染物时，达到饱和点时 BSM+10%绿沸石吸附量最大，进水量相当于 12.2 年降水量时达到饱和；BSM、BSM+10%麦饭石、BSM+10%WTR、BSM+10%粉煤灰的混合填料在进水量相当于 8 年降水量左右时达到饱和；BSM+5%草炭土、BSM+5%椰糠、BSM+5%蛭石在进水量相当于 5 年降水量左右时达到饱和。由于生物滞留填料中细小颗粒的存在，在滤

柱试验系统中，进入的悬浮固体基本不能渗透到填料的 5～10 cm 以下，在监测的现场设施中总悬浮固体渗透的距离约为 20 cm（Li and Davis，2008）。在实际雨水径流中，部分污染物随着 SS 的截留而去除。本研究中，不考虑 SS 和颗粒态污染物对填料饱和吸附实验的影响，因此达到吸附饱和点时可能得到较长的运行年限。

另外，评估生物滞留设施的寿命需明确进入生物滞留设施的实际雨水量。实际降雨径流并非连续过程，而是间歇的、有降雨间隔期的降雨事件。在降雨间隔期，填料经历了一系列的物理、化学、生物变化。相对较长的前期干燥期会降低填料中亚硝酸盐和铵的含量，但干燥期的硝化作用可能引起硝酸盐的淋洗（Zhang et al.，2008；Cho et al.，2009）。实际上，生物滞留设施的设计可能只捕获初期雨水径流污染物。场次降雨事件中，如果降雨量大于生物滞留设施的蓄水容积，雨水将直接溢流进入溢流井，则设施处理的年雨水污染物负荷有所减少。美国俄克拉荷马州要求设计的生物滞留池捕获初期 0.0127 m（0.5 英寸）的雨水径流中的污染物，后期雨水通过溢流井外排（Chavez et al.，2015）。其生物滞留池控制的年径流负荷对应的降雨量（D_R）估算方法如式（2.7）所示。中国城镇雨水调蓄工程技术规范中，当调蓄设施用于源头径流量和污染控制时，调蓄总量（V）可按式（2.8）计算确定。

$$D_R = \frac{\sum \text{Min}(r \cdot R_d, 0.0127)}{m \cdot f} \tag{2.7}$$

$$V = 10DF\psi\beta \tag{2.8}$$

式中，D_R 为单位面积生物滞留池汇入的年径流总量，m；r 为不同土地利用类型的径流系数；R_d 为日降雨量，m；m 为日降雨量记录的年份；f 为生物滞留设施面积与汇流面积的比例。D 为设施单位面积调蓄深度，mm，分流制排水系统径流污染控制的雨水调蓄工程可取 4～8 mm；F 为汇水面积，hm^2；ψ 为径流系数；β 为安全系数，一般取 1.1～1.5；V 为调蓄量，m^3。

2.3.7 改良填料综合效能评价

1. 层次结构模型的建立

yaahp 是一款层次分析法辅助软件，为使用层次分析法的决策过程提供模型构造、计算和分析等方面的帮助。主界面主要包括“层次结构模型”、“判断矩阵”和“计算结果”页面，层次结构模型需构建决策目标、中间层要素和备选方案，只有构造了合法的层次结构模型才能够通过点击“判断矩阵”标签切换到“判断矩阵”页面。类似地，只有输入了满足计算条件的判断矩阵数据才能通过点击“计算结果”标签切换到“计算结果”页面查看计算结果。当点击“计算结果”页面，会自动进行判断矩阵的一致性检查，如果矩阵有残缺或矩阵不一致，将会在输出窗口中显示出现的错误。

本研究配制高效的改良填料，主要解决由入渗能力、持水性、净化性（NH_3-N 和 SRP 吸附能力）、寿命（分别以 NH_3-N 和 SRP 为目标污染物，达到吸附饱和点时的运行年限）、成本等 5 个因素 7 个指标组成的多目标决策问题，构建层次结构模型如图 2.9 所示。

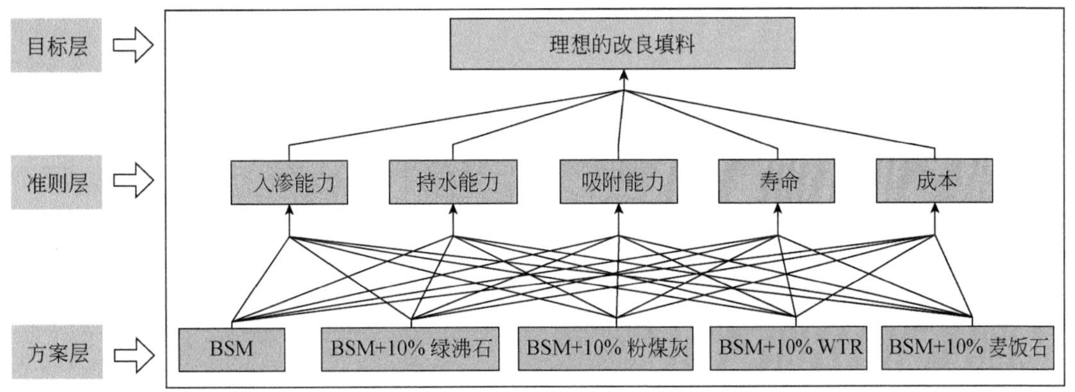

图 2.9 层次结构模型

层次分析法（the analytic hierarch process，AHP）是一种定性与定量相结合的、系统化以及层次化的多目标决策分析方法，由美国运筹学家 T. L. Saaty 在 20 世纪 70 年代提出。在深入分析复杂决策问题的本质、影响因素及其内在关系的基础上，利用较少的定量信息使决策的思维过程数学化，从而为多目标、多准则或无结构特性的复杂决策问题提供决策的方法。其基本思路是将与决策有关的元素分解成目标、准则、方案三个层次；然后通过要素之间的相互比较，确定其相对重要性；最后综合各层次要素的重要程度，得到各要素的综合评价值，在此基础之上对研究的问题进行定性和定量分析的决策方法。该方法具有系统、灵活、简洁等优点（邓雪等，2012）。其基本步骤包括：①建立递阶层次结构模型；②构造出各层次判断矩阵；③进行层次单排序与一致性检验；④进行层次总排序与一致性检验。

2. 层次总排序与一致性检验

考虑的要素以净化能力为主，其次是渗透性，接下来考虑寿命、成本，最后考虑持水能力。根据以上研究，分别对 BSM、BSM+10%绿沸石、BSM+10%WTR、BSM+10%麦饭石和 BSM+10%粉煤灰的入渗能力，持水能力，NH_3-N/SRP 吸附能力，运行寿命和成本进行排序。其中，填料持水能力、NH_3-N/SRP 吸附能力、运行寿命数值越大，填料性能越理想；填料的成本越低越理想。生物滞留推广学会（FAWB）建议生物滞留池以 100～300 mm /h 的水力传导率为最适值，以满足最佳管理实践目标。本研究中，以 200 mm/h 为基准，填料下渗率越接近 200 mm/h 越理想。首先，分别以 NH_3-N 和 SRP 为目标污染物，将填料对 NH_3-N 或 SRP 的吸附能力和运行寿命，以及填料的下渗能力、持水能力、成本考虑在内，建立因子两两比较的判断矩阵。其次，同时考虑填料的下渗能力、持水能力、成本，以及填料对 NH_3-N 和 SRP 的吸附能力及运行寿命，建立因子两两比较的判断矩阵（表 2.10）。

表 2.10 改良填料各指标比较判断矩阵

A	①	②	③	④	⑤	B	①	②	③	④	⑤	C	①	②	③	④	⑤
①	1	1/7	1/9	1/3	1/5	①	1	5	1/3	3	7	①	1	1/9	1/5	1/3	1/7
②		1	1/3	5	3	②		1	1/7	1/3	3	②		1	5	7	3
③			1	7	5	③			1	5	9	③			1	3	1/3
④				1	1/3	④				1	5	④				1	1/5
⑤					1	⑤					1	⑤					1

续表

D	①	②	③	④	⑤	E	①	②	③	④	⑤	F	①	②	③	④	⑤
①	1	1/3	1/7	1/9	1/5	①	1	1/5	3	1/3	5	①	1	1/5	1/7	1/9	1/3
②		1	1/5	1/7	1/3	②		1	7	3	9	②		1	1/3	1/5	3
③			1	1/3	3	③			1	1/5	3	③			1	1/3	5
④				1	5	④				1	7	④				1	7
⑤					1	⑤					1	⑤					1
G	①	②	③	④	⑤												
①	1	7	5	3	9												
②		1	1/3	1/5	3												
③			1	1/3	5												
④				1	7												
⑤					1												

注：A～G 分别为：下渗率、持水能力、吸附能力（氨氮）、吸附能力（SRP）、寿命（氨氮）、寿命（SRP）、成本；①～⑤分别对应填料 BSM、BSM+10%绿沸石、BSM+10%粉煤灰、BSM+10%WTR、BSM+10%麦饭石。

利用层次分析法，可计算出各层次权向量，并对其进行一致性检验。一般通过计算一致性比率（consistency ratio，CR）来进行一致性检验。若 CR＞0.1 时，比较判断矩阵不符合一致性的要求，需要对其进行重新构造；若 CR＜0.1，则表示比较判断矩阵一致性较好。分别以 NH_3-N 和 SRP 为目标污染物时，层次总排序一致性比率为 0.0303。同时考虑填料对 NH_3-N 和 SRP 的吸附能力及运行寿命，下渗能力、持水能力、成本，层次总排序一致性比率为 0.0219，层次总排序的 CR 均小于 0.1，即比较矩阵整体符合一致性检验的要求。

3. 综合效能评价

通过计算方案层元素的组合权重，对备选方案进行排序，总排序权重较大的方案为较好的方案。分别以氨氮和 SRP 为目标污染物，以及同时考虑填料对氨氮和 SRP 的吸附能力及运行寿命，下渗能力、持水能力、成本时，改良填料总排序权值如图 3.8 所示。生物滞留处理径流雨水，需要经过一系列物理、化学和生物过程，如矿化、硝化、吸附、过滤、反硝化和生物同化等（Eckart et al.，2017）。在降雨过程中，吸附作用对净化雨水径流有着重要作用。本研究中，首先考虑填料的吸附能力，同时依次考虑填料的下渗能力、运行寿命及成本，BSM+10%粉煤灰、BSM+10%绿沸石、BSM+10%WTR 为填料的生物滞留系统具有较优的径流调控效能。

当以氨氮为目标污染物时，改良填料的权重大小排序如下：BSM+10%绿沸石（0.3663）＞BSM+10%粉煤灰（0.2713）＞BSM+10%麦饭石（0.1753）＞BSM+10%WTR（0.0966）＞BSM（0.0905）。当以 SRP 为目标污染物时，改良填料的权重大小排序如下：BSM+10%粉煤灰（0.3508）＞BSM+10%WTR（0.3342）＞BSM+10%绿沸石（0.1527）＞BSM+10%麦饭石（0.0753）＞BSM（0.0870）。同时考虑填料对氨氮和 SRP 的吸附能力及运行寿命，下渗能力、持水能力、成本时，改良填料总排序权值排序如下：BSM+10%粉煤灰（0.2683）＞BSM+10%绿沸石（0.2589）＞BSM+10%WTR（0.2443）＞BSM+10%麦饭石（0.1553）＞BSM（0.0731）。

2.4 雨水渗井填料改良

目前，我国普遍使用的渗井多填充砂和砾石，渗透性能好，但对水质净化效果较差。为了提高人工速渗设施（渗井）中填料的渗透性能和污染物净化功能，对渗井填料的技术指标具有一定要求。通过查阅相关文献资料，选择中、粗砂作为渗井的主要填料，同时添加不同比例的功能性材料（沸石、海绵铁、炉渣等），设计不同的进水水量和浓度，通过人工滤柱模拟放水试验，研制高效改良填料。

2.4.1 雨水渗井改良填料试验装置简介

试验装置位于西安理工大学海绵城市技术试验场。试验装置共设有 18 根滤柱，滤柱高 120 cm，内径为 30 cm。滤柱从上到下分别为 15 cm 的蓄水层、90 cm 的人工填料层和 15 cm 的排水层。人工填料层和排水层之间用 80 目的尼龙网将两者隔开，防止人工填料进入到排水层中将其堵塞，排水口设在滤柱的底部。滤柱中填充的人工填料主要由两部分按照不同的比例（体积比）混合而成，两者分别为主填料（不同粒径的天然河沙）和改良剂（包括沸石、高炉渣、海绵铁等）。试验所用的天然河沙主要包括粗砂（Ⅰ型）和中粗砂（Ⅱ型）两种，在河沙中分别掺加 5%、10%、15%的沸石、高炉渣、海绵铁等改良剂制成不同的人工填料。填充人工填料前，在滤柱的底部填充 15 cm 的卵石，卵石上铺设两层 80 目的尼龙网，尼龙网上填充混合均匀的人工填料。填充人工填料时不考虑容重，直接将混合均匀的填料虚填至 105 cm 处（以滤柱底部为零点），向滤柱中注水使其自然沉降，沉降完毕后将其补填至 105 cm 处，再次注水，如此反复循环至其不再沉降为止，然后开始试验。试验装置的实物图和剖面图如图 2.10 和图 2.11 所示。

图 2.10 试验装置实物图

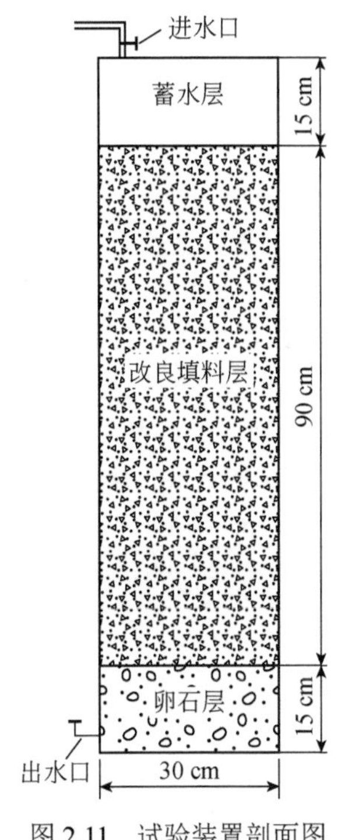

图 2.11 试验装置剖面图

2.4.2 试验方案

1. 人工填料的配比方案设计

人工填料主要是由作为主填料的天然河沙和作为改良剂的沸石、高炉渣、海绵铁等按照不同的比例混合而来。具体的配比方案如表 2.11 所示。

表 2.11 人工填料的配比方案（体积比）

填料编号	主填料类型	天然河沙	沸石	高炉渣	海绵铁
1#	Ⅰ型	100%（空白）	—	—	—
2#	Ⅱ型	100%（空白）	—	—	—
3#	Ⅰ型	90%	—	—	10%
4#	Ⅱ型	90%	—	—	10%
5#	Ⅰ型	90%	—	10%	—
6#	Ⅱ型	90%	—	10%	—
7#	Ⅰ型	90%	10%	—	—
8#	Ⅱ型	90%	10%	—	—
9#	Ⅰ型	90%	5%	—	5%
10#	Ⅱ型	90%	5%	—	5%
11#	Ⅰ型	90%	—	5%	5%
12#	Ⅱ型	90%	—	5%	5%
13#	Ⅰ型	90%	5%	5%	—
14#	Ⅱ型	90%	5%	5%	—
15#	Ⅰ型	70%	10%	10%	10%
16#	Ⅱ型	70%	10%	10%	10%
17#	Ⅰ型	55%	15%	15%	15%
18#	Ⅱ型	55%	15%	15%	15%

2. 进水水量方案设计

本研究设计 0.5 年、1 年、2 年三种重现期，降雨历时为 90 min。本研究依托于实际工程开展，所以根据实际工程需求并结合相关的资料，将汇流比设定为 150∶1。实际工程中下垫面包括 86.36%的混凝土不透水面和 13.64%的绿地。内径为 30 cm 的滤柱其收水面积为 0.07065 m^2，则所对应的汇水面积为 10.60 m^2，其中包括 9.15 m^2 混凝土不透水面和 1.45 m^2 绿地面积。根据沣西新城暴雨强度公式计算对应的暴雨强度以及进水水量，具体的计算公式和计算表如式（2.9）、式（2.10）和表 2.12 所示。

$$q=\frac{6789.002\times(1+2.297\lg P)}{(t+30.251)^{1.141}} \tag{2.9}$$

$$Q_s=q\varphi F \tag{2.10}$$

式中，q 为暴雨强度，L/（s・hm^2）；P 为重现期，年；t 为降雨历时，min；Q_s 为雨水流量，L/s；φ 为径流系数；F 为汇水面积，hm^2。

表 2.12 水量计算表

重现期 P/年	降雨历时 t/min	降雨强度 q/［L/（s·hm^2）］	径流系数 φ	汇水面积 F/hm^2	设计水量 V/L	雨量 /mm
0.5	90	8.87	0.90	0.000915	40.49	3.82
0.5	90	8.87	0.15	0.000145		
1	90	28.74	0.90	0.000915	131.18	12.38
1	90	28.74	0.15	0.000145		
2	90	48.60	0.90	0.000915	221.83	20.93
2	90	48.60	0.15	0.000145		

最终确定三种重现期所对应的进水水量，分别为：40.5L、135L、225L。每种水量对应流量分别为 0.45L/min，1.5L/min、2.5L/min。该套装置中包含有三个水箱，每个水箱同时给三个滤柱供水。由于汇水面积较大考虑到产流和汇流过程，故采用恒定水量进水。

3. 进水水质方案设计

人工雨水渗井一般应用在道路旁、公园绿地中和建筑小区绿地中，用来消纳路面、屋面和绿地本身未能消纳的雨水径流。鉴于三种下垫面雨水径流水质的差异性相对较大，路面雨水水质较差，绿地雨水水质较好，故人工模拟雨水按照高、中、低三种水质浓度进行配置。三种水质浓度的配置主要依据近几年来本课题组以及其他学者对西安市雨水径流中污染物的监测情况（董雯，2013；杜光斐，2012；陈虹，2015；袁宏林等，2011；王宝山，2011）。试验中采用恒定浓度进水。确定的各污染物配水浓度如表 2.13 所示。在极端条件下（较长的雨前干燥期），雨水径流才可能会出现如此高的污染负荷，在本试验中这样设置配水浓度，目的是确定难以测定的出水污染物变化趋势（Lucke and Nichols，2015）。

表 2.13 配水浓度及药品　　单位：mg/L

指标	COD	NO_3-N	NH_3-N	TP	Cu	Zn	Cd
高浓度	300	8.0	3.0	2.0	0.15	2.0	0.10
中浓度	200	5.0	2.0	1.0	0.10	1.5	0.05
低浓度	100	2.0	1.0	0.5	0.05	0.8	0.03
试剂	葡萄糖 $C_6H_{12}O_6$	硝酸钾 KNO_3	氯化铵 NH_4Cl	磷酸二氢钾 KH_2PO_4	氯化铜 $CuCl_2$	硫酸锌 $ZnSO_4$	氯化镉 $CdCl_2$

4. 试验方案设计

该部分试验的主要目的是研究各滤柱在不同来水情况下对雨水径流的调控效果，并在此基础上对人工填料进行优选。主要考虑重现期和进水浓度这两个外部影响因素来设计模拟配水试验方案。试验方案如表 2.14 所示。

表 2.14 试验方案设计表

试验编号	进水水量（重现期）	进水污染物浓度
试验 1	小水量（0.5 年）	低浓度
试验 2	中水量（1 年）	低浓度
试验 3	大水量（2 年）	低浓度
试验 4	小水量（0.5 年）	中浓度

续表

试验编号	进水水量（重现期）	进水污染物浓度
试验 5	中水量（1 年）	中浓度
试验 6	大水量（2 年）	中浓度
试验 7	小水量（0.5 年）	高浓度
试验 8	中水量（1 年）	高浓度
试验 9	大水量（2 年）	高浓度

每根滤柱均按照小水量低浓度、中水量低浓度、大水量低浓度、小水量中浓度、中水量中浓度、大水量中浓度、小水量高浓度、中水量高浓度、大水量高浓度这 9 种方式依次进行试验，记录每根滤柱在 9 种进水方式下的进出水时间以及溢流开始时间等信息。

2.4.3 人工填料的物化性质

1. 人工填料的物理性质

填料的物理性质包括很多方面，其中填料质地是填料的最基本也是最重要的物理性质之一。填料质地主要是指填料中不同大小直径的矿物颗粒的组合情况。填料粒径大小不同，其物理性质差异很大。本研究中对填料的粒径划分主要依据土壤粒径的划分标准，世界各国通常有不同的土壤粒级的划分标准。由于研究的需求，采用美国制的土壤粒级划分标准，并根据美国土壤质地分类三角图确定填料的质地。本节依据《土工试验方法标准（GB/T 50123—1999)》对填料的颗粒组成、饱和含水率、渗透系数、干密度等物理特性进行了检测，具体如表 2.15 所示。

表 2.15 人工填料的物理性质

填料编号	各粒级颗粒占比/%					土壤质地	饱和含水率/（cm^3/cm^3）	渗透系数/（cm/min）	干密度/（g/cm^3）
	>2.0 mm	2.0～0.5mm	0.5～0.25mm	0.25～0.05mm	<0.05mm				
1#	38.46	58.84	1.78	0.60	0.32	沙土	12.81	6.286	1.74
2#	19.95	66.21	1.92	11.13	0.80	沙土	13.87	2.160	1.67
3#	72.01	26.52	0.82	0.54	0.11	沙土	15.46	8.124	1.57
4#	44.43	33.27	16.53	5.10	0.67	沙土	11.47	3.218	1.87
5#	53.03	44.58	1.53	0.73	0.13	沙土	14.30	8.934	1.65
6#	26.03	39.03	22.17	11.71	1.07	沙土	14.67	2.692	1.61
7#	63.58	35.20	0.77	0.37	0.08	沙土	13.66	8.826	1.69
8#	25.74	39.11	23.83	10.60	0.72	沙土	13.75	2.638	1.69
9#	68.44	29.43	1.26	0.79	0.08	沙土	14.56	8.504	1.64
10#	12.60	40.86	42.30	2.83	1.40	沙土	13.78	2.918	1.70
11#	46.75	49.33	2.62	0.52	0.79	沙土	14.30	8.874	1.65
12#	21.07	39.93	34.32	2.86	1.82	沙土	15.07	3.144	1.60
13#	40.90	55.43	3.03	0.44	0.20	沙土	16.02	9.528	1.52

续表

填料编号	各粒级颗粒占比/%					土壤质地	饱和含水率/（cm^3/cm^3）	渗透系数/（cm/min）	干密度/（g/cm^3）
	>2.0 mm	2.0～0.5mm	0.5～0.25mm	0.25～0.05mm	<0.05mm				
14#	19.73	43.51	32.97	2.75	1.05	沙土	12.95	3.828	1.75
15#	57.05	39.28	2.25	0.60	0.82	沙土	15.92	12.240	1.54
16#	42.70	35.61	17.64	2.24	1.82	沙土	17.27	4.433	1.44
17#	55.02	39.15	2.98	1.35	1.50	沙土	18.36	15.954	1.36
18#	42.41	35.92	18.38	2.37	0.92	沙土	16.01	6.804	1.53

由表 2.15 可知，18 种填料饱和含水率的变化范围为 11.47～18.46 cm^3/cm^3。渗透系数的变化范围为 2.160～15.954 cm/min，这 18 种填料的渗透系数均在 10^{-4}～10^{-3} m/s 这一量级范围之内。干密度的变化范围为 1.36～1.87 g/cm^3。

2. 改良剂的物化性质

本研究中用到的改良剂主要有三种，分别是海绵铁、高炉渣、沸石。

海绵铁又称直接还原铁，是由铁鳞还原制得，因其呈现出松散的海绵状而得名。其与普通铁屑具有相似的成分，其表面多孔粗糙，呈疏松海绵状，因此比普通铁表面积更大、孔隙率更高，铁溶出速率也较普通铁更快（李婷等，2016）。海绵铁拥有比表面积大、比表面能高、电化学富集、强还原性、物理吸附及絮凝沉淀性能好等特点（丁磊和王萍，2004；王萍等，2003），目前在水处理行业已经得到了广泛的应用（唐次来等，2007；Zafarani et al.，2014）。有研究表明（王萍，2000）随着海绵铁粒径的减小，其对污染物的去除能力会逐渐上升，但其粒径的减小会导致其强度降低、磨损率升高，成本增大。因此本研究选取 1～2 mm 粒径的海绵铁颗粒作为改良剂。

高炉渣是冶炼生铁时从高炉中排出的副产物。从化学成分上来看，高炉渣属于硅酸盐质材料。高炉渣的化学成分与普通的硅酸盐水泥特别相近，主要为二氧化硅（SiO_2）、氧化钙（CaO）、氧化镁（MgO）、氧化铝（Al_2O_3）等（蒋艳红，2006）。高炉炼铁过程产生炉渣的处理主要采用水力冲渣方式进行，水淬炉渣内部晶相未发育完全，因此具有粒度小、表面活性强、性能稳定的特点（王哲等，2015；刘鸣达等，2008）。此外，高炉渣的机械强度高并且高炉渣都经过了 1400℃以上的高温处理不会再有有毒有害的成分溶出，热稳定性好，无毒害作用，安全性能好。由于高炉渣的特性，其在营养盐（刘鸣达等，2008）、有机污染物和重金属（王哲等，2016）去除等方面应用广泛。

沸石是一种具有硅氧（SiO_4）四面体和铝氧（AlO_4）四面体三维骨架的含水铝硅酸盐矿物，其主要成分是 SiO_2。处于顶点的氧原子将这些硅（铝）氧四面体相互连接起来，但是铝原子只有三价低于四周氧的负电荷，所以致使这种铝氧四面体对外呈现出负电性，一般情况下都是由碱金属和碱土金属离子来平衡这种负电性，这些离子与铝硅酸盐的结合较弱，表现出很大的流动性，容易被其他的阳离子所置换，因此其具有一定的阳离子交换性能，具有离子交换树脂的特性。沸石拥有高达 400～800 m^2/g 的大比表面积。孔穴和孔道的体积占据了晶体总体积的 50%以上。沸石孔穴的直径为 0.6～1.5 nm，孔道直径为 0.3～1 nm（李日强等，2008）。当离子或者分子的大小小于沸石的孔径时，这些离子或分子可以直接进入到晶穴的内部。如果大于沸石的孔径，其只能停留在沸石的表面而不能被吸附。

此外，在沸石的构架中，阴离子晶格上的负电与平衡阳离子的正电电荷中心在空间上是不重叠的，因此容易产生较强的静电引力，在产生电场力的同时也会带有极性（陈溪，2015）。由于沸石本身的特性，近些年来，沸石在水处理方面也得到了广泛的应用（王顺利等，2017）。沸石属于轻质滤料，如果粒径太小易流失，同时使得进水阻力增大，但如果粒径太大则会降低对污染物的去除效果。综合考虑上述因素并结合课题组之前的研究，选取 1～2 mm 粒径的沸石作为改良剂。由表 2.16 可知，改良剂中有害杂质的含量较少。因此，改良剂本身对地下水造成污染的风险较小。

表 2.16　改良剂中各金属元素的含量及比表面积

改良剂	Cu /（mg/kg）	Zn /（mg/kg）	Cd /（mg/kg）	Pb /（mg/kg）	Fe /（mg/kg）	比表面积 /（m^2/g）
海绵铁	116.461	49.552	＜0.006	53.14	743250	9.32×10^{-4}
高炉渣	42.439	56.708	＜0.006	17.6	41147	4.84×10^{-3}
沸石	33.46	26.505	＜0.006	44.43	4190	4.91×10^{-4}

2.4.4　不同人工填料的渗透性能分析

利用人工填料的渗透系数和各滤柱的出水时间、溢流开始时间和溢流总量等指标来对填料的渗透性能进行评价。由图 2.12 和图 2.13 可知，添加改良剂后填料的渗透系数都有较为明显的提升，且粗砂+改良剂的渗透系数均高于中粗砂+改良剂。改良剂的添加比例对人工填料渗透系数有明显的影响。主填料为粗砂，改良剂的添加比例分别为 10%、30%、45%的人工填料相对于未添加改良剂的人工填料，其渗透系数分别提高了 2.512 cm/min、5.954 cm/min、9.668 cm/min。主填料为中粗砂，改良剂的添加比例分别为 10%、30%、45%的人工填料相对于未添加改良剂的人工填料，其渗透系数分别提高了 0.913 cm/min、2.273 cm/min、4.644 cm/min。

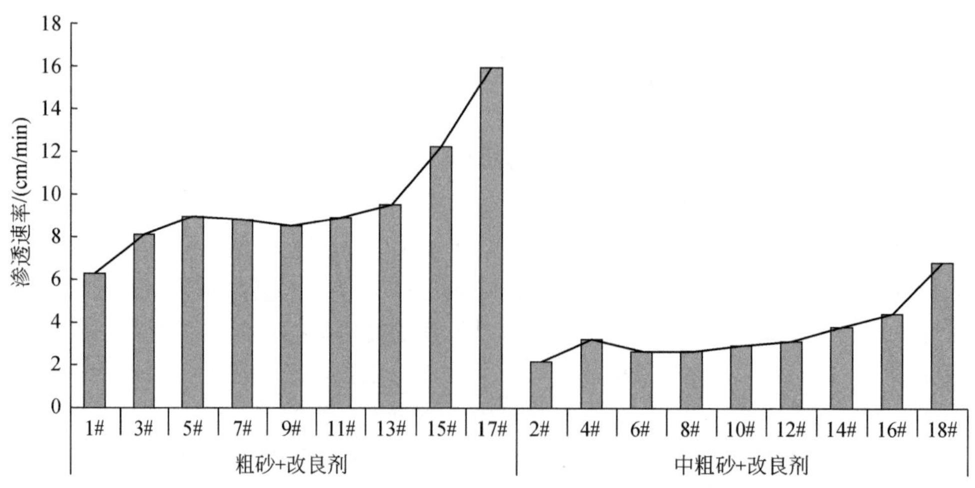

图 2.12　人工填料渗透速率对比图

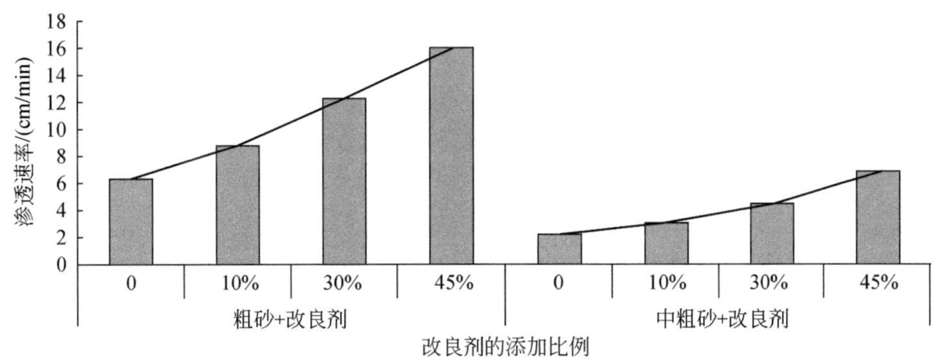

图 2.13　不同比例的改良剂对人工填料渗透速率的影响

由表 2.17 可知，添加改良剂之后，人工填料的平均出水时间都会有不同程度的提前，平均溢流开始时间和平均溢流量都有不同程度延迟和减少，这与图 2.12 中各填料的渗透系数呈现出来的规律大致相同。但出现了人工填料的渗透系数存在较大差异，但出水时间或溢流开始时间等相差不大的现象。出现这种现象的原因可能是人工填料是采取自然沉降的方法来进行密实的，各滤柱中填料的密实程度可能存在一定程度的差异性，加之滤柱的出水系统设计的不是特别完善，这两者对出水时间和溢流情况等都会存在一定的影响。

表 2.17　各填料水量信息对比表

填料编号	1#	3#	5#	7#	9#	11#	13#	15#	17#
平均出水时间/min	8	7	7	7	7	6	6	6	6
平均溢流开始时间/min	—	—	—	—	—	—	—	—	—
平均溢流量/L	—	—	—	—	—	—	—	—	—
填料编号	2#	4#	6#	8#	10#	12#	14#	16#	18#
平均出水时间/min	16	12	13	14	13	13	12	10	8
平均溢流开始时间/min	15	23	20	19	21	20	—	—	—
平均溢流量/L	73	15	39	44	14	20	—	—	—

2.4.5　不同人工填料对污染物的净化效果分析

通过对九场人工放水试验水量信息的监测可知，除部分溢流情况外，其他场次试验进水水量与出水水量基本保持一致，人工填料本身对水量的削减效果很小，可以忽略不计。造成各填料对污染物的浓度去除率和负荷削减率存在差异的原因是在某些场次的试验中个别滤柱出现了溢流的现象。加之负荷削减率综合考虑了水量信息和水质信息，可以更加全面评价人工填料的性能以及对雨水径流的调控效果。因此，选择负荷削减率来对人工填料的净化效果进行评价。

1. 不同人工填料对 COD 的净化效果分析

由于人工雨水渗井系统主要以天然河沙和大颗粒的改良剂为填料，COD 的去除主要依靠填料对其的吸附作用。一般来说固-液相吸附分为快速吸附、缓慢吸附以及吸附平衡这三个阶段。吸附反应进行的速度非常快，总的吸附过程主要是由第一阶段和第二阶段来控制。吸附反应开始由膜扩散控制，吸附接近结束时由内扩散来控制（马昭阳和金兰淑，2010）。

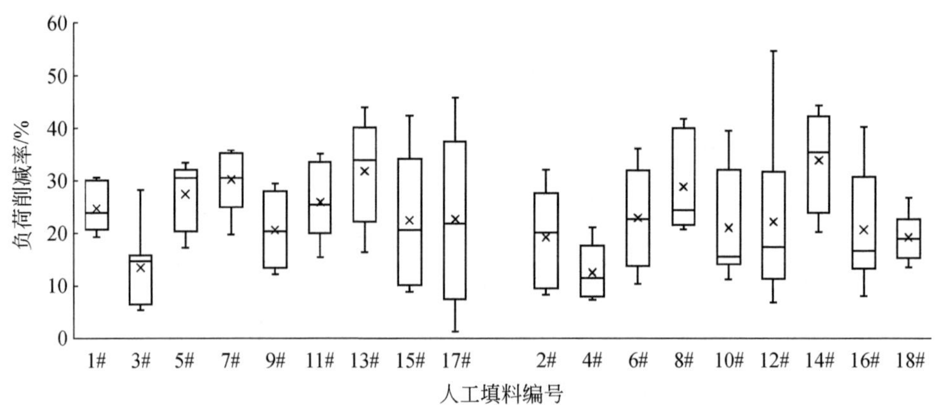

图 2.14　COD 负荷削减率对比图

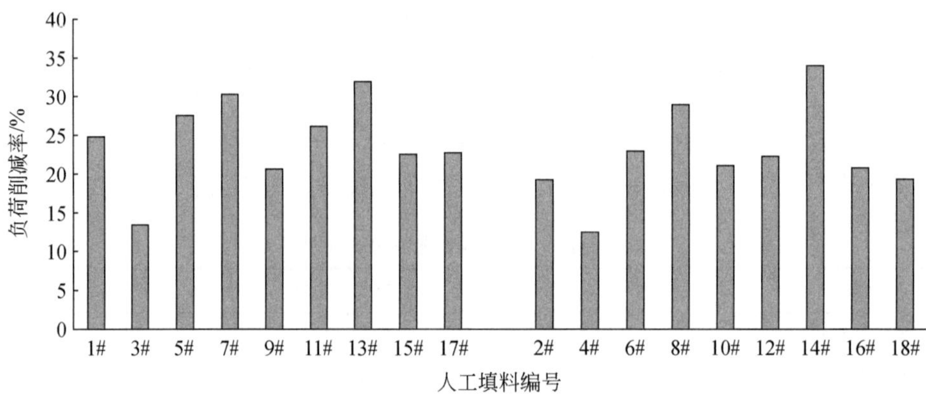

图 2.15　COD 平均负荷削减效果

由图 2.14、图 2.15 可以看出，以中粗砂为主填料的人工填料对 COD 负荷削减率的平均值为 19.28%相较粗砂平均削减率 24.74%没有表现出优势。仅以海绵铁为改良剂的人工填料 3#、4#相较 1#、2#对 COD 的负荷削减率都呈现出大幅度的降低，分别从 24.74%、19.28%降低到 13.45%、12.49%。仅以高炉渣为改良剂的人工填料 5#、6#相较 1#、2#对 COD 的负荷削减率有小幅度的提升，分别提升了 2.72%和 3.62%。而仅以沸石为改良剂的人工填料 7#、8#相较 1#、2#对 COD 的负荷削减率有较为明显的提升，分别提升了 5.45%和 9.52%。降低高炉渣和沸石的掺混比，COD 的负荷削减率都有不同程度的下降。而当主填料的掺混比例为 90%，高炉渣和沸石分别为 5%时，人工填料对 COD 的去除效果达到最高，分别为 31.86%和 33.91%。增大改良剂掺混比例的人工填料 15#、17#相较 1#，#16、#18 相较 2#，COD 的去除效果变化不大，甚至出现了下降的现象。综上，90%主填料+5%高炉渣+5%沸石相对其他掺混方案对 COD 负荷削减效果是最好的。

以海绵铁为改良剂的人工填料对 COD 负荷削减效果较差的原因可能是海绵铁本身对 COD 的吸附性能较差，且将 10%的主填料换成海绵铁之后人工填料的渗透速率提升，填料与污染物的接触时间缩短，所以导致了削减效果的下降。而改良剂为沸石和高炉渣的人工填料削减效果提高的原因可能是其两者对 COD 的吸附效果较好能够弥补因接触时间缩短而造成的削减率下降问题。

2. 不同人工填料对氮素的净化效果分析

（1）不同人工填料对 NO_3-N 的净化效果分析

高炉渣和沸石对 NO_3-N 的去除主要依靠物理吸附，吸附剂和吸附质之间的分子间作用力在吸附过程中起到主要作用（董颖博等，2015）。海绵铁由于本身的特性会与 NO_3-N 发生化学反应降低其在雨水径流中的含量。

由图 2.16、图 2.17 可知，以中粗砂为主填料的人工填料对 NO_3-N 负荷削减率的平均值为 26.84%相较粗砂平均削减率 25.48%没有表现出明显的优势。添加改良剂之后人工填料对 NO_3-N 的去除效果都有明显的提升。特别是仅添加了海绵铁的人工填料对 NO_3-N 的去除效果的提升尤为明显，主填料为粗砂、中粗砂的人工填料分别从 20.66%、22.82%提升到 30.86%、30.85%。降低海绵铁的掺混比例会降低 NO_3-N 的去除效果，主填料为粗砂的人工填料下降了 3.93%～5.36%，主填料为中粗砂的人工填料下降了 2.83%～3.77%。改良剂为高炉渣，主填料为粗砂、中粗砂的人工填料分别从 20.66%、22.82%提升到 26.11%、25.65%。降低高炉渣的掺混比例对 NO_3-N 去除效果的影响不大，变化幅度在 0.61%～1.34%（粗砂）和 0.21%～0.72%（中粗砂）之间。改良剂为沸石，主填料为粗砂、中粗砂的人工填料分别从 20.66%、22.82%提升到 25.65%、27.23%。降低沸石的掺混比例对 NO_3-N 去除效果的影响不大，变化幅度在 0.88%～1.28%（粗砂）和 0.78%～1.09%（中粗砂）之间。提高改良剂的掺混比例（15#、16#、17#、18#）相较 90%主填料+10%改良剂对 NO_3-N 的去除效果

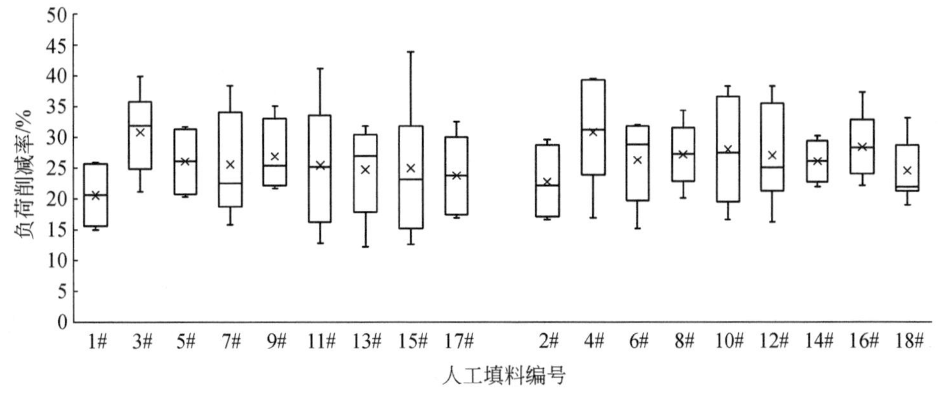

图 2.16　NO_3-N 负荷削减率对比图

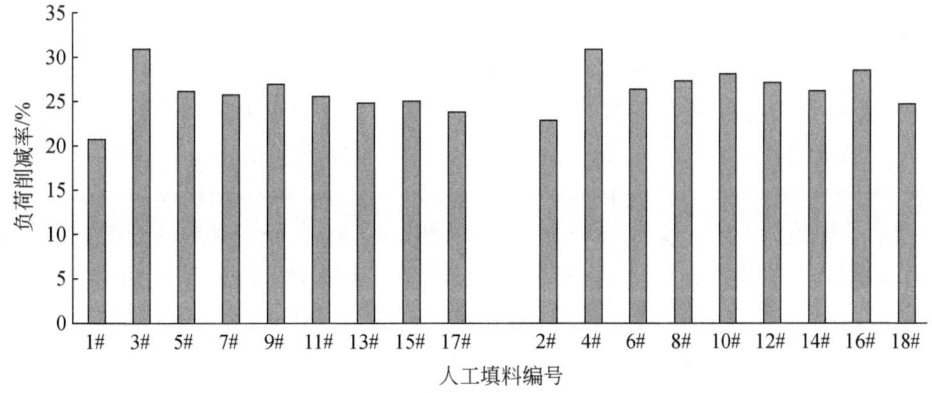

图 2.17　NO_3-N 平均负荷削减效果

提升效果并不明显，甚至会出现下降的现象，主要原因可能是改良剂比例的增大，提高了人工填料的渗透性能，缩短了污染物与填料的接触时间，导致去除效果的降低。综上，90%主填料+10%海绵铁对 NO_3-N 负荷削减效果是最好的。

海绵铁对 NO_3-N 的去除效果较好，其本身的强还原性是一个重要的原因。海绵铁还原 NO_3-N 的产物有氨氮、亚硝氮、氮气以及其他含氮气体。有研究表明（刘鸣达等，2008）的主要产物是氨氮，其主要反应式如下所示：

$$2Fe^0 + O_2 + H_2O \longrightarrow 4OH^- + 2Fe^{2+} \tag{2.11}$$

$$Fe^0 + 2H_2O \longrightarrow 2OH^- + Fe^{2+} + 2H_2 \uparrow \tag{2.12}$$

$$4Fe^0 + NO_3^- + 7H_2O \rightarrow 4Fe^{2+} + 10OH^- + NH_4^+ \tag{2.13}$$

$$10Fe^0 + 6NO_3^- + 7H_2O \longrightarrow 3Fe_2O_3 + 6OH^- + 3N_2 \uparrow \tag{2.14}$$

$$Fe^0 + NO_3^- + 2H_2O \longrightarrow Fe^{2+} + 4OH^- + NO_2^- \tag{2.15}$$

此外，副产物 Fe^{2+}也可以与 NO_3^-发生式（2.16）的反应：

$$2.8Fe^0 + 0.75Fe^{2+} + NO_3^- + 2.25H_2O \longrightarrow 1.19Fe_3O_4 + 0.5OH^- + NH_4^+ \tag{2.16}$$

在改良剂掺混比例一定的前提下，提高海绵铁的投加量会提高 NO_3-N 的去除效果。主要原因是海绵铁投加量的增加不单单增大了海绵铁的总表面积，也都使得海绵铁能够提供更多的反应点位，同时也使得系统中能够参与反应的游离的铁离子增多，增大了 NO_3-N 与海绵铁的反应机会，从而提高了 NO_3-N 的去除效果（刘琰等，2012）。

（2）不同人工填料对 NH_3-N 的净化效果分析

海绵铁由于本身的还原性可以将 NO_3-N 还原成为氨氮、亚硝氮、氮气以及其他含氮气体，降低了雨水径流中 NO_3-N 的含量而增大了 NH_3-N 的含量。高炉渣对氨氮的去除主要通过吸附作用来实现。沸石可以通过离子氨的离子交换作用和分子氨的吸附作用去除水中的 NH_3-N。

由图 2.18、图 2.19 可知，以中粗砂为主填料的人工填料对 NH_3-N 负荷削减率的平均值为 28.19%相较削减率平均值为 15.91%的粗砂有明显的优势。仅用海绵铁来作为改良剂的人工填料，其对 NH_3-N 的负荷削减率均为负值，原因可能是海绵铁能够把 NO_3-N 还原成为 NH_3-N 使得人工雨水中 NH_3-N 的含量大大增加，导致出水浓度大于进水浓度。只用高炉渣作为改良剂的人工填料 5#、6#对 NH_3-N 负荷削减效果相较 1#、2#变化不大，分别提升了−0.67%和 5.29%。只用沸石作为改良剂的人工填料 7#、8#对 NH_3-N 负荷削减效果相较 1#、2#提升效果极为明显，分别提升了 10.16%和 14.65%。降低海绵铁的掺混比例会使得 NH_3-N 负荷削减效果提高，9#、11#和 10#、12#相较 3#和 4#，削减率分别提升了 11.27%、33.13%和 62.68%、55.15%。降低高炉渣的掺混比会降低 NH_3-N 负荷削减效果，11#、12#相较 5#、6#，削减率分别降低了 23.93%和 3.50%。降低沸石的掺混比也会降低 NH_3-N 负荷削减效果，9#、10 相较 7#、8#，削减率分别降低了 56.62%和 5.33%。90%主填料+5%高炉渣+5%沸石对 NH_3-N 负荷削减效果最好，分别为 41.25%（粗砂）和 52.57%（中粗砂）。

提高改良剂的掺混比例会降低 NH_3-N 的负荷削减率。综上，90%主填料+5%高炉渣+5%沸石相对其他掺混方案对 NH_3-N 负荷削减效果是最好的。

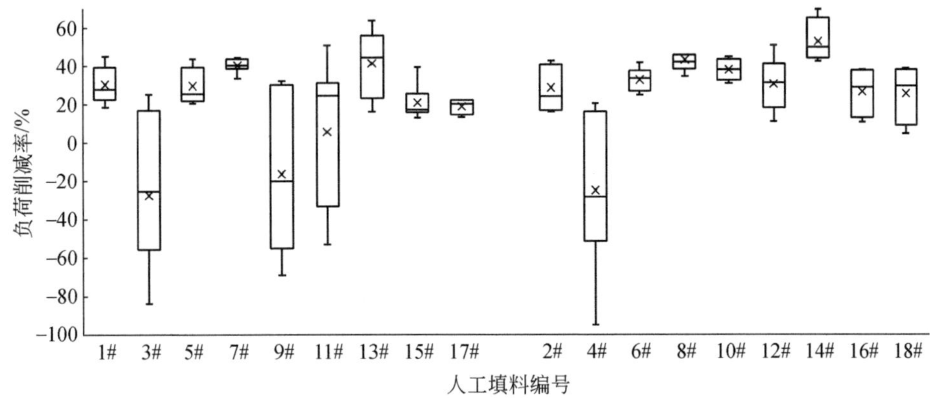

图 2.18　NH_3-N 负荷削减率对比图

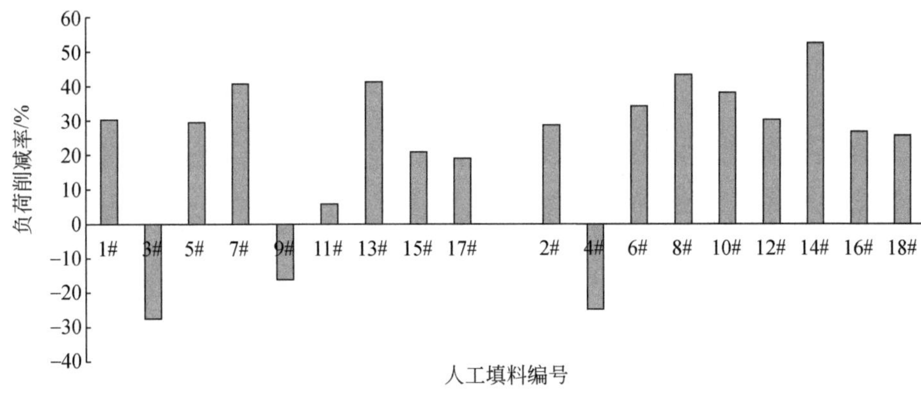

图 2.19　NH_3-N 平均负荷削减效果

海绵铁由于本身的还原性可以将 NO_3-N 还原成为氨氮、亚硝氮、氮气以及其他含氮气体。有研究表明 NO_3-N 还原的主要产物为氨氮，并且氨氮的生成量占硝酸盐还原量的68%～83%左右（Cai et al.，2013），生成的氮气以及其他含氮气体的量很少。因此，添加了海绵铁的人工填料相比纯沙对 NH_3-N 的去除效果会有一定程度的下降。高炉渣对氨氮的去除主要通过吸附作用来实现。有研究表明（蒋艳红，2006），高炉渣对阳离子具有一定的去除能力，其表面可能带有负电荷，主要依靠静电引力发生吸附。沸石孔穴的直径为 0.6～1.5nm，孔道直径为 0.3～1nm，NH_3-N 的直径为 0.286nm，这表明氨氮可以直接进入到沸石的内部而被吸附。而且沸石本身有很强的阳离子交换性能。除此之外，沸石部分架氧负电荷和与之平衡的阳离子周围形成强大的电场，容易产生较强的静电引力，具有很强的吸附性，并且是一种具有分子筛性质的选择性吸附，对极性强并且直径小于沸石孔穴通道直径的氨氮具有很强的吸附性能（李日强等，2008）。综上，沸石可以通过离子氨的离子交换作用和分子氨的吸附作用去除水中的氨氮。

（3）不同人工填料对 TN 的净化效果分析

海绵铁由于本身的特性只是将氮素的存在形态进行了转换，会总氮的去除效果较差。而高炉渣和沸石通过物理吸附和化学吸附等作用对雨水径流中的氮素进行吸附，因此其对总氮的去除效果优于海绵铁。

由图 2.20、图 2.21 可知，以中粗砂为主填料的人工填料对 TN 负荷削减率的平均值为 23.44%相较粗砂平均削减率 20.79%具有一定程度的提升。只用沸石作为改良剂的人工填料 7#、8#对 TN 去除效果的提升最明显，相较 1#、2#分别提升了 4.93%和 8.15%。只用高炉渣为改良剂的人工填料 5#、6#相较 1#、2#分别提升了 0.69%和 4.01%。只用海绵铁为改良剂的人工填料 3#、4#相较 1#、2#提升效果不明显，甚至出现了去除效果下降的现象。90%主填料+10%沸石和 90%主填料+5%高炉渣+5%沸石，这两种掺混方案所制得人工填料对 TN 的负荷削减效果相对其他掺混方案较好，削减率分别为 25.52%（7#）、28.32%（8#）和 25.01%（13#）、27.86%（14#）。提高改良剂的掺混比例相对其他掺混方案来说没有表现出明显的优势。综上，90%主填料+10%沸石和 90%主填料+5%高炉渣+5%沸石对 TN 的负荷削减效果都是较好的。

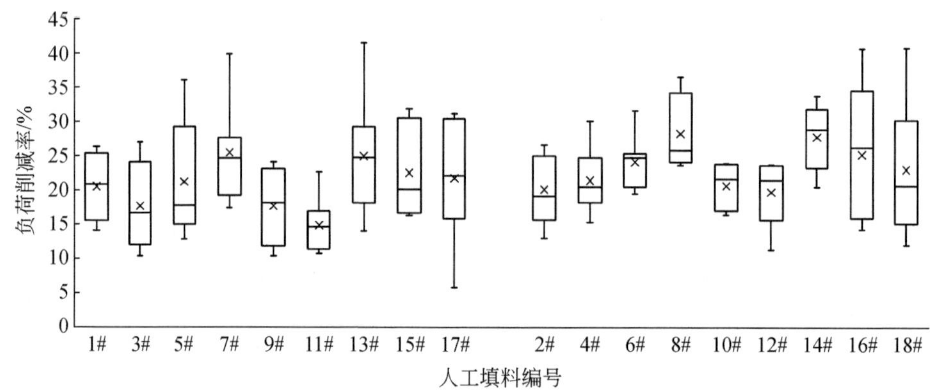

图 2.20　TN 负荷削减率对比图

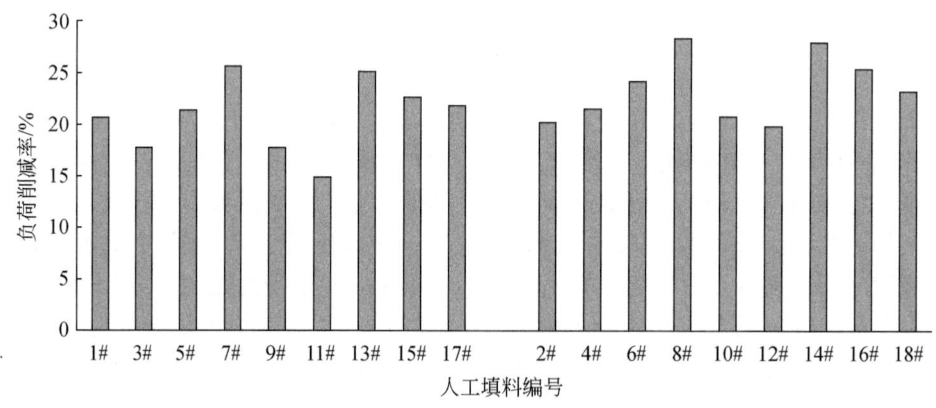

图 2.21　TN 平均负荷削减效果

海绵铁将 NO_3-N 还原成为氨氮、亚硝氮、氮气以及其他含氮气体，主要产物为氨氮，生成的氮气以及其他含氮气体的量很少。也就是说，海绵铁只是把硝氮转换成了氨氮，仅仅是转换了氮素的存在形态并没有将氮素去除。所以，海绵铁对 TN 的去除效果相对较差。高炉渣和沸石通过物理吸附和化学吸附对雨水径流中的氮素进行吸附，而不是转换氮素的形态。从上述的试验结果也可以看出，这两者对氮素的去除效果要优于海绵铁。

3. 不同人工填料对磷素的净化效果分析

海绵铁由于本身的特性能够与 PO_4^{3-}发生化学反应生成溶解度很小的 $FePO_4 \cdot 3H_2O$ 和 $Fe_3(PO_4)_2$ 而使得其得到去除。高炉渣中含有大量的金属氧化物，这些活性物质对雨水径流中的正磷酸盐酸根离子有很强的化学吸附作用。沸石与正磷酸盐酸根离子都带有负电荷，故沸石对正磷酸盐酸根离子的吸附性能较差。

由图 2.22、图 2.23 可以看出，以中粗砂、粗砂为主填料的人工填料对 TP 负荷削减率的平均值分别为 82.92%、72.76%，中粗砂明显优于粗砂。所有添加了海绵铁的人工填料相对于纯砂（1#和 2#）对 TP 的去除效果都有很大提升。对中粗砂（2#）和粗砂（1#）而言，分别从 67.63%和 51.84%提升到了 90%以上。海绵铁占比减小 TP 的去除效果变化较小，原因可能 5%的海绵铁已经能够满足对 TP 的去除。只添加了沸石、高炉渣的人工填料，其削减效果变化不大甚至出现了一定程度的降低。综上，90%主填料+10%海绵铁是去除雨水径流中磷的较优方案。

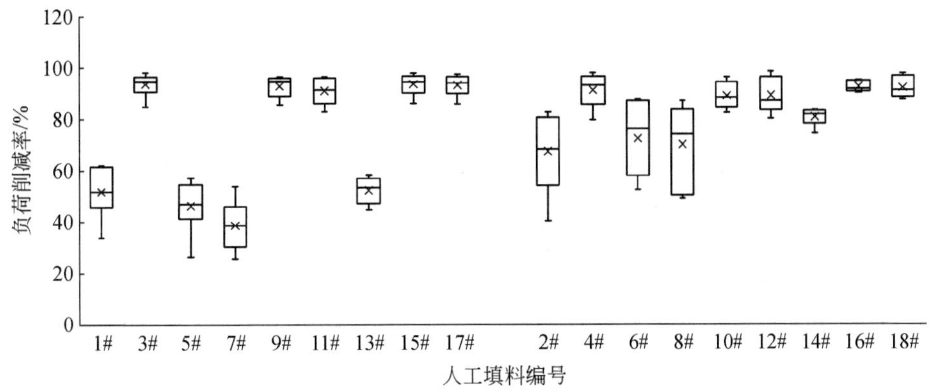

图 2.22　TP 负荷削减率对比图

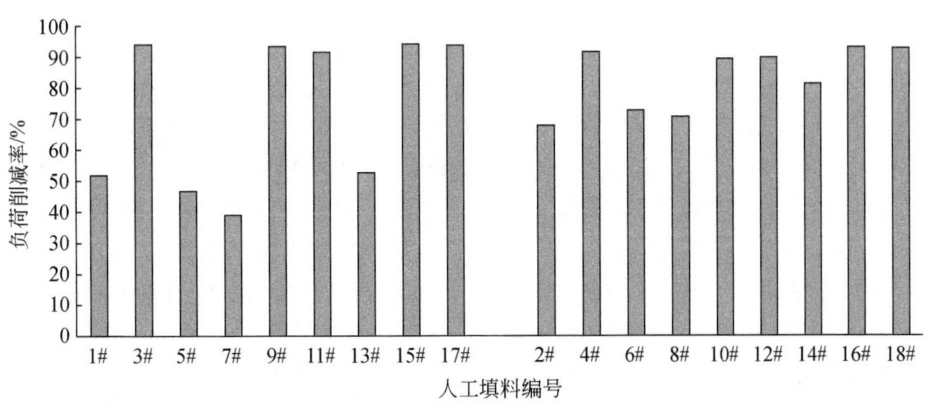

图 2.23　TP 平均负荷削减效果

在配制的人工雨水中磷主要以正磷酸盐的形态存在，正磷酸盐酸根离子的电离倾向大于水的电离且显酸性。在中性或偏酸性的水体中海绵铁本身及其所产生的新生态的 Fe^{3+}可与 PO_4^{3-}发生化学反应，具体的反应过程如下所示：

$$H_2PO_4^- \longrightarrow HPO_4^{2-} + H^+ \tag{2.17}$$

$$HPO_4^{2-} \longrightarrow PO_4^{3-} + H^+ \tag{2.18}$$

$$Fe^{3+} + PO_4^{3-} + 3H_2O \longrightarrow FePO_4 \cdot 3H_2O \downarrow \tag{2.19}$$

$$Fe^{2+} + PO_4^{3-} + 8H_2O \longrightarrow Fe_3(PO_4)_2 \cdot 8H_2O \downarrow \tag{2.20}$$

因 $FePO_4 \cdot 3H_2O$ 和 $Fe_3(PO_4)_2$ 溶解度很小，因此容易被吸附在人工填料的表面。高炉渣中含有大量的金属氧化物，这些活性物质对雨水径流中的正磷酸盐酸根离子有很强的化学吸附作用，但是这些物质常常被包裹在高炉渣的内部不能较好地与径流中的正磷酸盐酸根离子接触。有研究表明（王应军，2010）用 2 mol/L 的硫酸处理过的高炉渣可以使这些物质充分的暴露出来，在 pH=9 的条件下对磷的去除高达 99.54%。蒋艳红（2006）对高炉渣的吸附性能进行了研究，结果表明：高炉渣对阳离子有较强的吸附性能，对阴离子的吸附性能较弱，特别对极性较强负离子的吸附去除率几乎为零。这一研究结果也对本研究中高炉渣对正磷酸盐酸根离子去除效果较差这一现象作出解释。

正磷酸盐酸根离子带有负电荷，由上文可知沸石由于本身的结构原因有负电性。由于同性电荷相互排斥的原因，故沸石对正磷酸盐酸根离子的吸附性能较差，再加上将改良剂替换相同体积的主填料会在一定程度上提升人工填料的渗透性能，缩短填料与污染物的接触时间。这可能就是导致削减效果下降的主要原因。

4. 不同人工填料对重金属的净化效果分析

（1）不同人工填料对 Cu 的净化效果分析

对于海绵铁，由于铁的活性大于铜，所以 Cu^{2+}能够通过置换反应被去除。高炉渣中的氧化钙易溶于水，可以形成碳酸钙，然后把重金属离子吸附在其表面而得到去除。沸石由于其本身的结构的特点，其本身具有一定的阳离子交换能力。故重金属能通过与沸石进行阳离子交换而被去除。

由图 2.24、图 2.25 可知，以粗砂和中粗砂为主填料的人工填料对 Cu 的负荷削减效果相差甚微，分别为 47.66%和 47.87%。仅添加了海绵铁的人工填料 3#、4#相比 1#、2#来说，负荷削减率提升了 20.27%、8.68%。只添加了高炉渣的人工填料 5#、6#相比 1#、2#来说，负荷削减率提升了 4.28%、2.26%。只添加了沸石的人工填料 7#、8#相比 1#、2#来说负荷削减率有所降低，分别降低了 3.69%、8.82%。将 3#、4#中 5%的海绵铁换成同体积的沸石（9#、10#），其对 Cu 负荷削减效果变化差异性较大，9#相比 3#降低了 2.04%，10#相比 4#提升了 6.03%。将 3#、4#中 5%的海绵铁换成同体积的高炉渣（11#、12#），负荷削减效果提升显著，11#相比 3#提升了 8.63%，12#相比 4#提升了 11.72%。在双改良剂的人工填料中高炉渣+沸石的混合方案是相对来说效果最差，分别为 54.89%、53.52%。提高改良剂的掺混比例相对其他混合填料来说没有显著的优势。综上，90%主填料+5%海绵铁+5%高炉渣是去除雨水径流中 Cu 的较优方案。

对于海绵铁，由于标准电极电位 $\varphi\theta(Cu^{2+}/Cu)=0.340 > \varphi\theta(Fe^{2+}/Fe)=-0.440$，所以 Cu^{2+}能够通过置换反应被去除。同时，随着试验的进行，溶液的 pH 值不断增大，溶液中 OH^-的浓度不断升高，生成 $Fe(OH)_2$ 和 $Fe(OH)_3$ 絮凝体，吸附溶液中的 Cu^{2+}，最终絮凝沉淀下来。Cu^{2+}也可以 OH^-生成一种难溶于水的蓝色絮状沉淀 $Cu(OH)_2$。高炉渣中的氧化钙易溶于水，并且在水溶液中以二价钙离子的形态存在，其在偏碱性的条件下可以形成没有固定形态的

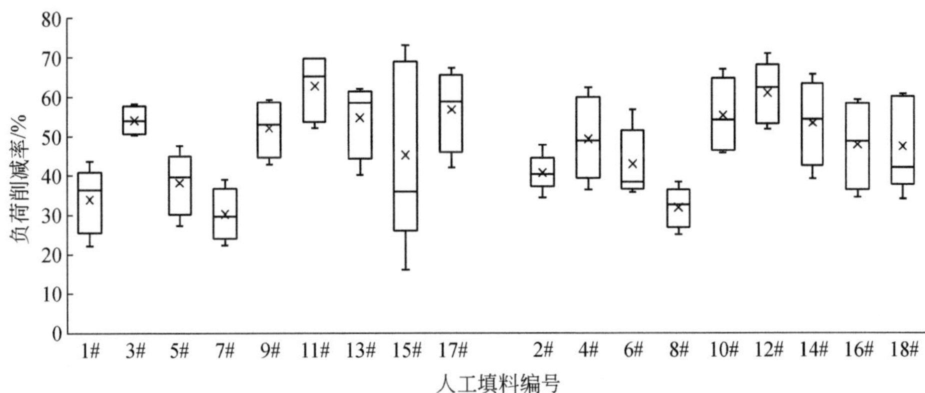

图 2.24　Cu 负荷削减率对比图

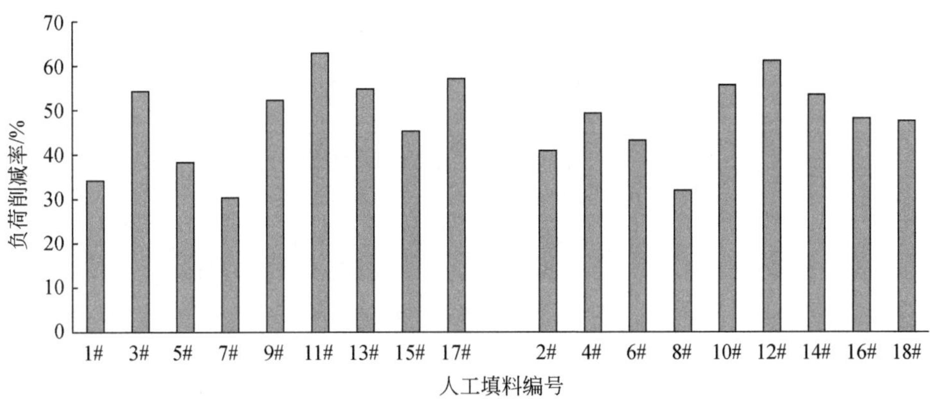

图 2.25　Cu 平均负荷削减效果

碳酸钙，然后把重金属离子吸附在其表面，最终重金属会由于高炉渣吸附碳酸钙而得到去除。有研究表明，在 pH 值为 7 的情况下，高炉渣对重金属离子的去除率相当可观（王哲等，2015）。沸石由于其本身的结构的特点，其本身具有一定的阳离子交换能力。重金属离子本身带有正电性，能通过与沸石进行阳离子交换而被去除。

（2）不同人工填料对 Zn 的净化效果分析

对于海绵铁，随着反应的不断进行，使得溶液的 pH 值不断增大，溶液中的 OH^-含量增高，开始形成氢氧化物絮凝体，从而使得溶液中的 Zn^{2+}得到去除。高炉渣中的氧化钙溶于水形成的碳酸钙对重金属有吸附作用。沸石本身具有阳离子交换能力，其可以通过阳离子交换去除重金属。

由图 2.26、图 2.27 可知，以中粗砂为主填料的人工填料对 Zn 的去除效果都要优于粗砂。添加改良剂都会在一定程度上提高填料对 Zn 的去除效果。只用海绵铁作为改良剂的人工填料 3#、4#相对 1#、2#对 Zn 的负荷削减率分别提高了 45.30%、34.39%，只用高炉渣作为改良剂的人工填料 5#、6#相对 1#、2#对 Zn 的负荷削减率分别提高了 20.09%、10.30%，只用沸石作为改良剂的人工填料 7#、8#相对 1#、2#对 Zn 的负荷削减率分别提高了 26.48%、12.93%。因此，添加海绵铁的人工填料对 Zn 的去除效果要明显优于添加其他两种改良剂的人工填料。90%主填料+5%海绵铁+5%高炉渣、70%主填料+10%海绵铁+10%高炉渣+10%沸石和 55%主填料+15%海绵铁+15%高炉渣+15%沸石等三种掺混方案对 Zn 的负荷削减率都在 90%以上，并且 90%主填料+10%海绵铁这种混合填料对 Zn 的负荷削减率也在 85%以上。因此增加改良剂的掺混比例并没有明显的提升其对 Zn 的去除能力。综上，90%主填料+10%海绵铁和 90%主填料+5%海绵铁+5%高炉渣这两种混合填料可以较好地满足对 Zn 的净化要求。

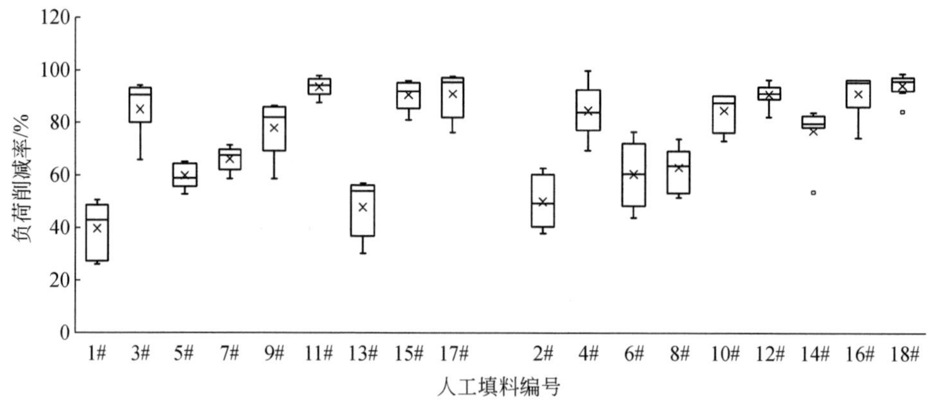

图 2.26　Zn 负荷削减率对比图

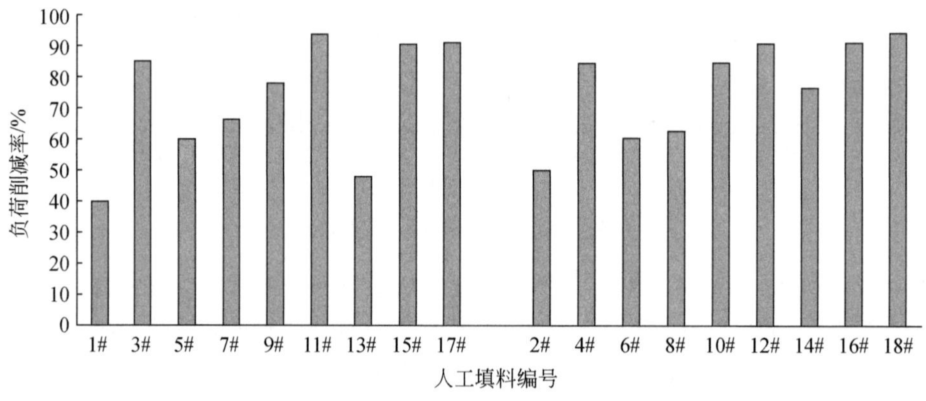

图 2.27　Zn 平均负荷削减效果

对于海绵铁，由于标准电极电位 $\varphi\theta(Fe^{2+}/Fe)=-0.440 > \varphi\theta(Zn^{2+}/Zn)=-0.762$，所以 Zn^{2+} 不能通过置换反应被去除，但由图 3.16 可以看出 Zn^{2+}的去除率依然很高。这其中的原因可能是随着反应的不断进行，使得溶液的 pH 值不断增大，溶液中的 OH^-含量增高，当达到一定浓度时离子浓度积大于金属氢氧化物的溶度积时，便开始形成氢氧化物絮凝体，从而使得溶液中的 Zn^{2+}得到去除（罗发生等，2011）。Zn^{2+}也会与 OH^-发生反应生成 $Zn(OH)_2$，其难溶于水。

（3）不同人工填料对 Cd 的净化效果分析

对于海绵铁，由于铁的活性大于镉，所以 Cd^{2+}能够通过置换反应被去除。高炉渣中的氧化钙溶于水形成碳酸钙，碳酸钙能够把重金属离子吸附在其表面而得到去除。沸石由于其本身的结构的特点，能通过阳离子交换作用去除重金属。

由图 2.28 和图 2.29 可知，以粗砂和中粗砂为主填料的人工填料对 Cd 的负荷削减效果存在一定的差距，分别为 37.95%和 41.24%。只用海绵铁作为改良剂的人工填料 3#、4#相比 1#、2#都有所提升，分别为 4.50%和 3.14%。只添加了高炉渣（5#、7#）或沸石（6#、8#）的人工填料相比 1#、2#提升不明显，甚至存在削减效果下降的现象，其变化范围在−7.09%～0.44%之间。主填料为粗砂，并且添加了两种改良剂的人工填料对 Cd 的负荷削减效果相差不大，分别为 39.34%、42.07%和 40.59%，这三者与 3#相比存在的差异性也较小。主填料为中粗砂，并且添加了两种改良剂的人工填料对 Cd 的负荷削减效果存在差异，海绵铁+高炉渣的改良剂掺混方案要优于其他两种，分别高出 7.79%和 8.11%，这三者与 4#相比存在明显的优势，削减率分别高出 5.29%、13.08%和 4.97%。提高改良剂的掺混比例没有提高人工填料对 Cd 的去除能力。综上，90%主填料+5%海绵铁+5%高炉渣这种混合填料对 Cd 的净化效果较好。

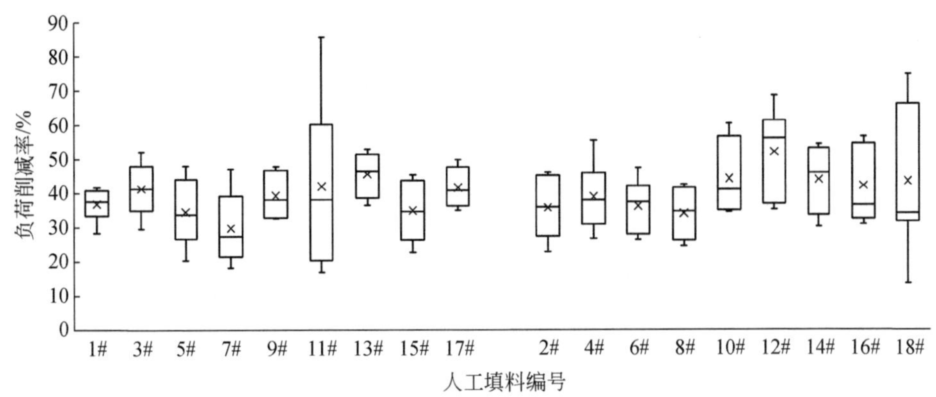

图 2.28　Cd 负荷削减率对比图

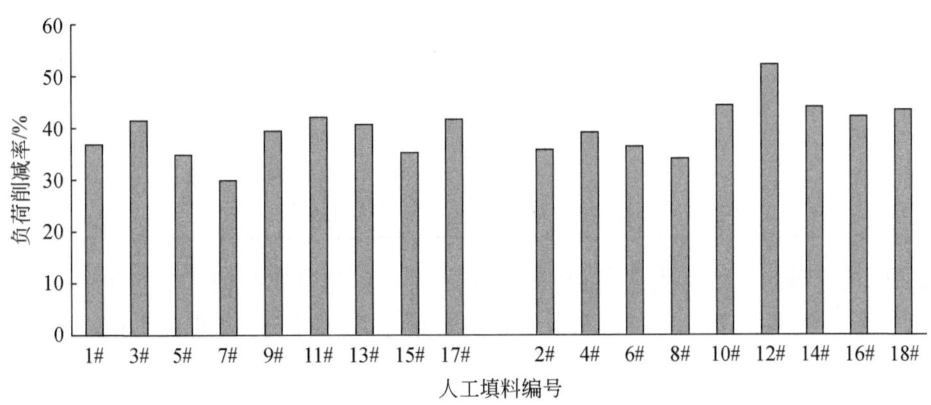

图 2.29　Cd 平均负荷削减效果

对于海绵铁，由于标准电极电位 $\varphi\theta(Cd^{2+}/Cd)=-0.403>\varphi\theta(Fe^{2+}/Fe)=-0.440$，铁比镉活泼，铁可以通过还原反应将镉离子从雨水径流中还原出来，降低径流中镉离子的含量。同时，随着试验的进行，溶液 pH 值增加，溶液中 Fe^{2+}离子及其氧化产物 Fe^{3+}浓度也会升高到很高的浓度，很容易形成 $Fe(OH)_2$ 和 $Fe(OH)_3$ 絮凝物，从而使水体中 Cd^{2+}的去除率大大增加。镉离子也可以通过与 OH^-生成 $Cd(OH)_2$ 沉淀而被去除（毕娜等，2008）。

5. 不同人工填料对污染物的净化效果综合分析

利用污染物负荷综合削减率（即人工填料对各污染物负荷削减率的均值）来评价各人工填料对污染物的综合去除性能，并通过对比各填料对污染物负荷综合削减效果，来明确增大改良剂添加比例对污染物削减效果的影响。

由表 2.18 可知：以粗砂为主填料的人工填料对污染物负荷综合削减率为 39.67%，以中粗砂为主填料的人工填料对污染物负荷综合削减率 43.76%，中粗砂比粗砂高出 4.09%，存在一定的优势。纯砂对污染物负荷综合削减率分别为 32.34%（粗砂）和 35.64%（中粗砂），改良剂添加比例为 10%的几种人工填料对污染物负荷削减率为 35.46%～45.23%（粗砂）、38.03%～49.46%（中粗砂），范围较广，差异性较大。改良剂添加比例为 30%的人工填料对污染物负荷综合削减率分别为 44.44%和 46.87%，改良剂添加比例为 45%的人工填料对污染物负荷综合削减率分别为 46.25%和 46.29%。上述数据可以看出，当改良剂添加比例从 10%增加到 30%和 45%时，30%和 45%的添加比例相比 10%（最高削减率方案）添加比例对负荷综合削减率的提升不大，其没有表现出明显的优势，主要原因可能是改良剂添加比例的增加，吸附点位、与污染物反应的原料以及阳离子交换量等都会随之增长，但改良剂添加比例的增大也会在一定程度上提升人工填料的渗透性能，缩短径流污染物与填料接触的时间，这两点导致了增大改良剂添加比例，负荷综合削减效果变化不大这种现象的发生。综上，添加了两种及两种以上改良剂的人工填料对污染物负荷综合削减效果差距不是特别大，且削减效果都较好。

表 2.18 各填料对污染物负荷的综合削减率

填料编号	污染物负荷综合削减率/%	填料编号	污染物负荷综合削减率/%
1#	32.34%	2#	35.64%
3#	38.63%	4#	38.03%
5#	35.46%	6#	39.94%
7#	35.88%	8#	40.87%
9#	38.95%	10#	47.65%
11#	45.23%	12#	49.09%
13#	39.84%	14#	49.46%
15#	44.44%	16#	46.87%
17#	46.25%	18#	46.29%

综上所述，以快速渗率为主要功能的渗井，基本填料宜以粗砂（粒径 0.50～2 mm）为主，同时选择粒径大的改良剂，一般为火山石、陶粒、高炉渣等，掺混比例以 5%～10%（体积比）为宜。以污染物净化为主要功能的渗井，基本填料宜以中沙（粒径 0.35～0.50 mm）为主，同时选择粒径小，污染物净化能力强的改良剂，一般为海绵铁、活化沸石、麦饭石等，掺混比例以 10%～20%（体积比）为宜。综合考虑渗井的速渗和污染物净化功能，宜以中砂为主，选择粒径小、污染物净化能力较好的改良剂，掺混比例以 10%～20%（体积比）为宜，如陶粒、海绵铁、活化沸石。

2.5 本章小结

本章以咸新区沣西新城国家级海绵试点城市土壤地质条件为背景，提出了生物滞留填料改良技术路线与方法，弥补了生物滞留传统填料或者原状土渗透能力和/或净化能力的不足。明确了给水厂污泥、绿沸石、粉煤灰、草炭土、蛭石、麦饭石、椰糠、高炉渣、火山石和小陶粒等 10 种改良剂的基本特性；确定了生物滞留传统填料和改良剂的混合比例、改良填料的渗透能力、持水能力和吸附能力。通过系统实验（批次Ⅰ&Ⅱ，迷你柱），构建了由渗透能力、持水能力、净化能力、寿命、成本等 5 个因素组成的多目标决策问题，建立层次结构模型，改良填料的综合性能排序如下：BSM+10%粉煤灰＞BSM+10%绿沸石＞BSM+10%WTR＞BSM+10%麦饭石＞BSM。

通过对 18 根滤柱进行 9 场试验所获取的数据进行整理分析，研究在不同进水水量和进水浓度下，主填料类型、改良剂类型、主填料与改良剂的混合比例以及改良剂的添加种类等因素对人工填料渗透性能和对污染物净化效果的影响。在粗砂或中砂中添加一定比例的改良剂（海绵铁、沸石、高炉渣）可提高人工滤柱对污染物的去除效果，并且水分渗透速率较高。添加不同的改良剂对污染物的去除效果不同，添加海绵铁可以显著提高污染物 TP 和 Zn 的去除效果，添加活化沸石对 TN 去除效果较好，添加高炉渣对 Cu 去除效果较好，添加不同比例的改良剂对 COD 和 Cd 的去除效果不明显。

参 考 文 献

毕娜，李俊国，冯艳平，等. 2008. 球形海绵铁去除水体中镉污染的静态实验研究. 河北联合大学学报（自然科学版），30（2）：118-122

陈虹. 2015. 西安市城区非点源污染特征与模拟研究. 西安：西安理工大学学位论文

陈溪. 2015. 改性红辉沸石的制备及对重金属镉吸附性能的研究. 桂林：广西师范大学学位论文

陈莹，赵剑强，胡博. 2011. 西安市城市主干道路面径流污染特征研究. 中国环境科学，31（5）：781-788

邓雪，李家铭，曾浩健，等. 2012. 层次分析法权重计算方法分析及其应用研究，42（7）：93-100

丁磊，王萍. 2004. 海绵铁在水处理中的研究现状及存在问题. 中国给水排水，20（3）：30-32

董雯. 2013. 西北城市非点源污染特征及控制研究——以西安市为例. 西安：西安理工大学学位论文

董颖博，林海，刘泉利. 2015. 化学改性对沸石去除水中碳、氮污染物的影响，四川大学学报（工程科学版），47（3）：193-199

杜光斐. 2012. 生态滤沟处理城市路面径流的试验研究. 西安：西安理工大学学位论文

高晓丽，张书函，肖娟，等. 2015. 雨水生物滞留设施中填料的研究进展. 中国给水排水，31（20）：17-21

蒋艳红. 2006. 高炉渣吸附性能研究. 南宁：广西大学硕士学位论文

李日强，李松桧，王江迪. 2008. 沸石的活化及其对水中氨氮的吸附. 环境科学学报，28（8）：1618-1624

李婷，朱易春，康旭，等. 2016. 海绵铁还原微污染源水中硝酸盐氮的影响因素研究. 工业水处理，36（11）：85-89

刘鸣达，陶伟，刘婷，等. 2008. 不同条件下高炉渣吸附水中无机磷的研究. 环境工程学报，2（6）：840-843

刘琰，李剑超，赵英花，等. 2012. 海绵铁转化地下水中硝酸盐的试验研究. 环境污染与防治，34（11）：20-24

罗发生，徐晓军，李新征，等. 2011. 微电解法处理铜冶炼废水中重金属离子研究. 水处理技术，37（3）：100-104

马昭阳，金兰淑. 2010. 4A 沸石去除水中 Pb～（2+）的研究. 环境工程学报，4（4）：813-816

孟莹莹，王会肖，张书函，等. 2013. 基于生物滞留的城市道路雨水滞蓄净化效果试验研究. 北京师范大学学报（自然科学版），49（2/3）：286-291

唐次来，朱艳芳，张增强，等. 2007. Fe 去除黄土地区土壤水中的硝酸盐. 环境科学学报，27（8）：1292-1299

王宝山. 2011. 城市雨水径流污染物输移规律研究. 西安：西安建筑科技大学博士学位论文

王萍. 2000. 海绵铁除磷技术研究. 环境科学学报，20（6）：798-800

王萍，牛晓君，赵保卫. 2003. 海绵铁吸附除磷机理研究. 中国给水排水，19（3）：11-13

王顺利，王秀红，周新初，等. 2017. 沸石-纳米零价铁的制备及其对溶液中 Cu^{2+} 的吸附研究. 农业环境科学学报，36（3）：583-590

王小林，余李鑫，王旭东，等. 2017. 西安市不同下垫面雨水水质分析及道路雨水利用设计. 西安建筑科技大学学报（自然科学版），49（4）：550-560

王应军，伍钧，张俊萍，等. 2010. 高炉炉渣对磷的吸附特性. 四川农业大学学报，28（3）：351-355

王哲，刘金亮，陈莉荣，等. 2015. 高炉渣对 Cd^{2+} 的吸附性能. 化工环保，35（2）：187-191

王哲，张思思，黄国和，等. 2016. 高炉水淬渣对电镀废水中重金属和 COD 吸附的响应面优化. 化工进展，35（11）：3669-3676

向璐璐，李俊奇，邝诺，等. 2008. 雨水花园设计方法探析. 给水排水，34（6）：47-51

袁宏林，陈海清，林原，等. 2011. 西安市降雨水质变化规律分析. 西安建筑科技大学学报：自然科学版，（3）：391-395

Cai X F，Shi Y，Wang F，et al. 2013. Influence of reaction temperature on nitrate removal from water by SSI. Advanced Materials Research，634-638（1）：345-348

Chavez R A，Brown G O，Coffman R R，et al. 2015. Design，Construction and Lessons Learned from Oklahoma Bioretention Cell Demonstration Project. Applied Engineering in Agriculture，31（1）：63-71

Cho K W，Song K G，Cho J W，et al. 2009. Removal of nitrogen by a layered soil infiltration system during intermittent storm events. Chemosphere，76（5）：690-696

Coustumer S L，Fletcher T D，Deletic A，et al. 2009. Hydraulic performance of biofilter systems for stormwater management：Influences of design and operation. Journal of Hydrology，376（1）：16-23

Eckart K，McPhee Z，Bolisetti T. 2017. Performance and implementation of low impact development – A review. Science of The Total Environment，607-608：413-432

Guo H，Lim F Y，Zhang Y，et al. 2015. Soil column studies on the performance evaluation of engineered soil mixes for bioretention systems. Desalination & Water Treatment，54（13）：3661-3667

Hatt B E，Fletcher T D，Deletic A. 2007. Hydraulic and pollutant removal performance of stormwater filters under variable wetting and drying regimes. Water Science and Technology，56（12）：11-19

Hsieh C H，Davis A P，Needelman B A. 2007. Nitrogen removal from urban stormwater runoff through layered bioretention columns. Water Environment Research，79（12）：2404-2411

Hunt W F，Smith J T，Jadlocki S J. 2008. Pollutant removal and peak flow mitigation by a bioretention cell in urban charlotte，N. C. Journal of Environmental Engineering，134（5）：403-408

Li H，Davis A P. 2008. Urban particle capture in bioretention media. Ⅰ：laboratory and field studies. Journal of Environmental Engineering，134（6）：409-418

Lucas W，Greenway M. 2011. Phosphorus retention by bioretention mesocosms using media formulated for phosphorus sorption：Response to accelerated loads. Journal of Irrigation And Drainage Engineering，137（3）：144-153

Lucke T，Nichols P W B. 2015. The pollution removal and stormwater reduction performance of street-side bioretention basins after ten years in operation. Science of the Total Environment，536：784-792

Nabiul A frooz A R M，Boehm A B. 2017. Effects of submerged zone，media aging，and antecedent dry period on the performance of biochar-amended biofilters in removing fecal indicators and nutrients from natural stormwater. Ecological Engineering，102：320-330

O'Neill S W，Davis A P. 2012. Water treatment residual as a bioretention amendment for phosphorus. II：long-term column studies. Journal of Environmental Engineering，138（3）：328-336

Paliza S，Stephanie E H，Beverley C. 2018. Wemple，Effects of different soil media，vegetation，and hydrologic treatments on nutrient and sediment removal in roadside bioretention systems. Ecological Engineering，112：116-131

Tian J，Liu D. 2017. Biochar incorporation into bioretention for enhanced ammonium removal and runoff retention. Journal of Southwest Jiaotong University，52（6）：1201-1207

Wan Z X，Li T，Shi Z B. 2017. A layered bioretention system for inhibiting nitrate and organic matters leaching. Ecological Engineering，107：233-238

Wei Z Q，Yan X，Lu Z H，et al. 2019. Phosphorus sorption characteristics and related properties in urban soils in southeast China. CATENA，175：349-355

Zafarani H R，Bahrololoom M E，Javidi M，et al. 2014. Removal of chromate ion from aqueous solutions by sponge iron. Desalination & Water Treatment，52（37-39）：7154-7162

Zhang W，Brown G O，Storm D E，et al. 2008. Fly-ash amended sand as filter media in bioretention cells to improve phosphorus removal. Water Environment Research，80（6）：507-516

第3章　典型低影响开发设施径流调控效能与作用机制

现有低影响开发设施径流调控效能研究大多集中在：①系统进出水污染物种类及浓度分析；②不同降雨强度下系统峰流量削减、径流体积削减、污染物负荷削减等的监测（Wang et al.，2019；Lucke and Nichols，2015）；③不同填料类型、植物种类、环境和水文因子下调控效果的差异性的比较（Rycewicz-Borecki et al.，2017；Houdeshel et al.，2015）。但是，在降雨过程和降雨间隔期，系统中污染物的转化都是动态的。因此，仅考虑场次降雨条件下水量削减和负荷削减情况，不足以表明系统运行效果的好坏。本章考虑植物-填料-微生物的综合作用下，主要研究：①在种植植物的室外条件下，改良填料低影响开发系统对雨水径流的入渗、储存和浓度去除效果；②建立径流调控效果、污染物净化效果与填料特征、水力和水文因素之间的定量关系；③研究时空变化下，填料中碳、氮、磷，以及重金属铜、锌、镉含量的变化；④研究低影响开发系统填料中不同种类酶活性与污染物含量之间的相关性。

3.1　改良填料生物滞留系统径流调控效能

3.1.1　生物滞留池装置简介

滤柱试验装置为壁厚 6 mm，高 1.2 m，内径 40 mm 的 PVC 圆柱体。内种有道路绿化常用植物黄杨（*Buxus sinica*）与黑麦草（*Lolium perenne* L.）。装置自上向下结构如下：①安全超高 15 cm（溢流口以上高度）；②蓄水层高度 15 cm（覆盖层与溢流口之间）；③覆盖层 5 cm，本研究中以松树皮为覆盖层（尺寸 9～13 cm）；④填料层 70 cm；⑤砾石层 15 cm（粒径 12～35 mm）。小试穿孔排水管直径 25 mm，设在装置底部，用土工布包裹。填料取样口（直径 25 mm）分别设在覆盖层以下 10 cm、35 cm 和 60 cm，每层设两个取样口以便于取样。小试装置填料组成如表 3.1 所示，结构图如图 3.1 所示，现场照片如图 3.2 所示。

表 3.1　小试装置填料组成

编号	填料组成	编号	填料组成
#1	原状土	#7	BSM+粉煤灰（9∶1，w/w）
#2	土+沙（3∶7，w/w）	#8	BSM+蛭石（19∶1，w/w）
#3	BSM	#9	BSM+草炭土（19∶1，w/w）
#4	BSM+WTR（9∶1，w/w）	#10	BSM+椰糠（19∶1，w/w）
#5	BSM+绿沸石（9∶1，w/w）	#11	BSM+麦饭石+草炭土（38∶1∶1，w/w）
#6	BSM+麦饭石（9∶1，w/w）	#12	BSM+绿沸石+草炭土（38∶1∶1，w/w）

注：填料混合比例均为质量比（w/w）

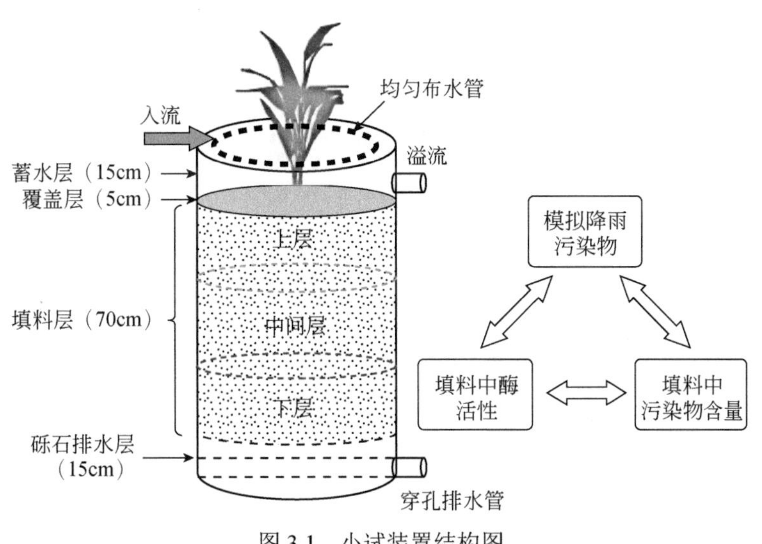

图 3.1　小试装置结构图

(a) 平视图　　(b) 俯视图

图 3.2　小试现场照片

3.1.2　生物滞留池调控效能方案设计

从实验系统建成算起，共进行了两个阶段的模拟降雨试验（2017-10-13～2017-12-01，2018-05-22～2018-09-30），分别在两个阶段的试验前后（2017-10-12、2017-12-06、2018-05-17、2018-10-05）对生物滞留系统每层填料取样分析，时间安排如图 3.3 所示。第一阶段 9 场模拟降雨试验，考虑植物-填料-微生物的综合作用下，生物滞留池对雨水径流的调控效果，进一步筛选生物滞留池高效填料；针对第一阶段筛选的高效填料进行第二阶段模拟降雨试验，以此水质水量及填料污染物含量监测/检测数据为基础，研究内外部影响因素与系统调控效果的定量关系。第一阶段设计了 9 场正交试验，土柱填料与吸附饱和与入渗能力试验相同，考虑因素包括降雨强度、汇流比、入流污染物浓度等，每种因素设置 3 种水平。第二阶段共进行 16 场模拟降雨试验，增加影响因素个数及其水平数，其中，外部影响因素主要考虑入流污染物浓度、重现期、汇流比、降雨历时和雨前干燥期，每种因素设置 4 种水平，具体方案如表 3.2 所示。内部影响因素（表 3.3）包括：填料因子（比表面积与孔隙率三次方的比值）和渗透速率。水质检测指标包括：总氮、氨氮、硝氮、总磷、溶解态活性磷、重金属铜、锌、镉。填料检测指标包括：总氮、氨氮、硝氮、亚硝氮、总磷、有效磷、有机质，以及脲酶、蛋白酶、脱氢酶、蔗糖酶、磷酸酶、过氧化氢酶等土壤酶活性。

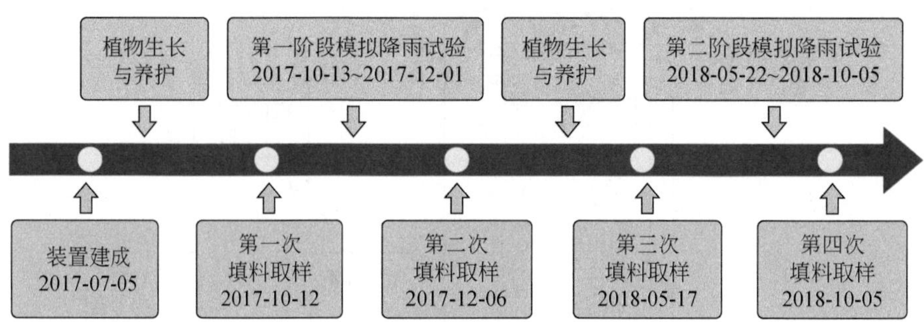

图 3.3　试验周期安排

表 3.2　小试方案

小试第一阶段					小试第二阶段						
编号	*A*	*B*	*C*	试验工况	编号	*A*	*B*	*C*	*D*	*E*	试验工况
T1	1	1	1	$A_1B_1C_1$	T1	1	1	1	1	1	$A_1B_1C_1D_1E_1$
T2	1	2	2	$A_1B_2C_2$	T2	1	2	2	2	2	$A_1B_2C_2D_2E_2$
T3	1	3	3	$A_1B_3C_3$	T3	1	3	3	3	3	$A_1B_3C_3D_3E_3$
T4	2	1	2	$A_2B_1C_2$	T4	1	4	4	4	4	$A_1B_4C_4D_4E_4$
T5	2	2	3	$A_2B_2C_3$	T5	2	1	2	3	4	$A_2B_1C_2D_3E_4$
T6	2	3	1	$A_2B_3C_1$	T6	2	2	1	4	3	$A_2B_2C_1D_4E_3$
T7	3	3	3	$A_3B_1C_3$	T7	2	3	4	1	2	$A_2B_3C_4D_1E_2$
T8	3	1	1	$A_3B_2C_1$	T8	2	4	3	2	1	$A_2B_4C_3D_2E_1$
T9	3	2	2	$A_3B_3C_2$	T9	3	1	3	4	2	$A_3B_1C_3D_4E_2$
—	—	—	—	—	T10	3	2	4	3	1	$A_3B_2C_4D_3E_1$
—	—	—	—	—	T11	3	3	1	2	4	$A_3B_3C_1D_2E_4$
—	—	—	—	—	T12	3	4	2	1	3	$A_3B_4C_2D_1E_3$
—	—	—	—	—	T13	4	1	4	2	3	$A_4B_1C_4D_2E_3$
—	—	—	—	—	T14	4	2	3	1	4	$A_4B_2C_3D_1E_4$
—	—	—	—	—	T15	4	3	2	4	1	$A_4B_3C_2D_4E_1$
—	—	—	—	—	T16	4	4	1	3	2	$A_4B_4C_1D_3E_2$

注：*A*～*E* 分别为入流污染物浓度、重现期、汇流比、降雨历时和降雨间隔期

表 3.3　内外部影响因素及其水平

第一阶段因素水平	第二阶段因素水平	入流污染物浓度 *A*/（mg/L）							重现期 *B*/年	汇流比 *C*	降雨历时 *D*/min	降雨间隔期 *E*/d
		NO_3-N	NH_3-N	SRP	COD	Cu	Zn	Cd				
—	1	2	1	0.5	50	0.2	0.3	0.05	0.5	5∶1	30	3
3	2	3	1.5	1	100	0.3	0.5	0.1	1	10∶1	60	6
2	3	6	3	1.5	300	0.5	1	0.3	2	15∶1	90	9
1	4	12	6	2.5	600	1	1.5	0.5	3	20∶1	120	12

3.1.3　植物-填料-微生物综合作用下改良生物滞留池调控效果

1. 改良填料生物滞留池水量削减与浓度去除

基于小试第一阶段放水试验，计算生物滞留池水量削减率和浓度去除率（图 3.4），综合考虑填料的渗透能力，持水能力和污染物净化能力来衡量生物滞留系统对雨水径流的调控效果。对于单一降雨事件而言，选用渗透系数较大的土壤和降低汇水区域内硬化率是减少汇水区域内积水深度的有效措施。最初为了考虑景观效果，积水深度通常设计较浅（15 cm），

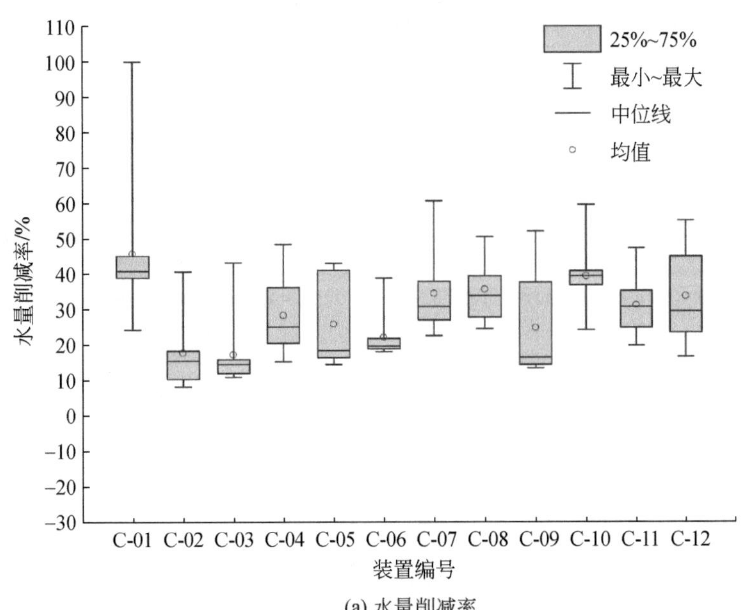

(a) 水量削减率

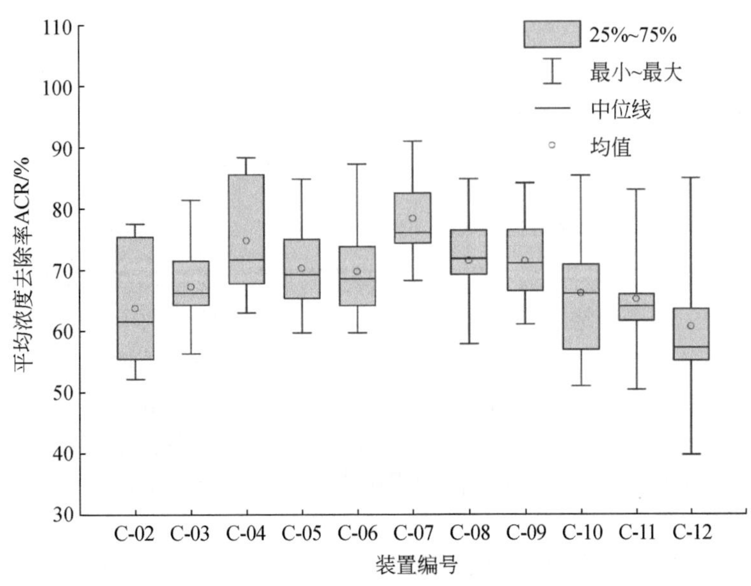

(b) 平均浓度去除率(ACR)

图 3.4　生物滞留池径流及其污染物调控效果

但马里兰州、特拉华州、华盛顿州最新的设计手册对积水深度有较大的提高，设计深度分别为 30 cm、45 cm 和 30 cm。另外，蓄水层高度对生物滞留池表层积水和穿孔管产流均有一定影响，随蓄水层深度增大，溢流控制水量提高，但积水时长增加；增加蓄水层深度可能提前穿孔管产流时间、增大峰值流量（高建平等，2017）。小试第一阶段结果如表 3.4 所示，浓度去除效果以平均浓度去除率表征（TN、NO_3-N、NH_3-N、COD_{Cr}、TP、Cu、Zn、Cd 浓度去除率的算术平均值）。

表 3.4　雨水径流水质水量调控效果　　　　单位：%

编号	n	$R_{retention}$	R_c（TN）	R_c（NO_3-N）	R_c（NH_4^+-N）	R_c（COD_{Cr}）	R_c（TP）	R_c（Cu）	R_c（Zn）	R_c（Cd）	ACR
C-01	8	51.2	—	—	—	—	—				—
C-02	4	20.8	28.5～69.7 （50.4）	22.8～65.4 （42.8）	53.7～88.6 （70.0）	21.3～84.8 （50.1）	92.4～97.9 （95.2）	46.9～82.7 （66.1）	41.8～92.9 （66.9）	44.0～89.5 （68.7）	52.2～77.6 （63.8）
C-03	1	19.8	48.2～78.7 （60.6）	35.9～76.0 （56.2）	54.1～88.5 （71.0）	10.7～77.4 （44.5）	91.7～98.3 （96.0）	57.0～95.9 （73.2）	33.9～87.0 （69.1）	41.5～96.6 （68.0）	56.3～81.4 （67.3）
C-04	0	30.7	51.3～88.0 （70.0）	41.1～92.3 （69.2）	63.7～91.9 （79.4）	36.9～85.7 （60.2）	90.1～98.3 （96.4）	56.6～92.1 （76.9）	55.9～96.8 （77.4）	31.7～89.7 （68.8）	63.0～88.5 （74.8）
C-05	0	27.9	42.6～81.6 （61.5）	37.6～77.2 （56.6）	44.0～91.8 （73.0）	12.7～77.9 （52.1）	88.6～97.6 （95.1）	58.1～95.5 （77.4）	56.4～98.8 （77.7）	41.2～95.7 （68.8）	59.7～84.8 （70.3）
C-06	0	24.3	39.7～82.6 （56.9）	37.3～84.8 （52.8）	53.0～95.4 （72.0）	22.6～85.0 （51.8）	91.7～98.2 （95.9）	53.0～92.1 （77.2）	67.2～97.7 （80.8）	44.9～87.1 （70.7）	59.7～87.3 （69.7）
C-07	3	37.8	66.2～93.9 （78.2）	68.8～93.1 （78.5）	75.1～97.0 （83.1）	20.4～90.0 （64.9）	86.4～96.7 （92.7）	54.4～89.2 （75.4）	69.4～98.6 （84.3）	42.3～83.5 （69.9）	68.3～91.1 （78.4）
C-08	0	37.5	56.0～85.1 （68.1）	46.0～83.8 （65.7）	67.6～91.6 （77.6）	24.8～83.1 （53.8）	92.3～99.1 （96.2）	42.2～86.9 （68.3）	53.7～99.3 （76.3）	46.8～79.3 （66.0）	57.9～84.8 （71.5）
C-09	0	27.1	56.2～80.5 （66.7）	43.0～82.4 （63.8）	65.6～92.3 （75.5）	12.0～86.0 （54.5）	91.6～98.8 （95.7）	58.3～94.5 （75.2）	26.1～97.8 （72.2）	48.3～87.3 （68.1）	61.1～84.2 （71.5）
C-10	0	40.5	41.0～83.2 （58.7）	33.7～89.4 （63.2）	55.6～93.7 （73.3）	25.9～85.1 （57.3）	91.7～97.1 （94.6）	7.5～54.9 （84.3）	13.1～97.4 （64.0）	47.9～76.1 （63.3）	51.0～85.4 （66.2）
C-11	0	33.3	30.6～79.6 （57.2）	21.0～79.6 （52.2）	53.2～94.6 （70.9）	16.3～75.6 （41.3）	92.4～97.2 （95.5）	48.8～94.1 （72.3）	30.3～94.9 （67.4）	39.6～75.6 （64.8）	50.4～83.1 （62.2）
C-12	0	35.9	34.3～82.3 （57.9）	29.8～78.3 （52.9）	51.0～90.0 （69.0）	10.7～77.5 （39.3）	84.6～97.9 （94.5）	22.9～92.8 （62.0）	15.0～98.4 （55.5）	25.1～73.0 （54.1）	39.7～84.9 （60.7）

注：n 为生物滞留池模拟降雨事件中，溢流事件发生频次；$R_{retention}$ 为水量削减率；平均浓度去除率（average concentration removal，ACR）为雨水径流污染物 TN、NO_3-N、NH_4^+-N、TP、COD_{Cr}、Cu、Zn、Cd 浓度去除率的算术平均值；括号内为均值

对 12 组生物滞留池滤柱系统分别进行模拟降雨试验，除一场次预试验外，共模拟 108 种降雨情景（12 组生物滞留池×9 场模拟降雨事件）。以纯种植土为填料的生物滞留池（C-01）只有在 0.5 年降雨重现期，10∶1 汇流比条件下，不产生溢流，其他情景均出现不同程度的溢流（表 3.4）。种植土和沙，生物滞留传统填料出现不同程度的溢流现象，可能由于土壤颗粒的向下迁移，填料下层细颗粒积累或者穿孔排水管的堵塞，降低生物滞留池的导水能力。以 BSM+粉煤灰为填料的生物滞留池出现不同程度的溢流现象，溢流发生的情景为 $A_2B_3C_1$、$A_3B_2C_1$、$A_3B_3C_2$ 三种运行工况，从而表明该填料渗透性的增加并未完全弥补设计的径流流量。本研究中，每座生物滞留池外部运行条件相同，但填料的基本特性（碳含量、比表面积、阳离子交换量等）不同。改良填料（C-04～C-12）持水能力为 24.3%～40.5%，平均浓度去除率 60.7%～78.4%。推荐 BSM+10%粉煤灰（C-07），BSM+10%WTR（C-04），BSM+10%绿沸石（C-05），BSM+5%蛭石（C-08），BSM+5%草炭土（C-09）作为生物滞留改良填料，平

均浓度去除率在 70.3%以上，其污染物平均去除率相对于 BSM 提高了 4.5%～16.5%。

2. 改良填料生物滞留池污染物负荷削减

不同的生物滞留改良填料有着不同的水量蓄滞效果和浓度去除效果，污染物负荷量可有效表征生物滞留系统对雨水径流污染物总量的调控效果。若 R_L 为正值，则生物滞留系统截留污染物，若 R_L 为负值，则生物滞留系统淋溶污染物。考虑进水、出水、溢流污染物负荷量，计算生物滞留池污染物负荷削减率（图 3.5）。

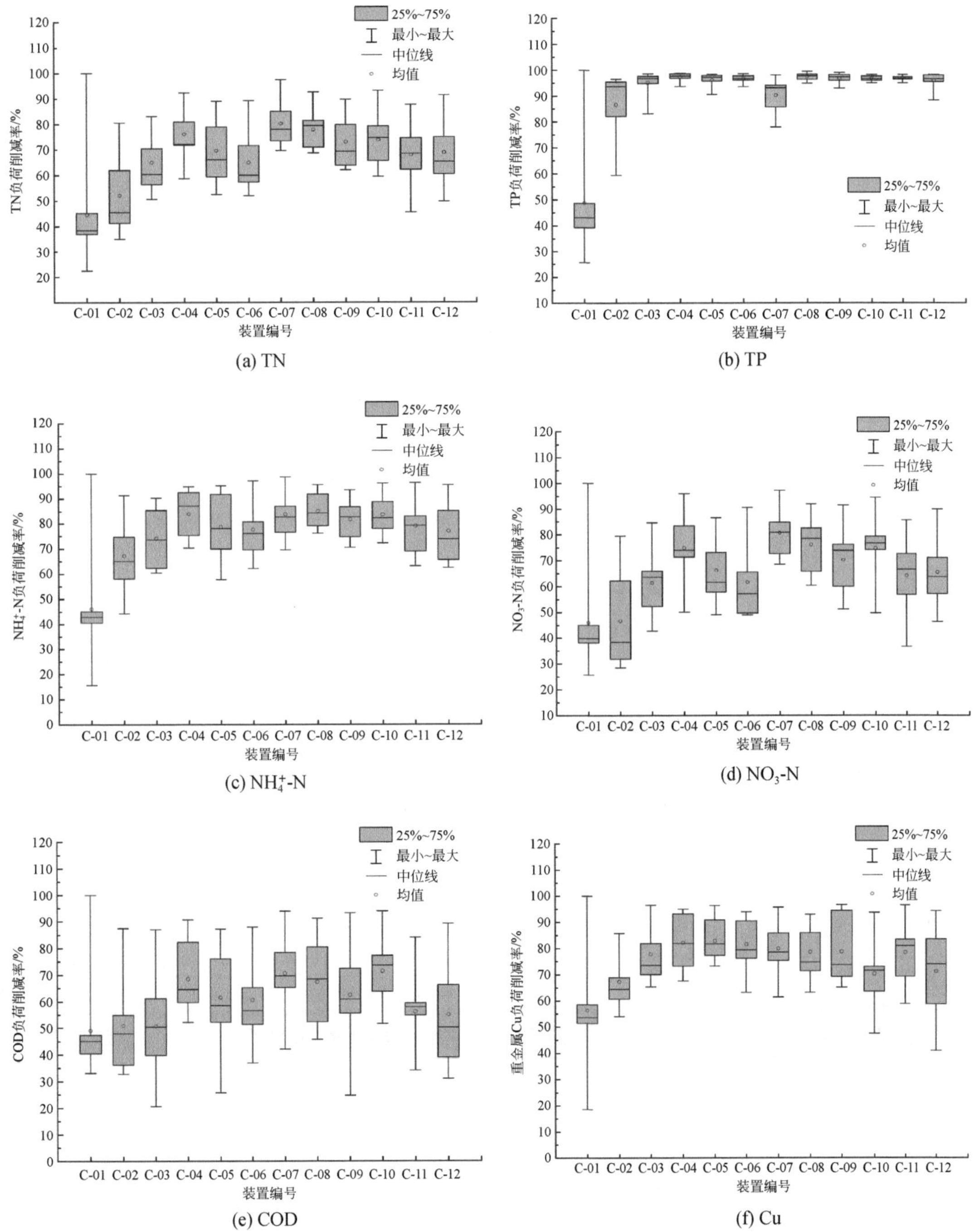

(a) TN　(b) TP

(c) NH_4^+-N　(d) NO_3-N

(e) COD　(f) Cu

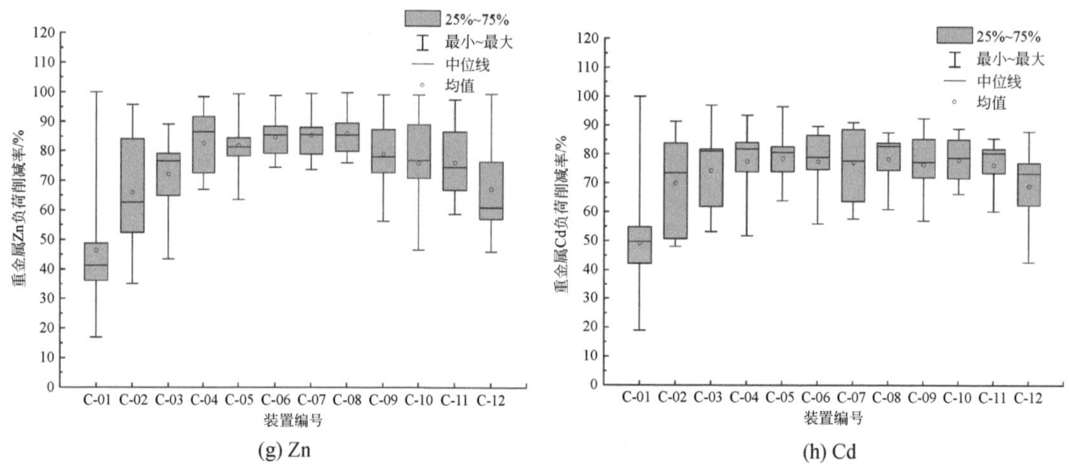

(g) Zn

(h) Cd

图 3.5 改良填料生物滞留池污染物负荷削减率

生物滞留设施负荷削减率计算结果表明：针对不同的雨水径流污染物，负荷削减效果基本呈现出改良填料＞BSM＞渗滤土（土+沙）＞纯种植土。改良填料污染物负荷削减率分别为：TN：62.8%～80.0%（72.7%），TP：93.3%～97.8%（96.8%），NH_3-N：78.3%～85.5%（82.0%），NO_3-N：63.4%～82.3%（72.4%），COD：56.5%～74.2%（64.5%），Cu：72.5%～83.7%（79.7%），Zn：70.2%～86.1%（81.0%），Cd：70.2%～78.7%（76.9%）。除 TP 负荷削减率差异不大外，改良填料对 TN、NH_3-N、NO_3-N、COD、Cu、Zn、Cd 的负荷削减率较生物滞留传统填料分别提高了约 11.7%、8.3%、12.4%、18.4%、13.6%、8.6%和 3.9%。在污染物负荷削减方面，雨前干燥期和初始含水量是影响生物滞留池负荷削减效果相对更重要的因素，较长的雨前干燥期，较低的填料初始含水量可以提高生物滞留系统的处理能力，以保持较高的径流调控效果和净化能力（Mangangka et al.，2015）。另外，由于入渗能力的不足，较大的雨水径流量可能直接溢流，从而绕过植物土壤处理系统无法实现有效调控。因此，由于以种植土为填料的设施出现较多的溢流频次，污染物负荷削减率相对较低。

3.1.4 污染物在填料中的分布特征与净化机理

1. 生物滞留池污染物分布特征

考虑污染物在填料介质中的积累、淋溶、植物摄取和微生物转化作用，本研究通过取样分析第一阶段模拟配水试验周期内生物滞留改良填料中运行初期污染物含量的变化，以及试验过程中进水、出水、溢流污染物负荷量。根据物料平衡得到式（3.1），估算试验前后污染物通过植物摄取、气体挥发、其他截留或者迁移作用下的污染物总量变化。试验土柱自上而下分三层取土样进行检测，式（3.2）计算填料污染物总量，填料污染物含量变化量计算如式（3.3）。第一阶段模拟配水试验进水、出水、溢流污染物负荷量计算见式(3.4)。模拟降雨试验后滞留在生物滞留系统内的污染物负荷量计算如式(3.5)所示。

$$M_{\text{in (water)}} + M_{\text{start (media)}} = M_{\text{out (water)}} + M_{\text{over (water)}} + M_{\text{end (media)}} + M_{\text{(plant uptake/gas volatilization)}} + \Delta M_{\text{others}} \tag{3.1}$$

$$M_{\text{start/end(media)}} = C_{\text{upper}} \cdot m_{\text{upper}} + C_{\text{middle}} \cdot m_{\text{middle}} + C_{\text{lower}} \cdot m_{\text{lower}} \tag{3.2}$$

$$\Delta M_{\text{(media)}} = M_{\text{start(media)}} - M_{\text{end(media)}} \tag{3.3}$$

$$M_{\text{in/out/over(water)}} = \sum_{i=1}^{10} M_{\text{test}(i)} = \sum_{i=1}^{10} C_i \cdot Q_i \cdot \Delta t_i \tag{3.4}$$

$$M_{\text{retention}} = M_{\text{in(water)}} - M_{\text{out(water)}} - M_{\text{over(water)}} \tag{3.5}$$

式中，$M_{\text{in/out/over(water)}}$为进水/出水/溢流污染物负荷量；$M_{\text{start/end(media)}}$为试验前后填料中污染物含量；$M_{\text{(plant uptake/gas volatilization)}}$为植物摄取和气体挥发的污染物量；$\Delta M_{\text{others}}$包括覆盖层、砾石排水层中的污染物含量。

2. 生物滞留池对径流氮素的作用机理

填料系统中的氮素可分为无机氮和有机氮。一般土壤系统中有机氮占总氮的95%以上，主要类别有：可溶性有机氮（游离氨基酸、胺盐及酰胺类化合物）、水解性有机氮（蛋白质及肽类、核蛋白类、氨基糖类）和非水解性有机氮。无机态氮主要包括：氨氮、硝氮和亚硝氮。其中，氨氮可被土壤胶体吸附，一般不易流失；硝氮移动性大，通气不良时易反硝化损失，在土壤中主要以游离态存在；亚硝氮是硝化作用的中间产物，在土壤中很快被氧化成硝氮，不会积累，而且数量也极少。生物滞留滤柱系统（vegetated column）氮素的来源主要是模拟降雨试验中的氮素污染物。系统内氮素的流失主要有气态损失（包括土壤中N_2、NO_x、NH_3等气态化合物的释放，是土壤氮素损失的主要途径）、硝酸盐淋失和植物的摄取等。植物将铵盐和硝酸盐等无机氮同化成植物体内的蛋白质。土壤理化性质（包括土壤质地、有机质、pH值、碳氮比、土壤养分等）会影响土壤有机碳的稳定性及其变化。土壤的物理结构则通过调节土壤中水气的运动，影响微生物的活动。土壤碳氮比的高低也会促进或限制微生物的活动能力，当土壤氮素增加时，微生物的活动增强，提高土壤中有机质的分解速率（廖利平等，2000）。生物滞留滤柱系统第一阶段试验前后，填料TN和TOC含量变化，以及模拟降雨试验进出水污染总负荷量如表3.5所示。

表3.5　第一阶段试验前后填料中TOC和TN含量变化及水污染总负荷量

编号	试验前			试验后			$M_{\text{retention}}$/g	
	TN/（g/kg）	TOC/%	TOC/TN	TN/（g/kg）	TOC/%	TOC/TN	TN	COD
C-01	0.547	0.88	16.2	0.516	0.44	8.6	1.7	48.5
C-02	0.357	0.46	12.8	0.278	0.03	1.1	1.9	52.1
C-03	0.526	0.69	13.2	0.504	0.68	13.4	2.3	50.4
C-04	0.620	2.53	40.8	0.617	1.57	25.4	2.7	65.6
C-05	0.333	1.90	56.9	0.299	1.09	36.5	2.5	59.9
C-06	0.313	0.88	28.0	0.308	0.72	23.3	2.4	57.2
C-07	0.790	2.20	27.8	0.329	1.15	34.9	2.9	71.7
C-08	0.453	1.97	43.4	0.443	1.40	31.6	2.8	64.1
C-09	0.720	2.17	30.1	0.497	2.02	40.7	2.6	60.8
C-10	2.460	5.30	21.5	2.130	2.85	13.4	2.6	69.8
C-11	0.562	1.60	28.5	0.268	1.47	54.8	2.4	54.7
C-12	0.517	2.50	48.4	0.294	0.88	30.0	2.5	55.3

注：$\Delta M_{\text{(media)}} + M_{\text{retention}} = M_{\text{(plant uptake/gas volatilization)}} + \Delta M_{\text{others}}$

由于系统中微生物对有机质正常分解的碳氮比约为 25∶1，碳氮比高的系统中有机物分解矿化较困难或速度较慢。如果系统中碳氮比过高，微生物的分解作用缓慢（任书杰等，2006）。研究发现：在土壤中掺入木质有机物后，土壤水分状况得到改善，有机碳含量增加，土壤肥力得到改善，微生物活性和植物生长均得到改善（Li et al.，2018）。填料有机质含量由有机碳含量与范贝梅伦系数（Van Bemmelen Factor=1.724）的乘积表征。本研究中，纯种植土和生物滞留传统填料有机质含量分别为 1.52%（C-01）和 1.19%（C-03），改良填料（C-04～C-12）有机质含量是纯种植土的 0.86～4.33（中位数=1.88），是生物滞留传统填料的 1.23～6.16 倍（中位数=2.66）。

生物滞留系统中通过下渗、截留等作用削减径流水量，但大多数填料介质对硝酸盐和亚硝酸盐阴离子的吸附能力较差，这些污染物在快速排水的生物滞留系统中很难通过吸附作用去除（Davis et al.，2006）。滞留在填料中的径流污染物可以被填料微生物生物降解，或者在根系细胞中运动和隔离，或被植物的地上部分摄取（Davis et al.，2001）。存储在植物中的污染物通过收获和处理，防止污染物的季节性再释放。本研究所有的试验系统中总氮 $\Delta M_{(media)}>0$，则填料中总氮质量均有减少。不同填料总氮质量变化有明显的差异性，BSM+粉煤灰（C-07），BSM+草炭土（C-09），BSM+椰糠（C-10），BSM+麦饭石+草炭土（C-11），BSM+绿沸石+草炭土（C-12）氮素流失更为明显。试验结果中 $M_{retention(water)}>0$，入流 TN 负荷量大于溢流与出流负荷量之和。所有试验系统中，模拟降雨 TN 负荷均有所减少，填料中的 TN 负荷量也有所减少。减少的氮素可能存在于覆盖层或砾石排水层中，或者通过一系列的转化而释放。每个柱子进水 TN 负荷量约为 3.699 g，出流和溢流总负荷量约为 0.482～1.369 g（均值=1.015 g）、0.077 g～2.053 g（均值=0.716 g）。

污染物随着模拟径流雨水在生物滞留系统中沿垂向迁移，在氨化、硝化、反硝化或淋洗作用下，填料中 TN 和 TON 含量分别为 312.7～2460 mg/kg（中位数=536.2 mg/kg）和 139.3～2149.7 mg/kg（中位数=395.3 mg/kg），第一阶段试验后分别减少了 0.54%～58.31%（中位数= 8.04%）和 5.29%～98.57%（中位数=52.83%）。由于填料的比表面积、阳离子交换量、孔隙率、有机质含量等的差异，不同生物滞留系统填料中氮素污染物变化量差异较大。Martínez 等（2018）发现：在添加玉米芯的生物滞留系统中，系统下层半饱和区域的反硝化和厌氧氨氧化过程明显削减了很大比例的氨氮，在没有玉米芯的系统中主要通过厌氧氨氧化作用去除氨氮。底物质量可能会介导微生物利用碳吸收能量或吸收养分的能力，从而影响氮转化过程，如固定化和硝化作用，进而影响氮的浸出（Castellano et al.，2013）。本研究中，减少的 TON 一部分通过氨化作用转化为氨，而部分通过雨水渗透排出。捕获在生物滞留系统中的氮素分布在树皮覆盖层、填料介质、透水土工布或砾石层中，并且可能在下一次降雨时随径流雨水淋出。试验后，所有系统中的氨氮均有所增加，约为试验前的 1.24～5.38 倍（中位数=2.17）。除 BSM+10%绿沸石（C-05），BSM+10%粉煤灰（C-07）的生物滞留系统硝氮和亚硝氮试验后略有减少外，生物滞留系统填料中的硝氮和亚硝氮分别为模拟降雨影响前质量的 1.55～3.88 倍（中位数=2.36）和 1.10～3.59 倍（中位数=1.84）。填料中氨氮和硝氮的质量增加部分来自有机氮的转化，部分来自模拟径流雨水中的氮素污染物，改良填料（C-04～C-12）污染物负荷削减率高于土壤，沙子和生物滞留传统填料。模拟降雨试验中，进水污染物中氮素为 TN、NO_3-N 和 NH_3-N，填料中 TON 计算如式（3.6）所示。对 12 组生物滞留滤柱系统进出水氮素污染物负荷量进行统计分析，各设施 TN、NO_3-N、NH_3-N 进水、出水和溢流负荷均值如图 3.6 所示。

$$TON = TN - (NO_3 - N) - (NO_2 - N) - (NH_4^+ - N) \tag{3.6}$$

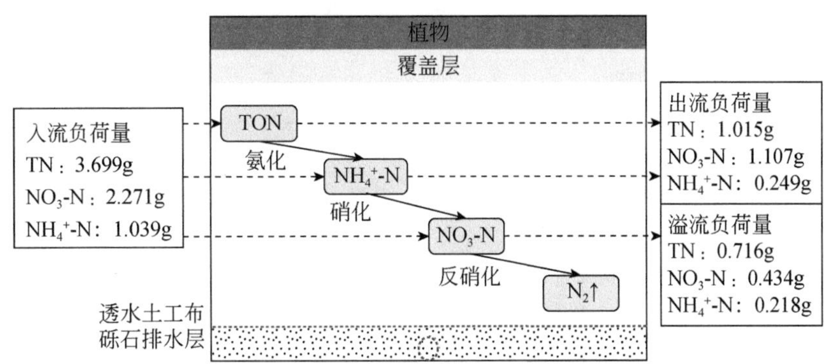

图 3.6　进出水氮素污染物负荷量变化和填料系统中有机氮转化过程

无机氮在生物滞留系统中一般不容易去除，并且它经历一系列生物反应过程，如氨化、硝化和反硝化等。雨水径流中的有机氮进入生物滞留后首先被植物或微生物同化/固定，固定的有机氮通过生物体的作用转化为无机氮，并通过淋溶、生物死亡等返回填料氮库，然后通过矿化作用释放。有机含氮化合物通过微生物的作用转化为氨，氨被氧化成硝酸盐，硝酸盐在缺氧条件下获得电子，并通过反硝化作用转化为 N_2（Payne et al.，2014）。植物可吸收氨氮和硝氮（邢瑶和马兴华，2015），植物落叶同时可增加填料中有机氮的含量。

3. 生物滞留池对径流磷素的作用机理

大多数土壤中，磷素以无机形态为主，正磷酸盐为主要存在形式，焦磷酸盐的形式相对较少；有机态磷含量较低且变幅较大。磷酸盐在土壤中的化学行为十分复杂，其中主要有吸附和解吸、沉淀和溶解等多种化学过程。吸附和沉淀过程统称为土壤对磷酸盐的吸持（固定）过程，或者土壤对磷素的化学固定，其反向反应即为释放过程，包括溶解和解吸。生物滞留滤柱系统 C-01～C-12 磷素含量变化如图 3.7 所示。由于 BSM+粉煤灰渗透速率最低，径流雨水与填料的接触时间最长，九场次模拟降雨试验后，除 BSM+粉煤灰的系统外，其他试验系统中总磷含量均有所降低。BSM+10%粉煤灰的生物滞留系统总磷含量增加了37.1%，其他试验系统总磷含量减少了 35.0%～72.1%（中位数=62.7%）。以种植土、BSM+麦饭石、BSM+蛭石、BSM+椰糠、BSM+麦饭石+草炭土、BSM+绿沸石+草炭土为填料的系统有效磷含量有所减小，其他试验系统中有效磷含量均有所增加，即系统中有效磷含量在 93.5 mg/kg 以上时，试验后均表现出有效磷含量减小的现象。

磷的吸附形式包括配位吸附（专性吸附）和阴离子交换吸附（非专性吸附）。土壤中吸附磷的物质主要有铝铁氧化物、黏土矿物、水铝英石和碳酸钙等。酸性土壤中，吸附磷的主要物质是铁铝氧化物；石灰性土壤中碳酸钙是吸附磷的主要物质。颗粒态磷通过过滤作用被截留，但砂土对溶解态磷吸附能力较弱，填料中加入铝污泥作为改良剂后，由于铝污泥中无定形的铝氧化合物表面电荷较多、比表面积较大，磷酸盐可与铝氧化物表面羟基形成铝的羟基磷酸络合物而被钝化固定（仇付国和张传挺，2015）。对所选改良剂做扫描电子显微镜（SEM）和 X 射线光电子能谱（XPS）分析，改良剂元素含量如图 3.8 所示。

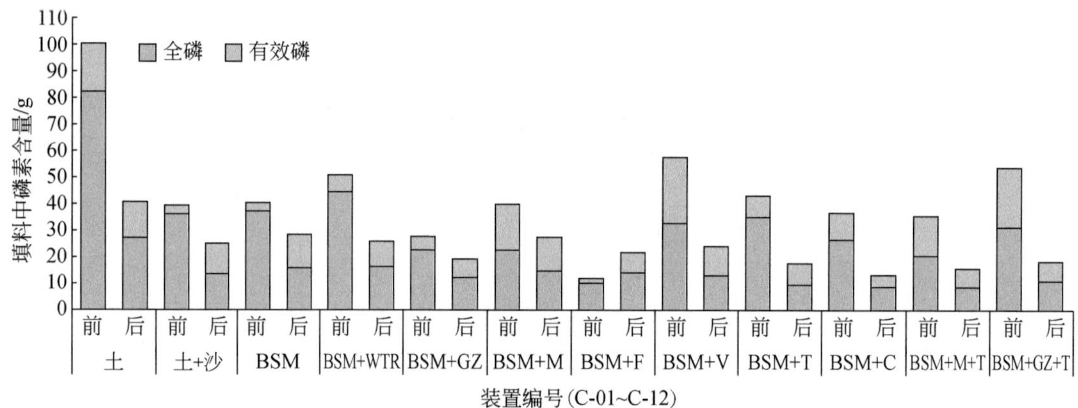

图 3.7　C-01～C-12 填料中磷素含量的变化

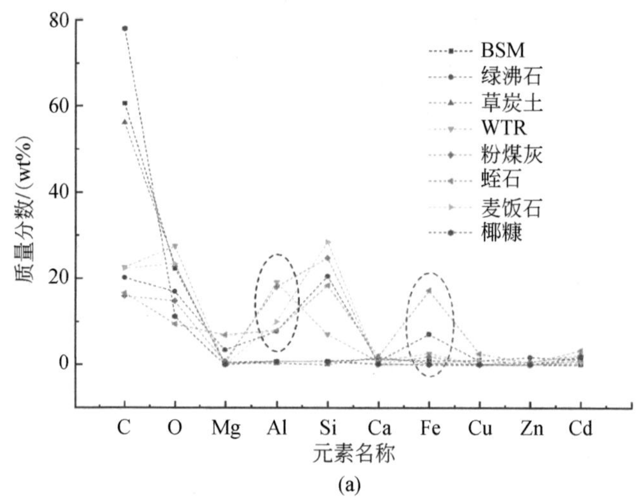

(a)

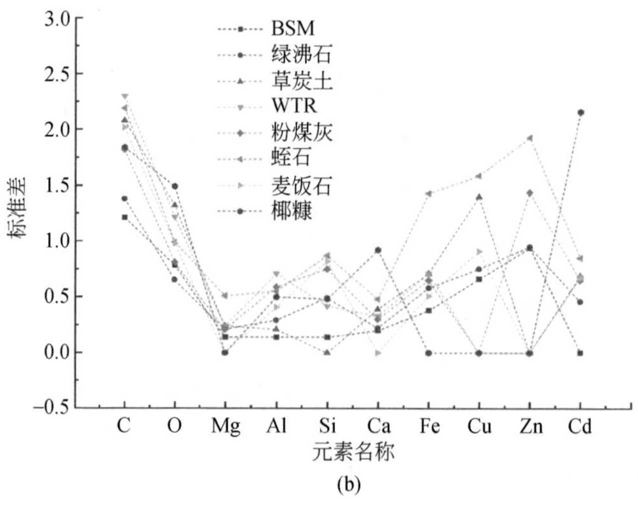

(b)

图 3.8　改良剂元素含量

改良剂 WTR 中以聚合氯化铝铁絮凝剂（PAFC）为工艺，其中铁约为 1 g/kg，铝约为 122 g/kg。另外，铝含量较大的改良剂主要有：粉煤灰、绿沸石、麦饭石和蛭石。绿沸石、蛭石和 WTR 中铁含量高于其他改良剂。因此，WTR、粉煤灰、绿沸石、麦饭石和蛭石可能对径流污染物有较好的吸附效果。土壤中磷的解吸是指吸附状态的磷重新释放进入土壤溶液的过程，是吸附作用的逆过程。开始阶段磷解吸速率较快，随后逐渐变慢。土壤磷解吸的机理主要有：①化学平衡反应。植物的吸收使得土壤溶液中磷浓度降低，失去了原有的平衡，使反应向解吸附方向进行。②竞争吸附。理论上所有能进行阴离子吸附的阴离子都可与磷酸根有竞争吸附作用，从而导致吸附态磷有不同程度的解吸。其强弱主要取决于磷酸根与竞争阴离子的相对浓度。③扩散吸附。磷沿着浓度梯度向外扩散，进入土壤溶液。土壤生物的活动可以促进吸附态磷的解吸和难溶态磷的溶解，主要作用机理包括螯溶作用、竞争抑制作用、还原作用、化学平衡作用和菌根吸收作用等。铝污泥中铝和重金属的浸出是否可能对周围环境产生的二次污染，是铝污泥推广应用的重要问题。对铝污泥进行毒性特征浸出程序检测（toxicity characteristic leaching procedure，TCLP），结果表明：铝污泥中 Cu、Zn、Cr、Cd、Pb、As 的含量明显低于 TCLP 标准规定值（Dayton and Basta，2001）。另外，研究发现铝污泥中铝和重金属的浸出量受 pH 值的影响很大，铝污泥中铝的氢氧化物对 pH 值有缓冲作用，在碱性土壤中添加 10～40 g/kg 的铝污泥，未发现铝浸出（Lombi et al.，2010）。大部分重金属在酸性条件下容易释放，但在 pH 值为 6.0～9.0 的范围内，这些释放的重金属仍以稳定形态存在（Wang et al.，2014）。

4. 生物滞留池对径流重金属的作用机理

微量重金属可促进系统填料中许多物质的生物化学转化，但当重金属污染负荷超过它所能承受的容量时，生物产量将会受到影响。重金属主要在填料表层累积，并沿介质的纵向垂直分布递减。重金属在填料-植物系统中的迁移及其机制主要为：植物通过主动、被动等方式吸收重金属；重金属通过木质部和韧皮部向地上部运输；重金属通过质流、扩散、截获到达植物根部。植物对污染物吸收受到填料性质、植物种类、污染物形态等因素的影响，一般填料的 pH 值降低，重金属的溶解性提高，迁移速度提高；填料粒径减小，吸附能力增强，迁移能力降低；氧化还原电位的变化改变重金属的存在形态，影响其溶解性与迁移能力；填料有机质如腐殖质的含量等都可能影响重金属向植物体内转移的能力。

对比试验前后 12 组生物滞留滤柱系统内重金属（Cu、Zn、Cd）含量的变化（图 3.9）。9 场次模拟配水试验后，所有系统 Cu 和 Zn 含量均有所增加，分别增加了 10.9%～182.1%（中位数=54.4%）、0.94%～251.1%（中位数=73.8%）。BSM+蛭石、BSM+草炭土、BSM+麦饭石+草炭土、BSM+绿沸石+草炭土四组生物滞留滤柱系统重金属中 Cd 含量分别减少了 19.3%、17.3%、80.0%和 81.3%，其他滤柱填料中 Cd 含量增加了 0.17%～124.0%（中位数=11.4%）。填料中本底镉含量为 0.139～0.261 mg/kg（中位数=0.187 mg/kg），当填料中镉含量大于 0.194 mg/kg 时，出现了镉淋溶的现象。减缓生物滞留系统填料中重金属污染主要有以下途径：第一种是可添加一种低溶解性的物质（如 Fe 或 Al 的氧化物），使其与金属发生螯合作用，迁移速率降低；第二种是可定期移除重金属累积饱和的浅表层介质；第三种是通过选定合适的生物滞留植物以促进重金属的吸收，并定期收获植物，发起植物修复去除重金属这一途径（杨丽琼，2014）。Read 等（2008）研究发现，生物滞留技术表层植被通过根系能够吸收溶解态重金属，并且植物种类对净化效果影响较大，多种植物混种比单一植物净化效果高。

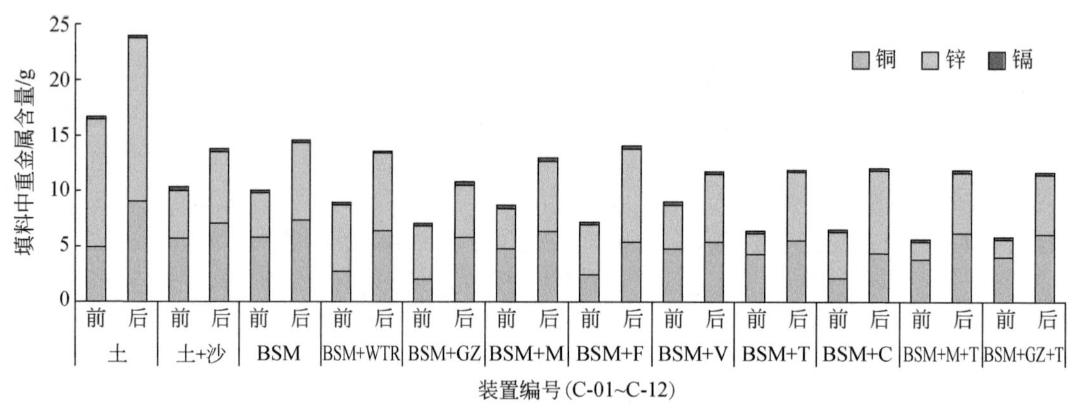

图 3.9 C-01～C-12 填料中重金属含量的变化

3.1.5 生物滞留池径流调控效果与影响因素之间的定量关系

1. 调控效果与外部影响因素的关系

以生物滞留传统填料 BSM 为对照组，同时选取第一阶段模拟降雨试验中效果较好的改良填料 BSM+10%WTR、BSM+10%绿沸石、BSM+10%粉煤灰、BSM+5%草炭土和 BSM+5%椰糠进行第二阶段模拟降雨试验，污染物负荷削减效果如表 3.6 所示。研究五个相对重要的外部影响因素（进水浓度、汇流面积、设计重现期、降雨历时和雨前干燥期）对生物滞留池负荷削减率的影响（表 3.7，图 3.10），研究中每个因素分 4 个水平。

表 3.6 污染物负荷削减率 单位：%

指标	BSM	BSM+WTR	BSM+绿沸石	BSM+粉煤灰	BSM+草炭土	BSM+椰糠
COD	41.3～87.1 （67.8）	47.1～95.5 （76.4）	40.5～93.6 （75.8）	64.5～97.9 （80.2）	45.0～93.3 （73.8）	17.0～91.3 （64.2）
TN	18.4～86.5 （67.6）	54.7～92.4 （79.8）	51.4～95.5 （77.0）	60.4～98.3 （82.4）	37.9～93.4 （78.4）	−149.2～92.3 （14.1）
TP	80.9～98.6 （92.8）	88.3～99.6 （95.5）	82.9～98.8 （94.9）	79.8～98.8 （93.5）	83.7～99.2 （94.4）	62.1～97.1 （90.4）
NO_3-N	41.3～87.4 （68.5）	54.6～92.1 （80.3）	52.7～92.1 （78.1）	64.8～98.9 （84.3）	52.7～96.3 （81.5）	−141.7～95.7 （15.9）
NH_3-N	67.6～94.7 （84.4）	79.9～97.4 （90.5）	73.4～96.8 （89.4）	69.1～98.7 （87.6）	64.8～97.7 （89.1）	51.2～97.8 （80.6）
SRP	85.9～99.2 （96.0）	90.1～99.7 （97.5）	85.9～99.8 （97.1）	86.3～99.6 （96.0）	87.6～99.5 （96.9）	84.3～99.2 （95.7）
Cu	33.4～97.2 （75.6）	64.4～98.0 （86.5）	55.1～97.6 （80.4）	43.6～99.1 （82.2）	38.1～97.8 （79.9）	37.7～97.6 （80.3）
Zn	−17.4～97.2 （43.4）	17.8～96.4 （63.2）	26.2～97.1 （69.3）	2.6～99.8 （59.8）	−40.7～98.0 （57.4）	−33.8～91.5 （44.5）
Cd	−18.6～97.1 （70.3）	58.1～98.1 （82.3）	−30.5～95.6 （77.8）	−29.9～98.0 （75.5）	−59.9～97.2 （74.6）	−12.4～94.8 （75.9）
CRR	44.9～87.9 （74.0）	64.1～94.3 （83.6）	52.1～94.8 （82.2）	59.8～97.7 （82.4）	46.7～95.1 （80.7）	21.0～92.8 （62.4）

注：CRR 为综合污染物负荷削减率及各负荷削减率的算术平均值。

表 3.7　不同影响因素下负荷削减率极差分析表

填料	*K*-IC	*K*-RI	*K*-DR	*K*-RD	*K*-ADT	影响程度
BSM	18.5	9.9	9.4	13.4	8.0	IC＞RD＞RI＞DR＞ADT
BSM+WTR	17.8	8.7	10.8	4.8	4.6	IC＞DR＞RI＞RD＞ADT
BSM+绿沸石	15.6	12.7	14.8	11.0	7.1	IC＞DR＞RI＞RD＞ADT
BSM+粉煤灰	14.0	12.4	17.2	4.5	8.1	DR＞IC＞RI＞ADT＞RD
BSM+草炭土	21.3	13.2	13.5	9.4	10.4	IC＞DR＞RI＞ADT＞RD
BSM+椰糠	24.7	19.9	40.1	5.9	13.5	DR＞IC＞RI＞ADT＞RD

注：*K* 为不同外部因素负荷削减率极差；IC 为污染物浓度；DR 为汇流比；RI 为降雨重现期；RD 为降雨历时；ADT 为雨前干燥期

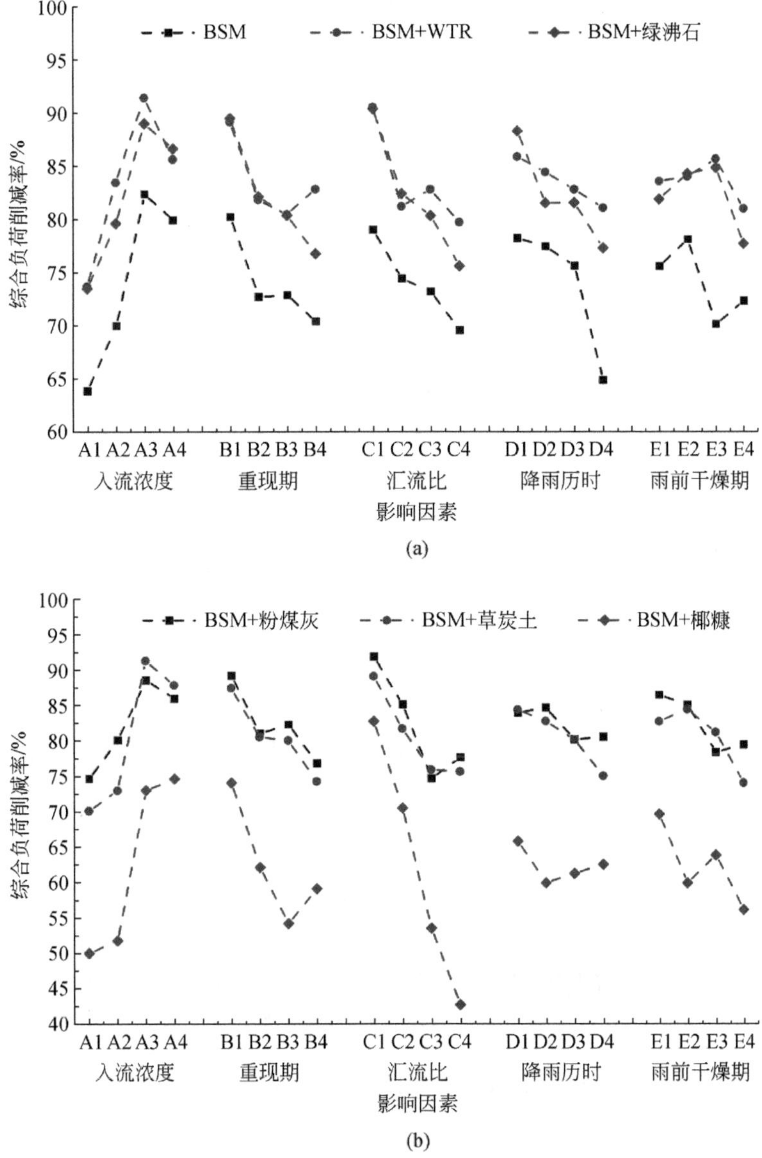

图 3.10　外部影响因素与负荷削减率相关关系

第二阶段模拟降雨试验中，以BSM+5%椰糠为填料的生物滞留池污染物淋溶较为明显。与此同时，重金属 Zn 和 Cd 比其他径流污染物出现了较为明显的淋溶现象（表 3.7）。生物滞留设施主要通过填料的渗透、过滤、吸附、植物吸收以及微生物摄取等的联合作用来去除径流雨水污染物。水力停留时间、进水负荷（水力负荷、污染负荷）、前期干旱天数、填料吸附能力、填料本底污染物含量、填料中电子供体和有机物的添加、植物的选择等因素都会影响污染物的净化效果（罗艳红，2013）。极差分析结果表明：入流浓度、汇流比和设计重现期对设施负荷削减率的影响更为明显。污染物负荷削减率随着降雨重现期和汇流比的增加而降低，随着入流浓度的增加而增加。降雨历时和雨前干燥期的变化，负荷削减率没有呈现一定的规律（图 3.10）。

生物滞留系统的性能是动态的，取决于填料深度和滞留时间。饱和区的设置和填料层的优化深度（≥0.75 m）可以为随机流入条件下的脱氮提供有利条件（Wu et al.，2017）。本研究结果表明：进水负荷（水力负荷和污染负荷）对设施负荷削减率的作用效果更为明显。与此同时，也可能受温度的影响。高红贝和邵明安（2011）发现温度对土壤水分特征曲线的影响主要是通过改变土壤孔隙结构以及其水分的表面张力和密度而发生作用，不同土壤质地受温度变化影响具有明显差异。本研究中，降雨强度较大、溶解态污染物浓度较低的入流条件下负荷削减效果越低。中国城市道路径流中 COD、TP、TN 的平均质量浓度分别为 239.59 mg/L、0.46 mg/L 和 6.29 mg/L，超过了国家地表水环境质量Ⅴ类标准，TSS 的质量浓度高达 552.86 mg/L（张千千等，2014）。入流磷素污染物浓度较低，因此，在中国生物滞留设施对低浓度磷素的进一步削减使其达到地表水环境质量标准 IV 类（TP 0.3 mg/L）变得更加困难。

2. 全因素与调控效果定量关系模型的建立

Design-Expert 是 Stat-Ease Inc.的统计软件包，专门用于执行实验设计。Design-Expert 提供对比测试、筛选、表征、优化、参数设计、混合设计和组合设计。其中，响应面法（response surface methodology，RSM）利用合理的试验设计方法并通过试验得到数据，采用多元二次回归方程来拟合因子和响应值之间的函数关系，指导多变量优化问题。本研究在考虑不同水平入流浓度、入流水量、雨前干燥期的影响下，填料因子和下渗率对雨水径流污染物的净化效果。以六组生物滞留池共 96 组数据为建模样本，建立主要污染物与影响因素之间的定量关系模型（式(3.7)～式(3.13)）。标准偏差（standard deviation，SD）和变异系数（variation coefficient，CV）可反映组内个体间的离散程度。模型中，填料因子范围为 23.14～230.14（1/m），下渗率范围为 2.93～28.96 m/d，降雨量（9.09～32.15 mm）、进水浓度、雨前干燥天数范围见试验方案设计。

$$
\begin{aligned}
R_{\mathrm{c}}(\mathrm{COD}) = {} & 61.87 - 15.72A - 30.34B + 59.22C - 64.11D - 53.65E - 22.20F - 27.89AB \\
& - 7.27AC - 6.75AD - 3.24AE + 0.20AF + 9.04BC - 5.04BD - 3.73BE \\
& - 2.44BF - 64.46CD - 46.12CE - 19.63CF + 97.82DE - 19.57DF \\
& - 72.10EF - 11.50A^2 - 11.50B^2 + 18.99C^2 + 41.01D^2 + 10.11E^2 - 54.91F^2
\end{aligned}
$$

$$
(\mathrm{CV}=18.15\%;\ \mathrm{SD}=10.06;\ R^2=0.824) \tag{3.7}
$$

$$R_c(\mathrm{TN}) = 93528.26 - 192.65A + 715.16B + 1.604E+005C + 451.79D + 575.25E - 46.46F - 42.24AB - 143.39AC + 0.61AD + 3.89AE + 1.95AF + 697.64BC - 2.43BD - 27.84BE - 4.71BF + 395.08CD + 521.63CE - 41.42CF + 116.16DE + 30.35DF - 115.46EF - 16.41A^2 - 52.22B^2 + 68798.86C^2 + 70.54D^2 - 28.69E^2 - 72.09F^2$$

（CV=57.46%；SD=26.50；R^2=0.768） （3.8）

$$R_c(\mathrm{TP}) = -6.737E+005 - 366.76A + 1256.26B - 1.148E+006C - 3826.48D - 2395.72E - 1265.06F - 24.26AB - 301.24AC + 0.075AD - 0.34AE - 0.17AF + 1084.89BC - 0.82BD + 0.72BE - 0.38BF - 3243.8CD - 2030.52CE - 1376.55CF - 5.76DE - 2.96DF + 2.86EF - 7.01A^2 - 14.48B^2 - 4.887E+005C^2 - 7.67D^2 + 3.12E^2 + 4.08F^2$$

（CV=5.36%；SD=4.76；R^2=0.793） （3.9）

$$R_c(\mathrm{Cu}) = -1.438E+007 + 23.55A - 100.85B - 2.438E+007C + 80364.83D + 46306.05E + 17027.96F - 97.89AB + 65.54AC + 3.25AD + 8.95AE - 2.12AF - 26.06BC - 0.68BD - 0.33BE - 0.71BF + 68068.41CD + 39196.09CE + 14407.60CF - 34.10DE + 7.83DF + 24.41EF - 32.96A^2 - 40.43B^2 - 1.033E+007C^2 + 0.94D^2 - 9.66E^2 + 17F^2$$

（CV=18.8%；SD=12.6；R^2=0.774） （3.10）

$$R_c(\mathrm{Zn}) = -2.780\mathrm{E}+007 + 439.41A + 10786.5B - 4.718E+007C + 38681.86D + 21166.56E + 28206.5F - 170.04AB\ 444.75AC - 18.23AD - 1.32AE + 11.96AF + 9268.92BC - 9.54BD + 6.73BE + 7.37BF + 32763\mathrm{CD} + 17915.77CE + 23915.49CF - 111.33DE + 80.11DF + 43.88EF - 40.01A^2 - 79.18B^2 - 2.002E+007C^2 + 31.66D^2 - 39.98E^2 + 43.31F^2$$

（CV=90.51%；SD=24.36；R^2=0.855） （3.11）

$$R_c(\mathrm{Cd}) = -8.912E+006 - 3240.74A - 5648.22B - 1.512E+007C + 83904.13D + 31250.29E + 57008.81F - 117.27AB - 2693.6AC + 5.90AD + 4.10AE + 0.74AF - 4713.70BC + 6.14BD + 1.32BE + 4.37BF + 71022.98CD + 26438.24CE + 48270.91CF + 6.87DE + 9.22DF - 60.44EF - 35.29A^2 - 49.80B^2 - 6.415E+006C^2 + 53.35D^2 - 33.09E^2 - 27.93F^2$$

（CV=39.56%；SD=23.95；R^2=0.735） （3.12）

$$R_v = 8.35 - 91.6A - 126.82B - 10.91D - 12.50E - 0.39F - 170.13AB + 0.32AD + 1.94AE + 0.33AF + 1.41BD + 0.7BE - 0.21BF + 5.19DE + 3.98DF - 8.88EF - 44.48A^2 - 59.67B^2 + 14.81D^2 + 5.3E^2 - 8.68F^2$$

（CV=25.37%；SD=10.36；R^2=0.715） （3.13）

式中，R_c为污染物浓度去除率；R_v为水量削减率，%；A 为填料因子，m^{-1}；B 为填料下渗率，m/d；C 为入流浓度，mg/L；D 为降雨量，mm；E 为汇流比；F 为雨前干燥天数，天；CV 为变异系数，它反映了数据离散程度的绝对值；SD 为标准偏差；R^2 为决定系数。

生物滞留传统填料对可溶性磷的吸附效果较差，填料中添加的堆肥或者覆盖物有磷素重新释放的潜在风险。添加低磷含量的有机改良剂或者增强填料吸附能力等策略来防止生物滞留中的大量磷淋失，比如添加铁离子、粉煤灰、给水厂污泥等方法（Ahmed and Hand，2014；Bortoluzzi et al.，2015）。但是，生物滞留填料组成和性质尚未有确切的标准，在黄土地区应用的方法及淋洗风险亟待解决。填料性能的优劣通常根据效率、通量和效率三个要素衡量。相同的操作条件下，填料的孔隙率越大，结构越开敞，则通量越大，压降亦越低；比表面积越大，气液分布越均匀，表面的湿润性能就越好，填料传质效率越高。生物滞留设施以填料因子和下渗率来表征，填料因子为填料的比表面积与空隙率三次方的比值（$f=a/e^3$）（刘俊良，2015）。本研究中，采用多元二次回归方程分别建立了水量调控效果，污染物浓度去除效果和影响因素之间的定量耦合关系模型（$R^2 \geqslant 0.715$）。通过气象数据获取场次降雨量、雨前干燥天数、实测生物滞留设施汇流比和内部影响因素（填料因子和下渗率），可通过模型估算生物滞留设施对目标污染物的净化效果和水量调控效果。

3.1.6 生物滞留改良填料中碳氮磷及重金属的时空变化特征

1. 碳氮磷及重金属含量随时间的变化特征

在生物滞留系统运行初期，填料中含有一定沉积物，在降雨冲刷、淋洗作用下某些物质会随出水一并被排出。在生物滞留系统中，设计成具有高污染物去除潜力和高渗透性的填料以补偿生物滞留体积的不足（Sun et al.，2019）。在这种情况下，系统中磷素的削减率很不稳定，甚至会出现出流浓度大于入流的现象，这很大程度上归因于填料层中营养物含量较高，磷素污染物随雨水径流淋洗出来（You et al.，2019）。营养物的淋洗可能发生在两个阶段，第一阶段是系统初始运行阶段，填料本底营养物含量的淋洗；另外，对于运行多年的生物滞留系统，污染物的积累导致其淋洗的现象。对 6 组生物滞留系统，自建成后一年分四次分层取样，测定填料中污染物含量，定量分析新建生物滞留系统运行

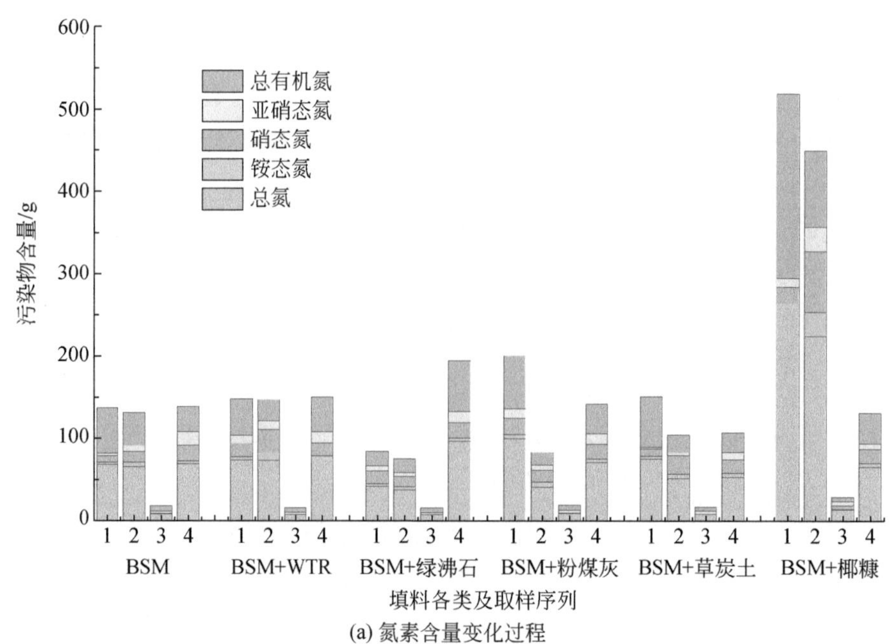

(a) 氮素含量变化过程

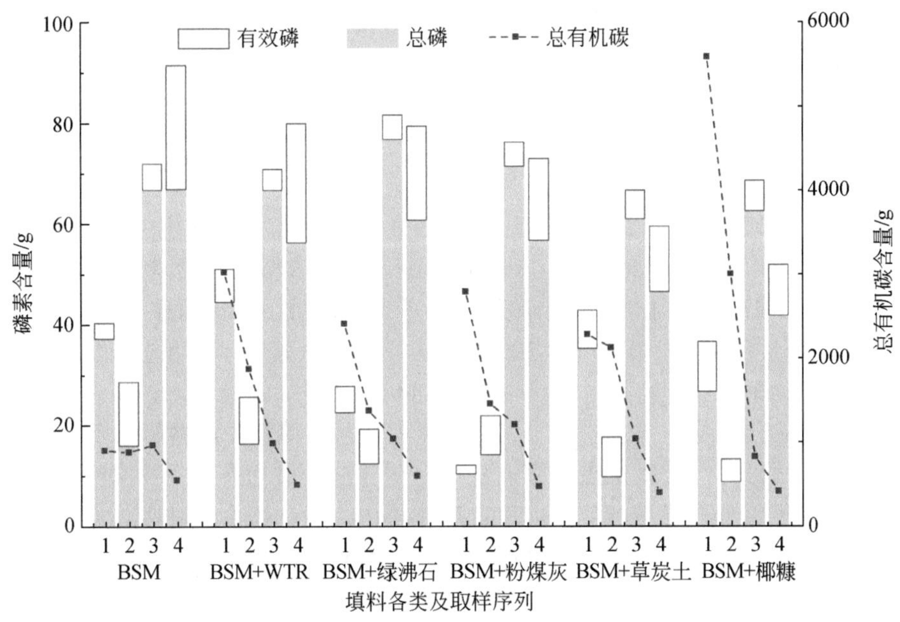

(b) 磷素与总有机碳含量变化过程

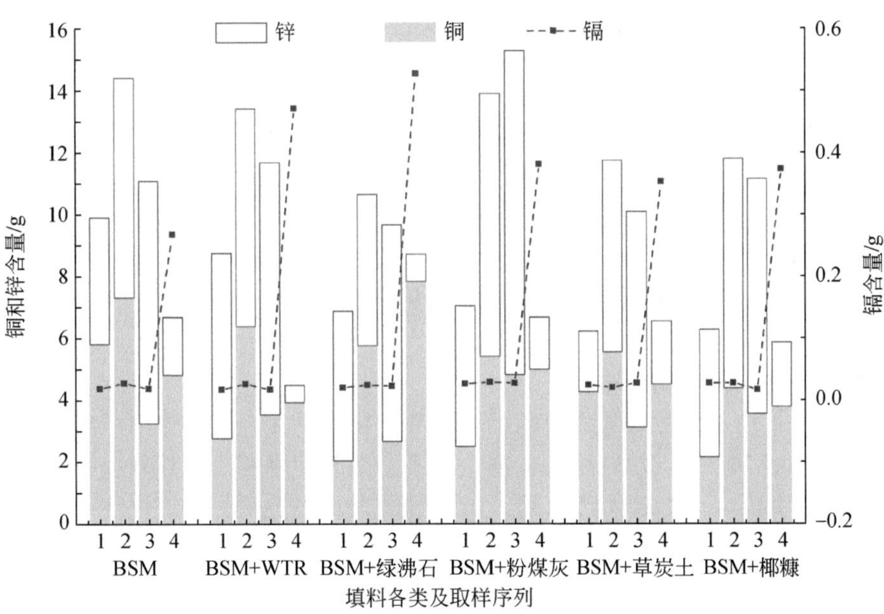

(c) 重金属含量变化过程

图 3.11　填料中污染物含量变化过程

初期土壤剖面污染物含量在时间和空间上的变化特征。2017-10-12（第一次），2017-12-06（第二次），2018-05-17（第三次），2018-10-05（第四次）4 次取土，污染物含量随时间的变化如图 3.11 所示。

总体看来，经过长期的干燥期，污染物的降解使得系统氮素污染物含量显著降低（比较第二次与第三次土样污染物含量），第一次模拟降雨后系统氮磷营养盐含量总体降低（比较第一次与第二次土样污染物含量），第二次模拟配水试验后系统污染物含量总体上升（比较第三次与第四次土样污染物含量）。说明填料中污染物浓度的变化受系统污染物本底和入流污染负荷的共同影响。运行初期，污染物的淋溶量大于积累量，填料平衡浓度有所降低。第二次模拟降雨初期，系统污染物本底趋于稳定，污染物的积累量大于淋溶量。研究调查美国北卡罗来纳州十个生物滞留池出水营养物浓度，发现氮素种类比磷素种类具有更高的变异性，出水浓度的变化受到环境条件的显著影响。特别是 TN 和 NO_3-N 的出水浓度与前期降雨量和温度密切相关（Manka et al.，2016）。整个研究期内，填料中有机碳呈降低趋势。两阶段模拟降雨的间隔期（2017-12-06～2018-05-17），填料中氮素含量降低了 76.2%～93.4%。研究区域属温带大陆性季风半湿润，半干旱气候带，一年四季干燥、温暖、潮湿、寒冷。7～9 月降雨量占年降雨总量的 50%左右。填料中氮素受水分和温度的调控，氮素矿化作用存在明显的季节变化特征（陈伏生等，2009）。因此，氮素的降低可理解为受两个阶段的影响。第一阶段，冬季（2017 年 12 月至翌年 2 月）填料受冻融影响后，有机质和养分通过土壤团聚体破坏、交换位点暴露而变为有效养分，成为非微生物来源有机物质，可为残余微生物提供养分与能量，从而促进反硝化作用，增强微生物呼吸作用。研究表明：冻融使土壤碳矿化作用和反硝化作用增加了 95%，N_2O 的排放量增加 220%（杨红露等，2010）。与此同时，冻融作用于土壤后，使得部分微生物和根系死亡，死亡微生物细胞内物质释放，使得剩余微生物可利用底物增多，增强剩余微生物活性，微生物的呼吸作用和反硝化作用因可被利用的有机质和养分增加而增强。第二阶段，春季（2018 年 3～5 月）土壤氮矿化速率随温度的增加而升高，并且不同生态系统之间氮矿化过程对温度的敏感性存在差异较大，表现出明显的季节变化特征（虎瑞等，2010）。Iqbal 等（2015）搭建以堆肥、生物炭和沙子的混合物为填料的土柱试验系统，研究该混合填料能否提高径流营养物和重金属的滞留能力。结果发现：在用堆肥、生物炭和沙子制成的模拟生物滞留混合物中进行了柱浸出实验，以测试这些是否可以提高养分和金属的保留能力。结果发现，与仅添加堆肥的填料处理效果相比，生物炭改良剂没有显著减少溶解态有机碳，硝酸盐和磷的浸出。研究结果中，堆肥-沙子混合物（堆肥 30%和沙子 70%，混合或分层）在减少填料中硝酸盐和磷的浸出方面是最有效的。

2. 碳氮磷及重金属垂向分布特征

生物滞留介质中积累的颗粒有机氮的转化和浸出似乎在污染物输出中起重要作用。与城市径流输送的养分不同，填料中积累的金属不会随时间降解，大部分金属积累发生在土壤介质的上层（Jones and Davis，2013）。16 场模拟降雨试验后，六组生物滞留滤柱填料中碳、氮、磷及重金属含量均出现明显的上层积累现象（图 3.12）。

填料层（70 cm）三个取样点分别设置在覆盖物下方 10 cm、35 cm 和 60 cm 处。填料污染物水平分别代表上层、中层、下层污染物含量。6 组不同生物滞留填料中，污染物（TN、TP、TOC、NH_3-N、NO_2-N、NO_3-N、SRP）浓度均表现出上层＞中层＞下层的趋势。众多研究表明污染（金属和/或碳氢化合物）被截留在 10～30 cm 的土壤中（Tedoldi et al.，2016）。最重要的是，生物滞留池的物理堵塞主要是由直径小于 6 mm 的沉积物颗粒的迁移引起的（Siriwardene et al.，2007）。Al-Ameri 等（2018）研究了生物滞留系统重金属的累积效应，在研究时段内，生物滞留系统重金属含量随着填料深度的增加而降低，主要聚积在填料表层 0～2 cm 的范围内，重金属含量：Cd＜0.2～2.5 mg/kg；Cu＜3～290 mg/kg；Pb＜1～310 mg/kg；Zn＜11～3900 mg/kg。本研究中，每组生物滞留池进水水量相当于 10∶1 汇流比下，西安市 4.2 年的降水量。模拟配水试验后，溶解态污染物在上层填料的吸附、截流量分别是中

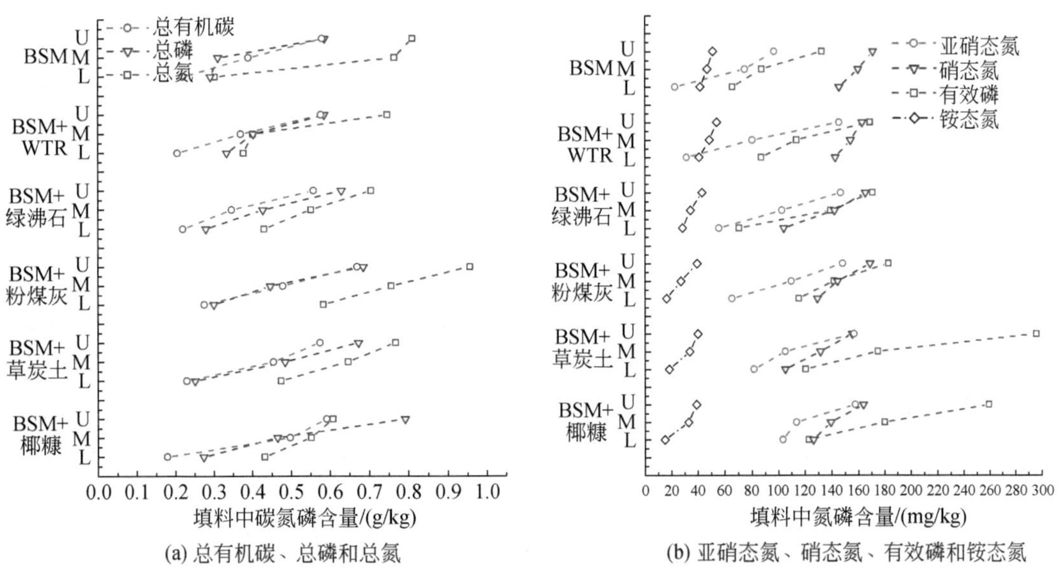

(a) 总有机碳、总磷和总氮　　(b) 亚硝态氮、硝态氮、有效磷和铵态氮

图 3.12　填料中碳氮磷及重金属含量垂向分布

注：U、M、L 分别代表填料的上层、中层和下层，取样位置分别在覆盖层以下 10 cm、35 cm 和 60 cm 处

间层和底层的 1.06～1.89 倍和 1.14～4.58 倍。随着生物滞留系统中污染物累积程度的增加，势必对设施中微生物的种类和数量有显著影响，造成新的污染。因此，降雨间隔期植物吸收以及填料中微生物摄取变得尤为重要。

3.1.7　生物滞留改良填料中碳氮磷含量与酶活性相关性分析

1. 酶活性随时间变化过程

酶是土壤组分中最活跃的有机成分之一，其活性不仅能反映土壤物质能量代谢的旺盛程度，还可作为评价土壤肥力与生态环境质量的一个重要指标，土壤酶活性主要影响因素包括：微生物的种类和组成，土壤水分、酸碱度、有机质等理化性质，以及施肥等措施。蛋白酶（protease）、脲酶（urease）能够反映土壤有机氨转化状况，其酶促作用的产物氨是植物氮素营养源之一；蔗糖酶（invertase）活性能够反映土壤呼吸强度，酶促作用的产物葡萄糖是植物、微生物的营养源；磷酸酶（acid phosphatase）活性能够表征土壤有机磷转化状况，酶促作用产物有效磷是植物磷素营养源之一；过氧化氢酶（catalase）和脱氢酶（Dehydrogenases）活性与土壤有机质的转化速度有密切关系。通过分析一年运行周期中生物滞留小试系统填料中酶活性变化过程（图 4.11），其间共四次对填料样品进行监测，经历两阶段模拟降雨试验。

土壤酶的催化作用对土壤中碳、氮、磷等元素循环与迁移有着密切关系。四次填料检测结果中，脲酶、蛋白酶和酸性磷酸酶活性差异不大；在第二阶段模拟降雨试验后，脱氢酶和蔗糖酶活性明显增强；过氧化氢酶活性在两批次模拟降雨试验间隔期明显增强。垂直流人工湿地基质中脲酶、磷酸酶、过氧化氢酶、转化酶、蛋白酶和纤维素酶六种酶活性与总氮、总磷和有机质含量呈不同程度的显著相关性，表明基质中总氮、总磷和有机质等的积累分布影响基质酶的活性（徐宪根等，2009）。生物滞留系统运行初期的 55 天内，第一阶段模拟降雨试验前后脲酶、蛋白酶、脱氢酶和过氧化氢酶活性增加，相反蔗糖酶和酸性磷酸酶活性有所降低。由于填料中植物和微生物的活动，不同种类的酶在填料中累积。脲酶作为一种线性酰胺的C-N键（非肽）水解酶，通过促进有机氮水解，从而提高氮的去除（Cui et al.，2013）。蛋白酶可将各种蛋白质及肽类等化合物水解为氨基酸，因而填料中蛋白酶活性与土壤中氮的转化状况有着显著的相关关系。本研究试验前后填料中脲酶和蛋白酶分别增加了0.33～0.58倍和0.60～1.39倍。脱氢酶是一种与土壤有机质转化相关的酶，能酶促碳水化合物、有机物等的脱氢反应，起着氢的中间传递体的作用。靖玉明等（2008）研究发现填料脱氢酶活性与人工湿地系统中COD_{Cr}、氨氮的负荷削减有明显的正相关关系。钟晓兰等（2015）研究发现低氮沉降量［50 kg N/（hm^2·a)］对表层土壤中酸性磷酸酶有促进作用，而高氮［300 kg N/（hm^2·a)］却有抑制作用，因为高氮盐毒害可能导致专性土壤微生物群落活性降低或功能改变（周晓兵等，2011）。第一阶段模拟降雨的冲击下，脱氢酶活性增加了约15%左右。蔗糖酶直接参与系统中有机质的代谢过程，能为土壤生物体提供充分能源，是参与土壤碳循环过程的一种重要酶。第一阶段模拟降雨冲击下，生物滞留系统蔗糖酶和酸性磷酸酶活性分别降低了12%～30%（中位数=20.9%）和4%～14%（中位数=7%）。

2. 污染物含量与酶活性相关性分析

外源氮和磷素的添加会改变填料中元素含量、土壤的理化性质（pH值、阳离子含量等），而这些改变会显著影响土壤生物量、微生物群落组成以及微生物活性等，直接或间接影响土壤酶活性。在富含氮的生态系统中，磷供应可能在调节微生物活动，酶产生和有机物分解方面发挥重要作用（Fatemi et al.，2016）。氮素添加可能会促进微生物分泌更多的磷酸酶，以获取到足够的磷素；当氮磷同时添加时，磷素由原来的不足变为充裕，因此磷酸酶活性下降（范珍珍等，2018）。苏洁琼等（2014）研究发现，土壤氮素的增加可以减缓凋落物的分解速率，导致异养微生物可利用的碳源量减小，使原本被土壤微生物利用的碳量损失，从而影响到微生物的活性。在本研究中，建立了填料中污染物含量与酶活性之间的皮尔逊（Pearson）相关关系（表3.8）。当r=0.8～1时，表明该种酶与该污染物有极强相关；0.6～0.8强相关；0.4～0.6中等强度相关；0.2～0.4弱相关；0.0～0.2极弱相关或无相关。计算公式如式（3.14）所示。

$$r=\frac{N\sum x_i y_i-\sum x_i\sum y_i}{\sqrt{N\sum x_i^2-(\sum x_i)^2}\sqrt{N\sum y_i^2-(\sum y_i)^2}} \tag{3.14}$$

式中，r为皮尔逊相关系数；x_i和y_i分别为填料中污染物含量与酶活性；N为每组酶与污染物样本数量，N=24。

表3.8 填料中污染物含量与酶活性的定量关系

污染物指标	脲酶	蛋白酶	脱氢酶	蔗糖酶	酸性磷酸酶	过氧化氢酶
TN	0.464*	−0.485*	0.941**	0.738**	−0.078	−0.761**
NH_3-N	0.336	−0.515*	0.895**	0.903**	0.214	−0.789**
NO_3-N	0.312	−0.603**	0.923**	0.791**	0.065	−0.850**
NO_2-N	0.665**	−0.320	0.904**	0.566**	−0.296	−0.570**
ON	0.453*	−0.445*	0.897**	0.693**	−0.102	−0.721**
TP	0.653**	0.711**	−0.170	−0.143	−0.091	0.640**
AP	0.622**	0.339	0.920**	0.509*	−0.200	−0.574**

续表

污染物指标	脲酶	蛋白酶	脱氢酶	蔗糖酶	酸性磷酸酶	过氧化氢酶
TOC	0.259	0.855*	−0.665**	−0.488*	−0.040	0.939**
Cu	0.150	−0.355	0.369	0.215	−0.291	−0.376
Zn	−0.173	−0.700**	−0.827**	−0.551**	0.056	0.848**
Cd	0.363	−0.015	−0.524**	−0.304**	−0.027	0.874**

注：**在 0.01 水平（双侧）上显著相关；*在 0.05 水平（双侧）上显著相关；AP（available phosphorus）为有效磷

研究结果表明：所选酶活性与污染物之间的显著性差异不一致。例如，过氧化氢酶与所有污染物含量显著相关（$P<0.01$），相反，酸性磷酸酶与所有污染物含量均不显著相关。说明过氧化氢酶的酶促反应可促进土壤中污染物的转化过程，而酸性磷酸酶的酶促反应对污染物的转化影响较小。脱氢酶和蔗糖酶与除总磷外的污染物含量显著相关（$P<0.05$）。即脱氢酶和蔗糖酶的酶促反应对除总磷以外的污染物转化过程有较强的促进作用。

3.2　纯种植土雨水花园流调控效能与酶作用机制

3.2.1　装置介绍

本研究涉及三个雨水花园（雨水花园 RD1、雨水花园 RD2 和雨水花园 RD3），具体介绍如下：

1. 雨水花园 RD1

雨水花园 RD1 于 2010 年建成，主要接纳西安理工大学某办公楼屋面雨水径流，以排水为主，称为排水型雨水花园，RD1 分为两个 4 m×3 m 的雨水花园 A 和 B。花园入流口和出流口均安装 30°的三角堰，园内种植黑眼苏珊、一串红、万寿菊等植物，汇水区域面积为 144 m^2。在雨水花园入流及出流口均安装 30°三角堰。

2. 雨水花园 RD2

雨水花园 RD2 建成于 2011 年，填充天然土壤，用于处理办公楼屋面雨水径流，以入渗为主，称之为入渗型雨水花园，面积为 30.24 m^2，设计处理的初期降雨为 10 mm，经课题组相关人员研究监测计算得出雨水花园的土壤入渗率均值 K=2.346 m/d（唐双成，2016）。入流口安装 45°三角堰，溢流口安装 30°三角堰，主要用于分析雨水花园对降雨径流的削减情况。

3. 雨水花园 RD3

雨水花园 RD3 建成于 2012 年，大致为椭圆形，以汇集路面雨水和部分屋面雨水为主。花园中间用隔板分割为两个面积相同的雨水花园，一侧为防渗型，为 RD3-C，入流口安装两个 45°三角堰，底部埋设出水管，安装 30°三角堰，另一侧不做防渗处理，为 RD3-D。本节主要研究防渗一侧雨水花园对径流削减和污染物浓度削减情况以及入渗一侧对降雨径流的蓄渗情况，故称之为混合型雨水花园。

雨水花园集中入渗对土壤和地下水的影响研究设施为雨水花园 RD2 和 RD3-D 两个花园，雨水花园位置、土样采集、现场、结构如图 3.13～图 3.15 所示，构造情况如表 3.9 所示。

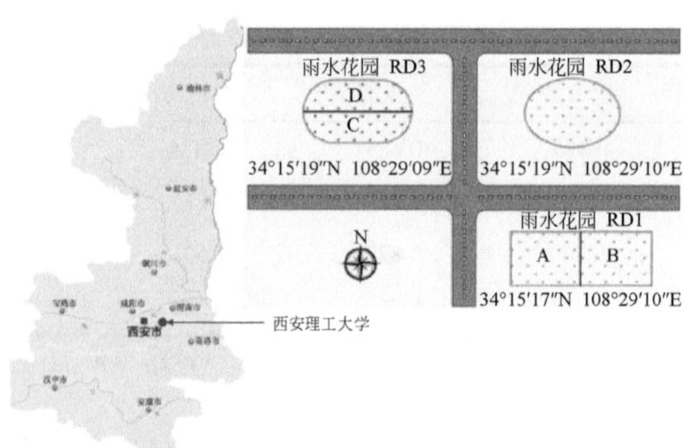

图 3.13 雨水花园位置图

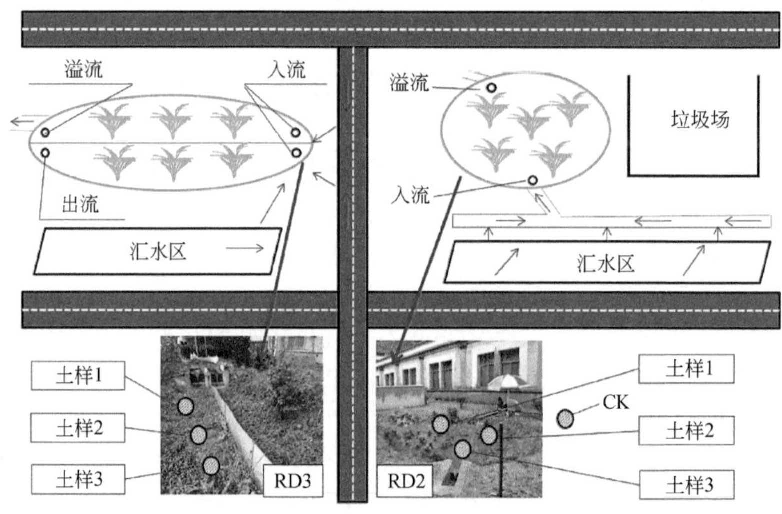

图 3.14 雨水花园汇水区和土样采集图

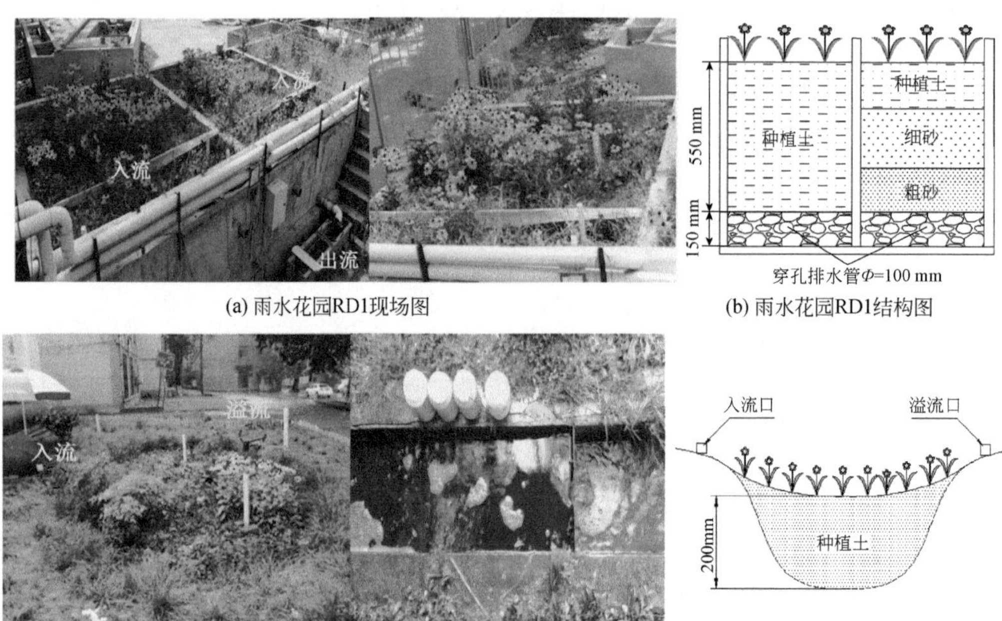

(a) 雨水花园RD1现场图

(b) 雨水花园RD1结构图

(c) 雨水花园RD2现场图

(d) 雨水花园RD2结构图

(e) 雨水花园RD3现场图

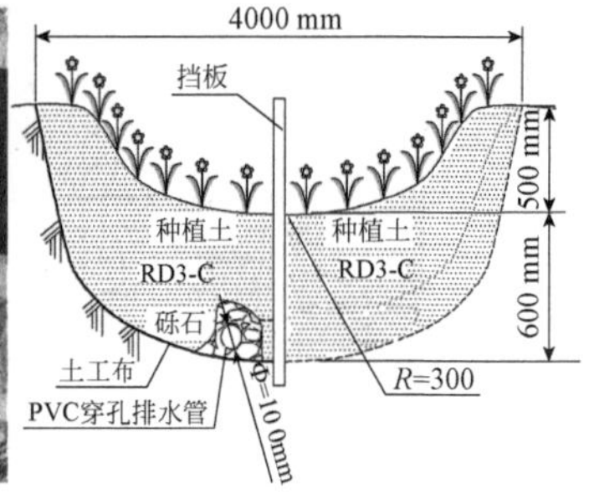

(f) 雨水花园RD3结构图

图 3.15 雨水花园现场图和结构图

表 3.9 雨水花园构造表

花园编号		尺寸	底部处理	填料类型及厚度		汇流比	汇水面类型
RD1	A	长×宽×高= 4 m×3 m×0.9 m	防渗	蓄水层	20 m	6∶1	屋面
				种植土	55 cm		
				砾石层	15 cm		
	B	长×宽×高= 4 m×3 m×0.9 m	防渗	蓄水层	20 cm		
				种植土	20 cm		
				细沙	20 cm		
				粗砂	15 cm		
				砾石层	15 cm		
RD2		长轴×短轴×深度= 7 m×5.5 m×0.35 m	不防渗	蓄水层	20 cm	20∶1	屋面
				种植土	20 cm		
RD3	C	长轴×短轴×深度= 6 m×2 m×1.1 m	防渗	蓄水层	50 cm	15∶1	屋面和路面
				种植土	45 cm		
				砾石层	15 cm		
	D	长轴×短轴×深度= 6 m×2 m×1.1 m	不防渗	蓄水层	50 cm		
				种植土	60 cm		

3.2.2 土壤酶活性随时间变化规律

本研究在 2017 年 4 月至 2018 年 9 月期间共采集六次土样，用于测定两个雨水花园（包含一对照组 CK）的脲酶（SU）、蔗糖酶（SS）、酸性磷酸酶（SAP）、蛋白酶（SP）四种水解酶，其能够水解多糖、蛋白质等大分子物质，从而形成简单的、易被植物吸收的小分子物质，对于土壤生态系统中的碳、氮循环具有重要作用。文中主要探讨酶活性随取样时间和取样深度的变化规律，分析酶活性与土壤氮、磷、有机质含量的关系。脲酶的酶促产物是氨，氨是植物所需氮源之一，土壤中氮的水解反应与脲酶密切相关；蔗糖酶与土壤有机质、磷含量、微生物数量及土壤呼吸强度有关；磷酸酶与无机磷呈负相关，加速有机磷的转化和水解；蛋白酶主要参与土壤中存在的氨基酸、蛋白质以及其他含蛋白质氮的有机化合物的转化。2017 年 4 月～2018 年 1 月两个雨水花园 RD2 和 RD3（包括对照组 CK）四种形式的酶活性随监测时间的变化过程如图 3.16 所示。

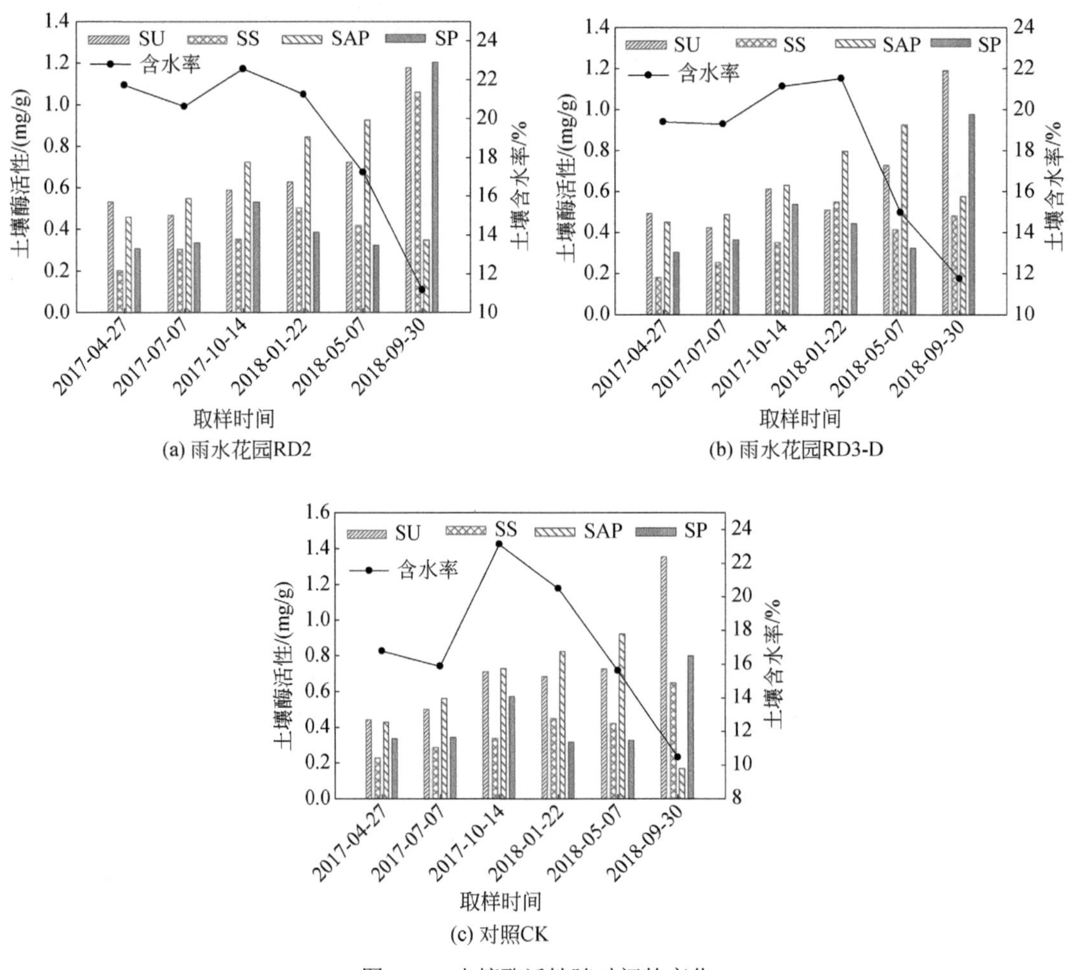

(a) 雨水花园RD2

(b) 雨水花园RD3-D

(c) 对照CK

图 3.16 土壤酶活性随时间的变化

土壤酶活性是否随季节发生变化，迄今为止研究结果仍不一致，有些研究认为土壤酶活性随季节发生变化(Singh et al., 1989)，有些学者认为土壤酶活性相对稳定(Holems et al., 1989)，还有一些研究认为土壤酶活性受季节影响较大，但无明显变化规律（南丽丽和郭全恩，2014）。通过图 3.16 可以看出，雨水花园四种形式的土壤酶活性随季节变化较大，略有一定规律，总体呈现出春季较小，夏、秋较大，部分酶活性冬季反而有所增大，如蔗糖酶和酸性磷酸酶，而蛋白酶活性在冬季达到最小。表明土壤酶活性随季节性的变化主要受环境因素（土壤含水率和温度）影响。这是因为土壤微生物是土壤酶的主要来源，而土壤微生物总量与温度具有密切的关系，一般随着温度升高而逐渐增加，西安地区最高温度一般出现在 6～8 月（夏季），但该时期西安天气大多干旱少雨，土壤含水率较低，限制微生物的繁殖，从而降低酶的活性，故雨水花园土壤酶活性在夏季并没有达到最大值。随着季节的变化，进入 9 月份以后，温度有所回落，但降雨量增加，一般为连阴雨，土壤湿度较大。可能该时期是部分土壤微生物生长、繁殖的较佳时期，微生物生物量保持增加状态，故一些土壤酶活性较大。因此，土壤中酶的活性一般随着土壤微生物量的变化表现出相应的季节变化规律。

3.2.3 土壤酶活性在垂向分布规律

雨水花园（包含 CK）不同土层深度处酶活性如图 3.17 所示，由图可以看出，两个花园不同土层深度处脲酶（SU）、蔗糖酶（SS）和蛋白酶（SP）与 CK 的垂向分布规律不同，但花园土壤中酸性磷酸酶（SAP）活性和 CK 表现出高度一致性，在 0～100 cm 基本保持稳定。

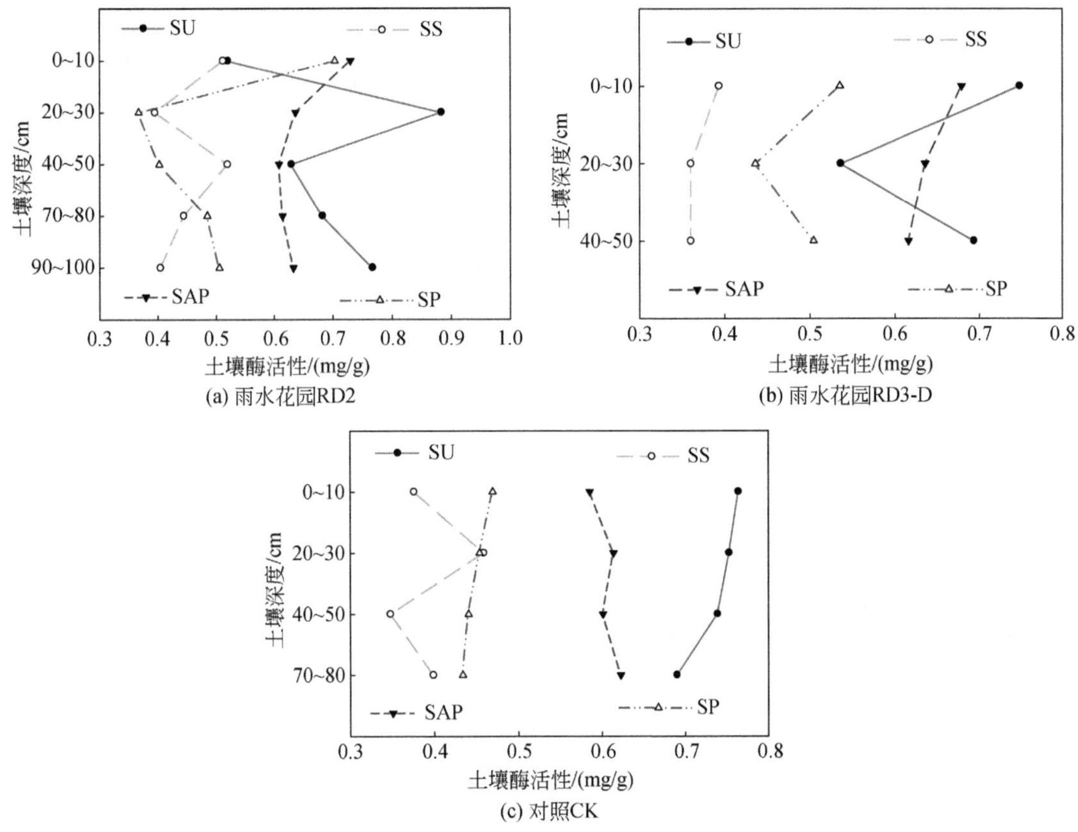

(a) 雨水花园RD2

(b) 雨水花园RD3-D

(c) 对照CK

图 3.17 土壤酶活性垂向变化规律

两个花园土壤酶活性垂向分布变化较大，但 CK 土壤除蔗糖酶（SS）外，其余三种酶活性垂向分布基本保持稳定，随土层深度略有减少。这主要与雨水花园中理化性质、pH 值和含水率等有关。由于土样采集时间一般定于降雨后 2 天之内，故雨水花园表层土壤含量较大，20～50 cm 略有减少，70～100 cm 土壤含水率又有所增加，而对照 CK 土壤含量率随土层深度呈逐渐减小趋势。两个雨水花园 0～10 cm 处土壤蔗糖、蛋白酶、磷酸酶活性均最大，下层表现出不同程度的变化；RD2 土壤脲酶活性随土层深度先增大后减小，最后缓慢增大，RD3-D 脲酶在 0～10 cm 达到最大，20～30 cm 最小。这与赵林森和王九龄（1995）的试验结果一致：脲酶、蛋白酶、转化酶、碱性磷酸酶活性在土壤垂直剖面分布上一般表现出上层较高、下层较低的规律。王理德等（2016）研究表明土壤过氧化氢酶、蔗糖酶、脲酶和磷酸酶活性均表现出随土壤深度的增加而逐渐减小；同时也发现，0～10 cm土层的酶活性在各层土中（0～10、10～20、20～30、30～40 cm）总的酶活性占有较大的比例。

不同土层深度四种土壤酶活性均值与对照CK具有明显差异，两个花园土壤脲酶活性分别为0.697 mg/g、0.659 mg/g，均小于对照0.737 mg/g；对于蔗糖酶活性，RD2（0.455 mg/g）＞CK（0.371 mg/g）＞RD3-D（0.395 mg/g）；而对于酸性磷酸酶和蛋白酶活性，均表现为雨水花园大于CK，这可能与花园土壤中污染物含量有关。有关研究表明污水中的污泥在人类生产活动中的应用可促进土壤微生物活性（Saviozzi et al.，1999）。李俊等（2005）发现随着垃圾填埋深度的增加，土壤脲酶和纤维素酶的活性呈现出下降趋势，而过氧化氢酶和蛋白酶的活性变化较小。Marzadori及Aoyama指出，土壤脲酶、酸性磷酸酶、脱氢酶都对土壤重金属污染比较敏感，是土壤重金属污染的重要指示（Marzadori et al.，1996；Aoyama and Nagumo，1996）。

综上所述，雨水花园四种形式的土壤酶活性随季节变化较大，总体呈现出春季较小，夏、秋较大，部分酶活性冬季反而有所增大，如蔗糖酶和酸性磷酸酶，而蛋白酶活性在冬季达到最小。两个花园土壤酶活性垂向分布变化较大，但CK土壤除蔗糖酶（SS）外，其余三种酶活性垂向分布基本保持稳定。三个不同入流堰沉积物中的酶活性差异非常小，酶活性与入流堰的清理频次关系较小。

3.3 实际降雨条件下雨水花园调控效能现场监测

3.3.1 现场概况

以西咸新区沣西新城国家级海绵城市试点区同德佳苑防渗/不防渗纯种植土雨水花园设施、康定和园混合填料雨水花园设施为监测对象，经过数十场次降雨过程监测用于检验典型LID设施在西安地区的适用性。设施现场照片与结构如图3.18所示。

1. 同德佳苑纯种植土雨水花园

包括入渗型和防渗型两座，自上而下由20 cm蓄水层和50 cm种植土层组成。入渗型雨水花园设施底部不做防水处理，径流雨水原位下渗。防渗型雨水花园底部铺设防渗土工膜，布设聚氯乙烯（polyvinyl chloride，PVC）穿孔排水管（d=75 mm）。底部穿孔管用透水土工布包裹，用砾石覆盖。

2. 康定和园混合填料雨水花园

池体为直径5.5 m深度0.7 m的圆柱形，自上而下为蓄水层、填料层（60%种植土+30%沙子+5%给水厂污泥（WTR）+5%锯末，体积比）、砾石层。底部做防水处理，布设PVC穿孔排水管（d=110 mm）。穿孔排水管用透水土工布包裹，用砾石覆盖，出水口抬高20 cm形成内部储水区。

3.3.2 监测方法

生物滞留单体设施监测点位布置在设施的进水口、出水口及溢流口，监测指标主要包括降雨量、降雨历时、雨前干燥天数、进出水流量过程线、进出水污染物浓度等。监测仪

(a) 同德佳苑雨水花园现场照片(防渗型)

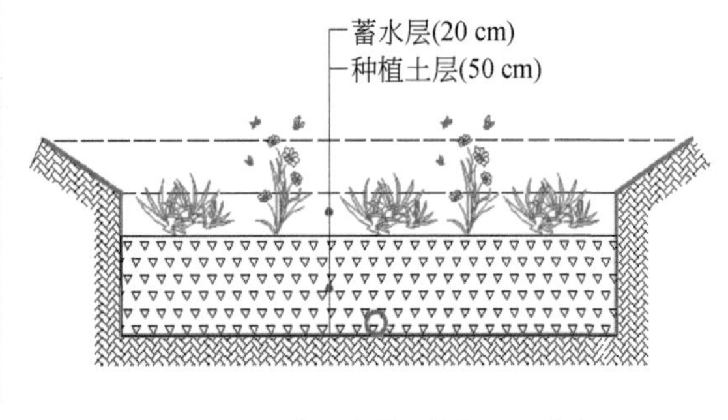

(b) 同德佳苑雨水花园结构图(防渗型)

(c) 康定和园改良雨水花园现场照片

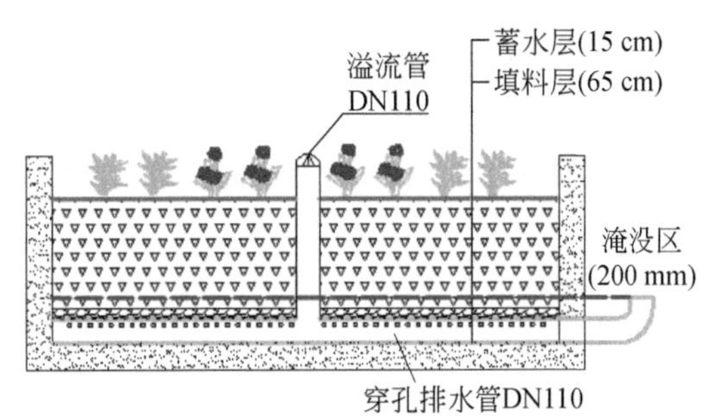

(d) 康定和园改良雨水花园结构图

图 3.18　设施现场照片与结构图

器主要有：小型气象站/雨量计、液位计、管道流量计、土壤含水率测定仪、双环入渗仪、水质自动采样器等。本研究中，进水、出水、溢流水量过程监测采用薄壁三角堰测液位，按式（3.15）转换为流量，或直接用流量计测量流量。在监测条件不满足时，通过监测降雨量乘以汇水面积，及综合径流系数后，计算单体设施进水水量。水样采集可按 0、5 min、10 min、20 min、30 min、60 min、90 min、120 min 的时间序列采集样品，每个样品体积约 500 mL；若降雨历时较长，后期采样数量可适当增加、取样间隔适当延长；若降雨历时较短，可适当减少样品数量，平均每场按 8 个水样计。水质常规监测及检测指标主要包括：总悬浮固体、总氮、总磷、硝氮、氨氮、化学需氧量等。水文数据通过移动互联网传输至数据云平台，水质数据需实验室检测后人工传输至数据云平台，水质水量数据均可随时调用进行计算分析。

$$Q = \frac{8}{15}\mu \tan\frac{\theta}{2}\sqrt{2g}h^{\frac{5}{2}} \tag{3.15}$$

$$V = \sum_{i=1}^{n} Q_i \cdot \Delta t_i \tag{3.16}$$

式中，V 为径流体积，m^3；Q 为流量，m^3/s；Q_i 为第 i 时段的入流或出流量；Δt_i 为监测时间段，s；h 为堰的几何水头，m；θ 为堰口夹角，本研究中三角堰板堰口夹角为 45°与 30°两种；μ为流量系数，约为 0.6；g 为重力加速度，取 9.808 m/s^2。

3.3.3 监测信息

为检验典型低影响开发设施在西安地区的适用性，2015～2018 年，对研究区四个典型 LID 设施进行降雨过程监测，包括纯种植土渗透型、防渗型雨水花园（40 场次），混合填料雨水花园（23 场次）。纯种植土为填料入渗型雨水花园底部不作处理，防渗型雨水花园底部做防水处理，铺设土工布包裹的 PVC 穿孔排水管。混合填料雨水花园以 60%种植土+30%沙+5%WTR+5%木屑（体积比）为填料，底部做防水处理，出水管抬高 200 mm，形成内部储水区。监测信息如表 3.10 所示。

表 3.10 监测信息汇总

序号	日期	H/mm	t/h	ADD/d	监测设施	序号	日期	H/mm	t/h	ADD/d	监测设施
1	2015-05-10	2.5	3.0	9	A，B	21	2017-05-22	18.47	6.6	20	A，B，C
2	2015-08-02	30.4	2.7	11	A，B	22	2017-06-03	13	15.5	5	A，B，C
3	2015-08-09	4.2	1.0	8	A，B	23	2017-07-05	15.15	15.5	28	A，B，C
4	2015-09-03	13.2	28	14	A，B	24	2017-07-28	11.2	5.2	1	A，B，C
5	2015-09-10	26.2	24	4	A，B	25	2017-08-07	23.36	8.8	10	A，B，C
6	2016-05-22	4.2	4.0	6	A，B，D	26	2017-08-20	11.84	1.7	7	A，B，C
7	2016-06-01	5.0	3.9	5	A，B，D	27	2017-08-28	7.64	16.5	1	A，B，C
8	2016-06-23	25.4	8.5	22	A，B	28	2017-09-05	6.68	10.4	2	A，B，C
9	2016-07-13	17.0	13.3	6	A，B	29	2017-09-16	11.56	8.4	7	A，B，C
10	2016-07-24	15.8	16.0	19	A，B	30	2017-09-25	6.32	8.2	9	A，B，C
11	2016-08-06	2.8	2.3	1	A，B	31	2017-09-26	28.44	21.4	1	A，B，C
12	2016-08-25	98.15	13.0	19	A，B	32	2017-10-09	21.07	11.4	7	A，B，C
13	2016-09-12	2.5	1.0	18	A，B	33	2017-10-15	3.87	4.6	4	A，B，C
14	2016-09-18	16.6	12.0	17	A，B	34	2018-05-26	4.6	7.1	4	A，B，C
15	2016-09-26	2.0	2.0	5	A，B	35	2018-06-08	9.4	18	13	A，B，C
16	2016-10-09	4.4	3.2	20	A，B	36	2018-06-26	6.6	8.1	2	A，B，C
17	2016-10-24	6.6	4.8	14	A，B	37	2018-07-02	32	14	5	A，B，C
18	2017-03-12	39.4	34.0	20	A，B，C	38	2018-07-04	28.8	15.5	1	A，B，C
19	2017-04-16	10.8	9.8	6	A，B，C	39	2018-07-08	17.24	24.7	3	A，B，C
20	2017-05-02	19.3	14.3	6	A，B，C	40	2018-09-15	16.6	22.9	6	A，B，C

注：A～C 分别为同德佳苑入渗型和防渗型雨水花园、康定和园雨水花园、尚业路植生滞留槽设施

3.3.4 不同降雨量下水量调控效果

不同生物滞留池在汇流面类型、汇流比、设施形状、蓄水层高度、填料类型和结构、底部处理等方面存在差异。与此同时，生物滞留设施径流调控效果受雨前干燥期、降雨条件（降雨历时、降雨强度等）等的影响。对研究区域四座典型生物滞留设施进水、出水、及溢流水量进行监测。国家气象部门根据降雨量大小，可将降雨划分为小雨、中雨、大雨、暴雨、大暴雨和特大暴雨六种。不同降雨量级下（暴雨、大雨、中雨、小雨），生物滞留设

施水量调控效果如表 3.11 所示。

表 3.11　典型 LID 设施不同降雨等级下水量削减效果

降雨等级	纯种植土入渗雨水花园（A）	纯种植土防渗雨水花园（B）	混合填料雨水花园（C）
暴雨（50～100 mm）	36.2%	32.4%	—
大雨（25～50 mm）	45.7%～100%（均值=91.0%）	11.2%～64.9%（均值=39.4%）	39.6%～57.5%（均值=51.1%）
中雨（10～25 mm）	100%	34.5%～100%（均值=65.4%）	49.6%～76.5%（均值=68.2%）
小雨（0.1～10 mm）	100%	57.0%～100%（均值=86.9%）	62.5%～100%（均值=82.5%）

同德佳苑入渗型雨水花园（Rain garden A）2015 年以来监测的 40 场降雨事件中，仅 2015 年 8 月 2 日和 2016 年 8 月 25 日降雨事件渗透型雨水花园出现溢流现象，其他场次汇集雨水径流全部入渗补给地下。此两场降雨平均降雨强度分别为 0.188 mm/min 和 0.126 mm/min，入渗型雨水花园的稳定入渗率为 0.497 mm/min。雨水花园溢流时间和溢流量可概化为平均降雨强度与雨水花园稳定入渗率、汇水面积、蓄水层高度的关系。监测结果表明这两次降雨事件（2015-08-02，2016-08-25）出现溢流现象，因此可以进一步验证该方法在预测雨水花园设施是否出现溢流是可行的（Jiang et al.，2017）。但在区域低影响开发雨洪模拟中，其产汇流和入渗过程更为复杂。SWMM 是一款普遍应用的分布式降雨径流管理模型，其地表产汇流过程被表述为一个非线性水库的水量平衡问题。影响汇水区域汇流的参数主要有：不同性质汇水区（透水区、不透水区与不透水无洼蓄区）面积、洼蓄深度、曼宁系数和区域宽度等。陶涛等（2017）提出了结合等流时线法的汇流方法，其核心是假设不同的汇水面积的径流流到出口处的时间不同，根据不同汇流面积汇到出口处的时间差，最后进行错时叠加得出最终的径流过程线，将此法与非线性水库方法相结合，能较为准确地模拟区域的汇流问题。SWMM 模型主要采用的入渗公式为 Horton 公式，Green-Ampt 公式以及美国水土保持局（Soil Conservation Service，SCS）开发的径流曲线值（curve number，CN）法。降雨初始阶段，土壤的入渗能力较强，随着降雨的继续，土壤的入渗能力会逐步减弱，地表的入渗率也会降低。另外，降雨过程中以稳定入渗率下渗也与实际情况存在一定误差。降雨过程中，某时刻降雨强度小于下渗率时，按降雨强度下渗；降雨强度大于填料下渗率时，按下渗率下渗。

防渗型雨水花园设施底部设置穿孔管，处置的径流经穿孔管外排，一方面可收集雨水进行回用；另一方面便于实验监测，定量分析雨水花园设施水质、水量调控效果，为海绵试点城市低影响开发设施设计、建设及效果评估提供数据支撑。同德佳苑防渗型雨水花园（Rain garden-B）在小雨、中雨、大雨三种强度下，水量调控效果均值分别为 86.9%、65.4% 和 39.4%，即随着降雨强度的增加，以原状土为填料的雨水花园水量调控效果呈下降趋势，三种降雨强度下依次减少 20%左右。混合填料雨水花园填料添加一定的改良剂，设施底部设置一定高度的内部储水区。与纯种植土防渗型雨水花园相比，在汇流面积增大的情况下，中雨和大雨强度下，混合填料雨水花园水量削减率依然有所增加。

3.3.5 雨水花园进水/出水污染物浓度变化特征

由于污染物浓度去除率不一定能反映生物滞留设施的净化效果，当进水浓度较小时，设施的净化能力可能无法体现。基于降雨事件平均浓度（event mean concentrations，EMCs）的污染物概率图用于描述入流和出流污染物浓度之间的差异，评估生物滞留设施对雨水径流的净化效果。统计分析过程中，当降雨事件无出流或浓度无法检出时，污染物浓度以污染物浓度检测下限计，本研究采用的检测方法中 SS、TN、TP、COD 浓度检测下限分别为：2 mg/L、0.05 mg/L、0.01 mg/L、10 mg/L。绘制步骤如下：①首先将数据排序；②对每一个 i，计算修正频率（i−0.375）/（n+0.25），i=1, 2, …, n；③将点（x_i，（i−0.375）/（n+0.25）），i=1, 2, …, n 逐一点在正态概率纸上；④观察上述 n 个点的分布：若诸点在一条直线附近，则认为该批数据来自正态总体。统计结果表明：降雨事件污染物平均浓度的对数符合高斯分布，污染物超越概率图如图 3.19 所示。

城市非点源污染的成因复杂，影响因素包括气候状况（降雨量、降雨强度、降雨历时、雨前干燥期天数、大气污染状况）、污染物特征、下垫面特征、地表清扫频率等。生物滞留设施通过沉淀和过滤作用去除固体悬浮物。研究发现：LID 建设区域内街尘的累积范围为 7.82～33.36 g/m^2，降雨冲刷量为 0.29～4.90 g/m^2，街尘的径流冲刷率为 0.9%～62.7%；LID 设施对降雨冲刷的固体悬浮物削减率达 90%，即占街尘累积量的 13.1%～16.7%，发生溢流时固体悬浮物输出量占街尘累积量的 0.6%～3.8%，占径流冲刷量的 3.9%～5.0%（贺文彦等，2018）。从设施建成开始，统计分析研究期内所有降雨场次监测数据，纯种植土为填料

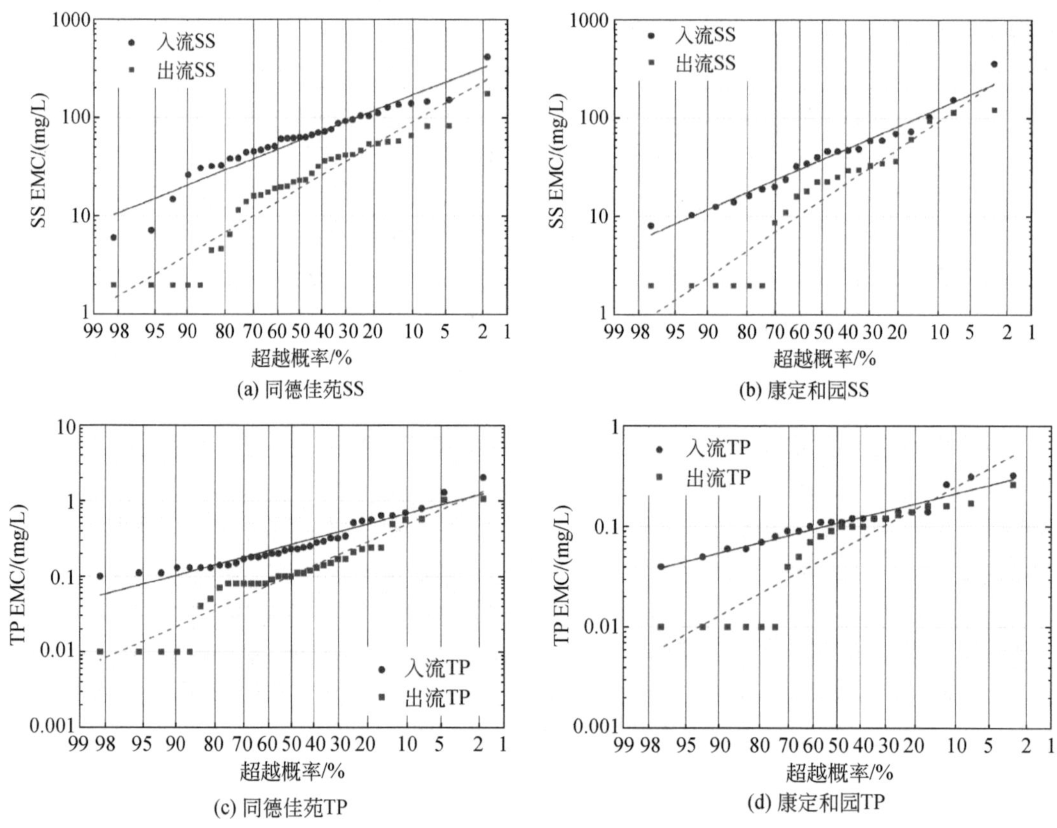

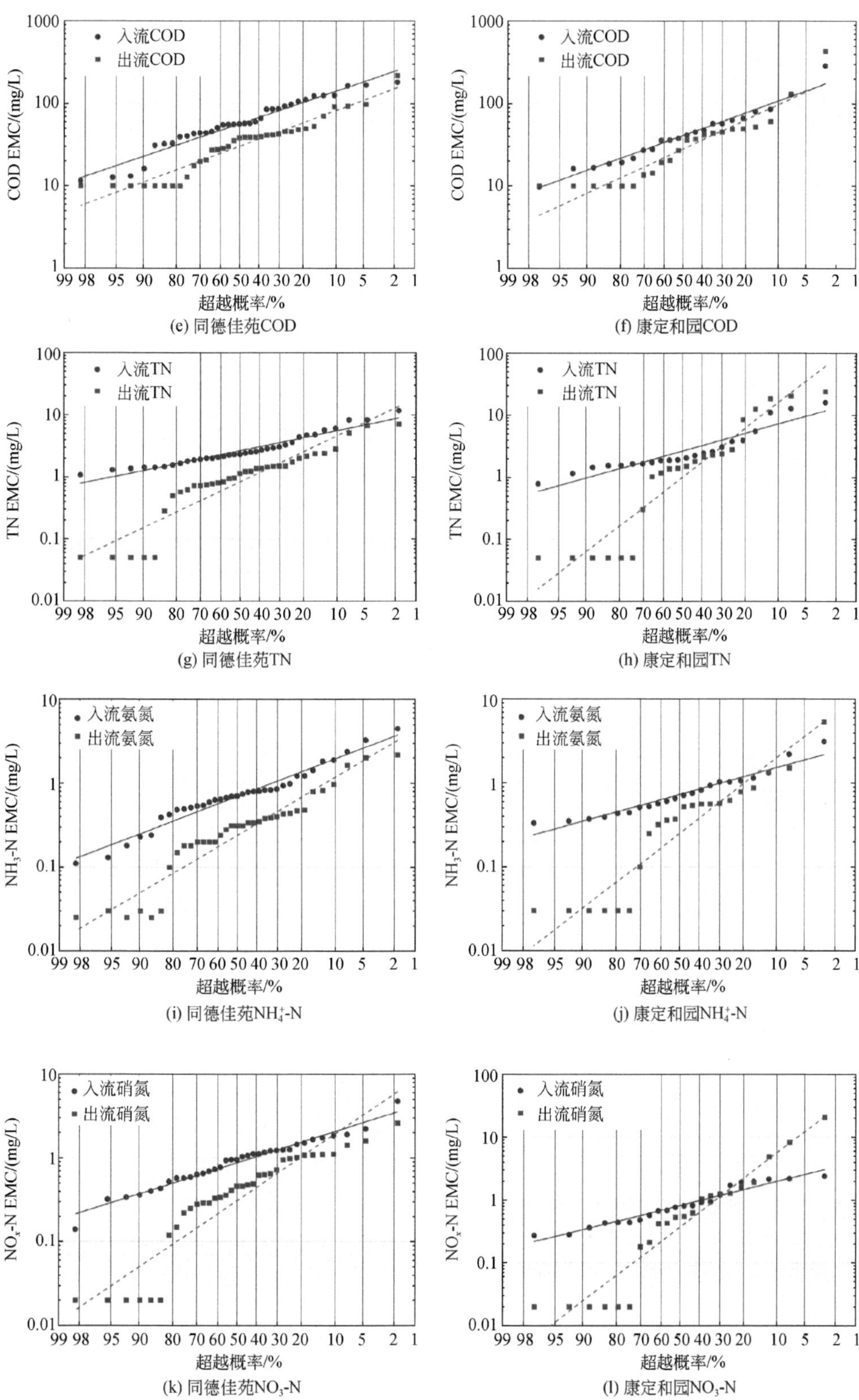

图 3.19 低影响开发设施超越概率图

的雨水花园和混合填料雨水花园TSS入流平均浓度为6～414 mg/L（中位数=63 mg/L）和8～357 mg/L（中位数=43.5 mg/L），TSS出流平均浓度为2～176 mg/L（中位数=23 mg/L）和2～122 mg/L（中位数=22.4 mg/L），表现出较好的去除效果。尽管生物滞留池通常对颗粒态污染物的去除非常有效，但在三场冬季降雨事件中，在生物滞留池出口处观察到异常高的颗粒浓度。道路径流和出水口的颗粒特征表明，这种性能下降是过滤不良而不是颗粒侵蚀所致，这是由于在此期间小颗粒（<10 μm=的相对丰度以及可能的优先流动。通常溶解性污染物的去除效果较差，将现场结果与实验室的吸附和浸出测试相结合来探究其原因，结果表明，有机碳含量高低、颗粒物浸出以及在运行初期过滤介质的淋溶，都是限制污染物溶解相去除的因素（Flanagan et al.，2019）。对于渗透系数较大，本底细小颗粒污染物含量较高的生物滞留填料可能出现更明显的浸出现象。

参照《地表水环境质量标准》（GB 3838—2002）基本项目标准限值，总氮、总磷、COD地表水环境质量标准Ⅰ～Ⅴ类标准限值分别为：总氮0.2 mg/L、0.5 mg/L、1.0 mg/L、1.5 mg/L、2.0 mg/L；总磷：0.02 mg/L、0.1 mg/L、0.2 mg/L、0.3 mg/L、0.4 mg/L；COD：15 mg/L、15 mg/L、20 mg/L、30 mg/L、40 mg/L。以Ⅳ类水限值为基准，纯种植土为填料的雨水花园和混合填料雨水花园进水 TN 浓度超过Ⅳ类水限值（1.5 mg/L）的概率分别为 84.5%和77.0%，出水 TN 浓度超过Ⅳ类水限值的概率分别为：32.7%和 42.3%，明显降低了污染物浓度超过Ⅳ类水限值的概率；两座设施进水 TP 浓度超过Ⅳ类水限值（0.3 mg/L）的概率分别为 42.7%和 2.1%，出水 TP 浓度超过Ⅳ类水限值的概率分别为：18.5%和 6.5%；对于混合填料雨水花园，磷浓度超过Ⅳ类限值的可能性出流大于入流。一方面，混合填料雨水花园运行初期对雨水径流的调控效果不稳定；另一方面，与原状土为填料的雨水花园（K_s=6.5×10^{-6} m/s）相比，该混合填料增加了入渗速率（K_s=4.1×10^{-5} m/s），这可能导致系统中污染物的淋洗；与此同时，混合填料雨水花园来水为新建小区屋面径流，入流总磷污染物的平均浓度仅为 0.12 mg/L。虽统计结果中出流总磷浓度出现高于入流总磷浓度的现象，但是出流TP平均浓度仅为0.09 mg/L，已高于地表水环境质量标准的Ⅱ类限值。两座设施进水COD浓度超过Ⅳ类水限值（30 mg/L）的概率分别为81.8%和66.1%，出水COD浓度超过Ⅳ类水限值的概率分别为：50.3%和 47.4%，COD 浓度超过Ⅳ类水限值的概率也有明显的降低。

3.3.6 污染物年负荷量计算

通过填料的渗透和滞留，生物滞留将入流的径流雨水滞留更长的时间，从而减少了峰值流量排放，雨水经蒸散、渗漏等途径减少出流量。雨前干燥期可能会影响径流雨水的吸收并影响养分的动态循环利用，尤其是氮素。因此，基于场地位置和季节波动的水文性能变化可能会影响径流量的削减。高渗透速率的生物滞留设施填料成分也是影响其运行效果的关键因素（Ahiablame et al.，2012）。鉴于有关实际降雨径流过程的监测数据有限，根据有限的监测降水量占研究区域平均年总降雨量的比例可估算设施年径流污染物负荷量（式3.12）。

研究区域年均降水量以520 mm计，研究期内，以纯种植土为填料的雨水花园和混合填料雨水花园监测降雨事件的总雨量分别为605.6 mm和353.9 mm，汇水面积分别为：260 m^2和332 m^2。$EMC_{in/out}$为设施进水/出水加权污染物负荷量除以对应的总进水/出水量。不同填料进出水污染物平均浓度与年污染负荷比较如表3.12和表3.13所示。

$$L_{in/out} = MP / AD \tag{3.12}$$

式中，$L_{in/out}$为单位汇水面积进水/出水污染物负荷量，kg/（hm^2·a）；M为本研究中累积监测的进水/出水污染物负荷量，kg；P为研究区年均降水量，520 mm/a；A为汇水面积，hm^2；D为监测时段总降水量，cm。

表 3.12 进出水污染物平均浓度与年污染负荷比较（纯种植土防渗雨水花园）

污染物	入流 EMC /（mg/L）	出流 EMC /（mg/L）	L_{in} /［kg/（hm^2·a）］	L_{out} /［kg/（hm^2·a）］	R_c/%	R_L/%
SS	77.35	40.91	346.19	109.56	47.1	68.4
TN	3.01	1.54	13.46	4.12	48.8	69.4
TP	0.33	0.20	1.50	0.53	41.2	64.8
COD	82.60	55.58	369.72	148.84	32.7	59.7
NO_3-N	1.03	0.62	4.61	1.67	39.5	63.8
NH_4^+-N	0.84	0.34	3.74	0.92	58.9	75.4

表 3.13 进出水污染物平均浓度与年污染负荷比较（混合填料雨水花园）

污染物	入流 EMC /（mg/L）	出流 EMC /（mg/L）	L_{in} /［kg/（hm^2·a）］	L_{out} /［kg/（hm^2·a）］	R_c/%	R_L/%
SS	31.17	23.41	158.77	45.00	24.9	71.7
TN	1.89	1.66	9.65	3.18	12.5	67.0
TP	0.10	0.09	0.50	0.17	8.4	65.4
COD	42.39	37.42	215.92	71.94	11.7	66.7
NO_3-N	0.94	0.64	4.77	1.22	32.1	74.4
NH_4^+-N	0.64	0.59	3.28	1.12	9.1	65.7

雨水污染物负荷削减率取决于渗滤，存储和/或蒸散量。选取枯水期（12～2 月）、平水期（3～5 月、10～11 月）和丰水期（6～9 月）3 个时间段对 LID 设施表层土（10～25 cm）进行取样分析，同德防渗雨水花园和康定混合填料雨水花园 TOC 含量分别为 1.608%和 0.985%；TN 含量分别为 2.01 g/kg 和 1.88 g/kg；TP 含量分别为 1.22 g/kg 和 1.25 g/kg。即两座设施碳氮比分别为 8.0 和 5.3。外源氮的输入会改变系统中可利用氮的形态及数量，对植物的呼吸作用和光合作用产生影响，并对系统呼吸的各个组分产生影响，进而影响到系统中碳收支与碳源汇功能（彭琴等，2008）。吴兴海和李咏梅（2017）研究 C/N 对不同反硝化滤池脱氮效果的影响，进水 TN 浓度 21.6 mg/L，考虑经济和净化效果，C/N 比为 4∶1 最佳，石英砂池和生物陶粒池出水 TN 平均浓度分别低于 10 mg/L 和 5 mg/L，亚硝酸盐含量在 0.5 mg/L 以下。

通过监测的降雨事件降雨量及系统进出水水质水量，估算的雨水花园系统年径流污染物净化效果表明：同德佳苑雨水花园以纯种植土为填料，运行效果相对稳定，SS、TN、TP、COD、NO_3-N 和 NH_3-N 年平均浓度去除率分别为 43.9%、48.4%、37.9%、30.0%、36.5%、和 55.7%，负荷削减率大于 67.4%。康定和园雨水花园以混合填料（土∶沙∶木屑∶WTR=6∶3∶0.5∶0.5，体积比）为基质，提高了填料的渗透速率（4.1×10^{-5} m/s）。然而，径流雨水在系统中的滞留时间减少，用于污染物修复/转化的生物过程不完整，另外可能导致新建的生物滞留设施出现污染物淋洗现象。通过累积的污染物负荷量除以监测降雨事件的累积径流总量，计算设施入流和出流平均浓度。混合填料雨水花园入流污染物平均浓度与单位面积年均负荷均较小，从 2017 年 8 月 20 日降雨事件以后，系统运行相对稳定，TP 和 COD 的平均浓度去除率为负值，所有污染的负荷削减率均在 65.4%以上。

Li 和 Davis（2014）监测以水处理残渣（铝污泥）改良的生物滞留池，设施底部不做防渗处理，不设淹没区，设两根穿孔排水管。其中，污染物浓度降低归因于生物滞留系统中填料的保留/吸附/转化，称为系统处理。定义由于水量削减而产生的负荷削减（$L_{\text{v-red}}$）根据年累积径流削减量和输出污染物 EMC 的乘积估算。系统净负荷减少量（L_{NR}）通过从年输入污染物质量负荷（L_{in}）中减去出流污染物负荷量（L_{out}）和径流水量削减而产生的负荷削减（$L_{\text{v-red}}$）来估算。如果 L_{NR} 的值为正，则系统滞留污染物负荷量；如果该值为负，则系统产生/淋洗污染物负荷。其研究结果表明：年入流、出流和下渗的氮素负荷量分别为 14.0 kg/（hm^2 • a）、8.2 kg/（ha^2 • a）和 4.4 kg/（hm^2 • a），生物滞留池对 TN 的负荷削减率为 41%，这主要是由于径流量的减小所致。由于径流量的削减导致 TN 负荷削减占监测的 TN 负荷削减率的比例为 32%。进入生物滞留系统中的氮素有 PON、DON、NH_3-N 和 NO_x-N 几种形式，负荷量分别为 8.0 kg/（hm^2 • a）、2.2 kg/（hm^2 • a）、1.3 kg/（hm^2 • a）和 2.6 kg/（hm^2 • a），年出流污染负荷量（穿孔管排出量）分别为 1.3 kg/（hm^2 • a）、3.3 kg/（hm^2 • a）、0.15 kg/（hm^2 • a）和 3.5 kg/（hm^2 • a）。生物滞留池显著降低了来自雨水径流中的 PON、NH_3-N 和 NO_2-N 的负荷量，分别降低了 83%、89%和 89%。NO_3-N 和 DON 从生物保留系统中明显浸出，尽管体积的减少也有助于减少质量，相对于入流负荷量，其质量分别增加了 45%和 50%。

3.4 实际降雨条件下雨水花园长期运行效果评价

3.4.1 雨水花园径流水量削减效果评价

本节中的试验装置与 3.2 节中相同，主要分析雨水花园 RD1-A、B 和 RD3-C 对径流水量的削减效果。

2011 年 3 月至 2017 年 10 月对雨水花园 RD1-A 进行了 36 场降雨径流削减效果监测，年径流削减率如图 3.20（a）所示。其中，雨水花园 RD1-A 除 2013 年 7 月 15 日（降雨量为 1.8 mm）和 2016 年 9 月 26 日（降雨量为 2.8 mm）未发生出流，径流量削减率为 100%，其余 34 场降雨均有出流，径流量削减率在 9.80～100.0%，平均削减率为 60.0%；洪峰削减率保持在 20.3%～100.0%，均值为 62.5%。2011 年 3 月至 2013 年 9 月对雨水花园 RD1-B 进行了 23 场降雨监测，径流水量削减率保持在 11.9%～100.0%，均值为 61.1%，洪峰削减率保持在 11.2%～100.0%，均值为 70.8%。雨水花园 RD1-A 和 B 对于中小型降雨，削减效果较明显，其中最小值发生在 2011 年 7 月 6 日，分析其原因主要是由于 7 月 5 日有一场中等降雨，降雨量为 24.8 mm，7 月 6 日再次降雨时，花园内大部分土壤孔隙已被充满，土壤处于近似饱和状态，有效滞留雨水的空间不足，故大部分径流水量均被迫排出，入流水量削减率降低。因此，雨水花园对降雨径流的削减情况主要取决于花园基质的含水率。降雨过程中，当花园基质含水率较小，有效滞留雨水的空间越大，水量削减率越大，反之，水量削减率就越小。2011 年、2012 年、2013 年、2016 年、2017 年，RD1-A 对于水量削减率分别为 36.8%、42.3%、90.4%、66.2%和 43.7%，RD1-A 对降雨径流削减率表现为随着监测时间的延长呈先增大后逐渐减小的趋势。所监测的 36 场降雨事件，雨水花园 RD1-A 的滞峰时间在 10～60 min，平均滞峰时间为 22.1 min。说明雨水花园在削减入流水量的同时，可延滞洪峰时间。因此，对于以中小型降雨为主的地区，雨水花园可被高效利用，在居住小区或商业区应用排水型雨水花园来调蓄屋面雨水径流，延滞出流峰值，减少洪涝灾害。如西安地区过去 70 年降雨统计结果表明，中小型降雨占总降雨量的 60%以上（唐双成，2016），可利用雨水花园削减径流总量，延滞洪峰时间。图 3.20 展示了三个雨水花园典型降雨径流过程。

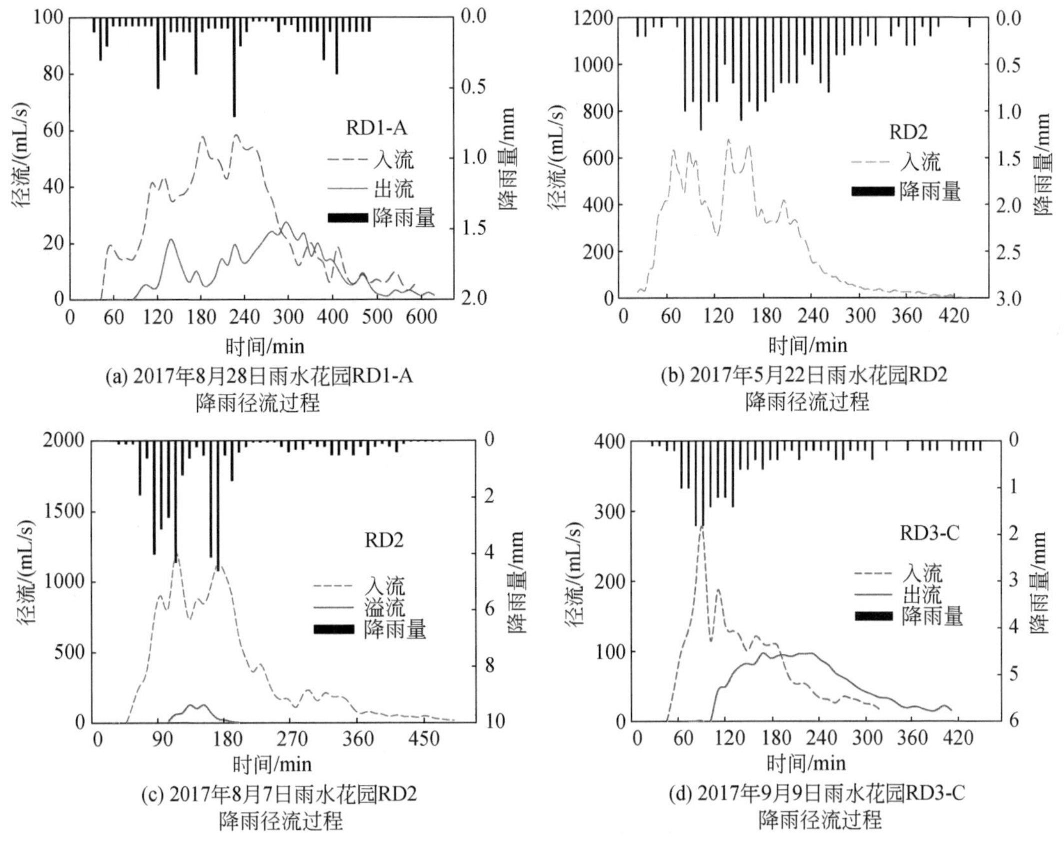

图 3.20　雨水花园典型降雨径流过程

2014 年 5 月至 2017 年 10 月，对雨水花园 RD3-C 监测了 16 场降雨事件，如图 3.21（b）所示。RD3-C 为防渗型雨水花园，可监测出流，计算径流削减率。监测期间 RD3-C 除了 2016 年 9 月 26 日（降雨量为 2.8 mm）无出水，径流削减率为 100.0%，其余降雨事件的径流削减率保持在 20.89%～44.62%。2013 年、2016 年、2017 年三年的年均径流削减率为 32.04%、42.52%和 35.49%。对于雨水花园 RD3-D，所监测的 16 场降雨事件均无溢流，径流水量削减率和洪峰削减了均为 100.0%，降雨径流全部入渗补给了地下水。

从 2011 年 5 月至 2018 年 8 月，对雨水花园 RD2 进行了 47 场降雨事件监测，仅有 8 场降雨出现短暂溢流，2011 年和 2012 年没有发生溢流，径流削减率为 100.0%，降雨径流进入雨水花园以后全部下渗补给了地下水（除蒸散发损失）。对于研究区一次显著降雨过程，雨水花园的蓄水深度在 20～30 cm 范围内可拦蓄其表面积 20 倍范围内的地表径流，因此，入渗型雨水花园对年径流总量削减率较高。与全年入流总量相比，溢流量较小，大部分降

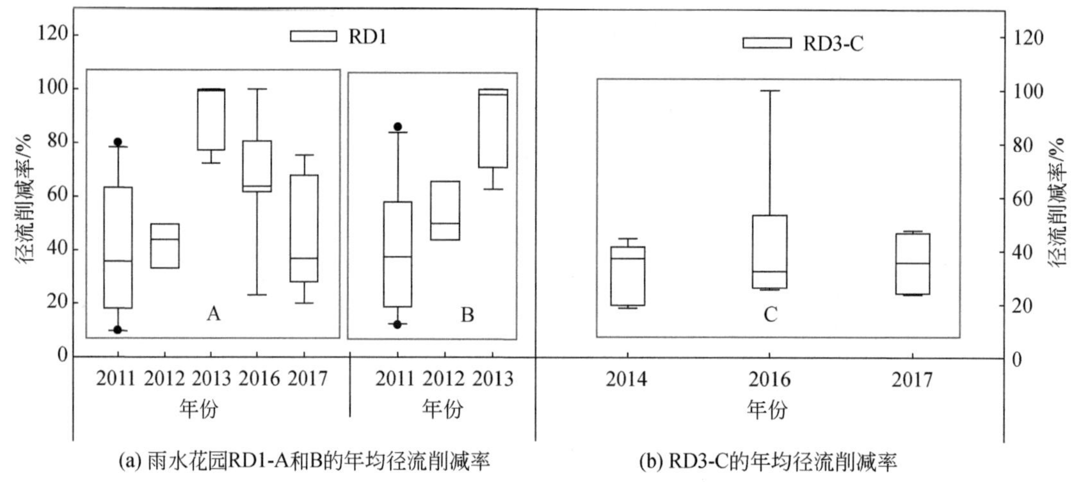

(a) 雨水花园RD1-A和B的年均径流削减率　　(b) RD3-C的年均径流削减率

图 3.21　RD1 和 RD3-C 径流削减率

雨径流入渗补给地下水，涵养了地下水资源。2013 年、2014 年、2016 年、2017 年、2018 年 RD2 年径流削减率分别为 96.8%、98.9%、95.3%、96.2%、99.44%，2013～2018 年监测期间平均年径流削减率为 97.3%。对监测期间发生溢流的 8 场降雨事件中进行重点分析，如表 3.14 所示。其降雨量为 33.2～55.5 mm，径流水量削减率大于 75.4%，洪峰削减率大于 35.1%。2013 年发生 3 次溢流，2014 年仅发生一次，2016 年发生 2 次，2017 年和 2018 年各发生一次。对于雨水花园 RD2，汇流比为 20∶1，花园基质为西北地区典型黄土土质，当 60 min 最大雨强≥11 mm 时，才有可能会发生溢流。因此，入渗型雨水花园在黄土地区具有较好的适用性，对于调节降雨径流、削减径流水量和洪峰流量起着关键作用。

表 3.14　雨水花园 RD2 溢流事件

监测时段	降雨总场次及类型		8 场降雨发生溢流过程				
			日期	降雨量/mm	60 min 最大雨强 /（mm/h）	水量削减率/%	洪峰削减率/%
2011-05～2018-08	47	暴雨：2	2013-05-28	36.4	13.8	93.8	80.9
			2013-06-08	47.8	21.0	78.5	60.7
		大雨：13	2013-07-28	35.2	31.8	77.8	53.2
			2014-07-22	44.6	30.6	76.6	59.6
		中雨：18	2016-06-23	39.9	11.0	—	—
			2016-07-24	55.5	46.8	—	—
		小雨：12	2017-08-07	36.0	18.0	95.2	85.7
			2018-08-09	33.2	30.0	75.4	35.1

3.4.2　雨水花园污染净化效果的评价

2011～2018 年对雨水花园 RD1-A 和 RD3-C 进行了污染物去除效果监测（RD1-A 监测 36 场降雨事件，RD3-C 监测 29 场降雨事件），如表 3.15 所示。RD1-A 花园对 NH_3-N、NO_3-N、TN、TP 和 TSS 的浓度去除率范围为 7.83%～94.22%、−583.50%～58.65%、−119.30%～85.06%、−467.40%～48.89%、−18.60%～100.0%，多年平均去除率分别为：54.45%、−56.35%、

31.58%、−21.48%、38.77%。雨水花园 RD3-C 对上述指标的浓度去除范围为 14.60%～153.80%、−384.02%～87.30%、−18.80%～75.76%、−46.40%～101.10%、−121.35%～85.23%。两个花园对 NH_3-N 的浓度去除效果较好，但随着运行时间的推移，对 NH_3-N 浓度去除率均值逐年降低。这主要是由于土壤一般带负电，而 NH_3-N 带正电，设施运行初期对 NH_3-N 的吸附作用较强（刘佳，2007），而后期吸附点位逐渐被占用，导致对 NH_3-N 的去除效果有所降低。对于 RD1-A 花园，从 2011 年开始监测至今，NH_3-N 浓度去除率均值分别为 79.81%、72.67%、63.45%、57.43%、42.42%。对于 RD3-C，2013 年、2016～2018 年所监测的降雨事件中，其 NH_3-N 浓度去除率均值分别为 50.02%、45.78%、41.95%、36.50%，随着监测时间呈下降趋势，说明雨水花园基质对 NH_3-N 的吸附能力受到一定限制，弱化了花园对 NH_3-N 浓度去除效果。两个花园对 NO_3-N 和 TP 的浓度去除率很不稳定，且大多为负值，对 TSS 的去除率较 TN 好。雨水花园对 NO_3-N 和 TP 浓度去除效果较差的原因主要体现在以下三个方面：①雨水花园 RD1 主要接纳屋面径流（RD_3 接纳部分路面径流），水质浓度较好，而雨水花园的入渗率较高，在降雨径流的冲刷作用下，可溶性硝酸盐和硫酸盐易发生淋溶。②由于 NO_3-N 带负电，土壤基质也带负电，所以 NO_3-N 在土壤中是极为活动的，随水分入渗易向下迁移。③雨水花园填料层位黄土，其铁盐和铝盐含量较低，所以对 P 的去除效果较差。

表 3.15　雨水花园对污染物浓度去除效果

花园编号	时间	降雨场次	去除项目	NH_3-N/%	NO_3-N/%	TN/%	TP/%	TSS/%
RD1-A	2011-03-20～2012-08-31	13	范围	52.57～94.22	−583.50～58.65	−119.30～85.06	−28.0～48.89	1.14～70.20
			均值	79.81	−40.57	40.48	21.20	26.24
	2013-05-17～2013-08-08	6	范围	63.61～84.15	−61.80～32.50	36.50～69.30	−467.40～24.0	−18.6～100.0
			均值	72.67	−13.8	50.90	−133.70	62.2
	2016-05-22～2016-09-26	6	范围	51.09～85.82	−46.36～16.65	21.15～53.14	−161.38～21.93	28.64～85.78
			均值	63.45	−28.56	44.36	−87.89	56.35
	2017-05-22～2017-10-11	6	范围	40.84～88.30	−361.93～54.48	−29.00～59.22	−36.36～47.58	0.40～59.40
			均值	57.43±22.41	−119.50±175.39	38.21±34.36	−4.91±33.65	27.87±31.22
	2018-04-13 2018-08-09	5	范围	7.83～68.32	−238.10～40.15	−20.05～75.09	−63.03～35.19	—
			均值	42.42±24.25	−70.19±117.03	41.48±32.19	−10.78±32.49	—
RD3-C	2013-07-04～2013-09-23	7	范围	29.48～71.00	−348.02～−21.94	−18.80～28.50	—	11.30～77.50
			均值	50.02	−139.58	−2.70	6.30	45.80
	2014-04-18～2014-08-30	5	范围	14.60～153.80	−56.20～87.30	2.40～75.76	−46.40～101.10	−121.35～85.32
			均值	—	—	—	—	60.61
	2016-05-22～2016-09-26	6	范围	28.96～94.08	−36.14～37.43	15.75～56.32	−22.35～43.22	22.14～78.43
			均值	45.78±32.15	−2.89±25.64	22.48±22.49	−11.19±40.46	58.75±38.48
	2017-05-22～2017-09-26	6	范围	20.56～74.92	−262.18～3.61	−9.35～49.98	−17.77～22.00	−62.39～66.04
			均值	41.95±28.14	−87.80±105.28	23.31±22.73	7.74±15.18	11.13±53.81
	2018-04-19～2018-08-19	5	范围	17.30～48.70	−126.26～145.33	−3.23～38.65	−23.60～40.82	—
			均值	36.50±14.71	−40.27±109.40	25.50±15.61	19.92±24.10	—

综上所述，雨水花园不仅可削减径流水量和洪峰流量，而且可净化降雨径流污染物，同时降雨径流可入渗补给地下水。在实际工程中，为了提高雨水花园对 NO_3-N 的去除效果，可在花园底部设置一定高度的淹没区，同时，在填料层中适当增加有机质含量，给反硝化菌提供足够的能量和适宜的反硝化环境，提高 NO_3-N 的反硝化作用。此外，为了提高雨水花园的运行效果，可将排水型雨水花园和入渗型雨水花园结合使用，在充分利用前者进行水质净化的同时，利用入渗雨水花园二次削减径流和洪峰流量，收集净化后的雨水用于补给地下水，涵养地下水资源。

3.4.3 雨水花园运行寿命分析

1. 雨水花园径流削减能力寿命分析

雨水花园集中入渗以点状入渗为主，由于城市雨水径流存在着程度不同的面源污染，集中入渗的水量负荷与污染负荷强度大，长期集中入渗将改变填料的机械组成、孔隙度、饱和导水率等理化性质，造成填料堵塞、污染物吸附饱和等。因此，雨水花园对降雨径流削减能力随时间的变化规律是关系花园寿命的重要体现。雨水花园年平均径流水量削减率随运行时间的变化规律如图 3.22 所示。

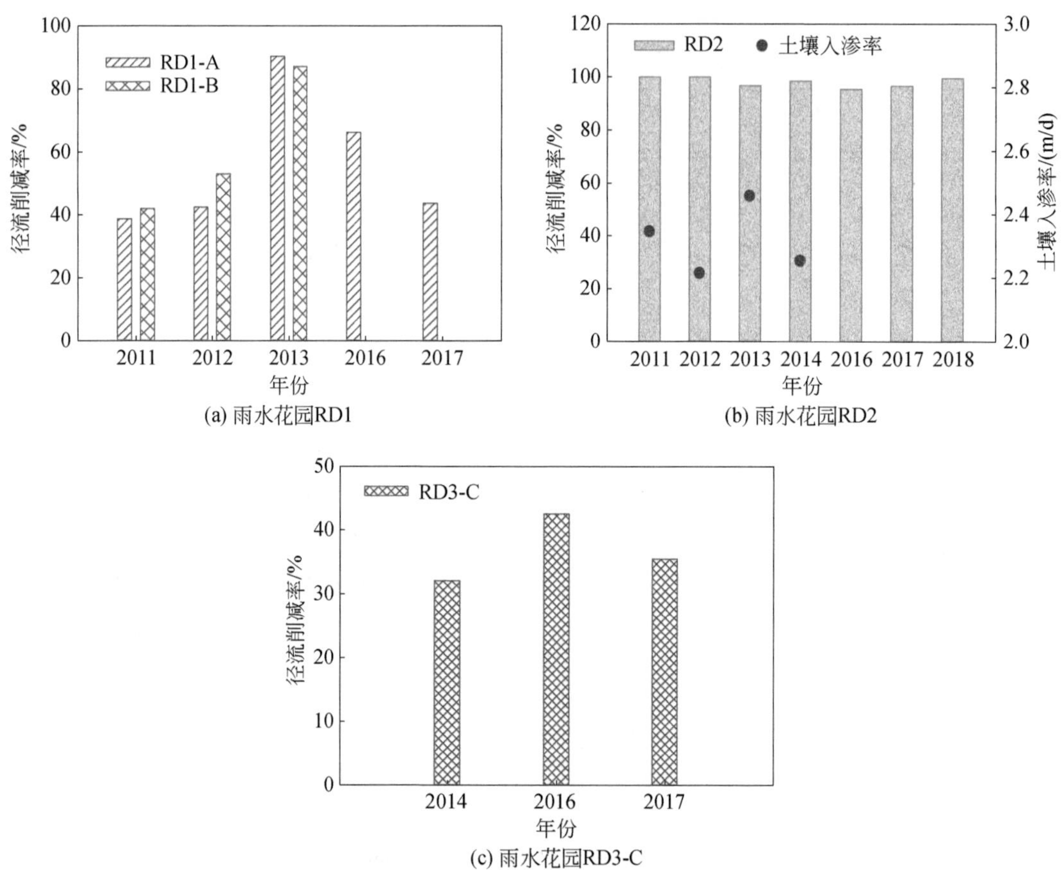

(a) 雨水花园RD1

(b) 雨水花园RD2

(c) 雨水花园RD3-C

图 3.22　雨水花园年平均径流水量削减率随运行时间变化规律

雨水花园 RD1-A 和 B、RD3-C 的年平均径流削减率如图 3.22 所示。2011 年 3 月至 2017 年 10 月对雨水花园 RD1-A 进行了 36 场次降雨径流削减效果监测；2011 年 3 月至 2013 年对 RD1-B（2016～2017 年无监测数据）进行了 23 场次降雨径流削减效果监测。RD1-A 和 B 的平均径流水量削减率呈先增大后减小的趋势，雨水花园建设完成的前 3 年，径流水量削减率逐年增大，进入 2016 年以来，RD1-A 平均径流水量削减率逐渐降低。

对于雨水花园 RD2，2011 年 7 月至 2018 年 8 月降雨监测期间，雨水花园运行初期，其径流总量削减率较高，随着运行时间的推移，雨水花园对年径流总量削减率有所降低，这与园内土壤毛孔导度和土壤入渗率有关，2011 年，雨水花园土壤入渗率为 2.346 m/d，2012～2014 年，园内土壤入渗率分别为 2.215 m/d、2.459 m/d、2.253 m/d，土壤入渗率总体有所降低（除 2013 年），这主要是在水压力和土壤自然沉积作用下，园内土壤基质发生了堵塞现象，年径流总量削减率逐渐降低。

雨水花园 RD3-C 径流水量削减率相对较低，2014 年 5 月至 2017 年 10 月对 RD3-C 监测的 16 场次降雨径流削减效果，其径流水量削减总体呈先增大后减小的趋势，但由于雨水花园 RD3 建设较晚，数据量较少，以后加强对其监测，研究其径流水量削减随监测时间的变化过程。

雨水花园对径流水量的削减与花园填料基质的入渗性能密切相关，当雨水花园基质土壤毛孔导度相互连通，其导水能力较好，入渗率较大，对降雨径流起较好的疏导作用，大部分雨水通过基质入渗补给地下水，涵养地下水资源，对降雨径流削减率越大。若长期接纳降雨径流，雨水花园过流水量较大时，在水分压力和土壤自然沉积作用下，园内基质土壤毛孔导度会逐渐闭合，发生堵塞，导水能力逐渐减弱，入渗率减小，对降雨径流的削减逐渐降低，雨水花园的运行寿命逐渐缩短。

2. 雨水花园污染物净化能力寿命分析

雨水花园对降雨径流污染物起净化作用，当雨水花园长期受纳降雨径流时，将会由污染物受纳型变为污染物输出型（Mehring et al.，2016）。图 3.23 为雨水花园 RD1-A 污染负荷削减率随时间的变化过程。

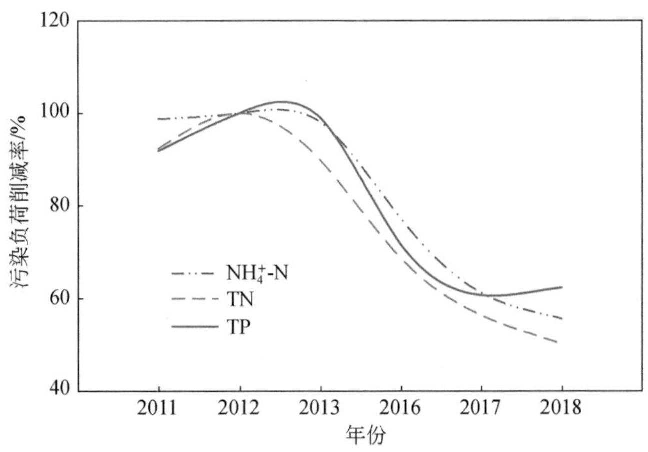

图 3.23　雨水花园 RD1-A 污染负荷削减率随时间的变化

运行 7 年的雨水花园 RD1-A 对 NH_3-N、TN 和 TP 的污染负荷削减率情况如图 3.23 所示。雨水花园运行的前 3 年，2011～2013 年对 NH_3-N 的污染负荷削减率大于 95%，对 TN 和 TP 的负荷削减率大于 85%，说明此时雨水花园处于污染物净化能力较强，对污染物的去除效果明显。随着运行时间的推移，雨水花园对污染负荷的削减率逐渐降低，2016～2017 年所监测的 11 场降雨事件，雨水花园对 NH_3-N、TN、TP 的负荷削减率保持在 50%～80% 之间，削减效果有所降低，说明雨水花园对污染负荷的去除逐渐减弱。

降雨径流进入雨水花园后，大部分颗粒态污染物通过花园表层植被拦截得以去除，而某些溶解态污染物通过基质吸附也得到了很好的去除，使出水中的污染物浓度得到有效降低。降雨期间，雨水花园对污染物的去除作用以填料基质吸附为主，不同的花园基质类型对污染物的吸附能力也不同（郭超等，2019）；但是，溶解态污染物在短时期很难被大量去除，主要通过径流水量在花园内蓄存，部分溶解态污染物暂时留在了花园内，随后在两场降雨期间，通过园内植物吸收、微生物降解以及物理、化学、生物反应转化为难溶的沉淀而得以去除。一般来讲，雨水花园对污染负荷的去除中，填料基质吸附占 70%～80%，植物吸收、微生物降解等占 20%～30%（赵亚乾等，2015）。在一定汇流面积上，若某一雨水花园长期接纳径流污染物时，在雨后干燥期内，当园内植物吸收、微生物降解污染物的速率小于基质吸附速率时，将会导致基质吸附污染物的量逐年增加，雨水花园对污染物的净化能力逐年减弱，即雨水花园吸附污染物的容量会慢慢趋于饱和，逐渐丧失了大量吸附污染物的能力，可认为此时雨水花园的污染物净化寿命已终止。

3. 雨水花园“三阶段净化能力”概念的提出

雨水花园作为重要的 LID 设施，其对污染物去除主要通过填料基质的吸附作用。根据前两节内容分析，结合雨水花园对污染物净化能力的相关研究，提出雨水花园对径流污染物去除的“三阶段净化能力”概念（three-stage purification theory）的设想，将雨水花园在寿命周期内对污染物的去除过程概化为三个阶段，即净化增长期、净化稳定期和净化衰弱期，简称 TSP 概念，并绘制了 P-F 概念图（pollutant load reduction—fate 曲线），如图 3.24 所示。

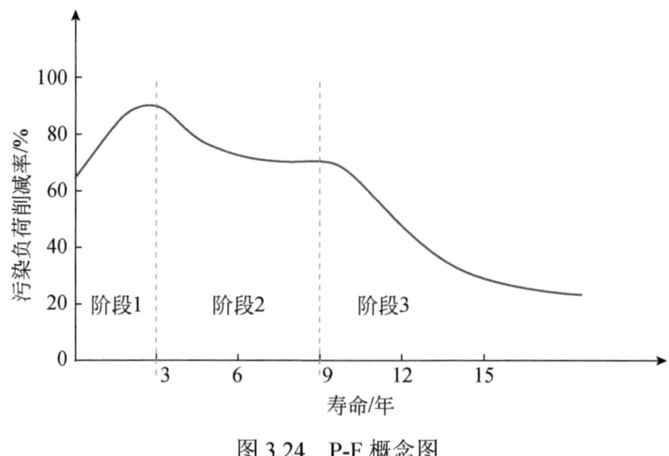

图 3.24　P-F 概念图

一般情况下，雨水花园建设完成后的 1～3 年内（运行稳定后），基质对径流污染物的吸附能力较强，并且园内植物较小，微生物群落单一，植物吸收和微生物降解污染物的能力小于基质吸附污染物的能力。Kadlec 和 Knight（1996）报道，美国某人工湿地在开始运行时对 P 的去除率超过 90%，但运行 4～5 年的 P 积累后对 P 的去除率开始降低。此时，雨水花园处于净化能力增长期，对降雨径流污染负荷的削减率较高，定义该时期的雨水花园为“青年雨水花园”。随后 4～9 年内，随着园内植物的生长，微生物群落的扩张，植物吸收和微生物降解污染物的能力逐渐提高，基质吸附污染物的能力与植物吸收和微生物降解污染物的能力基本相当，达到一种动态平衡状态。刘佳等（2007）通过某区域复合湿地氮磷去除效果分析，结果表明人工湿地运行两年后土壤吸附氮磷等污染物的达到一种平衡状态。此时，雨水花园对对降雨径流污染负荷的削减率会微缓下降并趋于稳定，处于净化能力稳定期，定义该时期雨水花园为“中年雨水花园”。雨水花园继续运行 10～15 年后，此时，填料基质的吸附位逐渐趋于饱和状态，吸附污染物的能力逐渐丧失，主要依靠植物吸收和微生物降解作用来去除降雨径流中污染物。此时，雨水花园处于净化能力衰弱期，定义该时期雨水花园为“老年雨水花园”，雨水花园对污染负荷的削减速率会快速下降，不能发挥净化污染物的功能，雨水花园寿命近似认为已终止，应考虑基质换填或新建雨水花园。这一结论与国内外有关人工湿地中填料使用寿命的分析结果基本吻合，由于人工湿地的水质净化机理与雨水花园相似，故可借鉴人工湿地中填料使用寿命的研究结论来佐证雨水花园的运行寿命。如澳大利亚 Richmond 的砾石人工湿地在运行 1～2 年后，去除磷的效率开始下降（Mann et al.，1997）；当同时考虑基质和植物对人工湿地使用寿命的影响，种植芦苇的人工湿地使用寿命为 8117.920 天，约为 22.423 年，种植黄花鸢尾的人工湿地使用寿命为 8117.497 天，约为 22.424 年（徐德福等，2013）；以铝污泥为基质填料处理普通生活污水时，人工湿地的使用寿命为 4～17 年（赵晓红等，2015）。此外，世界水协会（IWA）所给出人工湿地设计中的参考寿命为 15 年（Kadlec et al.，2000）。

3.5 雨水渗井径流调控效能

3.5.1 装置介绍

本节主要涉及沣西新城咸阳职业技术学院 1 处渗井，于 2018 年 5 月建设完成。根据 3.4 节雨水渗井填料改良研究结果表明：①保持人工滤柱中沙子的粒径在 0.315～0.630 mm 可满足模拟雨水快速渗滤的要求；中砂+改良剂对污染物的去除效果总体好于粗砂+改良剂。②综合分析目前渗井结构的优缺点，并结合沣西地区水文地质条件，咸阳职业技术学院渗井雨水措施采用钢筋混凝土渗滤池中填充 90%粗砂（0.630～2 mm）+5%沸石（1～2 mm）+5%海绵铁（1～2 mm）（体积比）作为人工填料层。根据 4.2 节雨水渗井构型设计，结合当地地质条件，考虑汇流面积、土体承载力等因素，沣西新城咸阳职业技术学院现场渗井工程推荐采用井径为 3 m 的钢筋混凝土渗滤池+两根 6 m 长玻璃钢管渗透井组合的渗井结构。

沣西新城咸阳职业技术学院主要用于集中入渗屋面和部分路面雨水，路面入流布设 45°三角堰。在渗井西侧距离 25 m 和 45 m 处各打两眼地下水井。研究其对渗井集中入渗对地下水水位水质的影响。渗井处理雨水径流的原理图、结构图、现场图和地下水井现场图如图 3.25 所示。

图 3.25　渗井现场图

3.5.2　监测方法

每次降雨时人工采集路面和屋面入流水样，进行水质分析，采用液位计计量路面径流水位高度，采用超声波流量计计量屋面雨水入流流量。利用式（3.15）和式（3.16）计算路面雨水入流流量。

3.5.3　渗井对降雨径流的调控效果

人工雨水渗井现场设施于 2018 年 5 月建成，2018 年 6 月正式开始进行监测，共监测实际降雨 5 场次，按照降雨等级可划分为大雨 2 场，中雨 1 场，小雨 2 场。2018 年 7 月 2 日、2018 年 7 月 4 日这 2 场降雨事件监测采集过程较为完善，能够监测到设施的出流，其余各场次降雨均未能监测到出流，故以这两场次降雨事件来分析人工雨水渗井的运行状况，如表 3.16 所示。

由表 3.16 可以看出，渗井入流水量全部入渗补给了地下水，径流削减率达 100%；但对污染物的去除率多为负值，净化效果不理想。造成这种现象的主要原因是渗井现场设施的建成时间较短，运行效果不稳定，并且入流多为屋面雨水，水质较好，径流雨水进入渗井后发生了淋溶现象。鉴于此，需要对渗井设施进行进一步的监测研究获取大量数据才能对雨水渗井的运行效果进行更加客观的评价。

表 3.16　人工雨水渗井设施监测结果

日期	降雨量/mm	降雨历时/h	降雨类型	负荷削减率/%					
				TSS	COD	NO_3-N	NH_3-N	TN	TP
2018-06-08	9.4	17.95	小雨	—	—	—	—	—	—
2018-06-26	6.6	8.1	小雨	—	—	—	—	—	—
2018-07-02	32.0	14	大雨	−4.39	−228.43	−23.07	−3.42	−78.43	6.25
2018-07-04	28.8	15.45	大雨	77.14	−0.17	−102.02	4.09	59.32	−100.00
2018-07-09	24.4	24.65	中雨	—	—	—	—	—	—

3.6　本 章 小 结

本章通过试验和典型现场低影响开发设施实际降雨过程监测，明确两种应用场景下雨水径流污染物特征与水质水量调控效果，按监测降雨量占年降雨量的比例定量分析生物滞留设施年径流污染负荷控制率，为LID设施效果的评价和寿命评估提供一定的理论指导，主要结论如下：

（1）基于小试结果，以填料因子（media factor，MF）和入渗率表征生物滞留填料的基本特性，同时考虑进水污染物浓度、汇流面积、设计重现期、降雨历时和雨前干燥期的影响，基于响应曲面法，采用多元二次回归方程分别建立了水量调控效果，污染物浓度去除效果和影响因素之间的定量耦合关系模型（$R^2 \geqslant 0.715$），可用于估算生物滞留设施的调控效果。

（2）通过25场次小试模拟降雨和4阶段填料特性检测研究生物滞留填料污染物含量及酶活性时空变化特征，结果表明：新建装置在一年的运行周期中，填料中污染物浓度较高时，填料中污染物浓度呈先降低，随着系统的运行逐渐趋于稳定的趋势，且系统运行稳定后，填料中营养物氮磷含量均呈现上层＞中层＞下层的趋势。生物滞留填料中污染物含量与脲酶、蛋白酶、脱氢酶、蔗糖酶、酸性磷酸酶和过氧化氢酶等酶活性 Pearson 相关分析发现：所选酶活性与生物滞留系统中污染物含量之间的相关性显著程度不一致，过氧化氢酶与所有污染物含量显著相关（$P<0.01$），而酸性磷酸酶与所有污染物含量相关性不显著。

（3）生物滞留设施监测实际降雨过程数十场次，明确了低影响开发设施进出水雨水径流污染特征与水质水量调控效果，评估了典型LID设施在西安市未来城市建成区应用的前景。根据西北地区水文特征，若研究区域对污染物的净化效果没有特殊要求，且土壤入渗性能大于 10^{-6} m/s，填充本地黄土的生物滞留设施可以从源头上有效地调控径流雨水。对于LID设施建设面积有限或径流污染严重的地区，应对LID设施填料或结构参数进行一定的改进，混合填料雨水花园和分层填料植生滞留槽通过设置内部储水区，减少汇水面积和增加填料层厚度来改善径流调控效果，中小雨降雨条件下（＜25 mm）其水量削减率高于68.2%，设施的年污染负荷削减率基本在60%以上。

（4）通过分析运行7年的雨水花园对水量和污染物削减效果，可以发现，雨水花园在西北黄土地区具有良好的适用性。结合污染负荷削减，提出了雨水花园寿命周期污染物净化的“三阶段净化概念”，分别为净化增长期、净化稳定期和净化衰弱期，简称TSP概念，并绘制了P-F概念图。雨水花园寿命周期的三个阶段对应的雨水花园可分别定义为“青年雨水花园”“中年雨水花园”“老年雨水花园”。

参考文献

陈伏生，余焜，甘露，等. 2009. 温度、水分和森林演替对中亚热带丘陵红壤氮素矿化影响的模拟实验. 应用生态学报，20（7）：1529-1535

范珍珍，王鑫，王超，等. 2018. 整合分析氮磷添加对土壤酶活性的影响. 应用生态学报，29（4）：1266-1272

高红贝，邵明安. 2011. 温度对土壤水分运动基本参数的影响. 水科学进展，22（4）：484-494

高建平，潘俊奎，谢义昌. 2017. 生物滞留带结构层参数对道路径流滞蓄效应影响. 水科学进展，28（5）：702-711

郭超，李家科，马越，等. 2018. 雨水花园运行寿命分析与价值估算. 环境科学学报，38（11）：171-179

贺文彦，谢文霞，赵敏华，等. 2018. 海绵城市试点区域内面源污染发生过程及其对水体污染负荷贡献评估. 环境科学学报，38（4）：1586-1597

胡世强. 2014. 雨水花园对城市屋面雨水径流的水文及水质作用研究. 西安：西安理工大学硕士学位论文

虎瑞，王新平，潘颜霞，等. 2015. 沙坡头地区藓类结皮土壤净氮矿化作用的季节动态. 应用生态学报，26（4）：1106-1112

靖玉明，张建，张成禄，等. 2008. 工湿地中脱氢酶活性及其与污染物去除之间的相关性研究. 环境工程，26（1）：95-96

李俊，舒为群，陈济安，等. 2005. 垃圾填埋场土壤酶活性与化学性质和微生物数量的关系研究. 生态学杂志，24(9)：1043-1047.

廖利平，高洪，汪思龙，等. 2000. 外加氮源对杉木叶凋落物分解及土壤养分淋失的影响. 植物生态学报，24（1）：34-39

刘佳. 2007. 抚仙湖湖滨带复合湿地氮磷去除效果分析. 给水排水，33（s1）：75-79

刘俊良，王琴，李君敬. 2015. 水处理填料与滤料. 北京：化学工业出版社

罗艳红. 2013. 雨水生物滞留设施对道路径流中氮磷的控制效果研究及应用. 北京：北京建筑大学学位论文

南丽丽，郭全恩. 2014. 疏勒河流域不同植被类型土壤酶活性动态变化. 干旱地区农业研究，32（1）：134-139

彭琴，董云社，齐玉春. 2008. 氮输入对陆地生态系统碳循环关键过程的影响. 地球科学进展，23（8）：874-883

仇付国，张传挺. 2015. 水厂铝污泥资源化利用及污染物控制机理. 环境科学与技术，38（4）：21-26

任书杰，曹明奎，陶波，等. 2006. 陆地生态系统氮状态对碳循环的限制作用研究进展. 地理科学进展，25（4）：58-67

苏洁琼，李新荣，鲍婧婷. 2014. 施氮对荒漠化草原土壤理化性质及酶活性的影响. 应用生态学报，25（3）：664-670

唐双成. 2016. 海绵城市建设中小型绿色基础设施对雨洪径流的调控作用研究. 西安：西安理工大学博士学位论文

陶涛，颜合想，李树平，等. 2017. 城市雨水管理模型关键问题探讨（一）——汇流模型. 给水排水，43（3）：36-43

王理德，王方琳，郭春秀，等. 2016. 土壤酶学研究进展. 土壤，48（1）：12-21

吴兴海，李咏梅. 2017. 碳氮比对不同滤料反硝化滤池脱氮效果的影响. 环境工程学报，11（1），55-62

仵艳. 2016. 雨水花园对地下水的影响研究及模拟优化. 西安：西安理工大学硕士学位论文

邢瑶，马兴华. 2015. 氮素形态对植物生长影响的研究进展. 中国农业科技导报，17（2）：109-117
徐德福，李映雪，方华，等. 2013. 4 种湿地植物的生理性状对人工湿地床设计的影响. 农业环境科学学报，28（3）：587-591
徐宪根，周焱，阮宏华，等. 2009. 武夷山不同海拔高度土壤氮矿化对温度变化的响应. 生态学杂志，28（7）：1298-1302
杨红露，秦纪洪，孙辉. 2010. 冻融交替对土壤 CO_2 及 N_2O 释放效应的研究进展. 土壤，42（4）：525-526
杨丽琼. 2014. 生物滞留技术重金属净化机理与风险评估. 北京：北京建筑大学学位论文
张千千，李向全，王效科，等. 2014. 城市路面降雨径流污染特征及源解析的研究进展. 生态环境学报，23（2）：352-358
赵林森，王九龄. 1995. 杨槐混交林生长及土壤酶与肥力的相互关系. 北京林业大学学报，17（4）：1-8
赵晓红，赵亚乾，王文科，等. 2015. 人工湿地系统以铝污泥为基质的几个关键问题. 中国给水排水，391（11）：131-136
赵亚乾，杨永哲，Akintunde B，等. 2015. 以给水厂铝污泥为基质的人工湿地研发概述. 中国给水排水，31（11）：124-130
钟晓兰，李江涛，李小嘉，等. 2015. 模拟氮沉降增加条件下土壤团聚体对酶活性的影响. 生态学报，35（5）：1422-1433
周晓兵，张元明，陶冶，等. 2011. 古尔班通古特沙漠土壤酶活性和微生物量氮对模拟氮沉降的响应. 生态学报，31（12）：3340-3349
Ahiablame L M，Engel B A，Chaubey I. 2012. Effectiveness of low impact development practices：literature review and suggestions for future research. Water，Air，& Soil Pollution，223（7）：4253-4273
Ahmed Z T，Hand D W. 2014. Quantification of the adsorption capacity of fly ash. Industrial & Engineering Chemistry Research，53（17）：6985-6989
Al-Ameri M，Hatt B，Coustumer S L. 2018. Accumulation of heavy metals in stormwater bioretention media：a field study of temporal and spatial variation. Journal of Hydrology，567：721-731
Aoyama M，Nagumo T. 1996. Factors affecting microbial biomass and dehydrogenase activity in apple orchard soils with heavy metal accumulation. Soil Science and Plant Nutrition，42（4）：821-831
Bortoluzzi E C，Pérez C A S，Ardisson J D，et al. 2015. Occurrence of iron and aluminum sesquioxides and their implications for the P sorption in subtropical soils. Applied Clay Science，104：196-204
Castellano M J，Lewis D B，Kaye J P. 2013. Response of soil nitrogen retention to the interactive effects of soil texture，hydrology，and organic matter. Journal of Geophysical Research-Biogeosciences，118（1）：280-290
Cui L H，Ou-Yang Y，Gu W J，et al. 2013. Evaluation of nutrient removal efficiency and microbial enzyme activity in a baffled subsurface-flow constructed wetland system. Bioresource Technology，146：656-662
Davis A P，Shokouhian M，Sharma H，et al. 2001. Laboratory study of biological retention for urban stormwater management. Water Environment Research，73（1）：5-14
Davis A P，Shokouhian M，Sharma H，et al. 2006. Water quality improvement through bioretention media：nitrogen and phosphorus removal. Water Environment Research，78（3）：284-293
Dayton E A，Basta N T. 2001. Characterization of drinking water treatment residuals for use as a soil substitute. Water Environment Research，73（1）：52-57
Fatemi F R，Fernandez I J，Simon K S，et al. 2016. Nitrogen and phosphorus regulation of soil enzyme activities in acid forest soils. Soil Biology & Biochemistry，98：171-179

Flanagan K，Branchu P，Boudahmane L，et al. 2019. Retention and transport processes of particulate and dissolved micropollutants in stormwater biofilters treating road runoff. Science of The Total Environment，656：1178-1190

Holems W E，Zak D R. 1994. Soil microbial biomass dynamics and net nitrogen mineralization in northern hardwood ecosystems. Soil Science Society of America Journal，58（1）：238-243

Houdeshel C D，Hultine K R，Johnson N C，et al. 2015. Evaluation of three vegetation treatments in bioretention gardens in a semi-arid climate. Landscape and Urban Planning，135：62-72

Iqbal H，Garcia-Perez M，Flury M. 2015. Effect of biochar on leaching of organic carbon，nitrogen，and phosphorus from compost in bioretention systems. Science of the Total Environment，521-522：37-45

Jiang C B，Li J K，Li H E，et al. 2017. Field Performance of Bioretention Systems for Runoff Quantity Regulation and Pollutant Removal. Water，Air，and Soil Pollution，228（12）：468

Jones P S，Davis A P. 2013. Spatial accumulation and strength of affiliation of heavy metals in bioretention media. Journal of Environmental Engineering，4：479-487

Kadlec R H，Knight R L. 1996. Treatment Wetlands. Chelsea，MI：Lewis Publishers

Kadlec R H，Knight R L，Vymazal J，et al. 2000. IWA Scientific and Technical Report. London：IWA Publishing

Li L，Davis A P. 2014. Urban stormwater runoff nitrogen composition and fate in bioretention systems. Environment Science Technology，48（6）：3403-3410

Li Z G，Schneider R L，Morreale S J，et al. 2018. Woody organic amendments for retaining soil water，improving soil properties and enhancing plant growth in desertified soils of Ningxia，China. Geoderma，310：143-152

Lombi E，Stevens D P，Mc Laughlin M J. 2010. Effect of water treatment residuals on soil phosphorus，copper and aluminium availability and toxicity. Environmental Pollution，158（6）：2110-2116

Lucke T，Nichols P W B. 2015. The pollution removal and stormwater reduction performance of street-side bioretention basins after ten years in operation. Science of the Total Environment，536：784-792

Mangangka I R，Liu A，Egodawatta P，et al. 2015. Performance characterisation of a stormwater treatment bioretention basin. Journal of Environmental Management，150：173-178

Manka B N，Hathaway J M，Tirpak R A，et al. 2016. Driving forces of effluent nutrient variability in field scale bioretention. Ecological Engineering，94：622-628

Mann R A. 1997. Phosphorus adsorption and desorption characteristics of constructed wetland gravels and steelworks by-products. Australian Journal of Soil Research，35（2）：375-384

Martínez N B，Tejeda A，Toro A D，et al. 2018. Nitrogen removal in pilot-scale partially saturated vertical wetlands with and without an internal source of carbon. Science of The Total Environment，645：524-532

Marzadori C，Ciavatta C，Montecchio D，et al. 1996. Effects of lead pollution on different soil enzyme activities. Biology and Fertility of Soils，22（1-2）：53-58

Mehring A S，Hatt B E，Kraikittikun D，et al. 2016. Soil invertebrates in Australian rain gardens and their potential roles in storage and processing of nitrogen. Ecological Engineering，97：138-143

Payne E G I，Fletcher T D，Cook P L M，et al. 2014. Processes and drivers of nitrogen removal in stormwater biofiltration. Critical Reviews in Environmental Science and Technology，44：796-846

Read J，Wevill T，Fletcher T，et al. 2008. Variation among plant species in pollutant removal from storm water in biofiltration systems. Water Research，42（4-5）：893-902

Rycewicz-Borecki M，McLean J E，Dupont R R. 2017. Nitrogen and phosphorus mass balance，retention and uptake in six plant species grown in stormwater bioretention microcosms. Ecological Engineering，99：409-416

Saviozzi A，Biasci A，Riffaldi R，et al. 1999. Long-term effects of farmyard manure and sewage sludge or some soil biochemical characteristics. Biology and Fertility of Soils，30（1-2）：100-106

Singh J S，Raghubanshi A S，singh R S，et al. 1989. Microbial biomass acts as a source of plant nutrients in dry tropical forest and savanna. Nature，338（6215）：499-500

Siriwardene N R，Deletic A，Fletcher T D. 2007. Clogging of stormwater gravel infiltration systems and filters：Insights from a laboratory study. Water Research，41（7）：1433-1440

Sun Y W，Pomeroy C，Li Q Y，et al. 2019. Impacts of rainfall and catchment characteristics on bioretention cell performance. Water Science and Engineering，12（2）：98-107

Tedoldi D，Chebbo G，Pierlot D，et al. 2016. Impact of runoff infiltration on contaminant accumulation and transport in the soil/filter media of Sustainable Urban Drainage Systems：A literature review. Science of The Total Environment，569：904-926

Wang C，Yuan N，Pei Y. 2014. Effect of pH on metal lability in drinking water treatment residuals. Journal of Environmental Quality，43（1）：389-397

Wang J，Chua L H C，Shanahan P. 2019. Hydrological modeling and field validation of a bioretention basin. Journal of Environmental Management，240：149-159

Wu J，Cao X Y，Zhao J，et al. 2017. Performance of biofilter with a saturated zone for urban stormwater runoff pollution control：Influence of vegetation type and saturation time. Ecological Engineering，105：355-361

You Z Y，Zhang L，Pan S Y，et al. 2019. Performance evaluation of modified bioretention systems with alkaline solid wastes for enhanced nutrient removal from stormwater runoff. Water Research，161：61-73

第4章 低影响开发单体设施构型设计

低影响开发设施（LID）一般具有渗透、调节、储存、传输、截污、净化等几种主要功能。在实际工程应用中，需结合区域水文地质条件及水资源状况，以及经济指标分析，按照因地制宜和经济高效的原则选择适宜的LID技术及其组合方式。各类LID技术又包含若干不同形式的LID设施，如透水铺装、绿色屋顶、生物滞留池、下沉式绿地、雨水湿地、渗透塘、渗井、湿塘、干塘、蓄水池、调节塘、植草沟、渗管/渠、植被过滤带、雨水初期弃流设施等。LID措施的类型多样，由于其不同的结构、经济技术特点而适用于不同特征的区域，对径流水量及其污染控制效果上也有一定的差异，选用何种最经济、合理的LID措施来实现雨洪调控、雨水资源利用、水质净化等目标；如何对所选用的LID措施的各项要素进行设计，而其设计要素涉及设计目标、区域的降水序列、地形条件、土壤要素以及模型模拟等诸多因素。本章针对初步筛选的生物滞留改良填料，以不同组合方式搭建生物滞留中试系统，通过人工配水模拟试验，主要考虑降雨重现期、汇流比、填料组合方式（分层/混合）、淹没区的高度等参数，建立生物滞留系统设计的适宜方法。与此同时，根据住建部2014年颁布的《海绵城市建设技术指南——低影响开发雨水系统构建》（试行），结合西咸新区水文及地质资料，提出了钢筋混凝土渗滤池+玻璃钢管渗透井组合、砌体结构渗滤池+玻璃钢管渗透井组合和钢筋混凝土渗井结构三种渗井的结构形式，并进行渗井结构设计。

4.1 生物滞留池构型设计

4.1.1 中试装置简介

中试装置共十座（图4.1、图4.2），规格均为长2 m×宽0.5 m×深1.05 m，自上而下为安全超高15 cm、蓄水层高度15 cm、覆盖层5 cm、填料层70 cm、砾石层15 cm。底部设置穿孔排水管，直径为75 mm。填料组合形式包括混合和分层两种，1#和2#为对照组；3#～5#设置0、150、300 mm三个淹没区高度，进行不同淹没区高度对比；6#和7#、8#和9#分别进行混合和分层两种结构形式的对比，具体填料组成如表4.1所示。系统的搭建同样经过填料的预处理、过筛、混合，砖混构筑物砌筑、穿孔排水管布设，填料装填、植物栽种、铺设覆盖层、植物的生长及养护、预试验等过程。

表4.1 中试装置填料组成

编号	填料组成	编号	填料组成
1#	种植土	6#	BSM+10%WTR，分层
2#	BSM	7#	BSM+10%粉煤灰，混合
3#	BSM+10%WTR，混合	8#	BSM+10%粉煤灰，分层
4#	BSM+10%WTR，150 mm淹没区	9#	BSM+10%绿沸石，混合
5#	BSM+10%WTR，混合，300 mm淹没区	10#	BSM+5%椰糠，混合

注：BSM配比为30%种植土+65%沙+5%木屑；分层填料中，BSM在上层，改良剂在下层

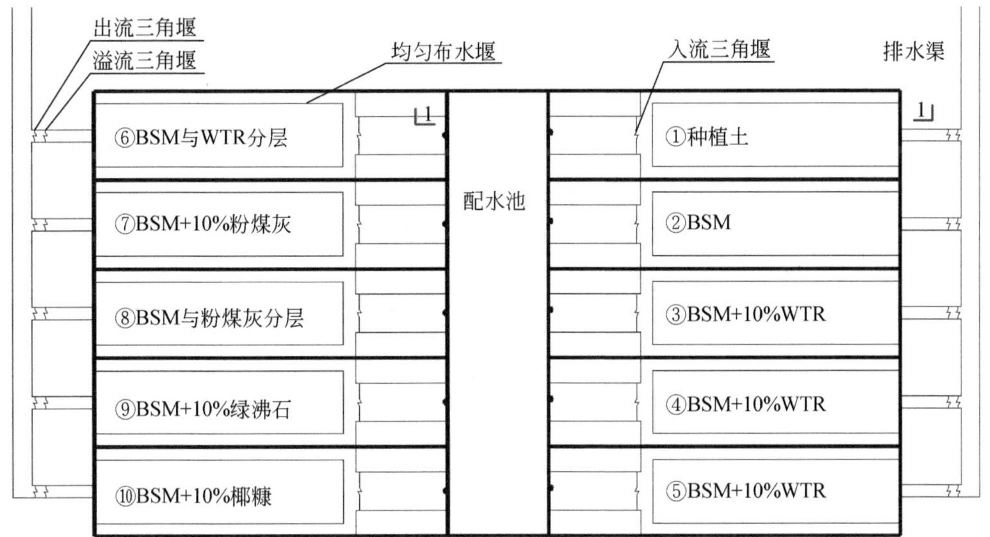

(a) 装置平面图

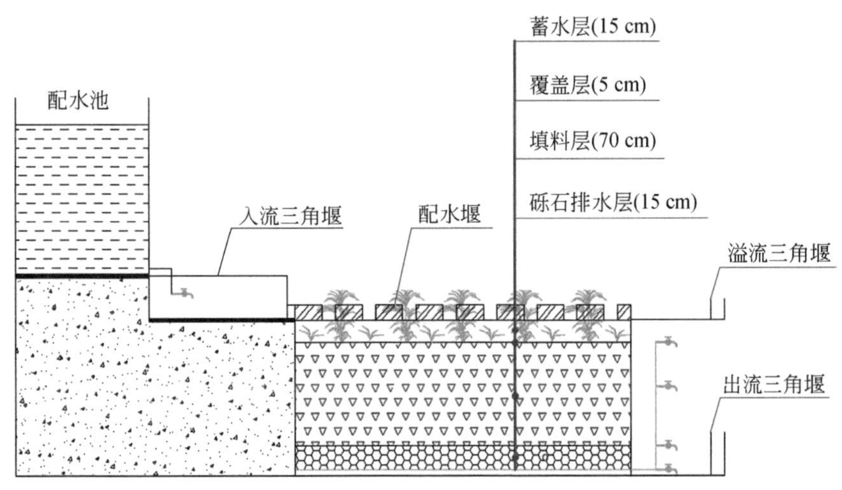

(b) 装置剖面图

图 4.1　中试装置结构

(a) 1#~5#装置　　(b) 6#~10#装置

图 4.2　中试装置现场照片

4.1.2 试验方案设计

针对初步筛选的生物滞留改良填料，同时考虑植物生长较好且普遍采用的生物滞留填料（BSM+5%椰糠，质量比）以不同组合方式搭建生物滞留中试系统，根据本课题组前期对西安市地面雨水水量、水质特点，进行模拟人工配水试验，监测生物滞留中试装置在不同工况下的运行效果，主要对重现期、汇流比、填料组合方式（分层/混合）、淹没区的高度等参数进行设计。模拟配水试验方案同小试第一阶段，针对10座中试尺度生物滞留池，考虑降雨强度、汇流比和入流污染物浓度共9场次正交试验（表4.2）。

表4.2 中试系统试验安排

编号（日期）	降雨量/mm，因素A（水平1, 2, 3）	汇流比，因素B（水平1, 2, 3）	入流水量/L	入流浓度 因素C（水平1, 2, 3）	试验工况
0（2017-08-01）	11.47（A_1）	10（B_1）	114.8	高（C_1）	$A_1B_1C_1$
1（2017-08-07）	11.47（A_1）	15（B_2）	172.2	中（C_2）	$A_1B_2C_2$
2（2017-08-13）	11.47（A_1）	20（B_3）	229.5	低（C_3）	$A_1B_3C_3$
3（2017-08-19）	23.88（A_2）	10（B_1）	238.9	中（C_2）	$A_2B_1C_2$
4（2017-08-25）	23.88（A_2）	15（B_2）	358.3	低（C_3）	$A_2B_2C_3$
5（2017-08-31）	23.88（A_2）	20（B_3）	477.8	高（C_1）	$A_2B_3C_1$
6（2017-09-06）	27.51（A_3）	10（B_1）	275.2	低（C_3）	$A_3B_1C_3$
7（2017-09-12）	27.51（A_3）	15（B_2）	412.8	高（C_1）	$A_3B_2C_1$
8（2017-09-18）	27.51（A_3）	20（B_3）	550.4	中（C_2）	$A_3B_3C_2$
9（2017-09-24）	11.47（A_1）	10（B_1）	114.8	高（C_1）	$A_1B_1C_1$

注：汇流比为汇水面积/设施表面积；水平1, 2, 3对应表2.5中各因素第一阶段的三个水平

4.1.3 生物滞留系统水力特性

下渗率是生物滞留池径流调控效果的关键设计参数之一。Sun 等（2011）分析了生物滞留池设计要素，其中原状土的渗透性和暗渠排水管尺寸是其最敏感的两个设计参数。土壤质地、填料疏水性和含水量是影响水力传导性的重要因素（Wang et al.，2019；Baek et al.，2017）。生物滞留中试系统蓄水层高度均为15 cm，向装置内注水至溢流口处（尽量缩短进水时间），观测水位随时间的变化。对渗透过程趋于稳定的过程进行线性拟合，斜率所代表的渗透能力即代表生物滞留系统水分饱和状态下的渗透能力。中试系统稳定入渗率如图4.3所示。模拟十座生物滞留系统降雨过程，共90个渗透情景，其中8个情景中出现溢出，38个情景表现出不同程度的积水。

土壤入渗能力常用土壤入渗率和一定时段的累积入渗量来表示。在入渗初始阶段，土壤入渗率较大，随着时间的延续，入渗率逐渐减小，并趋于稳定，此时的入渗率称为稳定入渗率（K_s）。当 K_s 小于降雨强度时，生物滞留池表面出现积水。当积水量超过设施表层蓄水量，则会发生溢流。Trowsdale 等（2011）建设监测一座200 m^2 的生物滞留池，自上而下分别为220 mm 蓄水层、50 mm 覆盖层、300～400 mm 表层土、600～700 mm 下层土

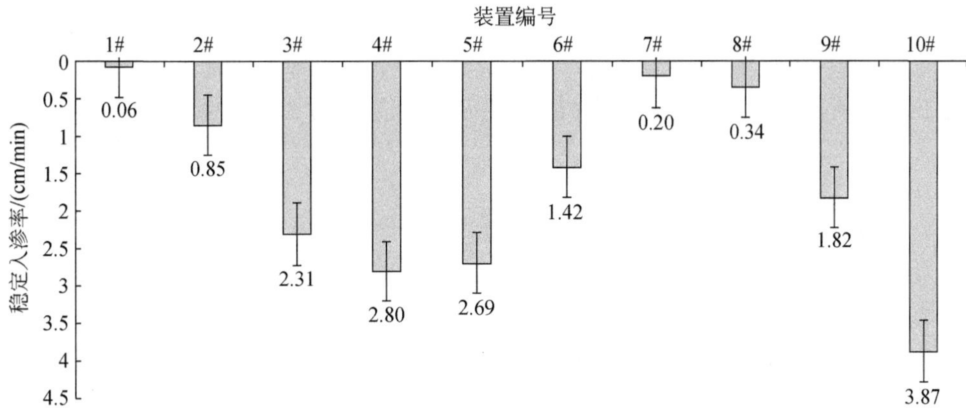

图 4.3　1#～10#生物滞留池稳定入渗率

壤、150 mm 粗砂（55%粒径＞2 mm，质量比）。监测的 12 场降雨事件中有 10 场次出现了溢流，水量削减率为 14%～100%（均值为 41%）。本研究中，最大积水深度大于 15 cm 时系统出现溢流。以 A、B、C 分别代表降雨量、汇流比和入流浓度三个因素，水平 1～3 对应表 4.2 中各因素第一阶段的三个水平。种植土为填料的生物滞留池溢流情景为：$A_2B_2C_3$、$A_2B_3C_1$、$A_3B_1C_3$、$A_3B_2C_1$ 和 $A_3B_3C_2$。以 BSM+10%粉煤灰为填料的生物滞留池溢流情景为：$A_2B_3C_1$、$A_3B_2C_1$ 和 $A_3B_3C_2$。因此，水量调控效果表明：两年一遇设计重现期下，纯种植土生物滞留池汇流比应控制在 15∶1 以下，BSM+10%粉煤灰应控制在 20∶1 以下；三年一遇设计重现期下，BSM+10%粉煤灰应控制在 15∶1 以下，其他填料 20∶1 的汇流比下均不会出现溢出。水量调控效果如表 4.3 所示。

表 4.3　水量调控效果

编号	h/cm	R_o/%	$R_{retention}$/%	R_p/%
1#	＞15	29.4%～66.3%（40.7%）	30.4%～51.4%（42.4%）	88.0%～96.9%（93.6%）
2#	10	65.7%～96.8%（76.4%）	13.2%～34.3%（24.3%）	47.7%～66.1%（59.2%）
3#	5	47.9%～72.2%（59.0%）	27.9%～52.2%（41.0%）	58.1%～74.6%（66.6%）
4#	2	60.2%～83.9%（66.9%）	16.1%～39.8%（33.1%）	48.5%～71.4%（62.9%）
5#	3	45.2%～89.2%（68.0%）	10.8%～54.8%（32.0%）	23.7%～80.2%（56.8%）
6#	5	42.7%～80.7%（65.4%）	19.3%～57.4%（34.6%）	50.6%～78.2%（67.2%）
7#	＞15	43.4%～86.3%（68.5%）	13.8%～56.6%（30.1%）	78.1%～92.9%（86.5%）
8#	7	46.7%～83.7%（72.6%）	16.3%～53.3%（27.4%）	33.2%～73.7%（66.8%）
9#	2	54.9%～89.8%（80.1%）	10.2%～45.2%（19.9%）	32.7%～66.8%（52.8%）
10#	0	48.4%～86.8%（69.1%）	13.2%～51.6%（30.9%）	41.0%～71.7%（57.6%）

注：h 为最大积水深度；削减率显示最小值～最大值（中位数）；R_o，$R_{retention}$，R_p 分别为出流率、水量削减率和峰流量削减率，%

当渗滤技术用于处理径流雨水进行地下水补给时，渗透系数一般不小于 1×10^{-6} m/s；当渗滤技术用于处理径流雨水进行回用时，渗透系数不小于 1×10^{-5} m/s（车伍和李俊奇，

2006）。但是，渗透能力的增大使得填料介质与径流雨水的接触时间缩短，也可能导致污染物随径流雨水的浸出。装置刚建成时，有可能存在一定的边壁流或局部优先流，使得其有较高的下渗速率。实验结果表明：本研究中原状土入渗能力相对最小，改良填料稳定入渗率是原状土的 3.25～62.78 倍。改良填料持水能力均略低于原状土，是生物滞留传统填料的 0.84～1.73 倍，大多数高于生物滞留传统填料。1#和 7#生物滞留池峰流量削减率明显较高，分别在 86.52%～93.62%，但会形成明显积水。其他生物滞留池峰流量控制率在 60%左右。保水能力中位数排序为：1#＞3#＞6#＞4#＞5#＞10#＞7#＞8#＞2#＞9#，改良填料保水能力中位数是原状土的 0.47～0.97，均略低于原状土，是生物滞留传统填料的 0.84～1.73 倍，大多数高于生物滞留传统填料。

4.1.4 不同设计条件下综合污染物负荷削减率变化

本节定量分析在不同降雨重现期、汇流比和流入浓度下，对生物滞留池污染物负荷削减率的影响。除出现淋溶现象的 10#（BSM+5%椰糠，质量比）生物滞留系统外，分别以降雨重现期、汇流比和流入浓度为自变量，生物滞留设施（1#～9#）负荷削减率平均值为因变量，研究影响因素对设施负荷削减率的影响。不同设计条件下污染物负荷削减率如表 4.4 所示，污染物负荷削减率与影响因素关系如图 4.4 所示。十座中试系统中，种植土（1#）和 BSM+粉煤灰（7#）的生物滞留池出现溢流现象。1#生物滞留池氮素出流负荷与溢流负荷相当，均占入流负荷的 19.7%左右，其氮素污染物负荷削减率相对较低。#7 生物滞留池氮素出流负荷与溢流负荷分别占入流负荷的 17.1%和 9.5%。BSM+椰糠的生物滞留池（10#）由于淋洗导致较低的浓度去除率、负荷削减率也较低。生物滞留池改良填料中（3#～10#），以 WTR 和粉煤灰为改良剂的分层填料结构（6#和 8#）对 COD 负荷削减率相对最高，分别为 69.1%和 73.1%。以 WTR 和粉煤灰为改良剂的改良填料（3#～8#）对重金属负荷削减率较高，平均值基本在 75%以上。

表 4.4 污染物负荷削减率（平均值±标准偏差） 单位：%

序号	TN	NO_3-N	NH_3-N	COD	Cu	Zn	Cd	TP
1#	65.7±11.1	62.5±8.6	74.3±16.7	69.6±12.1	81.7±16.2	82.1±11.2	90.7±7.0	85.1±14.0
2#	73.2±12.6	73.0±12.0	81.3±7.5	66.1±10.4	71.4±19.8	80.7±11.3	80.1±11.1	95.5±1.7
3#	75.1±8.3	72.6±8.3	83.71±7.5	66.7±9.9	78.1±15.2	87.9±8.6	80.3±13.8	97.7±1.5
4#	74.7±9.0	71.9±11.0	82.4±8.0	63.5±14.2	75.7±15.5	83.3±15.2	80.6±11.8	95.0±4.3
5#	75.0±13.5	72.3±16.7	81.1±10.7	60.7±15.2	80.4±8.6	85.5±8.4	80.6±9.0	95.8±4.8
6#	76.1±9.8	70.8±11.6	85.8±8.6	69.1±13.9	75.5±13.8	85.2±10.4	83.7±7.5	97.4±0.9
7#	79.5±12.5	77.9±12.5	81.8±10.9	67.3±11.5	75.3±17.1	78.9±19.4	81.5±12.2	84.7±10.8
8#	78.5±10.5	76.0±10.8	81.1±9.5	73.1±12.0	76.3±14.9	85.2±10.6	79.9±10.1	92.1±2.7
9#	68.9±12.1	63.5±13.2	77.4±10.2	57.9±15.6	69.3±22.5	79.7±17.3	75.4±12.3	94.1±2.8
10#	29.0±38.2	17.7±46.5	75.0±10.8	55.6±19.8	63.6±20.5	70.1±20.8	75.5±11.6	86.1±2.6

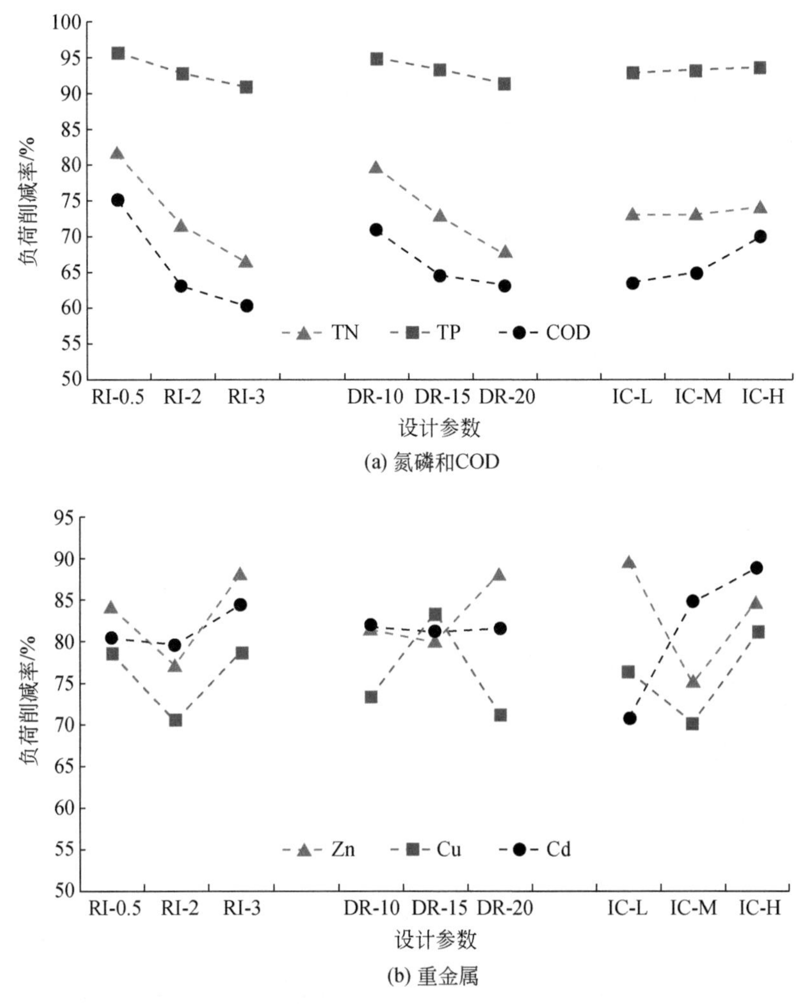

图 4.4　不同设计条件下污染物负荷削减率

注：RI 为设计重现期，DR 为汇流面积比，IC 为入流污染物浓度

总体而言，TN、TP、COD 负荷削减随重现期和汇流比增大而减小，随入流浓度的增加而增大；重金属镉负荷削减随重现期、汇流比、入流浓度的增大而增大；随着运行工况的改变，锌和铜没有一定的规律性。研究发现，由于水量的削减，使得生物滞留池污染物负荷削减率高于浓度去除率（Davis，2007；Debusk and Wynn，2011）。当设计重现期从 0.5 年增加到 3 年时，TN 负荷削减率减少约 15%，当汇流比从 10∶1 到 20∶1 时，TN 负荷减少率下降约 12%。当流入浓度改变时，TN 负荷削减率不明显。当设计重现期从 0.5 年增加到 3 年，或汇流比从 10∶1 增加到 20∶1 时，纯种植土为填料的生物滞留池总磷负荷削减率下降约 20%，以 BSM+10%粉煤灰为填料的生物滞留池总磷负荷削减率下降 15%左右；入流浓度发生变化时，1#总磷负荷削减率减少约 20%，7#减少约 5%；当 3 个影响因素改变时，除 1#和 7#以外的其他生物滞留池，总磷负荷削减率的变化不显著。孔隙空间和疏松结构使水分快速流过生物滞留池，从而减少了填料与雨水径流的接触时间，降低了 10#生物滞留池（BSM+5%椰糠）的净化效果。1#生物滞留池（纯种植土）的负荷削减率受填料吸附能力和溢出事件的影响。与此同时，高重现期、大汇流面积与高入流浓度来水时，系

统更容易堵塞。

4.1.5 基于水量平衡法的生物滞留池关键参数计算

生物滞留设施的位置和形式，应根据设施控制目标、场地条件和景观要求等因素确定。生物滞留设施按构造不同，分为简易型生物滞留设施和复杂型生物滞留设施（图 4.5）。中试系统设计指标如表 4.5 所示。雨水花园一般承接屋面雨水，水质较为干净，可选择原状土或生物滞留传统填料（BSM，50%沙+30%土+20%木屑，体积比）为填料。生物滞留带一般承接路面雨水，水质较差可选择 BSM+10%WTR、BSM+10%粉煤灰（质量比）的混合填料，或 60 cm BSM+10 cm 粉煤灰，60 cm BSM+10 cm WTR 的分层填料。

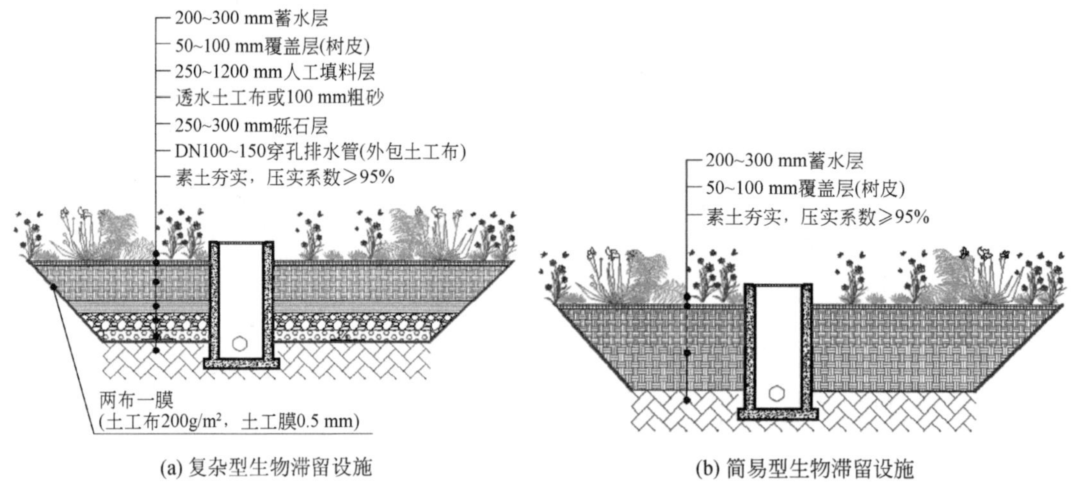

(a) 复杂型生物滞留设施　　(b) 简易型生物滞留设施

图 4.5　生物滞留系统构型

表 4.5　生物滞留池中试系统设计指标

指标	FAWB	1#	2#	3#	4#	5#	6#	7#	8#	9#	10#
K/（m/d）	2.4～7.2	0.89	12.22	33.25	40.32	38.79	20.39	2.88[a]	4.95[a]	26.24	55.75
TN/（mg/kg）	＜1000	450[a]	790[a]	620[a]	620[a]	620[a]	620[a]	820[a]	820[a]	470[a]	2460
OM/%	3～5	1.52	1.19	4.36[a]	4.36[a]	4.36[a]	4.36[a]	3.79[a]	3.79[a]	3.27[a]	9.13
PO_4^{3-}/（mg/kg）	＜80	120	43.08[a]	51.77[a]	51.77[a]	51.77[a]	51.77[a]	13.88[a]	13.88[a]	40.77[a]	63.50[a]

a 表示该值在 FAWB 的建议范围内；*K* 为水力传导度

1. 简易型生物滞留设施系统规模

简单型生物滞留池主要构型参数为下凹深度（蓄水层深度），Jia 等（2016）建立了一个简单模型来设计简单型生物滞留池蓄水层高度（ponding depth，PD），并可以预测溢流时间、历时和溢流水量，主要包括三步（i～iii）。经过实测数据的验证，结果表明，该方法是快速选择或评估设计方案的实用工具，其中包括雨水花园或其他渗透型绿色基础设施的关键水文参数。蓄水层高度一般设计为 200～300 mm，综合考虑汇水面积、土壤渗透系数等，计算满足降雨强度要求的设计方案。以西安地区为例，两年设计重现期，降雨历时 60 min 情况下，降雨强度为 i=0.398 mm/min；汇流面积比为 10%时，生物滞留设施承受的总雨强 I' 为 4.378 mm/（min • m^2）。实测土壤渗透系数为 0.618 mm/min，设施最大表面积水深度

（h）为 226 mm。

（1）收集地区降雨资料，确定 IDF（intensity-duration-frequency）曲线：

$$i = \frac{16.715 \times (1 + 1.1658 \lg P)}{(t + 16.813)^{0.9302}} \tag{4.1}$$

（2）调查汇流区的总面积（A）以及可利用修建雨水花园渗透区的面积（A_R），得到最小汇流面积比（$DR=A/A_R$），考虑汇流区域上的雨强和自身承受的总雨强，生物滞留设施承受的总雨强（T_i）：

$$T_i = (A+1) \times i \tag{4.2}$$

（3）确定生物滞留设施稳定下渗率（K_s），通过总雨强和稳定下渗率计算设施积水深度和积水时长，降雨历时内设施表面最大积水深度即为生物滞留设施设计蓄水深度（PD）。

$$PD = (T_i - K_s) \times t = [(A+1) \times i - K_s] \times t \tag{4.3}$$

一方面，上述模型假定生物滞留系统入渗率为稳定入渗率，建立积水深度与降雨强度，土壤下渗率和降雨历时之间的关系。实际条件下，径流雨水在生物滞留设施中的下渗经过湿润、渗漏、饱和三个阶段。研究表明：随土壤初始含水率的增大，土壤初始入渗率减小，入渗趋于稳定所需时间缩短，累积入渗量和稳定入渗率增大（刘目兴等，2012）。另一方面，此模型未考虑雨型对入渗过程的影响，也会对计算结果增加不确定性。与此同时，径流雨水进入生物滞留设施之前的汇流过程被忽略。但作为简单型生物滞留设施的设计方法之一，该方法是一种下凹深度（蓄水层高度）设计、溢流量及溢流时间估算的简单有效方法。当对生物滞留设施对径流雨水调控效能有特殊要求时，可通过填料改良和结构设计的改变，构建复杂型生物滞留池提高设施运行效果。

雨型设计方面，有历史降雨雨型资料的，采用基于当地历史降雨数据的统计雨型进行雨型设计，缺少历史降雨雨型资料的，可以采用典型实测暴雨同频率同倍率放大的方式，同时可采用国内外现有的常用雨型，如美国的 SCS 雨型和芝加哥雨型等（Keifer 和 Chu 雨型）。本研究中入流过程采用西安市 1961～2014 年历时 60 min PC 设计暴雨雨型（Pilgrim & Cordery 法）。以 PD＜15 cm，t＜20 min 的原则推荐的设计重现期和汇流比如表 4.6 所示。

表 4.6　不同填料推荐汇流比

填料	设计降雨条件（雨型&重现期）					
	PC 雨型雨强			恒定雨强		
	0.5 年	2 年	3 年	0.5 年	2 年	3 年
种植土	≤15	≤5	≤5	≤15	≤5	≤5
BSM	≤20	≤15	≤15	≤20	≤20	≤20
BSM+10%WTR 混合	≤20	≤20	≤20	≤20	≤20	≤20
BSM+10%WTR 分层	≤20	≤20	≤20	≤20	≤20	≤20
BSM+10%粉煤灰混合	≤20	≤10	≤10	≤20	≤15	≤10
BSM+10%粉煤灰分层	≤20	≤10	≤5	≤20	≤10	≤10

2. 复杂型生物滞留设施系统规模

复杂型生物滞留池关键设计参数包括设施表面积、填料种类及其组合方式、穿孔排水管等附属设施的设计等。现有单体生物滞留设施规模的设计方法主要有：完全水量平衡体积削减法，部分水量平衡洪峰削减法和目标污染物削减法等（王文亮等，2014）。以体积削减为目标进行设计时，应对设施的渗滤能力、蓄水层植物影响、填料空隙储水能力等因素加以考虑，同时，为增大系统的渗透能力和空隙储水能力，可将种植土以下的土层使用入渗速率较大、净化效果较好的人工填料代替；以污染物削减为目标时，可在土壤和填料中添加能有针对性的去除目标污染物的物质。当以洪峰削减为目标时，可增大蓄水层高度，并选用渗透系数较大的生物滞留填料。

$$A_{\mathrm{f}}=\frac{10DF\psi\beta}{k_{\mathrm{m}}t+d_{\mathrm{bc}}n_{\mathrm{r}}+d_{\mathrm{p}}(1-n_{\mathrm{z}})} \tag{4.4}$$

$$A_{\mathrm{f}}=\frac{A_{\mathrm{d}}\cdot H\cdot\varphi\cdot d_{\mathrm{f}}}{60\cdot K\cdot T(d_{\mathrm{f}}+h)+n\cdot d_{\mathrm{f}}^{2}} \tag{4.5}$$

$$A_{\mathrm{f}}=\frac{Q}{-K_{20}\cdot g\cdot T\cdot(h_{\max}\cdot f_{\mathrm{v}}+n\cdot d_{\mathrm{f}})}\cdot\ln\frac{C_{0}-C'}{C_{\mathrm{e}}-C'} \tag{4.6}$$

式中，A_{f}为生物滞留池表面积，m^2；D为设施单位面积调蓄深度，mm，可按年径流总量控制率对应的单位面积调蓄深度计算；F 为汇水面积，hm^2；ψ为径流系数；β为安全系数，一般取 1.1～1.5；V为调蓄容积，m^3；k_{m}为土壤入渗率，mm/h；d_{bc}为生物滞留设施填料层和砾石层的总厚度，mm；n_{r}为种植层和砾石层平均孔隙率；d_{p}为生物滞留设施表面蓄水层高度，mm；n_{z}为植被横截面积占蓄水层表面积的百分比；T 为计算时间，min，常按一场雨 120 min 计算。

各设计方法自身存在一定的优缺点，需根据研究区域历史资料及实测加以选择。由于部分水量平衡洪峰削减法需计算削减的峰值流量所对应的径流总体积、设计所需的峰值流量及峰滞时间等数值缺乏统计数据，难以确定。控制目标污染物的方法中，污染物去除速率常数与温度、污染物种类及浓度、降雨强度等多因素有关，因此使用一级动力学公式计算生物滞留设施表面积具有较大的不确定性。《城镇雨水调蓄工程技术规范》（GB 51174—2017）采用完全水量平衡体积削减法进行生物滞留设施表面积设计。其中，对于源头雨水调蓄工程，单位面积调蓄深度可按年径流总量控制率对应的单位面积调蓄深度进行计算，分流制排水系统径流污染控制的雨水调蓄工程一般取 4～8 mm。综合比选后，本研究采用完全水量平衡法估算生物滞留单体设施设计规模，根据西安市暴雨强度公式，重现期P=2年，降雨历时t=60 min 时，计算对应的单位面积降雨量，所得调蓄深度为 23.9 mm，调蓄容积（V）计算如式（4.7）所示。以 1 hm^2（10000 m^2）汇流面积、径流系数 0.9、安全系数取 1.5 为例，种植土、BSM 以及四种改良填料生物滞留设施表面积计算结果如表 4.7 所示。

$$V=10DF\psi\beta=10\times23.9\times1\times0.9\times1.5=322.7\ \mathrm{m}^{3} \tag{4.7}$$

表 4.7　改良填料生物滞留设施表面积计算结果

编号	设施	$k_{\mathrm{m}}\times t$	$d_{\mathrm{bc}}\times n_{\mathrm{r}}$	$d_{\mathrm{p}}\times(1-n_{\mathrm{z}})$	A_{f}
1	种植土	0.037	=0.7×n（种植土）=0.308	0.16	639.0
2	BSM	0.509	=0.7×n（BSM）=0.294	0.16	335.1
3	BSM+10%WTR 混合	1.385	=0.7×n（BSM+WTR）=0.280	0.16	176.8
4	BSM+10%WTR 分层	0.850	=0.63×n（BSM）+0.07×n（WTR）=0.272	0.16	251.7

续表

编号	设施	$k_m \times t$	$d_{bc} \times n_r$	$d_p \times (1-n_z)$	A_f
5	BSM+10%粉煤灰混合	0.120	=0.7×n（BSM+粉煤灰）=0.322	0.16	536.0
6	BSM+10%粉煤灰分层	0.206	=0.63×n（BSM）+0.07×n（粉煤灰）=0.321	0.16	469.7

注：k_m 为土壤入渗率，mm/h；d_{bc} 为生物滞留设施种植土和砾石层的总厚度，mm；n_r 为植被及种植层和砾石层平均孔隙率；d_p 为生物滞留设施表面蓄水层厚度，mm；n_z 为植被横截面积占蓄水层表面积的百分比

计算得出 6 种填料的汇流面积比为：15∶1～56∶1。算例中 k_m 为新建中试系统的稳定入渗率，可能受边壁流或优先流的影响，测量的入渗速率偏大。较大的水力负荷和污染负荷，也可能使系统更容易堵塞，随着系统的运行渗透速率下降。优先流是土壤中水分运动和溶质运移的一种常见且重要的形式，其分类主要包括：大孔隙流（macropore flow）、环绕流（bypass flow）、管流（pipe flow）、漏斗流（funnel flow）、指流（finger flow）、非饱和重力流（gravity-driven unstable flow）、异质流（heterogeneity-driven flow）等。优先流的产生与土壤中存在的裂隙、大孔隙以及土壤非均质性等因素有关。研究表明，生物滞留设施存在明显的优先流现象，主要表现在流动时间短，有效蓄水空间小于设计值，以及对水质净化能力的影响（唐双成等，2015）。生物滞留系统中的孔隙空间和松散的结构使得径流雨水快速通过填料，减少了雨水径流与填料的接触时间降低其运行效果。植物种类的选择可能对渗透率的降低速率有显著影响，因此，栽种合适的植物可通过限制绕过系统的水量来间接增加处理的负荷（Coustumer et al.，2012）。在大的水力负荷作用下，细颗粒更容易向下迁移，造成系统堵塞，降低下渗速率。造成系统填料孔隙堵塞的原因主要有：悬浮物截留、吸附堵塞、化学沉淀堵塞、系统填料崩解堵塞以及微生物的生长造成的堵塞等。壤性土和砂性土的颗粒粒径较大，孔隙率较大，径流中的颗粒态污染物、化学反应沉淀物、微生物代谢产物等在填料中积累而造成孔隙减小，过程较缓慢；对于黏土含量高、有效孔隙率小的填料，上述物质在填料颗粒表面的聚集非常快，由此会导致土壤渗透速率迅速降低。

4.2 人工雨水渗井结构设计

针对目前雨水处理系统存在的以下两个问题开展雨水渗井结构设计：①地下管网不健全，排水不通畅；受地形限制，排水无出路；②渗井结构形式及其稳定性、梁受力及配筋计算、不同结构形式渗井适用条件等方面研究缺乏，这对湿陷性黄土地区尤为重要。本节在传统渗井结构设计的基础之上，针对其局限性问题，综合考虑陕西水文地质条件，提出了适合陕西地区的雨水排储系统和更加经济、更加行之有效的渗井结构形式。

钢筋混凝土滤料池+多个玻璃钢管组合渗井结构形式。该渗井结构形式为钢筋混凝土滤料池与玻璃钢管组合结构形式，如图 4.6 所示，具体实施时，将玻璃钢管埋深至砂层处，并在玻璃钢管上部设置混凝土垫层，在垫层上部设置混凝土结构作为滤料池。这种方法的优缺点是，滤料换填方便；不受地域及环境影响；玻璃钢管强度高、耐久性好、自重轻；经过下渗水的多层过滤后，可以有效保证对地下水的补充且无污染。对于流量大的区域，其水流汇流面积较大，内力分布复杂，采用整体性较好的钢筋混凝土结构可以有效保证结构的稳定性及安全，所以采用钢筋混凝土滤料池+多个玻璃钢管组合渗井结构，可以最大限

度地实现了雨水在城市区域的积存、渗透和净化功能，促进雨水资源利用和生态环境保护，重点解决城市建设中的水环境、水生态和内涝问题。

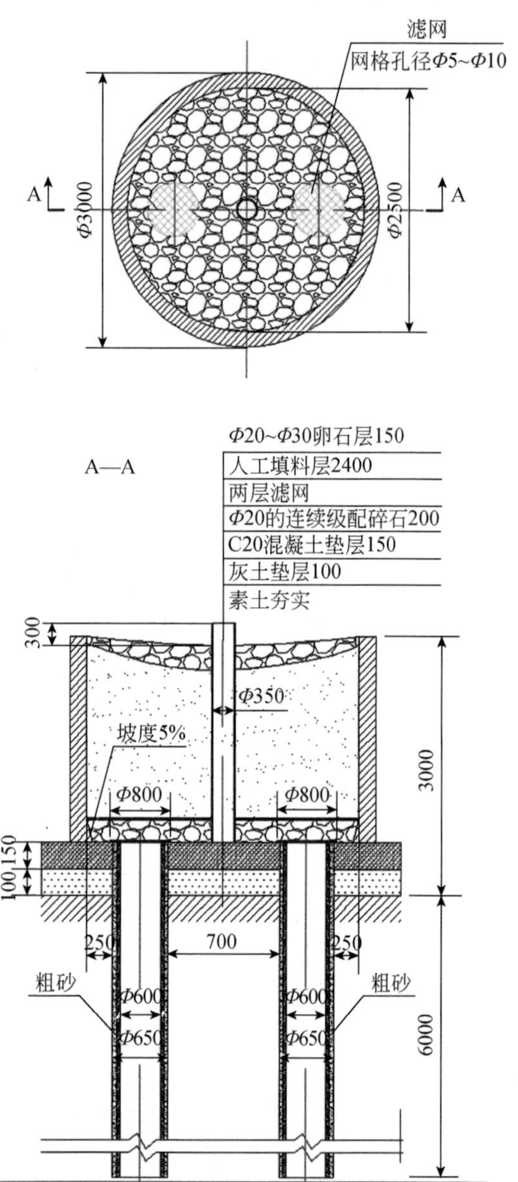

技术要求：

1. 人工开发至井底标高后，先进行素土夯实，夯实系数0.94；
2. 渗井采用圆形钢筋混凝土池+双玻璃钢管组合结构形式，池壁及池底采用C30混凝土，配筋为双排Φ14@150，具体构造要求参见05S804图集。
3. 渗井采用玻璃钢圆管，壁厚15 mm，打入砂层部分管壁开孔，开孔率5%~8%，孔径15～20 mm。
4. 玻璃钢管沉管后外侧有缝隙的地方填筑粒径不小于0.5 mm的米石，每填100厚压实一次，压实系数不得小于0.95。
5. 级配碎石与人工填料层之间铺设两层密实钢丝网片，孔径不大于5目。
6. 渗井中部插入DN350的PE取水管，取水管伸入碎石垫层200 mm的部位开三排10 mm的圆孔，开孔率5%，碎石垫层以上200 mm的部位开双排20 mm的圆孔，开孔率8%。
7. 玻璃钢管需伸入中砂层≥0.5 m，距地下水最高水位＞1 m。
8. 井口用钢筋网片覆盖，并在钢筋网片之上加一层间距为2 cm的钢丝筛网。
9. 混凝土垫层底板做柔性防水3道。

图 4.6　钢筋混凝土滤料池+多个玻璃钢管组合渗井结构形式（单位：mm）

砌体结构滤料池+单玻璃钢管组合渗井结构形式。砌体结构滤料池+单玻璃钢管组合渗井结构形式，思路与第一种渗井类似，如图 4.7 所示，由砌体结构滤料池与单玻璃钢管组合而成，通过前期地质勘探，在建设区域，将玻璃钢管向下钻孔至砂层，在玻璃钢管上部附近设置混凝土垫层，上部采用砌体结构作为渗井结构滤料池。

对于流量小的区域采用砌体结构，在保证其安全稳定性的基础上，方便施工，降低造价，适用砌体结构滤料池+单玻璃钢管组合渗井结构形式。这种方式的优点是，过滤层换填方便；不受地域及环境影响；玻璃钢管强度高、耐久性好、自重轻；经过下渗水的多层过

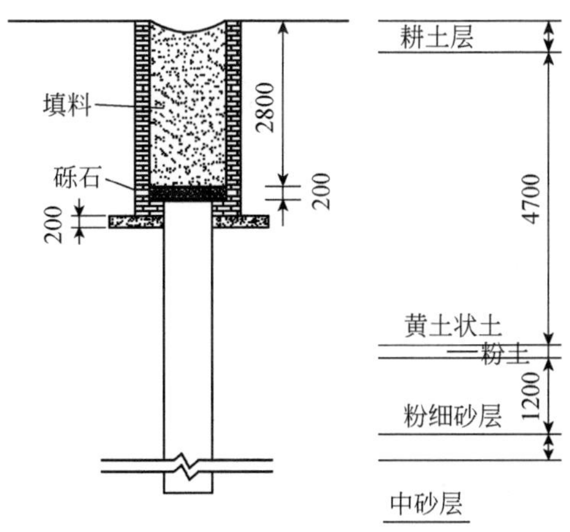

图 4.7　砌体结构滤料池+单玻璃钢管组合渗井结构形式（单位：mm）

滤后，可以有效保证对地下水的补充且无污染。最大限度地实现了雨水在城市区域的积存、渗透和净化功能，促进雨水资源利用和生态环境保护，重点解决城市建设中的水环境、水生态和内涝问题。

钢筋混凝土预制管渗井结构形式。钢筋混凝土预制管渗井结构是由一系列单位高度的钢管组合而成，如图 4.8 所示。通过管底及最下端管壁渗水，通过地质勘察，将钢筋混凝土管放置至地下砂层，将先预制好的混凝土管搭接，在距砂层一米下开孔，促进渗透速度。

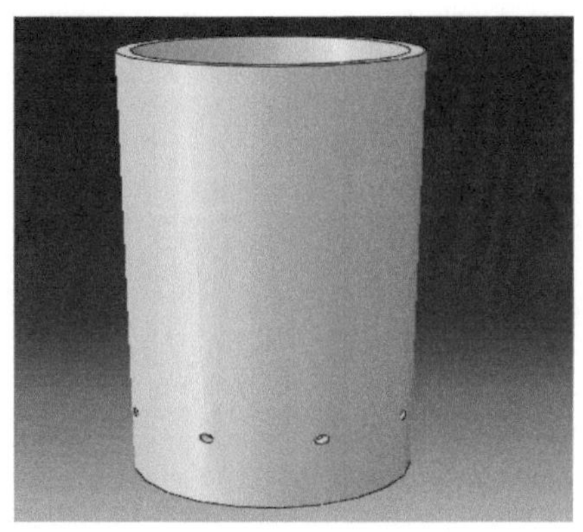

图 4.8　钢筋混凝土预制管渗井结构

这种方式的优点是，不受地域及环境的影响，经过下渗水的多层过滤后，可以有效保证对地下水的补充且无污染。最大限度地实现了雨水在城市区域的积存、渗透和净化功能，促进雨水资源利用和生态环境保护，重点解决城市建设中的水环境、水生态和内涝问题。缺点是它的自重较大，且结构安全与渗井侧壁开孔数量及大小密切相关，但在这方面还缺乏相应的资料及数据。故在以下说明中将对其进行重点研究。

4.2.1　钢筋混凝土预制管渗井结构计算方案及荷载

1. 计算方案

为了更加全面地反映渗井结构在不同地质及施工条件下的安全性及稳定性，本次研究选用以下方面作为考虑因素进行分析。

（1）钢筋混凝土预制管壁厚

根据设计及施工经验，钢筋混凝土预制管壁厚选取 150 mm 和 200 mm 两种。

（2）钢筋混凝土预制管深度

由于实际施工工程受到地质勘探结果影响，考虑到不同砂层的深度设置对应渗滤池不同深度，结合西安地区地质条件，本次研究分别选取 3 m、6 m、9 m 三种深度条件进行分析。

（3）钢筋混凝土预制管直径

为了能够适用满足不同地区对渗井结构的渗水量的要求，分别选取 1 m、2 m、3 m 不同直径进行分析。

（4）钢筋混凝土预制管开孔率

考虑到渗井结构下部开孔有利于快速渗水，该计算方案建立一层 4 孔、一层 8 孔、一层 16 孔、二层 4 孔、二层 8 孔、二层 16 孔、三层 4 孔、三层 8 孔、三层 16 孔 9 种布孔方式，且均为均匀对称布置，开孔直径为 100 mm。

综上所述，共考虑下列 18 种工况，且每种工况下，均对不同布孔形式进行分类分析，共计对 162 种不同结构形式进行了分析，如表 4.8 所示。

表 4.8　计算工况表

序号	壁厚/m		深度/m			直径/m		
	0.15	0.2	3	6	9	1	2	3
工况 1	√		√			√		
工况 2		√	√			√		
工况 3	√			√		√		
工况 4		√		√		√		
工况 5	√				√	√		
工况 6		√			√	√		
工况 7	√		√				√	
工况 8		√	√				√	
工况 9	√			√			√	
工况 10		√		√			√	
工况 11	√				√		√	
工况 12		√			√		√	
工况 13	√		√					√
工况 14		√	√					√
工况 15	√			√				√
工况 16		√		√				√
工况 17	√				√			√
工况 18		√			√			√

2. 计算荷载

渗井主要受内水压力、滤料内压及外侧土压力作用，为保证结构安全，考虑结构处于内部无水、无滤料状态，只受外部土压力作用。

《建筑地基基础设计规范》（GB 50007—2011）中土压力计算公式如下：

$$K_a = \tan^2\left(45° - \frac{\varphi}{2}\right) \tag{4.8}$$

式中，K_a为土压力系数；φ为填土内摩擦角，沣西地区选取$\varphi = 22.3°$；

$$E_a = \frac{1}{2}\gamma H^2 K_a \tag{4.9}$$

式中，E_a为土压力；γ为回填土重度，沣西地区选取γ=19.7 kN/m^3；H为开挖深度，m；

在施工过程中，考虑到在回填过程中，由于人工因素导致回填土回填不均匀，因而在沿深度方向的侧向土压力，选取不对称受力，按 2 m 土压力差值考虑。

4.2.2 计算程序及计算原理

本节研究的主要目标是对渗井结构方案进行数值仿真分析，确定其在不同工况下的应力场，评价其在强度、刚度、稳定等方面的安全性。针对渗井的结构特点，本次计算采用有限元法，使用大型通用有限元软件 ABAQUS 对结构进行数值仿真模拟分析。该软件是一套功能强大的基于有限元方法的工程模拟软件，它可以解决从相对简单的线性分析到极富挑战性的非线性模拟等各种问题。ABAQUS 具有十分丰富的单元库，可以模拟任意实际形状。ABAQUS 也具有相当丰富的材料模型库，可以模拟大多数典型工程材料的性能，包括金属、橡胶、聚合物、复合材料、钢筋混凝土、可压缩的弹性泡沫及地质材料（如土壤和岩石）等。作为一种模拟工具，应用 ABAQUS 可以很好地解决结构应力问题，可以给出比较好的计算结果，因此在结构分析中受到了广泛应用。

有限元是那些集合在一起能够表示实际连续域的离散单元。有限元分析（FEA，Finite Element Analysis）的基本概念是用较简单的问题代替复杂问题后再求解。它将求解域看成是由许多称为有限元的小的互连子域组成，对每一单元假定一个合适的（较简单的）近似解，然后推导求解这个域总的满足条件（如结构的平衡条件），从而得到问题的解。由于大多数实际问题难以得到解析解，而有限元不仅计算精度高，而且能适应各种复杂形状，因而成为行之有效的工程分析手段。

对于不同物理性质和数学模型的问题，有限元求解方法的步骤是基本相同的，通常为以下六步。

第一步，问题及求解域定义：根据实际问题近似确定求解域的物理性质和几何区域。

第二步，求解域离散化：将求解域近似为具有不同形状和有限大小且彼此相连的有限个单元组成的离散域，习惯上称为有限元网格划分。

第三步，确定状态变量及控制方法。

第四步，单元分析，形成单元刚度方程：即对单元构造一个适合的近似解，即推导有限单元的列式，其中包括选择合理的单元坐标系，建立单元试函数，以某种方法给出单元各状态变量的离散关系，从而形成单元矩阵（结构力学中称刚度阵或柔度阵）。

第五步，形成总刚度方程：将单元总装形成离散域的总矩阵方程（联合方程组），反映对近似求解域的离散域的要求，即单元函数的连续性要满足一定的连续条件。

第六步，联立方程组求解和结果解释。

简言之，有限元分析可分成三个阶段，前处理、分析计算和后处理。前处理是建立有限元模型，完成单元网格划分，为有限元分析提供必要的计算数据；后处理则是采集分析计算后结果，使用户能简便提取信息，了解计算结果。

4.2.3 计算模型及边界条件

渗井结构从体形上来看为一对称结构形式，且壁厚方向远小于高度方向，为了使计算简单且更贴近其实际情况，取底部 1 m 高作为计算单元，并取 1/2 结构体建立有限元模型，采用三维壳单元进行分析计算，按上述计算方案建立了 27 个有限元模型，1 层 4 孔、1 层 8 孔、1 层 16 孔、2 层 4 孔、2 层 8 孔、2 层 16 孔、3 层 4 孔、3 层 8 孔、3 层 16 孔有限元模型分别如图 4.9～图 4.17 所示。

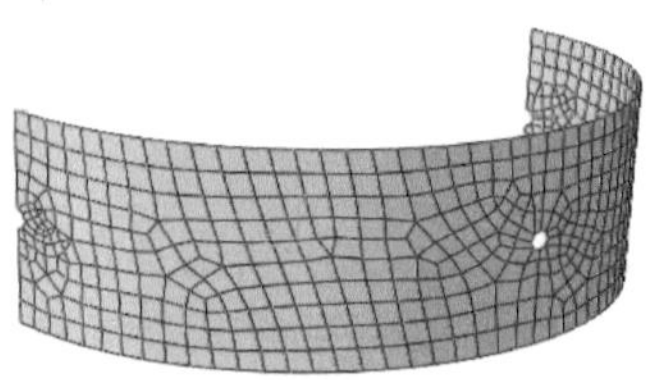

图 4.9　1 层 4 孔有限元模型图

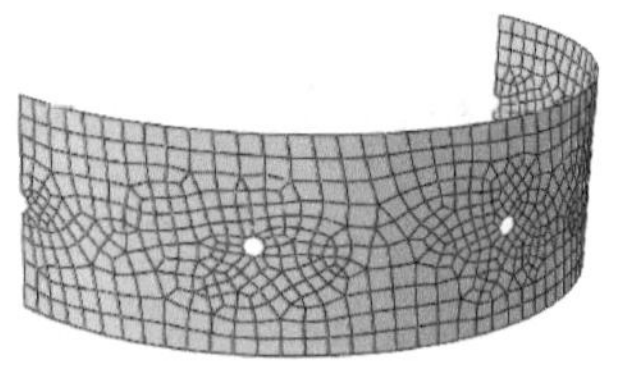

图 4.10　1 层 8 孔有限元模型图

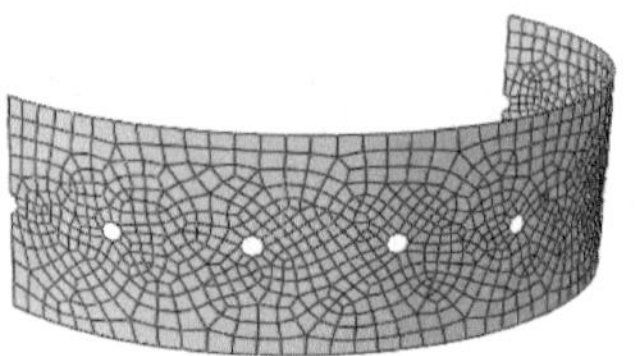

图 4.11　1 层 16 孔有限元模型

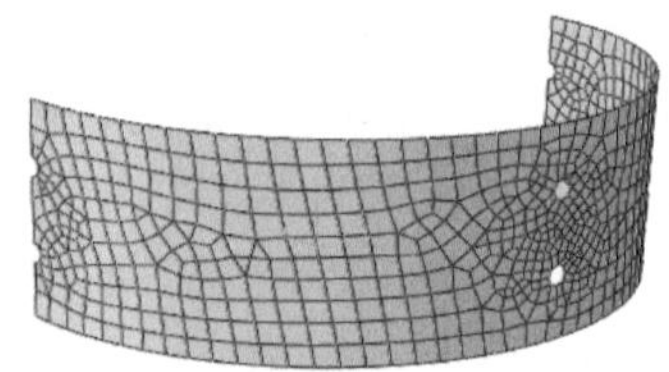

图 4.12　2 层 4 孔有限元模型图

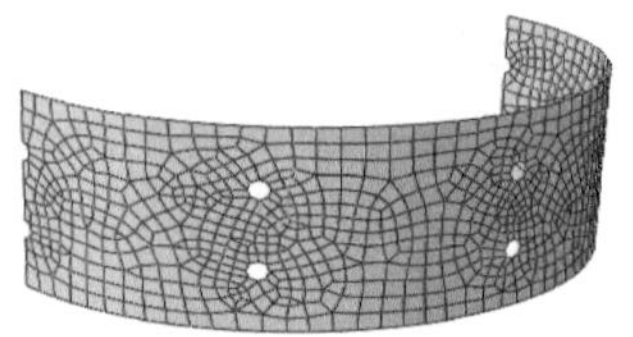

图 4.13　2 层 8 孔有限元模型图

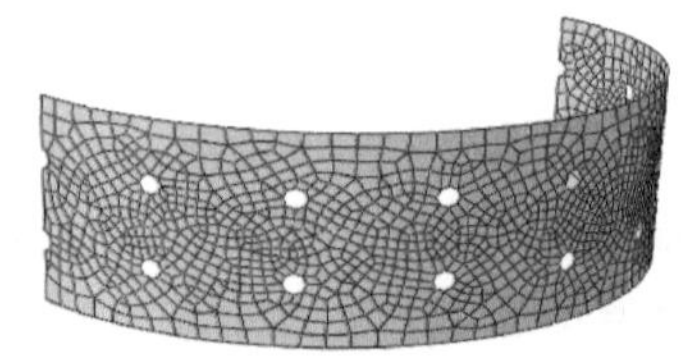

图 4.14　2 层 16 孔有限元模型图

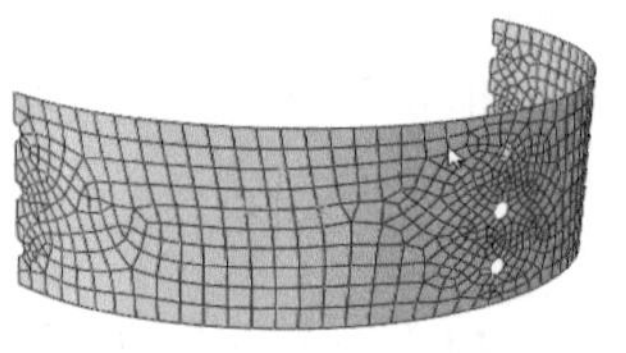

图 4.15　3 层 4 孔有限元模型图

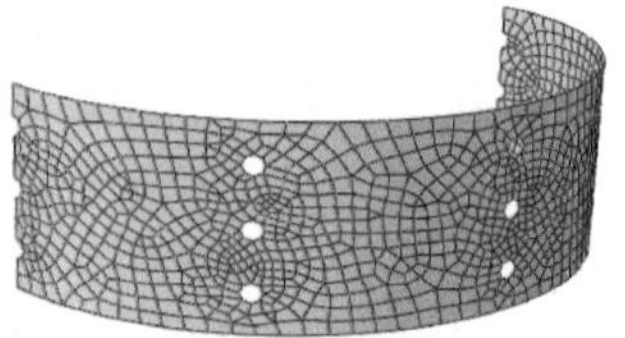

图 4.16　3 层 8 孔有限元模型图

根据对称结构的特点，该模型约束条件采取端部非开孔处采用滑动连杆约束，端部中点采用 x 方向和 z 方向水平连杆约束，如图 4.18 所示。将结构两侧施加不对称土压力，如图 4.19 所示。

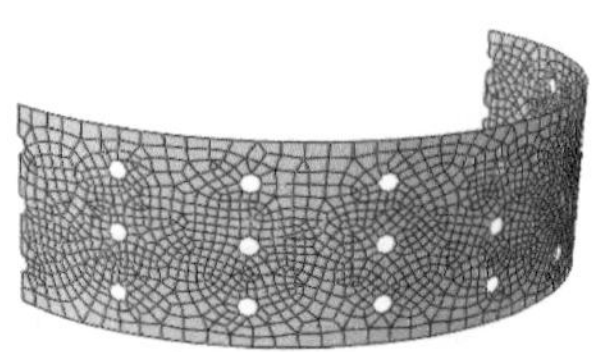

图 4.17　3 层 16 孔有限元模型图

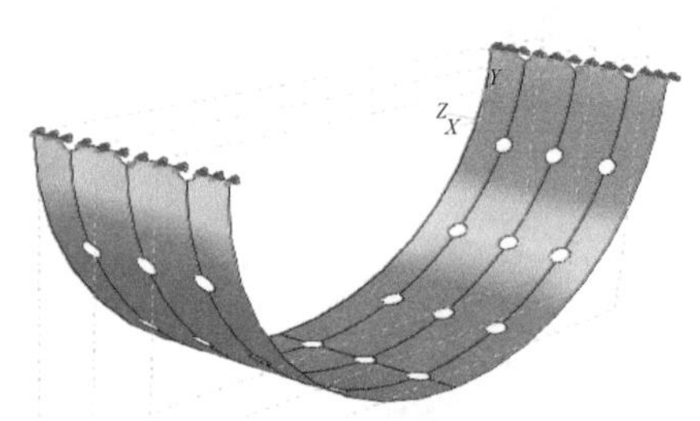

图 4.18　模型约束示意图　　　图 4.19　荷载示意图

4.2.4　计算结果及分析

计算了 162 种不同工况组合下的渗井结构，应用弹性力学中应力坐标变换法则，整理了各工况下渗井结构的环向应力，针对 1 层开孔结构、2 层开孔结构和 3 层开孔结构，分别选取如图 4.20～图 4.31 所示的应力路径，提取了各路径上的环向拉应力，运用 ORIGIN 软件对各路径拉应力值进行积分，得到各路径上拉应力之和，假定所有拉应力均由钢筋来承担，选取 HRB335 钢筋作为计算依据，进而计算出钢筋配筋率；单位高度内，其开孔面积与外表面积的比值定义为开孔率值。整理了所有工况下渗井结构的配筋率及开孔率，如表 4.9～表 4.26 所示。典型工况（井径 3 m、壁厚 0.2 m、埋深 9 m）下渗井结构的环向应力云图如图 4.20～图 4.31 所示。

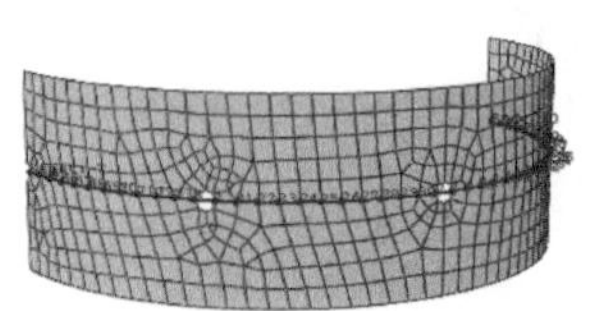

图 4.20　1 层开孔结构路径选取

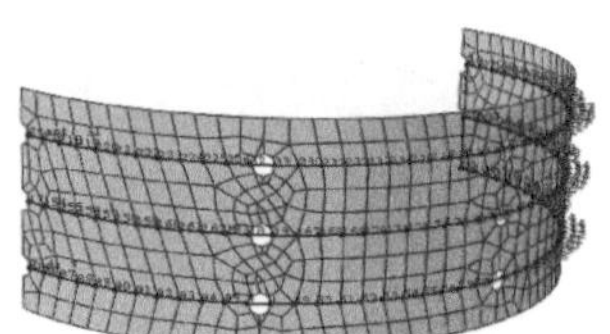

图 4.21　2 层开孔结构路径选取　图 4.22　3 层开孔结构路径选取

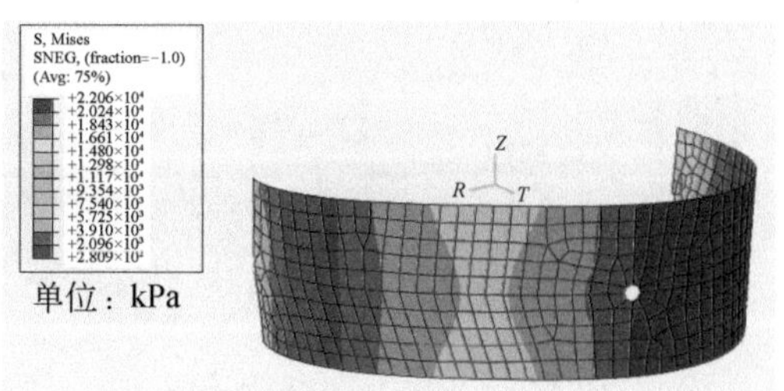

图 4.23　1 层 4 孔应力云图

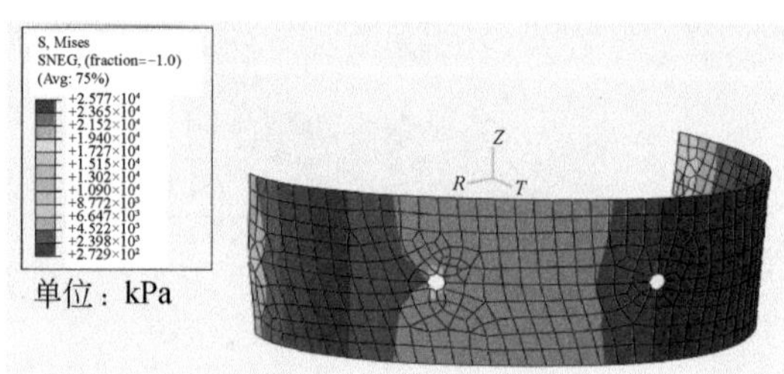

图 4.24　1 层 8 孔应力云图

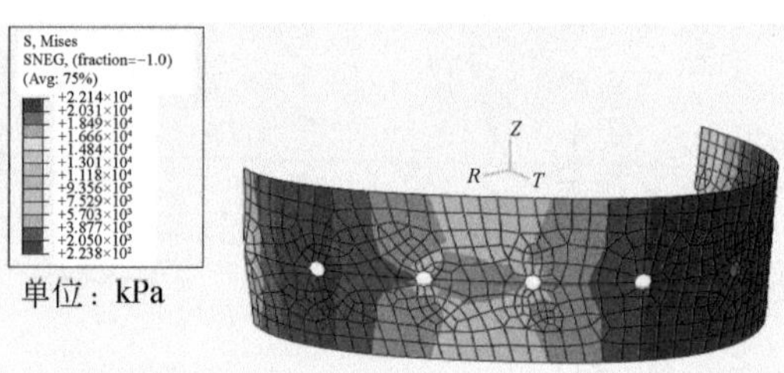

图 4.25　1 层 16 孔应力云图

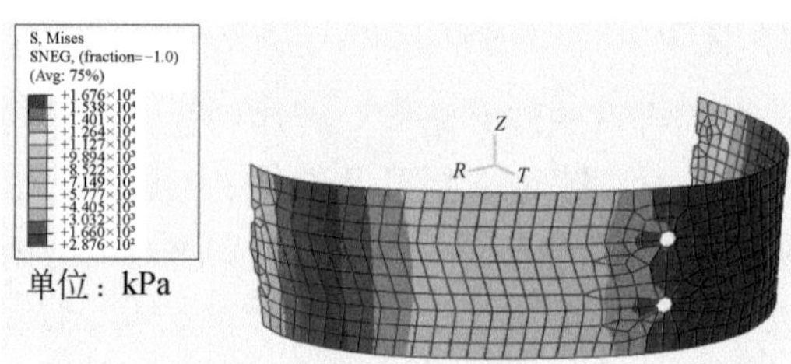

图 4.26　2 层 4 孔应力云图

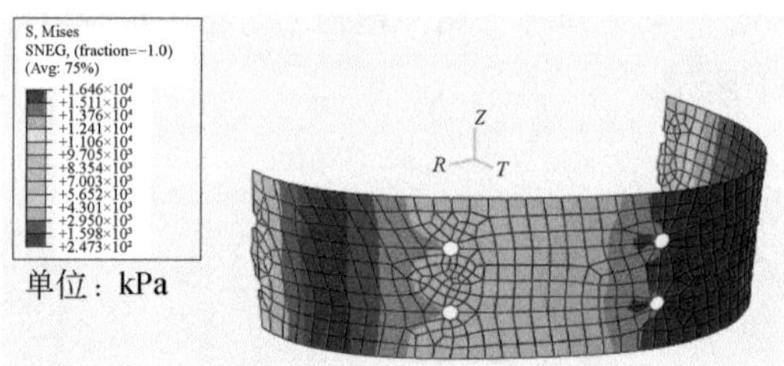

图 4.27　2 层 8 孔应力云图

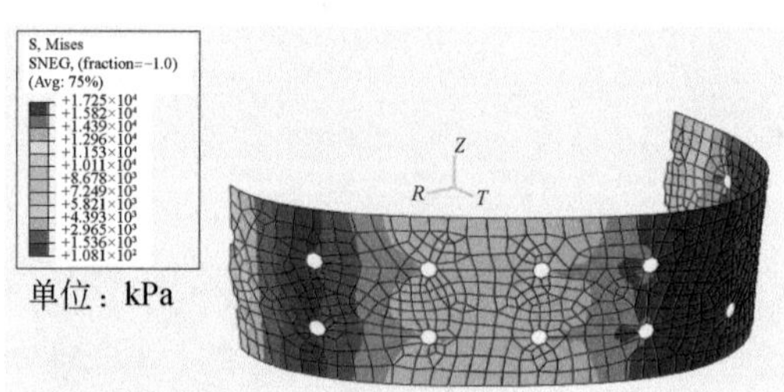

图 4.28　2 层 16 孔应力云图

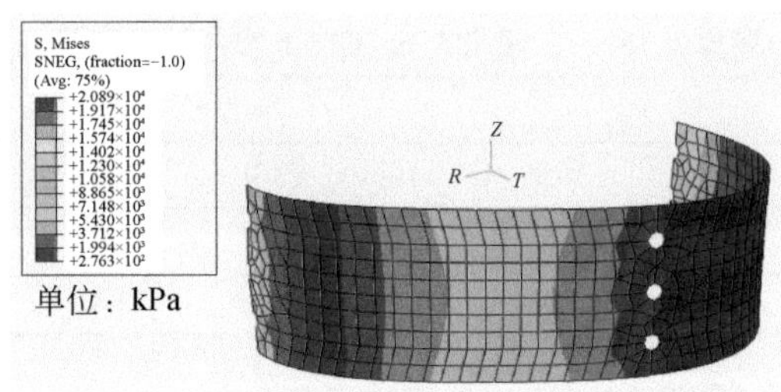

图 4.29　3 层 4 孔应力云图

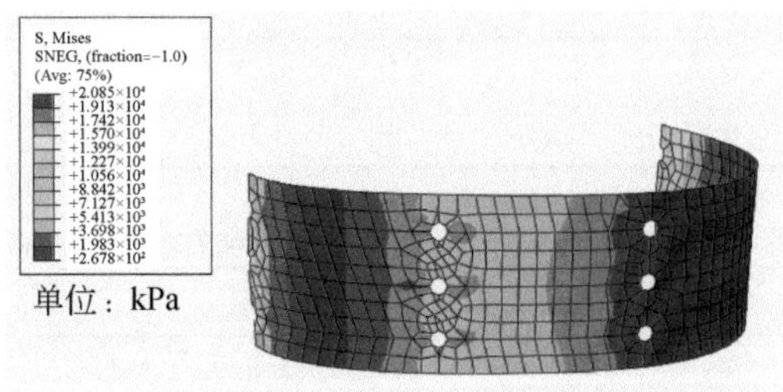

图 4.30　3 层 8 孔应力云图

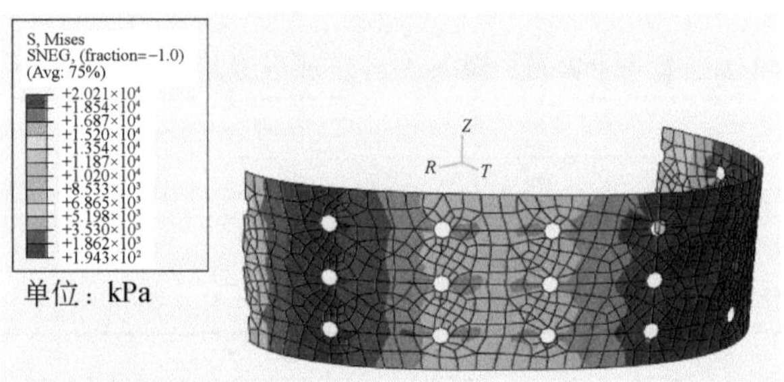

图 4.31　3 层 16 孔应力云图

表 4.9　井径 3 m、壁厚 0.15 m、埋深 9 m 工况下渗井配筋率及开孔率表　　单位：%

孔的布置	一层			两层			三层		
	4 孔	8 孔	16 孔	4 孔	8 孔	16 孔	4 孔	8 孔	16 孔
配筋率	1.2	1.3	1.35	1.4	1.44	1.51	1.7	3.5	3.76
开孔率	0.33	0.67	1.33	0.67	1.33	2.67	1	2	4

表 4.10　井径 3 m、壁厚 0.15 m、埋深 6 m 工况下渗井配筋率及开孔率表　　单位：%

孔的布置	一层			两层			三层		
	4 孔	8 孔	16 孔	4 孔	8 孔	16 孔	4 孔	8 孔	16 孔
配筋率	1	1.1	1.3	1.2	1.38	1.45	1.4	2.87	3.1
开孔率	0.33	0.67	1.33	0.67	1.33	2.67	1	2	4

表 4.11　井径 3 m、壁厚 0.15 m、埋深 3 m 工况下渗井配筋率及开孔率表　　单位：%

孔的布置	一层			两层			三层		
	4 孔	8 孔	16 孔	4 孔	8 孔	16 孔	4 孔	8 孔	16 孔
配筋率	0.47	0.49	0.51	0.54	0.57	0.62	0.66	1.27	1.39
开孔率	0.33	0.67	1.33	0.67	1.33	2.67	1	2	4

表 4.12　井径 3 m、壁厚 0.2 m、埋深 9 m 工况下渗井配筋率及开孔率表　　单位：%

孔的布置	一层			两层			三层		
	4 孔	8 孔	16 孔	4 孔	8 孔	16 孔	4 孔	8 孔	16 孔
配筋率	0.47	0.54	0.68	0.55	0.67	0.72	0.66	1	1.3
开孔率	0.33	0.67	1.33	0.67	1.33	2.67	1	2	4

表 4.13　井径 3 m、壁厚 0.2 m、埋深 6 m 工况下渗井配筋率及开孔率表　　单位：%

孔的布置	一层			两层			三层		
	4 孔	8 孔	16 孔	4 孔	8 孔	16 孔	4 孔	8 孔	16 孔
配筋率	0.49	0.57	0.61	0.57	0.63	0.68	0.68	1	1.2
开孔率	0.33	0.67	1.33	0.67	1.33	2.67	1	2	4

表 4.14　井径 3 m、壁厚 0.2 m、埋深 3 m 工况下渗井配筋率及开孔率表　　单位：%

孔的布置	一层			两层			三层		
	4 孔	8 孔	16 孔	4 孔	8 孔	16 孔	4 孔	8 孔	16 孔
配筋率	0.24	0.27	0.31	0.28	0.34	0.42	0.33	0.5	0.57
开孔率	0.33	0.67	1.33	0.67	1.33	2.67	1	2	4

表 4.15　井径 2 m、壁厚 0.15 m、埋深 9 m 工况下渗井配筋率及开孔率表　　单位：%

孔的布置	一层			两层			三层		
	4 孔	8 孔	16 孔	4 孔	8 孔	16 孔	4 孔	8 孔	16 孔
配筋率	0.24	0.26	0.31	0.31	0.36	0.39	0.35	0.38	0.41
开孔率	0.5	1	2	1	2	4	1.5	3	6

表 4.16　井径 2 m、壁厚 0.15 m、埋深 6 m 工况下渗井配筋率及开孔率表　　单位：%

孔的布置	一层			两层			三层		
	4 孔	8 孔	16 孔	4 孔	8 孔	16 孔	4 孔	8 孔	16 孔
配筋率	0.22	0.24	0.26	0.27	0.32	0.33	0.33	0.36	0.38
开孔率	0.5	1	2	1	2	4	1.5	3	6

表 4.17　井径 2 m、壁厚 0.15 m、埋深 3 m 工况下渗井配筋率及开孔率表　　单位：%

孔的布置	一层			两层			三层		
	4 孔	8 孔	16 孔	4 孔	8 孔	16 孔	4 孔	8 孔	16 孔
配筋率	0.12	0.15	0.18	0.14	0.17	0.20	0.17	0.18	0.21
开孔率	0.5	1	2	1	2	4	1.5	3	6

表 4.18　井径 2 m、壁厚 0.2 m、埋深 9 m 工况下渗井配筋率及开孔率表　　单位：%

孔的布置	一层			两层			三层		
	4 孔	8 孔	16 孔	4 孔	8 孔	16 孔	4 孔	8 孔	16 孔
配筋率	0.09	0.12	0.14	0.13	0.15	0.16	0.15	0.17	0.18
开孔率	0.5	1	2	1	2	4	1.5	3	6

表 4.19　井径 2 m、壁厚 0.2 m、埋深 6 m 工况下渗井配筋率及开孔率表　　单位：%

孔的布置	一层			两层			三层		
	4 孔	8 孔	16 孔	4 孔	8 孔	16 孔	4 孔	8 孔	16 孔
配筋率	0.08	0.1	0.12	0.1	0.13	0.15	0.13	0.14	0.16
开孔率	0.5	1	2	1	2	4	1.5	3	6

表 4.20　井径 2 m、壁厚 0.2 m、埋深 3 m 工况下渗井配筋率及开孔率表　　单位：%

孔的布置	一层			两层			三层		
	4 孔	8 孔	16 孔	4 孔	8 孔	16 孔	4 孔	8 孔	16 孔
配筋率	0.06	0.09	0.1	0.07	0.09	0.14	0.08	0.09	0.15
开孔率	0.5	1	2	1	2	4	1.5	3	6

表 4.21　井径 1 m、壁厚 0.15 m、埋深 9 m 工况下渗井配筋率及开孔率表　　单位：%

孔的布置	一层			两层			三层		
	4 孔	8 孔	16 孔	4 孔	8 孔	16 孔	4 孔	8 孔	16 孔
配筋率	0.01	0.014	0.014	0.015	0.017	0.019	0.013	0.014	0.016
开孔率	1	2	4	2	4	8	3	6	12

表 4.22　井径 1 m、壁厚 0.15 m、埋深 6 m 工况下渗井配筋率及开孔率表　　单位：%

孔的布置	一层			两层			三层		
	4 孔	8 孔	16 孔	4 孔	8 孔	16 孔	4 孔	8 孔	16 孔
配筋率	0.009	0.011	0.013	0.012	0.014	0.017	0.011	0.012	0.014
开孔率	1	2	4	2	4	8	3	6	12

表 4.23　井径 1 m、壁厚 0.15 m、埋深 3 m 工况下渗井配筋率及开孔率表　　单位：%

孔的布置	一层			两层			三层		
	4 孔	8 孔	16 孔	4 孔	8 孔	16 孔	4 孔	8 孔	16 孔
配筋率	0.008	0.009	0.0011	0.01	0.013	0.015	0.01	0.011	0.013
开孔率	1	2	4	2	4	8	3	6	12

表 4.24　井径 1 m、壁厚 0.2 m、埋深 9 m 工况下渗井配筋率及开孔率表　　单位：%

孔的布置	一层			两层			三层		
	4 孔	8 孔	16 孔	4 孔	8 孔	16 孔	4 孔	8 孔	16 孔
配筋率	0.007	0.009	0.011	0.009	0.012	0.014	0.009	0.013	0.015
开孔率	1	2	4	2	4	8	3	6	12

表 4.25　井径 1 m、壁厚 0.2 m、埋深 6 m 工况下渗井配筋率及开孔率表　　单位：%

孔的布置	一层			两层			三层		
	4 孔	8 孔	16 孔	4 孔	8 孔	16 孔	4 孔	8 孔	16 孔
配筋率	0.006	0.008	0.009	0.007	0.011	0.012	0.007	0.011	0.012
开孔率	1	2	4	2	4	8	3	6	12

表 4.26　井径 1 m、壁厚 0.2 m、埋深 3 m 工况下渗井配筋率及开孔率表　　单位：%

孔的布置	一层			两层			三层		
	4 孔	8 孔	16 孔	4 孔	8 孔	16 孔	4 孔	8 孔	16 孔
配筋率	0.004	0.005	0.007	0.004	0.006	0.009	0.005	0.008	0.01
开孔率	1	2	4	2	4	8	3	6	12

由表 4.9～表 4.26 可见，井径一定、井孔率一定、壁厚一定的情况下，随着埋深的增加配筋率逐渐增大；当井径一定、开孔率一定、埋深一定情况下，随着壁厚的增加配筋率逐渐减小；当井径一定、壁厚一定、埋深一定情况下，随着开孔率的增加配筋率逐渐增大；当埋深一定、开孔率一定、壁厚一定情况下，随着井径的增加配筋率逐渐增大，所有工况均基本符合以上规律。

综上所述，使用大型通用有限元软件 ABAQUS 对结构进行数值仿真模拟分析，总的优化结果如表 4.27 所示。

表 4.27　钢筋混凝土预制管渗井结构模拟优化结果

井径/m	埋深/m	壁厚/m	井身配筋方式	开孔率/%	配筋率/%
3 m	＜3	≥0.2	环向双层配筋	＜2.5%/单位高度	≥0.6
	3～9			＜1.5%/单位高度	≥0.7
2 m	＜9	≥0.15	环向双层配筋	＜3.0%/单位高度	≥0.4
1 m	＜9	≥0.15	环向双层配筋	＜10%/单位高度	≥0.2

当井径为 3 m 时，井壁厚度不应小于 0.2 m，井身采用环向双层配筋，埋深在 3～9 m 时，单位高度范围内开孔率最高应控制在 1.5%以内，配筋率不应小于 0.7%；埋深在 3 m 以内时，单位高度范围内开孔率最高应控制在 2.5%以内，配筋率不应小于 0.6%。当井径为 2 m 时，井壁厚度不应小于 0.15 m，井身采用环向双层配筋，埋深在 9 m 以内时，单位高度范围内开孔率最高应控制在 3%以内，配筋率不应小于 0.4%。当井径为 1 m 时，井壁厚度不应小于 0.15 m，井身采用环向双层配筋，埋深在 9 m 以内时，单位高度范围内开孔率最高应控制在 10%以内，配筋率不应小于 0.2%。

4.3　本章小结

当改良剂为粉煤灰（分层/混合）和 WTR（分层/混合），改良填料污染物去除效果高于其他填料（＞68%）；对于 BSM+10%WTR 生物滞留池，综合硝氮去除效果，水量削减率和前期研究结果，推荐淹没区高度为 150 mm。针对改良剂为粉煤灰和 WTR，与传统 BSM 以分层和混合的形式组合的改良填料，分别采用蓄水层高度法和完全水量平衡体积削减法计算简易型和复杂型单体生物滞留系统规模。在汇水面积较大的区域建设渗井，可选择钢筋混凝土滤料池+多个玻璃钢管组合的渗井结构形式；在汇水面积较小的区域建设渗井，可选择砌体结构渗滤池+单个玻璃钢管组合的渗井结构形式。当井径一定、开孔率一定、壁厚一定的情况下，随着埋深的增加配筋率逐渐增大；当井径一定、开孔率一定、埋深一定的情况下，随着壁厚的增加配筋率逐渐减小；当井径一定、壁厚一定、埋深一定的情况下，随着开孔率的增加配筋率逐渐增大；当埋深一定、开孔率一定、壁厚一定的情况下，随着井径的增加配筋率逐渐增大，所有工况均符合以上基本规律。

参 考 文 献

车伍，李俊奇. 2006. 城市雨水利用技术与管理. 北京：中国建筑工业出版社

刘目兴，聂艳，于婧. 2012. 不同初始含水率下粘质土壤的入渗过程. 生态学报，32（3）：871-878

唐双成，罗纨，贾忠华，等. 2015. 雨水花园对不同赋存形态氮磷的去除效果及土壤中优先流的影响. 水利学报，46（8）：943-950

王文亮，李俊奇，车伍，等. 2014. 城市低影响开发雨水控制利用系统设计方法研究. 中国给水排水，30（24）：12-17

Baek S S，Ligaray M，Park J P，et al. 2017. Developing a hydrological simulation tool to design bioretention in a watershed. Environmental Modelling and Software，112：1-12

Coustumer S L，Fletcher T D，Deletic A，et al. 2012. The influence of design parameters on clogging of stormwater biofilters：A large-scale column study. Water Research，46（20）：6743-6752

Davis A P. 2007. Field Performance of Bioretention：Water Quality. Environmental Engineering Science，24（8）：1048-1064

Debusk K M，Wynn T M. 2011. Stormwater bioretention for runoff quality and quantity mitigation. Journal of Environmental Engineering，137（9）：800-808

Jia Z H，Tang S C，Luo W，et al. 2016. Small scale green infrastructure design to meet different urban hydrological criteria. Journal of Environmental Management，171：92-100

Sun Y W，Wei X M，Pomeroy C A. 2011. Global analysis of sensitivity of bioretention cell design elements to hydrologic performance. Water Science and Engineering，4（3）：246-257

Trowsdale S A，Simcock R. 2011. Urban stormwater treatment using bioretention. Journal of Hydrology，397（3-4）：167-174

Wang R Z，Zhang X W，Li M H. 2019. Predicting bioretention pollutant removal efficiency with design features：A data-driven approach. Journal of Environmental Management，242：403-414

第 5 章　低影响开发单体设施关键参数模拟与优化

模型是指导生物滞留系统设计、预测运行结果的有效方式（李家科等，2014）。由于各地地理环境和对雨水水质处理的要求不同，有必要通过建立模型来准确地进行水量和水质的模拟，以期得到最佳的设计参数（马效芳等，2015）。目前生物滞留系统单项模拟模型主要被用来研究生物滞留系统的内外部因素对雨水径流调控效果影响、产生的水文水质效应、水分及溶质在土壤/填料中的运移规律等。较为典型的LID单项设施模拟模型有DRAINMOD、RECARGA 和 HYDRUS 等 3 种。排水模型 DRAINMOD 常被用来分析生物滞留系统的水文效应、设施运行效果与蓄水层深度、汇流面积比以及降雨特征等因素的关系（Brown et al.，2010；唐双成等，2018）。RECARGA 主要被用来对生物滞留池在径流消减、地下水入渗补给、积水时间、总处理水量等方面的水文效应进行模拟（孙艳伟和魏晓妹，2011）。HYDRUS 模型主要被用来模拟水分、污染物在生物滞留系统中的运移特征以及生物滞留池的产流过程（Li et al.，2018；殷瑞雪等，2015）。但是，HYRDUS 模型是一种物理模型不能模拟生物滞留设施中微生物的生化反应；DRAINMOD 模型只能模拟氮素和盐分的运移情况，不能模拟重金属等其他污染物在土壤/填料中的运移情况；RECARGA 模型是专门用于生物滞留设施水力模拟的模型，不能对溶质的运移情况进行模拟。本章以西安理工大学试验场雨水花园设施和模拟配水试验为基础，对 DRAINMOD 模型水文模块和氮素模块中关键参数进行了敏感性分析，继而利用 2016～2017 年的降雨数据对该模型的参数进行率定和验证。基于土壤物理模型 HYDRUS-1D 模型和中试结果（第 4.1 节），进行生物滞留池关键参数敏感性分析和情景模拟；结合雨水渗井滤柱试验（第 2.4 节），进行雨水渗井关键参数敏感性分析和模拟优化。

5.1　基于 DRAINMOD 的雨水花园模拟与设计优化

以西安理工大学试验场雨水花园设施的监测数据资料为基础，对 DRAINMOD 模型水文模块和氮素模块中参数进行了敏感性分析，继而利用 2016～2017 年的降雨数据对该模型的参数进行率定并验证，表明 DRAINMOD 模型可以较好地模拟雨水花园的水量和氮素调控效果，表征结果的决定系数均在 0.8 左右，纳什效率系数均在 0.6 以上。采用验证好的模型对所设置的不同情景进行模拟，讨论了不同进水浓度、汇流比、填料层厚度与淹没区深度对雨水花园水量与氮素调控效果的影响，改变不同因素，对应着不同的水量削减和氮素去除变化趋势。根据模拟结果利用试验设计软件 Design-Expert 对这些因素进行优化处理，得到了不同目标下的设计参数，可为雨水花园设施建设提供科学依据。

5.1.1　材料与方法

1. 研究区概况

西安市位于黄河流域中部，南高北低的地势使得空气受热不均匀，进而导致了降雨量时空分布的不均匀，尤其在夏季易引起局部地区不稳定天气的发展，使西安市夏季炎热多雨，并时有干旱发生，冬季寒冷少雨雪，春季气温波动大、秋季多连阴雨。全市多年平均降水量约 583.7 mm，年平均降雨日数 96.6 天，最长连续降雨日数 13～19 天（李家科等，2016）。降雨多集中在 7～9 月，占全年降水量的 50%左右，且多以暴雨形式出现，易造成洪、涝和水土流失等自然灾害。

西安雨水水质污染严重，雨水中的主要污染物为 SS、COD、TN、TP 等，这些污染物来源于城市雨水对屋面、道路的冲刷，其中 SS 浓度超过城市污水 2 倍以上；相比《地表水环境质量标准》（GB3838—2002）V 类水质要求，雨水径流中的污染物浓度超标倍数均在 2 倍以上（袁宏林等，2011），若初期雨水也即降雨前 30 min 的雨水直接排入水体，会对水环境带来不小的冲击（Zhang et al.，2015）。

2. 雨水花园构造

雨水花园（rain garden）主要通过其独特的透水填料基质对降雨径流起缓冲作用，滞留径流水量，延缓出流峰值，通过设施结构优化，增加淹水区高度，提高反硝化作用，去除降雨径流中的氮素，具有涵养水资源、调蓄洪水、净化水质、维持生物多样性、调节局地小气候、提供美学景观等多种功能，是单位面积服务价值较高的生态系统。现有研究主要集中在对雨水花园的水文模拟、土壤渗透力、污染物滞留能力研、建造及应用等方面的研究（Li and Davis，2014；Iqbal et al.，2015）。Jiang 等（2019）在西咸新区沣西新城建造了两处防渗型雨水花园，填料分别为种植土和改良填料（60%种植土+30%沙子+5%锯末+5%给水厂污泥，体积比），通过连续多年的现场降雨监测分析了雨水花园的累积年负荷和填料介质的吸附能力。Brown 和 Hunt（2008）通过分析北卡罗来纳州纳什维尔的两组现场监测的生物滞留池在三个不同季节中从四个连续事件到六个连续事件的流量加权复合样本，分析了先前事件对流出浓度的影响。雨水花园的运行效果受到汇流面积、蓄水深度、当地气象条件的综合影响，要深入研究雨水花园对雨水的调控效果，就需要可以模拟的长期模型软件来进行模拟预测，并对结果进行分析测评，进而更好地利用雨水资源。

本次研究的对象为西安理工大学试验场的防渗雨水花园装置，结构如图 5.1 所示。该装置通过落水管将水资所楼顶屋面所汇流的雨水收集至装置内，该落水管接至雨水花园一侧的入流管，入流管上开有倒三角形的入流口，屋面汇流的雨水通过雨落管落至雨水花园进行调控。池子长×宽×高为 4 m×3 m×0.9 m，其汇流比为 6∶1。填料层自上而下分别

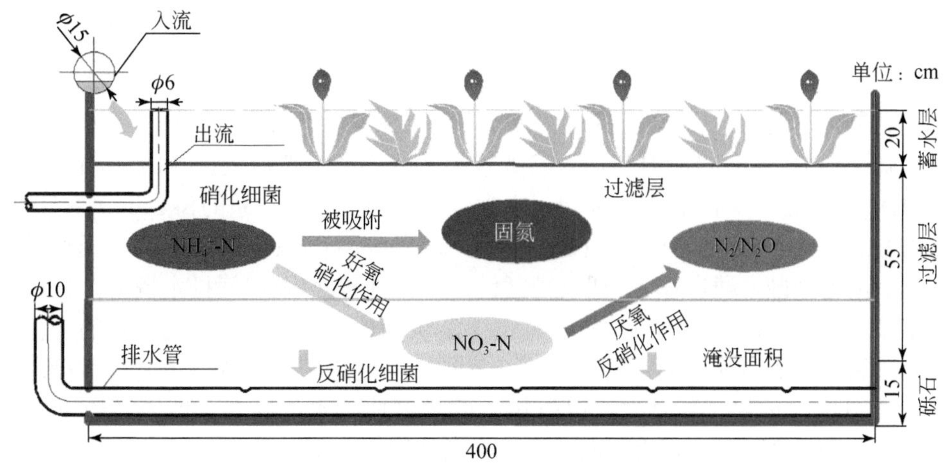

图 5.1　雨水花园结构图（单位：cm）

为：0～20 cm 土壤，20～40 cm 细砂，40～55 cm 粗砂，55～70 cm 砾石。池底铺设直径 10 mm 的穿孔排水管。花园池底防渗，出流排至后续处理设施。

3. 监测方法

（1）水量监测

雨水花园的入流和出流过程均通过三角堰监测，三角堰的水位流量过程均通过校正，堰上水头稳定处安装压力传感器，实时自动监测雨水花园的流量过程，对监测的瞬时流量过程积分得到入流出流总量，具体如式（5.1）和式（5.2）。

$$Q = \frac{8}{15}\mu \tan\frac{\theta}{2}\sqrt{2g}\ h^{2.5} \tag{5.1}$$

$$V = \int_0^t Q(t)\mathrm{d}t \tag{5.2}$$

式中，Q 为流量过程，L/min；μ 为流量系数，约 0.6；θ 为堰口夹角，为 45°；g 为重力加速度，取 9.808 m/s²；h 为压力传感器所测的堰前几何水头；V 为入流或排水总量，L；t 为监测降雨时间，min。

（2）水质监测

每次降雨过程中，在产生入流水量开始的 0 min、10 min、20 min、30 min、60 min、90 min、120 min 分别采集水样，在实验室进行水质分析，硝氮采用酚二磺酸光度法测定，氨氮采用纳氏试剂光度法测定。取各水样测定值的算术平均值为该降雨事件的氮素浓度。

4. 情景模拟和参数优化

基于 2016～2017 年现场监测的雨水花园数据，建立 DRAINMOD 模型，设置不同的氮素进水浓度、汇流比、蓄水层厚度、填料层厚度、淹没区深度等情景进行模拟，根据模拟结果，进行参数优化设计。利用 Design-Expert 软件的响应曲面法，在考虑氮素进水浓度、汇流比、蓄水层厚度、填料层厚度、淹没区深度等全部因素的基础上，建立水量削减率及氮素去除率与各因素间的多元二次回归模型，给予不同的限定条件和优化目标，对关键因素进行优化，找到对应目标下的最佳工况。

5.1.2 模型的建立

1. 模型的选择

现有模拟雨水花园水文过程的模型包括 RECARGA、HYDRUS 和 DRAINMOD 等。RECARGA 模型是基于 RICHADS 方程建立的水量平衡计算模型（Kleiven，2017），但对排水过程计算考虑不全面，且不能模拟水质；HYDRUS 模型既可以预测排泄水量，也可以预测出流水质（部分污染物），但其输入参数较多，且不能模拟淹没区（Li et al.，2018）。DRAINMOD 模型是由美国北卡罗来纳州立大学农业与生物工程系的 Skaggs 教授于 20 世纪 70 年代开发的一个田间水文模型（农业水管理模型）（Negm et al.，2016）。模型以土壤剖面的水量平衡为基础，通过输入长期的气象、土壤、作物以及田间排水资料，来模拟田间入渗、蒸发、地表径流、地下排水量、深层渗漏量和地下水埋深等水文要素的变化情况。它以日为计算间隔对研究区的水量平衡进行计算，主要用于模拟预测不同排水设计以及管理措施下农田排水过程，同时也可以较精确的预测地下水位埋深、地表及地下排水量等（Brown et al.，2013）。DRAINMOD 模型最早是应用于农田排水模拟，因其输入与输出参数与生物滞留典型设计的参数都有重叠，所以后来被逐渐校准与验证，现在生物滞留系统可以在 DRAINMOD 模型中进行概念建模（Brown et al.，2010）。Brown 和 Hunt（2011）论述了适于生物滞留设施的 DRAINMOD 水文模型的模拟步骤，利用 DRAINMOD 模型模拟了生物滞留池不同排水构造、介质深度、地表积水深度和土壤类型造成的水文水质效应。唐双成等利用 DRAINMOD 模型分析了雨水花园长期运行效果受其不同因素的影响效果（Tang et al.，2016）。该模型的基本原理是较薄的单位面积土壤截面上的水量平衡，并采用近似方法来代替数解法来描述水运动过程的特征，该截面位于不透水层至地表的两相邻排水沟中间（Tian et al.，2012）。通过输入气象与土壤资料，以及地表状况等参数后，模型逐日地进行水量平衡计算，继而输出入渗、蒸发、地表与地下径流，以及地下排水等水量平衡结果（Quan et al.，2012）。

DRAINMOD 模型假设土壤剖面中侧向水流运动主要发生在饱和区域，当地下水位未升至地表时，采用 Hooghoudt 稳定流公式来计算排水量，当地下水位上升至完全淹没地面时，采用 Kirkham 的公式来计算（Mohammadighavam and Klöve，2016）。DRAINMOD 模型水文模块可以分为两类：水文计算和人为设计（Luo et al.，2001）。这两部分通过参数相连接，形成一个相互影响的模型系统，因此在运用模型时，可以通过调整模型的人为设计部分来提高模型的适用性。对氮素的模拟是 DRAINMOD 模型的拓展应用，描述了较为全面的氮循环过程，包括硝氮、氨氮及有机氮，在有机氮矿化和生物固持计算中还包括碳循环。采用多相一维对流弥散反应方程来模拟氮的运移（Breve et al.，1997）。DRAINMOD 模型多被应用于农田排水的模拟上，鲜有对于低影响开发措施的模拟，且少见对雨水花园参数的优化。Design-Expert 是由美国开发的、应用广泛的实验设计软件助手，利用它可以对数据进行统计分析，拟合曲线，建立数学模型，进而求得试验的最优化，目前该软件已被广泛应用在各类多因素试验设计与分析（Palanivel and Mathews，2012）。在 Design-Expert 软件中，有一个专门的模块是响应曲面法，可以很好地进行二次多项式方程的曲面分析，操作方便，响应面分析的优化结果，可以由软件自动获得。本研究利用 DRAINMOD 模型，以 2016 年至 2017 年实际监测的 23 场降雨为基础资料，对 DRAINMOD 模型的水文水质参数进行率定验证，并利用率定验证好的模型，设置不同情景来进行模拟，分析生物滞留设施对雨量的调控效果和对氮素的净化效果，并利用试验设计软件 Design-Expert 对这些因素进行优化处理，探讨适宜的生物滞留设施结构。

2. 模型输入参数

DRAINMOD 模型需要输入的参数主要有 5 个部分：气象资料、土壤资料、作物资料、排水系统的设计参数以及氮素运移参数（Skaggs et al.，2012）。其中气象资料主要输入日最高和最低温度、逐日降雨量，采用稳态 Thornthwaite 经验公式来计算 PET（Thornthwaite，1948），进而计算得出模型气象资料（Skaggs and Evans，2004）；土壤资料主要输入实测土壤水分特征曲线、饱和导水率、分层厚度及各层的物理化学特征等；雨水花园中主要种植黑眼苏珊等耐涝耐旱植物，以植物的种植日期、花期及根系随时间变化的有效深度为主要输入的作物资料；排水系统设计参数包括排水管埋深、不透水层埋深、排水模数等；氮素运移参数包括土壤和降雨的初始含氮量、硝化过程参数，反硝化过程参数以及有机物分解参数等。

在模拟前，先调整排水管埋深、排水间距和排水模数，设置较浅的暗管埋深，尽可能大的排水间距和排水模数，并将地表最大田洼高度设置成与最小田洼高度一致，即仅有少量径流量损失于表面，大部分径流量汇集至生物滞留系统，得出产流背景文件。结合现有资料，输入 2016 年 1 月至 2017 年 12 月的降雨和气温资料，其中，降雨资料为这两年年每天的降雨量，该数据来自西安理工大学水资所的气象站；气温资料为这两年每天的最高温和最低温，此数据来源于天气网。设置水文及氮素模块参数进行模拟。

3. 参数敏感性分析

对参数进行敏感性分析，可以有效减少调参工作量，使模型尽可能快的达到理想的模拟效果，并有效指导数据监测和资料收集工作，对敏感性参数进行有选择的重点测量（Kurtulus and Flipo，2012）。本研究采用目前应用较广的修正 Morris 筛选法的敏感度分析方法，首先选取模型中的一个参数来进行敏感性分析，同时保持其他参数不变，将此参数按 5%的固定步长进行扰动，扰动范围分别为原取值的−20%、−15%、−10%、−5%、5%、10%、15%、20%，每改变一次参数，运行一次模型，依次进行其他参数的扰动和模拟。对 DRAINMOD-H 模块中的饱和导水率、排水管间距、排水管埋深等排水设计参数进行敏感性分析，将输出结果的年排水量输出值作为水力敏感性分析的依据。对 DRAINMOD-N 模块硝化反硝化过程中的氮素运移参数进行敏感性分析，将输出资料的氮素流失量作为水质参数敏感性分析的依据。

所需进行敏感性分析的水力参数和水质参数及其分析计算结果如表 5.1 所示。在 DRAINMOD-H 模块中，不透水层埋深 H 与排水管埋深 B 这两个参数非常敏感，它们的变动对排水量的变化影响极大。排水管间距 L 和填料层第四层的饱和导水率 k_4 都是高敏感性参数，蒸发月修正系数和地表最大填洼深度为敏感性参数，第一至三层的饱和导水率为中等敏感参数，其余均为不敏感性参数，也即这些参数对排水量变化几乎没有影响。在 DRAINMOD-N 模块中，反硝化土壤孔隙含水量阈值 $WPFS_{den}$ 的变化对氮素流失量的改变影响很大，反硝化经验指数α和反硝化最适温度 $T_{opt\text{-}den}$ 都是高敏感性参数，有机物分解最适温度 $T_{opt\text{-}dec}$、有机物分解温响函数经验形状系数β_{dec}、硝化最大反应速率 $V_{max\text{-}nit}$、硝化半饱和常数 $K_{m\text{-}nit}$ 等参数均为中等敏感性参数，其余参数均为敏感性参数。在这一模块中，关于反硝化的参数都比相对应的硝化反应参数敏感。有了上述参数敏感性分析结果，能有效指导下一步率定验证工作的进行，重点调整敏感性参数，减轻后续工作量。

表 5.1　DRAINMOD 模型水力参数和水质参数敏感性分析结果及率定验证后取值

分类	参数	物理意义	单位	取值范围	敏感度 S 值	排序	取值
DRAINMOD-H	k	饱和导水率	cm/h	第一层 2～10	0.053	10	8
				第二层 20～50	−0.062	9	45
	k	饱和导水率	cm/h	第三层 80～150	−0.087	8	80
				第四层 200～400	−1.0741	4	350
	L	排水管间距	cm	100～600	−1.6257	3	400
	D.C	排水模数	cm/d	8～16	−0.2793	7	14.88
	Sm	地表最大填洼深度	cm	0～30	0.7357	5	—
	B	排水管埋深	cm	30～120	5.5384	1	90
	H	不透水层埋深	cm	70～120	−5.2305	2	95
	R_e	有效排水半径	cm	5～15	0		—
	M.F	月蒸发修正系数		0～2.4	−0.442	6	0.3～0.9

续表

分类	参数	物理意义	单位	取值范围	敏感度 S 值	排序	取值
DRAINMOD-N	$T_{opt\text{-}den}$	反硝化最适温度	℃	20～40	−1.254	3	35
	$T_{opt\text{-}nit}$	硝化最适温度	℃	15～25	−0.367	6	25
	$T_{opt\text{-}dec}$	有机物分解最适温度	℃	20～40	0.125	9	25
	β_{den}	反硝化温响函数经验形状系数		0.1～0.4	−0.835	4	0.3
	β_{nit}	硝化温响函数经验形状系数		0.25～0.65	−0.296	7	0.5
	β_{dec}	有机物分解温响函数经验形状系数		0.1～0.2	0.062	12	0.15
	$V_{max\text{-}den}$	反硝化最大反应速率	μg/（g・d）	0.1～3.6	0.667	5	0.1
	$K_{m\text{-}den}$	反硝化半饱和常数		24～36	−0.296	7	30
	$V_{max\text{-}nit}$	硝化最大反应速率	μg/（g・d）	6～12	0.104	10	8
	$K_{m\text{-}nit}$	硝化半饱和常数		20～30	−0.096	11	30
	α	反硝化经验指数		1.5～2.5	−1.275	2	2
	$WPFS_{den}$	反硝化土壤孔隙含水量阈值	cm³/cm³	0.5～1.0	−3.867	1	0.8

4. 参数率定

根据数据的完整性和代表性，选取 2016 年 5～9 月的 11 场降雨，将模拟结果中的排水量与实测出流资料进行对比，计算并分析实测值与模拟值的决定系数与纳什效率系数，不断调整模型参数，尤其是敏感性参数，对模型参数进行率定。雨水花园出流量的模拟结果与实测值对比如图 5.2 所示。雨水花园氮素流失量的模拟结果与实测值对比如图 5.3 与图 5.4 所示。

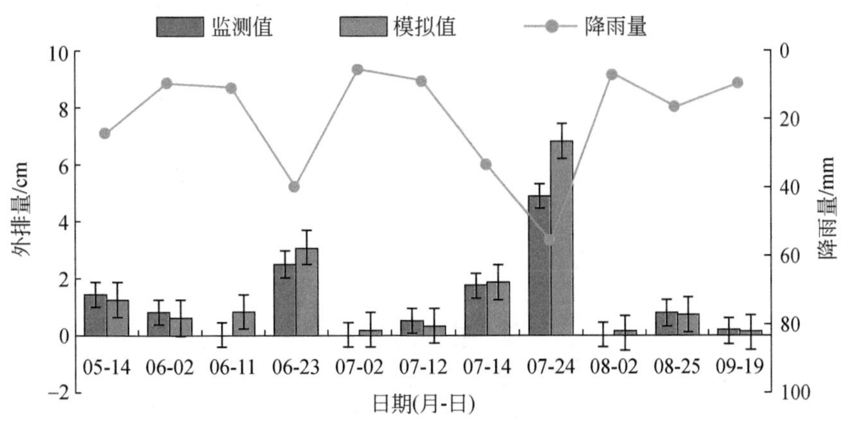

图 5.2　率定期出流量的模拟结果与实测值对比

图 5.4 显示，模拟值与实测值的吻合较好，且经计算，出流量的实测值与模拟值的决定系数为 0.861，纳什效率系数为 0.775。硝氮和氨氮流失量的实测值与模拟值的决定系数分别为 0.761、0.773，纳什效率系数分别为 0.694、0.621。均表明率定效果良好。

5. 参数验证

采用 2017 年 5～9 月的 12 场降雨实际监测的出流数据进行参数验证。雨水花园出流量的模拟值与监测值对比如图 5.5 所示。雨水花园氮素流失量的模拟结果与实测值对比如

图 5.6 和图 5.7 所示。

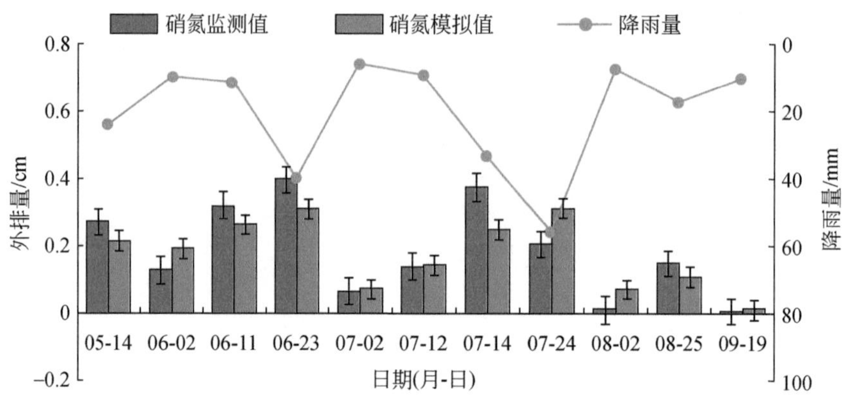

图 5.3 率定期硝氮流失量的模拟与实测值对比

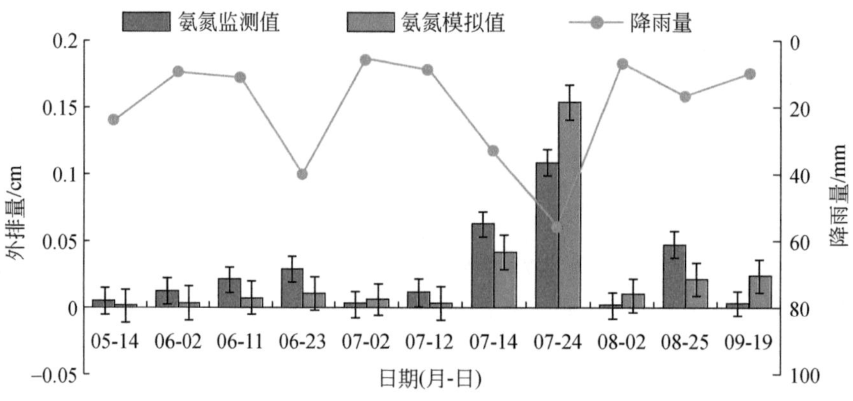

图 5.4 率定期氨氮流失量的模拟与实测值对比

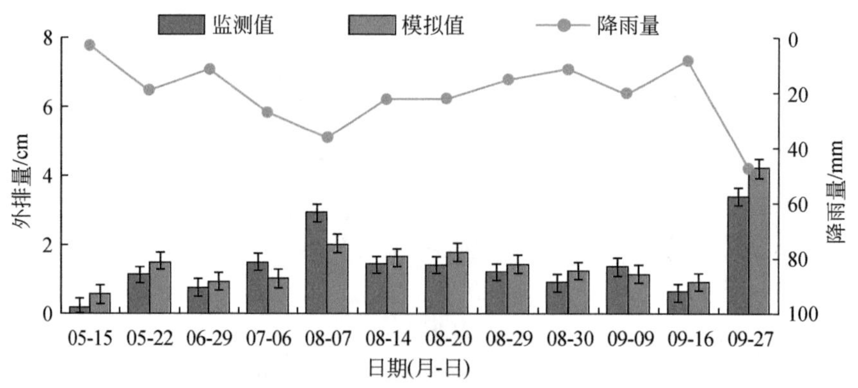

图 5.5 验证期出流量的模拟结果与实测值对比

由图 5.7 可知，验证期模拟值与实测值的差异较小，且经计算，出流量的实测值与模拟值的决定系数为 0.820，纳什效率系数为 0.743。硝氮和氨氮流失量的实测值与模拟值的决定系数分别为 0.751、0.736，纳什效率系数分别为 0.663、0.654。这表明，DRAINMOD 模型可以较好地模拟雨水花园的水文过程与氮素运移过程。可用于研究雨水花园对降雨径流的水量与氮素调控效果模拟。

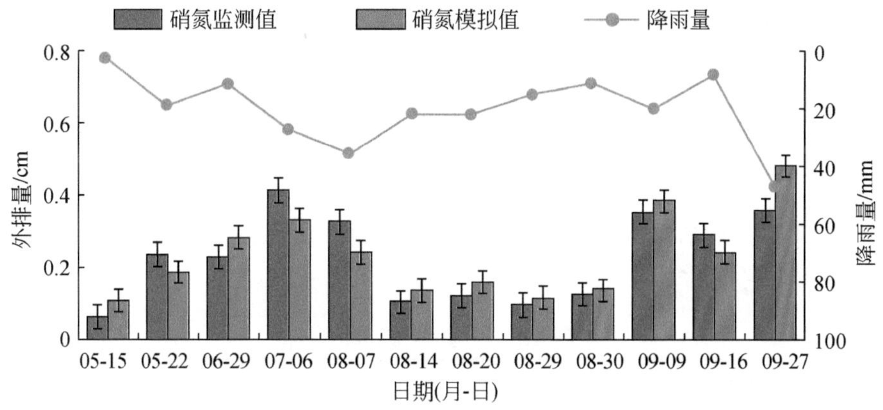

图 5.6 验证期硝氮流失量的模拟与实测值对比

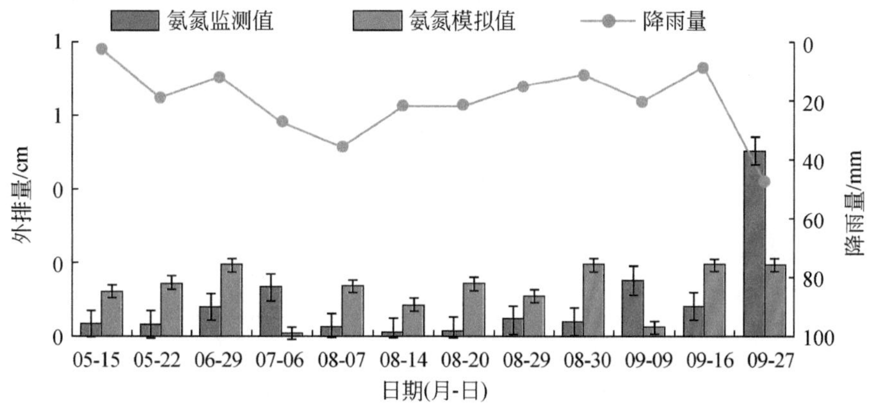

图 5.7 验证期氨氮流失量的模拟与实测值对比

率定验证后的模型参数取值如表 5.1 所示。

6. 不同情景模拟

根据西安市近 60 年平均降水资料，西安年均降水量为 583.7 mm。降水主要分布在 6～9 月，其平均降水量占全年降水量的 17.6%，13.4%，16.7%，10.9%（李斌等，2016）。据此设计连续多年的降雨资料，即每年降雨量为 580 mm，并将雨量按比例分布在每个月份，创建降雨资料输入模型，进而分析不同条件下雨水花园对水量和氮素的调控效果。

本研究主要对雨水花园氮素进水浓度、汇流比、蓄水层厚度、填料层厚度及淹没区深度这 5 种影响因素进行研究。氮素进水浓度根据西安雨水的实际监测情况分别取低（硝氮 4.5 mg/L、氨氮 1.5 mg/L）、中（硝氮 7.2 mg/L、氨氮 2.2 mg/L）和高（硝氮 10 mg/L、氨氮 3 mg/L）这 3 种浓度水平；根据住建部 2014 年发布的《海绵城市建设技术指南——低影响开发系统构建》（试行），采取 10∶1、12∶1、14∶1、16∶1、18∶1 这 5 种汇流比；填料层厚度选取 30 cm、40 cm、50 cm、60 cm 和 70 cm 进行分析；蓄水层厚度取 20 cm、25 cm 和 30 cm；淹没区深度取 0 cm、10 cm、20 cm、30 cm 和 40 cm。用验证好的 DRAINMOD 模型，根据这 4 种影响因素设置以下情景进行模拟：①汇流比取 10∶1，填料层厚度为 50 cm，无淹没区，氮素进水浓度分别取低、中、高浓度；②填料层厚度为 50 cm，无淹没区，氮素进水浓度为中浓度，分别取以上 5 种汇流比；③汇流比取 10∶1，填料层厚度为 50 cm，无淹没区，氮素进水浓度为中浓度，分别取以上 3 种蓄水层厚度；④汇流比取 10∶1，无淹没区，氮素进水浓度为中浓度，分别取以上 5 种填料层厚度；⑤汇流比取 10∶1，填料层厚度为 50 cm，氮素进水浓度为中浓度，分别取 0 cm 到 40 cm 这 5 种淹没区深度。

5.1.3 结果与讨论

按上述设置的不同情景进行模拟，统计其入流排水量，以及氮素的入流流失量，并计算水量削减率和氮素去除率，模拟计算结果如表 5.2 所示。

表 5.2 不同情景模拟结果

情景编号		入流量/m^3	排水量/m^3	溢流量/m^3	水量削减率/%	硝氮			氨氮		
						入流量/（kg/hm^2）	流失量/（kg/hm^2）	去除率/%	入流量/（kg/hm^2）	流失量/（kg/hm^2）	去除率/%
1. 进水浓度	低（4.5，1.5）	368.61	123.46	22.45	60.41	165.87	45.81	72.39	59.43	20.70	65.17
	中（7.2，2.2）	368.61	123.46	22.45	60.41	265.40	81.90	69.14	87.18	43.07	50.59
	高（10，3）	368.61	123.46	22.45	60.41	368.61	125.65	65.91	118.88	88.42	25.62
2. 汇流比	10∶1	368.61	123.46	22.45	60.41	265.40	81.90	69.14	87.18	43.07	50.59
	12∶1	433.16	156.77	35.33	55.65	311.89	102.58	67.11	102.44	54.24	47.05
	14∶1	497.72	190.68	51.93	51.26	358.35	125.81	64.89	117.71	66.40	43.59
	16∶1	562.27	226.51	71.15	47.06	404.82	149.90	62.97	132.97	79.08	40.53
	18∶1	626.83	266.10	91.62	42.93	451.33	173.26	61.61	148.25	92.09	37.88
3. 蓄水层高度	20	368.61	121.42	28.42	59.35	265.40	93.42	64.80	87.18	44.30	49.19
	25	368.61	123.46	22.45	60.41	265.40	81.90	69.14	87.18	43.07	50.59
	30	368.61	124.39	17.1	61.60	265.40	69.64	73.76	87.18	40.75	53.25
4. 填料层厚度	30 cm	368.61	133.58	25.70	56.79	265.40	90.73	65.81	87.18	43.87	49.67
	40 cm	368.61	128.20	24.20	58.66	265.40	87.24	67.13	87.18	43.50	50.11
	50 cm	368.61	123.46	22.45	60.41	265.40	81.90	69.14	87.18	43.07	50.59
	60 cm	368.61	118.74	20.68	62.18	265.40	76.31	71.25	87.18	42.85	50.85
	70 cm	368.61	115.43	17.57	63.92	265.40	73.87	72.17	87.18	42.69	51.03
5. 淹没区深度	0 cm	368.61	123.46	22.45	60.41	265.40	81.90	69.14	87.18	43.07	50.59
	10 cm	368.61	136.08	12.68	59.64	265.40	76.30	71.25	87.18	41.54	52.36
	20 cm	368.61	145.00	7.60	58.60	265.40	70.25	73.53	87.18	39.14	55.10
	30 cm	368.61	148.55	6.41	57.96	265.40	66.19	75.06	87.18	38.17	56.21
	40 cm	368.61	152.48	5.54	57.13	265.40	62.84	76.32	87.18	38.95	55.32

1. 模拟结果讨论

（1）不同氮素进水浓度对氮素去除效果的影响

在汇流比为 10∶1，填料层厚度为 50 cm 且无淹没区的情况下，高、中、低的氮素进水浓度分别对应不同的硝氮与氨氮去除率。随着进水浓度的增大，雨水花园对氮素的去除效果减弱，这是因为雨水花园的填料层对氮素的吸附效果一定，不会随着进水浓度而改变，所以高进水浓度会降低氮素去除率。对氨氮的去除效果变化尤为明显，低浓度硝氮（4.5 mg/L）比高浓度硝氮（10 mg/L）进水时的硝氮去除率高 6.48%，而低浓度氨氮（1.5 mg/L）比高浓度氨氮（3 mg/L）进水时的氨氮去除率高了 39.55%，分析原因是高进水浓度条件时，氨氮在硝化菌的作用下转换为硝氮，硝氮浓度本就很高，而反硝化菌群增殖速度慢且难以维持较高生物浓度，且反硝化过程需要一定碳源，这就抑制了反硝化过程（Peralta et al., 2010），所以进水浓度降低，氨氮的去除效果比硝氮的去除效果增加明显。

（2）不同汇流比对水量削减和氮素去除效果的影响

不同的汇流比意味着不同的进水水量，汇流比由 10∶1 增大到 18∶1，进水水量不断增大，由于雨水花园的容积一定，排水量与溢流量也随之增加，水量削减率由 60.41%不断减小到 42.93%。随着汇流比的增加，进水水量增加，氮素进水负荷也会增大，氮素的去除率也随之减小，除了吸附效果影响之外，大水量进水在雨水花园中流速变大，不能使填料与进水充分接触，这也成为降低氮素去除效果的主要原因。

（3）不同蓄水层高度对水量削减和氮素去除效果的影响

随着蓄水层高度的增加，雨水花园的滞留容量增大，使得溢流量减少，雨水与花园填料的接触时间增多，水量削减率和氮素去除率均呈现增加趋势。当蓄水层深度由 20 cm 增加到 30 cm 时，雨水花园水量削减率提高了 2.25%，因为当进水水量一定时，增大蓄水层深度，排水量变化不大，溢流量减少了，所以水量削减率有所提高。与此同时，硝氮去除率提高了 8.96%。氨氮去除率提高了 4.06%。

（4）不同填料层厚度对水量削减和氮素去除效果的影响

水量削减率随着填料层厚度的增加而有所增加，这是填料层厚度增加使得雨水花园的滞留容量增大的原因所致。雨水花园对两种氮素的去除率变化趋势相同，随着填料层厚度的增加，进水与填料接触面变多，可充分吸附氮素污染物，硝氮和氨氮的去除效果变好。填料层厚度由 30 cm 增加到 70 cm，硝氮去除率增加了 6.36%，氨氮去除率增加了 1.36%，氨氮去除率增加不明显，原因是在进水量相同的情况下，增加雨水花园深度会造成池底部氧气匮乏，硝化去除氨氮的过程就会受阻碍，所以其去除率增加缓慢。

（5）不同淹没区高度对水量削减和氮素去除效果的影响

淹没区的改变是靠改变排水管出水口高度来实现的，由模拟结果可以得出，水量削减率随淹没区深度增加而降低，这与张佳扬（2014）所得出的结果一致。随着淹没区深度的增加，排水管出水口高度抬高，增大来水出流速度，溢流量有所减小，排水量增加的多，导致雨水花园对水量的削减效果由 60.41%降低到 57.13%。而淹没区的增加使得厌氧区高度增加，给反硝化细菌提供更多的厌氧场所，反硝化反应能更顺利地进行，所以硝氮的去除效果增加显著。当雨水花园的厌氧区深度不高时，厌氧区虽不利于氨氮硝化，但顶部仍有充足氧气，所以对氨氮去除效果影响不大，且硝氮去除增加，也会促进氨氮的硝化反应，所以氨氮的去除率略有增加。当淹没区持续增加，好氧区减少，就会影响氨氮的去除，导致氨氮去除率有下降趋势。

2. 参数优化结果讨论

结合 DRAINMOD 模型模拟结果，用响应曲面法建立的水量削减率、氮素率与各因素之间的多元二次回归方程为

$$\begin{aligned}\text{水量削减率} = {} & 49.6 + 0.25A - 0.25B - 10.64C + 1.12D + 6.06E - 2.01F + 0.69C^2 + 0.053D^2 \\ & - 0.19E^2 + 0.11F^2\end{aligned}$$

$$硝氮去除率 = 71.4 - 3.42A + 0.18B - 4.5C + 4.48D + 5.37E + 4.08F + 0.71C^2 + 0.08D^2 - 0.61E^2 - 0.97F^2$$

$$氨氮去除率 = 42.57 + 76.4A - 96.17B - 7.56C + 2.03D + 1.08E + 2.06F + 0.76C^2 + 0.8D^2 - 0.15E^2 - 2.95F^2$$

式中，A 为硝氮进水浓度；B 为氨氮进水浓度；C 为汇流比；D 为蓄水层深度；E 填料层厚度；F 为淹没区深度。

在不同的限定条件和优化目标下，对填料层厚度和淹没区深度的优化结果如表 5.3 和表 5.4 所示。

表 5.3　氮素负荷去除率最优时的优化结果

限定条件		优化结果					
汇流比	氮素入流浓度	蓄水层高度/cm	填料层厚度/cm	淹没区深度/cm	设施总高/cm	硝氮负荷削减率/%	氨氮负荷削减率/%
12∶1	低	21	37	22	93	66.46	100
	中	23	40	27	98	67.79	100
	高	24	44	36	103	69.52	100
14∶1	低	25	46	29	106	69.53	100
	中	27	50	38	112	72.49	100
	高	28	57	42	120	72.09	100
16∶1	低	29	58	32	122	75.71	100
	中	30	63	39	128	75.63	100
	高	30	70	45	135	75.52	100

表 5.4　水量削减及氮素负荷去除率均优时的优化结果

限定条件		优化结果						
汇流比	氮素入流浓度	蓄水层高度/cm	填料层厚度/cm	淹没区深度/cm	设施总高/cm	水量削减率/%	硝氮负荷削减率/%	氨氮负荷削减率/%
12∶1	低	22	42	26	99	51.6	70.05	100
	中	24	47	33	106	53.34	73.2	100
	高	25	53	37	113	53.35	72.1	100
14∶1	低	26	56	39	117	49.44	75.43	100
	中	29	62	41	126	50.04	73.79	71.1
	高	30	67	41	132	52	76.54	88.97
16∶1	低	30	71	38	136	48.85	78.86	88.49
	中	30	80	39	145	50.09	79.02	67.27
	高	30	80	40	145	49.47	73.99	84.32

由表 5.3 和表 5.4 可以看出，仅考虑氮素调控效果最优，随着汇流比和氮素进水浓度的增加，填料层厚度由 37 cm 增大到 70 cm，高汇流比和高进水浓度下的淹没区深度比低汇流比和低进水浓度时高 23 cm，要使氮素去除率高，就需要加深淹没区深度；同时考虑水量和氮素调控效果，随着汇流比增大，填料层厚度由 42 cm 增大到 80 cm，可见填料层厚度是影响水量削减率的关键因素，高汇流比和高进水浓度下的淹没区深度比低汇流比和低进水浓度时高 14 cm，淹没区厚度占设施总厚度的比例没有氮素调控效果最优时的比例高。仅考虑氮素调控效果最优时，优化的氮素去除率为 80%～90%；同时考虑水量和氮素调控效果最优时，优化的水量削减率为 40%～70%，氮素去除率为 75%～85%。此表中的设施总高度即为蓄水层深度、覆盖层厚度、填料层厚度、砾石排水层厚度之和，可为雨水花园的建设提供参考。

5.2 基于 HYDRUS-1D 的低影响开发设施模拟与设计优化

5.2.1 模型简介

1. 模型原理

HYDRUS-1D 是国际地下水模型中心公布的，计算包气带水分、盐分运移规律的软件，可以解算不同边界条件制约下的数学模型（Simunek et al.，2008）。HYDRUS-1D 界面包括前处理和后处理两部分，前处理工具包括模拟内容选择、几何形状参数及剖面方式、时间信息、输出方式、水流的迭代参数、土壤水分特征模型、土壤水分特征曲线参数、边界条件、溶质运移的一般信息、运移参数、化学反应参数、边界条件、土壤剖面图形界面和数据列表等。后处理工具包括观察点信息、剖面信息、边界流量和水头、实际和积累的边界流量等（图 5.8）。

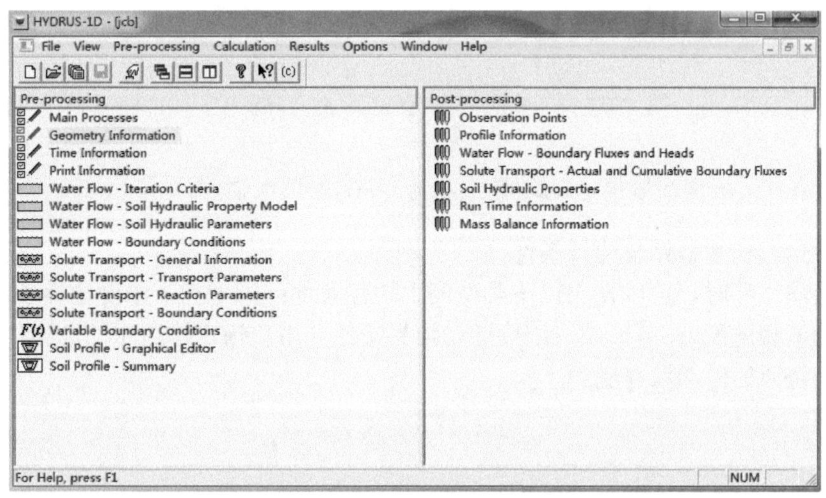

图 5.8 HYDRUS-1D 界面

软件可以进行计算的模块包括水分运移模块（water flow）、溶质运移模块（solute transport）、热传导模块（heat transport）、植物根系吸收水分模块（root water uptake）及植物根系生长模块（root growth）等。在模拟垂向剖面水流及溶质运移时，一维饱和-非饱和土壤水运动采用 Richards 方程进行描述（王小丹等，2015）。其表达式为

$$\frac{\partial \theta}{\partial t}=C(h)\frac{\partial h}{\partial t}=\frac{\partial}{\partial z}\left[K(\theta)\left(\frac{\partial h}{\partial z}-1\right)\right]-S(h) \tag{5.3}$$

式中，θ 为土壤含水率；C（h）为比水容量；h 为压力水头，cm；t 为时间；K 为土壤导水率，L/T；S 为单位时间单位体积土壤中根系吸水率；z 为垂直坐标，cm，取向下为正。

模拟溶质在土壤中的运移和转化过程采用传统的对流弥散方程：

$$\frac{\partial(\theta c+\rho c_s)}{\partial t}=\frac{\partial}{\partial z}\left[\theta D_{\mathrm{dh}}\frac{\partial c}{\partial z}\right]-\frac{\partial(qc)}{\partial z}-R_{\mathrm{s}} \tag{5.4}$$

式中，c_{s} 为土壤剖面中溶质的浓度，mg/kg；ρ 为土壤容重，g/cm^3；q 为土壤水分通量，cm/d；D_{dh} 为水动力弥散系数，综合反映土壤水中有效分子扩散和机械弥散机制，cm^2/d；θ 为土壤含水率，cm^3/cm^3；R_{s} 为汇源项。

2. 初始条件与边界条件

设定模拟研究初期，土壤剖面含水量均匀分布，即 $\theta(0,x)=\theta_i$（θ_i 初始土壤含水量）。土壤边界条件分为浓度型、通量型和混合型三类，第一类边界条件土壤供水边界含水量恒定；第二类通量型适合于降雨-入渗过程，土壤表面供水强度维持不变且不形成表面径流；第三类边界条件为前两类的混合，对于降雨过程而言，降雨初期雨水全部入渗，属于第二类边界条件，当降雨强度大于入渗强度时土壤表面形成积水处于饱和状态时，边界条件认为是浓度型。水分运移方面，上边界条件选取具有表面层的大气边界条件（atmospheric boundary condition with surface layer）；由于设施底部设置足够尺寸的穿孔排水管，开孔比例充裕，因此设施底部边界条件设置为自由排水（free drainage）；初始条件为试验前土壤含水率。

$$\text{第一类：}\ \theta(t,0)=\theta_1 \quad \text{或} \quad \varphi(t,0)=\varphi_1 \tag{5.5}$$

$$\text{第二类：}\ -D(\theta)\frac{\partial \theta}{\partial z}+k(\theta)=R(t)\ \ t>0,z=0 \tag{5.6}$$

式中，θ 为边界土壤含水量；φ_1 为边界土水势；$R(t)$为供水强度。

3. 溶质运移初始条件与边界条件

模拟溶质运移时，可以使用以下类型的上边界条件：第一类，浓度边界条件（用户指定边界处的液相浓度）；第二类，浓度通量边界条件（用户指定渗透水的液相浓度）；第三类，挥发性溶质的停滞边界层。

$$c(0,\ t)=c_0(t) \tag{5.7}$$

$$\left(-\theta \mathrm{D}\frac{\partial c}{\partial z}+qc\right)\Big|_{z=0}=\begin{cases} q_0c_0, & q_0>0 \\ 0, & q_0\leqslant 0 \end{cases} \tag{5.8}$$

$$\frac{\partial c}{\partial z}\Big|_{z=l}=0\ \ q_1>0 \tag{5.9}$$

式中，c_0 为土壤表面污染物浓度；q_0 为土壤表面达西流动通量（蒸发期间 $q_0 \leqslant 0$，土壤表面截面污染物通量为零）；q_l 为 $z=l$ 处的净排水通量。

溶质运移方面，依据实际情况，溶质运移的上边界条件选取浓度通量边界（concentration flux BC），在整个模拟降雨过程当中供水浓度保持恒定；下边界条件选取零浓度梯度边界（zero concentration gradient）；初始条件选取液相浓度。纵向弥散度 D_L 设定为介质层厚度的10%，由经验公式 $D_w=(2.71\times10^{-4})/M^{0.71}$ 计算溶质在水中的分子扩散系数 D_w，式中 M 为溶质的摩尔质量（李玮等，2013）。除此之外根据实际情况作出了一些假设：每层填料本身是均质的，不存在混合不均匀的现象；在入渗的过程中填料本身的结构不会发生变化；不考虑水分的滞后现象；不考虑植物根系吸水对水分和溶质运移的影响；不考虑温度的影响；模型本身只能模拟一维垂直方向的水分及溶质运移，故不考虑横向和侧向的运移情况。

5.2.2 模型参数敏感性分析

敏感性分析是不确定性分析方法中的一种。在应用模型进行模拟的过程中，根据来源的不同，模型的不确定性主要分为三种：基础数据的不确定性、模型结构的不确定性和模型参数的不确定性（吴吉春和陆乐，2011）。基础数据主要包括（人工）降雨数据以及相关的水质数据。基础数据的不确定性主要来源于实际监测过程中以及水质分析过程中的操作不规范。本研究所用到的基础数据均由课题组成员监测所得，本课题组从事相关研究已经达十余年，相关的监测手段已经成熟，因此基础数据的可靠性可以得到保障。模型结构的不确定性，主要是由于在建立数学模型的过程中，由于认知上的不全面或者对机理过程进行简化、假设处理，导致了模型结构具有一定的不确定性。目前对于模型结构的不确定分析还缺乏权威的理论和技术手段，现阶段大多采用将多种模型进行对比分析或者将识别的参数进行统计分析的方法来进行间接验证（郝改瑞等，2018）。本研究选用的 HYDRUS-1D 软件自 20 世纪 90 年代问世以来已经在相关领域得到了广泛的应用并得到了相关专家学者的一致好评，模型的可靠性也得到了反复的验证。模型参数的不确定性是由于在模型建立的过程当中一些水文水力水质参数难以准确地获取，只能通过查阅相关文献、模型的用户手册或者以往的经验来进行设定，适用性难以得到保障，不确定性也就随之而来。

1. 模型参数敏感性分析的意义

模型参数的不确定性问题普遍存在于各种模型当中。在地下水数值模拟、城市雨洪模拟以及非饱和带水分及溶质运移模拟等方面普遍存在，许多学者已经在模型参数对模拟结果的不确定性的影响方面做了大量的研究，并且得出了一致的结论：模型参数敏感性的增大使其对模拟结果不确定性的影响增大（杨军军等，2013；付宏渊等，2011）。除此之外，参数的敏感性分析是进行模型率定和验证的重要前提。因此，对模型的参数进行敏感性分析是非常有必要的。模型参数的敏感性分析通常是指从定性分析或者定量分析的角度来研究相关输入参数的变化对某一个或者某一组响应指标的影响程度（林杰等，2010）。敏感性分析主要包括两种：全局敏感性分析和局部敏感性分析。全局敏感性分析法需要综合考虑各个参数的作用，研究在考虑各个参数之间相互作用的条件下对模拟结果的影响，但全局敏感性分析法的计算量过大，因此这种方法在用于分析参数较多的模型时工作量较大，难度也比较大。局部敏感性分析法主要是用来评估在其他参数保持不变的前提下，某个参数的变化对模拟结果影响程度，最终目的是筛选出对模拟结果影响较大的参数，在获取这些参数时要尽量提高其准确度。而对其他参数取经验值即可。这样会很大程度上减少模型参数率定和验证的工作量。与此同时也可以加深模型的使用者对模型的理解，不同的输入参数对模型的影响方式有所不同，有的参数对出水时间的影响程度比较大，有的参数对浓度去除率影响比较大，全面掌握参数对模型的影响程度和方式有助于在不同的模型使用条件下选择相应的敏感参数进行重点识别（Lenhart et al.，2002）。本研究综合考虑输入参数和研究需求两方面，选择使用局部敏感性分析法来进行模型参数的敏感性分析。

2. 模型参数敏感性分析的基本步骤

进行模型参数的敏感性分析主要包括以下几个步骤（石晓蕾，2012）：

1）确定敏感性分析的评价指标。根据所分析的对象及最终所想要得到的结果可以将敏感性分析的评价指标确定出来。

2）影响因素（模型参数）的选取。在进行参数的敏感性分析时，不需要也不可能对存在的所有影响因素都进行敏感性分析。所以在选择影响因素时，需要根据相关的资料，查阅相关的文献再结合自己的一些经验在众多影响因素当中将一些主要的影响选取出来进行敏感性分析。这样可以减少许多工作量，提高工作的效率。

3）计算模型参数的变化对敏感性分析评价指标的影响程度。在对评价指标进行局部（单因素）敏感性分析时，需要在保证其他影响因素不变的前提下，将其中的一个影响因素进行上下扰动，然后计算出该参数进行扰动时评价指标的变化率，判别出该参数的变化对评价指标的影响程度。其余的影响因素也是按照这个方法来进行扰动，得出每个参数进行扰动时评价指标的变化率，最终得到每个参数对评价指标的影响程度。

4）分别确定影响不同评价指标的模型参数敏感性排序。根据得到的每个参数上下扰动时评价指标的变化率，确定出影响不同评价指标的模型参数敏感性排序。识别并筛选出对不同评价指标影响程度较大的几个敏感性参数，为模型的率定验证提供便利。

3. 模型参数敏感性分析

不确定性分析方法按照其求解原理可以分为蒙特卡罗法、矩方程法、贝叶斯法及其他方法。本研究采用目前应用较广的一种不确定性分析方法 Morris 筛选法进行敏感度分析。Morris 分类筛选法属于一次变化一个参数的方法（one factor at a time，OAT），首先选取一个参数 x_i，其余的参数值固定不变，在参数的阈值范围内随机改变参数值 x_i，运行模型得到模型输出值 $y(x)=y(x_1, x_2, x_3, \cdots, x_n)$，通过计算模型输出值相对于输入值的变化率但反映设计参数变化对模型运行结果的敏感性程度：

$$e_i = (y^* - y)/\Delta_i \tag{5.10}$$

式中，e_i 为 Morris 系数；y^* 和 y 分别为参数变化前后的模型输出值；Δ_i 为参数 i 的变化幅度。

修正的 Morris 分类筛选法中自变量以固定步长变化，参数的敏感度判别因子为多次扰动计算出的摩尔斯系数的平均值，如式（5.11）所示。参照 Lenhart（2002）的研究，对参数的局部敏感性进行分级，如表 5.5 所示。

$$S = \sum_{i=0}^{n-1} \frac{(Y_{i+1} - Y_i)/Y_0}{(P_{i+1} - P_i)/100} / n \tag{5.11}$$

式中，S 为敏感性判别因子；Y_i 和 Y_{i+1} 分别为模型第 i 次和第 i+1 次运行输出值；Y_0 为初始计算结果；P_i 为模型第 i 次运算参数值相对于初始参数值变化的百分率；P_{i+1} 为模型第 i+1

次运算参数值相对于初始参数值变化的百分率；n 为模型运行次数。

表 5.5　参数敏感性分级表

等级	敏感性判别因子范围	敏感性
Ⅰ	$\overline{\lvert S \rvert} \geqslant 1$	高敏感参数
Ⅱ	$0.2 \leqslant \overline{\lvert S \rvert} < 1$	敏感参数
Ⅲ	$0.05 \leqslant \overline{\lvert S \rvert} < 0.2$	中敏感参数
Ⅳ	$0 \leqslant \overline{\lvert S \rvert} < 0.05$	不敏感参数

5.2.3　生物滞留带关键参数模拟与优化

1. 生物滞留带关键参数敏感性分析

本研究在进行生物滞留设施关键参数的率定验证之前，采用修正 Morris 检验法来分析生物滞留设施多个参数的敏感性。在保持其余参数不变的情况下，以实际试验的数据以及查阅的相关资料获得的模型参数为基础，以 5%为固定步长对水文、水力或者水质参数中的某一参数值进行扰动，扰动范围分别为初始值的 80%、85%、90%、95%、105%、110%、115%和 120%。其他参数保持固定不变，分析在两种监测降雨条件下，相关参数对径流总量、污染物浓度及负荷削减效果的敏感性。相关参数信息如表 5.6 所示。分别将生物滞留设施水量削减率、浓度去除率和污染物负荷削减率作为参数敏感性的评价指标，分析各参数的敏感性。混合填料/分层填料生物滞留池分别选试验 3（V_{in}=238.9 L，中浓度）、试验 4（V_{in}=358.3 L，低浓度）和试验 7（V_{in}=412.8 L，高浓度），三种情景进行参数的敏感性分析，污染物以总氮为例。混合填料/分层填料生物滞留池参数敏感性排序如表 5.7 和表 5.8 所示。

表 5.6　相关参数信息

参数名称	符号	单位	取值范围	参数名称	符号	单位	取值范围
进水水量	V	L	114.8～550.4	孔径分布参数	n	—	1.1～2.9
进水浓度	C	mg/L	4.5～18	渗透系数	K_s	cm/min	0.1～5
蓄水层厚度	H_x	cm	10～30	填料容重	ρ_b	g/cm^3	0.8～1.5
填料层厚度	H_t	cm	0～100	填料纵向弥散度	D_s	cm	1～20
初始含水率	θ_0	cm^3/cm^3	0.05～0.5	自由水中扩散系数	D_W	cm^2/d	0～1
残余含水率	θ_r	cm^3/cm^3	0～0.1	吸附经验常数	β	—	0～5
饱和含水率	θ_s	cm^3/cm^3	0.3～0.6	液相反应速率常数	μ_w	—	−0.05～0.05
进气吸力倒数	α	$1/cm^3$	0～0.15	填料吸附系数	K_d	cm^3/g	0～5

注：对于分层填料，系统关键参数中与填料相关的因子均分为上层填料和下层填料两种情况

表 5.7　混合填料参数敏感性排序

参数	水量削减			浓度去除			负荷削减		
	$\overline{\lvert S \rvert}$	敏感性	排序	$\overline{\lvert S \rvert}$	敏感性	排序	$\overline{\lvert S \rvert}$	敏感性	排序
V	1.31	高敏感	2	2.773	高敏感	4	0.199	中敏感	7
C	0	不敏感	10	0.543	敏感	13	0.041	不敏感	12

续表

参数	水量削减			浓度去除			负荷削减		
	$\overline{\|S\|}$	敏感性	排序	$\overline{\|S\|}$	敏感性	排序	$\overline{\|S\|}$	敏感性	排序
H_x	0.078	中敏感	7	1.847	高敏感	10	0.235	敏感	6
H_t	1.078	高敏感	3	7.805	高敏感	1	0.81	敏感	1
θ_0	1.062	高敏感	4	1.746	高敏感	11	0.009	不敏感	15
θ_r	0.072	中敏感	8	0.039	不敏感	16	0.01	不敏感	14
θ_s	1.319	高敏感	1	2.29	高敏感	7	0.423	敏感	2
α	0.04	不敏感	9	0.255	敏感	14	0.015	不敏感	13
n	0.544	敏感	5	2.096	高敏感	9	0.416	敏感	3
K_s	0.42	敏感	6	2.21	高敏感	8	0.117	中敏感	11
ρ_b	0	不敏感	10	2.598	高敏感	5	0.191	中敏感	8
D_s	0	不敏感	10	1.025	高敏感	12	0.123	中敏感	10
D_w	0	不敏感	10	0.086	中敏感	15	0.006	不敏感	16
K_d	0	不敏感	10	2.598	高敏感	5	0.191	中敏感	8
β	0	不敏感	10	4.228	高敏感	3	0.253	敏感	5
μ_w	0	不敏感	10	5.968	高敏感	2	0.288	敏感	4

注：$\overline{|S|}\geqslant 1$ 高敏感参数；$0.2\leqslant\overline{|S|}<1$ 敏感参数；$0.05\leqslant\overline{|S|}<0.2$ 中敏感参数；$0\leqslant\overline{|S|}<0.05$ 不敏感参数

表 5.8　分层填料参数敏感性排序

参数	水量削减			浓度去除			负荷削减		
	$\overline{\|S\|}$	敏感性	排序	$\overline{\|S\|}$	敏感性	排序	$\overline{\|S\|}$	敏感性	排序
V	0.847	敏感	2	0.910	敏感	4	0.950	敏感	1
C	0.000	不敏感	17	0.554	敏感	6	0.456	敏感	5
H_x	0.272	敏感	8	0.403	敏感	8	0.041	不敏感	13
H_{t1}	0.635	敏感	3	1.027	高敏感	2	0.454	敏感	6
H_{t2}	0.281	敏感	7	0.963	敏感	3	0.512	敏感	3
θ_1	0.086	中敏感	11	0.190	中敏感	12	0.040	不敏感	14
θ_2	0.118	中敏感	10	0.176	中敏感	13	0.082	中敏感	10
θ_{r1}	0.062	中敏感	13	0.022	不敏感	21	0.038	不敏感	15
θ_{r2}	0.004	不敏感	16	0.002	不敏感	23	0.002	不敏感	23
θ_{s1}	1.744	高敏感	1	0.404	敏感	7	0.420	敏感	7
θ_{s2}	0.552	敏感	4	0.688	敏感	5	0.462	敏感	4
α_1	0.012	不敏感	15	0.055	中敏感	16	0.009	不敏感	21
α_2	0.013	不敏感	14	0.049	不敏感	17	0.009	不敏感	20
n_1	0.426	敏感	6	0.100	中敏感	14	0.029	不敏感	16
n_2	0.434	敏感	5	0.037	不敏感	19	0.057	中敏感	12
K_{s1}	0.166	中敏感	9	1.320	高敏感	1	0.573	敏感	2

续表

参数	水量削减			浓度去除			负荷削减		
	$\overline{\|S\|}$	敏感性	排序	$\overline{\|S\|}$	敏感性	排序	$\overline{\|S\|}$	敏感性	排序
K_{s2}	0.082	中敏感	12	0.041	不敏感	18	0.020	不敏感	17
ρ_{b1}	0.000	不敏感	17	0.061	中敏感	15	0.019	不敏感	18
ρ_{b2}	0.000	不敏感	17	0.232	敏感	11	0.060	中敏感	11
D_{L1}	0.000	不敏感	17	0.009	不敏感	22	0.005	不敏感	22
D_{L2}	0.000	不敏感	17	0.032	不敏感	20	0.010	不敏感	19
D_W	0.000	不敏感	17	0.000	不敏感	24	0.000	不敏感	24
K_{d1}	0.000	不敏感	17	0.373	敏感	9	0.253	敏感	9
K_{d2}	0.000	不敏感	17	0.332	敏感	10	0.274	敏感	8

注：上层和下层填料相关参数分别用下标 1 和 2 表示

混合填料敏感性分析结果表明：影响水量削减率的参数按照敏感度判别因子绝对值大小排序为 $\theta_s>V>H_t>\theta_0>n>K_s>H_x>\theta_r$，$\alpha$、$C$、$\rho_b$、$D_s$、$D_W$、$K_d$、$\beta$、$\mu_w$ 对水量削减率没有影响；影响浓度去除率的参数按照敏感度判别因子绝对值大小排序为 $H_t>\mu_w>\beta>V>\rho_b>K_d>\theta_s>K_s>n>H_x>\theta_0>D_s>C>\alpha>D_w>\theta_r$；影响污染物负荷削减率的参数按照敏感度判别因子绝对值大小排序为 $H_t>\theta_s>n>\mu_w>\beta>H_x>V>K_d>\rho_b>D_s>K_s>C>\alpha>\theta_r>\theta_0>D_w$。分层填料敏感性分析结果表明：影响水量削减率的参数按照敏感度判别因子的绝对值由大到小分别是 $\theta_{s1}>V>H_{t1}>\theta_{s2}>n_2>n_1>H_{t2}>H_x$；影响浓度去除率的参数按照敏感度判别因子的绝对值由大到小分别为：$K_{s1}>H_{t1}>H_{t2}>V>\theta_{s2}>C>\theta_{s1}>H_x>K_{d1}>K_{d2}>\rho_{b2}$；影响污染物负荷削减率的参数按照敏感度判别因子的绝对值由大到小分别是 $V>K_{s1}>H_{t2}>\theta_{s2}>C>H_{t1}>\theta_{s1}>K_{d2}>K_{d1}$。李远（2015）用 HYDRUS 模拟粘壤土土壤水分和盐分的运动规律，参数敏感性分析结果表明：残余含水率 θ_r、饱和含水率 θ_s、经验参数 n、饱和导水率 K_s 和弥散度 a_L 对模型模拟结果均有影响。综上，本研究中以入流水量（V）、填料厚度（H_t）、经验参数（n）、饱和含水率（θ_s）和饱和导水率（K_s）为影响水分运移的敏感性参数，以入流水量（V）、入流浓度（C）、填料厚度（H_t）和填料等温吸附常数（K_d）为影响污染物运移的敏感性参数。

2. 模型率定与验证

生物滞留池存储容量不足会削弱其处理潜力，设计规模不足的设施将出现高溢流率，并使雨水绕过存储和处理，导致污染物去除率低于目标值（Wang et al.，2017）。渗透系数是生物滞留填料设计的一个重要参数，其取决于填料的特性和结构组合。本研究中，BSM、BSM+10%WTR 混合、BSM+10%WTR 分层、BSM+10%粉煤灰混合、BSM+10%粉煤灰分层稳定下渗率分别为 0.509 m/d、1.385 m/d、0.850 m/d、0.120 m/d、0.206 m/d。填料厚度也是生物滞留池设计的关键参数之一，影响着径流雨水在生物滞留设施中的停留时间，污染物吸附点位的数量和微生物附着生长的面积。Brown 和 Hunt（2011）用沙壤土填充 0.6 m 和 0.9 m 两种填料厚度的生物滞留单元，经过一年的监测发现，由于渗透量的增加，填料深度较深的单元更多频次的达到了预先设定的 LID 水文目标（达到目标的降雨事件占总监测降雨事的比率为：44%和 21%）；同时因为出流量的减少增加了污染物负荷的去除率，估算两种填料厚度下，生物滞留单元 TN、TP 和 TSS 年负荷削减率分别为：19%、44%、82%（0.9 m 填料单元），21%、10%、71%（0.6 m 填料单元），其研究中 TN 去除率低认为是施肥土壤中硝氮的影响，TP 去除率主要受不可预见的磷素入流浓度阻碍。

《指南》建议复杂性生物滞留池换土层（改良填料层）厚度为 250～1200 mm。本研究以 BSM+10%WTR（分层/混合），BSM+10%粉煤灰（分层/混合）为例，基于填料中试实测基本特性与模拟降雨试验结果，建立填料厚度与污染物负荷削减之间的相关关系。模拟生物滞留系统从上而下为 15 cm 蓄水层、5 cm 覆盖层、混合填料总厚度 70 cm（分层填料结构为 60 cm BSM+10 cm WTR/粉煤灰）。在此基础上进行填料厚度变化对设施调控效果影响的分析，系统结构如图 5.9 所示。

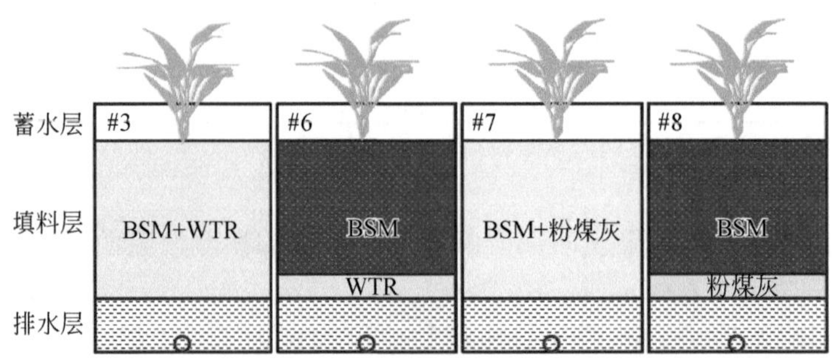

图 5.9　设施结构剖面图

根据进水水量的大小和进水污染物浓度的高低，混合填料/分层填料生物滞留池分别选试验 3（V_{in}=238.9 L，中浓度）和试验 4（V_{in}=358.3 L，低浓度）对模型进行率定，选取试验 7（V_{in}=412.8 L，高浓度）试验结果对模型进行验证，观测点设置在填料层底部。模拟降雨试验降雨历时 60 min，模型模拟初始时间为 0 min，由于出流的延迟，模拟总时间为 120 min，迭代计算参数默认。

均方根误差（RMSE）为每个模型的观测值和模拟值之间的平均差异，是测量精度的良好反映（式（5.12））。Nash-Sutcliffe 效率（Ens）常用于测量建模值与观测值的拟合度，效率计算如式（5.13）所示（Jacobs et al.，2009）。率定期和验证期的水量削减率的均方根误差均值为 8.5%，负荷削减率均方根误差均值为 8.0%。效率系数均在 0.54 以上，模拟值与实测值的拟合程度和匹配程度较高。经率定验证后的生物滞留池填料层特性参数如表 5.9 和表 5.10 所示。

$$\mathrm{RMSE}=\sqrt{\frac{1}{N}\sum_{i=1}^{N}(M_i-O_i)^2} \tag{5.12}$$

$$\mathrm{Ens}=1-\left(\frac{\sum_{i=1}^{N}(Q_i-M_i)^2}{\sum_{i=1}^{N}(Q_i-\overline{Q})^2}\right) \tag{5.13}$$

式中，N 为样本数据总量；M_i 为第 i 个模拟值；O_i 为第 i 个观测值。

表 5.9　填料层水力特性参数

填料种类	残余含水率 θ_r/（cm^3/cm^3）	饱和含水率 θ_s/（cm^3/cm^3）	经验参数 n	渗透系数 K_s/（cm/min）	填料容重 ρ/（g/cm^3）	经验参数 l
BSM	0.041	0.386	1.56	1.517	1.15	0.5
BSM+WTR	0.052	0.447	1.76	0.863	1.17	0.5
BSM+粉煤灰	0.047	0.460	1.94	0.476	1.20	0.5
WTR	0.151	0.437	1.40	0.753	0.92	0.5
粉煤灰	0.101	0.493	1.30	0.674	0.99	0.5

注：经验参数 l 默认取 0.5

表 5.10　填料层水质特性参数

填料种类	TP		TN		COD		Cu		Zn		Cd	
	K_d	β	K_d	β	K_d	β	K_d	β	K_d	β	K_d	β
BSM	0.685	1.36	0.174	0.90	0.072	0.93	0.087	0.64	0.263	1.35	0.572	1.52
BSM+W.	2.486	1.84	0.045	0.97	0.249	0.78	0.191	0.98	0.486	1.57	0.339	1.31
BSM+F.	0.183	0.82	0.021	0.52	0.012	0.62	0.018	1.45	0.027	0.83	0.080	1.51
WTR	4.973	1.86	0.024	0.11	0.268	0.82	0.114	0.92	0.306	1.43	0.738	1.83
粉煤灰	0.234	1.37	0.232	0.91	0.302	0.88	0.045	0.65	0.964	1.65	0.090	1.36

注：K_d 为吸附系数，cm^3/g；β为经验常数

3. 填料厚度情景模拟

较大的填料厚度可以提高污染物去除效率，因为它可以延长接触时间，并增加雨水在介质中吸附的机会。依据中试数据率定验证的设施敏感性参数，当设计降雨量为两年一遇 1 h 降雨量，汇流面积比 20∶1，中浓度进水时，分别对分层填料和混合填料结构的生物滞留设施进行填料厚度的优化。设计情景如下：混合填料（BSM 与 WTR 混合或 BSM 与粉煤灰混合）设计厚度分别为：30 cm、50 cm、70 cm、90 cm 和 110 cm；分层填料厚度组合分别为：65 cm BSM+5 cm WTR/粉煤灰，60 cm BSM+10 cm WTR/粉煤灰，55 cm BSM+15 cm WTR/粉煤灰，50 cm BSM+20 cm WTR/粉煤灰，45 cm BSM+25 cm WTR/粉煤灰。

对于混合填料的生物滞留系统，填料厚度的增加水量调控效果呈明显增加趋势。在设计降雨条件下，填料层厚度每增加 20 cm，BSM+10% WTR 和 BSM+10%粉煤灰的混合填料水量削减率分别增加约 7.9%和 9.4%。总厚度不变，BSM 厚度每减少 5 cm，改良剂 WTR 和粉煤灰厚度每增加 5 cm，混合填料水量削减率分别增加约 1.1%和 1.8%。以平均污染物负荷削减率表征填料厚度变化情况下，污染物负荷削减率的响应关系。平均污染物负荷削减率（average load reduction，ALR）为 TN、TP、COD_{Cr}，重金属 Cu、Zn、Cd 的算术平均值。仇付国等（2018）通过土柱试验研究填料层最优设计深度，装置从下到上由 200 mm 砾石层、700 cm 填料层（90%砂土+10%污泥，渗透系数 0.068 cm/s）、150 mm 种植土层构成，推荐改良生物滞留设施填料层设计厚度以 40 cm 为宜。本研究试验结果表明：BSM+10%WTR 的混合填料厚度从 30 cm 增加到 110 cm（20 cm 递增），平均污染物负荷削减率分别增加了 15.3%、7.8%、13.2%和 4.2%；BSM+10%粉煤灰的混合填料厚度从 30 cm 增加到 110 cm（20 cm 递增），平均污染物负荷削减率分别增加了 16.2%、14.6%、11.8%和 6.3%。即填料层厚度每增加 20 cm，污染物负荷削减率增加约 11%。以污染物综合负荷削

减率大于 60%为目标，BSM+10%WTR 混合填料设计厚度宜≥50 cm，BSM+10%粉煤灰混合填料设计厚度宜≥70 cm。设计降雨条件下，总厚度不变，BSM 厚度减少，改良剂 WTR 和粉煤灰厚度增加时，污染物负荷削减效果呈增加趋势，但差异不大。

5.2.4 雨水渗井关键参数模拟与优化

1. 雨水渗井关键参数敏感性分析

滤柱以 9#滤柱为例，污染物以 TN 为例，分别在 0.5 年重现期低进水浓度（试验 1）、1 年重现期中进水浓度（试验 5）和 2 年重现期高进水浓度（试验 9）这三种来水情况，90 分钟降雨历时的情景进行模型参数（表 5.11）的敏感性分析。

表 5.11 参数信息说明表

参数名称	符号	单位	取值范围	参数名称	符号	单位	取值范围
进水水量	V	cm/min	0.8～3.6	进气吸力倒数	α	1/cm^3	0.02～0.06
进水浓度	C	mg/L	0.01～300	孔径分布参数	n	—	1.10～2.90
蓄水层厚度	H_x	cm	10～25	渗透系数	K_s	cm/min	1.6～2.4
填料层厚度	H_t	cm	50～300	容重	ρ_b	g/cm^3	0.9～1.5
初始含水率	θ	cm^3/cm^3	0～0.2	纵向弥散度	D_L	cm	5～30
残余含水率	θ_r	cm^3/cm^3	0～0.05	自由水中扩散系数	D_W	cm^2/d	10～20
饱和含水率	θ_s	cm^3/cm^3	0.15～0.4	吸附系数	K_d	cm^3/mg	0.0001～0.05

利用变异系数（coefficient of variance，CV）来判断参数扰动对模型影响的离散程度，变异系数越大说明参数对模型影响的离散程度越大。变异系数=（标准偏差/平均值）×100%。在保持其余参数不变的情况下，以实际试验的数据以及查阅的相关资料获得的模型参数为基础，以 5%为固定步长对模型参数中的某一参数值进行扰动，扰动范围分别为原取值的 0.8 倍、0.85 倍、0.9 倍、0.95 倍、1.05 倍、1.1 倍、1.15 倍和 1.2 倍。根据研究需求分别将溢流开始时间、溢流总量、出水时间、水量消减率、浓度去除率和污染物负荷削减率作为参数敏感性的评价指标，分析各参数对这些评价指标的敏感性。具体的分析结果如表 5.12～表 5.14 所示。

表 5.12 设计参数对溢流开始时间和溢流总量的敏感性

参数	溢流开始时间敏感性			溢流总量敏感性		
	排序（$\lvert S\rvert$）	敏感性	CV/%	排序（$\lvert S\rvert$）	敏感性	CV/%
V	1（3.017）	高敏感	−7.36	1（6.694）	高敏感	59.80
C	9（0.000）	不敏感	—	9（0.000）	不敏感	—
H_x	3（0.815）	敏感	7.67	3（0.819）	敏感	−84.13
H_t	7（0.086）	中敏感	41.52	7（0.050）	中敏感	−55.56
θ	8（0.070）	中敏感	−36.69	8（0.045）	不敏感	59.55
θ_r	9（0.000）	不敏感	—	9（0.000）	不敏感	—
θ_s	4（0.275）	敏感	36.25	5（0.175）	中敏感	−63.43
α	6（0.101）	中敏感	−22.39	6（0.069）	中敏感	76.81
n	5（0.203）	敏感	8.87	4（0.178）	中敏感	−77.53

续表

参数	溢流开始时间敏感性			溢流总量敏感性		
	排序（$\overline{\lvert S\rvert}$）	敏感性	CV/%	排序（$\overline{\lvert S\rvert}$）	敏感性	CV/%
K_s	2（1.500）	高敏感	85.26	2（6.327）	高敏感	−75.88
ρ_b	9（0.000）	不敏感	—	9（0.000）	不敏感	—
D_L	9（0.000）	不敏感	—	9（0.000）	不敏感	—
D_W	9（0.000）	不敏感	—	9（0.000）	不敏感	—
K_d	9（0.000）	不敏感	—	9（0.000）	不敏感	—

表 5.13　设计参数对出水时间和水量削减率的敏感性

参数	出水时间敏感性			水量削减率敏感性		
	排序（$\overline{\lvert S\rvert}$）	敏感性	CV/%	排序（$\overline{\lvert S\rvert}$）	敏感性	CV/%
V	3（0.621）	敏感	−36.89	1（1.306）	高敏感	−21.23
C	9（0.000）	不敏感	—	11（0.006）	不敏感	117.35
H_x	9（0.000）	不敏感	—	7（0.470）	敏感	70.71
H_t	2（1.107）	高敏感	3.45	5（0.767）	敏感	56.21
θ	5（0.396）	敏感	−7.80	6（0.650）	敏感	−57.43
θ_r	8（0.020）	不敏感	54.82	8（0.112）	中敏感	61.64
θ_s	1（1.373）	高敏感	2.64	2（1.301）	敏感	64.02
α	7（0.110）	中敏感	40.68	9（0.078）	中敏感	−48.42
n	6（0.297）	敏感	−13.22	3（1.048）	敏感	−56.91
K_s	4（0.503）	敏感	−43.82	4（0.884）	敏感	−83.87
ρ_b	9（0.000）	不敏感	—	10（0.007）	不敏感	−111.13
D_L	9（0.000）	不敏感	—	12（0.000）	不敏感	—
D_W	9（0.000）	不敏感	—	12（0.000）	不敏感	—
K_d	9（0.000）	不敏感	—	12（0.000）	不敏感	—

表 5.14　设计参数对浓度去除率和负荷削减率的敏感性

参数	浓度去除率敏感性			负荷削减率敏感性		
	排序（$\overline{\lvert S\rvert}$）	敏感性	CV/%	排序（$\overline{\lvert S\rvert}$）	敏感性	CV/%
V	4（0.536）	敏感	−86.46	2（0.767）	敏感	−27.95
C	5（0.520）	敏感	−9.30	4（0.338）	敏感	−11.23
H_x	13（0.000）	不敏感	—	8（0.066）	中敏感	71.17
H_t	1（1.218）	高敏感	4.32	1（0.790）	敏感	5.84
θ	8（0.013）	不敏感	33.23	12（0.003）	不敏感	74.83
θ_r	11（0.003）	不敏感	63.74	10（0.008）	不敏感	14.97
θ_s	6（0.216）	敏感	23.40	6（0.082）	中敏感	11.84
α	10（0.004）	不敏感	227.30	11（0.006）	不敏感	−26.84

续表

参数	浓度去除率敏感性			负荷削减率敏感性		
	排序（$\overline{\lvert S\rvert}$）	敏感性	CV/%	排序（$\overline{\lvert S\rvert}$）	敏感性	CV/%
n	7（0.056）	中敏感	−36.00	7（0.073）	中敏感	−19.67
K_s	3（0.843）	敏感	−68.18	5（0.128）	中敏感	−60.46
ρ_b	2（0.972）	敏感	8.92	3（0.659）	敏感	9.84
D_L	9（0.005）	不敏感	627.59	9（0.047）	不敏感	−35.26
D_W	12（0.001）	不敏感	−196.85	12（0.003）	不敏感	−72.01
K_d	2（0.972）	敏感	8.92	3（0.659）	敏感	9.84

结合图形能更加直观地对参数的敏感性进行对比分析（图 5.10）。

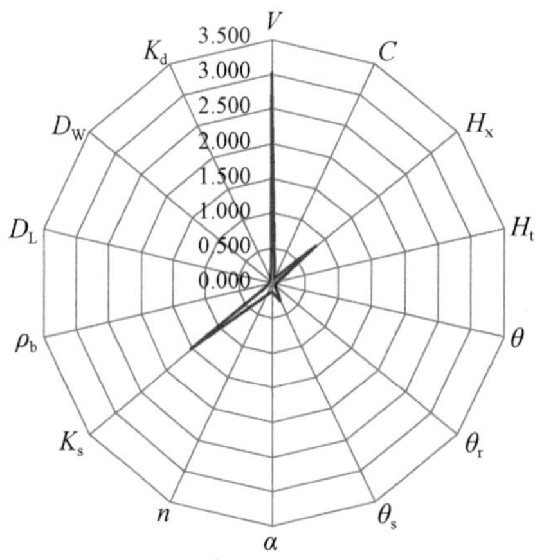

(a) 各参数对溢流时间的敏感性分析结果

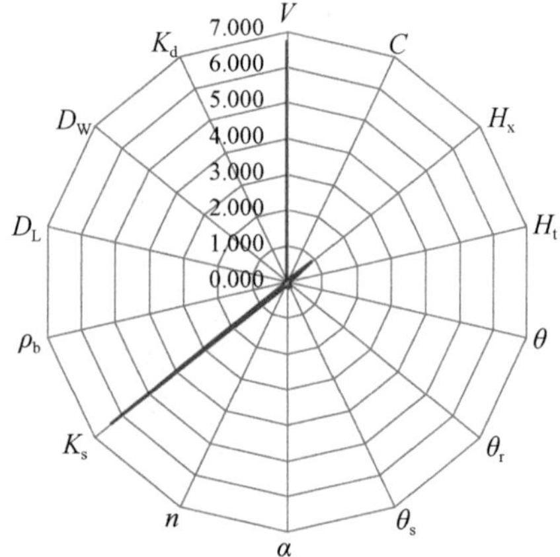

(b) 各参数对溢流总量的敏感性分析结果

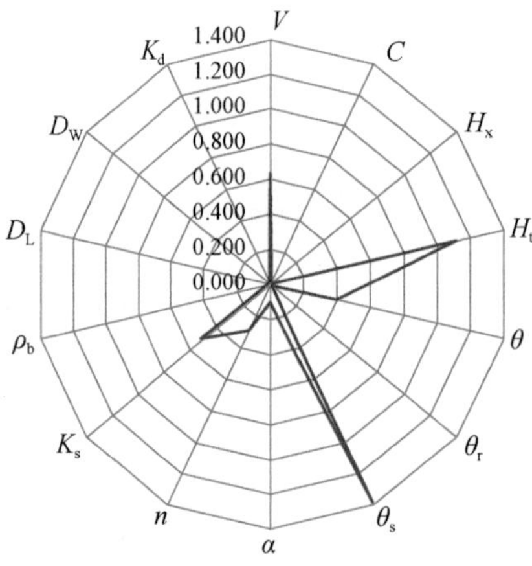

(c) 各参数对出水时间的敏感性分析结果

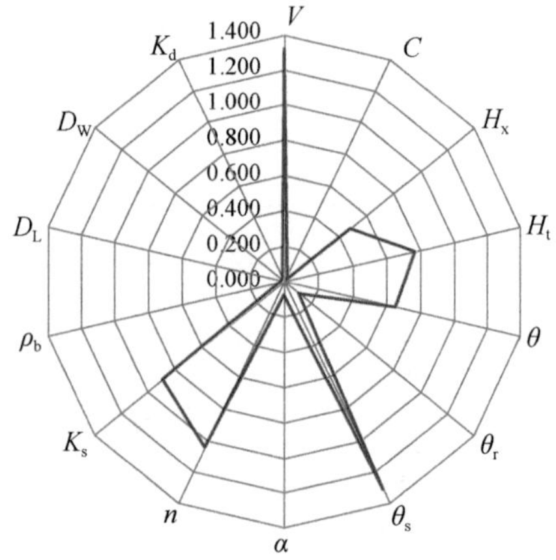

(d) 各参数对水量削减率的敏感性分析结果

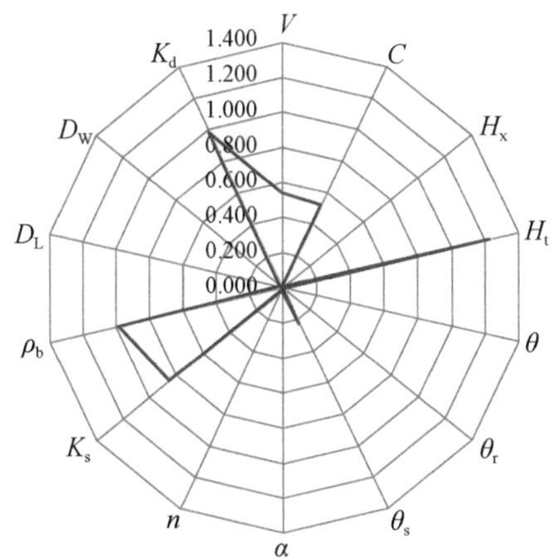

(e) 各参数对浓度去除率的敏感性分析结果

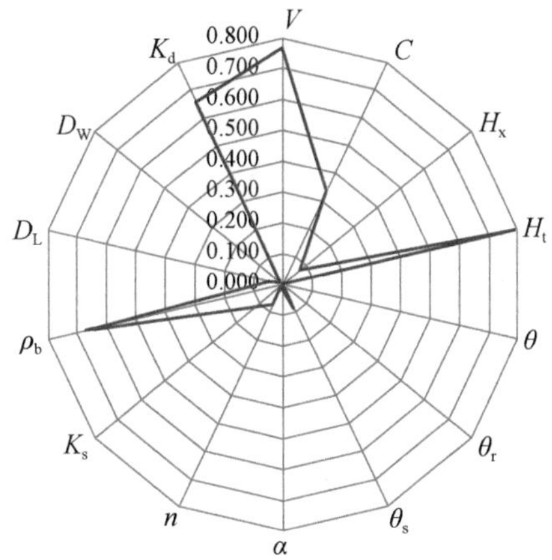

(f) 各参数对负荷削减率的敏感性分析结果

图 5.10　参数敏感性分析结果

模型参数的敏感性分析结果表明（图 5.10），影响溢流开始时间的参数按照敏感度判别因子绝对值由大到小分别是进水水量、渗透系数，蓄水层厚度、饱和含水率、孔径分布参数；影响溢流总量的参数按照敏感度判别因子的绝对值由大到小分别是进水水量、渗透系数、蓄水层厚度、孔径分布参数、饱和含水率；影响出水时间的参数按照敏感度判别因子的绝对值由大到小分别是饱和含水率、填料层厚度、进水水量、渗透系数、初始含水率、孔径分布参数；影响水量削减率的参数按照敏感度判别因子的绝对值由大到小分别是进水水量、饱和含水率、孔径分布参数、渗透系数、填料层厚度、初始含水率、蓄水层厚度；影响浓度去除率的参数按照敏感度判别因子的绝对值由大到小分别是填料层厚度、吸附系数、容重、渗透系数、进水水量、进水浓度、饱和含水率；影响污染物负荷削减率的参数按照敏感度判别因子的绝对值由大到小分别是填料层厚度、进水水量、吸附系数、容重、进水浓度、渗透系数、饱和含水率、孔径分布参数、蓄水层厚度。

2. 模型的率定及验证

结合参数敏感性分析所确定出的敏感性参数，对人工雨水渗井的水力和水质参数进行率定和验证。选取试验 1～试验 6 的试验数据对模型的参数进行率定，选取试验 7～试验 9 的数据对模型参数进行验证。选取决定系数（R^2）和纳什效率系数（Nash-sutcliffe efficiency coefficient，NSE）两种判断工具对模型的适用性进行评价。其中 R^2 用来评价实测值与模拟值之间的拟合程度，R^2 越接近 1，说明实测值与模拟值之间的线性关系越密切，变化趋势越一致。通常情况下认为 $R^2>0.6$ 时模型的模拟值与试验的实测值之间相关性较好。R^2 的具体计算公式为

$$R^2=\left(\frac{\sum_{i=1}^{n}(X_i-X_{\text{avg}})(Y_i-Y_{\text{avg}})}{\sqrt{\sum_{i=1}^{n}(X_i-X_{\text{avg}})^2\sum_{i=1}^{n}(Y_i-Y_{\text{avg}})^2}}\right)^2 \tag{5.14}$$

式中，R^2 为决定系数；X_i 为第 i 个时间点的实测值；X_{avg} 为实测值的平均值；Y_i 为第 i 个时间点的模拟值；Y_{avg} 为模拟值的平均值；n 为样本总数。

NSE 是判别残差与实测数据方差相对量的标准化统计值，其常被用来评价实测值与模拟值之间的匹配程度，它的取值范围在负无穷到 1 之间，其值越接近于 1，则模拟值越接近实测值，模型模拟结果的可信程度也越高。当其结果为 1 时，说明模拟值与实测值完全吻合；当其结果在 0～1 之间时，说明模拟结果在可接受的范围之内；当其小于等于 0 时，说明模拟的结果没有实测的结果好。一般认为当 NSE＞0.5 时，模拟值与实测值的匹配程度较高。NSE 的具体计算公式如下所示：

$$\mathrm{NSE}=1-\frac{\sum_{i=1}^{n}(X_i-Y_i)^2}{\sum_{i=1}^{n}(X_i-X_{\mathrm{avg}})^2} \tag{5.15}$$

式中，NSE 为纳什效率系数；X_i 为第 i 个时间点的实测值；Y_i 为第 i 个时间点的模拟值；X_{avg} 为实测值的平均值；n 为样本总数。

选取试验 1 至试验 4 的试验数据对模型的参数进行率定，选取试验 5 至试验 9 的数据对模型参数进行验证。结果表明：率定期和验证期的水量、水质模拟的决定系数（R^2）均在 0.6 以上，效率系数（NSE）均在 0.5 以上，模拟值与实测值的拟合程度和匹配程度较高。率定和验证后水量、水质参数如表 5.15、表 5.16 所示。

表 5.15　渗井滤柱水量参数率定结果

填料编号	残余含水率 θ_r/（cm³/cm³）	饱和含水率 θ_s/（cm³/cm³）	进气吸力倒数 α/cm⁻¹	孔径分布参数 n	饱和导水率 K_s/（cm/min）	经验参数 l
9#	0.052	0.146	0.031	2.893	8.504	0.5
10#	0.049	0.138	0.032	2.633	2.918	0.5
11#	0.051	0.143	0.031	2.793	8.874	0.5
12#	0.051	0.151	0.032	2.770	3.144	0.5
13#	0.054	0.160	0.030	3.070	9.528	0.5
14#	0.049	0.130	0.032	2.589	3.828	0.5
15#	0.053	0.159	0.031	2.974	12.240	0.5
16#	0.053	0.173	0.032	2.801	4.433	0.5
17#	0.053	0.184	0.034	2.656	15.954	0.5
18#	0.053	0.160	0.031	2.968	6.804	0.5

表 5.16　渗井滤柱水质参数率定结果

填料编号	吸附系数 K_d/（cm³/g）							
	COD	TN	NO_3-N	NH_3-N	TP	Cu	Zn	Cd
9#	0.216	0.076	0.134	0.000	0.416	0.124	0.344	0.080
10#	0.232	0.102	0.142	0.200	0.440	0.156	0.410	0.094
11#	0.240	0.056	0.126	0.125	0.400	0.136	0.448	0.089
12#	0.296	0.090	0.131	0.149	0.432	0.158	0.464	0.113
13#	0.357	0.130	0.111	0.224	0.288	0.120	0.280	0.072
14#	0.367	0.162	0.129	0.328	0.360	0.130	0.352	0.082
15#	0.224	0.112	0.117	0.084	0.480	0.126	0.464	0.067
16#	0.237	0.127	0.136	0.097	0.504	0.134	0.496	0.086

续表

填料编号	吸附系数 K_d/（cm^3/g）							
	COD	TN	NO_3-N	NH_3-N	TP	Cu	Zn	Cd
17#	0.152	0.102	0.096	0.064	0.520	0.128	0.480	0.077
18#	0.216	0.129	0.112	0.114	0.520	0.171	0.504	0.086

3. 模拟方案设计

该部分主要针对重现期、汇流比、填料类型、填料层厚度和蓄水层厚度等几个关键性参数进行模拟研究。住建部虽然在《海绵城市建设技术指南——低影响开发雨水系统构建》（试行）（简称《指南》）中提到了渗井这一单项设施，但只是对其概念、构造、适用性和优缺点作出了简单的介绍，并未对具体的设施参数给予指导。故该部分设施关键参数的取值范围主要借鉴生物滞留、人工快速渗滤系统和地下水回灌系统的相关研究以及课题组之前的一些研究经验基础上确定的。考虑到人工雨水渗井通过井体和管道直接与沙层相连接，排水能力较强，故将其汇流比定为 50∶1～150∶1；渗井主要是用来控制频率较高的中、小降雨事件，故将重现期定为 0.5～2a；人工雨水渗井一般应用在道路旁、公园绿地中和建筑小区绿地中，用来消纳路面、屋面和绿地本身未能消纳的雨水径流，这三种下垫面所受污染的程度差异较大，因此进水浓度设置为高、中、低三个等级，各等级所对应的污染物浓度与表 2.13 一致。蓄水层厚度参照《指南》中生物滞留设施的规定设定为 10～30 cm。填料层厚度没有可以参考的经验，故参照实际试验，定为 50～150 cm；填料的选择依据第 3 章中对试验数据的分析结果，定为 9#～18#这 10 种人工填料并利用填料的渗透系数来对填料进行区分。利用 Design-Expert 软件 Response Surface 中的 Box-Behnken 设计法来进行模拟方案的设计。

4. 模拟结果及参数优化

利用上述验证后的模型对模拟方案中的情景依次进行模拟，利用模型的输出数据计算出各污染物的负荷削减率。该部分所选拟合方程皆为二次多项式方程，包含常数项、一次项、二次项（包含交互项），建立了污染物的负荷削减率与各影响因素之间由实际值表示的多元二次回归模型。在各因素水平位编码条件下由各项估计参数的绝对值大小也可推测出各项对响应值影响的大小，具体为重现期＞汇流比＞填料层厚度＞填料种类（进水浓度）＞进水浓度（填料种类）＞蓄水层厚度。同时由各项估计参数的正负值也可看出各项对响应值的效应方向，其中重现期、汇流比、进水浓度、填料种类（渗透系数）与响应值呈负相关，填料层厚度和蓄水层厚度与响应值呈正相关，但蓄水层厚度的绝对值较小，这与参数敏感性分析结果大体一致。对回归模型进行方差分析，来检验拟合方程的显著性。

表 5.17 中决定系数、调整的决定系数、F 值和 Prob＞F 作为方差分析的指标，决定系数、调整的决定系数和 F 值越大，Prob＞F 值越小表明分析结果越可靠，拟合方程的显著性越高（杨明和唐彦峰，2017）。由表 5.17 中的内容可知，F-检验显示回归模型有较高的 F 值，其都在 30 以上，P 值（Prob＞F 值）均小于 0.0001（Prob＞F 值小于 0.05 表明回归模型是显著的），这说明这些拟合都是极其显著的。决定系数和调整的决定系数绝大多数在 0.9 以上，只有一组数据小于 0.9 但也在 0.85 以上，表明输入值与预测值之间的线性关系密切，两者之间有较好的一致性。综上，以上拟合都是极其显著的，所建立的多元二次回归模型可以被用来进行参数的优化分析。人工雨水渗井一般应用在道路旁、公园绿地中和建筑小区绿

地中，用来消纳路面、屋面和绿地本身未能消纳的雨水径流。这三种下垫面所受到的污染程度不同，所以需要针对这三种下垫面类型分别进行优化。具体优化结果如表 5.18～表 5.20 所示。

表 5.17　方差分析

模型	*F* 值	Prob＞*F*	决定系数	调整的决定系数
COD 负荷削减率/%	105.35	＜0.0001	0.9560	0.9470
NO_3-N 负荷削减率/%	233.70	＜0.0001	0.9797	0.9755
NH_3-N 负荷削减率/%	32.87	＜0.0001	0.8716	0.8551
TN 负荷削减率/%	93.90	＜0.0001	0.9509	0.9408
TP 负荷削减率/%	71.58	＜0.0001	0.9366	0.9235
Cu 负荷削减率/%	361.19	＜0.0001	0.9868	0.9840
Zn 负荷削减率/%	77.59	＜0.0001	0.9412	0.9291
Cd 负荷削减率/%	399.98	＜0.0001	0.9880	0.9856

表 5.18　针对路面来水情况的优化结果

编号	限定条件		优化结果			污染物负荷综合削减率/%
	重现期/年	汇流比	蓄水层厚度/cm	填料层厚度/cm	填料类型	
1	0.5	50∶1	12～18	220±10	10#、12#、14# 15#、16#、17#	100.00
2	0.5	100∶1	20	238	10#	98.93
3	0.5	150∶1	21	239	10#	82.68
4	1	50∶1	20	255	10#	93.06
5	1	100∶1	20	265	10#	61.39
6	1	150∶1	21	225	10#	33.36
7	2	50∶1	20	268	10#	55.36
8	2	100∶1	21	250	10#	21.95
9	2	150∶1	21	251	10#	12.25

表 5.19　针对屋面来水情况的优化结果

编号	限定条件		优化结果			污染物负荷综合削减率/%
	重现期/年	汇流比	蓄水层厚度/cm	填料层厚度/cm	填料类型	
1	0.5	50∶1	10～22	200±40	10#、12#、14# 16#、18#	100.00
2	0.5	100∶1	20	230	10#	99.76
3	0.5	150∶1	21	240	10#	89.03
4	1	50∶1	20	243	10#	94.83

续表

编号	限定条件		优化结果			污染物负荷综合削减率/%
	重现期/年	汇流比	蓄水层厚度/cm	填料层厚度/cm	填料类型	
5	1	100∶1	21	261	10#	67.31
6	1	150∶1	21	234	10#	38.81
7	2	50∶1	20	270	10#	63.56
8	2	100∶1	22	230	10#	30.12
9	2	150∶1	26	262	10#	16.17

表 5.20　针对绿地来水情况的优化结果

编号	限定条件		优化结果			污染物负荷综合削减率/%
	重现期/年	汇流比	蓄水层厚度/cm	填料层厚度/cm	填料类型	
1	0.5	50∶1	10～20	200±20	10#、12#、14#、16#	100.00
2	0.5	100∶1	10～20	250±15	10#、12#、14#、16#	100.00
3	0.5	150∶1	20	244	10#	90.57
4	1	50∶1	20	260	10#	97.52
5	1	100∶1	20	263	10#	70.94
6	1	150∶1	21	258	10#	41.31
7	2	50∶1	20	272	10#	65.11
8	2	100∶1	21	250	10#	29.89
9	2	150∶1	21	261	10#	15.62

由表 5.18～表 5.20 可知，在 0.5 年重现期，50∶1 汇流比这种径流量较小的情况下，主填料为中粗砂的人工填料对污染物的削减效果都较好。随着重现期或者汇流比的增大，其他填料被淘汰只留下 10#填料（90%中粗砂+5%沸石+5%海绵铁），这与试验结果一致。由设施参数的优化结果可知，针对不同来水情况下的优化结果大致相同，蓄水层厚度为 20 cm 左右，人工填料层厚度为 250 cm 左右，填充 10#人工填料的雨水渗井对雨水径流的调控效果最优。但设施对不同来水水量情况下的污染物负荷削减效果差异性极大，随着进水水量的不断增大，设施对污染物的综合削减效果急速下降，当进水水量从 0.5a+50∶1 增加到 2a+150∶1 时，渗井设施对三种下垫面污染物负荷综合削减效果分别下降了 87.75%（路面）、83.83%（屋面）、84.38%（绿地）。

5.3　本 章 小 结

本章利用修正的 Morris 分类筛选法对模型的参数进行了局部敏感性分析，结合试验数据和参数敏感性分析结果对模型中所需的水文、水力和水质参数进行了率定和验证，借助 Design Expert 进行模拟方案设计，利用模型对模拟方案中的不同情景进行模拟，并运用响应面优化法并结合模拟结果对雨水花园、生物滞留池、人工雨水渗井设施的关键参数进行优化，得出的主要结论如下：

（1）DRAINMOD-H 模块中，不透水层埋深 H 与排水管埋深 B 这两个参数为高敏感参数，反硝化土壤孔隙含水量阈值 $WPFS_{den}$、反硝化经验指数α和反硝化最适温度 $T_{opt\text{-}den}$ 为高敏感参数。利用 Design-Expert 对参数进行优化设计，得到填料层厚度最小为 37 cm，最大为 100 cm，淹没区深度最小为 22 cm，最大为 45 cm。将 DRAINMOD 模型用于城市低影响开发生态工程设施水量水质调控情景模拟，并结合响应面法对雨水花园系统结构进行优化，能有效削减雨水径流总量，并净化雨水水质，为城市降低内涝风险、提高水环境质量做出贡献。

（2）基于 HYDRUS-1D 模型，进行生物滞留设施关键参数敏感性分析，结果表明：入流水量（V）、填料厚度（H_t）、经验参数（n）、饱和含水率（θ_s）和饱和导水率（K_s）为影响水分运移的敏感性参数，以入流水量（V）、入流浓度（C）、填料厚度（H_t）和填料等温吸附常数（K_d）为影响污染物运移的敏感性参数。本研究通过模型的率定和验证，获得了可靠的生物滞留填料层水力、水质特性参数来进行填料厚度模拟。推荐 BSM+10% WTR 混合填料设计厚度宜≥50 cm，BSM+10%粉煤灰混合填料设计厚度宜≥70 cm。

（3）进水水量、蓄水层厚度、渗透系数、饱和含水率和孔径分布参数等对溢流开始时间和溢流总量的影响较大；进水水量、蓄水层厚度、填料层厚度、渗透系数、初始含水率、饱和含水率和孔径分布参数等对出水时间和水量削减率的影响较大；进水水量、进水浓度、填料层厚度、渗透系数、饱和含水率、容重和吸附系数对污染物浓度去除和负荷削减的效果的影响较大。综上，进水水量和进水水质这两个外部因素和蓄水层厚度、填料层的厚度、渗透系数、饱和含水率、孔径分布参数、容重和吸附系数等内部因素对调控效果的影响较大。

（4）针对不同来水情况下的优化结果大致相同，蓄水层厚度为 20 cm 左右，人工填料层厚度为 250 cm 左右，添加了 10#填料的人工雨水渗井对雨水径流的调控效果达到最优。但设施对不同来水水量情况下的污染物负荷削减效果差异性极大，随着进水水量的不断增大，设施对污染物的综合削减效果急速下降，当进水水量从 0.5a+50∶1 增加到 2a+150∶1 时，渗井设施对三种下垫面污染物负荷综合削减效果分别下降了 87.75%（路面）、83.83%（屋面）、84.38%（绿地）。

参 考 文 献

付宏渊，严志伟，李海. 2011. 土柱溶质运移试验的理论验证及影响因素敏感性分析. 长沙理工大学学报（自然科学版），8（4）：1-5

郝改瑞，李家科，李怀恩，等. 2018. 流域非点源污染模型及不确定分析方法研究进展. 水力发电学报，（12）：54-64

李斌，解建仓，胡彦华，等. 2016. 西安市近 60 年降水量和气温变化趋势及突变分析. 南水北调与水利科技，14（2）：55-61

李家科，李怀恩，李亚娇，等. 2016. 城市雨水径流净化与利用 LID 技术研究：以西安市为例. 北京：科学出版社

李家科，刘增超，黄宁俊，等. 2014. 低影响开发（LID）生物滞留技术研究进展. 干旱区研究，31（3）：431-439

李玮，何江涛，刘丽雅，等. 2013. Hydrus-1D 软件在地下水污染风险评价中的应用. 中国环境科学，33（4）：639-647

李远，2015. 基于 HYDRUS 模型的一维及三维入渗条件下土壤水盐运移规律研究. 新疆：石河子大学硕士

学位论文
林杰，黄金良，杜鹏飞，等. 2010. 城市降雨径流水文模拟的参数局部灵敏度及其稳定性分析. 环境科学，31（9）：2023-2028
马效芳，陶权，姚景，等. 2015. 生物滞留池用于城市雨水径流控制研究现状和展望. 环境工程，33（6）：6-9
仇付国，李林彬，王娟丽，等. 2018. 给水厂污泥改良雨水生物滞留系统填料层最优设计深度研究. 环境工程，36（12）：81-86
石晓蕾. 2012. 马尔科夫链蒙特卡罗法（MCMC）在 van Genuchten 模型参数不确定性分析中的应用. 青岛：青岛大学学位论文
孙艳伟，魏晓妹. 2011. 生物滞留池的水文效应分析. 灌溉排水学报，30（2）：98-103
唐双成，罗纨，许青，等. 2018. 基于 DRAINMOD 模型的雨水花园运行效果影响因素. 水科学进展，29（3）：407-414
王小丹，凤蔚，王文科，等. 2015. 基于 HYDRUS-1D 模型模拟关中盆地氮在包气带中的迁移转化规律. 地质调查与研究，38（4）：291-298
吴吉春，陆乐. 2011. 地下水模拟不确定性分析. 南京大学学报（自然科学），47（3）：227-234
杨军军，高小红，李其江，等. 2013. 湟水流域 SWAT 模型构建及参数不确定性分析. 水土保持研究，20（1）：82-88
杨明，唐彦峰. 2017. 采用 Design-Expert 分析多参数对 FDM 成型的影响与优化设计. 装备制造技术，（11）：53-56
殷瑞雪，孟莹莹，张书函，等. 2015. 生物滞留池的产流规律模拟研究. 水文，35（2）：28-32
袁宏林，陈海清，林原，等. 2011. 西安市降雨水质变化规律分析. 西安建筑科技大学学报（自然科学版），43（3）：391-395
张佳扬. 2014. 生态滤沟处理城市雨水径流的小试与模拟. 西安：西安理工大学硕士学位论文
Breve M A，Skaggs R W，Parsons J E，et al. 1997. Drainmod-N，a nitrogen model for artifically drained soils. Transactions of the Asae，40（4）：1067-1075
Brown R A，Hunt W F. 2008. Evaluation of Bioretention Hydrology and Pollutant Removal in the Upper Coastal Plain of North Carolina. International Workshop on MIDDLEWARE for Grid Computing. ACM：20
Brown R A，Hunt W F. 2011. Impacts of media depth on effluent water quality and hydrologic performance of undersized bioretention cells. Journal of Irrigation & Drainage Engineering，137（3）：132-143
Brown R A，Hunt W F，Skaggs R W，et al. 2010. Modeling bioretention hydrology with DRAINMOD//Low Impact Development International Conference，441-450
Brown R A，Skaggs R W，Hunt W F，et al. 2013. Calibration and validation of DRAINMOD to model bioretention hydrology. Journal of Hydrology，486（4）：430-442
Iqbal H，Garcia-Perez M，Flury M . 2015. Effect of biochar on leaching of organic carbon，nitrogen，and phosphorus from compost in bioretention systems. Science of the Total Environment，521-522：37-45
Jacobs J M，Lowry B，Choi M，et al. 2009. GOES solar radiation for evapotranspiration estimation and streamflow prediction. Journal of Hyrologic Engineering，14（3）：293-300
Jiang C B，Li J K，Li H E. 2019. An improved approach to design bioretention system media. Ecological Engineering，136：125-133

Kleiven G H. 2017. Assessing the robustness of raingardens under climate change using SDSM and temporal downscaling. Water Science and Technology，77（6）：wst2018043

Kurtulus B，Flipo N. 2012. Hydraulic head interpolation using anfis—model selection and sensitivity analysis. Computers and Geosciences，38（1）：43-51

Lenhart T，Eckhardt K，Fohrer N，et al. 2002. Comparison of two different approaches of sensitivity analysis. Physics and Chemistry of the Earth，27（9）：645-654

Li J，Zhao R，Li Y. 2018. Modeling the effects of parameter optimization on three bioretention tanks using the HYDRUS-1D model. Journal of Environmental Management，217：38-46

Li L，Davis A P. 2014. Urban Stormwater Runoff Nitrogen Composition and Fate in Bioretention Systems. Environmental Science and Technology，48（6）：3403-3410

Luo，Skaggs，R. W，et al. 2001. Predicting Field Hydrology in Cold Conditions with Drainmod. Transactions of the Asae American Society of Agricultural Engineers，44（4）：825-834

Mohammadighavam S，Klöve B. 2016. Evaluation of DRAINMOD 6. 1 for Hydrological Simulations of Peat Extraction Areas in Northern Finland. Journal of Irrigation and Drainage Engineering，142（11）：1-10

Negm L M，Youssef M A，Chescheir G M，et al. 2016. Drainmod-based tools for quantifying reductions in annual drainage flow and nitrate losses resulting from drainage water management on croplands in eastern north carolina. Agricultural Water Management，166：86-100

Palanivel R，Mathews P K. 2012. Prediction and optimization of process parameter of friction stir welded AA5083-H111 aluminum alloy using response surface methodology. Journal of Central South University，19（1）：1-8

Peralta A L，Matthews J W，Kent A D. 2010. Microbial community structure and denitrification in a wetland mitigation bank. Applied and Environmental Microbiology，76（13）：4207-4215

Quan Q，Luo W，Shen B，et al. 2012. Predicting urban runoff under different surface conditions in Xi'an，China with DRAINMOD. Advanced Materials Research，588-589：2083-2087

Simunek J，Sejna M，Saito H，et al. 2008. The HYDRUS-1D Software Package for Simulating the One-Dimensional Movement of Water，Heat，and Multiple Solutes in Variably-Saturated Media Version 4. 0. Department of Environmental Sciences. University of California Riverside，California

Skaggs R W，Evans R O. 2004. Modification and use of drainmod to evaluate a lagoon effluent land application system. Transactions of the Asae，47（1）：47-58

Skaggs R W，Youssef M A，Chescheir G M. 2012. DRAINMOD：model use，calibration，and validation. Transactions of the Asabe，55（4）：1509-1522

Tang S，Luo W，Jia Z，et al. 2016. Evaluating retention capacity of infiltration rain gardens and their potential effect on urban stormwater management in the sub-humid loess region of China. Water Resources Management，30（3）：983-1000

Thornthwaite C W. 1948. An approach toward a rational classification of climate. Geographical Review，38（1）：55-94

Tian S，Youssef M A，Skaggs R W，et al. 2012. DRAINMOD-FOREST：integrated Modeling of hydrology，soil carbon and nitrogen dynamics，and plant growth for drained forests. Journal of Environmental Quality，41（3）：764-782

Wang J，Chua L H C，Shanahan P. 2017. Evaluation of pollutant removal efficiency of a bioretention basin and implications for stormwater management in tropical cities. Water Research Technology，3：78-91

Zhang W，Li T，Dai M. 2015. Influence of rainfall characteristics on pollutant wash-off for road catchments in urban Shanghai. Ecological Engineering，81：102-106

第6章　生物炭改良填料的制备及其调控效能与参数优化

生物炭目前广泛应用于土壤修复，是一种潜在的优良生物滞留填料改良剂（朱利中，2015）。生物炭是含有大量碳和植物营养物质的多功能材料，具有丰富的孔隙结构、较大的比表面积且表面含有较多的含氧活性基团。它不仅可以优化土壤的持水能力、土壤孔隙率和饱和渗透系数等土壤的物理性质，还可以增加土壤肥力（Brockhoff et al.，2010；Barnes et al.，2014）。将生物炭施加于土壤中可以有效去除水和土壤中的有机污染物和重金属污染物（Cao et al.，2011；Jiang et al.，2012），而且对碳氮具有较好的固定作用，减少 CO_2、N_2O、CH_4 等温室气体的排放，减缓全球变暖（Ahmad et al.，2014；Nelissen et al.，2014）。以废弃生物质生产生物炭在获得生物炭的同时，使废弃生物质附加值提高，可提高对废弃生物质的利用和管理，有助于解决废弃生物质弃置、焚烧、随意排放的环境污染问题。可用作生物炭原料的废弃生物质包括初级农林生产剩余物（秸秆、稻壳、树皮等）、农林次级剩余物（甘蔗渣、大豆粕等）和生物利用及转化废弃物（畜禽粪便、菌菇栽培废基质等）（孙红文，2013）。制备生物炭的热解工艺参数主要包括：热解温度、升温速率、压力、催化剂种类、加热方式等。目前，大多数的生物质热解研究都是以生产生物原油为主，附带生成生物炭。因此，以生产生物炭为目的的热解工艺的最合适条件尚无定论，我们只能从前人的研究结果中寻求生物炭产率和性质的变化趋势作为参考。目前已有研究将生物炭用于生物滞留设施中，结果显示加入生物炭的“绿色屋顶”土壤保水能力得到提高，对总氮、总磷、NO_3^- 和 PO_4^{3-} 的去除效果也得到了改善（Beck et al.，2011）。Tian 等（2019）开发了一个双层中试规模生物滞留池，研究生物炭和零价铁（zero-valent iron，ZVI）改良生物滞留池填料的水文性能和 NO_3^- 去除效率。在渗流/饱和区界面处的氧化还原电位和溶解氧含量表明，生物炭/零价铁改良生物滞留池具有更有利的反硝化条件，生物滞留系统生物炭改良填料显示出增加硝酸盐去除的显著前景。但对于不同类型的土壤施加生物炭的合适比例是多少，这方面研究还很缺乏。基于上述研究成果，本章以秸秆和木屑作为原料，在不同制备方案下得到多种生物炭，通过建立多目标评价体系，优选出最佳生物炭制备方案和最佳生物炭添加比例，根据优选结果制备出秸秆生物炭改良填料和木屑生物炭改良填料；进行改良填料生物滞留系统模拟配水小试研究，结合模拟软件，定量分析生物滞留系统对雨水径流的水量水质调控效果，利用优化软件进行生物滞留系统结构参数优化。

6.1　秸秆生物炭生物滞留高效填料研制与参数优化

6.1.1　秸秆生物炭的制备及优选

1. 秸秆生物炭制备及特性分析

选择北方常见废弃生物质—玉米秸秆作为生物炭制备的原材料。我国是一个农业大国，我国每年玉米产量为2～3亿t（左旭等，2015），北方每年玉米秸秆的产量达数千万吨。常见的玉米秸秆处理方式为打捆直燃和粉碎深耕，然而玉米秸秆打捆直燃的燃烧效率低，对环境所造成的污染严重，还田技术和北方寒冷气候制约导致还田效果不佳（朱晓晴等，2020；周腰华等，2019），且过量施用还田玉米秸秆会导致土壤营养物质过剩，造成面源污染，从而加大自然水体污染风险。将玉米秸秆选作生物炭制备的原材料，符合“无害化、减量化、资源化”的目标，有助于解决玉米秸秆废置、燃烧造成面源污染、温室效应等环境问题。其次，玉米秸秆所制成的生物炭产率可达49.33%（黄华等，2014），其比表面积BET可达450 m^2/g（Zhao et al.，2014），既可以满足生物滞留设施填料改良的所需量，又能大幅提高生物滞留设施对雨水的调控效果，是非常合适的生物滞留设施填料的改良剂。

玉米秸秆生物炭（corn stalk biochar，CSC）的制备包括原材料的准备以及生物炭的烧制。生物炭原材料玉米秸秆粉经烘箱100℃烘干4小时，装至直径10 cm的带盖坩埚中，并在坩埚外包裹锡箔纸，在马弗炉中进行烧制。原材料玉米秸秆粉目数为30～40目。制备温度为：400℃、500℃、600℃，制备时长为：0.5小时、1小时、2小时、3小时。共十二种秸秆生物炭：CSC400-0.5、CSC400-1、CSC400-2、CSC400-3、CSC500-0.5、CSC500-1、CSC500-2、CSC500-3、CSC600-0.5、CSC600-1、CSC600-2、CSC600-3。马弗炉升温速度为10℃/min，加热结束后，等到马弗炉温度降至室温再取出样品，称量计算产量并装袋备用。各秸秆生物炭的产率如表6.1所示。

表6.1 玉米秸秆生物炭CSC制备产率一览表

秸秆生物炭	产率/%	秸秆生物炭	产率/%	秸秆生物炭	产率/%
CSC400-0.5	40.69	CSC500-0.5	34.01	CSC600-0.5	31.94
CSC400-1	38.62	CSC500-1	33.24	CSC600-1	31.21
CSC400-2	37.54	CSC500-2	32.53	CSC600-2	30.65
CSC400-3	36.75	CSC500-3	32.14	CSC600-3	29.85

玉米秸秆生物炭产率计算方式为：改性成玉米秸秆生物炭质量占改性前原料玉米秸秆粉质量的百分数，表6.1中产率为两次烧制的平行样品所计算产率的平均值。由表6.1可以看出，不同烧制温度下，不同制备时长对应着不同的生物炭产率，秸秆生物炭制备温度由400℃增至600℃时，随着烧制时长由0.5个小时增至3个小时，秸秆生物炭的产率由40.69%降至29.85%，这是因为随着制备温度的升高和制备时长的增加，碳化产物会逐渐减少。在制备温度为400℃、制备时长为0.5个小时制备条件下，秸秆生物炭的产率最高，随着制备温度和制备时长的增加，秸秆生物炭的产率逐渐下降，但下降趋势逐渐减小。

对12种秸秆生物炭的灰分（%）、有机碳含量（%）、阳离子交换量CEC（cmol/kg）、总氮（g/kg）、总磷（g/kg）、比表面积BET（m^2/g）等特性进行测定，进而分析其特性，试验方法和测定结果如表6.2所示。

灰分的定义为炭化后的某定量物质在高温灼烧后所剩余的残留物。秸秆生物炭在高温炉内灼烧，其有机物质被氧化分解后以二氧化碳、氮氧化物及水等形式逸出，而无机物质以无机盐和氧化物的形式残留下来，这些残留物即为灰分。400℃下的灰分含量平均值分别为：19.88%，23.31%，25.67%。制备条件由400℃、1小时增至600℃、1小时，随着制备温度的升高、制备时长的增加，灰分含量逐渐增加，由19.45%增至26.74%，这是由于制备

表 6.2　玉米秸秆生物炭 CSC 特性一览表

项目	灰分/%	有机碳/%	阳离子交换量/（cmol/kg）	总氮/（g/kg）	总磷/（g/kg）	BET/（m^2/g）
试验方法	GB/T 212—2008（4.1）	HJ 615—2011	LY/T 1243—1999	NY/T 53—1987	HJ 632—2011	GB/T 7702.20—2008
CSC400-0.5	20.89	8.22	102.53	1.97	1.01	123.63
CSC400-1	19.45	7.71	117.61	1.40	0.67	5.48
CSC400-2	19.57	8.41	118.64	2.85	1.27	5.36
CSC400-3	19.62	7.24	145.08	2.02	1.29	5.11
CSC500-0.5	22.22	7.36	116.99	1.88	1.88	4.66
CSC500-1	22.66	8.37	144.66	1.26	1.91	7.04
CSC500-2	23.47	7.93	117.92	1.24	1.70	28.99
CSC500-3	24.91	7.63	121.16	1.52	1.81	29.08
CSC600-0.5	25.83	4.10	136.61	2.03	1.74	158.05
CSC600-1	26.74	9.15	125.43	1.71	1.83	234.34
CSC600-2	24.74	7.69	137.52	1.91	1.90	259.70
CSC600-3	25.38	8.08	110.58	2.21	1.76	1.21

温度的升高以及制备时长的增加使得灰分逐渐积累。虽然不同原料生产的生物炭特性大有不同，但其元素组成元素相同，都由碳、氢、氧以及氮磷等组成，碳含量最高，可达 38%～76%（王怀臣等，2012）。制备时长对秸秆生物炭有机碳含量的影响不大，但制备温度影响着秸秆生物炭有机碳含量。随着制备温度的增加，有机物质损失较大，所以秸秆生物炭有机碳含量减少。不同温度下秸秆生物炭灰分和有机碳含量呈极显著负相关，其相关系数为−0.86（$P<0.001$），因为随着热裂解温度的升高，易热解的有机碳含量降低，有机物损失增大，生物炭中的灰分就相应增大。生物炭灰分的增多意味着有机碳含量的减少，反之亦然。

秸秆生物炭阳离子交换量 CEC 是表征生物炭表面所含负电荷的一个参数，CEC 的大小意味着秸秆生物炭对磷素、氨氮以及重金属等带正电荷的污染物的截持效果。现有文献中各生物炭的阳离子交换量 CEC 的区别很大，在 71 mmol/kg～483 cmol/kg 区间（Lee et al.，2010；Gundale and DeLuca，2006）。对于阳离子交换量 CEC 这一参数，木屑、绿沸石和粉煤灰这三种生物滞留填料的阳离子交换量较高于其他生物滞留填料分别为 26.6 cmol/kg，24.5 cmol/kg 和 23.23 cmol/kg，而我们的所制备秸秆生物炭的阳离子交换量最低为 102.53 cmol/kg，比常见生物滞留填料的 CEC 高出 3 倍以上。秸秆生物炭的阳离子交换量与温度呈正相关，相关系数为 0.986，随着制备温度的升高，秸秆生物炭的阳离子交换量均值由 120.96 cmol/kg 升至 127.53 cmol/kg。秸秆生物炭阳离子交换量随制备温度的升高而升高，原因是制备温度的升高导致灰分含量的增加，进而使得 CEC 的增大，CEC 与灰分呈正相关，其相关系数为 0.99（$P<0.01$）。

秸秆生物炭的氮磷含量即为其污染物本底值，氮磷含量与秸秆生物炭的制备温度和制备时长无明显相关性，十二种秸秆生物炭总氮的含量平均值为 1.83 g/kg，总磷含量的平均值为 1.56 g/kg，氮磷含量与常见的生物滞留填料均值相差不远，每克生物炭氮磷含量为

0.002 g 左右，但生物炭质轻，容重小，生物滞留设施的内置填料一般按照质量比来混合填入，同样体积的生物滞留填料，常见生物滞留填料如绿沸石、给水厂污泥等要比秸秆生物炭重很多，所以在污染物本底值这一方面，秸秆生物炭与常见生物滞留填料的氮磷含量相对来说稍有优势。

比表面积（BET）是多孔物质单位质量所具有的表面积，单位是 m^2/g。玉米秸秆在热解过程中，挥发性有机物的质量损失以及体积收缩使得生物炭的碳骨架形成，但保留了玉米秸秆基本的空隙结构特征。生物炭的多孔性致使其拥有巨大的比表面积，由表 2.3 和表 2.4 可以看出，在 600℃温度下制备的玉米秸秆生物炭的比表面积为常见生物滞留填料比表面积的 10 倍以上，其大比表面积的特性使得生物炭生物滞留改良填料对雨水径流中污染物质吸附量增大，为微生物提供良好的生存环境进而加强重金属以及氮磷等营养物质的去除，这巨大的优势正是我们应该选择生物炭作为生物滞留设施改良填料的原因。生物炭的比表面积因原料和制备条件不同而有很大差异，对秸秆生物炭来说，其制备温度不同，使得空隙数量发生变化，进而导致具有差异的比表面积。秸秆生物炭的比表面积随着制备温度由 400℃增至 600℃时，其比表面积由 5.32 m^2/g 升至 217.36 m^2/g。秸秆生物炭比表面积与制备温度呈正相关，相关系数为 0.89（$P<0.01$）。

2. 秸秆生物炭优选

为了确定从 12 种秸秆生物炭中选用哪一种生物炭作为生物滞留设施改良填料，需要由以上秸秆生物炭的特性先来选出三种秸秆生物炭，接着进行淋洗和吸附实验，以最终确定选用何种制备温度和烧制时长下所生产出的生物炭作为生物滞留设施改良填料。

yaahp 作为层次分析过程（AHP）的辅助软件，可以为使用 AHP 进行决策过程的模型构建、计算和分析提供帮助。为了选择一种特定制备温度与烧制时长下的秸秆生物炭，需要建立灰分、有机碳含量、阳离子交换量、氮磷含量以及比表面积等 5 个指标的多目标决策方案。层次分析模型如图 6.1 所示。

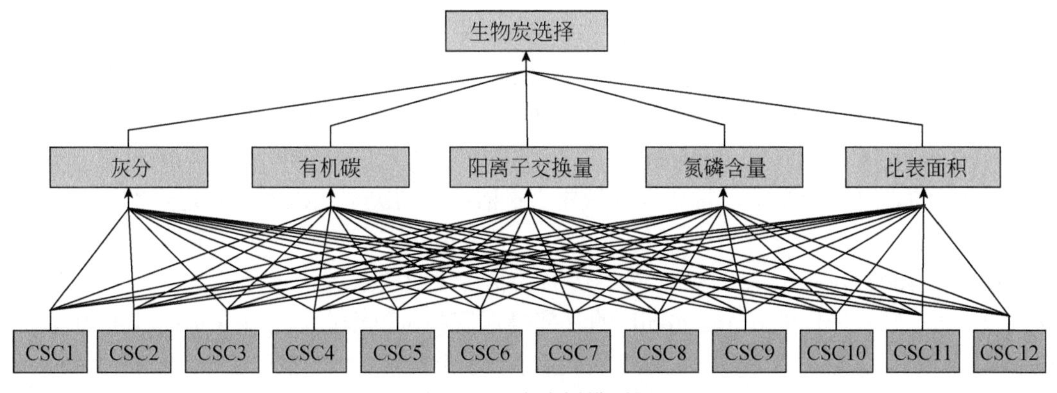

图 6.1　层次分析模型图

层次分析法是基于对秸秆生物炭的灰分含量高低、有机碳含量高低、阳离子交换量大小、氮磷本底值高低以及比表面积大小的评估与分析来进行的，在这五个指标中，灰分含量和氮磷本底值越低越好，有机碳含量、阳离子交换量以及比表面积越高越有利于生物炭对雨水径流的水质净化。利用 yaahp 软件进行判断矩阵的构建，得到这五个指标的权重分别为灰分 0.049、有机碳含量 0.049、阳离子交换量 0.2942、氮磷本底值 0.1207、比表面积 0.4870。

首先，对各指标的数值进行标准化，紧接着对每一种秸秆生物炭的各指标值乘以各指标权重，对于灰分和氮磷本底值这两个指标其权重为负号，有机碳含量、阳离子交换量和比表面积权重为正值。计算结果如表 6.3 所示。

由表 6.3 我们可以先选出三种秸秆生物炭来进行下一步的实验分析，它们分别为排名前三的 CSC600-2、CSC600-1 以及 CSC600-0.5。在这里我们可以发现 CSC600-3 的得分为负值，这是因为其比表面积为十二种秸秆生物炭中的最低值，说明秸秆生物炭的制备温度和时长不是越大越好，根据所制备的秸秆生物炭的特性来确定其生产条件很有必要。

表 6.3　各秸秆生物炭得分与排序情况

项目	灰分	有机碳	阳离子交换量	氮磷	BET	得分	排序
CSC400-0.5	0.20	0.82	0.00	0.44	0.47	0.207	6
CSC400-1	0.00	0.71	0.35	0.00	0.02	0.147	7
CSC400-2	0.02	0.85	0.38	1.00	0.02	0.040	10
CSC400-3	0.02	0.62	1.00	0.61	0.02	0.258	4
CSC500-0.5	0.38	0.65	0.34	0.82	0.01	0.020	11
CSC500-1	0.44	0.85	0.99	0.54	0.02	0.257	5
CSC500-2	0.55	0.76	0.36	0.43	0.11	0.117	8
CSC500-3	0.75	0.70	0.44	0.62	0.11	0.104	9
CSC600-0.5	0.87	0.00	0.80	0.83	0.61	0.388	3
CSC600-1	1.00	1.00	0.54	0.72	0.90	0.511	2
CSC600-2	0.73	0.71	0.82	0.85	1.00	0.626	1
CSC600-3	0.81	0.79	0.19	0.93	0.00	−0.058	12

对经过层次分析法优选出的 CSC600-2、CSC600-1 以及 CSC600-0.5 这三种秸秆生物炭进行淋洗实验以及污染物的吸附实验，以最终确定一种秸秆生物炭作为生物滞留设施的改良填料。分别将 CSC600-2、CSC600-1 以及 CSC600-0.5 这三种秸秆生物炭取出 12 g 置于 6 个 250 mL 的具塞锥形瓶中，每个锥形瓶中 2 g 秸秆生物炭，加入容量瓶定容的 200 mL 蒸馏水，在恒温摇床中震荡 24 h（温度 25℃，转速 120r/min）后，取出锥形瓶并过滤，滤剩的生物炭在 100℃烘箱中烘干 8 h。对淋洗后的秸秆生物炭进行等温吸附实验。将烘干的生物炭取出 6 g 装入干净的 6 个 250 mL 的具塞锥形瓶中，每个锥形瓶中 1 g 秸秆生物炭，分别加入表 6.5 中所配置的 200 mL 溶液，在恒温摇床中震荡 24 h（温度 25℃，转速 120r/min）后，过滤并对滤液进行污染物含量测定。硝氮采用紫外分光光度法测定，氨氮采用纳氏试剂分光光度法测定，总磷采用钼酸铵分光光度法测定。三种秸秆生物炭对硝氮、氨氮、磷的吸附曲线见图 6.4。

表 6.4　吸附实验污染物配制表

指标	药品	配置浓度 mg/L					
		1	2	3	4	5	6
NO_3-N	KNO_3	1.00	2.00	3.00	4.00	5.00	6.00
NH_4-N	NH_4-Cl	0.50	1.00	1.50	2.00	2.50	3.00
KH_2PO_4	KH_2PO_4	0.30	0.70	1.00	1.30	1.60	2.00

目前固体的恒温吸附实验常用 Langmuir 和 Freundlich 方程来拟合污染物吸附量和溶液的吸附平衡浓度，Langmuir 方程是较为理想的单分子层吸附，假设吸附质表面均一，且被吸附的分子之间无相互作用力，主要应用于对吸附剂性能进行定量化比较，而 Freundlich 吸附方程是非理想状态的单分子吸附过程，是一个半经验公式，主要对非线性的吸附过程进行拟合，它假设吸附材料表面存在吸附位点作用且非均匀，吸附现象是多层的，发生在材料的异质表面，主要应用于物理、化学吸附（刘波等，2010）。本章对三种秸秆生物炭的污染物等温吸附实验采用这两种方程来进行拟合。三种秸秆生物炭对硝氮、氨氮、磷的吸附曲线如图 6.2 所示。拟合的方程参数如表 6.5 所示。

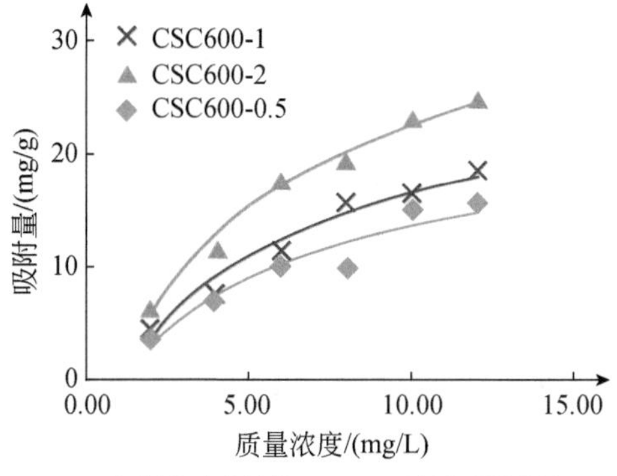

(a) 生物炭对硝氮的Langmuir等温吸附曲线

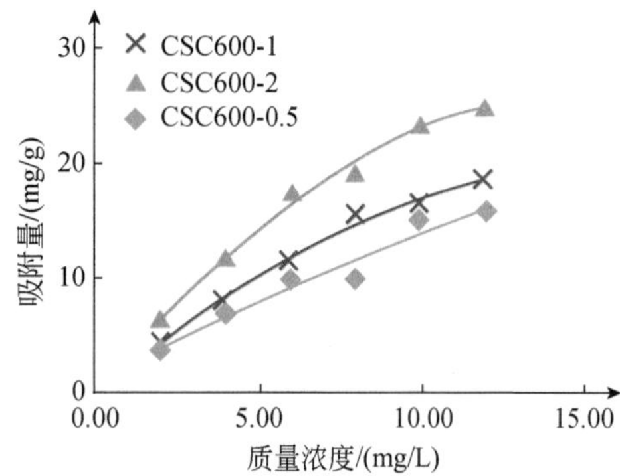

(b) 生物炭对硝氮的Freundlich等温吸附曲线

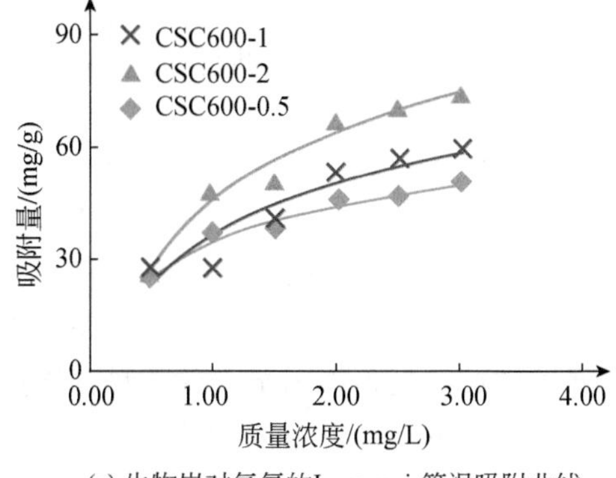

(c) 生物炭对氨氮的Langmuir等温吸附曲线

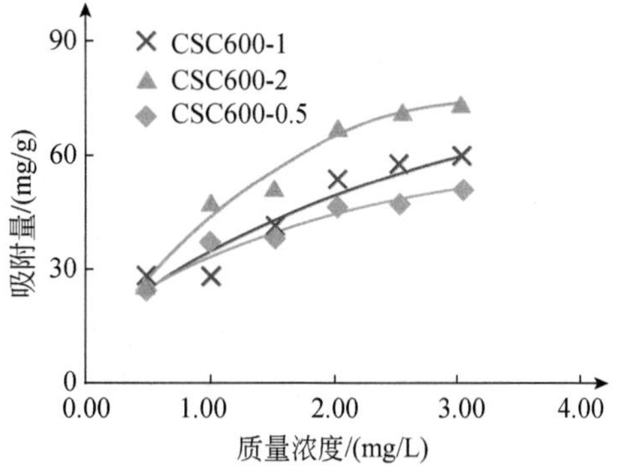

(d) 生物炭对氨氮的Freundlich等温吸附曲线

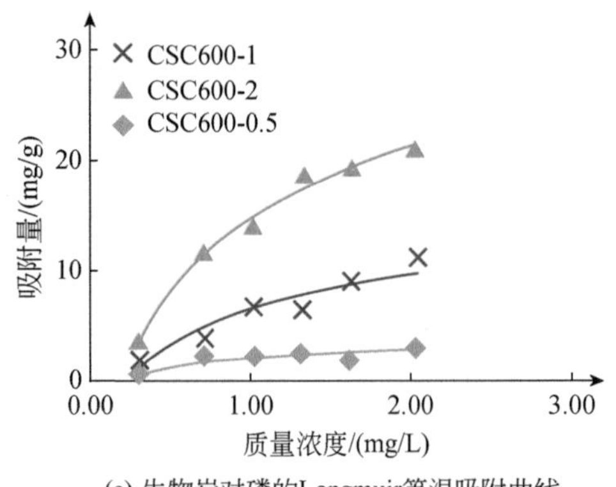

(e) 生物炭对磷的Langmuir等温吸附曲线

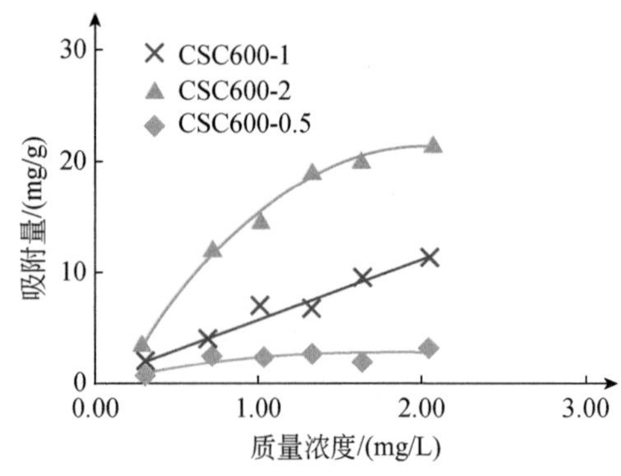

(f) 生物炭对磷的Freundlich等温吸附曲线

图 6.2　三种秸秆生物炭对污染物的等温吸附曲线

表 6.5　Langmuir 和 Freundlich 的方程参数

污染物	生物炭	Langmuir 吸附方程			Freundlich 吸附方程		
		k	X_m	R^2	K_F	n	R^2
NO_3-N	CSC600-0.5	0.047	43.212	0.921	1.7021	1.185	0.976
	CSC600-1	0.049	50.210	0.965	2.2734	1.307	0.988
	CSC600-2	0.062	58.450	0.984	1.7474	1.386	0.992
NH_4-N	CSC600-0.5	1.213	63.780	0.968	34.282	0.390	0.955
	CSC600-1	1.185	75.690	0.856	36.056	1.504	0.855
	CSC600-2	1.609	88.160	0.971	45.363	1.784	0.970
KH_2PO_4	CSC600-0.5	0.081	20.830	0.833	2.1077	0.539	0.846
	CSC600-1	0.101	67.420	0.898	6.7817	0.271	0.966
	CSC600-2	0.223	74.530	0.986	15.155	1.339	0.987

由图 6.2 可以看出两种等温吸附方程均能很好的拟合秸秆生物炭对硝氮、氨氮以及总磷的吸附过程，R^2 均在 0.83 以上，说明这三种秸秆生物炭的吸附包括了物理吸附和化学吸附，物理吸附归功于秸秆生物炭巨大的比表面积，而化学吸附则是秸秆生物炭阳离子交换量所造成的优势。表 6.5 中 X_m 为各秸秆生物炭对各污染物的理论饱和吸附量，随着污染物的质量浓度的增加，秸秆生物炭的吸附量逐渐趋于饱和，这时的饱和的吸附量即为理论吸附量，是生物炭表面的吸附位点减少所造成的必然结果。所优选的这三种秸秆生物炭对污染物的综合理论饱和吸附量由大到小的排序是 CSC600-2＞CSC600-1＞CSC600-0.5，且 K_F 值也是 CSC600-2 这种秸秆生物炭最大，说明 CSC600-2 对氮磷等污染物的吸附效果最好。表 6.5 中的 k 值为吸附方程的一个吸附参数，反映着生物炭对各污染物的吸附能级，k 为正值表示生物炭对污染物的吸附作用在 25℃下是自发进行的，k 值越大，吸附的自发程度越大，这个吸附参数也表明了 CSC600-2 是三种秸秆生物炭中吸附能力最强的一种，因此我们选择热解温度 600℃、时长 2 h 的秸秆生物炭作为小试实验的生物滞留设施改良填料。

6.1.2　秸秆生物炭生物滞留高效填料优选

为了确定所优选的 CSC600-2（以下均简称为 CSC）秸秆生物炭在生物滞留设施填料中的添加比例，利用垂直一维入渗实验装置对以下四种添加比例的生物滞留改良填料进行渗透能力分析和污染物去除能力分析，分别为 BSM+3%CSC、BSM+5%CSC、BSM+7%CSC。BSM 为土 30%+沙 65%+木屑 5%，是生物滞留设施的传统填料。这里的添加比例均为质量比（w/w）。

垂直一维入渗实验装置如图 6.3 所示，该装置由有机玻璃所制的马氏瓶和小土柱组成，马氏瓶和小土柱内径均为 7 cm。现将 BSM+3%CSC、BSM+5%CSC、BSM+7%CSC 分别分层均匀填至小土柱中，为保证所填小土柱的均匀性，需提前对 BSM（土+沙+木屑）以及 CSC 进行过筛和风干工序，并测定初始含水率（装铝盒中在烘箱中 120℃烘干 9 h）以保证填料装填时不会出现连接不均匀的现象。

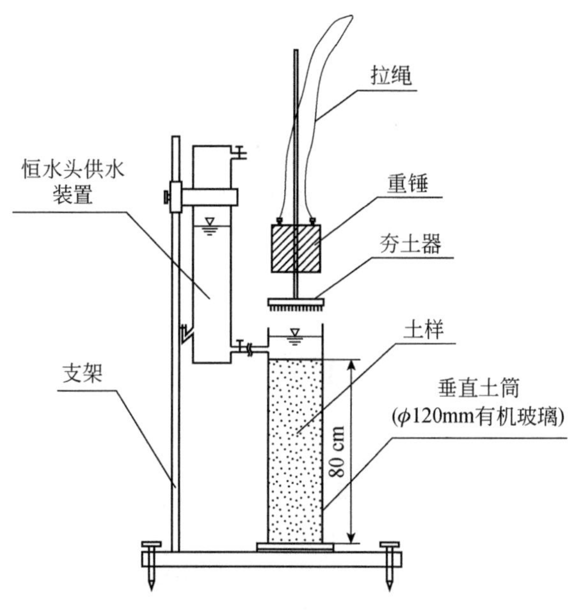

图 6.3　垂直一维入渗实验装置图

为了同时分析四种添加比例秸秆生物炭改良生物滞留设施填料对污染物的去除效果，将马氏瓶中本应加入的自来水配置成含有氮磷污染物的水体，对流出小土柱的水体进行检测分析，以探讨各添加比例的适宜性。药品配置浓度为 NO_3-N 3 mg/L、NH_3-N 1.5 mg/L、KH_2PO_4 1 mg/L。

三种添加比例的改良生物滞留设施填料的下渗率在 120 min 时趋于稳定，它们的累积入渗量与时间的关系如图 6.4 所示。由图 6.4 可以看出，BSM+3%CSC 和 BSM+5%CSC、BSM+7%CSC 这三种秸秆生物炭添加比例的生物滞留设施改良填料在实验室里的入渗能力由大到小排序为 BSM+3%CSC＞BSM+5%CSC＞BSM+7%CSC，生物炭作为一种质轻细密的材料，填入生物滞留设施中的比例过高，很容易发生溢流现象，所以我们需要一个既满足于洪峰削减又满足于水质净化效果的添加比例，由图 6.4 可以看出在前 20 分钟内，BSM+3%CSC 和 BSM+5%CSC 的下渗速率相当，而 BSM+7%CSC 的下渗速率小于前两者，累积下渗量随时间平缓增加，如果遇上重现期稍大的降雨，这样的生物滞留设施很容易发生溢流现象，并不能取得良好的水量削减以及水质净化效果，所以排除 BSM+7%CSC 这种改良填料，也即在 3%和 5%这两个添加比例中选择。

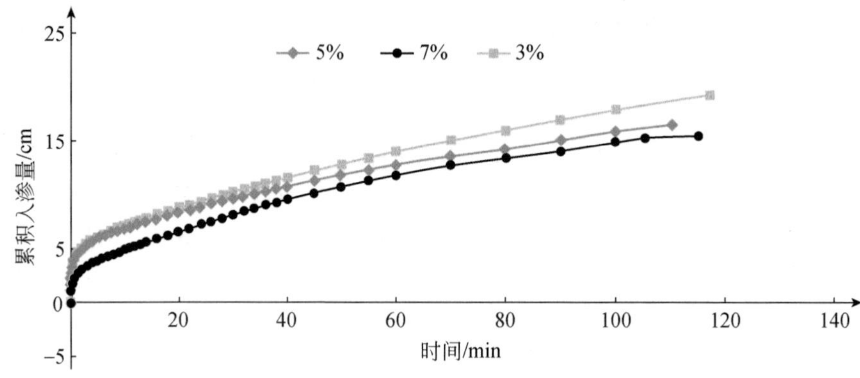

图 6.4　三种 CSC 添加比例的填料入渗过程

从对污染物的净化方面来看，三种填料的污染物综合负荷去除率如图 6.5 所示，对于氮磷的负荷去除率由大到小排序为 BSM+7%CSC＞BSM+5%CSC＞BSM+3%CSC，由于 BSM+7%CSC 的渗透能力太小，综合渗透能力和污染物负荷去除率，我们选择 BSM+5%CSC，即添加比例为 5%。

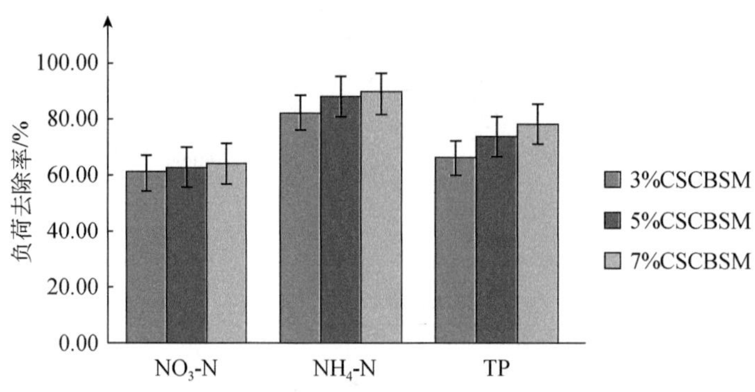

图 6.5　三种 CSC 添加比例的填料对污染物的负荷去除率

6.1.3　秸秆生物炭改良填料生物滞留设施调控效果小试研究

为了更加清楚的了解秸秆生物炭对生物滞留设施的调控效果的影响，现将前期所筛选的 CSC600-2 以 5%的质量比例加入生物滞留传统填料 BSM（土 30%+沙 65%+木屑 5%）中，搭建小试规模的柱子，对其进行模拟降雨实验，并根据课题组前期的研究结果（李家科等，2020），搭建同等规模的 BSM 柱子以及 BSM+5%WTR 柱子，同时监测分析。这里的添加比例均为质量比（w/w）。

1. 水量水质设计

本研究采用 0.5 年、1 年、2 年、3 年这四种重现期，鉴于前期多数研究降雨历时均为 90 min，但一般降雨历时长短不一，我们选择 120 min 和 360 min 这两种降雨历时来进行模拟降雨。最终确定 8 场次模拟降雨实验，每隔四天进行一次模拟降雨试验，其水量设计如表 6.6 所示。

表 6.6　小试模拟降雨水量设计

试验	重现期 P/年	降雨时间/min	降雨强度 i/（mm/min）	雨量/mm	单根水量/L	3 根水量/L
1	3	120	0.268	32.16	72.71	218.13
2	0.5	120	0.112	13.41	30.33	90.98
3	1	120	0.172	20.67	46.72	140.17
4	0.5	360	0.044	15.68	35.45	106.36
5	2	360	0.091	32.64	73.79	221.37
6	2	120	0.233	27.92	63.12	189.36
7	3	360	0.104	37.60	85.00	255.01
8	1	360	0.067	24.16	54.62	163.86

根据西安市暴雨强度公式（卢金锁等，2010）来计算各场次雨强，进而计算进水雨量。汇流比根据《西咸新区典型生物滞留设施设计与填料优化应用指南》选择 20∶1，柱子的直径为 40 cm，其面积为 0.1256 m^2，那么各柱子的汇水面积为 2.512 m^2，汇流系数取 0.9，根据式（6.1）对各柱子的进水水量进行计算。

$$i=\frac{16.715(1+1.1658\lg P)}{(t+16.813)^{0.9302}} \tag{6.1}$$

$$Q=i\cdot t\cdot \varphi\cdot F \tag{6.2}$$

式中，i 为暴雨强度，mm/min；P 为重现期，年；t 为降雨历时，min；Q 为进水流量，L；φ为径流系数；F 为汇水面积，m^2。

由于历时为 2 h 和 6 h，时间充裕，所以进水过程采用 PC 雨型（陈莎和陈晓宏，2018）进行设计，2 h 和 6 h 各时间段进水比例见图 6.6。关于初期雨水的界定还没有明确的导则来确定，有利用降雨量来判断的，也有利用降雨时间来进行判断的，本节将降雨前 5 min 的进水视为初期雨水。由于初期雨水的水质与后期不同，需与后期进水分开来进行配水，所以每场模拟降雨试验的初期雨水的水量需单独计算。

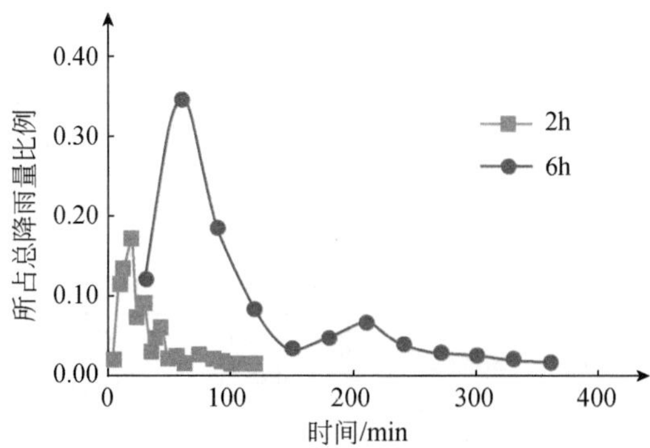

图 6.6　不同降雨历时的雨型设计

在水量设计小节中我们提到由于雨水对空中污染物的淋洗以及对路面屋顶等污染物质的冲刷，导致初期雨水的水质与后期不同，初期雨水污染物浓度高于后期，需与后期进水分开来进行配水，在设计水质时，采用高浓度进水和低浓度进水两种进水水质，初期进水采用高浓度，后期采用低浓度。根据近年来研究者们以及课题组对西安市的雨水径流污染物的浓度监测情况（董雯，2013；袁宏林等，2011；王宝山，2011），采用表 6.7 所示的配水水质设计。表 6.7 中污染物的浓度高于平常的雨水径流污染物浓度，只有在极端干燥且降雨间隔期很长时，才会出现如此高的负荷，这样配制进水水质是为了更加明显地看出出水污染物的变化情况（Lucke and Nichols，2015）。

表 6.7　配水浓度及配制药品

	污染物				
	COD	NH_4-N	NO_3-N	TN	TP
高浓度进水/（mg/L）	600	6	12	18	2.5
低浓度进水/（mg/L）	100	1.5	3	4.5	1
试剂	葡萄糖	氯化铵	硝酸钾	—	磷酸二氢钾
	$C_6H_{12}O_6$	NH_4Cl	KNO_3	—	KH_2PO_4

2. 实验装置搭建

由以上水量水质设计方案，现于西安理工大学海绵城市技术试验场搭建三根土柱，高 120 cm，直径 40 cm，壁厚 0.6 cm。三根土柱自下而上的结构为砾石排水层 15 cm、改良填料层 70 cm、松树皮覆盖层 5 cm 以及 30 cm 的蓄水层。三根土柱的改良填料层分别为 1#BSM、2#BSM+5%WTR、3#BSM+5%CSC。各土柱上种植耐旱耐淹、根系发达且本地常见的黄杨和黑麦草，每个土柱种植两株黄杨和两株黑麦草，植株大小和根系发达程度相近。土柱底部设有穿孔排水管，砾石排水层上置放一片 80 目的尼龙网以隔绝改良填料，防止其被冲刷至穿孔排水管中堵塞设施。装置上方有大小两个配水桶，大桶用以对中后期降雨的分配，小桶用于前期雨水的水量及水质分配。

设施的填料准备包括土、沙、木屑、WTR 以及秸秆生物炭。土取自西安本地，沙和木屑买自本地某厂家，砾石取自西安理工大学水动力试验场，WTR 采集于南郊水厂的给水厂污泥，秸秆生物炭制备于巩义晶佳净水材料有限公司，寄给厂家实验室制备生物炭所用的玉米秸秆原材料，厂家按照实验室制备生物炭的工艺进行烧制，为了确保厂家所制备的生物炭与实验室所制备的生物炭理化性能一致，我们对其性能指标进行了检测，对比如表 6.8 所示。对比实验室与厂家制备的秸秆生物炭的特性发现，厂家制备的秸秆生物炭阳离子交换量低于实验室所制备的，但依然高于常见的生物滞留填料，其余指标比较相近，可替代实验室所制备的秸秆生物炭。

表 6.8　实验室与厂家制备玉米秸秆生物炭对比

项目	灰分/%	有机碳/%	阳离子交换量/（cmol/kg）	总氮/（g/kg）	总磷/（g/kg）	BET/（m^2/g）
试验方法	GB/T 212-2008（4.1）	HJ 615-2011	LY/T 1243-1999	NY/T 53-1987	HJ 632-2011	GB/T 7702.20-2008
实验室 CSC600-2	24.74	7.69	137.52	1.91	1.90	259.70
厂家 CSC600-2	24.83	6.89	16.32	0.364	2.48	223.206

按照预先估算的容重计算各填料所需的重量，对这些基本填料进行晾晒风干、碾压、过筛等工序，而后按比例进行拌和，为了拌和方便，每 100 kg 拌和一次。将拌和好的 BSM、BSM+5%WTR 以及 BSM+5%CSC 分层均匀填入三个土柱中，并记录最终所填的重量。试放水试验后记录填料沉降后的高度，从而计算每根土柱的真实容重，三根土柱的容重分别为 BSM 1.48 g/cm^3、BSM+5%WTR 1.40 g/cm^3、BSM+5%CSC 1.31 g/cm^3。填料填装完毕后，每根土柱种植数量相等、植株大小和根系发达程度差不多的黄杨和黑麦草。系统稳定后进行试放水试验，主要是为了冲洗填料，看系统出水是否正常，以及练习模拟降雨的水量过程控制。

3. 样品采集及水样检测分析

采用 500 mL 的采样瓶进行采样。对于模拟降雨历时为 2 小时的试验，自装置出水开始计时，每隔 5 分钟进行一次水量记录，并于适当间隔采集一次水样，原则是前期密集，后期疏散，每根土柱共采集 7 个水样进行检测；对于模拟降雨历时为 6 小时的试验，自装置出水开始计时，前两个小时每隔 5 分钟记录一次水量数据，后四个小时每隔 20 分钟记录一次水量数据，并于适当间隔采集一次水样，每根土柱共采集 10 个水样进行检测分析，本研究所检测的污染物指标包括 COD、TN、NO_3-N、NH_3-N 以及 TP，其检测均在西安理工大学水分析实验室（Ⅱ）中进行。样品的分析包括对水量削减以及水质净化效果的分析。设施的水量削减效果用水量削减率进行评价，设施的水质净化效果采用浓度去除率和负荷削减率来评价。

4. 生物炭生物滞留设施调控效果分析

通过对 8 场放水实验的水量监测，不同场次，不同土柱对雨水径流的水量削减效果不一，具体的入流、出流、溢流过程以及水量削减率如表 6.9 所示。

表 6.9 各土柱的水量削减效果

土柱编号	试验编号	进水/L	出流/L	溢流/L	水量削减率/%	峰流量削减率/%	峰滞迟时间/min
1# BSM	test1	80.79	49.36	8.72	28.11	55.91	20
	test2	33.70	25.67	0.00	23.82	17.24	21
	test3	51.91	37.17	0.00	28.40	55.31	25
	test4	39.39	26.05	0.00	33.86	88.44	13
	test5	81.99	65.16	0.00	20.53	20	25
	test6	70.13	54.26	6.41	13.49	61.16	27
	test7	94.45	64.78	17.78	12.59	21.1	25
	test8	60.69	49.76	0.00	18.02	24.29	62
2# BSM+5%WTR	test1	80.79	23.45	4.75	65.09	87.46	45
	test2	33.70	15.68	0.00	53.48	79.31	44
	test3	51.91	18.89	0.00	63.61	84.36	55
	test4	39.39	22.80	0.00	42.11	46.67	62
	test5	81.99	49.60	0.00	39.51	72.63	65
	test6	70.13	20.66	0.00	70.54	87.19	57
	test7	94.45	56.57	0.00	40.10	74.31	110
	test8	60.69	43.06	0.00	29.05	57.14	153

续表

土柱编号	试验编号	进水/L	出流/L	溢流/L	水量削减率/%	峰流量削减率/%	峰滞迟时间/min
3# BSM+5%CSC	test1	80.79	37.93	0.00	53.05	74.55	47
	test2	33.70	12.91	0.00	61.69	79.12	42
	test3	51.91	21.00	0.00	59.55	78.36	43
	test4	39.39	20.32	0.00	48.42	97.13	112
	test5	81.99	53.68	0.00	34.53	91.54	67
	test6	70.13	30.61	0.00	56.36	77.73	46
	test7	94.45	61.16	0.00	32.39	87.82	90
	test8	60.69	33.66	0.00	44.54	91.54	96

由表 6.9 可以看出，由于填料的渗透性能不同，以及孔隙度不同而对雨水的滞留效果不同，产生了不同的雨水径流削减率，也不同程度的滞后了洪峰，并且削减了洪峰。对于1#BSM 这根柱子来说，其发生了三次溢流事件，分别是 Test1（3 年-2h）、Test6（2 年-2h）、Test7（3 年-6h）；对于 2#BSM+5%WTR 这根柱子来说，只发生了一次溢流事件，那就是历时较短 2h，重现期 3 年的 Test 1，添加了 WTR 的生物滞留设施只发生一次溢流事件，比未添加改良剂的 BSM 少，说明 WTR 改良剂的添加能提升生物滞留设施的水量处理效果；而对于秸秆生物炭改良填料所填的 3#土柱来说，在 8 次模拟降水实验未出现一次溢流情况，这说明 1#和 2#柱子对强降雨的水量调控效果不如 3#，进一步说明生物炭改良填料对生物滞留设施的效果提升的贡献。对这 8 场降雨试验三根土柱的水量削减率、峰值流量削减率以及峰滞后时间进行统计，分别如图 6.7～图 6.9 所示。

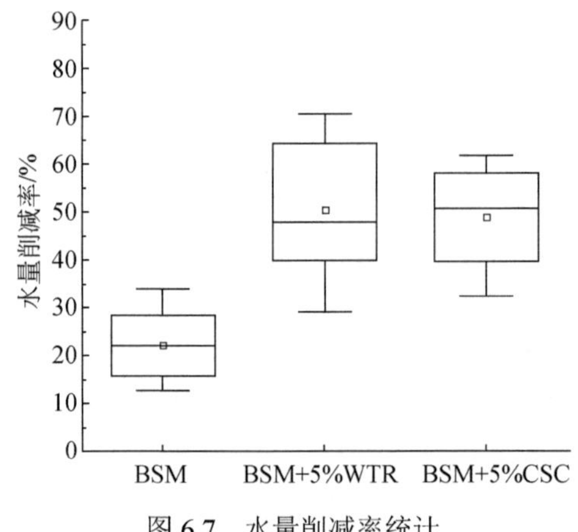

图 6.7　水量削减率统计

由图6.7 和图6.8 可以看出添加改良剂后的生物滞留设施的水量削减率和峰值流量削减率优于 BSM。BSM 的水量削减率集中在 20%左右，最高值也低于 BSM+5%WTR 的下四分位数，说明其对雨水径流的削减效果有限。BSM 的峰值流量削减率很不集中，针对不同情况的来水，其对峰值流量的削减效果不稳定，说明其易受外界因素改变的影响。BSM+5%CSC 的峰值流量削减率较集中，说明 BSM+5%CSC 的生物滞留设施对各种来水条件下的降雨的峰值流量削减效果较稳定均在 74%以上。图 6.9 中 BSM+5%WTR 对雨水径流的洪峰滞后效果较好，比较稳定，高于 BSM 的生物滞留设施，但 BSM+5%CSC 与 BSM+5%WTR 的效

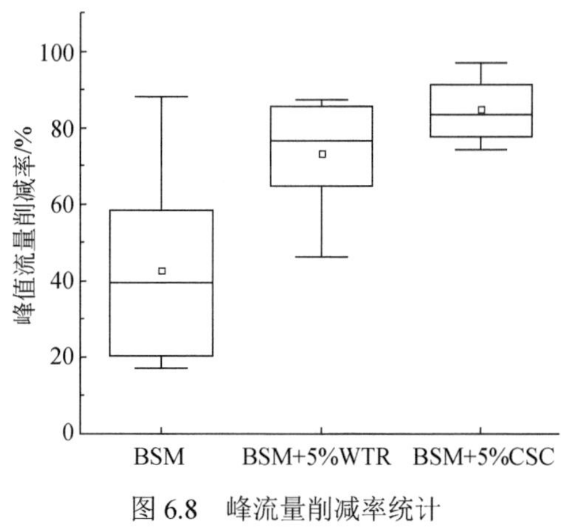

图 6.8 峰流量削减率统计

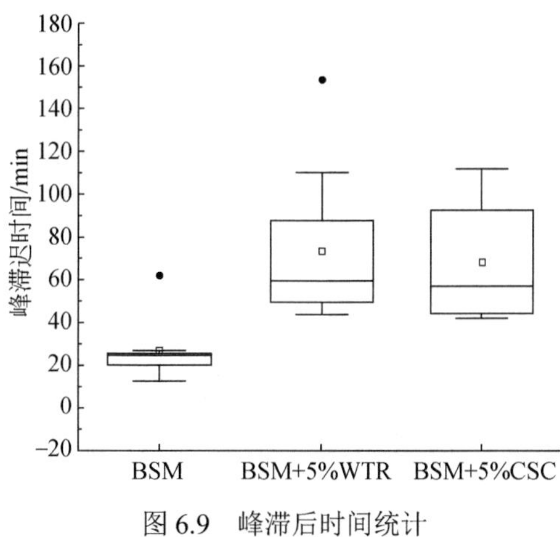

图 6.9 峰滞后时间统计

果相差不大，其分布区间大体一致，8 场模拟降水试验的洪峰时间都滞后了 40 min，这 40 min 在实际的降雨事件中，让雨水就地滞留，可以为市政管网设施减轻负荷压力，减轻城市洪涝灾害发生的风险。

通过对 8 场放水实验的水质检测，不同场次，不同土柱对雨水径流的水量削减效果不一，具体的 COD、TN、TP、NH_4-N、NO_3-N 的负荷削减率见表 6.10。

表 6.10 各土柱的负荷削减效果 单位：%

土柱编号	试验编号	COD	TN	TP	NH_3-N	NO_3-N
1# BSM	test1	10.36	28.60	50.62	74.36	11.51
	test2	39.79	55.15	82.11	82.43	44.60
	test3	38.23	51.33	75.03	85.72	46.53
	test4	10.88	71.84	83.77	85.62	67.16
	test5	42.53	21.25	83.53	88.32	3.57
	test6	24.98	17.62	73.83	69.32	0.09
	test7	26.38	30.01	68.15	65.93	13.27
	test8	39.65	35.70	82.19	84.12	11.12

续表

土柱编号	试验编号	COD	TN	TP	NH_3-N	NO_3-N
2# BSM+5%WTR	test1	65.57	77.36	89.45	88.57	73.39
	test2	44.45	74.26	93.71	96.71	65.00
	test3	74.18	89.09	93.65	95.51	88.37
	test4	37.94	69.63	92.95	75.83	69.69
	test5	70.48	62.04	96.33	90.75	48.01
	test6	83.53	84.42	97.05	94.81	80.88
	test7	64.72	72.18	92.09	89.38	66.17
	test8	27.63	69.29	94.45	90.91	60.66
3# BSM+5%CSC	test1	85.43	87.29	96.73	94.45	84.13
	test2	93.26	92.31	98.63	97.86	90.71
	test3	88.72	90.46	96.32	97.38	89.54
	test4	94.51	87.82	95.09	95.30	82.50
	test5	79.47	83.17	92.14	91.04	73.36
	test6	86.70	89.06	96.68	96.92	86.39
	test7	77.79	78.57	89.37	87.71	70.55
	test8	81.34	85.39	95.88	93.26	79.48

对 8 场放水实验各污染物负荷削减率进行统计，统计结果如图 6.10～图 6.14 所示。

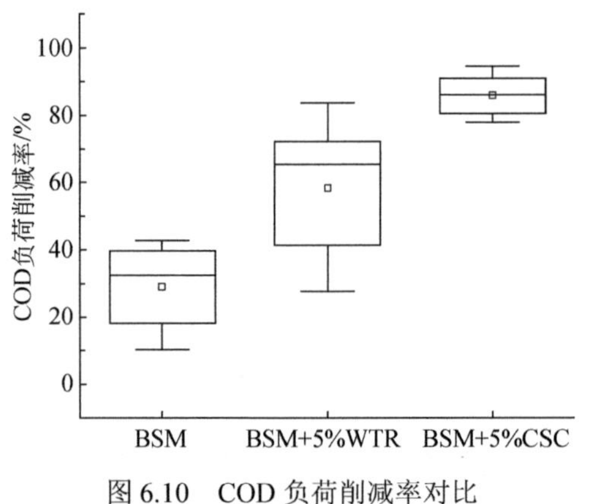

图 6.10　COD 负荷削减率对比

对于生物滞留设施来说，主要依靠其填料的吸附作用来去除 COD 污染物。这一过程属于固-液相吸附，包括了三阶段：快速吸附、缓慢吸附、吸附平衡，吸附过程很快，第一第二阶段为主要过程，开始为膜扩散，而后为内扩散（马昭阳和金兰淑，2010）。BSM 对 COD 的负荷削减率的范围是 10.36%～42.53%，平均值为 29.10%；BSM+5%WTR 对 COD 的负荷削减率范围是 27.63%～74.18%，平均值为 58.56%；BSM+5%CSC 对 COD 的负荷削减率范围是 77.79%～94.51%，平均值达到了 86.96%，这个结果印证了秸秆生物炭的比表面积大和阳离子交换量大的特性。由图 6.10 可以看出生物炭改良填料的生物滞留设施对 COD 的去除效果明显优于传统的 BSM 以及 BSM+5%WTR，这是由于添加了生物炭改良填料后，

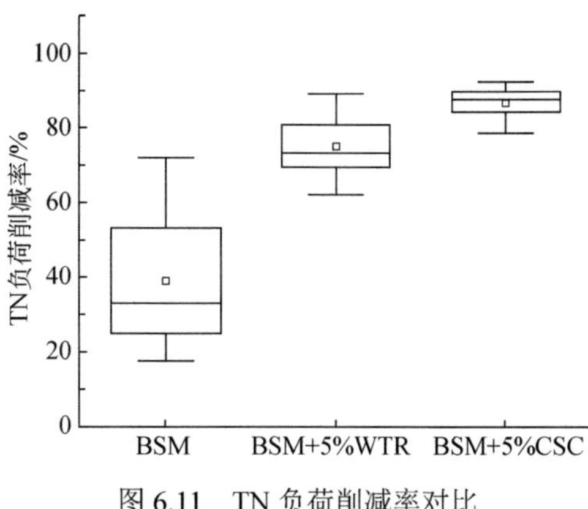

图 6.11　TN 负荷削减率对比

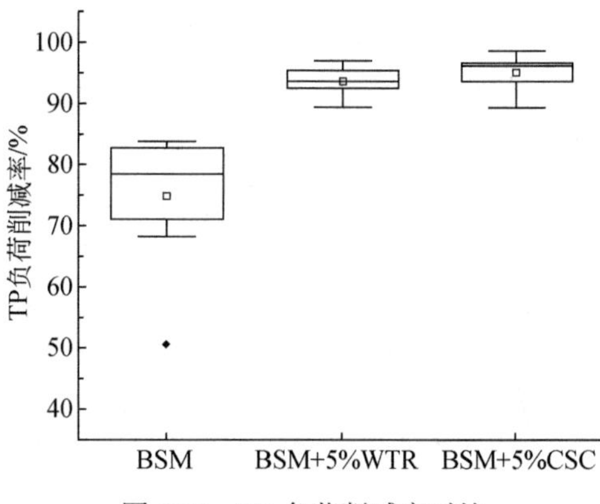

图 6.12　TP 负荷削减率对比

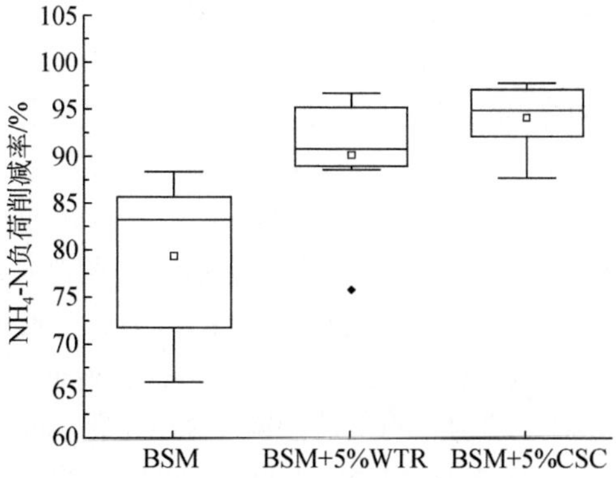

图 6.13　NH_4-N 负荷削减率对比

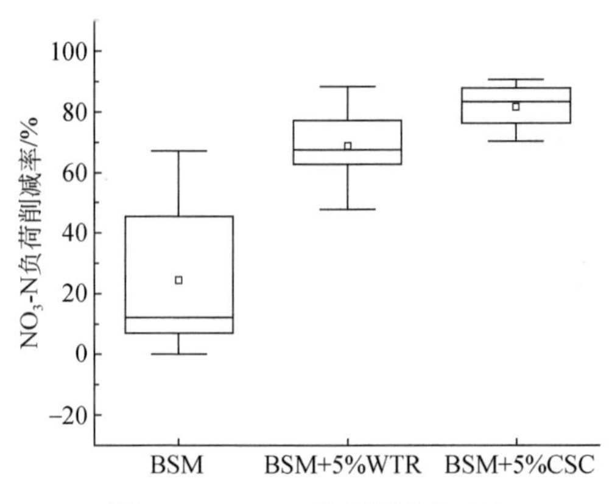

图 6.14　NO_3-N 负荷削减率对比

生物滞留设施填料的物理和化学特性得以改变，增加了对 COD 污染物的物理化学吸附效果，所以使得 BSM+5%CSC 对 COD 的污染物负荷削减率高于其他两种生物滞留设施。

雨水中氮的去除是一个复杂的过程，通常包括生物降解，植被吸收和介质存储（Ávila，et al.，2015）。生物硝化和反硝化作用是去除氮素的主要途径，并且在很大程度上取决于环境因素（Saeed and Sun，2012）。硝化作用将氨氮转化为硝酸盐，这个过程取决于溶解氧的浓度。反硝化作用是将硝氮转化为一氧化二氮，通过异养微生物来进行转化，这一过程是雨水处理中脱氮的重要过程，它依赖于碳源。BSM 对 TN 的负荷削减率的范围是 17.62%～71.84%，平均值为 38.93%，去除效果不稳定；BSM+5%WTR 对 TN 的负荷削减率范围是 62.04%～89.09%，平均值为 74.78%；BSM+5%CSC 对 TN 的负荷削减率范围是 78.57%～92.31%，平均值达到了 86.76%。秸秆生物炭可为生物滞留设施中微生物提供碳源，促进氮素的去除，此外，其庞大的比表面积可以为微生物提供栖息居所，水量滞留时间较长，能更好地滞留氮素，所以图 6.11 展现出了秸秆生物炭改良填料生物滞留设施对 TN 的处理优势。

雨水中的磷包括颗粒态磷和溶解态磷，颗粒态的磷和雨水中的 SS 一同被截留于生物滞留设施的表面，溶解态的磷主要包括正磷酸盐形态的磷，其去除主要依靠填料的吸附作用，改良剂的阳离子交换量是磷素去除的主要因素。BSM 对 TP 的负荷削减率的范围是 50.62%～83.77%，平均值为 74.90%，去除率相较于早期的传统填料生物滞留设施来说较高，但效果不稳定；BSM+5%WTR 对 TP 的负荷削减率范围是 89.45%～97.45%，平均值达 93.71%，相较于传统填料的生物滞留设施，其对磷的去除效果极佳；BSM+5%CSC 对 TP 的负荷削减率范围是 89.37%～98.63%，平均值达到了 95.11%，得益于秸秆生物炭较大的阳离子交换量。由图 6.12 可以看出，BSM+5%WTR 与 BSM+5%CSC 的负荷削减率统计结果差异不大，都能达到 90%以上的平均负荷削减率值，说明添加合适的改良剂去改良生物滞留设施填料，对生物滞留设施的污染物去除效果的提升很有必要。

生物滞留设施对 NH_3-N 的去除主要依靠对离子氨的阳离子交换作用以及对分子氨的物理吸附作用来实现。BSM 对 NH_3-N 的负荷削减率的范围是 65.93%～88.32%，平均值为 79.48%，对 NH_3-N 去除效果不稳定；BSM+5%WTR 对 NH_3-N 的负荷削减率范围是 75.83%～96.71%，平均值为 90.31%；BSM+5%CSC 对 NH_3-N 的负荷削减率范围是 87.71%～97.86%，平均值达到了 94.24%。图 6.13 展示了 8 场是模拟降雨试验三根土柱对氨氮的负荷削减率情况，BSM+5%CSC 优于其余两种填料的生物滞留设施，原因是秸秆生物炭阳离子交换量这一指标数值大，依靠静电引力来吸附铵根离子，此外，大的比表面积是 BSM+5%CSC 吸附分子氨的一大优势。

1#BSM 对 NO_3-N 的负荷削减率的范围是 0.09%～67.16%，平均值为 24.73%，对 NO_3-N 去除效果极不稳定；2#BSM+5%WTR 对 NO_3-N 的负荷削减率范围是 48.01%～88.37%，平均值为 69.02%；3#BSM+5%CSC 对 NO_3-N 的负荷削减率范围是 70.55%～90.71%，平均值达到了 82.08%。微生物中的硝化细菌是 NO_3-N 的去除过程中的主要角色，秸秆生物炭为生物滞留设施提供适量的碳源，以助其主动进行反硝化反应，促进 NO_3-N 的去除。另外，少部分的硝氮可通过填料的吸附作用被滞留于生物滞留设施内，并逐渐被植物的根系所吸收，进而促进植物的生长。

6.1.4 秸秆生物炭改良填料生物滞留设施调控效果模拟研究

现有的关于生物滞留设施的单项设施模拟模型含有 RECAGA、HYDRUS 和 DRAINMOD 等。RECAGA 的模型结构为 TR-55CN 模拟降雨径流量、利用 Green-Ampt 模拟入渗过程，利用 vanGenuchten 模拟水分运动过程，可以看出，它是一个水量模拟软件，可模拟单场或连续的降雨事件，结果展示有溢流量、排水量、地下水补给量以及水量削减线等。HYDRUS 的模型结构为 Pemman 模拟植物蒸散发、水分及盐分胁迫模拟根系吸水过程、Freundlich 模拟吸附过程，它既可以模拟水质也可以模拟水量，但其不能模拟淹没区以及长序列降雨情况。DRAINMOD 模型结构为 Green-Ampt 模拟入渗过程、Hooghoudt 和 Kirkham 模拟排水情况、Thornthwaite 模拟蒸散发、以及其详细模拟氮素迁移的特色，它既可以模拟长序列降雨水量过程，也可以模拟硝氮、氨氮等氮素的迁移转化过程，还能模拟淹没区，能有效填补现阶段关于生物滞留设施研究氮素去除过程以及淹没区设置问题的空白，所以本研究选用 DRAINMOD 模型来进行模拟研究。

1. 模型率定验证

本研究对模型的率定验证工作以 3#柱子 Test1～4 的水量和氮素数据对模型进行率定，并以 3#柱子 Test5～8 的水量和氮素数据对模型进行验证。用决定系数（R^2）和纳什效率系数（NSE）对模型的率定验证效果进行评价，纳什效率系数 NSE 的计算方式为

$$\mathrm{NSE}=1-\frac{\sum_{i=1}^{n}\left(X_i-Y_i\right)^2}{\sum_{i=1}^{n}\left(X_i-X_{\mathrm{avg}}\right)^2} \tag{6.3}$$

式中，X_i 为各实测值；Y_i 为与实测值对应的模拟值；X_{avg} 为各实测值的平均值；n 为数据总数。

决定系数值 R^2 在 0～1 之间，值越靠近于 1，说明实测值与模拟值拟合程度越好，变化趋势一致。决定系数大于 0.6 时说明模拟值与实测值紧密性强，率定验证效果良好。纳什效率系数 NSE 取值区间为（$-\infty$，1]，值大于 0 时结果可接受，值越靠近于 1，说明实测值与模拟值的匹配值越高，一般纳什效率系数 NSE 大于 0.5 时，结果可信，模拟值和实测值匹配良好，率定验证效果可靠。

DRAINMOD 关于 3#小试的水量以及氮素的率定效果如图 6.15 所示，验证效果如图 6.16 所示。在率定期和验证期，3#土柱的水量以及氮素的模拟监测值吻合良好，关于水量氮素的纳什效率系数（NSE）最低为 0.68，决定系数最低为 0.82，说明 DRAINMOD 模型可以很好地模拟生物炭改良填料土柱的水量运移以及氮素迁移过程，率定验证好的参数如表 6.11 所示。

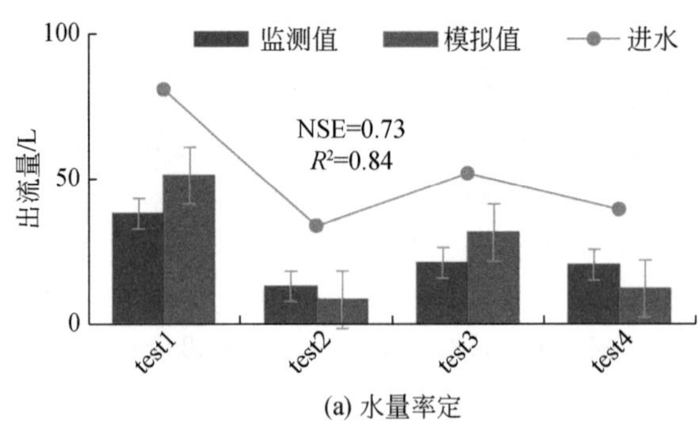

(a) 水量率定

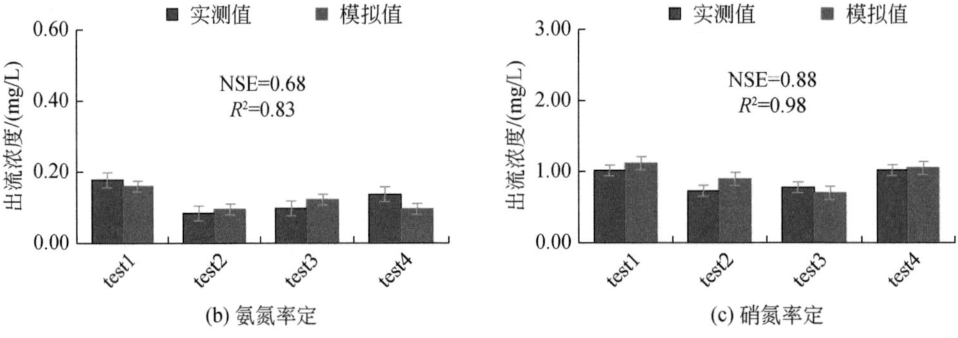

图 6.15 3#柱子的水量以及氮素率定效果

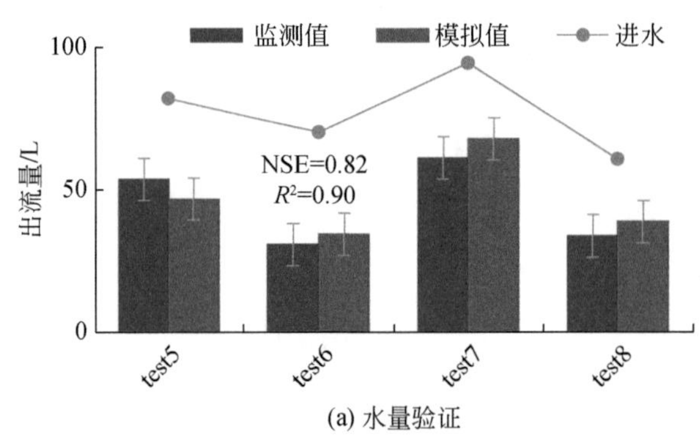

(a) 水量验证

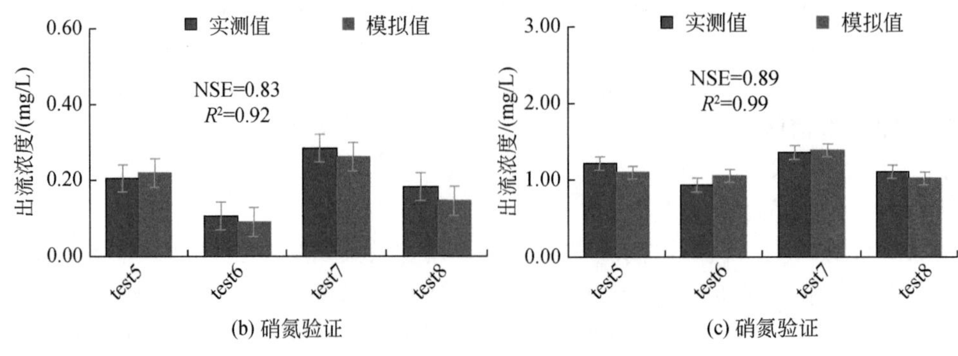

图 6.16 3#柱子的水量以及氮素验证效果

表 6.11　DRAINMOD 参数敏感性分析结果及率定验证后取值

分类	参数	物理意义	单位	取值范围	敏感度 S 值	排序	取值
DRAINMOD-H	k	填料饱和导水率	cm/h	2～65	1.253	4	32
	L	排水管间距	cm	50～300	−1.626	3	100
	D.C	排水系数	cm/d	8～16	−0.279	7	11.49
	Sm	地面最大填洼深度	cm	0～30	0.736	5	20
	B	排水管埋深	cm	30～120	5.538	2	90
	H	不透水层埋深	cm	70～120	−5.231	1	95
	R_e	有效排水半径	cm	5～15	0	8	—
	M.F	月蒸发修正系数	—	0～2.4	−0.442	6	0.4～1.2
DRAINMOD-N	$T_{opt\text{-}den}$	反硝化反应最适温度	℃	20～40	−1.254	3	35
	$T_{opt\text{-}nit}$	硝化反应最适温度	℃	15～25	−0.367	6	25
	$T_{opt\text{-}dec}$	有机物分解最适温度	℃	20～40	0.125	9	25
	β_{den}	反硝化温度响应函数经验形状系数	—	0.1～0.4	−0.835	4	0.3
	β_{nit}	硝化温度响应函数经验形状系数	—	0.25～0.65	−0.296	7	0.5
	β_{dec}	有机物分解温响函数经验形状系数	—	0.1～0.2	0.062	12	0.15
	$V_{max\text{-}den}$	最大反硝化反应速率	μg/（g·d）	0.1～3.6	0.667	5	0.5
	$K_{m\text{-}den}$	反硝化半反应饱和常数	—	24～36	−0.296	7	27
	$V_{max\text{-}nit}$	最大硝化反应速率	μg/（g·d）	6～12	0.104	10	10
	$K_{m\text{-}nit}$	硝化反应半饱和常数	—	20～30	−0.096	11	28
	α	反硝化反应经验指数	—	1.5～2.5	−1.275	2	1.8
	$WPFS_{den}$	反硝化土壤孔隙含水量阈值	cm^3/cm^3	0.5～1.0	−3.867	1	0.8

2. 不同情景模拟

根据西安市近 60 年平均降水资料，西安年均降水量为 583.7 mm。降水主要分布在 6～9 月，其平均降水量占全年降水量的 17.6%，13.4%，16.7%，10.9%（李斌等，2016）。据此设计连续多年的降雨资料，即每年降雨量为 580 mm，并将雨量按比例分布在每个月份，创建降雨资料输入模型，进而分析不同条件下生物炭改良填料生物滞留设施对水量和氮素的调控效果。

本研究主要对生物滞留设施的进水浓度、汇流比、蓄水层厚度、填料层厚度及淹没区深度这 5 种影响因素进行研究。氮素进水浓度根据西安雨水的实际监测情况分别取低（硝氮 4.5 mg/L、氨氮 1.5 mg/L）、中（硝氮 7.2 mg/L、氨氮 2.2 mg/L）和高（硝氮 10 mg/L、氨氮 3 mg/L）这 3 种浓度水平；根据住建部 2014 年发布的《海绵城市建设技术指南——低影响开发系统构建》（试行），采取 10∶1、12∶1、14∶1、16∶1、18∶1 这 5 种汇流比；填料层厚度选取 50 cm、60 cm、70 cm、80 cm 和 90 cm 进行分析；蓄水层厚度取 20 cm、25 cm 和 30 cm；淹没区深度取 0 cm、10 cm、20 cm、30 cm 和 40 cm。用验证好的 DRAINMOD

模型，根据这 5 种影响因素设置以下情景进行模拟：①汇流比取 10∶1，填料层厚度为 50 cm，无淹没区，氮素进水浓度分别取低、中、高浓度；②填料层厚度为 70 cm，无淹没区，氮素进水浓度为中浓度，分别取以上 5 种汇流比；③汇流比取 10∶1，填料层厚度为 70 cm，无淹没区，氮素进水浓度为中浓度，分别取以上 3 种蓄水层厚度；④汇流比取 10∶1，无淹没区，氮素进水浓度为中浓度，分别取以上 5 种填料层厚度；⑤汇流比取 10∶1，填料层厚度为 70 cm，氮素进水浓度为中浓度，分别取 0 cm 到 40 cm 这 5 种淹没区深度。

3. 模拟结果分析

按上述设置的不同情景进行模拟，统计其入流排水量，以及氮素的入流流失量，并计算水量削减率和氮素去除率，模拟计算结果如图 6.17 所示。

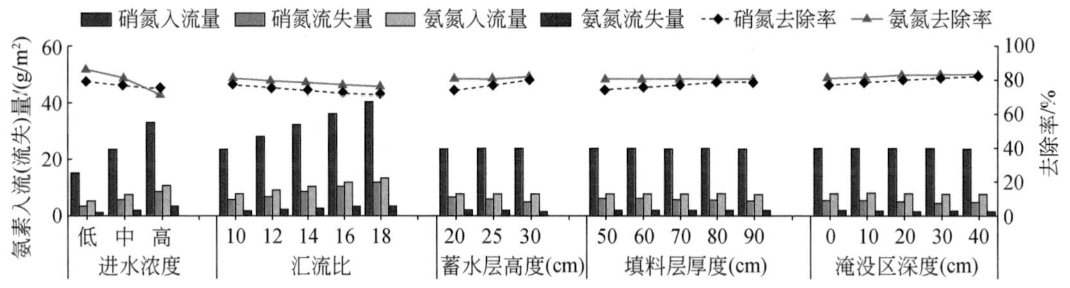

图 6.17　不同情景模拟结果

不同氮素进水浓度对氮素去除效果的影响。在汇流比为 10∶1，填料层厚度为 70 cm 且无淹没区的情况下，高、中、低的氮素进水浓度分别对应不同的硝氮与氨氮去除率。随着进水浓度的增大，生物滞留设施对氮素的去除效果减弱，这是因为生物滞留设施的填料层对氮素的吸附效果一定，不会随着进水浓度而改变，所以高进水浓度会降低氮素去除率。对氨氮的去除效果变化尤为明显，低浓度硝氮（4.5 mg/L）比高浓度硝氮（10 mg/L）进水时的硝氮负荷削减率高 4.87%，而低浓度氨氮（1.5 mg/L）比高浓度氨氮（3 mg/L）进水时的氨氮负荷削减率高了 15.28%，分析原因是高进水浓度条件时，氨氮在硝化菌的作用下转换为硝氮，硝氮浓度本就很高，而反硝化菌群增殖速度慢且难以维持较高生物浓度，且反硝化过程需要一定碳源，这就抑制了反硝化过程，所以进水浓度降低，氨氮的去除效果比硝氮的去除效果增加明显。

不同汇流比对水量削减和氮素去除效果的影响。不同的汇流比意味着不同的进水水量，汇流比由 10∶1 增大到 18∶1，进水水量不断增大，由于生物滞留设施的容积一定，排水量与溢流量也随之增加，水量削减率由 63.88%不断减小到 47.32%。随着汇流比的增加，进水水量增加，氮素进水负荷也会增大，氮素的负荷削减率也随之减小，除了吸附效果影响之外，大水量进水在生物滞留设施中流速变大，不能使填料与进水充分接触，这也成为降低氮素去除效果的主要原因。

不同蓄水层厚度对水量削减和氮素去除效果的影响。随着蓄水层深度的增加，生物滞留设施的滞留容量增大，使得溢流量减少，雨水与花园填料的接触时间增多，水量削减率和氮素负荷削减率均呈现增加趋势。当蓄水层深度由 20 cm 增加到 30 cm 时，生物滞留设施水量削减率提高了 2.35%，因为当进水水量一定时，增大蓄水层深度，排水量变化不大，溢流量减少了，所以水量削减率有所提高。与此同时，硝氮负荷削减率提高了 6.75%。氨氮负荷削减率提高了 1.57%。

不同填料层厚度对水量削减和氮素去除效果的影响。水量削减率随着填料层厚度的增加而有所增加，这是填料层厚度增加使得生物滞留设施的滞留容量增大的原因所致。生物滞留设施对两种氮素的负荷削减率变化趋势相同，随着填料层厚度的增加，进水与填料接触面变多，可充分吸附氮素污染物，硝氮和氨氮的去除效果变好。填料层厚度由 50 cm 增加到 90 cm，硝氮负荷削减率增加了 4.97%，氨氮去除率增加了 0.52%，氨氮去除率增加不明显，原因是在进水量相同的情况下，增加生物滞留设施深度会造成池底部氧气匮乏，硝化去氨氮的过程就会受阻碍，所以其负荷削减率增加缓慢。

不同淹没区深度对水量削减和氮素去除效果的影响。淹没区的改变是靠改变排水管出水口高度来实现的，由模拟结果可以得出，水量削减率随淹没区深度增加而降低，这与张佳扬（2014）所得出的结果一致。随着淹没区深度的增加，排水管出水口高度抬高，增大来水出流速度，溢流量有所减小，排水量增加的多，导致生物滞留设施对水量的削减效果由 63.88%降低到 61.41%。而淹没区的增加使得厌氧区高度增加，给反硝化细菌提供更多的厌氧场所，反硝化反应能更顺利地进行，所以硝氮的去除效果增加显著。当生物滞留设施的厌氧区深度不高时，厌氧区虽不利于氨氮硝化，但顶部仍有充足氧气，所以对氨氮去除效果影响不大，且硝氮类去除增加，也会促进氨氮的硝化反应，所以氨氮的负荷削减率略有增加。当淹没区持续增加，好养区减少，就会影响氨氮的去除，导致氨氮负荷削减率有下降趋势。

6.1.5 秸秆生物炭改良填料生物滞留设施参数优化

Design-Expert 是由美国 Stat-Ease 公司出版的、广泛应用于实验数据统计的实验设计软件，功能强大，将实验数据输入该软件，即可拟合各关系曲线并建立方程，进而得到最优化的实验结果，它可以减少科研实验的次数，提高实验的效率，增加统计量而获得更加简洁的实验报告，是各类多因素试验数据的分析与优化的首选辅助软件（Palanivel，P.Koshy，2012）。在 Design-Expert 软件中，响应面法（Response Surface Methodology，RSM）可进行两级析因筛选设计并对一般因子进行研究，得到大量数据的优化结果。利用 Design-Expert 中的 RSM 模块，对模拟结果进行优化，以期得到不同限定条件下的生物炭改良填料的生物滞留设施设计参数的最优工况。

结合 DRAINMOD 模型模拟结果，用响应曲面法建立的水量削减率、氮素负荷削减率与各因素之间的多元二次回归方程如下。

$$\text{水量削减率（\%）}=67.8+0.36A-0.32B-11.33C+0.95D+7.18E-2.34F+0.72C^2+0.049D^2-0.21E^2+0.09F^2 \tag{6.4}$$

$$\text{硝氮负荷削减率（\%）}=79.7-5.42A+0.27B+5.08C+8.37D+2.05E-2.34F+0.56C^2+0.023D^2-0.59E^2-1.62F^2 \tag{6.5}$$

$$\text{氨氮负荷削减率（\%）}=81.3+77.43A-87.96B-10.53C+3.17D+2.08E+1.59F+0.48C^2+0.9D^2-0.32E^2-2.35F^2 \tag{6.6}$$

式中，A 为硝氮进水浓度；B 为氨氮进水浓度；C 为汇流比；D 为蓄水层深度；E 为填料层厚度；F 为淹没区深度。

在不同的限定条件和优化目标下，对填料层厚度和淹没区深度的优化结果见表 6.12 和表 6.13。

表 6.12　最佳氮素负荷削减率下的参数优化结果

限定条件			优化结果				
汇流比	氮素入流浓度	蓄水层高度/cm	填料层厚度/cm	淹没区深度/cm	设施高度/cm	硝氮负荷削减率/%	氨氮负荷削减率/%
12∶1	低	20	53	20	88	79.75	100
	中	22	57	24	94	81.35	100
	高	23	62	34	100	83.42	100
16∶1	低	24	56	27	95	83.44	100
	中	26	62	35	103	86.99	100
	高	27	67	40	109	86.51	100
20∶1	低	28	68	30	111	90.85	100
	中	30	70	36	115	92.76	100
	高	30	75	43	120	93.62	100

表 6.13　氮素负荷削减率与水量削减率均优下的参数优化结果

限定条件			优化结果					
汇流比	氮素入流浓度	蓄水层高度/cm	填料层厚度/cm	淹没区深度/cm	设施高度/cm	水量削减率/%	硝氮负荷削减率/%	氨氮负荷削减率/%
12∶1	低	21	52	27	88	62.95	79.16	100
	中	23	57	34	95	65.07	82.72	100
	高	25	63	37	103	65.09	81.47	100
16∶1	低	25	66	38	106	60.32	85.24	100
	中	29	72	40	116	61.05	83.38	77.23
	高	30	77	41	122	63.44	86.49	90.90
20∶1	低	30	81	39	126	59.60	89.11	87.41
	中	30	86	39	131	61.11	89.29	76.87
	高	30	88	42	132	60.35	83.61	86.29

由上表可以看出，仅考虑氮素调控效果最优时，随着汇流比和氮素进水浓度的增加，填料层厚度需由 53 cm 增大到 75 cm，高汇流比和高进水浓度下的淹没区深度比低汇流比和低进水浓度时高 23 cm，要使氮素去除率高，就需要加深淹没区深度；同时考虑水量和氮素调控效果，随着汇流比增大，填料层厚度由 52 cm 增大到 88 cm，可见填料层厚度是影响水量削减率的关键因素，高汇流比和高进水浓度下的淹没区深度比低汇流比和低进水浓度时高 15 cm，淹没区厚度占设施总厚度的比例没有氮素调控效果最优时的比例高。仅考虑氮素调控效果最优时，优化的硝氮削减率为 80%～94%，氨氮负荷削减率可达 100%；同时考虑水量和氮素调控效果最优时，优化的水量削减率为 60%～70%，硝氮负荷削减率为 80%～90%，氨氮的负荷削减率为 75%～100%。此表中的设施总高度即为蓄水层深度、覆盖层厚度、填料层厚度、砾石排水层厚度之和，可为生物炭改良填料的生物滞留设施的建设提供参考。

6.2　木屑生物炭生物滞留高效填料研制与参数优化

6.2.1　木屑生物炭的制备与理化特性分析

1. 木屑生物炭的制备

本研究采用木屑制备生物炭，原材料为西安市某松木家具厂的加工废料。首先，将木屑原材料均匀平铺于托盘中，置于烘箱，在 60℃下烘干 4 h。使用 2 mm 筛子对烘干的木屑进行过筛处理，得到粒径均匀的细小木屑，最后用自封袋封装备用。

木屑生物炭的制备方案形式多样，常见的热解温度为 400～700℃，热解时长为 0.5～6 h（Spokas et al.，2010；戴静和刘阳生，2013；Quirk et al.，2012；Jiang et al.，2014）。为探究木屑生物炭的最佳制备方案，本研究设置 15 种不同的制备方案，其中包含 5 种热解温度（400℃、450℃、500℃、550℃和 600℃）和 3 种热解时长（2 h、3 h 和 4 h）。采用 KSL-1200X 型号马弗炉进行生物炭制备，制备过程中涉及的工具还有坩埚、坩埚钳、锡箔纸。每次启动马弗炉烧制生物炭之前，先称量洁净干燥的坩埚重量，计为 m_1，加入适量木屑后再进行称量，计为 m_2，加盖后使用锡箔纸进行封装，置于马弗炉中后，即可启动马弗炉并设置制备方案的程序，待马弗炉自动走完所有程序，用坩埚钳取出坩埚，放至室温去掉锡箔纸后进行称量，计为 m_3，最后，将烧制好的生物炭倒入自封袋中编号保存，生物炭的制备过程如图 6.18 所示。

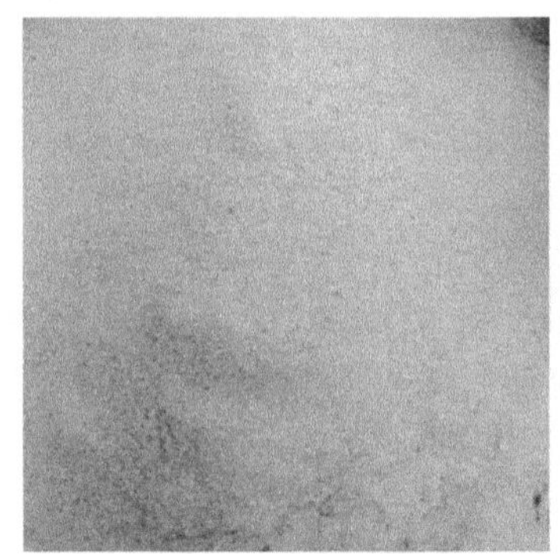

(a) 过筛木屑

(b) 马弗炉

(c) 木屑生物炭

图 6.18　木屑生物炭制备过程

生物炭产率是生物炭的重要参数之一，产率的高低直接影响生物炭的推广与应用。根据木屑生物炭制备过程中的称量数据，则可得到不同制备方案下的生物炭产率，计算公式如下。

$$w = \frac{m_3 - m_1}{m_2 - m_1} \times 100\% \tag{6.7}$$

生物炭制备过程中，每炉包含四个平行样，分别计算其产率，记录后装袋混匀，木屑生物炭的 15 种制备方案的详细情况及其生物炭产率如表 6.14 所示。

表 6.14　不同制备方案下木屑生物炭的产率

方案编号	热解温度/℃	热解时长/h	升温速率[a]/（℃/min）	产率[b]/%
1	400	2	20	34.53–35.05（34.79）
2	450	2	20	33.97–34.34（34.16）
3	500	2	20	31.33–31.59（31.48）
4	550	2	20	31.62–31.96（31.77）
5	600	2	20	29.46–29.68（29.59）
6	400	3	20	35.74–36.05（35.86）
7	450	3	20	32.37–32.55（32.46）
8	500	3	20	31.43–31.50（31.46）
9	550	3	20	30.27–30.33（30.30）
10	600	3	20	30.77–30.98（30.88）
11	400	4	20	34.92–35.46（35.20）
12	450	4	20	32.52–32.79（32.67）
13	500	4	20	31.55–31.92（31.76）
14	550	4	20	30.33–30.41（30.38）
15	600	4	20	29.58–29.92（29.76）

a 本研究采用慢速热裂解进行生物炭制备，马弗炉升温速率取定值 20℃/min；

b 产率包含对应方案下的产率范围及其平均值

2. 木屑生物炭的理化性质检测与分析

为探究不同热解温度以及热解时长对木屑生物炭理化性质的影响，将 15 种不同方案下制备的生物炭编号送检，检测单位为国联质检公司，检测项目包括比表面积（BET）、阳离子交换量（CEC）、总氮、总磷、灰分和有机碳，为保证检测时有充足的样品，每个制备方案下的生物炭样品均不少于 60 g，6 个检测指标的具体检测方法如表 6.15 所示。

表 6.15　木屑生物炭理化性质检测方法

检测指标	检测方法
比表面积	GB/T 19578-2004
阳离子交换量	LY/T 1243-1999
总氮	NY/T 53-1987
总磷	HJ 632-2011
灰分	GB/T 212-2008（4.1）
有机碳	HJ 615-2011

考虑到检测试验的准确度，在条件允许下，每个样品的每个指标都进行两次测试，检测的详细结果如表 6.16 所示。

表 6.16　木屑生物炭检测结果

编号	检测指标					
	比表面积/（m^2/g）	阳离子交换量/（cmol/kg）	总氮/%	总磷/（mg/kg）	灰分/%	有机碳/%
1	2.24	118.41	0.36	1570	10.81	7.10
2	3.16	119.67	0.33	1550	15.21	6.14
3	4.45	117.64	0.24	1880	12.40	6.67
4	58.51	110.15	0.27	1640	16.13	7.69
5	133.56	107.30	0.33	1390	12.98	6.61
6	3.04	111.72	0.29	1160	14.62	8.27
7	18.13	117.32	0.21	1180	11.47	7.32
8	5.42	121.06	0.29	1710	10.85	7.28
9	80.98	117.38	0.23	664	12.92	6.29
10	113.64	103.74	0.25	1080	16.53	8.42
11	2.34	107.84	0.22	594	10.01	5.82
12	2.06	117.10	0.19	777	11.23	7.50
13	11.11	107.71	0.22	662	13.54	7.66
14	15.52	110.49	0.36	880.5	12.92	4.79
15	54.34	111.91	0.14	905.5	14.04	5.88

为了更直观地呈现不同制备方案对木屑生物炭理化性质的影响，寻找木屑生物炭理化性质随制备方案变化而表现出来的数据规律，将表格中比表面积、总氮、总磷的数据以散点图的形式展示，如图 6.19 所示。

由于木屑生物炭的比表面积大小差异悬殊，因此，采用对数坐标系分析各制备方案下的比表面积大小分布情况，结合表 6.16 与图 6.19（a）可以直观地看出，同一热解时长下，在制备温度从 400℃逐渐升到 600℃过程中，木屑生物炭的比表面积有着逐渐增大的趋势，采用指数分布对其变化进行拟合，R^2 均在 0.74 以上；在不同制备方案下，木屑生物炭的总氮与总磷的含量均有着明显的变化，当限定制备温度时，随着热解时长逐渐从 2 h 增至 4 h 过程中，两者均有明显的下滑，如图 6.19（b）与图 6.19（c）所示，采用线性分布对不同方案下

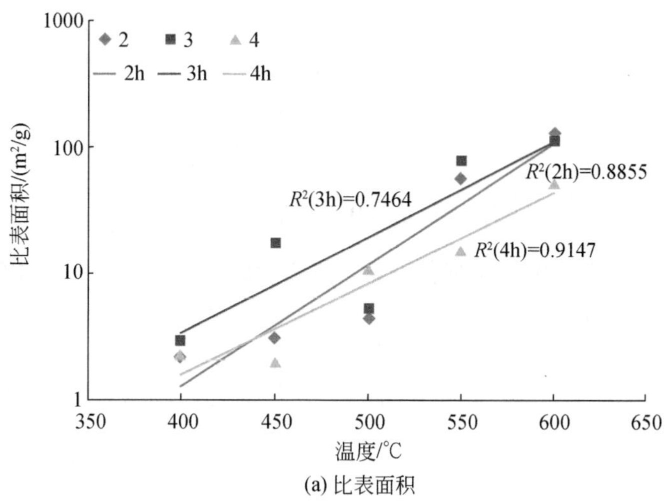

(a) 比表面积

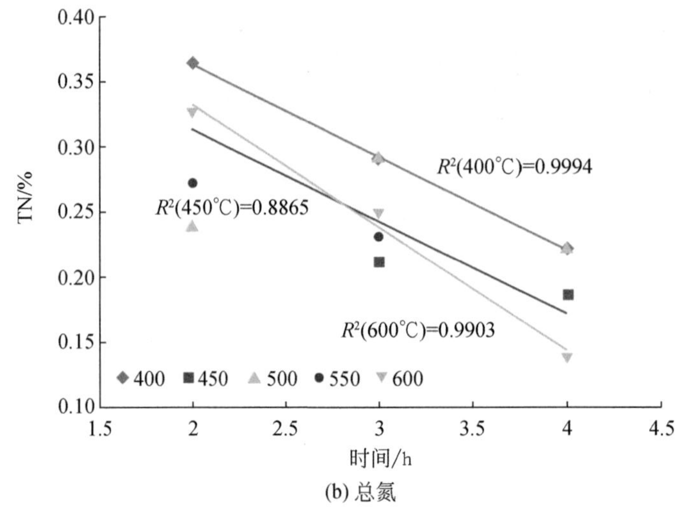

(b) 总氮

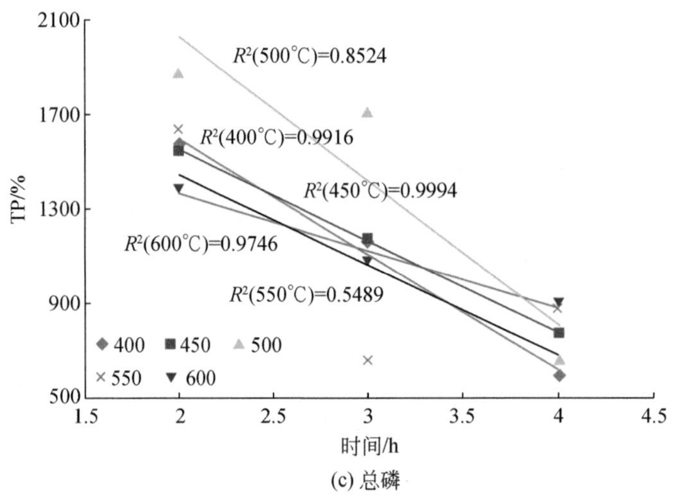

(c) 总磷

图 6.19 木屑生物炭理化性质分析

木屑生物炭总氮与总磷的含量进行拟合，拟合效果良好。在对木屑生物炭的总氮含量随热解时长变化的线性拟合中，400℃、450℃和 600℃三个热解温度水平拟合程度高，R^2 均达到 0.88 以上；在对木屑生物炭的总磷含量随热解时长变化的线性拟合中，除过 550℃以外，其他四个热解温度水平的拟合程度均比较理想，R^2 均达到 0.85 以上。

6.2.2 木屑生物炭生物滞留高效填料优选

从 15 种制备方案中选出最佳制备方案，需要考虑到的因素有木屑生物炭的产率、比表面积、阳离子交换量、总氮、总磷、灰分和有机碳 7 个指标，因此，木屑生物炭最佳制备方案优选是一个多目标决策问题，解决多目标决策问题的关键有两点，一是多种目标统一标准化，从而消除评价体系不同造成的障碍；二是确定各目标的权重占比，只有满足这两点才能将定性问题以定量的方式解决。

1. 层次分析法

层次分析法（analysis of hierarchy process，AHP）是一种常见的确定多目标决策体系目标权重的方法，由运筹学家 Saaty 首次提出，层次分析法使用起来简单灵活，有很大的实用价值，因此得到诸多领域的采纳与应用（Alberto et al.，2019）。使用层次分析法处理分析实际问题主要有 4 个步骤：①建立问题的层次结构模型；②构造两两比较判断矩阵，并求得其特征向量及最大特征根；③两两比较判断矩阵的一致性检验，包括计算一致性指标 CI、平均随机一致性指标 RI 和一致性比率 CR，然后，需要对 CR 的大小进行判断，若 CR 小于 0.1，则两两比较判断矩阵一致性检验符合条件；④确定各元素的权重。其中，构造两两比较判断矩阵时，依据的标度详细情况见表 6.17。

表 6.17　两两比较判断矩阵标度定义

标度	前者较后者的重要性
1	相同
3	稍重要
5	明显
7	强烈
9	极端
2，4，6，8	介于两种重要性的中间值
倒数	a_{ij} 为 I 对 j 的重要性，a_{ji} 为 j 对 I 的重要性，$a_{ji}=1/a_{ij}$

一致性指标 CI、平均随机一致性指标 RI 和一致性比率 CR 的计算方法如下：

$$\mathrm{CI}=\frac{\lambda_{\max}-n}{n-1} \tag{6.8}$$

$$\mathrm{CR}=\frac{\mathrm{CI}}{\mathrm{RI}} \tag{6.9}$$

式中，$\lambda_{\max}$ 为两两判断矩阵的最大特征值；n 为矩阵阶数，RI 的大小亦可根据 n 值大小从表 6.18 中查找获取。

表 6.18　平均随机一致性指标与判断矩阵阶数的关系

n	1	2	3	4	5	6	7	8	9	10
RI	0	0	0.52	0.89	1.12	1.24	1.36	1.41	1.46	1.49

注：准则层的元素一般不超过 9 个，因此，判断矩阵的阶数一般不超过 9

2. 单一改良剂优选

本研究选取产率、比表面积、阳离子交换量、总氮、总磷、灰分和有机碳 7 个指标作为最佳制备方案优选的评价准则。对于每一个准则，选出最好与最差两种方案作为参照，并将其分别定义为“1”与“0”，其他方案的值使用内插法进行计算，其值大小在 0～1 之间。数据标准化的公式如下：

$$X_{ib}=\frac{X_i-X_{\min}}{X_{\max}-X_{\min}}\ （当 X_{\min} 为最优值） \tag{6.10}$$

$$X_{ib}=\frac{X_{max}-X_i}{X_{max}-X_{min}}\text{（当 }X_{max}\text{ 为最优值）} \tag{6.11}$$

式中，X_{max} 为原始数据最大值；X_{min} 为原始数据最小值；X_i 为方案 I 的原始数据；X_{ib} 为方案 I 的标准化数据。

对表 6.14 和表 6.16 的数据进行标准化处理，如表 6.19 所示。

表 6.19　数据标准化处理结果

方案	产率	比表面积	阳离子交换量	总氮	总磷	灰分	有机碳
1	0.830	0.001	0.847	0	0.241	0.878	0.637
2	0.729	0.008	0.920	0.159	0.257	0.202	0.373
3	0.302	0.018	0.803	0.549	0	0.633	0.519
4	0.349	0.429	0.370	0.400	0.187	0.061	0.798
5	0	1	0.206	0.162	0.381	0.545	0.502
6	1	0.007	0.461	0.327	0.560	0.293	0.957
7	0.458	0.122	0.784	0.668	0.544	0.777	0.697
8	0.300	0.026	1	0.319	0.132	0.872	0.685
9	0.114	0.600	0.787	0.584	0.946	0.554	0.414
10	0.206	0.849	0	0.509	0.622	0	1
11	0.895	0.002	0.237	0.628	1	1	0.283
12	0.492	0	0.771	0.788	0.858	0.814	0.746
13	0.347	0.069	0.229	0.626	0.947	0.459	0.791
14	0.127	0.102	0.390	0.031	0.777	0.554	0
15	0.028	0.398	0.472	1	0.758	0.381	0.301

标准化处理之后，需要确定各准则的权重，采用层析分析法进行计算。

第一步，建立木屑生物炭最佳制备方案优选的层次结构模型，包含目标层、准则层和方案层，如图 6.20 所示。

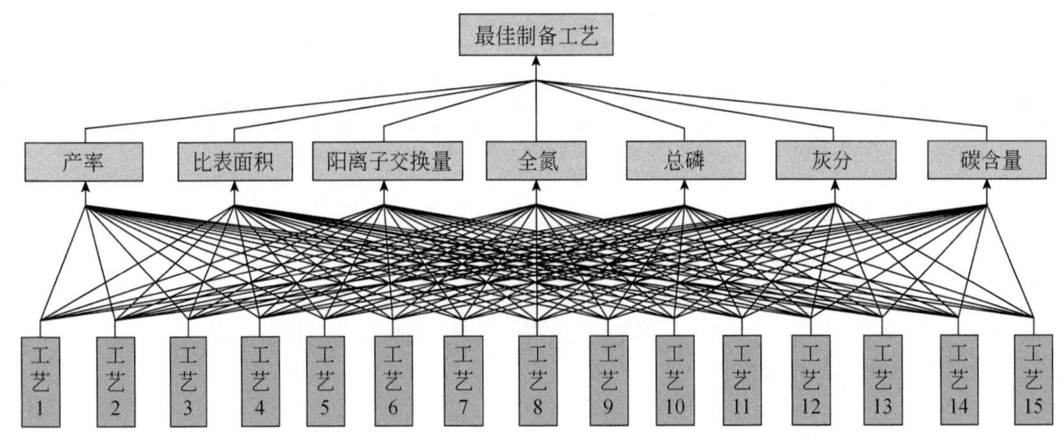

图 6.20　木屑生物炭最佳制备方案层次分析结构图

第二步，构造准则层对目标层的两两比较判断矩阵，计算特征向量及最大特征根。将产率、比表面积、阳离子交换量、总氮、总磷、灰分和有机碳 7 个准则对最佳制备方案目标的重要性进行两两比较，比较结果如表 6.20 所示。

表 6.20　各准则对目标的重要性比较

对目标的重要性	产率	比表面积	阳离子交换量	总氮	总磷	灰分	有机碳
产率	1	0.25	1	0.667	0.667	2	0.5
比表面积	4	1	4	3	3	6	2
阳离子交换量	1	0.25	1	0.667	0.667	2	0.5
总氮	1.5	0.333	1.500	1	1	3	0.667
总磷	1.5	0.333	1.500	1	1	3	0.667
灰分	0.5	0.167	0.500	0.333	0.333	1	0.25
有机碳	2	0.500	2.000	1.500	1.500	4	1

注：15 种木屑生物炭的产率大小差异较小，使用标准化格式后会放大这种差异，因此将其相对重要性适当变小，以减小评价偏差，同理，阳离子交换量的相对重要性也适当变小

第三步，两两比较判断矩阵的一致性检验。一致性检验结果如表 6.21 所示。

表 6.21　一致性检验结果

判断矩阵	n	λ_{max}	CI	RI	CR	检验结果
$\boldsymbol{A}$	7	7.019	0.003	1.36	0.002	N 为 $\boldsymbol{A}$ 的特征向量

第四步，确定特征向量及各元素的权重。将每个指标的权重对应分配到表 6.22 中各项指标，分别计算出 15 种方案各项指标的得分和总得分，并对其进行排序，如表 6.22 所示。

表 6.22　木屑生物炭 15 种制备方案评价得分及排序

编号 \ 权重	产率（0.088）	比表面积（0.335）	阳离子交换量（0.088）	总氮（0.131）	总磷（0.131）	灰分（0.045）	有机碳（0.182）	总分	排序
1	0.073	0.000	0.075	0.000	0.032	0.039	0.116	0.335	12
2	0.065	0.003	0.081	0.021	0.034	0.009	0.068	0.280	14
3	0.027	0.006	0.071	0.072	0.000	0.028	0.094	0.298	13
4	0.031	0.144	0.033	0.052	0.024	0.003	0.145	0.432	9
5	0.000	0.335	0.018	0.021	0.050	0.024	0.091	0.539	3
6	0.088	0.002	0.041	0.043	0.073	0.013	0.174	0.435	8
7	0.041	0.041	0.069	0.087	0.071	0.035	0.127	0.471	6
8	0.027	0.009	0.088	0.042	0.017	0.039	0.125	0.346	11
9	0.010	0.201	0.070	0.076	0.124	0.025	0.075	0.581	2
10	0.018	0.284	0.000	0.067	0.081	0.000	0.182	0.632	1
11	0.079	0.001	0.021	0.082	0.131	0.045	0.051	0.410	10
12	0.044	0.000	0.068	0.103	0.112	0.036	0.136	0.499	4
13	0.031	0.023	0.020	0.082	0.124	0.021	0.144	0.444	7
14	0.011	0.034	0.035	0.004	0.102	0.025	0.000	0.211	15
15	0.002	0.133	0.042	0.131	0.099	0.017	0.055	0.479	5

由于评价体系综合性和科学性较强，其总评分大小很大程度上可以说明方案的优劣，从表 6.22 可以看出，选择方案 10 为木屑生物炭最佳制备方案，即以 20℃/min 的升温速度升至 600℃，在 600℃下热解 3 h，然后冷却至室温。

3. 木屑生物炭最佳添加比例优选

将木屑生物炭添加至传统生物滞留填料 BSM（65%沙子+30%土+5%木屑，质量比）中作为新的改良填料，可以丰富生物滞留池的微生物群落多样性，提升其保水持水能力，并增强对雨水水量和水质的调控效果。本研究采用 2%、5%、8%（质量比）三种填充比例，将木屑生物炭作为改良剂添加至 BSM 中，均匀混合后作为新的改良填料，分别记为 BSM+2%WWC、BSM+5%WWC 和 BSM+8%WWC，通过实验和分析，从这三个比例中选取最佳添加比例。评价改良填料的优劣，可从填料水文特性、水质净化能力和成本三大方面进行评价，评价填料水文特性，可以对填料的关键物理参数进行测定，包括饱和导水率、饱和含水率和田间持水量，其中，饱和导水率采用渗透桶法测定（刘亚敏等，2011），田间持水量采用威尔克斯法测定（袁娜娜，2014），饱和含水率采用烘干法测定（王岩等，2003）。评价填料的水质净化能力，可以通过人工配水进行土柱对常规污染物的吸附实验，包括 COD、TN、NH_3-N、NO_3-N 和 TP。实验过程如图 6.21 和图 6.22 所示。

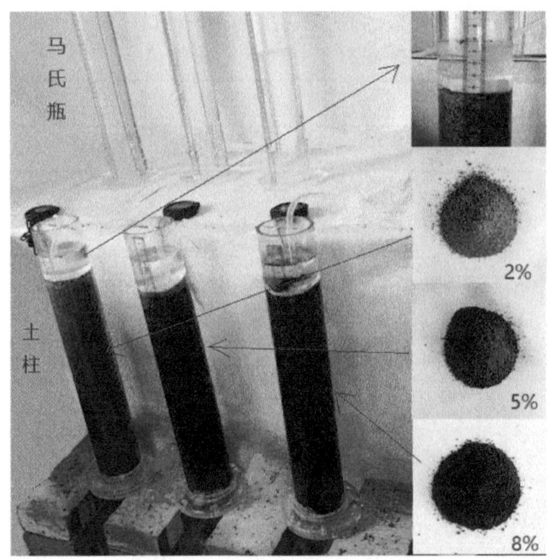

图 6.21　饱和导水率测定实验装置图

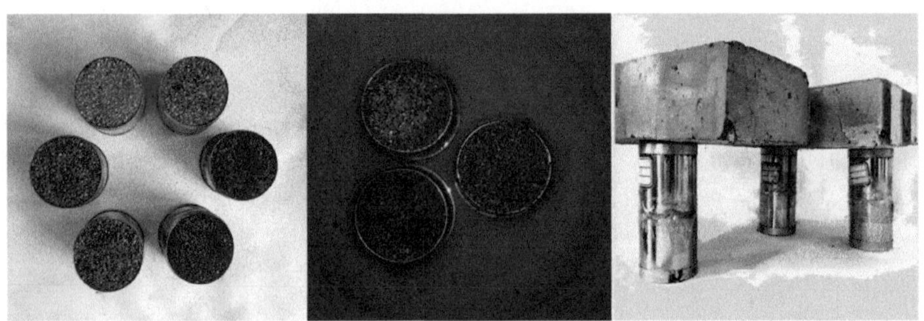

图 6.22　田间持水量测定实验

本研究采用人工配制的模拟雨水作为进水，进行土柱渗滤吸附试验，根据出水水质来评价比较 3 种改良填料对雨水径流中常规污染物的去除效果，具体配水情况如表 6.23 所示；进行三种改良填料的水文特性测定实验和水质净化能力实验，数据如表 6.24 所示。

表 6.23 人工合成雨水配制方法

污染物	COD	NO_3-N	NH_3-N	TP
配制药品	$C_6H_{12}O_6$	KNO_3	NH_4Cl	KH_2PO_4
浓度/（mg/L）	600	12	6	2.5

表 6.24 三种改良填料的水文特性及水质净化能力实验数据

参数[a] \ 填料类型		BSM[b]	BSM+2%WWC	BSM+5%WWC	BSM+8%WWC
饱和导水率	γ	1.14	1.19（1.17）[c]	1.04（1.07）	0.92（0.91）
	H	—	4.90（4.80）	5.10（5.00）	4.80（4.80）
	K_S	—	1.72（1.77）	1.29（1.27）	1.128（1.08）
	均值	1.48	1.743	1.28	1.10
田间持水量	ψ	—	18.75（18.59）	19.54（19.61）	26.16（26.08）
	均值	18.02	18.67	19.58	26.12
饱和含水率	θ_S	—	23.80（23.47）	31.02（30.95）	37.57（37.66）
	均值	22.45	23.64	30.99	37.62
水质净化[d]	COD	—	60.13	84.35	84.70
	TN	—	52.79	79.47	83.31
	NO_3-N	—	76.40	85.67	88.46
	NH_3-N	—	36.25	76.05	82.64
	TP	—	73.81	54.89	46.89

a γ 为容重，g/cm^3；H 为填料上方的稳定水头高度，cm；ψ 为田间持水量，%；θ_S 为饱和含水率，%；

b BSM 的水文参数来源于本课题组先前的研究（蒋春博，2016）；

c 括号外为实验组数据，括号内为平行样的数据；

d 水质净化包含 5 个常规水质指标的浓度去除率，%

鉴于生物炭成本较高，将三种改良填料的成本简化为其木屑生物炭的质量，3 根生物滞留柱中木屑生物炭质量可用下式计算：

$$M_{Bi}=x_i \times V \times \gamma_i \tag{6.12}$$

式中，i 为生物滞留柱编号；M_{Bi} 为 i 号生物滞留柱生物炭的质量；x_i 为 i 号生物滞留柱生物炭的添加比例；V 为生物滞留柱填料层体积；γ_i 为 i 号生物滞留柱的填料层容重。

因此，结合表 6.24 的数据计算，可得 3 种改良填料的成本比值为 2.36∶5.275∶7.32。根据前文所述的数据标准化方法及表 6.24 中数据，对饱和导水率 K_S、田间持水量 ψ、饱和含水率 θ_S、COD、TN、NH_3-N、NO_3-N、TP 和成本 Cost 九个评价准则的数据进行标准化，如表 6.25 所示。

表 6.25 改良填料特性的数据标准化处理

填料 \ 指标	水文特性			水质净化					成本
	K_S	ψ	θ_S	COD	TN	NH_3-N	NO_3-N	TP	Cost
	原始数据								
BSM+2%WWC	1.743	18.67	23.635	60.13	52.79	76.4	36.25	73.81	2.36
BSM+5%WWC	1.281	19.575	30.985	84.35	79.47	85.67	76.05	54.89	5.27
BSM+8%WWC	1.103	26.12	37.615	84.7	83.31	88.46	82.64	46.89	7.32
	标准化之后								
BSM+2%WWC	0.000	0.000	0.000	0.000	0.000	0.000	0.000	1.000	1.000
BSM+5%WWC	0.719	0.121	0.526	0.986	0.874	0.769	0.858	0.297	0.413
BSM+8%WWC	1.000	1.000	1.000	1.000	1.000	1.000	1.000	0.000	0.000

完成数据标准化之后，进行各准则的权重计算：

第一步，建立木屑生物炭最佳添加比例优选的层次结构模型，如图 6.23 所示。

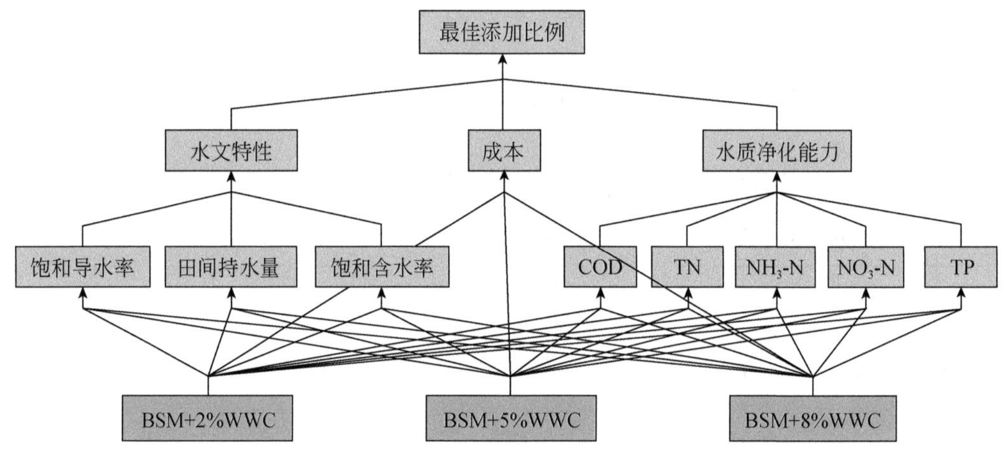

图 6.23 木屑生物炭最佳添加比例优选层次分析结构图

第二步，构造两两比较判断矩阵。首先，构造准则层对目标层的两两比较判断矩阵，即水文特性、成本和水质净化能力对最佳添加比例的两两比较，记为矩阵 $\boldsymbol{A}_1$；然后构造次准则层对准则层的两两比较判断矩阵，这里包括两个矩阵，一个是饱和导水率、田间持水量和饱和含水率对水文特性的两两比较，记为矩阵 $\boldsymbol{A}_2$；另一个是 COD、TN、NH_3-N、NO_3-N 和 TP 对水质净化能力的两两比较，记为矩阵 $\boldsymbol{A}_3$：

$$\boldsymbol{A}_1=\begin{bmatrix} 1 & 0.667 & 1 \\ 1.5 & 1 & 1.5 \\ 1 & 0.667 & 1 \end{bmatrix} \tag{6.13}$$

$$\boldsymbol{A}_2=\begin{bmatrix} 1 & 2 & 1 \\ 0.5 & 1 & 0.5 \\ 1 & 2 & 1 \end{bmatrix} \tag{6.14}$$

$$
\boldsymbol{A}_3 = \begin{bmatrix} 1 & 2 & 3 & 3 & 2 \\ 0.5 & 1 & 2 & 2 & 1 \\ 0.333 & 0.5 & 1 & 1 & 0.5 \\ 0.333 & 0.5 & 1 & 1 & 0.5 \\ 0.5 & 1 & 2 & 2 & 1 \end{bmatrix} \tag{6.15}
$$

经计算可得矩阵$\boldsymbol{A}_1$、$\boldsymbol{A}_2$和$\boldsymbol{A}_3$的特征向量为

$$
\boldsymbol{N}_1 = \begin{bmatrix} 0.286 \\ 0.429 \\ 0.286 \end{bmatrix} \tag{6.16}
$$

$$
\boldsymbol{N}_2 = \begin{bmatrix} 0.4 \\ 0.2 \\ 0.4 \end{bmatrix} \tag{6.17}
$$

$$
\boldsymbol{N}_3 = \begin{bmatrix} 0.359 \\ 0.212 \\ 0.109 \\ 0.109 \\ 0.212 \end{bmatrix} \tag{6.18}
$$

第三步，两两比较判断矩阵的一致性检验。一致性检验的计算过程及结果如表 6.26 所示。

表 6.26 一致性检验结果

判断矩阵	n	λ_{max}	CI	RI	CR	检验结果
$\boldsymbol{A}_1$	3	3	0.0002	0.52	0.0003	$\boldsymbol{N}_1$为$\boldsymbol{A}_1$的特征向量
$\boldsymbol{A}_2$	3	3	0	0.52	0	$\boldsymbol{N}_2$为$\boldsymbol{A}_2$的精准特征向量
$\boldsymbol{A}_3$	5	5.015	0.0038	1.12	0.0034	$\boldsymbol{N}_3$为$\boldsymbol{A}_3$的特征向量

第四步，确定各元素的权重。

根据特征向量$\boldsymbol{N}_1$、$\boldsymbol{N}_2$和$\boldsymbol{N}_3$可计算出成本、饱和导水率、田间持水量、饱和含水率、COD、TN、NH_3-N、NO_3-N 和 TP 的浓度去除率九个准则因子对目标“木屑生物炭最佳添加”的权重，结果如表 6.27 所示。

表 6.27 综合权重

准则对目标	水文特性（0.286）			水质净化能力（0.286）					成本（0.429）
	K_S	ψ	θ_S	COD	TN	NH_3-N	NO_3-N	TP	Cost
次准则对准则	0.400	0.200	0.400	0.359	0.212	0.109	0.109	0.212	1
综合	0.114	0.057	0.114	0.103	0.061	0.031	0.031	0.061	0.429

注：括号内为权重值

根据表 6.25 和表 6.27 中的数据，将各准则综合权重分配至标准化的数据中，可计算出每种准则的总得分，如表 6.28 所示。

表 6.28　木屑生物炭 3 种添加比例评价得分及排序

指标		填料		
		BSM+2%WWC	BSM+5%WWC	BSM+8%WWC
水文特性	K_S	0	0.082	0.114
	ψ	0	0.007	0.057
	θ_S	0	0.060	0.114
水质净化	COD	0	0.101	0.103
	TN	0	0.053	0.061
	NH_3-N	0	0.024	0.031
	NO_3-N	0	0.027	0.031
	TP	0.061	0.018	0
成本	Cost	0.429	0.177	0
总评分	—	0.490	0.549	0.512
排序	—	3	1	2

根据评分计算，3 种改良填料的综合得分大小分别为 BSM+5%木屑生物炭（0.549）＞BSM+8%木屑生物炭（0.512）＞BSM+2%木屑生物炭（0.490）。综上所述，木屑生物炭最佳添加比例为 5%。

6.2.3　木屑生物炭改良填料生物滞留设施调控效果小试研究

1. 试验装置

试验装置建于西安理工大学海绵城市技术试验场，直属于省部共建西北旱区生态水利国家重点实验室。试验装置由 6 根生物滞留柱、一个水箱、连接管道和试验平台组成，如图 6.24 所示。生物滞留柱采用 PVC 材料制成，每根生物滞留柱高 120 cm，外径 40 cm，壁

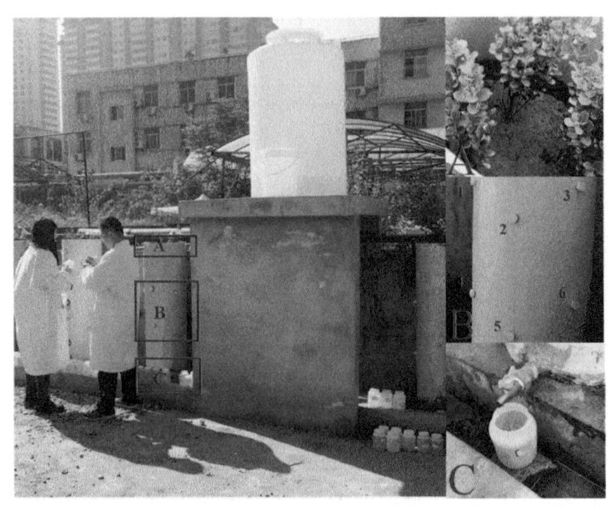

图 6.24　小试试验装置图

厚 6 mm。生物滞留柱结构由下往上依次为 15 cm 砾石承托层、70 cm 人工填料层、5 cm 树皮覆盖层和 15 cm 蓄水层，生物滞留柱溢流口设于顶端向下 15 cm 处，生物滞留柱出水口设于底端，缠有纱布的导盲管设于砾石承托层底部，用于收集出水；为保证采集的土样具有代表性并减少物理误差，在生物滞留柱填料层布设 6 个取样孔，其中 3 个取样点均匀分布在填料层顶部下 10～15 cm，另外 3 个取样点均匀分布在填料层底部上 10～15 cm。

2. 试验方案

为了探究木屑生物炭改良填料生物滞留设施对地表径流雨水的调控效果，本试验搭建生物滞留柱小型试验装置，建立不同降雨情景下的人工模拟降雨正交试验方案，讨论分析不同生物滞留柱对雨水水量和水质的调控效果。降雨情景设计因素包括降雨重现期、降雨历时、降雨雨型和降雨水质等，本研究选择 1#～4#四根生物滞留柱进行人工模拟降雨试验研究，5#和 6#生物滞留柱为预留装置。

（1）生物滞留柱结构设计

1#、2#、3#和 4#四根生物滞留柱的纵向结构信息如表 6.29 所示。

表 6.29　生物滞留柱纵向结构

纵向结构	1#	2#	3#	4#
植物	黄杨（株高 40 cm，每根生物滞留柱种植 3 株）			
覆盖层（5 cm）	熟化树皮			
人工填料层（70 cm）	种植土	BSM	BSM+5%WTR	BSM+5%木屑生物炭
砾石层（15 cm）	砾石（直径 2～5 cm）			

（2）进水水量设计

结合西安市实际降雨情况，本试验设计 4 种降雨重现期，分别为 0.5 年、1 年、2 年和 3 年；2 种降雨历时，分别为 2 h 和 6 h；依据《海绵城市建设技术指南——低影响开发雨水系统构建》(试行)，生物滞留设施面积与汇水面积之比一般为 5%～10%（车伍等，2015），本试验的汇流比选择 20∶1；选取西安市暴雨强度公式对试验模拟降雨强度进行计算（卢金锁，2010）：

$$i=\frac{16.715\times(1+1.1658\lg P)}{(t+16.813)^{0.9302}} \tag{6.19}$$

$$H=i\times t \tag{6.20}$$

$$V=\varphi\times H\times F\times n \tag{6.21}$$

式中，i 为暴雨强度，mm/min；P 为降雨重现期，年；t 为降雨历时，min；H 为降雨量，mm；V 为设计水量，L；φ 为径流系数，本研究取 0.9；F 为汇水区面积，m^2；n 为生物滞留柱个数。

（3）雨型设计

本试验模拟降雨设计选择 Pilgrim&Cordery 雨型（简称 PC 雨型）对降雨历时为 2 h 和 6 h 的降雨进行雨量分布设计，2 h 的降雨设计分为 24 段，6 h 的降雨设计分为 12 段，各段雨量占总雨量的比例如图 6.25 所示（周晋梅，2015；成丹等，2017）。

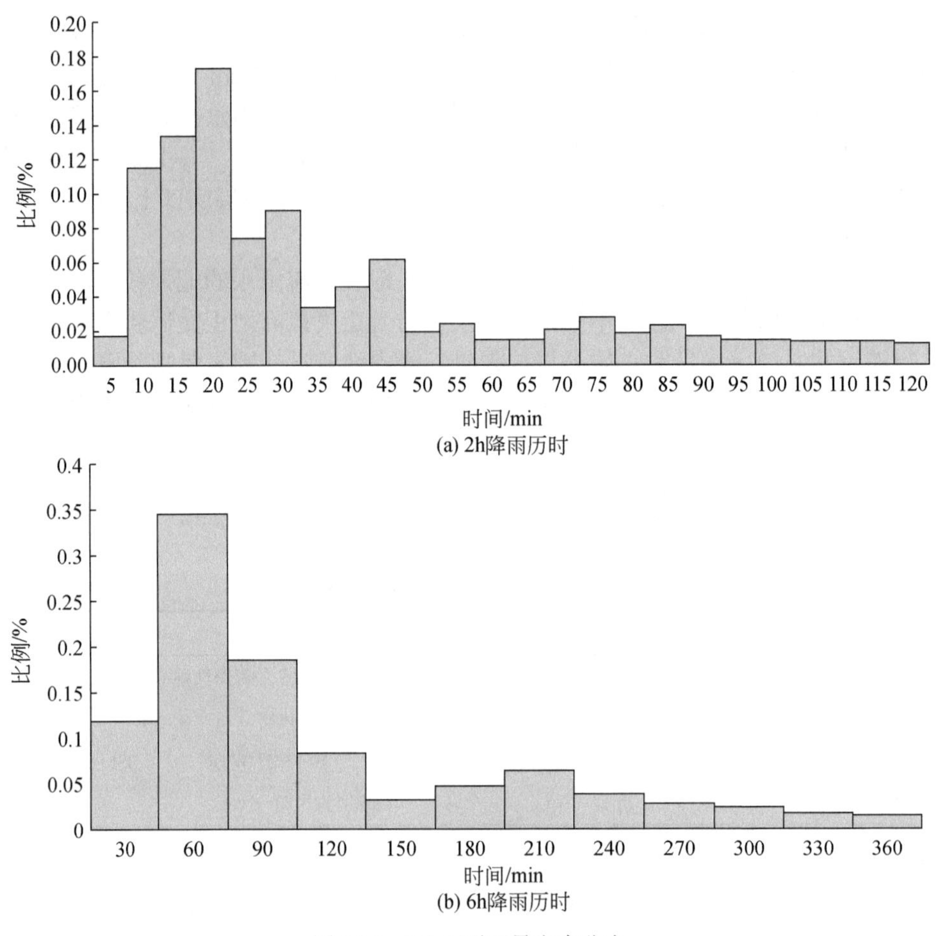

图 6.25 PC 雨型雨量密度分布

（4）进水水质设计

结合实际降雨特点，本试验将每个场次的降雨水质划分为两个阶段，第一阶段为污染物浓度较高的初期雨水，第二阶段为污染物浓度较低的中后期雨水。基于国内学者的研究，本试验选择前 5 min 的降雨作为初期雨水（刘宝山，2008；熊力剑，2015；张琼华等，2016；车伍等，2016）。两个阶段的模拟降雨水质如表 6.30 所示（张彬鸿，2017）。

表 6.30 模拟降雨水质 单位：mg/L

降雨时段	水质指标			
	COD	NO_3-N	NH_3-N	TP
初期	600	12	6	2.5
中后期	100	3	1.5	1

（5）试验方案设计

在进行正式的放水试验之前，先做一次清水预实验，一方面可以稳定柱体，检查是否有塌陷现象，如有塌陷则于正式试验前填补至原位，另一方面可以保证第一场正式试验有预设的雨前干燥期。试验设计 4 个降雨重现期、2 个降雨历时，以及两种进水浓度，可建立正交试验方案，共计 8 个场次。由于中国主要城市近 30 年的降雨资料统计表明，有 60%

以上的降雨的时间间隔小于5天，本研究每个场次的雨前干燥期设定为4天（潘国庆，2008）。由于天气等外部因素影响，具体的试验进行情况如表 6.31 所示。

表 6.31　模拟降雨试验方案安排

试验场次	日期	降雨重现期/年	降雨历时/h	雨前干燥期/d	进水浓度	
					初期	中后期
预试验	2019-09-30	—	—	—	—	—
Test1	2019-10-07	3	2	6	高	低
Test2	2019-10-12	0.5	2	4	高	低
Test3	2019-10-17	1	2	4	高	低
Test4	2019-10-22	0.5	6	4	高	低
Test5	2019-10-27	2	6	4	高	低
Test6	2019-11-01	2	2	4	高	低
Test7	2019-11-07	3	6	5	高	低
Test8	2019-11-12	1	6	4	高	低

8 场模拟试验中，最大的初雨雨量发生在 Test7，参照表 6.31 和图 6.25 中的数据，可计算单根生物滞留柱的初雨进水水量为 $85\times0.119\times1/6=1.686$L，由于雨量较小，因此，本试验使用开孔的塑料桶灌装初期雨水，并用挤压出流的方式，在 5 min 内将初期雨水均匀浇洒入每根生物滞留柱，中后期雨量则由水箱放水。

（6）取样与水质检测方法

鉴于生物滞留柱的前期出水水质波动较大，本试验的水样采集频率采用前密后疏的方式，从生物滞留柱开始出水时计时，并采集第一个出水水样，之后的采样时间点依次为 5 min，20 min，35 min，60 min，85 min，120 min，180 min，240 min 和 300 min。除了采集出水水样以外，还需在试验过程中采集 1 个高浓度进水水样和 1 个低浓度进水水样，对进水配制浓度进行检验。使用灭菌塑料瓶采集水样，每一场次试验完成后，即刻将所有水样送至水分析化学实验室，进行水质检测与数据记录，水样分析项目包括 COD、TN、NH_3-N、NO_3-N 和 TP 五个指标，各指标的分析方法（张佳扬，2014）如表 6.32 所示。

表 6.32　水质检测方法

指标	检测方法
COD	快速消解紫外分光光度法
TN	过二硫酸钾氧化消解、紫外分光光度法
NH_3-N	纳氏试剂分光光度法
NO_3-N	紫外分光光度法
TP	过二硫酸钾氧化消解、钼酸铵分光光度法

3. 数据分析方法

本研究从生物滞留柱对人工模拟降雨的水量和水质调控两方面进行评价分析，其中，水量调控指标包含对人工模拟降雨的水量削减率、雨量峰值削减率、开始出流时间、峰值迟滞时间四个指标，水质调控包含生物滞留柱对人工模拟降雨中 COD、TN、TP、NH_3-N

和 NO_3-N 五个常规污染物指标的负荷削减率。各评价指标的计算公式如下：

$$R_V = \frac{V_{in} - V_{out} - V_{over}}{V_{in}} \times 100\% \tag{6.22}$$

$$R_L = \frac{L_{in} - L_{out} - L_{over}}{L_{in}} \times 100\% \tag{6.23}$$

$$L_{in} \approx \sum_0^n C_{t-in} \times V_{t-in} \tag{6.24}$$

$$L_{out} \approx \sum_0^n C_{t-out} \times V_{t-out} \tag{6.25}$$

$$L_{over} \approx \sum_0^n C_{t-over} \times V_{t-over} \tag{6.26}$$

式中，R_V 为水量削减率，%；R_L 为污染物负荷削减率，%；L_{in} 为进水总负荷量，g；L_{out} 为出水总负荷量，g；L_{over} 为溢流总负荷量，g；V_{in} 为进水总水量，L；V_{out} 为出水总水量，L；V_{over} 为溢流总水量，L；t 为时间，min；C_{t-in} 为 t 时刻进水污染物浓度，mg/L；C_{t-out} 为 t 时刻出水污染物浓度，mg/L；C_{t-over} 为 t 时刻溢流污染物浓度，mg/L。

4. 生物滞留柱物理特性测定

本研究测定的生物滞留柱物理特性包含颗粒分析、容重、初始含水率、饱和含水率和饱和导水率。使用马尔文 MS2000 激光粒度分析仪对各填料进行颗粒粒径分析，填料样品采集位置选择生物滞留柱填料层上部 0～20 cm 内，以美国土壤质地分类三角图作为土壤粒级划分标准（伏耀龙，2012）。在每一场次降雨试验开始前进行取样，测定其初始含水率，以获取试验的部分初始条件。饱和含水率与初始含水率均采用烘干法进行测定，饱和导水率采用渗透桶法进行测定，具体方法前文均有详细介绍。经实验室测定，各生物滞留柱填料的关键物理特性如表 6.33 所示，每场放水试验的初始含水率情况如表 6.34 所示。

表 6.33　四种填料的物理特性

指标	单位	填料			
		土	BSM+2%WWC	BSM+5%WWC	BSM+8%WWC
黏粒	%	8.23～8.99	5.42～7.59	4.17～6.33	22.65～23.78
粉粒	%	75.35～79.01	48.27～60.11	51.52～59.06	37.73～43.14
砂粒	%	11.99～16.42	32.30～46.31	34.61～44.31	33.08～39.62
质地	—	粉壤土	粉壤土	粉壤土	壤土
γ	g/cm^3	1.32	1.14	1.17	1.04
θ_S	cm^3/cm^3	24.77	22.45	24.12	30.99
K_S	cm/min	0.153	1.476	1.433	1.281

从表 6.33 中可以看出，种植土的粒径组成中，粉粒占比最大，其次是砂粒，而黏粒占比最小，相对于种植土，BSM 及其改良填料的饱和导水率得到了很大的提升，主要是由于

表 6.34　每场试验中的填料初始含水率

试验场次	雨前干燥期	初始含水率			
		1#	2#	3#	4#
预试验	—	—	—	—	—
Test1	6	0.216	0.122	0.127	0.186
Test2	4	0.201	0.150	0.143	0.201
Test3	4	0.206	0.122	0.121	0.196
Test4	4	0.226	0.135	0.174	0.176
Test5	4	0.196	0.129	0.108	0.192
Test6	4	0.202	0.121	0.118	0.185
Test7	5	0.216	0.121	0.127	0.237
Test8	4	0.203	0.129	0.124	0.181
均值（误差）	—	0.208（0.018）	0.129（0.021）	0.130（0.044）	0.194（0.043）

其砂粒含量得到提升；由于木屑生物炭质地轻盈且粒径细微，因此5%的添加量即可引起粒径组成的重大变化，相比于 BSM，木屑生物炭改良填料的黏粒占比大幅提升。此外，改良剂的引入提升了 BSM 的饱和含水率，同时，饱和下渗速率也有小幅的回落，总体上增强了填料的保水性能，并延长了填料中雨水的水力停留时间。

从表 6.34 中可以看出，对于同一填料，不同场次的初始含水率波动较小，8 个降雨场次中，4 种填料初始含水率的波动均控制在 0.05 以内，主要原因是雨前干燥期基本一致，使得生物滞留柱的初始条件也基本保持一致；不同填料间初始含水率差异较大，从大到小排列依次为 1#＞4#＞3#＞2#，相较于采用给水厂污泥改良剂的 3#生物滞留柱，使用木屑生物炭改良剂的 4#生物滞留柱的初始含水率更高，主要原因在于木屑生物炭保水性更强。

5. 生物滞留柱对人工模拟降雨水量的调控效果

根据每根生物滞留柱在所有降雨场次中的具体表现，评价分析生物滞留柱对人工模拟降雨的水量调控效果，关键的水量调控指标包含 1#、2#、3#和 4#四根生物滞留柱在每个降雨场次中的进水体积、出水体积、溢流体积、水量削减率和开始出水时间，具体情况如表 6.35 所示。

表 6.35　生物滞留柱水量调控效果

编号	指标	单位	Test1	Test2	Test3	Test4	Test5	Test6	Test7	Test8	均值
1#	V_{in}	L	72.71	30.33	46.72	35.45	73.79	63.12	85.00	54.62	—
	V_{out}	L	7.04	8.00	11.12	9.55	14.28	6.51	11.35	13.36	—
	V_{over}	L	26.32	5.07	10.57	—	18.23	22.63	23.12	9.68	—
	R_V	%	54.13	56.91	53.59	73.06	55.95	53.84	59.45	57.82	58.09
	t	min	43	45	57	63	87	56	72	96	64.88
2#	V_{in}	L	72.71	30.33	46.72	35.45	73.79	63.12	85.00	54.62	—
	V_{out}	L	44.42	23.11	33.45	23.45	58.64	48.83	58.30	44.78	—
	V_{over}	L	7.85	—	—	—	—	5.77	16.00	—	—
	R_V	%	28.11	23.82	28.40	33.86	20.53	13.49	12.59	18.02	22.35
	t	min	20	31	30	38	30	27	40	52	33.50

续表

编号	指标	单位	Test1	Test2	Test3	Test4	Test5	Test6	Test7	Test8	均值
3#	V_{in}	L	72.71	30.33	46.72	35.45	73.79	63.12	85.00	54.62	—
	V_{out}	L	21.11	14.11	17.00	20.52	44.64	18.60	50.92	38.75	—
	V_{over}	L	4.28	—	—	—	—	—	—	—	—
	R_V	%	65.09	53.48	63.61	42.11	39.51	70.54	40.10	29.05	50.44
	t	min	30	34	45	52	45	37	50	103	49.50
4#	V_{in}	L	72.71	30.33	46.72	35.45	73.79	63.12	85.00	54.62	—
	V_{out}	L	20.47	18.83	18.13	27.44	57.55	19.73	57.53	35.92	—
	V_{over}	L	6.05	—	—	—	—	—	10.12	—	—
	R_V	%	63.53	37.91	61.19	22.61	22.01	68.74	20.42	34.23	41.33
	t	min	38	34	49	45	49	44	58	57	46.75

注：R_V为水量削减率；V_{in}为进水总水量；V_{out}为出水总水量；V_{over}为溢流总水量；t为开始出流时间

从表中数据可以看出，在 8 场人工模拟降雨中，4 根生物滞留柱均有溢流现象发生，其中 1#生物滞留柱发生溢流现象 7 次，2#生物滞留柱 3 次，3#生物滞留柱 1 次，4#生物滞留柱 2 次，4 根生物滞留柱在 Test1 试验（3 年+2h）中均发生溢流现象，造成溢流现象频发的原因主要有两个，一方面是由于人工降雨强度大，填料表面的积水不能及时下渗；另一方面是生物滞留柱填充容重过大，造成水流在填料中的下渗速率降低，生物滞留柱的开始出水时间后移，填料顶部更易形成积水而导致溢流。

为了更好地展示生物滞留柱开始出水时间与填料种类及降雨情景之间的关系，将其数据绘制成散点图，如图 6.26（a）所示。将 4 根生物滞留柱对每一降雨场次的水量削减率以散点图的形式呈现，如图 6.26（b）所示。

图中 Test1、Test2、Test3 和 Test6 四个场次试验的降雨历时为 2 h，另外 4 个场次的降雨历时为 6 h，从图中可以看出相对于 2 h 降雨历时的试验，6 h 降雨历时下生物滞留柱开始出水时间要更晚一些；绝大多数情况下，4 根生物滞留柱中最早出水的是 2#，最晚的是 1#，这正好与其饱和导水率相对应，种植土的饱和导水率最小，仅为 0.153 cm/min，而 BSM 的饱和导水率最大，高达 1.476 cm/min。四根生物滞留柱中，水量削减效果最好的是 1#生物滞留柱，其对人工模拟降雨的水量削减率范围为 53.39%～73.06%，均值为 58.09%，而且水量削减率比较稳定，主要原因在于 1#生物滞留柱填充的种植土质地细密，其粉粒（0.002 mm＜d＜0.05 mm）含量高达 75.35%～79.01%，而砂粒（0.05 mm＜d＜0.2 mm）含量仅为 11.99%～16.42%，这一特性虽然使得生物滞留柱的下渗性能不理想，但其保水性能却十分优越，从而使得生物滞留柱的水量削减效果得到保证；2#生物滞留柱填料层为 BSM，多为砂粒，其下渗性能良好，但也导致其保水持水性差，因此在 8 场人工模拟降雨试验中，2#生物滞留柱的水量削减率均较低，大小范围为 12.59%～33.86%，均值仅为 22.35%；3#生物滞留柱的水量削减率范围为 29.05%～70.54%，均值为 50.44%，4#生物滞留柱的水量削减率范围为 20.42%～63.53%，均值为 41.33%。

1#生物滞留柱由于下渗能力差，易造成溢流现象；2#生物滞留柱水量削减率过低，这将导致其对雨水中常规污染物的负荷量不能高效消纳；3#和 4#生物滞留柱是在传统生物滞留填料 BSM 的基础上，通过添加改良剂进行改良，从对水量调控的角度讲，改良后的生物

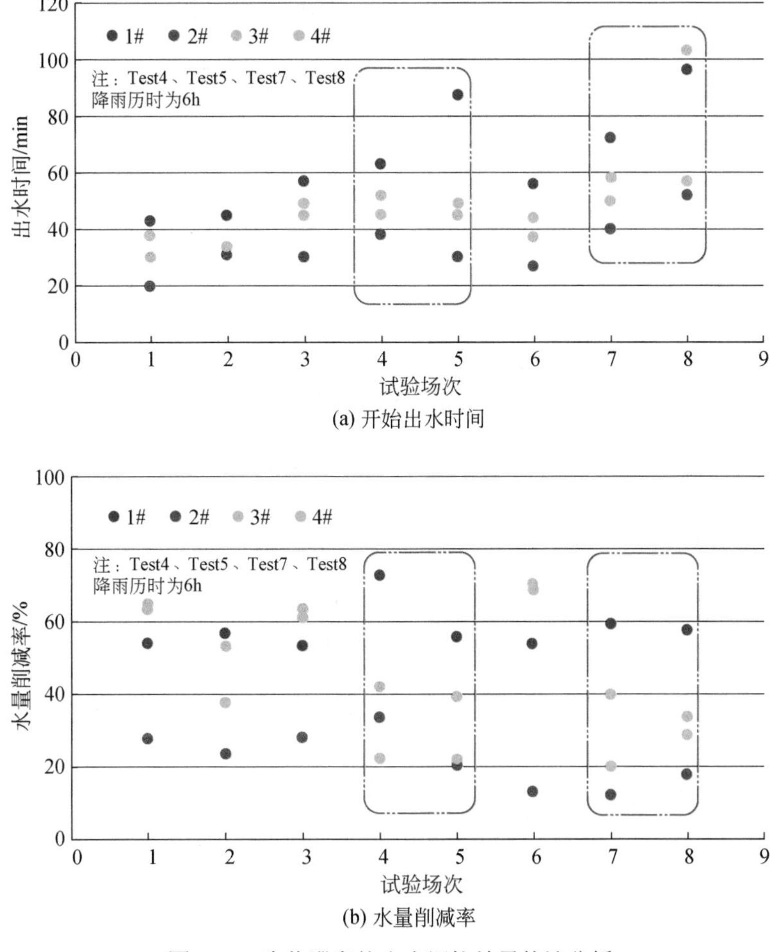

(a) 开始出水时间

(b) 水量削减率

图 6.26　生物滞留柱出水调控效果统计分析

滞留柱保水持水性大幅增加，但下渗速率并没有明显降低，这便使得改良的生物滞留柱在水量削减、雨量峰值削减以及推迟峰现时间方面表现良好，而且控制了溢流现象的发生频率。

6. 生物滞留柱对人工模拟降雨水质的调控效果

分析生物滞留柱对雨水的水质调控效果，常用的方法有浓度去除效果和负荷削减效果，前者注重出水水质是否达到排放标准，后者则注重从生物滞留柱中出水的污染物总负荷大小，出水负荷大小不仅与出水污染物浓度相关，也与出水水量相关，是一个综合性更强的评价指标。由于 1#生物滞留柱的溢流情况出现频率过高，研究意义不大，在这里仅对 2#、3#和 4#生物滞留柱对雨水的水质调控效果进行研究。

（1）生物滞留柱污染物出水浓度分析

本研究以超越概率的方法对生物滞留柱污染物浓度去除效果进行分析，超越概率是指污染物浓度超出规定值的概率，即污染物浓度超出规定值的水样数占总水样数的比例，通过超越概率图可以看出不同生物滞留柱出水水质的具体情况，对比出各生物滞留柱对模拟雨水中污染物调控效果的差异，同时，也可以通过观察散点的位置分布情况，辨别出 3 根生物滞留柱对各污染物浓度去除的稳定性（Li et al.，2014）。将统计的 3 根生物滞留柱在八场试验中所有出水的水质数据分别排序，即可计算其各自的超越概率，如图 6.27 所示。

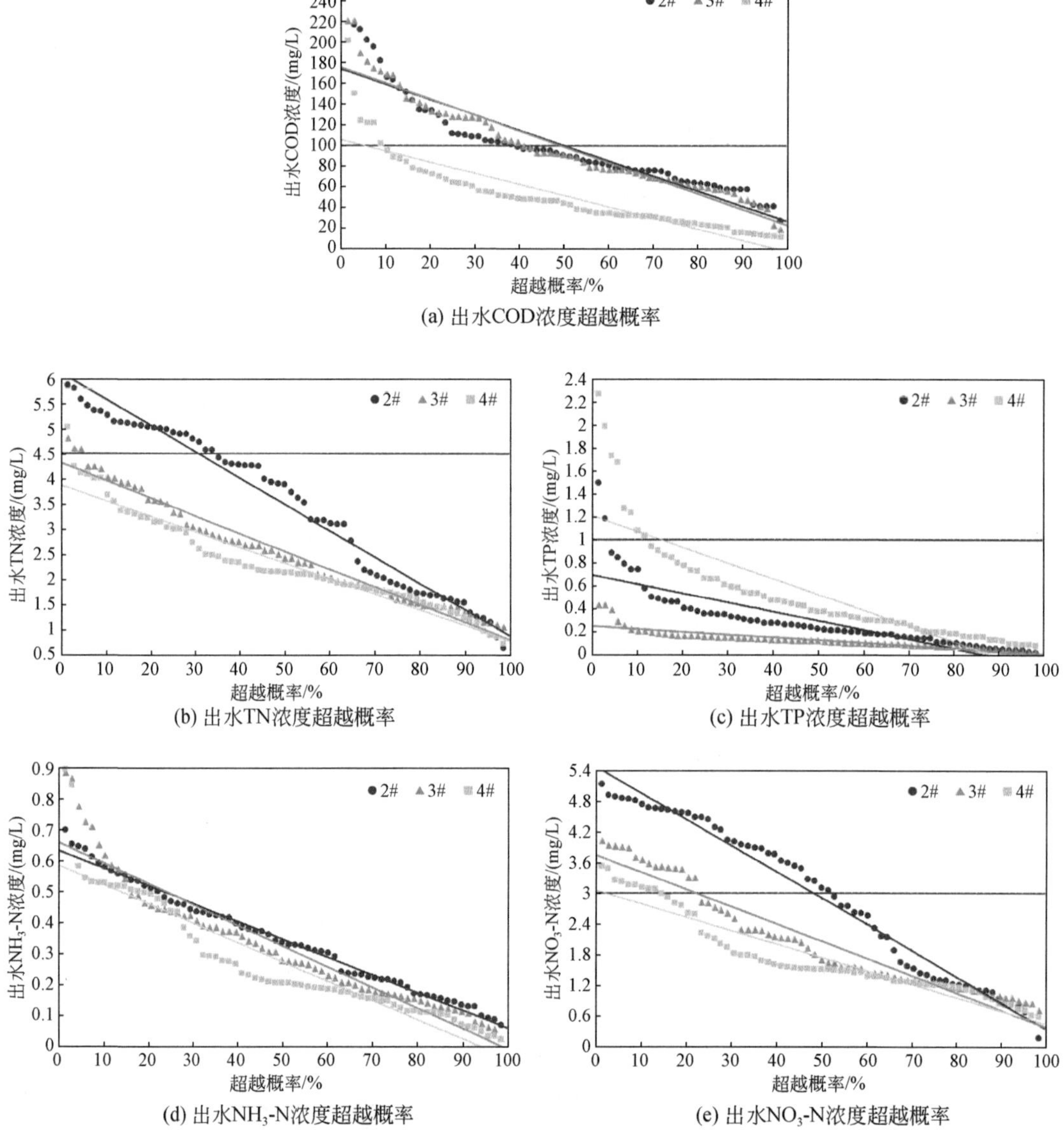

图 6.27　出水污染物超越概率图

总体而言，4#生物滞留柱对 COD 的浓度削减效果明显高于 2#与 3#生物滞留柱，其出水 COD 的浓度范围为 12.577～202.59 mg/L，中值仅为 45.27 mg/L，满足出水 COD 浓度低于中后期降雨进水浓度的样本数占比高达 89.71%，添加木屑生物炭改良剂大幅提高了传统生物滞留填料对 COD 的浓度去除效果。2#生物滞留柱对 TN 的浓度削减效果较差，出水 TN 的浓度范围为 0.639～5.863 mg/L，中值为 3.878 mg/L，相比之下，3#和 4#生物滞留柱对 TN 的调控效果显著提高，满足出水 TN 浓度低于中后期降雨进水浓度的样本数占比均在 95%以上。2#、3#和 4#三个生物滞留柱对 TP 的浓度削减能力大小为 3#＞2#＞4#，其中，由于 3#生物滞留柱中含有给水厂污泥 WTR，极大提高了系统对磷素的去除，而 4#生物滞留柱出水 TP 浓度波动较大，对 TP 的浓度削减效果不稳定。2#、3#和 4#三个生物滞留柱所有出水水样均满足出水 NH_3-N 浓度小于中后期降雨进水 NH_3-N 浓度，对 NH_3-N 均有良好的去除效果。相较于 3#和 4#两根生物滞留柱，2#生物滞留柱出水 NO_3-N 浓度整体较高，对 NO_3-N 的调控效果不佳，2#、3#和 4#三个生物滞留柱对 NO_3-N 浓度的浓度削减效果能力为 4#＞3#＞2#。

（2）生物滞留柱污染物出水负荷分析

结合生物滞留柱在每个时段中各污染物浓度大小和进出水水量大小，可计算出生物滞留柱进出水中的污染物负荷量大小，以及生物滞留柱对每个污染物的负荷削减率，对 3 根生物滞留柱在每场试验下的污染物负荷削减情况进行统计，并将 8 场次试验结果取均值求得每根生物滞留柱对 5 个污染物指标的平均负荷削减率，以簇状柱形图的形式展现，如图 6.28 所示。

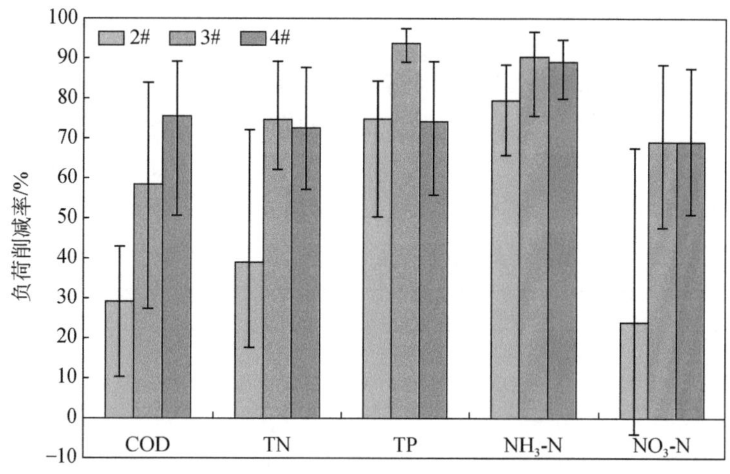

图 6.28　生物滞留柱对常规污染物的平均负荷削减率

图 6.28 中可以看出，4#生物滞留柱对五个常规污染物的负荷去除率均在 68%以上，其中，对 NH_3-N 的负荷削减率高达 89.13%，使用木屑生物炭对传统生物滞留填料进行改良，使得生物滞留设施对雨水中的常规污染物的水质调控效果更加稳定高效；3 根生物滞留柱对 COD 的负荷削减效果差异较大，传统生物滞留填料对雨水中 COD 的负荷削减率仅为 29.10%，经 WTR 改良后，3#生物滞留柱对雨水中 COD 的负荷削减率提升至 58.56%，而经木屑生物炭改良后，4#生物滞留柱对雨水中 COD 的负荷削减率则高达 75.36%，添加不同的改良剂后产生的提效变化大不相同。3 根生物滞留柱对 TP 的负荷削减效果均保持较高水平，负荷削减率均在 74%以上，尤其是添加 WTR 改良剂的 3#生物滞留柱，由于铝污泥含有丰富的 Fe、Al 金属元素，对磷素有极强的吸附作用，因此，向传统生物滞留填料中添加铝污泥可大幅提高其对雨水中磷素的负荷削减效果。2#生物滞留柱的数据表明，一方面，传统生物滞留填料对雨水中污染物的负荷削减水平参差不齐，其中，2#生物滞留柱对 COD 和 NO_3-N 的负荷削减率均低于 30%，对 TN 的负荷削减率也只有 38.94%，但对 NH_3-N 和 TP 的负荷削减率却在 74%以上；另一方面，2#生物滞留柱对单一污染物的负荷削减效果波动较大，在八场试验中对 TN 的负荷削减率为 17.62%～71.84%，对 NO_3-N 的负荷削减率为

−3.57%～67.16%，造成 2#生物滞留柱出现负的 NO_3-N 负荷削减主要原因在于，2#生物滞留柱对雨水中 NO_3-N 的浓度去除效果不佳，同时，2#生物滞留柱的水量削减率也较低；通过添加改良剂 WTR 和木屑生物炭，改良生物滞留系统对 NO_3-N 和 TN 的负荷削减率大幅提升，3#和 4#两根生物滞留柱对 NO_3-N 的负荷削减率分别为 69.02%和 68.97%，对 TN 的负荷削减率分别为 74.78%和 72.58%。

6.2.4　木屑生物炭改良填料生物滞留设施调控效果模拟研究

使用 HYDRUS-1D 模型对生物滞留小型试验进行模拟分析。首先，基于小型试验监测数据，对模型参数进行敏感性分析，确定模型中各参数的敏感性高低，筛选出主导模型模拟结果的关键参数，确定参数的敏感性可指导模型的率定验证，极大地提高调参效率。然后，结合小型试验的实测数据和模拟结果对模型进行率定与验证，当率定期与验证期的模拟值和实测值的吻合度达到一定标准时，模型率定结束，经率定的 HYDRUS-1D 模型即可用于预测设定降雨情景下生物滞留系统的降雨调控效果。

1. 参数敏感性分析

本研究采用修正的 Morris 分类筛选法来进行参数的敏感性分析。在本研究中，需要考虑到的模型中主要参数包括四个部分，第一部分为外界降雨条件相关参数，第二部分为生物滞留系统结构参数，第三部分为水文水力参数，第四部分为溶质运移参数，各参数的具体信息如表 6.36 所示。

表 6.36　敏感性分析参数信息

参数类别	参数名称	参数符号	参数单位	参数取值范围
降雨条件相关参数	降雨水量	V	L	0～200
	降雨污染物浓度	C	mg/L	0～30
系统结构参数	填料层厚度	H_t	cm	0～100
	蓄水层深度	H_x	cm	0～30
水文水力参数	填料层初始含水率	θ_0	cm^3/cm^3	0～0.5
	填料层残余含水率	θ_r	cm^3/cm^3	0～0.1
	填料层饱和含水率	θ_s	cm^3/cm^3	0～0.5
	填料层饱和导水率	K_S	cm/min	0～5
	填料层进气吸力倒数	α	1/cm	0～1
	填料层孔径分布参数	n	—	1～3
溶质运移参数	填料层容重	γ	g/cm^3	0～2
	填料层纵向弥散系数	D_s	cm	1～20
	填料层液相扩散系数	D_w	cm^2/d	0～1
	填料层饱和吸附系数	K_d	cm^3/g	0～5
	填料层液相反应速率常数	μ_w	—	−1～1
	填料吸附经验系数	β	—	0～5 且≠1

确定被分析的参数之后，需要确定模拟对象和模拟情景，模型中对污染物去除机制均被简化为相同的纯物理过程，因此本研究选择 TN 作为代表进行敏感性分析。选择采用木屑生物炭进行填料改良的 4#生物滞留柱作为对象代表，选择 Test5、Test6 和 Test7 三场典型试验作为模拟情景，三场试验的情景设置如表 6.37 所示。

表 6.37　参数敏感性分析情景设置

试验	降雨重现期 P/年	降雨历时 t/min	汇流比	径流系数
Test5	2	360	20∶1	0.9
Test6	2	120	20∶1	0.9
Test7	3	360	20∶1	0.9

本研究选择的生物滞留柱的出水开始时间、水量削减率、溢流开始时间和溢流总量，以及生物滞留柱对 TN 的负荷削减率五个指标作为敏感性分析的评价指标，即模型的响应指标。以试验的实测数据以及文献资料中的模型参数数据作为基础，采用控制变量法，每次只调整一个参数的数值大小，同时保证其他所有参数均不变，参数数值调整的步长为 5%，上下各调整四次，即可得到 8 个不同的参数扰动值，分别为原值的 0.8、0.85、0.9、1.05、1.1、1.15 和 1.2 倍。

2. 参数敏感性分析结果

根据 5%的固定步长，对单个因素的数值大小进行调整后，重新运行 HYDRUS-1D 模型进行模拟，将模拟结果导出计算后即可得到各个模型响应指标的数值，对比计算扰动前后模型的响应值大小，分析计算各参数对这些响应指标的敏感性，为了使各参数敏感性情况更为直观，将其以条形图的形式表现，如图 6.29 所示。

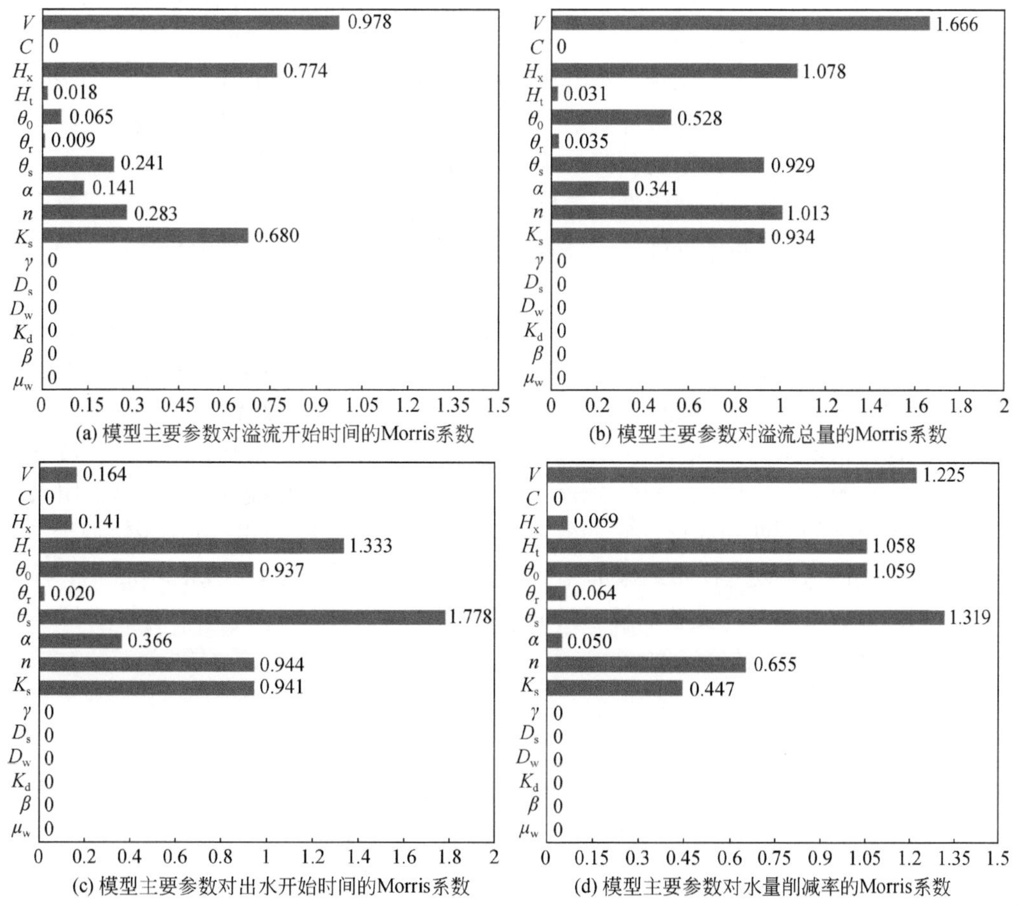

(a) 模型主要参数对溢流开始时间的Morris系数　(b) 模型主要参数对溢流总量的Morris系数

(c) 模型主要参数对出水开始时间的Morris系数　(d) 模型主要参数对水量削减率的Morris系数

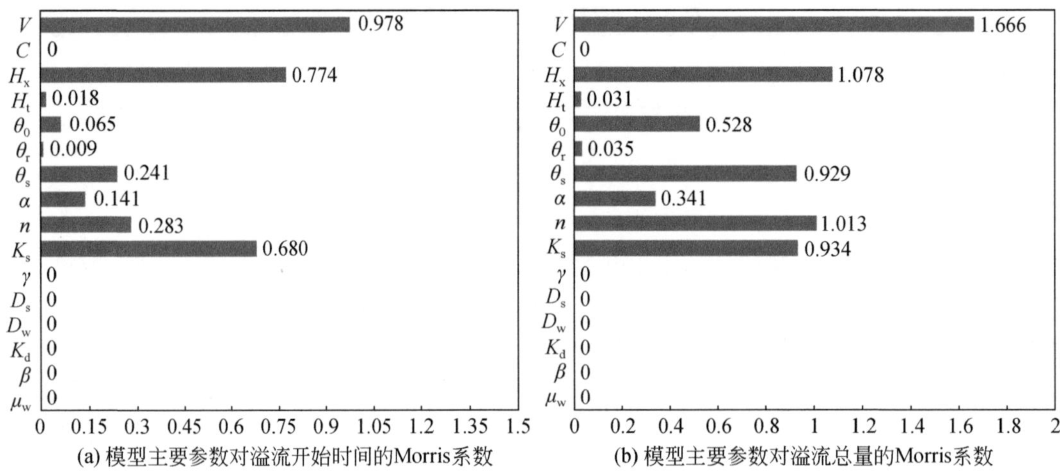

图 6.29　生物滞留柱各关键参数敏感性大小

分析各参数对各模型响应指标的 Morris 系数，可得出以下结论：对于与水量相关的模型响应值，如溢流开始时间、溢流总量、出水开始时间、出水总量，敏感度较高的参数有降水量、蓄水层高度、填料层厚度、填料层孔径分布参数、填料层饱和含水率、填料层饱和导水率以及填料层初始含水率，其中蓄水层高度直接决定生物滞留系统表面积水水量的多少，进而影响溢流开始时间和溢流总量，含水率则影响填料达到饱和状态的时间，以及达到饱和状态后生物滞留系统能够消纳的水量，对出水开始时间和水量削减率有着至关重要的影响；对于污染物浓度去除率，大多数参数都处于高敏感水平，参数波动会对其产生较大的影响，因此模型拟合难度很大；对于污染物负荷削减率，此模型响应值计算涉及参数种类较多，机理关系复杂，也使其具有较高的稳定性，参数的调整变动对其影响不大，因此，应尽量增加参数实测值，以保证模型模拟的准确度，再通过模型调参逐步提高模型模拟精度。

3. 模型关键参数的率定和验证

结合参数敏感性分析结果，对模型中的关键参数进行率定和验证。选取决定系数 R^2 和纳什效率系数 NSE 两种表征方式对模型的适用性进行评价。其中 R^2 用来评价实测值与模拟值之间的拟合程度，R^2 越接近 1，说明实测值与模拟值之间的线性关系越密切，变化趋势越一致，通常情况下认为 R^2＞0.6 时模型的模拟值与试验的实测值之间相关性较好（田申琳等，2019）。NSE 是判别残差与实测数据方差相对量的标准化统计值，其常被用来评价实测值与模拟值之间的匹配程度，它的取值范围在负无穷到 1 之间，其值越接近于 1，则模拟值越接近实测值，模型模拟结果的可信程度也越高，一般认为当 NSE＞0.5 时，模拟值与实测值的匹配程度较高（夏智宏等，2009）。

R^2 与 NSE 的具体计算公式为

$$R^2=\left(\frac{\sum_{i=1}^{n}(X_i-X_{\text{avg}})(Y_i-Y_{\text{avg}})}{\sqrt{\sum_{i=1}^{n}(X_i-X_{\text{avg}})^2\sum_{i=1}^{n}(Y_i-Y_{\text{avg}})^2}}\right)^2 \tag{6.27}$$

$$\mathrm{NSE} = 1 - \frac{\sum_{i=1}^{n}(X_i - Y_i)^2}{\sum_{i=1}^{n}(X_i - X_{\mathrm{avg}})^2} \tag{6.28}$$

式中，R^2 为决定系数；NSE 为纳什效率系数；X_i 为第 i 个时间点的实测值；X_{avg} 为实测值的平均值；Y_i 为第 i 个时间点的模拟值；Y_{avg} 为模拟值的平均值；n 为样本总数。

模型的率定与验证是指在同一情景条件下，通过连续调整模型的相关参数，使试验实测数据与模型模拟数据的吻合度达到一定标准，最后，可通过模型模拟代替实际试验过程。将模型率定验证的步骤简单概括，如图 6.30 所示。

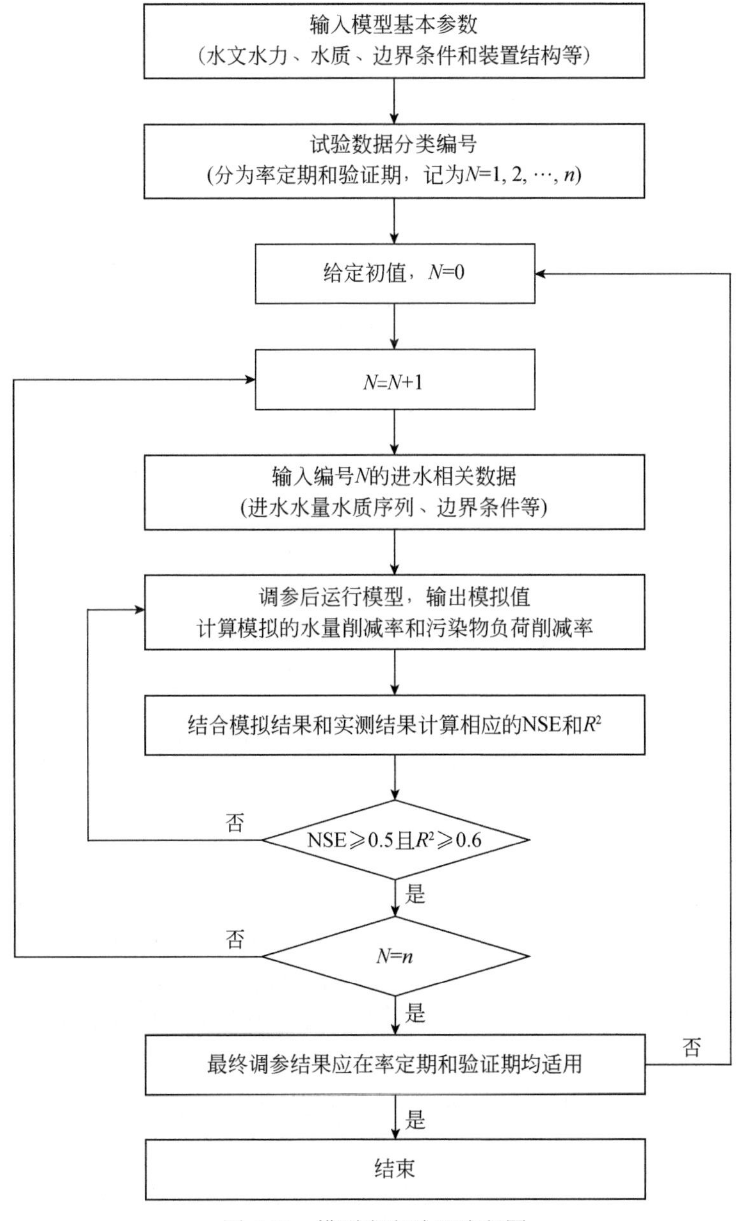

图 6.30　模型率定验证流程图

4. 率定和验证结果与分析

模型最终的水量水质相关参数的率定结果如表 6.38 和表 6.39 所示。率定期和验证期的模拟拟合度采用 R^2 和 NSE 进行评价，具体结果如表 6.40 所示。

表 6.38　生物滞留柱水文水力参数的率定结果

填料种类	θ_r /（cm³/cm³）	θ_s /（cm³/cm³）	α /（1/cm）	n	K_S /（cm/min）	l
BSM	0.038	0.327	0.011	1.58	1.351	0.5
BSM+5%WTR	0.054	0.395	0.011	1.81	1.325	0.5
BSM+5%木屑生物炭	0.061	0.426	0.013	1.76	1.049	0.5

表 6.39　生物滞留柱溶质运移参数的率定结果

填料种类	填料饱和吸附系数 K_d/（cm³/g）				
	COD	TN	TP	NH_3-N	NO_3-N
BSM	1.06	0.24	0.76	0.092	0.084
BSM+5%WTR	1.14	0.61	2.45	0.117	0.139
BSM+5%木屑生物炭	2.28	0.78	0.31	0.183	0.165

表 6.40　生物滞留柱水量削减率与污染物负荷削减率的拟合效果

试验阶段	编号	水量削减率		负荷削减率									
				COD		TN		TP		NH_3-N		NO_3-N	
		R^2	NSE	R^2	NSE	R^2	NSE	R^2	NSE	R^2	NSE	R^2	NSE
率定期	2#	0.92	0.85	0.83	0.81	0.74	0.71	0.73	0.68	0.82	0.76	0.69	0.65
	3#	0.89	0.87	0.82	0.77	0.73	0.66	0.84	0.79	0.85	0.77	0.78	0.71
	4#	0.94	0.83	0.84	0.81	0.78	0.68	0.75	0.70	0.79	0.76	0.64	0.64
验证期	2#	0.86	0.87	0.81	0.79	0.68	0.69	0.69	0.61	0.81	0.72	0.73	0.65
	3#	0.87	0.82	0.79	0.80	0.71	0.64	0.86	0.84	0.83	0.79	0.72	0.63
	4#	0.91	0.85	0.81	0.78	0.67	0.63	0.66	0.64	0.85	0.78	0.67	0.62

从表 6.38 可以看出，生物滞留柱水文水力参数的率定结果与实测数据基本吻合，但是填料层饱和导水率 K_S 比实验室实测数据整体稍微偏小，而且填料层饱和含水率整体稍微偏大，一方面原因在于，在进行小型试验装置搭建时，填料层填充容重过大导致水流在填料中的水文过程受到影响，因此实验室的参数测定结果和小型试验的参数本来就有一定偏差；另一方面，HYDRUS-1D 模型的模拟过程简化了实际的复杂水文水质运移过程，将实际的三维空间简化为一维垂直入渗过程，模拟过程中也没有考虑植物根系吸收作用、化学反应和热能交换等，从而造成小试观测结果和模拟数据之间产生一定量的偏差。

从表 6.40 的结果来看，模型对水量削减率的拟合效果比对负荷削减率的拟合效果要更好，原因在于负荷削减率的模拟是建立在水量模拟结果之上的，正如前面所说的，对水量结果的模拟精准度需以高标准要求，否则会影响到后期的水质调控模拟结果；由于率定验证过程并非一次性过程，需对率定期和验证期的 4 场试验进行相互率定相互验证，直到所有试验均达到拟合标准，而在率定验证的调参过程中，笔者习惯性偏向于在率定期进行，因此，调参结果更符合率定期的降雨情景，相比于验证期，率定期的拟合效果要更好一些。

总体而言，在率定期和验证期中，模拟的水量削减率和负荷削减率与实测结果之间的决定系数 R^2 均在 0.6 以上，纳什效率系数 NSE 均在 0.5 以上，模拟值与实测值的拟合程度和匹配程度达标。因此，模型率定验证成功，率定过的模型可作为预测模型，对其他情境下的降雨进行模拟，即可得到模型响应值，对生物滞留设施在预设降雨情景下的调控效果进行预测。

6.2.5 木屑生物炭改良填料生物滞留设施参数优化

选择 Design-Export 软件中的响应面方法 RSM 对生物滞留系统结构参数进行优化。首先，使用 RSM 中的 Design 模块设计试验方案，设计方案中考虑到的设计因子包含内部因素（填料种类、填料层厚度和蓄水层厚度）与外部因素（降雨重现期和降雨历时），共计 5 个设计因子，每种设计因子均取 3 个水平，共计 46 场次，使用率定后的 HYDRUS-1D 对每一个场景进行模拟，并得到相应的响应值。然后，在 RSM 中的 Analysis 模块中，软件会自行对各变量之间的数学关系进行拟合和方差分析，并建立起各变量之间的最佳数学模型。最后，在 RSM 中的 Optimization 模块中设定优化目标和约束条件，运行后即可得到优化结果。

1. 试验方案设计

采用 Box-Behnken Design 进行试验方案设计，设计方案中考虑到的设计因子包含内部因素（填料种类、填料层厚度和蓄水层厚度）与外部因素（降雨重现期和降雨历时），共计 5 个设计因子，每种设计因子均取 3 个水平，其中降雨重现期取 1 年、2 年和 3 年，降雨历时取 120 min、240 min 和 360 min，填料层厚度取 60 cm、70 cm 和 80 cm，蓄水层厚度取 10 cm、20 cm 和 30 cm，填料种类即为 2#、3#和 4#三根生物滞留柱对应的填料，分别为 BSM、BSM+5%WTR 和 BSM+5%木屑生物炭，由于模型输入需数字化，填料种类采用填料吸附能力因子进行区分，其中，填料吸附能力因子=填料吸附量/填料下渗率，结合本课题组先前的研究以及相关文献资料（张佳扬，2014），2#、3#和 4#三根生物滞留柱的填料吸附能力因子分别为 0.051d/m、0.196d/m 和 0.367d/m；模型响应值包含水量削减率、COD 负荷削减率、TN 负荷削减率、TP 负荷削减率、NH_3-N 负荷削减率和 NO_3-N 负荷削减率，共计 6 个响应值。将上述设计因子输入到 Box-Behnken Design 选项卡中，即可得到试验设计方案结果，共计 46 个试验场次，其中中点试验次数为默认值 6，具体试验方案如表 6.41 所示。

表 6.41 试验方案设计

试验编号	降雨重现期 P/年	降雨历时 t/min	填料层厚度 H_t/cm	蓄水层高度 H_x/cm	填料种类
1	1	240	60	20	2
2	1	240	70	20	3
3	2	360	70	20	1
4	2	240	80	20	3
5	3	240	70	20	1
6	1	240	70	30	2
7	2	120	60	20	2
8	1	120	70	20	2

续表

试验编号	降雨重现期 P/年	降雨历时 t/min	填料层厚度 H_t/cm	蓄水层高度 H_x/cm	填料种类
9	1	360	70	20	2
10	2	360	80	20	2
11	3	240	80	20	2
12	2	360	60	20	2
13	2	240	60	10	2
14	2	240	80	30	2
15	2	240	70	20	2
16	2	240	70	20	2
17	2	240	80	10	2
18	1	240	80	20	2
19	2	240	70	30	3
20	2	120	70	20	1
21	3	360	70	20	2
22	2	240	70	30	1
23	2	240	60	20	1
24	3	240	70	20	3
25	2	360	70	20	3
26	2	120	70	30	2
27	2	240	70	20	2
28	2	360	70	30	2
29	2	240	70	20	2
30	2	240	60	20	3
31	3	120	70	20	2
32	1	240	70	20	1
33	1	240	70	10	2
34	2	120	80	20	2
35	2	360	70	10	2
36	3	240	70	10	2
37	2	240	80	20	1
38	2	120	70	20	3
39	2	240	70	10	1
40	2	120	70	10	2
41	2	240	70	20	2
42	2	240	70	10	3
43	3	240	70	30	2
44	3	240	60	20	2
45	2	240	70	20	2
46	2	240	60	30	2

利用率定之后的 HYDRUS-1D 模型，对试验设计方案中的所有情景依次进行模拟，根据输出的模拟结果计算相应的水量削减率和各污染物的负荷削减率，即 Design 中的模型响应值。具体的结果如表 6.42 所示。

表 6.42　试验方案模拟结果

试验编号	水量削减率/%	负荷削减率/%				
		COD	TN	TP	NH_3-N	NO_3-N
1	37.63	40.07	72.75	93.84	91.96	65.3
2	48.07	78.12	83.42	83.87	92.26	80.04
3	24.56	44.77	26.54	84.22	88.57	16.63
4	76.48	90.49	89.11	91.25	94.14	85.73
5	19.57	20.26	29.44	58.43	70.05	12.49
6	47.47	52.11	80.93	94.27	93.72	75.65
7	62.74	79.37	82.11	96.45	91.06	77.42
8	63.72	74.31	89.4	93.76	95.62	88.44
9	32.97	28.89	71.06	94.88	91.53	62.31
10	72.81	79.52	73.84	99.25	94.17	68.08
11	88.64	71.27	79.73	90.45	91.24	75.68
12	34.35	65.29	57.38	90.41	84.46	43.61
13	52.47	69.54	67.7	90.58	85.37	52.17
14	93.74	84.68	81.05	99.36	97.87	80.38
15	64.06	78.24	74.72	96.59	93.02	69.54
16	64.06	78.24	74.72	96.59	93.02	69.54
17	90.18	82.17	79.63	98.71	95.56	77.92
18	77.68	64.86	87.55	94.61	95.24	83.62
19	47.19	86.36	75.62	83.8	91.09	72.71
20	15.84	26.41	19.78	74.81	73.13	10.42
21	42.01	65.43	74.26	92.68	89.75	67.71
22	29.28	43.43	32.19	81.38	84.42	18.24
23	14.02	25.54	18.18	74.37	71.75	4.23
24	43.89	72.76	69.23	74.54	86.77	66.14
25	24.51	82.12	62.25	79.07	88.43	56.08
26	71.86	84.07	85.56	97.14	94.93	81.25
27	64.06	78.24	74.72	96.59	93.02	69.54
28	44.62	73.23	65.59	98.33	92.4	53.39
29	64.06	78.24	74.72	96.59	93.02	69.54
30	39.78	79.64	68.47	78.13	86.24	65.81
31	66.62	66.93	78.32	89.87	89.48	74.04
32	23.43	38.97	44.53	79.06	84.95	30.37
33	45.44	48.82	78.19	94.03	93.08	72.72
34	92.22	84.59	86.84	97.23	96.31	81.78
35	38.34	68.96	60.27	94.63	87.74	46.68
36	50.38	63.49	73.62	87.56	85.67	66.75
37	52.12	49.68	40.43	86.57	89.23	21.31
38	69.85	89.73	88.82	89.21	94.69	87.03
39	14.54	28.61	18.26	75.79	73.17	7.32

续表

试验编号	水量削减率/%	负荷削减率/%				
		COD	TN	TP	NH_3-N	NO_3-N
40	65.48	80.82	82.98	96.73	92.35	78.41
41	64.06	78.24	74.72	96.59	93.02	69.54
42	43.63	83.72	71.33	80.82	89.87	68.46
43	61.3	68.28	76.84	88.16	89.13	72.3
44	41.51	59.13	70.31	85.12	82.04	62.27
45	64.06	78.24	74.72	96.59	93.02	69.54
46	60.74	72.46	71.28	91.44	87.68	57.46

2. 方差检验与回归分析

通过响应面方法中的 Analysis 模块，对各自变量与因变量之间的数学关系进行方差检验和模型回归分析，该部分所选拟合方程皆为二次多项式方程，包含常数项、一次项、二次项（包含交互项）。污染物的负荷削减率与各影响因素之间由实际值表示的多元二次回归模型如下所示：

$$\begin{aligned}\text{水量削减率}=&134.15+15.75A+0.15B-9.97C+2.4D+148.74E+0.01AB+0.18AC+0.22AD-0.08AE\\&-0.11BE-0.01CD-0.04CE-0.28DE-8.29A^2+0.08C^2-0.03D^2-25.25E^2\end{aligned} \tag{6.29}$$

$$\begin{aligned}\text{COD 负荷削减率}=&-252.84+62.58A-0.2B+3.15C+1.49D+116.76E+0.09AB-0.32AC+0.04AD\\&+3.34AE-0.05BE-0.33CE-0.3DE-16.5A^2-0.01C^2-0.02D^2-14.25E^2\end{aligned} \tag{6.30}$$

$$\begin{aligned}\text{TN 负荷削减率}=&-55.2-16.94A-0.14B-0.82C+1.38D+139.84E+0.03AB-0.13AC+0.01AD\\&+0.23AE-0.07BE-0.04CE-0.24DE+3.76A^2-0.01D^2-23.08E^2\end{aligned} \tag{6.31}$$

$$\begin{aligned}\text{TP 负荷削减率}=&17.17+3.37A-0.08B+0.04C+0.35D+68.51E+0.11AC+2.83AE-0.04BE\\&+0.02CE-0.07DE-5.47A^2-15.45E^2\end{aligned} \tag{6.32}$$

$$\begin{aligned}NH_3\text{-N 负荷削减率}=&-38.85-14.57A+1.65C+0.8D+62.15E+0.15AC+0.07AD+2.35250AE\\&-0.045208BE-0.23950CE-0.25075DE-1.86750A^2-7.18E^2\end{aligned} \tag{6.33}$$

$$\begin{aligned}NO_3\text{-N 负荷削减率}=&-117.24-23.93A-0.28B+0.92C+1.68D+145.87E+0.04AB-0.12AC\\&+0.07AD+AE-0.08BE+0.07CE-0.17DE+3.88A^2-0.02D^2-25.53E^2\end{aligned} \tag{6.34}$$

式中，A 为降雨重现期；B 为降雨历时；C 为填料层厚度；D 为蓄水层厚度；E 为填料类型。

在对模型进行拟合之后，软件根据残差对各种因素的贡献大小做方差分析，并给出数据分析结果，同时以图示的方式对分析结果进行展示，如残差的正态性，残差的正态分布概率如图 6.31 所示。对于一个回归方程，若其残差项服从正态分布，则证明残差项为随机变量，残差与方程响应值无关，即方程的拟合方式是正确可信的。完成残差项正态分布检验之后，对自变量与各响应值之间的关系进行方差分析，结果如表 6.43 所示。

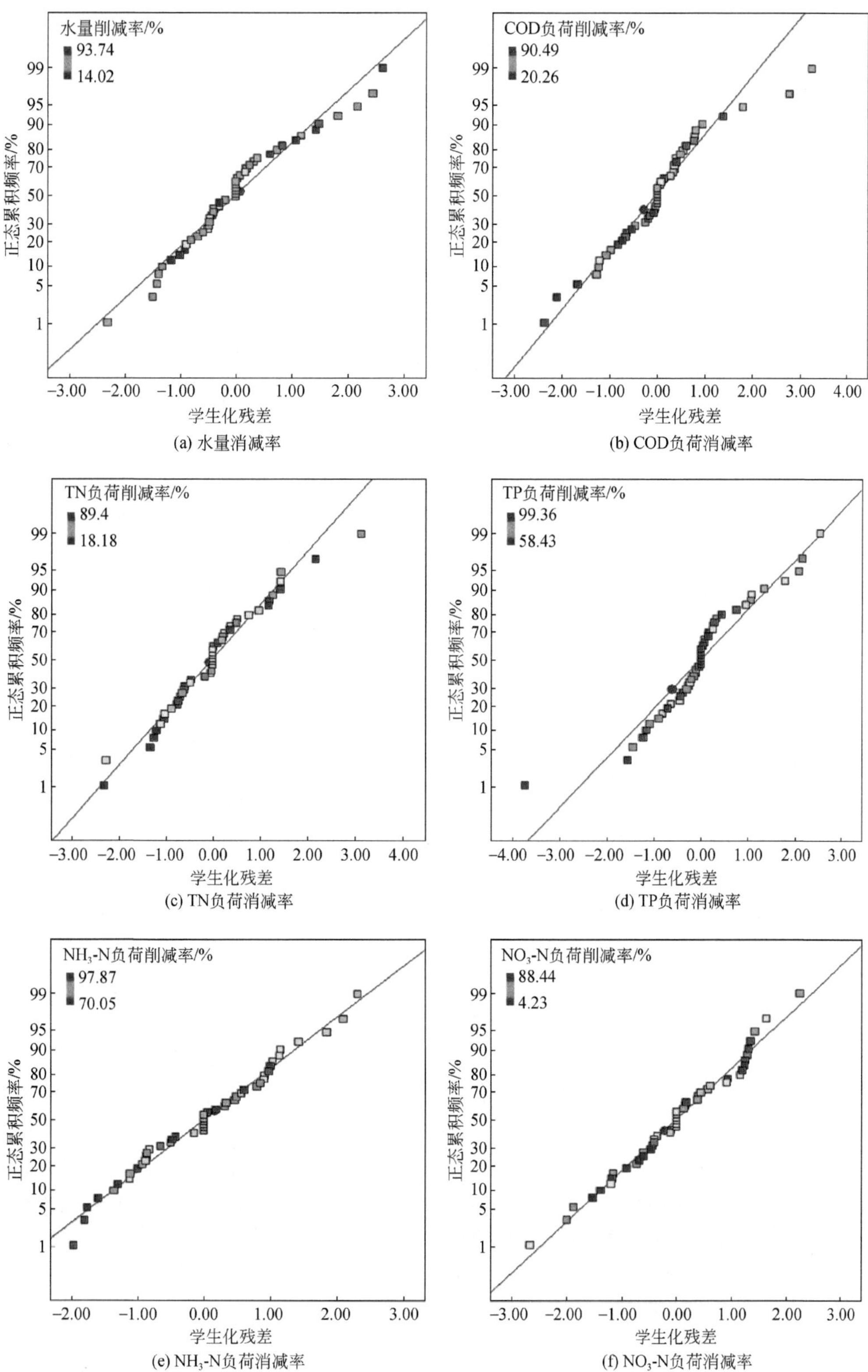

(a) 水量消减率

(b) COD负荷消减率

(c) TN负荷消减率

(d) TP负荷消减率

(e) NH_3-N负荷消减率

(f) NO_3-N负荷消减率

图 6.31 残差正态概率分布

表 6.43　方差分析结果

分析对象	*F* 值	Sig.	CV/%	R^2	R^2_{-Adj}
水量削减率/%	54.64	＜0.0001	8.09	0.9776	0.9597
COD 负荷削减率/%	15.78	＜0.0001	10.62	0.9266	0.8679
TN 负荷削减率/%	51.05	＜0.0001	6.08	0.9761	0.9570
TP 负荷削减率/%	19.10	＜0.0001	3.28	0.9386	0.8894
NH_3-N 负荷削减率/%	19.23	＜0.0001	2.40	0.9390	0.8902
NO_3-N 负荷削减率/%	71.58	＜0.0001	6.80	0.9828	0.9691

图 6.31 的结果显示，在各残差正态分布概率图中，散点分布在一条直线上，线性关系显著，残差项服从正态分布，方程的拟合方式可靠性高。方差分析用于方程显著性检验和系数显著性检验，表中 *F* 值越大，或显著性 Sig.与变异系数 CV 越小，则表示两组数据离散程度低，显著性强，可靠性高（曹玉茹，2019）。表中各回归模型的 *F* 值均大于 15，Sig.均小于 0.0001，表明显著性极高。回归分析以决定系数 R^2 和校正决定系数 R^2_{-Adj} 进行表述，用来反映输入值与预测值之间的线性关系的强弱。表中 R^2 和 R^2_{-Adj} 均大于 0.86，综上所述，以上拟合方程的显著性良好，所建立的多元二次回归模型可靠度高，可用于生物滞留系统参数的优化分析。

3. 生物滞留系统结构参数优化

通过响应面方法中的 Optimization 模块对生物滞留系统的结构参数进行优化。在软件中设定优化目标和约束条件，其中，优化目标包含水量削减率和污染物的负荷削减率，约束条件包含系统进水污染物浓度、蓄水层厚度、填料层厚度、降雨重现期、降雨历时和填料类型。根据《海绵城市建设技术指南——低影响开发雨水系统构建》（试行），陕西的年径流总量控制率应达到 80%～85%，根据实际研究区的特点，将蓄水层厚度和填料层厚度分别限定在 0～30 cm 和 50～150 cm 范围内。最后，针对不同降雨重现期和降雨历时，对不同填料类型的生物滞留系统的结构参数进行优化，优化结果如表 6.44～表 6.46 所示。

根据表中优化结果，我们可以发现，限定降雨重现期和填料类型，相比于 2 h 的降雨历时，在 6 h 降雨历时下得到的模型优化推荐值中，填料层厚度偏低、蓄水层厚度偏高、设施总高度稍低；限定降雨历时和填料类型，当降雨重现期增大时，模型优化的推荐值整体偏大。在相同降雨重现期和降雨历时下，三种填料类型对应的设施总高度推荐值由大到小依次为 BSM＞BSM+5%WTR＞BSM+5%木屑生物炭，其中 BSM 与 BSM+5%木屑生物炭的设施总高度推荐值相差 13～19 cm；三种填料类型对应的填料层厚度推荐值由大到小依次为 BSM＞BSM+5%WTR＞BSM+5%木屑生物炭，其中 BSM 与 BSM+5%木屑生物炭的填料层厚度推荐值相差 17～23 cm；三种填料类型对应的蓄水层厚度推荐值由大到小依次为 BSM+5%木屑生物炭＞BSM+5%WTR＞BSM，其中 BSM+5%木屑生物炭与 BSM 的填料层厚度推荐值相差 3～7 cm。

表 6.44　针对 1 年来水情况的优化结果

降雨历时/h	填料类型	填料层厚度/cm	蓄水层厚度/cm	设施总高度/cm
2	BSM	108	15	138
	BSM+5%WTR	94	18	127
	BSM+5%木屑生物炭	89	19	123
6	BSM	101	17	133
	BSM+5%WTR	88	22	125
	BSM+5%木屑生物炭	81	24	120

表 6.45　针对 2 年来水情况的优化结果

降雨历时/h	填料类型	填料层厚度/cm	蓄水层厚度/cm	设施总高度/cm
2	BSM	113	19	147
	BSM+5%WTR	101	21	137
	BSM+5%木屑生物炭	96	23	134
6	BSM	107	23	145
	BSM+5%WTR	93	24	132
	BSM+5%木屑生物炭	88	27	130

表 6.46　针对 3 年来水情况的优化结果

降雨历时/h	填料类型	填料层厚度/cm	蓄水层厚度/cm	设施总高度/cm
2	BSM	119	23	157
	BSM+5%WTR	107	24	146
	BSM+5%木屑生物炭	101	26	142
6	BSM	114	26	155
	BSM+5%WTR	98	28	141
	BSM+5%木屑生物炭	91	30	136

若要满足 25 cm≤换土层厚度≤120 cm 和 80%≤水量削减率≤85%这两个要求，则填料为 BSM、BSM+5%WTR 和 BSM+5%木屑生物炭的生物滞留系统，均可处理重现期为 3 年+汇流比为 20∶1 及其以下的降雨情景，但填料为 BSM+5%木屑生物炭的生物滞留系统的优化结果中，蓄水层厚度推荐值较大，为 19～30 cm，当其应用于工程中时应注意增加蓄水层设计高度。

对于相同的降雨情景，BSM 的填料层厚度推荐值最大而蓄水层厚度推荐值最小，BSM+5%木屑生物炭的填料层厚度推荐值最小而蓄水层厚度推荐值最大，原因在于 BSM 的渗透性能最好，不易在填料表面形成积水，但对污染物的去除能力有限；相反地，由于 BSM+5%木屑生物炭中还有木屑生物炭改良剂，使得填料的下渗性能有所降低，推荐的蓄水层厚度也会稍高，但木屑生物炭改良剂的添加使得填料对污染物的去除能力大幅提升，很大程度上降低了填料层厚度的需求。

6.3 本章小结

以秸秆和木屑作为原料，在不同制备方案下得到多种生物炭，通过建立多目标评价体系，优选出最佳生物炭制备方案和最佳生物炭添加比例，根据优选结果制备出秸秆生物炭改良填料和木屑生物炭改良填料；进行改良填料生物滞留系统人工降雨小型试验，结合模拟软件，定量分析生物滞留系统对雨水径流的水量水质调控效果，利用优化软件进行生物滞留系统结构参数优化。主要的结论如下：

（1）秸秆生物炭最佳制备工艺为以 20℃/min 的升温速度升至 600℃，在 600℃下热解 2 h，秸秆生物炭改良填料的生物炭添加比例为 5%；木屑生物炭最佳制备工艺为以 20℃/min 的升温速度升至 600℃，在 600℃下热解 3 h，木屑生物炭改良填料的生物炭添加比例为 5%。

（2）BSM 对各污染物的负荷削减水平参差不齐，对 NO_3-N 的平均负荷削减率仅为 23.84%；BSM+5%WTR 对 COD 的负荷削减率仅为 58.56%；生物炭改良填料的生物滞留设施（BSM+5%秸秆生物炭、BSM+5%木屑生物炭）的污染物去除效果均优于其他两种生物滞留设施，得益于其较大的阳离子交换量 CEC 以及巨大的比表面积 BET，以及其为微生物所提供的适量碳源，可促进硝化细菌对硝氮的去除。

（3）对于与水量相关的模型响应值，敏感度较高的参数有进水水量、蓄水层厚度和填料层厚度；对于污染物浓度削减率，大多数参数都处于高敏感水平；对于污染物负荷削减率，大多数参数都处于低敏感水平。

（4）通过对不同情景的模拟发现，在一定范围内设置淹没区可增强硝氮的去除效果，氨氮去除效果也有所增加，但淹没区太高会影响氨氮的硝化去除，氨氮负荷削减率降低，硝氮去除效果也增加缓慢。

（5）当仅考虑氮素调控效果最优时，要使氮素去除率高，就需要加深淹没区深度，优化的硝氮削减率在 80%～94%之间，氨氮负荷削减率可达 100%；同时考虑水量和氮素调控效果最优时，优化的水量削减率在 60%～70%之间，硝氮负荷削减在 80%～90%之间，氨氮的负荷削减率在 75%～100%之间。

（6）若要满足 25 cm≤换土层厚度≤120 cm 和 80%≤水量削减率≤85%这两个要求，则填料为 BSM、BSM+5%WTR 和 BSM+5%木屑生物炭的生物滞留系统，均可处理重现期为 3 年+汇流比为 20∶1 及其以下的降雨情景。

（7）BSM 雨水花园水量削减率为 38.1%～68.6%（中值=53.4%），以 BSM+10%WTR 雨水花园水量削减率为 56.5%～88.1%（中值=72.8%），BSM+10%WTR 比 BSM 浓度去除率提高了 6.2%～36.4%，负荷削减率提高了 6.2%～36.4%。

参考文献

曹玉茹，杨年华. 2019. 基于 SPSS 最优尺度的回归方法. 统计与决策，528：72-74

车伍，张鹍，张伟，等. 2016. 初期雨水与径流总量控制的关系及其应用分析. 中国给水排水，32（6）：9-14

车伍，赵杨，李俊奇，等. 2015. 海绵城市建设指南解读之基本概念与综合目标. 中国给水排水，31（8）：1-5

陈莎，陈晓宏. 2018. 城市雨水径流污染及 LID 控制效果模拟. 水资源保护，34（05）：13-19

成丹，陈正洪. 2017. 湖北宜昌市区暴雨雨型的演变特征. 干旱气象，35（2）：225-231

戴静，刘阳生. 2013. 四种原料热解产生的生物炭对 Pb^{2+}和 Cd^{2+}的吸附特性研究. 北京大学学报（自然科学版），49（6）：1075-1082
董雯. 2013. 西北城市非点源污染特征及控制研究——以西安市为例. 西安：西安理工大学博士学位论文
伏耀龙. 2012. 岷江上游干旱河谷区土壤质量评价及侵蚀特征研究. 杨凌：西北农林科技大学博士学位论文
黄华，王雅雄，唐景春，等. 2014. 不同烧制温度下玉米秸秆生物炭的性质及对萘的吸附性能. 环境科学，35（5）：1884-1890
蒋春博. 2016. 生态滤沟对氮素的净化效果试验与模拟研究. 西安：西安理工大学硕士学位论文
李斌，解建仓，胡彦华，等. 2016. 西安市近 60 年降水量和气温变化趋势及突变分析. 南水北调与水利科技，14（2）：55-61
李家科，张兆鑫，蒋春博，等. 2020. 海绵城市生物滞留设施关键技术研究进展. 水资源保护，36（1）：1-8，17
刘宝山. 2008. 城市小区雨水利用的研究. 天津：天津大学硕士学位论文
刘波，陈玉成，王莉玮，等. 2010. 4 种人工湿地填料对磷的吸附特性分析. 环境工程学报，4（1）：44-48
刘亚敏，程林. 2011. 渗透桶法测定土壤饱和导水率的改进. 人民黄河，33（8）：106-107
卢金锁，程云，郑琴，等. 2010. 西安市暴雨强度公式的推求研究. 中国给水排水，26（17）：82-84
马昭阳，金兰淑. 2010. 4A 沸石去除水中 Pb～（2+）的研究. 环境工程学报，4（4）：813-816
潘国庆，车伍，李俊奇，等. 2008. 城镇雨水收集利用储存池优化规模的探讨. 给水排水，（12）：42-47
孙红文. 2013. 生物炭与环境. 北京：化学工业出版社
田申琳，陈涛，唐梦南，等. 2019. 基于相关系数与决定系数的数据去重方法研究. 数字制造科学，17（3）：241-244
王宝山. 2011. 城市雨水径流污染物输移规律研究. 西安：西安建筑科技大学博士学位论文
王怀臣，冯雷雨，陈银广. 2012. 废物资源化制备生物质炭及其应用的研究进展. 化工进展，31(04)：907-914
王岩，韩学亮. 2003. 用现场模拟法测定饱和砂性土、粉土含水率的探讨. 矿产勘查，6（7）：80
夏智宏，周月华，许红梅. 2009. 基于 SWAT 模型的汉江流域径流模拟. 气象，（9）：61-69，134
熊力剑. 2015. 重庆市屋面雨水径流水质分析及处理试验研究. 重庆：重庆大学硕士学位论文
许萍，何俊超，张建强，等. 2015. 生物滞留强化脱氮除磷技术研究进展. 环境工程，（11）：21-30
袁宏林，陈海清，林原，等. 2011. 西安市降雨水质变化规律分析. 西安建筑科技大学学报：自然科学版，43（3）：391-395
袁娜娜. 2014. 室内环刀法测定土壤田间持水量. 中国新技术新产品，（9）：184
张彬鸿. 2017. 生物滞留系统填料改良及对磷素的净化性能试验研究. 西安：西安理工大学硕士学位论文
张彬鸿，邓朝显，马越，等. 2019. 雨水花园对屋面雨水的滞蓄与净化效果. 中国给水排水，35(21)：132-138
张佳扬. 2014. 生态滤沟处理城市雨水径流的小试与模拟. 西安：西安理工大学硕士学位论文
张琼华，王晓昌. 2016. 初期雨水识别及量化分析研究. 给水排水，42（S1）：38-42
周晋梅. 2015. 西安市降雨模式变化研究. 西安：西安建筑科技大学硕士学位论文
周腰华，周洋，赖晓璐，等. 2019. 玉米秸秆综合利用技术模式研究. 玉米科学，27（6）：186-190
朱利中. 2015. 土壤有机污染物界面行为与调控原理. 北京：科学出版社
朱晓晴，安晶，马玲，等. 2020. 秸秆还田深度对土壤温室气体排放及玉米产量的影响. 中国农业科学，53（5）：977-989
左旭，王红彦，王亚静，等. 2015. 中国玉米秸秆资源量估算及其自然适宜性评价. 中国农业资源与区划，36（6）：5-10，29

Ahmad M，Rajapaksha A U，Lim J E，et al. 2014. Biochar as a sorbent for contaminant management in soil and water：a review. Chemosphere，99（3）：19-33

Alberto P，Evanthia G，Ewan D，et al. 2019. Applying Analytic Hierarchy Process（AHP）to choose a human factors technique：Choosing the suitable Human Reliability Analysis technique for the automotive industry. Safety Science. 119：229-239

Ávila G，Bayona J M，Martín I，et al. 2015. Emerging organic contaminant removal in a full-scale hybrid constructed wetland system for wastewater treatment and reuse. Ecological Engineering，80：108-116

Barbosa A E，Fernandes J N，David L M. 2012. Key issues for sustainable urban stormwater management. Water Research，46（20）：6787-6798

Barnes R T，Gallagher M E，Masiello C A，et al. 2014. Biochar-Induced Changes in Soil Hydraulic Conductivity and Dissolved Nutrient Fluxes Constrained by Laboratory Experiments. PLoS ONE，9（9）：e108340

Beck D A，Johnson G R，Spolek G A. 2011. Amending greenroof soil with biochar to affect runoff water quantity and quality. Environmental Pollution，159（8-9）：2111-2118

Brockhoff S R，Christians N E，Killorn R J，et al. 2010. Physical and Mineral-Nutrition Properties of Sand-Based Turfgrass Root Zones Amended with Biochar. Agronomy Journal，102（6）：1627

Cao X，Ma L，Liang Y，et al. 2011. Simultaneous Immobilization of Lead and Atrazine in Contaminated Soils Using Dairy-Manure Biochar. Environmental Science & Technology，45（11）：4884-4889

Gundale J M，DeLuca H T. 2006. Temperature and source material influence ecological attributes of ponderosa pine and Douglas–fir charcoal. Forest Ecology and Management，231（1-3）：86-93

Jiang J，Xu R K，Jiang T Y，et al. 2012. Immobilization of Cu（II），Pb（II）and Cd（II）by the addition of rice straw derived biochar to a simulated polluted Ultisol. Journal of Hazardous Materials，229：145-150

Jiang T Y，Xu R K，Gu T X，et al. 2014. Effect of crop-straw derived biochars on Pb（II）adsorption in two variable charge soils. Journal of Integrative Agriculture，13（3）：507-516

Lee G W，Kidder M，Evans B R，et al. 2010. Characterization of biochars produced from cornstovers for soil amendment. Environmental Science &Technology，44（20）：7970-7974

Li L，Davis A P. 2014. Urban stormwater runoff nitrogen composition and fate in bioretention systems. Environmental Science & Technology，48（6）：3403-3410

Lucke T，Nichols P W B. 2015. The pollution removal and stormwater reduction performance of street-side bioretention basins after ten years in operation. Science of the Total Environment，536：784-792

Nelissen V，Saha B K，Ruysschaert G，et al. 2014. Effect of different biochar and fertilizer types on N_2O and NO emissions. Soil Biology and Biochemistry，70：244-255

Palanivel R，Mathews P K. 2012. Prediction and optimization of process parameter of friction stir welded AA5083-H111 aluminum alloy using response surface methodology. Journal of Central South University，19（1）：1-8

Quirk R G，Zwieten L V，Kimber S，et al. 2012. Utilization of biochar in sugarcane and sugar-industry management. Sugar Tech，14（4）：321-326

Saeed T，Sun G. 2012. A review on nitrogen and organics removal mechanisms in subsurface flow constructed wetlands：Dependency on environmental parameters，operating conditions and supporting media. Journal of Environmental Management，112：429-448

Spokas K A，Baker J M，Reicosky D C. 2010. Ethylene：potential key for biochar amendment impacts. Plant and

Soil，333（1-2）：443-452

Tian J，Jin J，Chiu P C，et al. 2019. A pilot-scale，bi-layer bioretention system with biochar and zero-valent iron for enhanced nitrate removal from stormwater. Water Research，148：378-387

Zhao X R，Li D，Kong J，et al. 2014. Does biochar addition influence the change points of soil phosphorus leaching? Journal of Integrative Agriculture，13（3）：499-506

第7章　海绵城市建设效益量化及综合评价

自2014年到2015年，国务院与住建部批准了30个海绵城市建设试点后，我国掀起了一场海绵城市建设的热潮。海绵城市的内涵、目标、内容和效果是目前研究的热点，此外，海绵城市建设的效益也是社会各界关注的重点。海绵城市建设效益的大小，决定了各级政府对海绵城市建设的热情，以及下一步政策制定方向。然而，这一方面的研究还不够完善，不能完全支撑我国海绵城市建设实践的发展。因此，海绵城市建设效益研究是非常有必要的。海绵城市效益研究的工作主要为效益识别、效益评价指标体系的建立与效益指标货币化。效益识别需要考虑海绵城市建设所具备的功能和城市的需求与接纳能力；效益评价指标体系需要参照《海绵城市建设绩效评价与考核指标》，从经济效益、生态效益和社会效益三个方面，及水生态、水环境、水资源和水安全这四个角度，选取定量评价指标。货币化方法则需要基于效益评估的环境经济学方法，通过分析海绵城市建设各项效益的特点，综合运用市场价格法、替代市场法、影子工程法、恢复与防护费用法等环境经济学方法，完成海绵城市效益的定量计算。本研究以西咸新区沣西新城海绵城市建设为研究对象，构建的海绵城市建设效益评价指标体系与计算方法，对试点区建设效益进行定量化分析。为我国海绵城市建设效益研究提供参考。

7.1　海绵城市建设效益识别

海绵城市建设效益研究的首要工作就是海绵城市建设效益的识别，效益识别是构建效益货币化方法的基础，由于海绵城市建设带来的效益种类繁多，因此需要进行科学合理的效益识别。本章将根据我国海绵城市建设的特点和实践应用，采用功能与需求耦合的效益识别法，最后参照《海绵城市建设绩效评价与考核指标》选取其中11项定量指标，按经济效益、生态效益和社会效益三个方面归纳并构建海绵城市综合效益体系。海绵城市建设效益评价体系的构建为效益定量化和货币化研究提供基础支撑。

7.1.1　效益识别思路与方法

对于海绵城市建设效益及其货币化的研究，首先要科学、客观地识别海绵城市建设所产生的效益，海绵城市建设效益的识别是其定量化和货币化研究的基础。

海绵城市建设带来的效益种类繁多，同一雨水措施下不同程度降雨带来的效益不同，不同雨水措施产生的效益种类也不同。传统的效益识别方法有列表法、解析法、图解法等，然而这几种方法存在普遍的问题，就是只从单方面考虑了海绵城市及雨水措施的功能，没有考虑到建设区域的需求和对雨水措施的接纳能力，从而放大、重复或遗漏效益。因为评估海绵城市建设效益的第一步就是效益识别，所以首先要建立有效和科学的识别方法。

效益识别需要做到系统全面、条理清晰、避免冲突重复，所以要选用合适的方法，能够有效全面地识别效益。本章在已有研究的基础上，根据我国海绵城市的建设特点，采用功能与需求结合的效益识别方法，综合全面地考虑海绵城市建设所具备的功能部分和城市的需求和接纳能力，对海绵城市建设的综合效益进行识别，从而构建效益评价指标体系。

目前，国外关于海绵城市相关建设的效益识别研究多集中在径流体积量控制、径流峰值削减、面源污染物控制等生态效益。国内研究除以上的生态环境效益分析外，增加了经济效益和社会效益的识别分析，但评价指标的选取较杂乱且缺乏系统性，本章将根据我国海绵城市建设的特点和实践应用，采用功能与需求结合的效益识别法。

功能与需求结合的效益识别方法，是对海绵城市建设的功能与城市的需求两方面进行对接，进而分析海绵城市建设带来的效益，这是构建海绵城市建设效益评价指标体系的基础。功能与需求结合的效益识别方法从两个方面进行，一方面是考虑海绵城市建设所具备的功能，包括建设项目的应用及其作用；另一方面是考虑建设城市的需求，要综合考虑城市的问题以及当地的需求。要全面准确判断和识别海绵城市建设效益，就要综合分析其建设的功能和效果以及所在城市的问题和需求，以确保海绵城市建设实际效益的产生。

功能与需求耦合效益识别方法的具体步骤如图 7.1 所示，第一步是分析海绵城市建设的功能；第二步是分析城市的问题和需求；第三步为海绵城市建设功能与城市需求的对应。

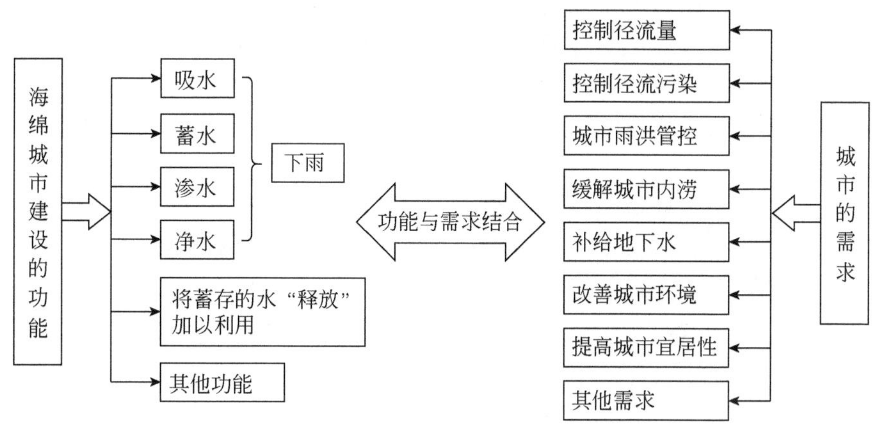

图 7.1　海绵城市建设功能与需求结合

通过海绵城市建设功能与需求的分析，识别海绵城市建设效益。一方面，海绵城市建设强调以生态为主的建设理念，充分发挥其自然蓄存功能，在降雨时蓄水，需要时将水释放，同时要尽可能解决城市内涝问题，实现城市内雨水的综合利用，包括下雨时吸水、蓄水、渗水、净化以及雨水的利用等功能，最终达到保护城市生态环境的目的。另一方面，随着我国城市化的发展，城市面临着一系列水环境问题，比如水系污染、地下水位下降、水资源短缺、城市内涝等，海绵城市的建设满足了城市发展的需求，包括控制径流量、控制径流污染、缓解城市内涝、补给地下水等，可以帮助城市有效解决一系列水环境和雨水管理问题。

7.1.2　海绵城市效益构成

我国海绵城市建设是在生态文明的基础上，对城市环境、经济以及社会发展起到积极的推进作用。因此，评估海绵城市建设的效益可以从城市环境、经济和社会三个角度出发。根据相关学者对该领域的研究，海绵城市建设的效益包括经济效益、生态效益和社会效益，其综合效益为这三类效益之和。

在效益评估之前，首先要科学合理划分各个层次并了解三者的含义。经济效益是指建设项目实施后，带来的直接经济价值。生态效益也可称为生态环境效益或环境效益，是指建设项目的实施给生态环境带来的各种影响和各种各样的变化。社会效益是指项目实施后为社会造成的影响以及创造的价值，比如增加就业机会、提高城市宜居性和居民生活水平等。因此，从这三方面效益的整体来看，生态效益是经济和社会效益的基础，而社会效益是经济和生态效益的结果。

（1）经济效益

海绵城市建设经济效益的具体含义是指其带来的直接经济价值，包括三个方面的内容：非产业化产生的经济效益、产业化带来的经济收益和其他经济效益。一般在研究海绵城市建设及具体措施的经济效益时，因为更注重其对城市环境和发展的推进作用，所以更看重海绵城市建设非产业化带来的经济效益。非产业化产生的经济效益主要表现在海绵城市建设带来的节省自来水费用，主要包括以下两个方面：

①海绵城市建设通过增加海绵城市相关雨水集蓄设施，将蓄存的雨水用作浇洒道路、城市绿地灌溉、居民用水等城市杂用水，大大节约了城市市政用水，从而节省自来水费用并缓解城市市政供水压力，该部分效益就是节省的自来水费用，可以通过雨水回用量和城市自来水水价计算；②海绵城市建设还增加了城市污水处理厂的个数，将污水厂的中水回用，也达到了节约自来水的目的，可以采用污水厂的中水回用量和自来水水价计算。

（2）生态效益

海绵城市建设的生态效益是指其对城市生态环境的推动促进作用，是生态环境中所包含的物质要素，这些要素可以满足公众在社会生产和生活中的某些需求。海绵城市建设的生态效益包括补给地下水涵养水源、改善城市热岛效应、控制城市面源污染、滞尘降尘净化空气、降低噪音等，这些生态要素可以满足公众和城市发展的需求，同时可以带来一定的价值。

海绵城市建设建造了一系列雨水渗透设施，比如入渗型雨水花园、渗透井、透水铺装等可以渗透降雨，一方面起到补给城市地下水和涵养水源的作用，另一方面，这些设施通过截留渗透雨水，缩小了雨水汇流路径，将径流雨水汇集到雨水措施，进而削减了雨水径流量并对径流污染物进行过滤分解，起到控制城市面源污染的作用。

海绵城市的建设增加了城市绿化面积，城市绿地具有良好的生态价值，比如滞尘降尘、固碳释氧等。因此，在研究海绵城市建设的生态效益时，可以参考城市绿地的生态价值，以识别海绵城市建设的生态效益。

海绵城市建设通过增设屋顶绿化、下沉式绿地、雨水花园等雨水渗蓄措施，对比增设设施前后外排量、节水量、补给地下水量、调节局部气候等变化，都是海绵城市建设所带来的生态效益。

（3）社会效益

海绵城市建设的社会效益是指项目建成后对社会环境的推动作用，可以从多个角度分析社会效益的含义：一是从公众的角度，海绵城市的建设提升了城市的宜居性，给居民营造了更舒适的生活生产环境，进而提升居民的福利和生活水平；海绵城市通过源头分散式控制以及有针对性的工程性措施，提高城市的排水防涝能力，从而降低了城市的内涝风险，极大地提高了暴雨洪涝来临时的人身安全保障。二是对社会文明的推进，海绵城市的建设传达了城市可持续发展理念，在城市范围内推广雨水资源利用设施，可以提升城市整体的文明素养。三是创造就业机会，海绵城市建设需要劳动投入，可以为劳动者增加就业机会。因此，海绵城市的社会效益是在经济效益和生态效益的基础上，进一步实现推动城市经济发展、提高居民生活水平、增加就业机会等目标。

（4）综合效益

海绵城市的综合效益是在其单项效益的基础之上，将经济效益、生态效益和社会效益整合得到，通过上述对单项效益的分析，证实建设海绵城市有利于城市环境和居民生活水平的提高。所以，我国海绵城市建设实现满足生态、经济社会效益的综合目标，在生态环境、经济和社会三个层面上均可行。海绵城市综合效益是对海绵城市整体效益的反映，包含各单项效益情况，能够全面涵盖海绵城市建设效果的各项因素。

7.2 海绵城市建设效益评价指标体系

构建海绵城市建设效益评价指标体系是评价海绵城市建设效益和货币化研究的基础，因此，要科学合理地选取效益评价指标，本节根据《海绵城市建设绩效评价与考核办法》，基于水生态、水环境、水资源和水安全这四个角度，选取定量评价指标构建海绵城市建设效益评价指标体系。

7.2.1 指标选取原则

1. 代表性原则

代表性原则是指在指标选取时，要能够很好地反映研究对象，并能够反映其某些特点。因为指标体系是一个完整的系统，所以在指标选取时要考虑涵盖方方面面的内容，将海绵城市建设的经济、生态环境和社会状况全面地反映。

2. 理论与实践结合原则

指标选取要同时考虑两个方面，即理论和实践。理论是指科学的理论基础，需要采取科学的方法；实践是要实事求是，基于客观存在的事实。各类指标不仅要在充分反映海绵城市效益时明确定义，而且要规范数据测定及处理方法的标准。

3. 定量与定性结合原则

海绵城市建设是一项复杂的工程。它的指标反映了建设效益的方方面面，有的可以量化，有的难以量化。因而选取的指标包括定性和定量指标才能全面客观地反映问题。针对定性指标，需要进行量化，将量化后的数据统一标准再进行比较，最终得出定量的结论。

4. 整体与局部结合原则

作为一个整体的指标体系，要全面地反映评价区域的特性。因此，构建海绵城市评价体系，要从整体出发，把建设区域作为一个相对独立而又与其周围环境相联系的系统。在保持整体的条件下，充分考虑全局因素，选取能够反映海绵城市建设深度和广度的各种因素，整体和局部相结合，使评价体系真正地反映海绵城市的建设效果。

7.2.2 效益评价指标体系构建

海绵城市建设效益不仅包括建设项目带来的经济价值，还包括生态服务价值、社会保障价值等方面，效益种类繁多，比如生态效益是指海绵城市建设构成了一个生态系统，具有补给地下水、涵养水源、缓解城市热岛效应、净化空气等方面的效益。由于我国对海绵城市建设整体效益的研究甚少，缺乏系统的评价指标，为了更科学合理地开展海绵城市建设效益的货币化研究，《海绵城市建设绩效评价与考核办法》可以作为构建海绵城市综合效益体系的重要参考。

2015 年 7 月 10 日，我国住房城乡建设部印发了《海绵城市建设绩效评价与考核办法》，文件中将海绵城市建设的绩效评价因素概括为 6 大类共 18 项指标（王诒建，2016），这 18 项考核指标系统、全面地反映了海绵城市建设影响的方方面面，能够科学反映建设项目是否满足考核要求。这是评价我国海绵城市建设成效的重要举措，可检验我国海绵城市建设所取得的成绩。绩效评价的 6 大类别包括水生态、水环境、水资源、水安全、制度建设及执行情况、显示度，通过分析各绩效评价类别的指标、要求和性质，只有水生态、水环境、水资源和水安全这四类需要做到定量评价，且这四类能够充分地反映海绵城市建设的效果以及产生的效益，可以作为海绵城市建设效益货币化的支撑体系。因此，本节对效益评价体系的构建从这四个方面出发，将水生态、水环境、水资源和水安全作为研究海绵城市效益的新研究视角，进而构建海绵城市效益评价体系并开展效益货币化研究。

在考核办法中，海绵城市建设的整体功能主要体现在四个方面：水生态、水环境、水资源和水安全，这四个方面能够充分反映海绵城市建设的综合效益，同时可以为海绵城市建设的货币化研究提供支撑。根据各指标的性质（定量或定性），基于水生态、水环境、水资源和水安全这四个角度，选取定量指标 11 项构建海绵城市建设效益评价指标体系。其中，水生态指标包括年径流总量控制率、生态岸线恢复、地下水位和城市热岛效应；水环境指标包括水环境质量和城市面源污染控制；水资源指标包括污水再生利用率、雨水资源利用率和管网漏损控制；水安全指标包括城市暴雨内涝灾害防治和饮用水安全。

基于《海绵城市建设绩效评价与考核指标》，选取其中 11 项定量指标构建海绵城市建设效益评价体系，能够更加科学合理、公正客观地评估海绵城市建设效益，海绵城市建设综合效益体系如图 7.2 所示。

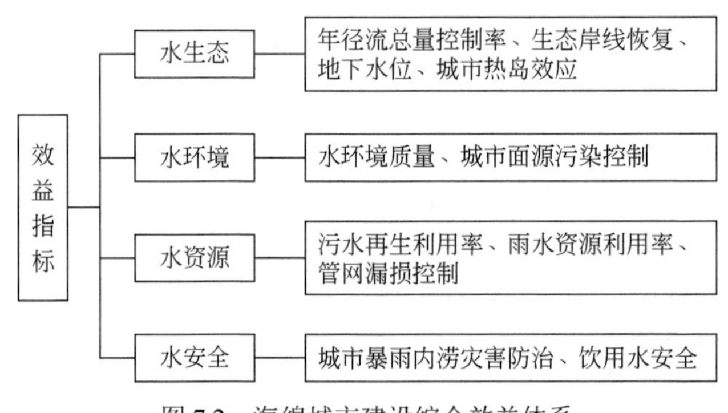

图 7.2　海绵城市建设综合效益体系

海绵城市建设给社会经济带来的效益是有目共睹的，其经济效益侧重于从经济发展角度对海绵城市建设带来的直接经济效益进行分析和评价，包括污水再生利用、雨水资源利用和管网漏损控制带来的直接经济效益；生态效益侧重于海绵城市建设对城市生态环境条件产生的有利影响和效果，包括年径流总量控制、生态岸线恢复、地下水位提升、缓解城市热岛效应、水环境质量改善以及城市面源污染控制；社会效益侧重于海绵城市建设对社会及城市居民带来的有利影响，包括城市暴雨内涝灾害防治和饮用水安全。

根据海绵城市相关项目数据资料，以及实地的问卷调查与访谈，获得大量的相关研究资料，进而构建海绵城市效益的经济、生态和社会指标。在此基础上，考虑海绵城市建设的特点，本着定量、可操作性强的原则，对指标进行筛选。最终，确定经济效益、生态效益和社会效益指标分别为3个、6个和2个，构成海绵城市效益评价指标体系（表7.1）。

表7.1　海绵城市效益评价指标体系

指标名称		指标涵义
经济效益指标	污水再生利用率A1	污水再生利用量与污水处理总量的比率
	雨水资源利用率A2	将雨水用作喷洒路面、灌溉绿地、蓄水冲厕等城市杂用水
	管网漏损控制A3	指管网漏水量与供水总量之比
生态效益指标	年径流总量控制率B1	指场地内累计全年得到控制的雨量占全年总降雨量的比例
	生态岸线恢复B2	通过生态修复，达到蓝线控制要求，恢复其生态功能
	地下水位B3	指地下水面相对于基准面的高程
	城市热岛效应B4	指一个地区的气温高于周围地区的现象
	水环境质量B5	指水环境对人群的生存和繁衍以及社会经济发展的适宜程度，通常指水环境遭受污染的程度
	城市面源污染控制B6	降雨径流形成过程中，累积在地表的污染物受到降水的冲刷作用产生污染负荷
社会效益指标	城市暴雨内涝灾害防治C1	历史积水点彻底消除或明显减少，或者在同等降雨条件下积水程度显著减轻
	饮用水安全C2	饮用水水源地水质达到国家标准要求

7.3　海绵城市建设效益的货币化研究

基于海绵城市建设的效益识别和评价指标体系，研究海绵城市建设带来效益的货币化方法，其中经济效益较容易货币化，比如雨水资源化利用、污水再生利用等效益。而对于生态和社会效益，存在很多无形效益，这些效益难以货币化，比如提高城市的宜居性，增加社会就业机会、提高公众节水意识等。这些效益由于包含较多复杂因素，往往难以进行量化评估，只能进行定性分析。所以，在海绵城市建设的效益评价中，要将定量分析和定性分析两者相结合，可以量化的指标要给出具体的货币化计算公式，而对于只能定性分析的指标则用具体的文字阐述。

7.3.1　效益评估方法选取

海绵城市建设效益评估方法可以分为两种类型，建立效益评估体系和效益货币化测算。基于国内外相关研究，本节将构建效益识别体系和货币化测算进行评估。其中效益货币化测算方法需要借鉴环境经济学中的方法，如市场价值法、替代市场法和生态服务价值系数法等（刘浩，2010），由于不同的效益需要采取不同的测算方法，因此需要分析效益的构成及特点。

海绵城市带来的效益有些可以测算，有些由于缺少货币化计算方法难以测算。参考张志强等（2000）对环境经济价值评估方法的研究，他将环境经济学方法分为三类：实际市场评估法、替代市场评估法及假想市场评估法。另外，补充方法有成果参照法和专家评估法。如表 7.2 所示。

表 7.2 效益评估方法

类别	方法	定义	在实际评估中最合适的应用
1. 实际市场评估	市场价值法	利用环境物品引起的生产率变动来评估变化的经济价值	海绵城市建设的经济效益（如雨水资源化利用）
	替代成本法	通过提供替代服务的花费来评估生态服务的价值	水质净化、空气净化等效益
	机会成本法	做出某一决策而不做另一种决策时所放弃的利益	有害生物与疾病的生物调节控制
2. 替代市场评估	恢复和防护费用法	为了消除或者减少生态环境恶化的影响而愿意承担一定费用，参照此费用来评价效益的方法	气候调节、空气质量调节、护堤等效益
	影子工程法	当某种价值难以直接计算时，采用能够提供类似服务的替代工程或影子工程的价值来评估该种效益	海绵城市建设提供的生境效益
3. 假想市场评估	条件价值法	通过直接调查和询问人们对于建设项目的支付意愿（WTP），或者愿意接受的赔偿，来评估其价值	海绵城市建设的非使用效益
4. 其他方法	成果参照法	参照已有的研究成果和信息，来完成对于另一研究地域的经济价值评估	相关学者对相关效益的研究（如城市绿地的降温增湿效益）
	专家评估法	当缺少一定条件，参照受到公众认可的专家意见评估其功能价值	各种服务评价补充

1. 经济效益

（1）污水再生利用

污水的净化再用可以实现水循环，它被视为“第二水源”。污水的再生利用会带来巨大的经济效益，最为显著的表现就是降低城市用水费用。污水再生利用是解决城市缺水的有效途径，再生水可以通过水车等输配设施用于城市绿地灌溉及市政杂用水，以提高污水再生利用率。

污水再生利用的效益计算采用市场价格法，该方法是根据实际的市场价格来衡量污水再生利用造成的经济效益（蒋隽，2013）。采用市场价格法测算的前提是基于实际的市场价格和市场交易，才能对其功能进行评估。公众都较容易接受这种方法，因为商品的市场价格是可见的，相关数据也较容易获取，并且评估成本低。市场价格法首先需要分析识别建设项目的经济效益，然后根据实际市场价格将其效益货币化，从而得出项目的经济效益。

（2）雨水资源利用

雨水资源利用是指通过雨水调蓄设施收集雨水，再将所收集的雨水加以利用。雨水收集利用对城市发展起到积极的推动作用，城市雨水利用包括屋面雨水利用和园区雨水利用。通过建造雨水收集利用设施，将所收集的雨水用于城市绿地灌溉、道路浇洒和市政杂用等，提高雨水资源的利用率。

雨水资源利用的效益计算采用影子价格法，由于雨水没有明确的市场价格，市场价格又和影子价格之间存在联系。苏联著名经济学家列・维・康托洛维奇（Konterovitich）在早期为了解决资源的最优利用问题而提出的客观制约估价理论，这就是影子价格法的雏形。

如果社会经济条件良好，影子价格法就可以作为衡量环境和社会价值的一种有效方法，比如测算生态资源价格、社会劳动力价格等。可见，影子价格是具有主观性的、比交换价格更为合理的价格。这里所说的“合理”的标志，从定价原则来看，该方法能够客观地反映价值；从价格产出的效果来看，能促进资源配置不断优化。

（3）管网漏损控制

《城市供水管网漏损控制及评定标准》（CJJ92—2002）中规定城市供水管网漏损率不得高于 12%，海绵城市的建设要求是将城市供水管网漏损率控制得更低。相比传统城市建设模式，海绵城市建设有效降低了城市管网漏损率。城市管网漏损率的降低带来的直接效益避免了由于管网漏损率高而浪费的城市供水资源。

管网漏损控制的效益计算采用市场价格法，该方法测算的前提是基于实际的市场价格和市场交易，才能对其功能进行评估。由于该方法市场价格是可见的，数据获取较为容易，因此被公众广泛接受。市场价格法要分析需要测算的市场商品，然后根据实际市场价格将其效益货币化，从而得出项目的经济效益。

2. 生态效益

（1）年径流总量控制

年径流总量控制是指通过修建雨水渗透、集蓄和利用等设施，降低场地内雨水径流量。通过渗透和收集利用雨水，可以减少雨水的排放量，缓解市政管网和水处理压力，从而减少管网运行和水处理费用。因此，年径流总量控制产生的效益可以从减少的管网运行费和污水处理费两个方面计算。

年径流总量控制的效益计算采用替代工程法，将管网运行和水处理视作其替代工程，则该效益就是所节省的管网运行和水处理费用（张艳娟和徐向舟，2014）。替代工程法是寻找具有市场价格的替代品，在没有市场价格的情况下间接衡量环境产品的价值。在现实生活中，有一些商品和服务是可以观察和衡量的，也可以通过货币价格来衡量，但它们的价格只能间接和局部地反映人们对环境价值变化的评价。另一种市场方法，也称为间接市场方法，利用这些商品和服务的价格来衡量环境价值的变化。这种方法间接反映人们对环境质量的评价的商品和服务，并利用这些商品和服务的价格来衡量环境价值。该方法在应用中会涉及方方面面的因素，在计算时会有多种要素对结果造成影响，而环境要素只是其中之一，所以想要获得更加精准的数据，这种方法的适应性也相对而言比较低。

（2）生态岸线恢复

生态岸线恢复是指为了恢复天然河道水系等的生态功能，采取一定的人工措施对其进行生态修复，比如在城市河岸岸边营造生态林以增加生态体系，达到保护土壤、保护生物多样性的目标。生态岸线恢复是大面积营造生态林的结果，不仅保护了土壤，具有固土保肥的价值，而且增加多种生态体系，保护生物多样性，给物种创造了良好的环境条件，群落的组成会发生变化，物种数量将增加。

生态岸线恢复的效益计算采用影子工程法结合成果参照法，影子工程法就是将不可知价值转化为可知，是恢复费用的一种特殊形式。某一生态环境遭到破坏，就需要人工建造相应的工程来弥补环境遭到的破坏，用建造该工程的费用来表示破坏带来的经济损失。通常采用该方法计算森林涵养水源、防止水土流失的生态价值。

（3）地下水位提升

海绵城市能够增加城市可透水面积，通过建造渗透设施，比如渗井、透水砖、城市绿地等设施下渗雨水，进而可以补给地下水，达到防止地下水位下降和改善城市水环境的目的。

地下水位提升的效益计算采用影子价格法，苏联著名经济学家列·维·康托洛维奇（Konterovitich）在早期为了解决资源的最优利用问题而提出的客观制约估价理论，这就是影子价格法的雏形。如果社会经济条件良好，影子价格法就可以作为衡量环境和社会价值的一种有效方法，比如测算生态资源价格、社会劳动力价格等。可见，影子价格是具有主观性的、比交换价格更为合理的价格。这里所说的“合理”的标志，从定价原则来看，该方法能够客观地反映价值；从价格产出的效果来看，能促进资源配置不断优化。

（4）缓解热岛效应

缓解热岛效应的效益计算采用替代工程法结合成果参照法，替代工程法是寻找具有市场价格的替代品，在没有市场价格的情况下间接衡量环境产品的价值。在现实生活中，有一些商品和服务是可以观察和衡量的，也可以通过货币价格来衡量，但它们的价格只能间接和局部地反映人们对环境价值变化的评价。另一种市场方法，也称为间接市场方法，利用这些商品和服务的价格来衡量环境价值的变化。该方法在应用中会涉及方方面面的因素，在计算时会有多种要素对结果造成影响，而环境要素只是其中之一，所以想要获得更加精准的数据，这种方法的适应性也相对而言比较低。

海绵城市的某些效益由于缺少实际市场评估体系，不能采用直接市场价值法计算，需要找到具有市场价格合适的替代物替代其价值。

（5）水环境质量

海绵城市建设对城市水环境质量提出要求，即不得出现黑臭水体现象。因此，水体污染引起的经济损失货币化，就是改善水环境质量的效益货币化（刘耀源等，2011）。对于污染物对水环境质量造成的经济损失采用污染损失评估法（杨清伟，2008）。

水环境质量改善的效益计算采用污染损失法，该方法是指通过一定的技术措施来消除环境污染。计算单一污染物对水环境造成的经济损失，可采用詹姆斯的“损失—浓度曲线”方法，根据公式水体洁净时的总价值和污染物对水体造成的损失率的乘积计算水污染对水体造成的经济损失。

（6）城市面源污染控制

海绵城市建设通过建造下沉式绿地、雨水花园等措施，通过缩小雨水汇流路径，将径流雨水汇集到雨水措施，进而对雨水径流中污染物进行过滤分解，起到消除城市雨水径流污染作用，将这种自然净化效益具体量化得到环境污染治理效益。

城市面源污染控制的效益计算采用恢复与防护费用法，该方法是人们愿意为生态环境的恶化所承担的费用，用以恢复原本的生态环境或者避免破坏事件的发生。为了消除生态破坏带来的不良影响，就需要投入一定的资金，那么这部分资金就是恢复与防护费用。在编写《中国生物多样性国家报告》中，作者就采用了防护费用法，用来评估我国稀有动物的价值。

3. 社会效益

（1）城市暴雨内涝灾害防治

海绵城市建设通过对城市降雨的源头削减，消除了道路部分历史积水点，并改善了积水点的状况，有效缓解了城市内涝灾害，实现了城市建设和生态文明的协调发展。

城市暴雨内涝灾害防治的效益计算采用经济损失法，该方法是指由于环境破坏给公众和社会带来直接损失，用该损失来表示消除负面影响所带来的效益。经济损失法是基于生态破坏及其造成的经济损失之间的密切关系，要分析经济损失的程度，首先要讨论生态破坏的程度，由于很多环境损失难以直接转化为经济损失，因此一般需要找到具有代表性的评判指标。

（2）饮用水安全

饮用水安全对居民健康带来的影响：安全用水包括饮水、洗漱用水及其他生活用水，不安全的水中存在有害物质，通过饮水、皮肤接触等方式进入人体体内，影响人体健康，从而导致各种疾病。因此，保障清洁用水，就是保障我们的生命线。饮用水安全对城市发展带来的影响：城市自来水水质的提高，能够提高城市居民的生活质量，倡导安全卫生用水，提高居民健康生活的意识和地区卫生保障的层次，从而促进当地经济发展。

由于饮用水安全带来的效益难以量化研究，本节仅作定性描述。

7.3.2 海绵城市建设效益的货币化方法

1. 经济效益测算方法

（1）污水再生利用率

海绵城市建设要求污水的再生利用，再生水通过水车等输配设施用于城市绿地灌溉及市政杂用水，以提高污水再生利用率。

污水再生利用效益采用市场价格法。其效益是指中水回用替代自来水使用，节约城市用水带来的效益，缓解城市水资源短缺。根据国际通行惯例，中水的价格通常为城市自来水价格的 50%～70%（邬扬善和屈燕，1996）。根据西安市自来水价格表，民用水价格为 1.54 元/m^3。那么中水价格为 0.77～1.078 元/m^3，即中水价格取均值 0.924 元/m^3。即

$$B = Q_{中水} \times P_{中水} \tag{7.1}$$

式中，$Q_{中水}$ 为回用量，m^3；$P_{中水}$ 为中水价格，元/m^3。

（2）雨水资源利用率

通过建造雨水收集利用设施，将所收集的雨水用于城市绿地灌溉、道路浇洒和市政杂用等，提高雨水资源的利用率。

雨水利用效益采用影子价格法，由于雨水没有明确的市场价格，市场价格又和影子价格之间存在联系。完善的市场支撑了货物的市场价格等于影子价格这一概念，将自来水的价格作为雨水的影子价格，则该效益为回用雨水利用量与自来水价格的乘积。即

$$B = Q_{雨水} \times P_{自来水} \tag{7.2}$$

式中，$Q_{雨水}$ 为回用雨水利用量，m^3；$P_{自来水}$ 为自来水价格，元/m^3，西安市自来水价格为 1.54 元/m^3。

（3）管网漏损控制

《城市供水管网漏损控制及评定标准》（CJJ92—2002）中规定城市供水管网漏损率不得

高于 12%，海绵城市的建设要求是将城市供水管网漏损率控制得更低。

管网漏损控制效益采用市场价格法，其效益是避免了由于管网漏损率高而浪费的城市供水资源。因此，效益计算公式如下：

$$B = Q_{供水} \times \alpha \times P_{自来水} \tag{7.3}$$

式中，$Q_{供水}$ 为供水量，m^3；α为海绵城市建设模式下降低的城市供水管网漏损率；$P_{自来水}$ 为自来水价格，元/m^3，西安市自来水价格为 1.54 元/m^3。

2. 生态效益测算方法

（1）年径流总量控制率

年径流总量控制是指通过修建雨水渗透、集蓄和利用等设施，降低场地内雨水径流量。通过渗透和收集利用雨水，可以减少雨水的排放量，缓解市政管网和水处理压力，从而减少管网运行和水处理费用。海绵城市建设能起到削减城市地表径流的作用，强降雨时有效防止雨水外排现象的发生。

海绵城市雨水措施的径流削减量计算公式（赵世明等，2007）如下：

$$q = \theta \times R \times R_{v} \times A \tag{7.4}$$

式中，q 为雨水削减量，m^3；θ 为径流系数，（根据《建筑与小区雨水利用工程技术规范》（GB50400—2006）分别取值为：硬化屋面 0.9；硬化地面 0.9；绿地 0.15；透水铺装 0.25；屋顶绿化 0.40；水面 1.0）；R 为年均降雨量，mm；R_{v} 为年均水量削减率，%；A 为汇水面积，m^2。

年径流总量控制所带来的效益采用替代工程法，将管网运行和水处理视作其替代工程，则该效益就是所节省的管网运行和水处理费用，效益计算公式如下：

$$B = q \times (P_1 + P_2) \tag{7.5}$$

式中，q 为雨水削减量，m^3；P_1 为雨水管网的运行费用，元/m^3；P_2 为污水处理费用，元/m^3。

（2）生态岸线恢复

生态岸线恢复是指为了恢复天然河道水系等的生态功能，采取一定的人工措施对其进行生态修复，如在城市河岸岸边营造生态林以增加生态体系，达到保护土壤、保护生物多样性的目标。

生态岸线恢复是大面积营造生态林的结果，不仅保护了土壤，具有固土保肥的价值，而且增加多种生态体系，保护生物多样性，给物种创造了良好的环境条件，群落的组成会发生变化，物种数量将增加。

a. 固土效益

$$G_{固土} = A \times (X_2 - X_1) \tag{7.6}$$

$$B_{固土} = A \times C_{库} \times (X_2 - X_1) \times F / \rho \times d \tag{7.7}$$

式中，$G_{固土}$实测年份固土量，t/a；$B_{固土}$年固土价值，元/a；X_1 有林地土壤侵蚀模数，t/（hm^2 • a）；X_2 为无林地土壤侵蚀模数，t/（hm^2 • a）；ρ 为土壤平均密度，t/m^3；F 为林地生态功能修正系数；d 为贴现率。

当实测难度较大时，可采用替代工程法：

$$B_{固土} = S \times K \times G \times d \tag{7.8}$$

式中，K 为取 1t 砂所需费用；G 为河岸泥沙进入河道的比例；d 为相比有林地，无林地多流失的泥沙量。

b. 保肥效益

$$B_{保肥} = G \times d \times \sum_{i=1}^{3} P_{1i} P_{2i} P_{3i} \tag{7.9}$$

式中，$B_{保肥}$ 为生态岸线恢复后的保肥效益；P_{1i} 为林地土壤中 N、P、K 含量；P_{2i} 为 N、P、K 折算化肥比例；P_{3i} 为化肥销售价。

c. 保护物种多样性

生态岸线的恢复可以提供生物栖息地，因此可以起到维持生物多样性的作用。生态岸线恢复是大面积营造生态林的结果，保护了多种生态体系，从而保护了生物多样性。生态岸线的恢复给物种创造了良好的环境条件，群落的组成会发生变化，物种数量将增加。该部分效益计算公式为

$$B = S_i \times d \times A\left[1 + 0.1\sum_{m=1}^{x} E_m + 0.1\sum_{n=1}^{y} E_n + 0.1\sum_{r=1}^{z} O_r\right] \tag{7.10}$$

式中，B 为实测区域年生物多样性保护价值，元/a；S_i 为单位面积保护生物多样性的价值，元/hm^2 • a；A 为实测区域面积 hm^2；E_m 为实测区域内物种 m 的濒危分值；E_n 为评估区域内物种 n 的特有种；O_r 为评估区域内物种 r 的古树年龄指数；x 为濒危物种的数量；y 为特有物种的数量；z 为计算古树年龄指数物种数量。

由于上式数据的获取存在一定的难度，生态岸线恢复后，生物多样性很难量化，因此提出计算提供生境，保护生物多样性的效益采用影子工程法结合成果参照法。

参考 Costanza 的研究，森林砍伐对游憩和生物多样性的价值损失取 400 美元/hm^2，而全球对于保护森林资源的支付意愿取 112 美元/hm^2，按 1 美元兑换 6.32 元人民币的汇率进行计算，海绵城市建设带来的保护生物多样性的效益为

$$B=S\times（400+112）（美元/\text{hm}^2）\times 6.32=S\times 3235.84\ 元/\text{hm}^2 \tag{7.11}$$

（3）地下水位

海绵城市建设能够增加城市可透水面积，通过建造渗透设施，比如渗井、透水砖、城市绿地等设施下渗雨水，进而可以补给地下水，达到防止地下水位下降和改善城市水环境的目的（曲书明和张建国，1992）。海绵城市建设能够维持年均地下水位的稳定，或使平均降幅低于历史同期（Manglik and Rai，2000；Haghani，2013；Moon，2004）。

雨水入渗量计算采用达西定律：

$$Q = \alpha \times H \times A \times 10^{-3} \tag{7.12}$$

式中，α 为城市降水对地下水的补给系数，数值主要受地下水埋深、降雨量和含水层岩性的影响。根据西安市历年地下水动态观测资料，测得下渗补给系数为 0.12～0.21 之间，本节取研究区域透水面的入渗补给系数为 0.2；H 为年均降雨量；A 为试点区可透水面积，m^2。

雨水下渗设施回灌补充地下水后，可提高地下水位，这部分效益用渗透雨水补充地下水的效益表示，当通过雨水下渗设施下渗补充地下水时，单位体积集水量效益按水资源影子价格考虑。海绵城市补充地下水服务可以通过影子价格法来计算：

$$B = Q \times P \tag{7.13}$$

式中，B 为海绵城市补给地下水效益；Q 为入渗补给量，m^3；P 为地下水资源价格，元/m^3，由于地下水资源没有市场价格，因此采用其影子水价来评估，取 4.1 元/m^3（何静和陈锡康，2005）。

（4）城市热岛效应

相关研究表明，夏季海绵城市建设区的气温低于其所在地区主城区的气温，并且相比历史同期呈下降趋势。

这部分效益是城市植被面积增加的结果，因为城市植被能够起到降温增湿的作用，能够改善城市热岛效应。分析城市植被降温增湿的特征，可以采用替代工程法进行评估。通过学习国内外有关城市绿地降温增湿效益研究的方法，为选取方法提供参考。然后选择替代工程，参考国内外学者对城市绿地降温效果的研究，选择空调的使用作为替代工程，空调具有和绿地同样的降温作用。

同时结合成果参照法，根据国内外相关研究（王如松，2004），测定得出 1 hm^2 绿地在夏季能够从环境中吸收 81.8 MJ 的热量，其降温效果与 189 台空调在全天的制冷效果相同，所以以空调作为替代工程，其降低同样温度的耗电费用作为绿地调节温度的价值。因为植被的降温作用在夏季产生效益，每年按 n 个月计算，已知室内空调耗电 0.86 kW • h/（台 • h），以西安市目前电费标准 0.5 元/（kW • h）计算，则植被调节温度总效益：

$$B = S \times 0.86\ \text{kW} \cdot \text{h}/(\text{台} \cdot \text{h}) \times 0.5\text{元}/(\text{kW} \cdot \text{h}) \times 189\text{台} \times 24\text{h} \times n \times 30\text{d}/\text{a} \tag{7.14}$$

式中，S 为实际绿化面积，hm^2。

（5）水环境质量

计算单一污染物对水环境造成的经济损失，可采用詹姆斯的“损失—浓度曲线”方法，根据公式水体洁净时的总价值 K 和污染物对水体造成的损失率 R_i 的乘积计算水污染对水体造成的经济损失 S，即

$$S = K \times R_i \tag{7.15}$$

式中，K 为水体洁净时的价值，可以采用市场价格法、恢复费用法等方法估算水体的价值。

污染物对水体造成的损失率 R_i 通过如下方法求得

$$R_i = \frac{1}{1 + a \cdot \exp(-bc)} \tag{7.16}$$

式中，c 为水体中污染物的实际浓度，mg/L。

参数 a、b 由下式测算：

$$a = \left[\frac{1 - R_{\mathrm{B}}}{R_{\mathrm{B}}}\right] \exp\left[\frac{fC_{\mathrm{B}}}{C_{\mathrm{M}} - C_{\mathrm{B}}}\right] \tag{7.17}$$

$$b = f(C_{\mathrm{M}} - C_{\mathrm{B}}) \tag{7.18}$$

$$f = \ln R_M(1-R_B)/R_B(1-R_M) \tag{7.19}$$

式中，C_B 为污染物的本底浓度；C_M 为引起水体严重污染时的临界浓度；R_B 为本底浓度时对应的污染损失率和最高浓度时对应的污染损失率。

根据概率论相关知识，基于单一污染物损失方法，构建复合污染物损失方法，根据该方法可以测定复合污染的经济损失率 R'：

$$R' = 1 - \prod_{i=1}^{n}(1-R_i) \tag{7.20}$$

式中，n 为污染物在水体中的种类；R_i 单一污染物 i 对水体造成的经济损失率。

根据下式计算复合污染物对水体造成的经济损失 S：

$$S = k \times R' \tag{7.21}$$

（6）城市面源污染控制

海绵城市建设通过建造下沉式绿地、雨水花园等措施，通过缩小雨水汇流路径，将径流雨水汇集到雨水措施，进而对雨水径流中污染物进行过滤分解，起到消除城市雨水径流污染作用。

将这种自然净化效益具体量化得到环境污染治理效益，采用恢复与防护费用法，以雨水径流中污染物的削减值作为主要环境效益评价指标，用污染物的污染当量值（Q_C）与污染当量征收标准（P_{C_i}）的乘积表示，即

$$B = \sum_{i=1}^{i=n} q_i \times Q_{C_i} \times P_{C_i} \tag{7.22}$$

式中，q_i 为各污染物的削减量，kg/a；Q_{C_i} 为污染当量值，是不同污染物或污染排放量之间的污染危害和处理费用的相对关系，kg；P_{C_i} 为污染当量征收标准，元，可查阅《排污费征收使用管理条例》（朱镕基，2003）。

3. 社会效益测算方法

（1）城市暴雨内涝灾害防治

海绵城市建设消除了道路部分历史积水点，并改善了积水点的状况，有效缓解了城市内涝灾害（王润，2018）。本节采用经济损失法，从公路交通行业视角来分析城市暴雨内涝灾害带来的损失（黄琰等，2011）。

城市暴雨内涝道路积水交通经济损失（L）可由耽搁时间与当地交通部门单位时间产值相乘来计算，则道路受淹交通经济损失方法为

$$L = U_j \times \frac{N}{N_{总}} \times T_d \tag{7.23}$$

式中，U_j 为城市交通部门年产值；N 为受淹路段条数；$N_{总}$为城市主要路段条数；T_d 为道路积水交通耽搁时间。

设 T 为降水时长，R 为降水强度，D_{max} 为道路最大积水深度，则积水持续时间 T_C 为：

$$T_C = \frac{RT^2}{RT - D_{max}} \tag{7.24}$$

设 t 时刻道路积水深度为 D（t），则积水道路在 t 时间内被耽搁的时间为

$$T_d = \int_0^1 \frac{D(t)}{1-D(t)} \mathrm{d}t \tag{7.25}$$

当道路积水深度小于 1 m，积水道路交通耽搁时间 T_d 分为两个部分，一部分为从积水开始到道路积水深度最大时的交通耽搁时间 T_{d1}，也即是 T 时间内的交通耽搁时间，另一部分为降水结束后的交通耽搁时间 T_{d2}，是指从降水结束后至道路积水深度再次为 0 m 时间内的交通耽搁时间。

由式（7.25）可推出：

$$T_{d1} = \int_0^T \frac{\frac{D_{max}}{T}t}{1-\frac{D_{max}}{T}t}dt \tag{7.26}$$

$$T_{d2} = \int_0^{T_C - T} \frac{\frac{D_{max}(T+t)}{T} - R_t}{1-\frac{D_{max}(T+t)}{T}+R_t}dt \tag{7.27}$$

（2）饮用水安全

饮用水安全指标难以货币化，因此，本节对该项评价指标仅作定性分析。饮用水卫生状况是影响居民健康水平的重要因素。由于不合理的生产，导致环境恶化。世界卫生组织资料数据显示，在发展中国家，不卫生的饮用水会导致疾病，且高达 80%（巩莹等，2010）。在我国，有很大一部分流域水体受到污染，且受污染面高达流域的 70%以上，这些水体是流域附近居民的用水来源，据统计大约有 1/4 的居民正在使用受污染水体。由于水质污染造成了各种疾病，如心血管病、结石病、肝炎等。我国也面临着这样的问题，全国高血压患者递增，癌症发病率上升，这些疾病都与水质污染有关，因此，饮用水的安全卫生是促进健康、减少疾病的基础，是我国科学研究关注的新焦点，我国政府也投入财力和物力通过建设饮用水安全工程来改善居民饮用水安全（陈华，2008）。由于该部分效益难以货币化，因此本节仅对饮用水安全效益进行定性分析，探究安全饮用水同居民身体健康和城市发展之间的关系（梁吉平和李玉洁，2010）。

7.4 实例分析——西咸新区沣西新城海绵城市建设效益

7.4.1 工程概况

陕西省西安市西咸新区是我国首批海绵城市建设试点城市，试点区域总面积 22.5 km^2，试点区自 2015 年开始三年的建设期，西咸新区积极探索城市发展的创新道路，贯彻落实生态文明建设理念，因地制宜地建设低影响开发设施。

西咸新区沣西新城海绵城市建设已形成了四级雨水管理系统，包括建筑小区、城市道路、景观绿地以及中央雨洪系统。其中建筑小区是为解决雨水源头削减问题，城市道路是实现雨水的径流控制和中途转输，景观绿地是作为区域级的雨水调蓄、枢纽的空间，中央雨洪系统（即中心绿廊）是收集和调蓄整个试点区的多余雨水，四级雨水管理系统是沣西新城海绵城市建设的重要实践。西咸新区沣西新城海绵城市建设的工程概况如下。

（1）试点区域位置

陕西省西咸新区位于西安市和咸阳市之间，由五个部分组成，分别是空港新城、沣东新城、秦汉新城、沣西新城和泾河新城。沣西新城位于沣河以西、渭河以南、是西咸新区的重要组成部分，包括户县的大王镇，长安区的马王街道等，总面积 143.17 km^2。

本次研究区域为陕西省西咸新区海绵城市建设试点区域，属于沣西新城核心区，面积总计为 22.5 km^2。研究区域区位如图 7.3 和图 7.4 所示。

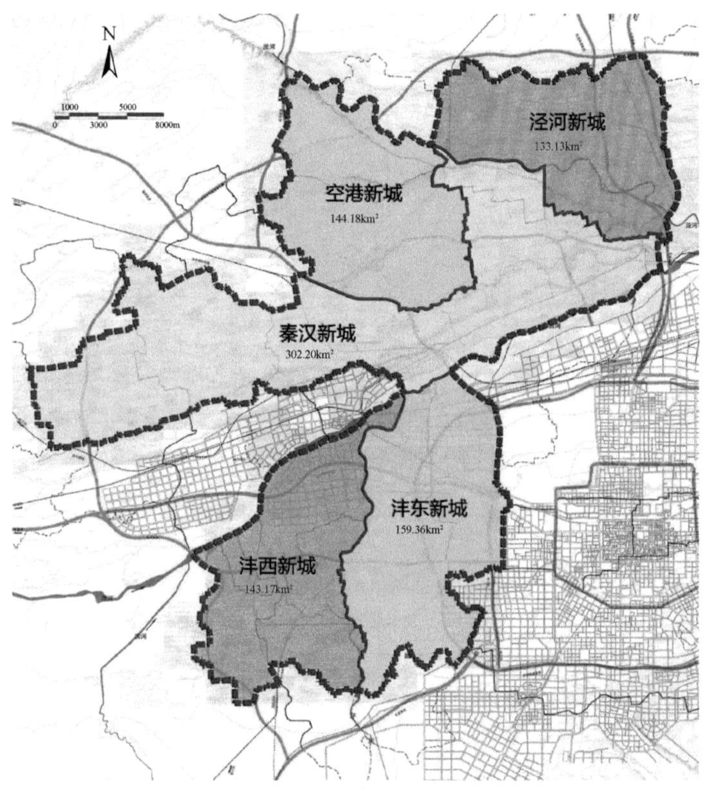

图 7.3　西咸新区区位图

图 7.4　试点区域区位图

（2）试点区域气象水文条件

沣西新城属于温带大陆性季风型半干旱、半湿润气候区，四季冷暖干湿分明，全年光照总时数 1983.4 小时，年均气温为 13.6℃，年平均相对湿度为 73%，降水量明显大于蒸发量。沣西新城自然降水量年际变化大，季节分配不均，主要集中在 7～9 月，9 月降水多，冬季相对较少。沣西新城历年各月风向以西风为主，平均风速为 1.5 m/s，最大风速 17 m/s，历史上最大冻土深度为 19 cm，无霜期 219 天。

（3）试点区域工程与水文地质条件

沣西新城属于关中平原，地势相对平坦，农业灌溉条件较为良好。沣河沿西边界由南向北贯穿整个规划区，主要为渭河河谷阶地。渭河河谷阶地主要包括以下几类：现状渭河河道，渭河漫滩，以及渭河一、二、三级阶地，地势相对平坦。沣西新城位于渭河南北两岸阶地区，蕴藏着丰富的地下水资源。

（4）试点区域内水系

试点区域内主要河流包括渭河、沣河、新河、沙河。渭河发源于甘肃省渭源县鸟鼠山，自西向东流经陕西省。沣河全长约为 21.8 km，发源于秦岭西安市长安区。新河发源于秦岭北麓浅山区，全长约 7.5 km。沙河为一条分流沣河洪水的人工河道，全线位于规划区内，全长约 9.3 km。

（5）试点区域排水规划

研究区的土质主要为黏土、粉砂质砾石和砂石。试点区域开发前主要为零散村镇，没有完善的排水系统。随着区域的发展，还需要新建大量排水管道，健全城市排水管网。根据相关规划，试点区域可分为六个排水分区。

（6）试点区域主要存在问题

A. 水资源短缺，工程型缺水与水质型缺水并存

西咸新区的人均水资源量仅为陕西省居民人均水平的 20%，是全国平均水平的 10%，因此属于资源型缺水地区。同时，大气降水补给年际变化大，年内分配不均，7～9 月约占全年的 60%以上。境内河流多位于下游段，受地形高程条件限制，不具备修建调蓄工程的条件，导致大量水资源流失，工程性缺水制约新区经济社会发展。渭河、沣河等主要河流受到不同程度的污染，因此，主要河流均无法作为城市水源。

B. 受降雨和地形影响，汛期防洪排涝压力大

试点区域城市防洪标准偏低，汛期防洪压力大。现有防洪设施设计标准普遍较低。同时，由于近年来沣河下游挖砂严重，主河槽冲刷严重，河床下切，影响河势稳定，原有河道自然形态遭到破坏，远不能满足西咸新区的防洪安全需求。试点区域夏季降雨集中，雨量大，频次高，且多以暴雨形式集中降落。同时现状雨水管渠系统的覆盖率和标准均偏低，且地势平坦，渭河、沣河等大型河流防洪堤普遍高于地面，导致暴雨时地表径流无法通过自排形式流入河流，管渠系统末端通常需要泵站提升才能外排。

C. 水污染未得到有效控制，生态环境亟待改善

试点区域尚未建成污水处理厂，没有完善的排水系统，大部分未经处理的城镇生活污水直接或间接排入河流，导致水体水质严重恶化。同时，由于河流生态水量匮乏，径流量年内分配不均，非灌溉期水量少，部分区段干涸现象严重，河流基本丧失了其所承载的生态环境功能。城市初期雨水未经处理，城市的快速扩张导致硬质化地面比例大大增加，加之管网系统建设滞后，导致初期雨水无法得到有效截留和处理而直接进入受纳水体，其携

带的污染负荷给河湖水体带来的环境影响不可忽视。

7.4.2 海绵城市建设效益的货币化分析

根据所构建的海绵城市建设效益的货币化测算方法，综合运用市场价值法、影子价格法、替代市场法、影子工程法、恢复与防护费用法等环境经济学方法，计算沣西新城海绵城市建设试点区的各项效益，最后对建设项目的综合效益和合理性进行分析。

1. 经济效益

（1）污水再生利用

海绵城市建设要求污水的再生利用，再生水通过水车等输配设施用于城市绿地灌溉及市政杂用水，以提高污水再生利用率。沣西海绵城市建设试点区内有两个污水厂，分别是渭河和沣河污水处理厂。根据《陕西省西咸新区沣西新城市政工程专项规划——污水工程专项规划》，渭河和沣河污水处理厂的污水经深度处理后，将其输送至试点区各地，完成道路浇洒、城市绿地灌溉、小区杂用水、景观绿化用水等，还可以作为城市景观水系或者补给湿地用水。渭河污水处理厂和沣河污水处理厂，现状再生水产量均为2.5万m^3/d。

根据式（7.1），将中水用做生活杂用水，降低了市民及市政水费支出。按国际通行惯例，中水价格一般为自来水价格的50%～70%。根据西安市自来水价格表，民用水价格为1.54元/m^3。那么中水价格为0.77～1.078元/m^3，即中水价格取均值0.924元/m^3，则沣西新城海绵城市建设的污水再生利用年效益为：2×（2.5×104 m^3/d）×365d×0.924元/m^3=1686.30万元。

（2）雨水资源利用

西咸新区沣西新城的现状年雨水资源化利用量为66164.28 m^3，目前新城市政杂用水主要包含市政道路浇洒和绿地浇洒两类，无工业循环用水及农业灌溉用水需求，因此在统计市政杂用水时仅考虑道路浇洒、绿地浇洒两类。合计全年市政洒水及除尘年用水总量约为16.97万m^3，合计全年市政绿地浇洒用水量约142.35万m^3，年杂用水量约为159.32万m^3，因此所收集的雨水可以全部用于市政杂用水。根据式（7.2），则雨水资源利用的效益为：66164.28 m^3×1.54元/m^3=10.19万元。

（3）管网漏损控制

《城市供水管网漏损控制及评定标准》（CJJ92—2002）中规定城市供水管网漏损率不得高于12%，海绵城市的建设要求是将城市供水管网漏损率控制得更低。管网漏损控制效益采用市场价格法，其效益是避免了由于管网漏损率高而浪费的城市供水资源。

根据监测结果，海绵城市建设将城市供水管网漏损率控制得更低，以2017年管网漏损监测结果来计算，同德佳苑小区2017年的管网漏损率平均为3.52%，西部云谷2017年的管网漏损率平均为3.28%，则降低的管网漏损率约为8.5%，沣西新城海绵城市建设试点区规划的供水量为4.2万m^3/d（沣西新城渭河应急水厂设计规模）。根据式（7.3），则沣西新城海绵城市建设管网漏损控制的年效益为：B=（4.2×10^4 m^3/d）×365d×8.5%×1.54元/m^3=200.67万元。

2. 生态效益

（1）年径流总量控制

根据海绵城市建设现状情况下径流控制率模拟结果，试点区海绵城市建设现状情况下年径流总量控制率达86.09%，2017年全年降雨总体积为13617000 m^3，计算得总控制量为

11722875.3 m^3。根据式（7.5）年径流总量控制所带来的效益采用替代工程法，也就是节省管网运行和水处理费用的效益。查阅相关资料，西安市雨水管网运行费用为 0.08 元/m^3，污水处理费用为 0.60 元/m^3，效益计算结果为：797.16 万元。

（2）生态岸线恢复

随着渭河滩面治理及水生态提升工程、沣河滩面治理及水生态提升工程、新渭沙生态湿地（新河）项目实施落地，截至 2017 年末，渭河、沣河、新河三条河道沣西新城段的生态景观及水体环境质量已得到明显改善。通过 ArcGIS 进行植被部分的统计工作，相比 2015 年植被面积增加 42 hm^2。

根据式（7.11）计算增加植被以恢复生态岸线的效益：42 hm^2×（400+112）（美元/hm^2）×6.32=42×3235.84=13.59 万元。

根据式（7.11）计算增加水域面积以恢复生态岸线的效益：17.02 hm^2×（400+112）（美元/hm^2）×6.32=42×3235.84=5.51 万元。

因此，沣西新城海绵城市建设生态岸线恢复的年效益为 19.10 万元。

（3）地下水位

海绵城市能够增加城市可透水面积，通过建造渗透设施，比如渗井、透水砖、城市绿地等设施下渗雨水，进而可以补给地下水，达到防止地下水位下降和改善城市水环境的目的。海绵城市建设使得年均地下水潜水位保持稳定，或下降趋势得到明显遏制，平均降幅低于历史同期。

根据式（7.13）计算沣西海绵城市试点区雨水入渗量，查阅西安市历年地下水观测资料，可知下渗补给系数为 0.12～0.21，本节取透水面的入渗补给系数为 0.2。试点区可透水面积包括透水铺装和海绵型绿地两部分。建设区在部分小区道路和生态停车场已经铺设透水铺装，铺装总面积达 20 万 m^2。同时，沣西新城海绵型公园绿地面积达 694 万 m^2，人均公园绿地面积达到 21m^2。计算雨水入渗量为 21.78 万 m^3，根据公式（7.14）计算地下水位提升的年效益：21.78×10^4 m^3×4.1 元/m^3=89.30 万元。

（4）缓解热岛效应

海绵城市建设区在夏季的气温低于其所在地区主城区的气温，并且相比历史同期呈下降趋势。这部分效益是城市植被面积增加的结果，因为城市植被能够起到降温增湿的作用，能够改善城市热岛效应。分析城市植被降温增湿的特征，可以采用替代工程法进行评估。通过学习国内外有关城市绿地降温增湿效益研究的方法，为选取方法提供参考。然后选择替代工程，参考国内外学者对城市绿地降温效果的研究，选择空调的使用作为替代工程，空调具有和绿地同样的降温作用。

由监测结果可知，沣西试点区域在夏季的日平均气温低于主城区日均气温，并且相比较该区的历史同期气温呈下降趋势。这就证实了海绵城市建设能够对城市热岛效应有所缓解，根据式（7.14）计算该效益，截至目前，试点区完成海绵型公园绿地约 80 万 m^2，以夏季 6～9 月计算。B=80×0.86 kW·h/（台·h）×0.5 元·kW·h^{-1}×189 台×24 h×4×30 d/a=1872.45 万元

（5）水环境质量

根据监测数据地表水环境质量的监测结果如表 7.3 所示。渭河、沣河水质评价结果显示均不达标，新河属于“轻度黑臭”水体，水体表观质量较差。所以试点区域内地表水环境质量未达到考核要求。因此，本部分不做效益评估。

表 7.3　地表水环境质量监测结果

河流	考核要求	当前水质	未达标指标	推测污染原因
渭河	Ⅳ	劣Ⅴ	总氮、总磷、高锰酸盐指数、化学需氧量	与周边农业面源污染与上游排污口有关
沣河	Ⅲ	劣Ⅴ	总氮、化学需氧量	畜禽业面源污染、周边生活污水和建筑垃圾
新河	Ⅳ	劣Ⅴ	总氮、总磷、氨氮、溶解氧、化学需氧量	上游曹家滩附近拆迁周边建筑、生活垃圾和农业面源污染等。

（6）城市面源污染控制

通过建造下沉式绿地、雨水花园等措施，能够削减道路径流并将径流雨水汇集到雨水措施，进而过截留净化降雨径流中的污染物，起到削减降雨径流污染的作用。采用生态价值法测算这种去除降雨径流污染物的效益，根据式（7.22）计算，生态效益的评价指标为降雨径流中污染物的削减值，用污染物的污染物当量数（Qc）与污染当量征收标准（Pc）的乘积表示，查阅《排污费征收使用管理条例》可知，各污染当量的征收费用（Pc）为 0.7 元。对于水污染，以污水中化学需氧量（COD）的 1 kg 作为基准，从而研究和测算其他污染物的有害程度以及处理所需费用，结果是排放 4000 gSS 和 250 gTP，也就是污水中 SS 的污染当量值是 4 kg，TP 的污染当量值是 0.25 kg，COD 的污染当量值是 1 kg（陈新学等，2005）。

城市面源污染控制结果如表 7.4 所示，效益测算结果如表 7.5 所示。

表 7.4　城市面源污染控制结果

污染物种类		SS	COD	TP
全年（605.2 mm）	累计量/kg	392222.31	320006.94	5011.92
	排出量/kg	128213.21	28584.06	464.30
	负荷削减率/%	67.31	72.22	71.62

表 7.5　效益测算结果

污染物种类	削减量/（kg/a）	污染当量值/kg	污染当量征收标准 P_c/元	单项效益/（万元/a）	总效益/（万元/a）
SS	264009.10	4.0	0.7	73.92	94.4
COD	291422.88	1.0		20.40	
TP	4547.62	0.25		0.08	

3. 社会效益

（1）城市暴雨内涝灾害防治

通过 2017 年现场调研，确定试点区域主要易涝积水监测点位 10 处，分别是沣景路与秦皇大道交叉口西南、秦皇大道与开元路交叉口西南、秦皇大道、统一路与韩非路十字西南、统一路、永平路与同德路交叉口东南、永平路与同文路交叉口西南、秦皇大道以及统一路与同德路交叉口东北角。城市主要路段条数为 7 条，分别是秦皇大道、沣景路、统一路、开元路、韩非路、同德路和永平路，受淹路段为 3 条，分别是秦皇大道、统一路和永平路。

西咸新区海绵城市建设项目启动前，在 2 年一遇降雨条件下（2015-08-02），实地踏勘结果表明，试点区域内共有 10 处积水点。海绵城市建设后，现场监测结果显示(2016-06-23)，原来的 10 处积水点有 4 处彻底消除，分别是永平路与同德路交叉路口东南角、统一路、统一路与同德路交叉口东北角、秦皇大道。同时，改善了剩余的 6 处积水点，分别是沣景路、秦皇大道南段、永平路与同文路交叉路口西南角和秦皇大道等。

以 2017 年暴雨为例，2017 年共进行内涝积水监测 16 次。其中两年一遇降雨共 3 场，一年一遇降水 1 场，0.5 年一遇降水 12 场。本节以 2017 年 10 月 3 日这场一年一遇降雨为研究对象，该过程降雨量为 37.4 mm，降雨时长为 18 h，路段积水平均深度和路段受淹条数为 16.14 cm 和 3 条。根据式（7.24），可以计算得到积水持续时间 T_C 为 7.12 h，再将积水持续时间 T_c 代入到式（7.26）、式（7.27），分别得到 T_{d1} 为 0.9 小时，T_{d2} 为小时 1.4，则积水道路交通耽搁时间为 $T_d=T_{d1}+T_{d2}$=2.3 h。通过查阅相关资料及统计年鉴，试点区公路交通运输业年产值约为 62 万元，因此根据式（7.23）测算结果为：61.11 万元。以此作为单次内涝积水的平均损失，大于一年一遇的降雨次数为 4 次，积水的总损失为 244.44 万元/a。

（2）饮用水安全

饮用水的安全卫生是促进健康、减少疾病的基础。保障清洁用水，就是保障我们的生命线。我国政府也投入财力和物力通过建设饮用水安全工程来改善居民饮用水安全。由于该部分效益难以货币化，因此仅做定性分析。

7.4.3 综合效益与结果分析

1. 综合效益

根据以上计算，沣西新城海绵城市建设试点区的年总效益为上述各项效益之和，即总效益约为 5281.91 万元/a（表 7.6）。其中生态效益是经济效益的 1.66 倍，生态效益最为显著，说明海绵城市的建设在生态效益取得了丰厚的回报。

表 7.6 海绵城市年总效益计算结果汇总表

分类	序号	效益指标	效益货币化方法	年效益（万元）
经济效益	1	污水再生利用	市场价格法	1686.30
	2	雨水资源利用	影子价格法	10.19
	3	管网漏损控制	市场价值法	200.67
生态环境效益	1	年径流总量控制	替代工程法	797.16
	2	生态岸线恢复	影子工程法、成果参照法	19.10
	3	地下水位	影子价格法	357.2
	4	缓解热岛效应	替代工程法、成果参照法	1872.45
	5	水环境质量	污染损失法	—
	6	城市面源污染控制	恢复与防护费用法	94.40
社会效益	1	城市暴雨内涝灾害防治	经济损失法	244.44
	2	饮用水安全	—	—
		合计		5281.91

当然，这只是将沣西新城海绵城市建设试点区主要效益进行货币化，由于海绵城市建设的生态效益和社会效益是无形的，大多要借助于其他有形价值加以体现，因此计算结果会偏低。这是因为海绵城市建设的生态效益不止 6 个方面，还有诸如净化空气、降低噪音、滞尘降尘、固碳释氧等效益，此外，海绵城市建设还具有打造宜居城市、促进城市就业、景观优化、提升房地产、美学价值等社会效益。这些效益难以量化研究，故未予计算。

2. 结果分析

根据前文计算，西咸新区沣西新城海绵城市建设的年综合效益为 5281.91 万元，其中经济效益 1897.16 万元/a，生态效益 3140.31 万元/a，社会效益 244.44 万元/a，按效益值的大小排序为：生态效益＞经济效益＞社会效益，由此可见，西咸新区沣西新城海绵城市建设的生态效益最为显著。

从西咸新区沣西新城海绵城市建设效益货币化结果来看，西咸新区沣西新城海绵城市建设的综合效益测算结果是偏低的。这一结果包括两方面的原因，一方面，由于海绵城市建设的生态效益和社会效益是无形的，大多要借助于其他有形价值加以体现，因此计算结果会偏低。另一方面，本章的效益计算不够全面，除《海绵城市建设绩效评价与考核指标》内的 11 项定量指标，海绵城市建设还具有其他效益。如海绵城市建设的生态效益不止 6 个方面，还有诸如净化空气、降低噪声、滞尘、降尘、固碳释氧等效益，此外，海绵城市建设还具有打造宜居城市、促进城市就业、景观优化、提升房地产、美学价值等社会效益。由此可见，西咸新区沣西新城海绵城市建设的综合效益是无形且巨大的。

基于西咸新区沣西新城海绵城市建设综合效益的分析，我国城市在发展经济的同时，也要注重城市的生态建设，有效地提高海绵城市建设的生态效益，可以从如下几个方面开展工作。

（1）根据建设区域的实际情况，如城市的规模、水文地质条件、人文因素等，合理规划海绵城市建设，因地制宜选择适合的建设路线和方法，需要考虑整体建设效果。

（2）提高海绵城市建设的生态效益，充分发挥原有生态系统自然能力，利用自然智慧，巧妙结合自然与人工技术，才能打造智慧海绵城市。

（3）加强政府宏观调控，应不断完善我国海绵城市建设的保障体系，健全相关法规和管理机制，协调生态规划与城市整体建设的关系，推进我国海绵城市建设。

7.5 本章小结

通过海绵城市效益识别与分析，本研究从水生态、水环境、水资源和水安全这四个方面选取定量指标 11 项并分析各指标的内涵，从经济、生态和社会三方面构建海绵城市建设效益评价指标体系。运用市场价格法、替代工程法、影子工程法、恢复与防护费用法等环境经济学方法构建海绵城市建设效益的货币化测算方法。对沣西新城海绵城市建设的效益进行货币化测算，得出西咸新区沣西新城海绵城市试点区建成后，海绵城市建设项目的综合效益为 5098.58 万元/a，其中经济效益 1897.16 万元/a，生态效益 3140.31 万元/a，社会效益 244.44 万元/a，生态效益是经济效益的 1.66 倍，生态效益最为显著。

参考文献

陈华. 2008. 我国饮用水安全的形势、隐患和对策. 海峡预防医学杂志，14（1）：1-4

陈新学，王万宾，陈海涛，等. 2005. 污染当量数在区域现状污染源评价中的应用. 环境监测管理与技术，17（3）：41-43

巩莹，刘伟江，朱倩，等. 2010. 美国饮用水水源地保护的启示. 环境保护，（12）：25-28

何静，陈锡康. 2005. 我国水资源影子价格动态可计算均衡方法. 水利水电科技进展，25（1）：12-13

黄琰，董文杰，支蓉，等. 2011. 强降水持续过程对上海市内交通经济损失评估方法初探. 物理学报，

60（4）：803-812
蒋隽. 2013. 广西典型区红树林生态系统价值评价. 广西师范学院硕士学位论文
梁吉平，李玉洁. 2010. 饮用水安全工程经济效益的实证研究. 商业文化，（4）：148
刘浩. 2010. 土地整理项目后效益测算研究. 华中农业大学硕士学位论文
刘耀源，邹长武，郭光义，等. 2011. 江安河武侯区段水质改善的环境经济效益研究. 环境科学与管理，36（10）：72-75
曲书明，张建国. 1992. 地下水位动态均衡法在豫东平原三义寨引黄灌区. 水文地质工程地质，19（3）：28-32
王如松. 2004. 城市绿色空间生态服务功能研究进展. 应用生态学报，1（3）：527-531
王润. 2018. 高分辨率城市内涝过程数值模拟研究. 西安：西安理工大学硕士学位论文
王诒建. 2016. 海绵城市控制指标体系构建探讨. 规划师，32（5）：10-16
邬扬善，屌燕. 1996. 给水排水. 北京市中水设施的成本效益分析，（4）：31-33
杨清伟. 2008. 重庆市水污染经济损失的初步估算. 中国农村水利水电，（4）：98-99
张艳娟，徐向舟. 2014. 城市雨水集蓄利用工程的效益分析与激励措施——以某校园内集雨洗车装置为例. 中国水土保持科学，12（2）：78-83
张志强，徐中民，程国栋. 2000. 生态系统服务与自然资本价值评估. 生态学报，21（11）：1918-1926
赵世明，赵锂，王耀堂，等. 2007.《建筑与小区雨水利用工程技术规范》部分内容的确定. 给水排水，33（4）：117-120
朱镕基. 2003. 排污费征收使用管理条例. 科学观察，24（4）：11-13
Haghani I，Shokohi T，Tahereh Z，et al. 2013. Comparison of diagnostic methods in the evaluation of onychomycosis. Mycopathologia，175（3-4）：315-321
Manglik A，Rai S N. 2000. Modeling of water table fluctuations in response to time-varying recharge and withdrawal. Water Resources Management，14（5）：339-347
Moon S K，Woo N C，Lee K S. 2004. Statistical analysis of hydrographs and water-table fluctuation to estimate groundwater recharge. Journal of Hydrology，292（1）：198-209

第 8 章　基于 MIKE 的城市雨洪管理措施优化研究

城市化是农村人口向城市聚集和郊区农村向城市转型的过程（毛其峰和莫龙，2019）。随着城市化进程的发展引发了城镇洪涝灾害频发、雨水径流污染加重的雨洪问题，传统的雨水排放模式已逐渐被淘汰，城市雨洪管理模式面临新的挑战（Xia et al.，2017）。为了秉持可持续发展理念，国际上提出最佳管理措施（best management practices，BMPs）、低影响开发（low impact development，LID）、绿色雨水基础设施（green stromwater infrastructure，GSI）、可持续城市排水系统（sustainable urban drainage system，SUDS）等，为城市水环境管理提供了理论和实践支撑。LID 作为一种新型的雨水管理措施，利用模型模拟评估其建设效果成为了一种研究趋势（刘保莉和曹文志，2009）。当前应用较为广泛的城市雨洪模型主要有 SWMM（陈虹等，2015）、MIKE（Rujner et al.，2018）、Info Works CS（吴建立，2013）、SUSTAIN（邢薇等，2012）和 STORM 模型（王建龙等，2010）等。目前，对于城市内涝和污染负荷模拟多选用一维城市雨水管网模拟模型，缺少二维动态的模拟以实现地下排水管网对于雨水排放能力的评估，以及对城区内积退水过程模拟。MIKE 模型可以进行城市内涝和负荷污染情况的大区域模拟，同时具有能完整模拟降雨产汇流过程，模拟城市各下垫面的污染物累积、迁移过程，模拟不同土地利用状况和不同种类、数量 LID 措施布设的情景，且可以进行 LID 措施对降雨峰值流量、径流量和污染物的调控效果模拟，因而 MIKE 模型能较好的满足本章研究的需求（张蓓，2019）。

此外，现阶段国内外在 LID 设施的综合评价方面的研究较少，大部分研究针对 LID 本身的净化效果、影响机制及模型模拟（Backstrom and Bergstorm，2000；Trowsdale and Simcock，2011），缺乏系统规划以及完善、明确、成熟的 LID 措施效益的评价标准，存在的指标体系不尽合理，缺少技术经济分析等局限性。海绵城市发展理念应用于实际项目可以带来效益，专家学者对这一观点是较为认同的，如何进行定量化效益测算，以及如何进行设施的合理布设等是当前研究的重点。本章基于构建的典型 LID 设施布设优化评价指标体系，通过 MIKE 模拟城市雨洪的二维动态过程，并采用货币化测算方法进行综合效益分析，从而寻求最佳布设方案。本章研究为后续海绵城市建设中 LID 设施的布置方案提供参考，对解决我国城市的洪涝灾害和水污染环境问题具有重要的理论意义和实用价值。

8.1　低影响开发措施综合效益评价指标体系构建

LID 设施的效益主要体现在对于雨水的处理和利用上，面对目前城市化带来的系列问题，利用各种 LID 设施可以缓解城市内涝、水环境污染和水资源紧缺等问题，因此这些设施的布设就带来了环境、经济和社会等多方面效益（Saaty，2008）。随着海绵城市建设的进行，我国现有多个海绵试点区进行了 LID 设施的布设，但是对于措施效益的评价大多在于水量和水质方面，评价仍不够完善，且缺乏健全的评价指标体系。因此构建能够全面展现 LID 设施效益的评价指标体系是海绵城市建设进程中亟待解决的问题。

在构建 LID 设施评价体系时需要从多个方面考虑，建立多指标的评价体系。选择综合评价的各指标，基于层次分析法进行指标分析和权重确定，明确评价标准，并通过货币化方法进行综合效益的量化分析，完成 LID 设施综合效益评价指标体系的构建。

8.1.1 LID 措施综合效益评价的目标和原则

海绵城市低影响开发设施可以有效缓解城市内涝和面源污染，改善城市生态环境，促进城市水文良性循环，对于地下水补给也有显著效果（张志强等，2000）。要明晰 LID 设施的综合效益，进行多种布设方案的量化分析，建立 LID 设施综合效益评价指标体系是必要的。综合效益评价指标体系的建立可以为我国海绵城市建设中所遇到的布设问题提供依据，对于 LID 措施的应用可以更加合理和准确，尽量减少不必要的建设投资，发挥设施最佳的效果，减少 LID 措施在应用实践过程中的盲目性。

LID 措施的效益是涉及环境、经济、社会等多层次、多方面的复合集成体，评价指标体系的建立是综合评价的核心。为了保证指标评价体系的准确性、可靠性与可信度，必须遵循目的性、独立性、科学性、客观性、可度量性、可操作性等原则（卢丽芳，2018）。

1. 目的性原则

所有指标体系的构建都有其目的性，在评价目标已经确定的情况下，寻找相应的指标。海绵城市建设是在城市化带来诸多问题时顺应城市发展所提出的，以此来缓解这些问题。因此在评价时选择的指标需要能够体现 LID 设施综合效益的其中一项。

2. 全面性与独立性原则

评价指标需要尽可能的全面考虑环境、经济、社会三方面效益，充分体现 LID 设施的效益，但每个指标要有清晰的边界，保持其独立性。同时对其余指标起到配合作用，保证体系的总体全面性。

3. 科学与客观性原则

海绵城市是在低影响开发基础上提出的一种理念，众多专家学者在此方面做出了大量研究，在此基础上进行指标选取，遵循了科学性原则，确保评价结果的可靠性。同时指标体系的建立应摒弃主观臆断，应建立符合建设实际、经得起检验的体系。

4. 可度量性与可操作性原则

在选取评价指标时，要以定量分析为主，应考虑选取的资料易获取和易度量，利于分析，从而提高结论的有效性。

5. 定性与定量相结合原则

综合效益评价指标体系应该包含定性描述和定量分析两方面。定性分析是理论基础的方法，也是构建评价指标体系的基础。定量分析是把效果定量化的展现，可以客观体现评价结论。单一选用定性分析，会使评价结果缺少客观性，但若只选用定量分析，结果的展示缺乏理论依据，完整性会有所缺失。

8.1.2 评价指标选取

进行问题评价时，选取指标是最重要的研究部分（刘浩，2010）。根据上面提出的原则，对海绵城市设施建设进行评价指标的筛选和优化，并根据综合分析和专家咨询法进行指标筛选。

1. 指标初选

本研究使用 MIKE 软件进行不同布设方案下 LID 设施对城市降雨的径流、内涝和污染负荷的削减模拟。根据软件自身功能属性和模拟结果可以展示不同效益指标。本节使用“海绵城市、综合效益、低影响开发”等为关键词，在知网进行检索，下载大量相关文献。综合《国家新型智慧城市评价指标》《海绵城市建设绩效评价与考核指标》《宜居城市评价指标体系》等，并结合 MIKE 软件属性，选取与海绵城市、低影响开发等相关的指标，共筛选出 36 个评价指标，如表 8.1 所示。

表 8.1　海绵城市评价指标初选表

指标编号	指标	指标编号	指标
C_1	溢流点个数削减率	C_{19}	SS 削减率
C_2	溢流量削减率	C_{20}	TN 削减率
C_3	径流总量削减率	C_{21}	TP 削减率
C_4	超负荷管段削减率	C_{22}	建造成本
C_5	淹没面积削减率	C_{23}	维护成本
C_6	洪峰推迟时间	C_{24}	雨水资源利用率
C_7	COD 削减率	C_{25}	住宅提升价值
C_8	景观价值	C_{26}	带动产业发展效益
C_9	环境调节	C_{27}	工程破坏性
C_{10}	公众满意度	C_{28}	节能减排
C_{11}	水体生态岸线综合提升恢复	C_{29}	地下水位变化
C_{12}	城市热岛效应	C_{30}	污水再生利用率
C_{13}	管网漏损控制	C_{31}	城市暴雨内涝灾害防治
C_{14}	年径流总量控制率	C_{32}	水环境质量
C_{15}	城市面源污染控制	C_{33}	饮用水安全
C_{16}	创造就业机会	C_{34}	推进社会文明
C_{17}	防洪堤达标率	C_{35}	宣传教育
C_{18}	地表水Ⅳ类及以上水体比率	C_{36}	地方政策支持

2. 指标复选

海绵城市作为一种内涝与面源污染调控技术，具有改善城市生态环境、恢复城市水文良性循环的功能（刘文等，2015）。与海绵城市建设导向相对应，从环境、经济、社会三个角度出发，根据综合分析法进行初选。共筛选 22 个指标，包括 12 个环境效益指标，6 个经济效益指标，4 个社会效益指标。

1）环境效益：海绵城市建设的环境效益是指其对城市生态环境的推动促进作用。环境效益主要有水环境污染控制、排洪减涝等方面，在初选指标中环境效益指标包括径流总量削减率、地下水位变化、城市热岛效应、溢流点个数削减率、溢流量削减率、超负荷管段削减率、洪峰推迟的时间、淹没面积削减率及污染物（SS、COD、TN 和 TP）负荷削减率。

2）经济效益：建造 LID 设施可以减少所需管道和道路等成本能耗较高的基础设施，由此降低了原有开发模式下的公共设施建设及开发所需的成本，并且结合建筑、道路等已有空间进行设施布设，使其发挥更大的位置和作用优势。LID 设施可以蓄存雨水，用于城市浇洒等市政用水，提高雨水回用率，从而节约通过自来水进行浇洒的费用。此外，低影响开发措施还可以促进土地升值的经济效益，带动其余产业的发展。因此经济效益有建造成本、运行维护成本、雨水资源利用、管网漏损控制、住宅价值提升和带动产业发展效益。

3）社会效益：海绵城市项目建设完成对于社会是有助益的，有多方面效益：首先对于区域居民而言，建设 LID 设施所居住的生活环境得到了改善，人民可以有愉悦的居住感受，减少因内涝带来的财产损失，同时区域的水质和饮用水安全得到了保障；其次社会进步程度方面，这种建造方式主要是基于可持续发展的城市建设思想，设施的建造为居民传递雨水资源保护和回用的理念，对城市居民的整体素养有正面影响；另一方面为居民提供工作选择，设施的建设要有劳动力的加入，这样为需要就业的居民提供了工作机会。主要指标包括公众接受度、饮用水安全、推进社会文明、创造就业机会。

3. 指标确选

本研究评价体系的指标根据 Delphi 法来做出筛选，Delphi 法是通过征集领域专家意见，再对获取的意见进行汇总和分析，这也被称为专家咨询（调查）法（Dalkey and Helmer，1963），这一方法是通过多轮反馈和通过分析统计获得结论的，因此使用其可以很大程度减少主观随意性（陈卫和马众模，2003）。根据现有研究中的专家打分表（卢丽芳，2018；王惠，2016；梁雯，2019），对复选的 22 个指标进行分析，根据出现次数和打分情况筛选了 8 个环境效益指标，4 个经济效益指标和 2 个社会效益指标（表 8.2）。并综合其各项指标打分值获取指标重要性（唐颖，2010；陈彦熹，2014）。

表 8.2　海绵城市评价指标确选

<table>
<tr><th colspan="3">分类</th><th>指标编号</th><th>指标</th></tr>
<tr><td rowspan="14">综合效益</td><td rowspan="8">环境效益</td><td rowspan="4">水量</td><td>C_1</td><td>径流总量削减率</td></tr>
<tr><td>C_2</td><td>溢流点个数削减</td></tr>
<tr><td>C_3</td><td>溢流量削减</td></tr>
<tr><td>C_4</td><td>超负荷管段削减</td></tr>
<tr><td rowspan="4">水质</td><td>C_5</td><td>SS 削减率</td></tr>
<tr><td>C_6</td><td>COD 削减率</td></tr>
<tr><td>C_7</td><td>TN 削减率</td></tr>
<tr><td>C_8</td><td>TP 削减率</td></tr>
<tr><td colspan="2" rowspan="4">经济效益</td><td>C_9</td><td>建造成本</td></tr>
<tr><td>C_{10}</td><td>维护成本</td></tr>
<tr><td>C_{11}</td><td>雨水资源利用率</td></tr>
<tr><td>C_{12}</td><td>管网漏损控制</td></tr>
<tr><td colspan="2" rowspan="2">社会效益</td><td>C_{13}</td><td>公众满意度</td></tr>
<tr><td>C_{14}</td><td>饮用水安全</td></tr>
</table>

4. 综合评价指标体系

通过指标的初选、复选和确选获得了最终指标，基于层次分析法（AHP）构建了海绵城市设施布设评价指标体系，共分为三层，即最高层（目标层 A），第二层（准则层 B）和第三层（指标层 C），如图 8.1 所示。

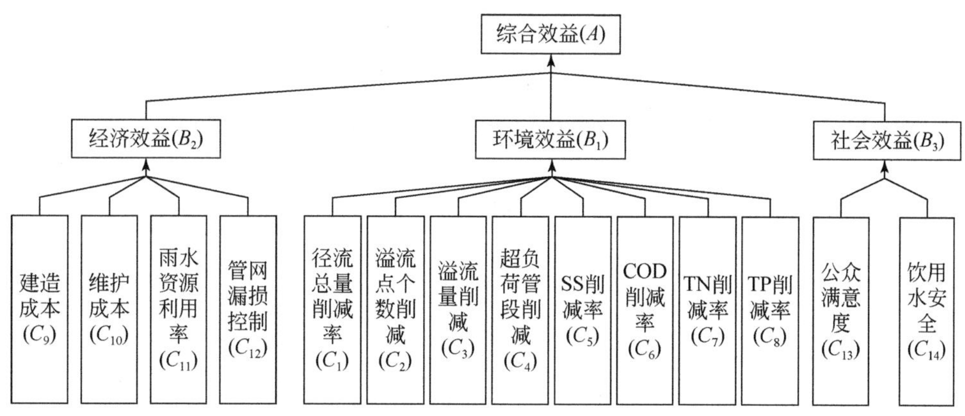

图 8.1 海绵城市评价指标体系

8.1.3 指标权重确定

LID 设施可以带来多种效益，故而建立的评价体系并不是单一指标的决策问题。基于多指标问题本章选用层级分析法（AHP）从环境、经济和社会三方面效益进行综合分析。层级分析法是通过对定性和定量指标相结合、系统且层次化的多指标分析方法，现已提出数十年有余并广泛应用（陈彦熹，2014）。AHP 为解决决策问题给出了方法，主要对复杂、影响因素多和内在关系做出分析后，根据获取的少量定量数据使整个分析过程数字化。因此可以为目标准则多的复杂问题解决决策难题，且可以做到数字化展示。主要思路为：①将问题做出分解，得到各组成要素，将所得要素依据其内在关系进行层次构造；②对同一层级中的不同要素进行重要性的两两比较；③综合各层级要素的重要性，得到指标层各个要素的综合数值，从而进行最终决策。

运用 AHP 解决决策问题，主要步骤为：构建层级结构体系、构建两两比较判断矩阵、一致性检验、确定单层权重和合成权重。

1. 构建判断矩阵

判断矩阵中元素的数值代表的是打分专家对于这些指标的重要性认定程度。对于每个层级中的各元素依次进行其与之同层级的其他各元素的重要性判断，并采用赋予意义的数值进行表示，通常用数字 1～9 和其倒数来进行重要度赋值标度（表 8.3），由此构造各个层级的各指标判断矩阵。

表 8.3 判断矩阵标度方法（梁雯，2019）

标度	含义（两元素重要性对比）
1	表示两个因素 i，j 相比，i 和 j 同等重要
3	表示两个因素 i，j 相比，i 比 j 稍微重要
5	表示两个因素 i，j 相比，i 比 j 明显重要
7	表示两个因素 i，j 相比，i 比 j 强烈重要
9	表示两个因素 i，j 相比，i 比 j 极端重要
2、4、6、8	表示上述相邻判断的中间值
倒数	如果因素 i 与 j 的重要性之比为 a_{ij}，则元素 j 与元素 i 的重要性之比为 $a_{ji=}1/a_{ij}$

然后进行判断比较，给出每层因子相对重要度结果的判断赋值。假设以上级因素 B_k 为准则，其下级因素为 C_1，C_2，…，C_n，按照相对的重要程度对下级各因素进行权重赋值。对于 n 个指标层的因素总共进行了 $n(n-1)/2$ 次的两两比较，由此构建出了其判断矩阵（王惠，2016）：

$$\boldsymbol{A}=(a_{ij})_{n\times n} \tag{8.1}$$

$$a_{ij}>0,\ a_{ij}=\frac{1}{a_{ji}},\ a_{ii}=1 \tag{8.2}$$

式中，a_{ij} 即为元素 C_i 与 C_j 相对于 B_k 的重要性标度；判断矩阵 $\boldsymbol{A}$ 为正反矩阵。判断矩阵一般形式如下（表 8.4）：

表 8.4　判断矩阵表

B_k	C_1	C_2	…	C_n
C_1	a_{11}	a_{12}	…	a_{1n}
C_2	a_{21}	a_{22}	…	a_{2n}
⋮	⋮	⋮	⋮	⋮
C_n	a_{n1}	a_{n2}	…	a_{n3}

通过对已有专家打分表进行归纳分析整理，发现准则层环境效益和经济效益相比稍微重要，并明显重要于社会效益。对于环境效益中各指标 C_1 最为重要，其次是 C_2、C_3，C_4 稍弱于 C_3，但 C_4 强于 C_5～C_8；经济效益中 C_{11} 和 C_{12} 最为重要，C_9 稍微重要于 C_{10}；对于社会指标 C_{14} 稍重要于 C_{13}。根据指标重要性程度构建各判断矩阵，并进行一致性检验。综合分析结果构建出目标层综合效益 A 关于准则层 B 的判断矩阵（表 8.5）。

表 8.5　*A*-*B* 准则层指标判断矩阵

A	B_1	B_2	B_3	W
B_1	1	3	6	0.6606
B_2	1/3	1	5/2	0.2372
B_3	1/6	2/5	1	0.1022

接下来分别构造对于准则层 B_1、B_2、B_3 的指标层判断矩阵，分别为表 8.6、表 8.7、表 8.8。

表 8.6　B_1-C_8 指标层判断矩阵

B_1	C_1	C_2	C_3	C_4	C_5	C_6	C_7	C_8	P_1
C_1	1	3/2	3/2	2	3	3	3	3	0.2291
C_2	2/3	1	1	2	5/2	5/2	5/2	5/2	0.1797
C_3	2/3	1	1	3	5/2	5/2	5/2	5/2	0.189
C_4	1/2	1/2	1/3	1	3/2	3/2	3/2	3/2	0.0984
C_5	1/3	2/5	2/5	2/3	1	3/2	3	4	0.1037
C_6	1/3	2/5	2/5	2/3	2/3	1	2	5	0.0916
C_7	1/3	2/5	2/5	2/3	1/3	1/2	1	2	0.0630
C_8	1/3	2/5	2/5	2/3	1/4	1/5	1/2	1	0.0456

表 8.7　B_2-C_{12} 指标层判断矩阵

B_2	C_9	C_{10}	C_{11}	C_{12}	P_2
C_9	1	3/2	1/2	1/2	0.1823
C_{10}	2/3	1	1/2	1/2	0.1489
C_{11}	2	2	1	2	0.3918
C_{12}	2	2	1/2	1	0.2770

表 8.8　B_3-C_{14} 指标层判断矩阵

B_3	C_{13}	C_{14}	P_3
C_{13}	1	1/2	0.3333
C_{14}	2	1	0.6667

2. 一致性检验

在实际问题应用中，由于客观因素和对问题了解的局限，当构造判断矩阵时，要确保结论的合理性，以免发生互相矛盾的现象，因此构造的判断矩阵要通过一致性检验。检验方法如下：

（1）计算一致性指标 CI（consistency index）

$$\mathrm{CI}=\frac{\lambda_{\max}-n}{n-1} \tag{8.3}$$

式中，CI 是一致性指标，当 CI 等于 0，表明所建矩阵满足完全一致性；当 CI 数值靠近 0，表明构建的矩阵一致性比较良好；当 CI 数值很大，表明矩阵的一致性很差。

（2）查找相应的平均随机一致性指标 RI（random index）

对于 RI 可以通过表 8.9 来查找，其中分别给出了矩阵阶数 n 值为 1～14 对正互反矩阵进行 100000 次计算得到的 RI 值。

表 8.9　平均随机一致性指标值

矩阵阶数（n）	RI	矩阵阶数（n）	RI
1	0	8	1.41
2	0	9	1.45
3	0.58	10	1.49
4	0.90	11	1.51
5	1.12	12	1.54
6	1.24	13	1.56
7	1.32	14	1.57

计算一致性比率 CR（consistency ratio），公式如下：

$$\mathrm{CR}=\frac{\mathrm{CI}}{\mathrm{RI}} \tag{8.4}$$

一致性检验通常根据计算得到的一致性比率 CR 进行确定。如果 CR＞0.1 时，表明所建矩阵不满足一致性要求，要重新进行判断矩阵构建，直至满足 CR＜0.1 的要求；若 CR＜0.1，那么构建的判断矩阵达到一致性检验要求。其中对于 n 为 1 和 2 的矩阵来说，总是满足一致性的，这时 CR 值为 0。

按照如上的一致性程度检验方法，对已构建的 4 个判断矩阵做出其一致性的检验结果如下：

1）目标层（A）两两判断矩阵的一致性检验结果

经计算得出，目标层（A）的判断矩阵其特征根 $\lambda_{max}=3.0055$，$n=3$，CI=（$\lambda_{max}-n$）/（$n-1$）=0.0028；由于 $n=3$ 时 RI=0.58，CR=0.0047＜0.1，达到一致性检验要求。

2）准则层（B_1）判断矩阵一致性检验结果

经计算得出，准则层（B_1）的判断矩阵其特征根 $\lambda_{max}=8.4964$，$n=8$，CI=（$\lambda_{max}-n$）/（$n-1$）=0.0709；由于 $n=8$ 时 RI=1.41，CR=0.0503＜0.1，达到一致性检验要求。

3）准则层（B_2）判断矩阵一致性检验结果

经计算得出，准则层（B_2）的判断矩阵其特征根 $\lambda_{max}=4.0812$，$n=4$，CI=（$\lambda_{max}-n$）/（$n-1$）=0.0271；由于 $n=4$ 时 RI=0.90，CR=0.0301＜0.1，达到一致性检验要求。

4）准则层（B_3）判断矩阵一致性检验结果

经计算得出，准则层（B_3）的判断矩阵其特征根 $\lambda_{max}=2.0000$，$n=2$，CI=0，CR=0＜0.1，达到一致性检验要求。

3. 计算各层元素对目标层的合成权重

通过构建两两判断矩阵已经获得各层级中各元素的层级权重，按照层级间关系矩阵可以层层向上进行逐层合成权重计算，最终获得最后一层各指标相对于最顶层综合效益的相对权重值，即合成权重。要得到合成权重，要先确定某一层级的元素对于上一层级中某元素的相对重要程度，即单层级权重。本研究总共分为三层，就有两级权重，每个指标的最终权重为对应两级权重的乘积，最终合成权重计算如表 8.10 所示。

表 8.10　C层合成权重

B	W_1=0.6606	W_2=0.2372	W_3=0.1022	W_5
C	P_4	P_5	P_6	—
C_1	0.2291	0	0	0.1514
C_2	0.1797	0	0	0.1187
C_3	0.189	0	0	0.1249
C_4	0.0984	0	0	0.0650
C_5	0.1037	0	0	0.0685
C_6	0.0916	0	0	0.0605
C_7	0.063	0	0	0.0416
C_8	0.0456	0	0	0.0301
C_9	0	0.4878	0	0.0432
C_{10}	0	0.2479	0	0.0353
C_{11}	0	0.1753	0	0.0929
C_{12}	0	0.0891	0	0.0657
C_{13}	0	0	0.6667	0.0341
C_{14}	0	0	0.3333	0.0681

本研究采用 AHP 方法来计算海绵城市建设中 LID 设施综合效益指标体系中各项指标的权重值，从目标层基于准则层的权重分配结果能够看出 LID 设施的综合效益中环境效益

比重最大，经济效益次之，社会效益比重最小。图 8.2 显示了指标层各指标相对于目标层的合成权重大小，其中径流总量削减率、溢流点个数削减、溢流量削减和雨水资源利用率 4 个指标的权重值所占比重较大。

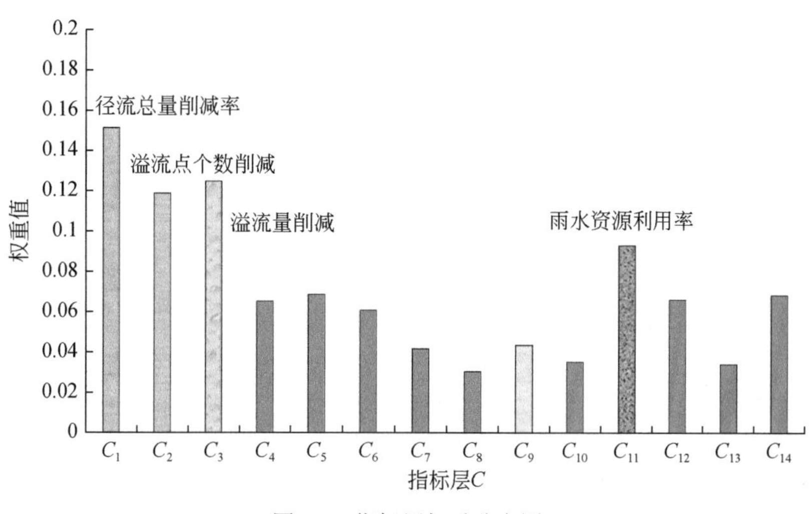

图 8.2　指标层权重分布图

8.2　海绵城市低影响开发建设效益货币化研究

海绵城市 LID 设施的建造可以产生的效益多种多样，有环境、经济和社会三方面。对各效益指标进行货币化是论文研究的方向，将经济效益进行货币化是比较容易实现的，但是环境和社会效益中存在一些无法进行货币化的指标。对于不能货币化的指标可以采用定性的方法进行分析，因此对于各指标综合评估应采用定量和定性相结合的方式进行，可以定量的指标通过适合的方法进行货币化计算，无法定量的指标通过文字进行定性描述。

8.2.1　效益评估方法选取

进行海绵城市综合评估需要构建评估体系，明确指标货币化计算方法。进行各指标效益货币化要基于环境经济学的知识，针对各效益的特征选取适宜的计算方法，故而要对不同指标所带来的效益进行分析。本研究参考已有研究中的相关方法（Michele and Stefano，2001），测算方法包括实际市场评估方法（包括替代成本法）、替代市场评估方法（包括市场价值法、机会成本法、恢复和防护费用法、影子工程法）、假想市场评估方法（包括条件价值法）以及其他类方法（成果参照法、专家评估法），如表 8.11 所示。

表 8.11　效益评估方法

类别	方法	定义	应用
1. 实际市场评估	替代成本法	根据所能替代的项目费用进行效益评估	水质净化效益
2. 替代市场评估	市场价值法	根据应用方式的改变引发的市场变动进行评估	雨水资源化利用
	机会成本法	选择一种策略而不选择其他策略时舍弃的利益	生物对疾病的调节控制

续表

类别	方法	定义	应用
2. 替代市场评估	恢复和防护费用法	减缓环境污染产生的影响所需的费用	气候调节
	影子工程法	对于不能直接评估的价值，根据具有相似作用的工程进行该种效益的评估	LID 设施的环境效益
3. 假想市场评估	条件价值法	根据问卷调查了解投资所愿支付或赔偿的情况	非有利效益
4. 其他方法	成果参照法	基于已知的资料完成其他类似情景的评估	类似效益的计算
	专家评估法	基于专家意见评估价值	服务评价补充

1. 环境效益

（1）水量控制

水量控制是通过修建可以进行雨水渗透、蓄积的 LID 设施，降低研究区的径流产生量。雨水需要排放的水量得到削减，减轻了市政排水压力和城市雨水处理量，以此削减了市政管网的运行费和污水处理厂对于雨水的水处理费。所以可以从这两方面费用计算水量指标所带来的环境效益。采用替代工程法计算水量指标效益，市政管网的运行和污水处理厂的雨水处理为替代工程。根据布设 LID 设施节省的两项费用对效益进行货币化计算（张胜杰等，2012）。

（2）污染负荷控制

海绵城市项目在研究区布设低影响开发设施，可以收集径流产生的雨水，雨水中的污染物在设施填料的作用下得到了一定程度的削减，起到了城市水污染控制的作用，从而获得环境效益值。该效益采用恢复与防护费用法进行计算，LID 设施改善了原有的生态环境，减少了原本需要恢复生态环境所需支付的费用。

2. 经济效益

（1）雨水资源利用

海绵城市建设了具有雨水调蓄功能的 LID 设施，在降雨发生时可以对雨水进行收集和存储，后续再对积蓄的雨水进行利用。主要可以用于市政浇洒和植被灌溉等，由此实现了雨水的回用，提高了雨水资源利用率。这部分采用影子价格法，因为市场对于雨水并没有确切的价格标准，然而其用途所替代的原用水有其市场价格。影子价格的雏形由 Konterovitich 提出，其可以衡量环境价值，相较于交换价格法是更加合理的方法。

（2）管网漏损控制

在《城市供水管网漏损控制及评定标准》（CJJ92—2002）中对管网漏损率做出要求，不得高于 12%，海绵城市对其有更高的要求。和传统的城市开发模式相比，进行海绵城市建设降低了管网漏损率，减少了因漏损而浪费的水资源，因此节省水资源带来的经济效益。该项效益采用市场价格法，其计算前提是要了解市场价格再进行评估。因市场价格较易获取，所以得到了广泛的应用。

（3）建造成本

开始的基础投资有土地成本、设施建造和安装成本。这些成本与场地条件、区域雨量、汇水面积和地区土地成本相关。同时还有设计和额外的费用，其中包括现场勘查、方案设计和设施规划费用，具体成本应结合研究地区的实际情况确定。

（4）运行维护成本

运营和维护成本主要有人工费、能耗费、物料费、设备维护费、清洁打扫费和构筑设施维护费等。具体成本应结合研究地区的实际市场人员、材料、能源等费用情况确定。

3. 社会效益

（1）公众满意度

对于海绵城市建设而言公众满意度是指研究区内的居民对于建造 LID 设施所带来的居住区环境、气候等的满意程度。主要表现为居住区的水质、空气等感官感受，绿色面积等居住空间情况，还有居住区环境等方面。

（2）饮用水安全

饮用水源多被人们用于饮用、洗漱和其他用途，当水中含有有害物质时，居民通过饮用、饮食和皮肤碰触等形式使身体受到伤害，由此可能会引发其他疾病。水是生命之源，我们不可或缺的部分，因此保证饮用水的安全，也是在保护我们的身体不受到更多伤害。水安全的提高可以改善居民的生活安全感和质量，增强居民对于水安全的保护意识，为进一步改善研究区环境和发展起到促进作用。

社会效益中的公众满意度和饮用水安全两方面所产生的效益是难以进行量化分析的，因此本节只对其进行定性描述。

8.2.2 海绵城市建设效益的货币化方法

1. 环境效益测算方法

（1）水量效益指标

LID 设施对于降雨径流有削减作用，发生强降雨时可以减少雨水外排事件的产生。本研究中水量效益各指标采用替代工程法进行量化，效益计算公式如下：

$$B=q\times(P_1+P_2) \tag{8.5}$$

式中，q 为雨水削减量，m^3；P_1 为雨水管网的运行费用，元/m^3；P_2 为自来水污染处理费，元/m^3。

（2）水质效益指标

海绵城市设施能够对雨水径流污染有削减作用，将其对污染负荷的削减产生的效益采用生态价值法进行货币化，根据式（8.6）计算：

$$B=q\times Q_c\times P_c \tag{8.6}$$

式中，q 为各污染物削减量，kg；Q_c 为污染物当量值，是不同污染物的污染危害和处理费用的相对关系，kg；P_c 为污染当量征收标准，元，可查阅《排污费征收使用管理条例》（吴丹洁等，2016）。

2. 经济效益测算方法

（1）雨水资源利用率

雨水资源利用率带来的效益选用影子价格法来测算。影子价格是具有主观性的、比交换价格更为合理的价格。研究中将自来水价格视为雨水的影子价格，效益计算公式如下：

$$B=Q_{雨水}\times P_{自来水} \tag{8.7}$$

式中，$Q_{雨水}$为回用雨水利用量，m^3；$P_{自来水}$为自来水价格，元/m^3。

（2）管网漏损控制

建造海绵城市对于管网漏损率要控制的比 12%低，应用市场价格法测算其效益值，即节省的由于管网漏损而损失的市政供水。效益计算公式如下：

$$B=Q_{供水}\times\alpha\times P_{自来水} \tag{8.8}$$

式中，$Q_{供水}$为供水量，m^3；α为海绵城市建设模式下降低的城市供水管网漏损率；$P_{自来水}$为自来水价格，元/m^3。

（3）建造成本

查阅和收集研究区域的土地成本、建造和安装需要的成本，以及设计和额外的费用，其中包括现场勘查、方案设计和设施规划费用，对于不同 LID 设施所需的建造成本不同，可通过获得平均成本来进行测算。采用市场调查法，具体结合研究区域情况来确定。

（4）运行维护成本

运行及维护是设施建设后所需的相应配套行为，以此来保证安装的调控设施能够有效运行。需要从人工费、资料费、能源费等方面考虑，通过资料收集和实际调研获取研究区域的各项费用标准进行测算。

3. 社会效益测算方法

（1）公众满意度

公众满意度是一个以公众为核心、以公众感受为评价标准的概念。海绵城市的建造可以改善区域气候、空气质量以及水域环境质量，提高绿植配置、绿地布局和绿化率，并且道路交通布局、总体景观布局设计等也会有所改良。这些使得研究区域更加适宜居住，为人民提供了更加优质的生活环境，从而提升了公众满意度。

（2）饮用水安全

海绵城市建设指标中的饮用水安全无法进行货币化，所以只做定性描述。研究表明饮用水的卫生情况是人们身体状况的重要影响因素。在经济发展的进程中，为了追求利益违背自然要求的一些工程项目，对居住环境造成了破坏，致使环境恶化。根据资料数据发现，发展中国家不达标的饮用水会引发多种疾病。目前我国 70%以上的河流水体受到了污染，许多居民的饮用水来自于受到污染的水体，这导致了结石、心血管疾病等，这也使得饮用水安全成为我国当前研究的方向。

4. 综合效益

本研究根据 AHP 确定各指标的权重，通过货币化方法获得各指标的效益值，应用加权求和法对各指标的效益值求和。其中环境指标 C_1～C_8、经济指标 C_{11} 和 C_{12} 带来的是正向效益值，经济指标中的 C_9 和 C_{10} 计算的是成本值，因此在计算综合效益时，其权重值要取负值。

同时在进行综合效益计算时，要根据效益计算方法考虑各项效益值差别，进行统一化处理后再做有向加权求和。例如，一场降雨产生的效益值，一年产生的效益值，长期的成本值。由此根据各设施布设情景获取综合效益较优的方案。

效益值包含环境、经济效益，其中建造和运行维护指标两项是成本值，因此这两项的权重值应取其负值，再和其他指标进行求和。且在对成本和计算的效益值进行比较时要注意对比的条件，不能使用一场降雨产生的效益值与建造维护成本直接进行比较，应确保是在同一条件下进行综合效益值计算。研究时通过计算投资回收期获得每一年所需成本，并计算年效益值，再对两者进行综合效益值计算，并做出方案分析，从而获取综合效益较优的设施布设方案。

8.3 模拟软件 MIKE FLOOD 简介

8.3.1 模型原理及功能

丹麦水资源及水环境研究所（Danish Hydraulic Institute，DHI）专注于水环境领域，研发了多款拥有前沿技术的软件。MIKE 软件就是其研发出的针对水问题方面的商业软件。其有系列软件，包括 MIKE 11，MIKE 21，MIKE FLOOD，MIKE URBAN，MIKE BAISIN，MIKE SHE 等。

MIKE 11 是一维的水动力模型，理论基础为 Saint-Venant 方程组，可以与 DHI 研发的其他模拟软件交互使用（Wang et al.，2017；朱茂森，2013），主要有 HD、RR、ST、AD、和 ECO Lab 模块等（张斯思，2017）。MIKE 21 是二维模型在二维模拟方面有着强大的功能（DHI，2007），其采用矩形网格，不考虑水在垂直方向的分层（满霞玉等，2017）。MIKE 21 模型的核心模块是为模拟提供水动力学方面基础的 HD 模块（许婷，2010）。MIKE URBAN 模型分为地表产流、汇流和地表漫流过程（王乾勋等，2015），理论基础为连续方程和动量方程，根据有限差分法来求解，模拟结果可与一维和二维模拟结果进行耦合（王世旭，2015）。MIKE FLOOD 模拟平台不能对一维和二维进行单独模拟，需要将一维的 11 或 URBAN 和 21 进行调用，基于 FLOOD 平台进行耦合模拟，能够使两个模块的作用都得以发挥（许月卿等，2001），FLOOD 与其他模块连接共有四种方式（秦年秀和姜彤，2005），标准或侧向连接等。MIKE BASIN 是基于 GIS 并以 ArcView 为平台开发的水资源管理模型（王蕾等，2014），由 NAM 和 BASIN 两部分组成，NAM 是集总式的水文前置部分（王晓妮等，2011；吴俊秀等，2011），BASIN 是解决优化配置和水质模拟部分（王晓妮等，2011）。

MIKE 11 多应用于水质、泥沙运移和水流等问题中（陈雪冬等，2014），可以为水利工程设计和管理工作给予帮助。MIKE 21 模型可用于河流、海洋泥沙和河口等模拟，为实际工程提供参数和设计条件（许婷，2010）。MIKE URBAN 是城市产汇流和排水管网模拟软件，可对有压和无压两种水流情况进行计算。MIKE FLOOD 有着完整的一维和二维模拟引擎，可以在这一平台进行耦合从而展现地表积水情况（穆聪等，2019），也可研究堤坝决口等问题。MIKE BASIN 是对流域尺度进行研究，解决地表水的产汇流和水质情况。MIKE SHE 可以对水文循环过程进行模拟，用于流域管理、环境评估和地表与地下水相互作用等（万增友，2011）。

8.3.2 模型应用研究

MIKE 11 模型在一维模拟实际应用中占据重要作用（李洋等，2010），目前已广泛应用于防洪、大坝评估和湿地量化等，其模拟花费的时间短且精度高，有着丰富的结果展示形式，便于理解（连阳阳，2016）。MIKE 21 模型在近 30 年已成为很多专业技术人员重要的应用工具，在国内外得到了大量应用（许婷，2010），其网格精度高于 MIKE11，算法稳定，可以很好地模拟水流演进和退水全过程（Shen and Yapa，1988；Korotenko et al.，2001）。近年来，城市化进程导致内涝频发，应用 MIKE URBAN 模型进行城市排水管网系统模拟在发达国家已比较普遍（Semadeni-Davies et al.，2008），对于资料比较不足的国家也同样适用（Mark et al.，2001，2010），当前我国也有了比较多的应用。其具有综合程度高，模型建立和运行简单等特点（谢家强等，2016）。对于水质模拟的细致程度不如水流模拟，难以获得单一水流的运行过程（宋翠萍等，2015）。MIKE FLOOD 无法单独模拟，需要与系列中其他模型组合应用，在与二维模型进行耦合时需要的模拟时间很长。

Löwe 等（2017）采用 MIKE11、21 的水动力模型和 FLOOD 模型构建了洪水风险选择的系统评估框架，为系统测试洪水风险措施提供了可能性。王文亮等（2015）利用 MIKE URBAN、21 模型在 FLOOD 平台进行耦合模拟评价管网运行和产生内涝积水的风险，得出了在已建的排水系统标准基础上需要提升的 LID 雨水系统规模，并对此提出了适合的规划指标。Ahmed（2013）基于 MIKE11 的水动力学模块构建了里多河系统模型，可以通过模型进行河流时变流体的动力学模拟。朱茂森（2013）模拟辽河上游水域水体中污染物的迁移转化、扩散和衰减过程，通过模拟发现 MIKE11 可以很好地模拟这些过程，并且有节约相应的人力物力、提高计算准确性、结果的可视化程度高和利于操作等优点。梁云等（2013）采用 MIKE 21 模型对洪泽湖水位的变化过程进行了模拟，结果表明 MIKE 21 模型具备良好模拟水位过程的能力，且模拟误差和计算精度均满足要求。MIKE 模型兼具强大的模拟应用功能，拥有友好易于操作的界面、结果的可视化程度高、计算速度快和模拟精度高等特点（朱茂森，2013），在行业内有着很好地应用，也得到了大家的认可，在城市化带来的内涝问题和流域范围水环境模拟等领域都有着大量应用，因此本研究也选用该模型进行海绵设施的作用效果模拟。

8.4 案 例 应 用

研究对象为西咸新区沣西新城，根据研究区地形图、城市土地利用类型图等基础资料，采用 ArcGIS 对基础资料进行处理。本节基于研究区现状情景下的实测数据，根据区域积水情况和点位出水水质情况分别从水量和水质两方面对模型进行率定验证，构建 MIKE 城市雨洪和污染模型。分别对不同降雨情景和不同 LID 设施布设方案下的面源污染和内涝情况进行研究，对比雨水径流的水量水质削减率情况，研究 LID 措施的效能。

8.4.1 研究区域概化

根据规划，研究区域共分为六个排水分区，其中 1#+2#、3#、4#、5#和 6#分区的子汇水面积分别为 1226.367 hm^2、306.89 hm^2、189.25 hm^2、51.53 hm^2 和 764.47 hm^2。研究区现状的 LID 设施布设总面积为 103.83 hm^2，占总面积的 3.68%，和规划的布设面积相比还没有完全建成。结合住建部编制的《城市排水（雨水）防涝综合规划编制大纲》将下垫面图层概化为水体、道路、绿地、建筑物四大类，概化后的土地利用如图 8.3 所示。

不透水率是影响模型结果的最敏感的参数之一，在城市雨洪模型中不透水率通常按地面覆盖种类明确经验数值。根据《室外排水设计规范》（GB50014—2006）中的径流系数建议值，明确模型中四种用地类型的参数取值和面积占比，如表 8.12 所示。

图 8.3 城区土地利用分布图

表 8.12 研究区用地面积统计表

土地类型	不透水率/%	初损/m	汇流参数	面积/hm^2	占面积比例/%
绿地	20	0.001	0.03	628.01	22.27
建筑	58	0.001	0.02	1553.26	55.08
道路	50	0.001	0.018	345.45	12.25
河流	0	0.001	0.025	283.28	10.4
合计	—	—	—	2810	100

8.4.2 研究区模型的建立

1. 研究区基础资料

根据研究区基础资料，采用 MIKE URBAN 建立研究区一维排水管网模型。选择整个试点区为研究区，基于地形和管网资料对模拟区进行概化，共概化有 647 个子汇水区，汇水区的划分采用泰森多边形法，并按检查井划分，排水管网管段 648 段，管网节点 648 个，排口共有 17 个，现状模型如图 8.4 所示。

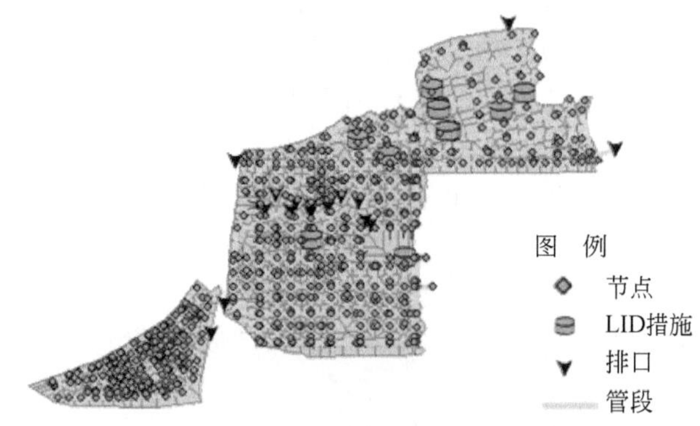

图 8.4 城区现状排水管网概化布置图

2. 模型参数误差分析

（1）参数敏感性分析

模型一般都有着较多参数，但是不同参数对于模拟结果的影响情况是不同的。进行敏感性分析，筛选出对模拟有较大影响的参数可以提高构建模型的效率，确保模型的可靠性和精确性（Crosetto and Tarantola，2001）。本研究选用 Morris 筛选法做局部的敏感性分析（张胜杰等，2012），其他的模型参数参考研究区基础资料、前期已做研究和经验值来进行设置。选择某一参数作为变量，其他参数保持不变，对变量参数进行规律变化模拟获得不同结果。然后辨识参数变化对结果的影响情况（Lenhart et al.，2002）。

$$e_i = (y - y_0) / \varDelta_i \tag{8.9}$$

式中，e_i 为影响值；y 为参数变化后输出值；y_0 为参数变化前输出值；$\varDelta_i$ 为参数变化的差值。

修正的 Morris 分类筛选法是自变量以固定步长进行改变，判别因子选用多次变化得到的平均指数值，公式如下（Barco et al.，2008）：

$$S = \frac{\sum_{i=0}^{n-1} \frac{(Y_{i+1} - Y_i)/Y_0}{P_{i+1} - P_i}}{n-1} \tag{8.10}$$

式中，S 为判别因子；n 为运行次数；Y_i 为第 i 次输出值；Y_{i+1} 为第 i+1 次输出值；Y_0 为初始值；P_i 为模型第 i 次相对于初参的变化百分率；P_{i+1} 为模型第 i+1 次相对于初参的变化百分率。

参数敏感性按敏感值分为 4 类（Goldstein et al.，2010）。当|S|范围为 0～0.05，即参数不敏感；当|S|范围为 0.05～0.2，即参数中等敏感；当|S|范围为 0.2～1，即参数敏感；当|S|大于 1，即参数高敏感。采用 Morris 筛选法对模型参数进行敏感性程度分析。本节采用 5%的步长对参数进行扰动，分别取参数初始数值的−20%～20%，分析不同参数对模拟结果的影响情况。结果表明水量参数敏感性由高到低排序分别为沿程损失（高敏感）、径流系数（敏感）、初损（不敏感）和平均坡面流速（不敏感）。水质参数敏感性衰减系数（敏感）高于对流扩散因子（不敏感）。基于得到的结果进行模型参数数值调整，可以提高模型率定验证的效率。

（2）误差分析研究

A. 相关系数

对于构建的模型，检查其可靠性是十分重要的，这可以使得模拟获得的结果与实测结果保持一致性。当两者结果表现相同的变化形式表明相关性强，否则相关性弱，模型可靠性不高（孙红卫等，2012）。计算公式如下：

$$r = \frac{\mathrm{Cov}(X,Y)}{\sqrt{\mathrm{DX} \cdot \mathrm{DY}}} \tag{8.11}$$

式中，r 为相关系数；Cov(X, Y)为实测结果和模拟结果的协方差；DX 为实测结果的方差；DY 为模拟结果的方差。

B. 纳什效率系数

Nash-Sutcliffe 系数（Ens）（戚海军，2013）评价模拟结果具体公式为：

$$\mathrm{Ens} = 1 - \frac{\sum_{i=1}^{n} (y_i - y_{i0})^2}{\sum_{n=1}^{n} (y_i - y_p)^2} \tag{8.12}$$

式中，y_i 为实测值；y_{i0} 为模拟值；y_p 为实测值均值；n 为数据序列长度。Ens 值在−∞到 1 之间，Ens 值越大表明模拟的效果越好，当 Ens 小于 0 时，表明模拟的精确度较差。

3. 参数率定及模型验证

（1）基础数据

研究区各监测点位处的水质指标为 SS、COD、TN 和 TP。经降雨实测，研究区天然雨水中污染物的含量为：SS（10.62～12.47 mg/L），COD（7.79～10.26 mg/L），TN（0.31～0.6 mg/L），TP（0.01～0.1 mg/L）。研究区各个下垫面污染物本底含量中屋顶的 SS、COD、TN 和 TP 分别为 150 mg/L、172 mg/L、6.7 mg/L 和 1.5 mg/L；道路的 SS、COD、TN 和 TP 分别为 200 mg/L、120 mg/L、14.4 mg/L 和 1.0 mg/L；绿地的 SS、COD、TN 和 TP 分别为 120 mg/L、130 mg/L、10 mg/L 和 0.5 mg/L。

（2）参数率定

由于水质是随着水量的改变而变化，因此先进行水量参数的率定，然后做水质参数率定（戚海军，2013）。本研究选取 R^2（Roesner et al.，2000）和 Ens（Zhang et al.，2002）评价模型的模拟结果。

以“20180702”暴雨过程为入流条件，模拟该降雨条件下研究区积水淹没情况，并结合实地勘查完成模型的率定。内涝监测现场踏勘照片如图 8.5 所示，根据此次降雨易涝点积水监测情况，提取如表 8.13 所示的四个易涝点积水深度，同时绘制研究区域易涝积水点分布图如图 8.6 所示。

图 8.5　内涝监测现场踏勘

表 8.13　“20180702”积水点资料

降雨情况（指积水，而非内涝）	易涝积水点位置	汇水范围	影响程度
降雨量 30.72 mm，大雨，降雨历时 14 h	统一路东段（咸阳职业技术学院北门口）	43061.02 m^2	最大水深 4.5 cm，面积约 70 m^2，积水时间大于 14 h

续表

降雨情况（指积水，而非内涝）	易涝积水点位置	汇水范围	影响程度
降雨量 30.72 mm，大雨，降雨历时 14 h	秦皇大道南段（开元路十字南侧）东西两车道	19927.52 m^2	最大水深 2 cm，面积约 25 m^2，积水时间大于 14 h
	同德路与永平路交叉口（佳美花园小区附近）	24372.46 m^2	最大水深 3 cm，面积约 60 m^2，积水时间大于 14 h
	同文路与永平路交叉口西南角	14617.53 m^2	最大水深 10 cm，面积约 150 m^2，积水时间大于 14 h

图 8.6　试点区域“20180702”积水点分布图

对研究区域进行该降雨情景现状模拟，整理得到研究区域 4 个易涝点的最大积水深度模拟计算值（表 8.14），分析其与模拟积水深度的相关系数 R^2 为 0.956，这基本与实际情况吻合。为了进一步校准模型，提取了有实测数据的云谷地块和康定和园排放口污染物排放过程与实测数据进行率定，西部云谷的率定结果如图 8.7 所示。

表 8.14　研究区“20180702”暴雨易涝区最大积水深度统计表

序号	易涝区名称	积水出现时间	计算积水水深/cm	实际积水水深/cm
1	统一路东段	2018-07-02　9：15：00	4	4.5
2	秦皇大道南段	2018-07-02　9：30：00	3	2
3	同德路与永平路交叉口	2018-07-02　9：45：00	4	3
4	同文路与永平路交叉口西南角	2018-07-02　9：50：00	12	10

由图 8.7 可见，MIKE FlOOD 模型的水质率定结果中，西部云谷地区污染物指标最小的 Ens 值为 0.73，R^2 均高于 0.87。康定和园地区污染物指标最小的 Ens 值为 0.75，R^2 均高于 0.84，模型的最终率定结果与实测值拟合程度较好。研究区水量和水质率定结果如表 8.15 和表 8.16 所示。

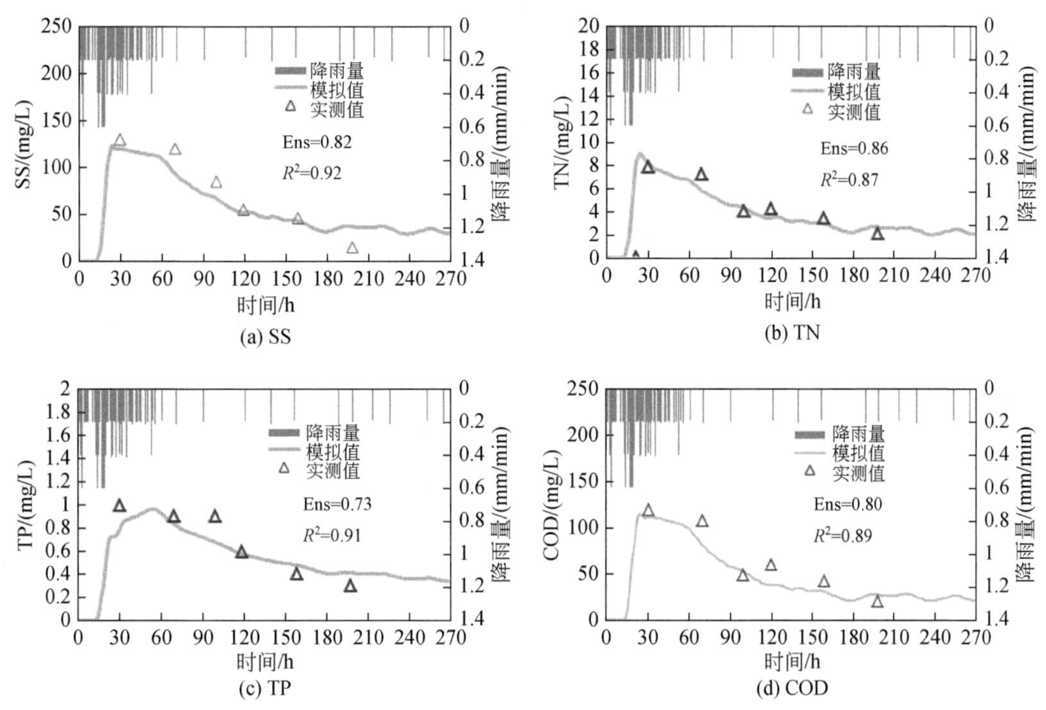

图 8.7　西部云谷地区水质 SS、COD、TN 和 TP 的参数率定结果

表 8.15　水量参数率定结果

MIKE URBAN			MIKE 21			MIKE FLOOD		
平均坡面流速	水文换算系数	初损	初始表面高程	淹没深度	非淹没深度	最大流量	入流面积	流量系数
0.3 m/s	0.9	0.0006	0	0.003	0.002	1.0	0.16	0.61

不同下垫面类型的不透水系数			
建筑	绿地	河流	道路
71.16	20	0	70

表 8.16　水质参数率定结果

污染物	COD	SS	TN	TP
类型	溶解态	悬浮态	总量	总量
初始条件	0.001	0.002	0.001	0.002
衰减系数	0.853	0.641	0.560	0.41

（3）模型验证

研究区模型验证过程中，依然选取 R^2 和 Ens 评价 MIKE 模型的水量水质模拟效果，降雨数据选择“20170927”的降雨，模拟该降雨事件下研究区积水淹没情况，并结合实地查勘完成模型的验证。根据此次降雨易涝点积水监测情况，得到如表 8.17 所示的三个易涝点积水深度。

表 8.17　“20170927”积水点资料

降雨情况（指积水，而非内涝）	易涝积水点位置	汇水范围	影响程度
降雨量 28.4 mm，大雨，降雨历时 22 h	秦皇大道与开元路交叉口西南	120 m^2	最大水深 9 cm，积水时间小于 6 h
	永平路与同文路交叉口西南	200 m^2	最大水深 8 cm，积水时间大于 6 h
	统一路（咸阳职业学院北门）	900 m^2	最大水深 30 cm，积水时间大于 6 h

对研究区域进行该降雨情景现状模拟，整理得到研究区域 3 个易涝点的最大积水深度模拟计算值（表 8.18），上述 3 个点计算积水深度与实际降雨深度之间的相关系数 R^2 为 0.948，这基本与实际情况吻合。西部云谷地区污染物指标最小的 Ens 值为 0.69，R^2 均高于 0.79，康定和园地区污染物指标最小的 Ens 值为 0.69，R^2 均高于 0.83，MIKE URBAN 验证结果与实测值拟合程度较好，说明所建研究区模型具有较好的可靠性和稳定性。

表 8.18　研究区“20170927”暴雨易涝区最大积水深度统计表

序号	易涝区名称	积水出现时间	计算积水水深/cm	实际积水水深/cm
1	秦皇大道与开元路交叉口西南	2017-07-02　10：00：00	7	9
2	永平路与同文路交叉口西南	2017-07-02　10：20：00	7.5	8
3	统一路	2017-07-02　10：40：00	22	30

8.4.3　不同 LID 措施条件下水量水质调控效果模拟分析

在实际项目中我们很难进行长期的降雨监测，因此缺乏降雨径流数据。那么可以采用雨洪模型来实现不同降雨情景下的模拟，获得所需资料。且模拟的设计雨型选取也会对结果产生影响，所以根据研究区域和情景需要选取合适的雨型（朱勇年，2016）。

1. 模拟情景设置

本节研究不同 LID 措施布设条件下的调控效果，应用率定验证后的 MIKE FLOOD 模型，选用短历时（3 h）5 年一遇降雨量作为设计降雨，降雨量为 42.798 mm。分别进行 LID 设施面积比为 2%、4%、6%、8%、10%和 12%条件下水量水质模拟（模型建立如图 8.8 所示）。

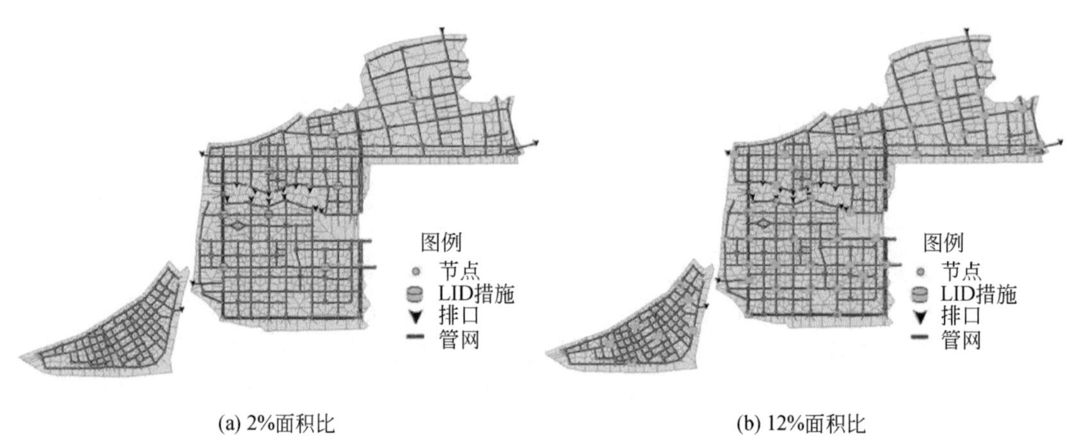

(a) 2%面积比　　(b) 12%面积比

图 8.8　模型建立

2. 模拟结果分析

由表 8.19 可以看出，溢流点个数、溢流量和径流总量的削减率均与 LID 设施布设面积比成正比，但增长幅度慢慢变缓。当布设 LID 面积为 12%时，溢流点个数削减了 90.99%，溢流量削减了 95.12%，径流总量削减了 88.74%。削减程度大小依次为溢流量＞溢流点个数＞径流总量。低影响开发措施对管网的排水能力有一定的优化作用，在未布设 LID 设施情景下，超负荷管段总长为 144.007 km，面积比为 12%时为 91.953 km，超负荷管段长度削减了 36.15%。研究区污染物出口负荷削减情况结果表明，LID 设施对于污染负荷具有削减作用，且随着布设比例的增大，负荷削减率也随着增大，但增长幅度慢慢变缓。随布设面积的增加，SS 削减率从 28.54%增加至 85.42%，COD 削减率从 27.31%增加至 85.13%，TN 削减率从 28.76%增加至 85.26%，TP 削减率从 29.87%增加至 87.23%。

表 8.19　水量、超负荷管段以及污染物负荷削减率

面积比/%		0	2	4	6	8	10	12
溢流点个数		344	230	113	81	55	38	31
个数削减率/%		0.00	33.14	67.15	76.45	84.01	88.95	90.99
溢流量/m^3		133.94	81.08	32.53	22.55	14.74	7.91	6.54
溢流量削减率/%		0.00	39.47	75.71	83.16	89.00	94.09	95.12
径流总量/m^3		348229	237420	110312	58764	47116	47121	39200
径流总量削减率/%		0.00	31.82	68.32	83.12	86.47	86.47	88.74
负荷管段/km	S≤1	4.124	12.124	23.527	29.769	37.195	50.042	56.178
	1＜S≤2	18.779	25.75	32.498	36.044	38.793	36.597	39.788
	2＜S≤3	25.043	26.809	25.195	26.052	24.984	24.262	21.827
	3＜S	100.185	83.448	66.911	56.266	47.159	37.23	30.338
	总管长	148.131	148.131	148.131	148.131	148.131	148.131	148.131
	S＞1	144.007	136.007	124.604	118.362	110.936	98.089	91.953
	S＞1 的削减率	0.00%	5.56%	13.47%	17.81%	22.96%	31.89%	36.15%
污染物出口负荷量	SS/kg	38965.95	27846.28	14787.32	8198.85	6656.07	6655.71	5681.67
	削减率/%	0.00	28.54	62.05	78.96	82.92	82.92	85.42
	COD/kg	32920.81	23930.95	12803.72	6954.52	5709.11	5708.8	4894
	削减率/%	0.00	27.31	61.11	78.88	82.66	82.66	85.13
	TN/kg	2405.8	1713.9	909.07	519.05	420.06	420.03	354.58
	削减率/%	0.00	28.76	62.21	78.43	82.54	82.54	85.26
	TP/kg	327.61	229.74	115.23	60.11	48.74	48.74	41.82
	削减率/%	0.00	29.87	64.83	81.65	85.12	85.12	87.23

8.4.4　研究区域综合效益评价

近几年我国大力开展海绵城市建设，旨在改善城市化带来的诸多城市问题。国内已有多个海绵试点区、海绵改造小区等，可以看出海绵城市举措是有效且重要的。但同时海绵城市建设所需的成本和投入是巨大的，那么如何在满足海绵建造各项指标要求的基础上，综合各方面效益进行方案优选的研究是必要的。本章基于建立的LID设施评价指标体系、各指标权重、货币化测算方法和模拟得到的水量水质数据，进行研究区LID设施不同布设面积比（2%、4%、6%、8%、10%、12%）下的综合效益评估，寻求最佳布设比例，不同布设方案研究思路如图8.9所示。

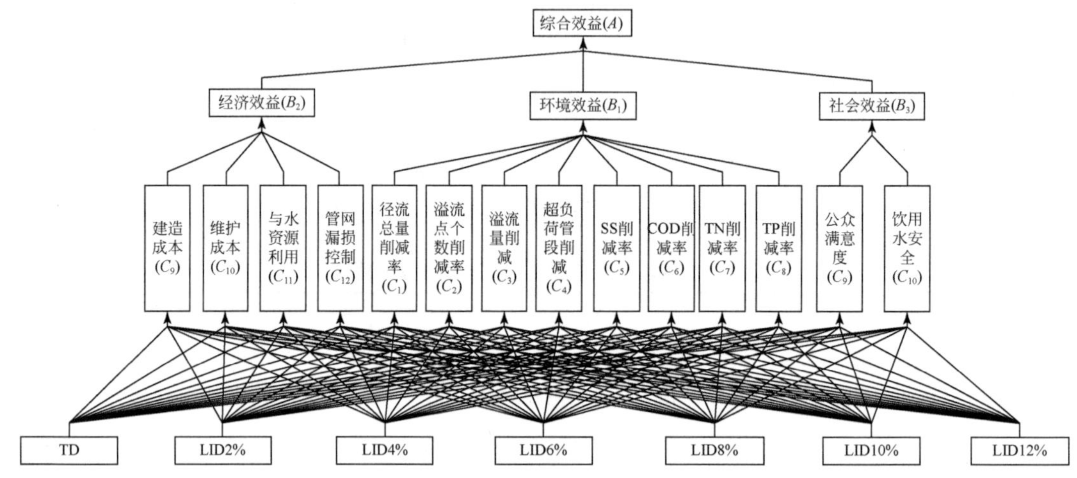

图8.9　不同布设方案研究思路

1. 环境效益

（1）水量效益指标

本研究水量效益各指标径流总量削减率、溢流点个数削减、溢流量削减、超负荷管段削减采用替代工程法进行量化，计算公式如式（8.8）所示。查阅西安市水价销售价格表，本地区管网运行费用为0.50元/m^3，污水处理费用为0.95元/m^3。随着LID设施的增多，带来的水量效益也随之增大，布置LID面积为12%产生的水量效益是布置LID面积为2%的两倍。从效益累加图可以看出效益值大小依次为：溢流量＞溢流点个数＞径流总量＞超负荷管段，布设LID对溢流量的减少效果最优，如图8.10所示。

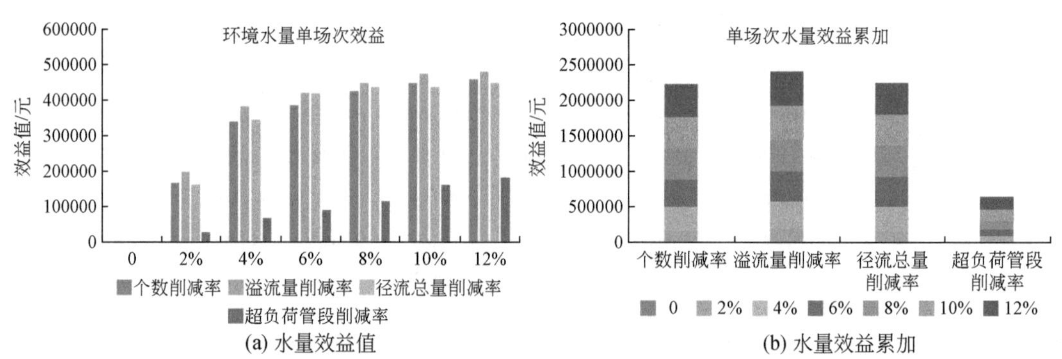

(a) 水量效益值　　(b) 水量效益累加

图8.10　水量指标效益

（2）水质效益指标

水质效益指标采用生态价值法，按照公式8.6计算，研究区域每一污染当量征收标准（Pc）为0.7元。对于水污染，SS、COD、TP的污染当量值分别为4.0 kg、1.0 kg和0.25 kg，测算结果见表8.20。随着LID设施的增多，污染物削减效益随之增加，SS削减效益值从

31135.08 元增加至 93195.98 元，COD 削减效益从 6292.902 元增加至 19618.77 元，TN 削减效益从 774.872 元增加至 2297.411 元。从水质效益累加图（图 8.11）可以看出，效益值大小依次为：SS 削减效益＞COD 削减效益＞TN 削减效益＞TP 削减效益，布设 LID 设施对 SS 削减效益最大，对 TP 的削减效益最低。

表 8.20　环境水质效益指标效益值　　　　单位：元

指标	面积比						
	0	2%	4%	6%	8%	10%	12%
SS 削减率	0	31135.08	67700.16	86147.88	90467.66	90468.67	93195.98
COD 削减率	0	6292.902	14081.96	18176.4	19048.19	19048.41	19618.77
TN 削减率	0	774.872	1676.382	2113.205	2224.074	2224.107	2297.411
TP 削减率	0	17.12725	37.1665	46.8125	48.80225	48.80225	50.01325

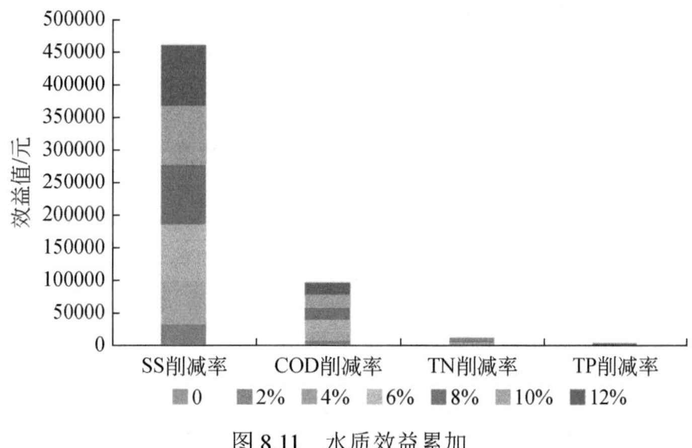

图 8.11　水质效益累加

2. 经济效益

（1）建造与运行维护成本

LID 措施建造及运行维护成本如表 8.21 所示。计算确定平均建造成本和平均维护成本分别为 378 元/m^2 和 21.04 元/m^2，计算得到效益如表 8.22 所示。

表 8.21　LID 措施的建造费和运行维护情况

LID 设施	建造成本/（元/m^2）	维护成本/［元/（m^2·a）］
生物滞留池	150～1200	30～80
绿色屋顶	100～300	15～60
可渗透铺装	60～1500	2.4～15
下凹式绿地	40～300	2.5～3.5
雨水桶	30～100	2～5
湿塘/景观水体	200～1100	7～15
生态草沟	60～450	4～8
砾石滞留系统	100～300	2.4～15
人工湿地	500～700	7～15

（2）雨水资源利用率

雨水资源利用的效益计算采用影子价格法，西安市自来水价格为阶梯价格，按一阶价格 3.80 元/m^3 计算。根据对研究区域低影响开发设施的现状调查统计，雨水调蓄设施体积为 31113 m^3，年雨水回用量约为 66164.28 m^3。区域内的市政杂用水用于市政和绿地浇洒。区域内年杂用水量约 159.32 万 m^3，远大于回用水量，因此回收的雨水可以全都用于市政杂用。根据现状 LID 设施面积比可以计算获得各面积比下的年雨水回用量。计算出效益如表 8.22。

（3）管网漏损控制

对研究区域现状下的同德佳苑小区和西部云谷的管网漏损率情况进行研究，同德佳苑小区的管网漏损率平均提高 3.52%，西部云谷的管网漏损率平均提高 3.28%，取两者平均值为 3.4%。目前，沣西新城试点区域内供水未接入市政管网，现正在建设应急水厂，设计规模 4.2 万 m^3/d。则年效益为：B=（4.2×10^4 m^3/d）$\times$365d$\times$3.4%$\times$3.80 元/m^3=198.06 万元。西安市自来水价格为 3.80 元/m^3。通过计算可以得到各布设面积比下的管网漏损控制效益，如表 8.22 所示，其中建造和维护成本是一次性成本效益值，雨水再生利用率和管网漏损控制率是年效益值。

表 8.22　经济效益指标效益值　　单位：万元

指标	面积比						
	0%	2%	4%	6%	8%	10%	12%
建造成本	0	21243.60	42487.20	63730.80	84974.40	106218	127461.60
运行维护成本	0	1182.45	2364.90	3547.34	4729.79	5912.24	7094.69
雨水再生利用率	0	13.66	27.33	40.99	54.66	68.32	81.99
管网漏损控制率	0	107.64	215.29	322.93	430.58	538.22	645.87

3. 社会效益

公众满意度和饮用水安全无法准确进行货币化测算，因此只做定性分析。随着布设面积比的增大，带来的舒适感、幸福感都会随之提高，饮用水安全也会有所保证。

8.4.5　综合效益评价

以上测算的环境效益值均为 1 次 5 年一遇降雨产生的效益值，根据对研究区降雨产生频率和次数的研究，对各类型降雨次数和雨量评估可以估算一年的降雨量大致为 16 场大雨雨量，那么 LID 设施年环境效益值如表 8.23 所示。经济效益中计算的雨水资源利用率和管网漏损控制为年经济效益值，由此可以算出每年产生的效益值。随着 LID 设施的增多，年环境效益如图 8.12 所示，可以看出随着面积比的增大，效益值增加幅度变缓，且根据拟合曲线趋势在 10%附近效益值不再增加。

对比年效益值和建造维护成本可以发现年效益值远低于成本值，因为 LID 设施是长期有效的。分别计算不同布设面积比下的静态投资回收期，分别为 11.1 年、10.8 年、13.7 年、16.6 年、19.2 年和 21.98 年。因此不能单使用一年的效益与其比较，对建造成本和运行维护成本进行相应回收期的倍数缩减，并根据获得的各指标权重进行加权分析。

表 8.23　年环境效益值　　　　单位：万元

指标	面积比						
	0	2%	4%	6%	8%	10%	12%
个数削减率	0	257.08	551.97	671.56	698.58	698.57	716.95
溢流量削减率	0	267.73	542.51	617.66	678.72	718.65	735.09
径流总量削减率	0	318.84	611.68	671.88	718.98	760.18	768.44
超负荷管段削减率	0	44.88	108.85	143.87	185.53	257.60	292.03
SS 削减率	0	49.82	108.32	137.84	144.75	144.75	149.11
COD 削减率	0	10.07	22.53	29.08	30.48	30.48	31.39
TN 削减率	0	1.24	2.68	3.38	3.56	3.56	3.68
TP 削减率	0	0.03	0.06	0.07	0.08	0.08	0.08
年环境效益和	0	949.68	1948.60	2275.34	2460.68	2613.87	2696.77
雨水再生利用率	0	13.66	27.33	40.99	54.66	68.32	81.99
管网漏损控制率	0	107.64	215.29	322.93	430.58	538.22	645.87
年产生效益值	0	2020.67	4139.82	4914.61	5406.60	5834.28	6121.39

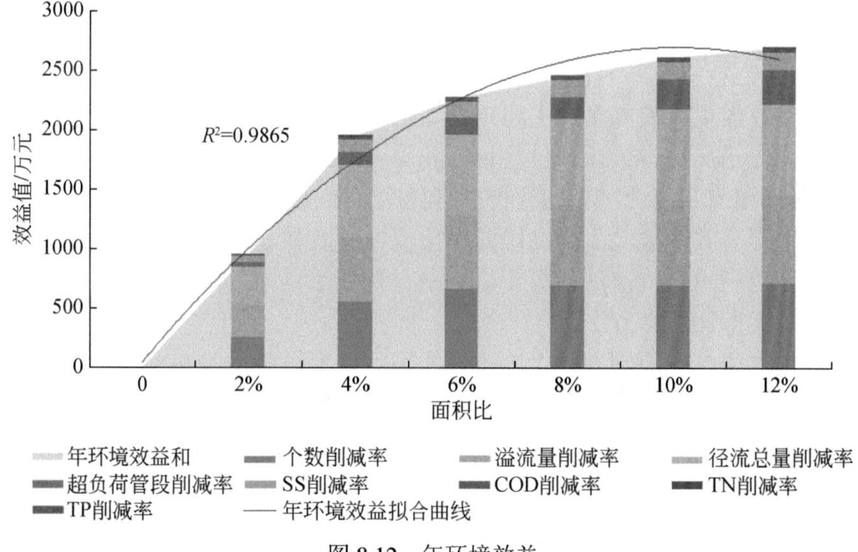

图 8.12　年环境效益

加权后的效益值如图 8.13 所示，图中可以看出，建造成本和维护成本效益为负值，这是由于这两项是消耗项，其余指标计算的是 LID 设施建设所创造的价值，因此为正值。经过有向加权求和后得到最终的综合效益，如图中所绘曲线。对该曲线进行函数拟合，其 R^2 为 0.9873，故曲线具有可靠性。从图中拟合曲线可以看出，综合效益的变化幅度随着面积比的增大而逐渐减小，且当面积比为 10%时，综合效益拟合曲线达到最大值。故布设面积比为 10%时综合效益最优。

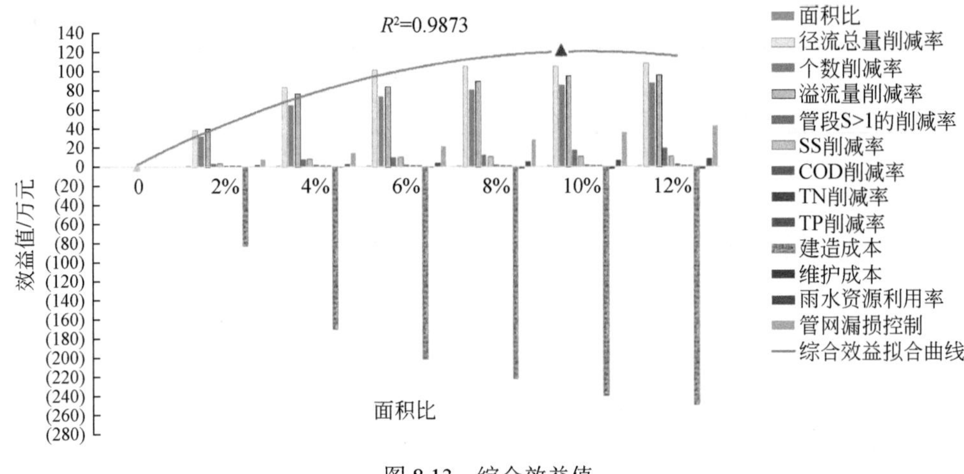

图 8.13　综合效益值

8.5　本 章 小 结

本章以西咸新区沣西新城为研究对象，结合研究区的实际监测情况和模型模拟的方法对不同降雨条件和不同布设方案下的径流、溢流和污染负荷削减情况进行研究，并通过建立海绵城市 LID 设施综合效益评价体系，和货币化测算方法研究，对不同方案下的综合效益进行计算，获取最优布设方案。主要结论如下：

（1）基于 LID 措施综合效益评价的目标和原则，采用综合分析法和 Delphi 法共筛选确定了 14 个指标，建立了三个准则的评价指标体系。采用 AHP 构造了层次结构模型和比较判断矩阵，并进行一致性检验，最终确定单层权重和合成权重。在效益评价指标体系构建的基础中，综合运用市场价值法、影子价格法、替代市场法等环境经济学方法构建了海绵城市建设效益的货币化测算方法。

（2）通过模拟研究了不同海绵设施布设方案下研究区域的城市面源污染和内涝情况变化规律，对雨水径流的水量水质削减率情况进行了分析。在 5 年一遇降雨下，进行了 LID 设施不同布设面积比（2%、4%、6%、8%、10%和 12%）的模拟，随着布设比例的增大，各项指标的削减率都随之增大，但增加幅度逐渐变缓。

（3）采用货币化测算方法对 2%、4%、6%、8%、10%和 12%LID 面积比下的各指标进行货币化计算，对环境、经济和社会指标货币化后的效益值进行加权求和，获得综合效益值。结果表明，综合效益值变化幅度随着 LID 设施布设面积的增大而逐渐减小，且面积比为 10%时，综合效益拟合曲线达到最大值。因此 10%面积比为该区域 LID 布设的最佳比例。

参 考 文 献

陈虹，李家科，李亚娇，等. 2015. 暴雨洪水管理模型 SWMM 的研究及应用进展. 西北农林科技大学学报自然科学版，43（12）：225-234

陈卫，马众模. 2003. 基于 Delphi 法和 AHP 法的群体决策研究及应用. 计算机工程，29（5）：18-20

陈雪冬，邱勇，周卫霞，等. 2014. 基于 HEC-RAS 和 MIKE 11 的山区天然河道水面线数值仿真. 人民珠江，35（3）：116-118

陈彦熹. 2014. 基于 LID 的城市化区域雨水排水系统规划方法研究. 天津：天津大学博士学位论文

李洋，潘明祥，陈燕. 2010. 数值模型在长江流域一级河网中的模拟应用. 环境科学与技术，33（s2）：531-534

连阳阳. 2016. 基于 MIKE 一二维耦合的安康城市洪水风险图编制研究. 杨凌：西北农林科技大学硕士学位论文

梁雯. 2019. 西南地区海绵城市评价方法与应用研究. 绵阳：西南科技大学硕士学位论文

梁云，殷峻暹，祝雪萍，等. 2013. MIKE21 水动力学模型在洪泽湖水位模拟中的应用. 水电能源科学，31（1）：135-137

刘保莉，曹文志，2009. 可持续雨洪管理新策略—低影响开发雨洪管理. 太原师范学院学报（自然科学版），8（2）：111-115

刘浩. 2010. 土地整理项目后效益测算研究. 武汉：华中农业大学硕士学位论文

刘文，陈卫平，彭驰. 2015. 城市雨洪管理低影响开发技术研究与利用进展. 应用生态学报，26（6）：1901-1912

卢丽芳. 2018. 海绵城市理念下住宅小区综合效益评价体系研究. 福州：福建工程学院硕士学位论文

罗慧中. 2017. 低影响开发设计及综合效益评估研究. 武汉：武汉大学硕士学位论文

满霞玉，李丽，顾雯，等. 2017. 城市内涝积水点分布模拟及治理策略初探. 水电能源科学，35（3）：67-70

毛其峰，莫龙. 2019. 浅议城市化推进对人类生存环境的影响. 地理空间信息，17（6）：109-111

穆聪，李家科，邓朝显，等. 2019. MIKE 模型在城市及流域水文—环境模拟中的应用进展. 水资源与水工程学报，30（02）：74-83

戚海军. 2013. 低影响开发雨水管理措施的设计及效能模拟研究. 北京：北京建筑大学硕士学位论文

秦年秀，姜彤. 2005. 基于 GIS 的长江中下游地区洪灾风险分区及评价. 自然灾害学报，14（5）：5-11

宋翠萍，王海潮，唐德善. 2015. 暴雨洪水管理模型 SWMM 研究进展及发展趋势. 中国给水排水，31（16）：16-20

孙红卫，王玖，罗文海. 2012. 线性回归模型中自变量相对重要性的衡量. 中国卫生统计，29（6）：900-902

唐颖. 2010. SUSTAIN 支持下的城市降雨径流最佳管理 BMP 规划研究应用. 北京：清华大学硕士学位论文

万增友. 2011. MIKE SHE 模型国内应用现状及其关键问题研究. 科协论坛，（5）：99-101

王惠. 2016. 山地城市 LID 雨洪管理技术综合效能的模糊综合评价法的研究及应用. 重庆：重庆大学硕士学位论文

王建龙，车伍，易红星. 2010. 基于低影响开发的雨水管理模型研究及进展. 中国给水排水，26（18）：50-54

王蕾，肖长来，梁秀娟，等. 2014. MIKE BASIN 模型在吉林市水资源配置方面的应用. 中国农村水利水电，（01）：128-131

王乾勋，赵树旗，周玉文，等. 2015. 基于建模技术对城市排水防涝规划方案的探讨——以深圳市沙头角片区为例. 给水排水，51（3）：34-38

王世旭. 2015. 基于 MIKE FLOOD 的济南市雨洪模拟及其应用研究. 山东：山东师范大学博士学位论文

王婷，刁秀媚，刘俊，等. 2017. 基于 SWMM 的老城区 LID 布设比例优化研究. 南水北调与水利科技，15（04）：39-43.

王文亮，边静，李俊奇，等. 2015. 基于模型分析的低影响开发提升城市雨水排水标准案例研究. 净水技术，34（04）：100-104

王晓妮，王晓昕，侯琳. 2011. MIKE BASIN 模型在松花江流域的应用研究. 东北水利水电，29（4）：4-5
吴丹洁，詹圣泽，李友华，等. 2016. 中国特色海绵城市的新兴趋势与实践研究. 中国软科学，（1）：79-97
吴建立. 2013. 低影响开发雨水利用典型措施评估及其应用. 哈尔滨：哈尔滨工业大学硕士学位论文
吴俊秀，李红英，刘革. 2011. 应用 MIKE BASIN 模型规划调配大凌河流域水资源. 水土保持应用技术，（01）：23-25
谢家强，廖振良，顾献勇. 2016. 基于 MIKE URBAN 的中心城区内涝预测与评估——以上海市霍山—惠民系统为例. 能源环境保护，30（5）：44-49
邢薇，王浩正，赵冬泉，等. 2012. 城市暴雨处理及分析集成模型系统（SUSTAIN）介绍. 中国给水排水，28（2）：29-33
许婷. 2010. MIKE21 HD 计算原理及应用实例. 港工技术，47（5）：1-5
许月卿，邵晓梅，刘劲松. 2001. 河北省水旱灾害发生情况统计分析. 国土与自然资源研究，（2）：6-8
张蓓. 2019. 不同尺度低影响开发设施调控效果模拟与优化设计. 西安：西安理工大学硕士学位论文
张灵莹. 1999. 多层次统计指标评价体系的评价方法. 深圳大学学报（理工版），16（01）：39-44
张胜杰，宫永伟，李俊奇. 2012. 暴雨管理模型 SWMM 水文参数的敏感性分析案例研究. 北京建筑工程学院学报，28（01）：45-48
张斯思. 2017. 基于 MIKE11 水质模型的水环境容量计算研究. 合肥：合肥工业大学硕士学位论文
张震，支霞辉，朱广权，等. 2012. 新版《室外排水设计规范》局部修订解读. 给水排水，38（2）：34-38
张志强，徐中民，程国栋. 2000. 生态系统服务与自然资本价值评. 生态学报，21（11）：1918-1926
朱茂森. 2013. 基于 MIKE11 的辽河流域一维水质模型. 水资源保护，29（3）：6-9
朱勇年. 2016. 设计暴雨雨型的选用——以杭州市为例. 中国给水排水，32（01）：94-96
Ahmed F. 2010. A hydrodynamic model for the Lower Rideau River. Natural Hazards，55（1）：85-94
Backstrom M，Bergstorm A. 2000. Draining function of porous asphalt during snow melt and temporary freezing. Canadian Journal of Civil Engineering，27（3）：594-598
Barco J，Wong K M，Stenstrom M K. 2008. Automatic calibration of the U S. EPA SWMM model for a large urban catchment. Journal of Hydraulic Engineering，134（4）：678-793
Dalkey N，Helmer O. 1963. An experimental application of the Delphi method to the use of experts. Management science，9（3）：458-467
DHI. 2007. Water and Environment. MIKE 21 Scientific Documentation. Denmark：DHI
Goldstein A，Giovanni K D，Montalto F. 2010. Resolution and sensitivity analysis of a block-scale urban drainage model. World Environmental and Water Resources Congress：Challenges of Change. ASCE：4270-4279
Korotenko K A，Mamedov R M，Mooers C N K. 2001. Prediction of the transport and dispersal of oil in the south caspian sea resulting from blowouts. Environmental Fluid Mechanics，01（4）：17-24
Lenhart L，Eckhardt K，Fohrer N，et al. 2002. Comparison of two different approaches of sensitivity analysis. Physics and Chemistry of the Earth，27（02）：645-654
Löwe R，Urich C，Domingo N S，et al. 2017. Assessment of urban pluvial flood risk and efficiency of adaptation options through simulations—A new generation of urban planning tools. Journal of Hydrology，550：355-367
Mark O，Apirumanekul C，Kamal M M，et al. 2001. Modelling of urban flooding in Dhaka City. Proceedings UDM. 1：333-343
Mark O，Lacoursière J O，Vought L B M，et al. 2010. Application of hydroinformatics tools for water quality

modeling and management：case study of Vientiane，Lao P. D. R. Journal of Hydroinformatics. 12（2）：161

Michele C，Stefano T. 2001. Uncertainty and sensitivity analysis：tools for GIS-based model implementation. International Journal of Geographical Information Systems，15（5）：415-437

Roesner L A，Aldrich J A，Dickinson R E，et al. 2000. Storm Water Management Model User's Manual，Version 5. 0. US：Water research，34：1772-1781

Rujner H. ，Leonhardt G，Marsalek J，et al. 2018. High-resolution modelling of the grass swale response to runoff inflows with Mike SHE. Journal of Hydrology. 562：411-422

Saaty T L. 2008. Decision making with the analytic hierarchy process. Services Sciences，1（1）：83-98

Semadeni-Davies A，Hernebring C，Svensson G，et al. 2008. The impacts of climate change and urbanisation on drainage in Helsingborg，Sweden：Combined sewer system. Journal of Hydrology，350（1-2）：100-113

Shen H T，Yapa P D. 1988. Oil slick transport in rivers. Journal of Hydraulic Engineering，114（5）：529-543

Trowsdale S A and Simcock R. 2011. Urban stormwater treatment using bioretention. Journal of Hydrology（Amsterdam），397（3-4）：167-174

Wang Q，Wang Y，Lu X，et al. 2017. Impact assessments of water allocation on water environment of river network：Method and application. Physics and Chemistry of the Earth Parts A/b/c，103：101-106

Xia J，Zhang Y，Xiong L，et al. 2017. Opportunities and challenges of the sponge city construction related to urban water issues in china. Science China Earth Sciences，60（4）：652-658

Zhang C，Zhi X H，Zhu G H，et al. 2012. Interpretation for the partial modification in the new edition of “Code for design of outdoor wastewater engineering”. Water and Wastewater Engineering，24（2）：34-38

Zhang J Q，Okada N，Tatano H，et al. 2002. Assessment and Zoning of Flood Damage Caused by Heavy Rainfall in Yamaghchi Prefecture，Japan. New York，（1）：162-169

第9章　新老城区低影响开发设施区域优化配置研究

低影响开发（LID）雨水系统在不同建设程度城市中的可实施性存在较大差异，规划中的新建城区会在建设初期考虑建设较为完善的雨水管理设施，综合规划城市雨水管网系统与LID雨水调控系统，将新理念、新措施应用于城市建设，以达到合理利用雨水，减少城市内涝与面源污染问题；已建成的老旧城区往往由于街道狭窄、建筑密度大、基础设施配套缺乏等问题，LID 设施的规划设计存在很大的局限性，且老城区还普遍存在排水设施老化、不达标甚至缺失等问题（刘家宏等，2019）。国内外对 LID 单项设施以及组合系统的效果、布局方面的研究已经取得了一些进展，LID 设施可以降低洪涝灾害发生的概率，与单体LID设施相比LID设施组合系统可以更好地削减峰值流量，可通过建立多标准的选择指标系统筛选出最合适的LID措施（Ahiablame and Kwak，2016；Kwak et al.，2016；Jia et al.，2013）。在LID措施组合优化研究的方面，胡爱兵（2013）分别对深圳某项目案例现状、传统建设现状及其LID规划设计案例进行模型模拟，通过分析该项目LID措施组合的效益，总结出LID规划目标和优化改造设计方法，最后整理出LID措施组合优化方案。此外，不同情景、不同城市建设程度条件下的雨水系统和LID措施布设对城市水文及环境的响应也存在差异。因此，为实现新建区与建成区的LID设施的合理规划设计，综合考虑LID设施与雨水管网优化成为目前亟待解决的问题。本章以期通过构建LID设施区域优化配置评价体系，为城市内涝与面源污染控制提供方法基础，从而研究不同LID布设条件下新建城区的水文及环境效应、老旧城区的雨水管网系统优化等问题。通过模糊综合评价法计算综合效能，辨识不同情景、不同城市建设程度的内涝与面源污染调控效果，为海绵城市的推进、城市水环境的综合治理和生态环境的改善提供技术与方法支撑。

9.1　构建低影响开发设施区域优化配置评价体系

9.1.1　评价目标与原则

LID 措施作为一种有效的径流与污染调控技术，其在城市区域的内涝缓解与面源污染控制效果显著，能有效改善城市生态环境，恢复城市水文良性循环，补充地下水等（刘文等，2016；Stephens et al.，2012）。建立不同LID措施综合效能的多指标评价体系的目的是为了准确、科学的了解LID措施在城市区域的综合效能，不同的LID措施布设条件的综合效能不同，通过综合评价可将LID措施的综合效能进行量化，明确不同措施效能对城市内涝与面源污染调控的影响，根据结果比选出效能更优的LID措施方案，为LID措施优化布设提供一定依据，减少LID措施在应用实践过程中的盲目性，使其更好地发挥效用，为LID措施的应用与推广提供可靠依据。反映LID措施综合效能的因素有很多，在众多评价因子中选择具有灵敏性、代表性与合理性的评价因子极为重要。因此，建立LID措施综合效能多指标评价体系时，应遵循目的性、理论性、客观性、独立性与可操作性等。

目的性：任何体系的建立都是为了一定的目的而服务的，城市区域土地利用复杂，有别于流域下垫面，因此在评价时选择的因子必须能够体现 LID 措施综合效能之一目的。

理论性：理论性是评价体系建立过程中评价方法、评价标准确定的基础与指导依据，也是评价结果可靠、合理的前提。

客观性：体系建立过程中应抛开主观臆断，保持客观可用性，使评价结果更加符合实际，更加真实有效。

独立与全面性：评价指标在选取过程中，不仅应保持各项指标的独立性，也应与其他指标相互配合，体现整个系统的全面性。

可操作性：在评价指标选取时，应尽量保证指标是容易获得的，具有较强的可靠性与可测性，便于分析。

9.1.2 区域背景调研评估

对研究区域的基本条件进行调研评估，包括下垫面类型（地形、土壤、植被）、水文状况（地下水、边界水位）、气象条件（降雨站分布、当地暴雨强度、设计降雨雨型、降雨历史灾情）、雨水管渠系统布置（检查井、管道、泵站）等。

9.1.3 城市雨洪管理模型构建

1. 研究区域概化

根据研究区域的自然地形、排水分区，结合管网走向、建筑物及路面分布状况将研究区域管网进行概化，在研究区域概化过程中应遵循以下原则（Li et al.，2016）。

1）依照研究区域的城市规划图和雨水管网图，首先把研究区域划分为多个面积不同、形状不同的子汇水区；

2）将研究区域内主要管道上的雨水检查井概化为节点，简化多余支管；

3）将雨水节点按照雨水场地竖向依次连接形成雨水排水系统，以自由排放、就近排放为原则，将子汇水区域雨水就近指向可排的最近节点；

4）在概化过程中假定各子汇水区接收雨水均匀，即各子汇水区层面上的每一点均为同一降雨强度。

2. 模型参数值设置与敏感性分析

SWMM 模型参数主要包括水文参数、水力参数和水质参数。其中，水文水力参数包括汇水区宽度和坡度、子汇水区域管道曼宁系数、洼蓄深度和土壤下渗参数等；水质参数包括各土地利用类型中的冲刷指数和冲刷系数、最大累积量和累积速率常数等（尚蕊玲，2016）。根据经验值与研究区域实际情况，确定参数范围，利用修正的 Morris 法对参数进行局部敏感性分析，筛选出对模型结果影响大、需要精确校准的参数，提高模型构建过程中参数识别和模型验证的效率（Morris，1991；Sharifan et al.，2016）。Morris 法依据参数的 SN 值，将参数的敏感性划分为四类：

1）取值$|SN|\geqslant 1$ 的参数为高敏感性参数；

2）取值 $0.2\leqslant|SN|<1$ 的参数为敏感参数；

3）取值 $0.05\leqslant|SN|<0.2$ 的参数为中等敏感参数；

4）取值 $0\leqslant|SN|<0.05$ 的参数为不敏感参数。

3. 模型参数率定验证

利用 Nash-suttcliffe 模拟效率系数（Ens）平均相对误差 RE 来评价模型适用性（Baffaut

and Delleur，1989）。Ens 值大于 0.7，RE 值小于±10%，则表示模拟值与实测值较吻合。

$$\mathrm{Ens}=1-\frac{\sum_{i=1}^{n}(Q_{\mathrm{o}}-Q_{\mathrm{p}})^2}{\sum_{i=1}^{n}(Q_{\mathrm{o}}-Q_{\mathrm{avg}})^2} \tag{9.1}$$

$$\mathrm{RE}=\frac{\sum_{i=1}^{n}\left[\frac{Q_{\mathrm{o}}-Q_{\mathrm{p}}}{Q_{\mathrm{o}}}\right]}{n}\times 100\% \tag{9.2}$$

式中，Q_{o} 为实测值；Q_{p} 为模拟值；Q_{avg} 为实测平均值；n 为实测数据个数。当 $Q_{\mathrm{o}}=Q_{\mathrm{p}}$ 时，Ens=1；Ens 越接近 1，表明模型的效率越高。如果 Ens 为负值，说明模型模拟平均值比直接使用实测平均值的可信度更低。

9.1.4 LID 设施方案设计

LID 措施包括透水铺装、绿色屋顶、下沉式绿地、生物滞留设施、渗透设施与调蓄设施等。根据研究区域基本情况，考虑经济性、社会性、生态功能、径流调控效果等限制性因素，合理选择并组合 LID 设施，以维持和保护场地自然水文功能，缓解洪峰流量与面源污染负荷。表 9.1 总结了常见的 LID 设施及其相应功能（仇保兴，2015）。基于建立的 SWMM 模型，分析不同方案下的水文、水力与环境效应，量化雨水径流与面源污染负荷的响应情况。

表 9.1 LID 设施及其相应功能

单项设施	功能			控制指标			经济指标		处置方式	景观效果
	雨水集蓄利用	补充地下水	雨水传输	径流总量	径流峰值	水质净化	建造费用	维护费用		
雨水花园	o	++	o	++	+	+	低	低	√	一般
绿色屋顶	o	o	o	++	+	+	高	中	√	一般
渗透铺装	o	++	o	++	+	+	低	低	√	—
下沉式绿地	o	++	o	++	+	+	高	中	√	好
雨水湿地	++	o	o	++	++	++	高	中	√/×	好
植草沟	o	+	++	++	o	+	中	低	√	好
雨水桶/罐	++	o	+	++	+	+	低	低	√	—
渗井	o	++	o	++	+	+	低	低	√/×	—

注：++表示强，+表示较强，o 表示弱。处置方式中√表示分散，×表示相对集中

9.1.5 基于模糊综合评价的 LID 设施区域优化配置研究

LID 措施评价体系既包含确定性因素，也包含了很多不确定性因素，LID 措施对城市内涝与面源污染的控制效果没有具体的标准，具有模糊性。因此，在评价过程中，应用模糊关系合成原理，将边界不清，不易评价的 LID 措施综合效益因素定量化，建立基于模糊数学的综合评价体系，客观反映 LID 措施控制效果，为 LID 措施应用提供客观依据。

1. 评价步骤

（1）确定评价对象的指标集

结合评价体系的构建原则与层次分层依据，将 LID 措施综合效能指标评价体系分成三个层次：目标层、指标层与方案层（熊鸿斌和刘进，2008）。目标层为 LID 措施综合效能 A；指标层分两级，一级指标包括环境指标 B_1、技术经济指标 B_2 与社会指标 B_3；二级指标包括洪峰削减率 C_1、径流总量削减率 C_2、SS 削减率 C_3、COD 削减率 C_4、TP 削减率 C_5、TN 削减率 C_6、单位基建费用 C_7、单位维护管理费用 C_8、技术稳定性 C_9、设计鲁棒性 C_{10}、雨水利用率 C_{11}、生态景观功能 C_{12} 和公众接受度 C_{13} 等 13 个指标；方案层为不同的 LID 措施布设方案（图 9.1）。

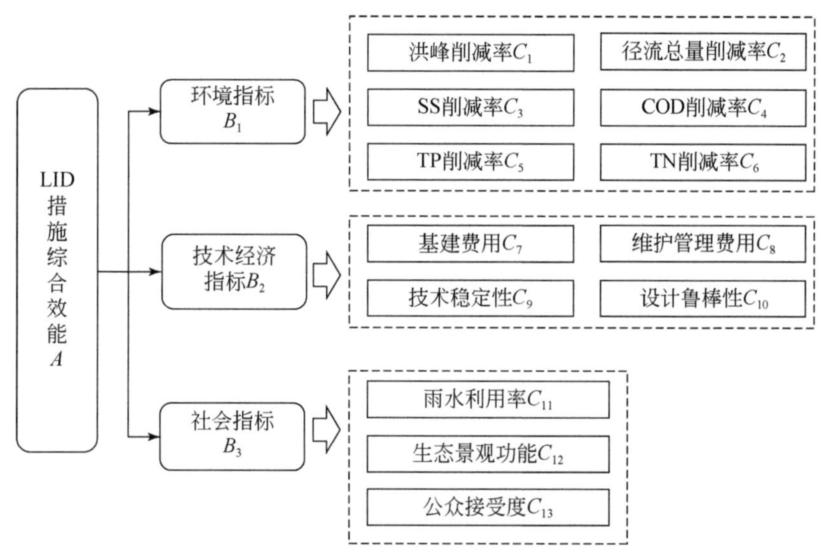

图 9.1　LID 措施决策指标体系

LID 措施综合效能评价主要通过两次评价加以确定，即由指标 C_1～C_6 评价 B_1，由 C_7～C_{10} 评价 B_2，由 C_{11}～C_{13} 评价 B_3，最终根据 B_1、B_2 和 B_3 的评价结果在综合评价 LID 措施综合效能 A。C_1～C_6 通过模型模拟计算获得，C_7～C_{13} 通过文献法与研究区域模型中设置的 LID 措施面积进行计算获得。

本章将 LID 措施综合效能评价指标分为 5 个等级：Ⅰ、Ⅱ、Ⅲ、Ⅳ、Ⅴ，Ⅰ级表示 LID 措施综合效能很高，Ⅱ级表示 LID 措施综合效能较高，Ⅲ级表示 LID 措施综合效能一般，Ⅳ级表示 LID 措施综合效能较低，Ⅴ级表示 LID 措施综合效能很低。按百分制作为评价等级标准：90～100（95）为Ⅰ，80～90（85）为Ⅱ，70～80（75）为Ⅲ，60～70（65）为Ⅳ，0～60（30）为Ⅴ。

（2）确定评价对象评价标准

根据建立的 LID 设施区域优化配置评价体系，以及布设方案通过查阅文献，总结本章中采用的低影响开发措施的环境性能、技术经济性能、社会性能，以《陕西省海绵城市规划设计导则》中陕西地区年径流总量控制率目标（80%～85%）及 SS 总量削减率目标（40%～60%）为标准，综合考虑文献法统计的环境效益评价结果，最终确定洪峰削减率上限为 55%，下限为 10%；径流总量削减率上限为 50%，下限为 10%；SS 总量削减率上限为 60%，下限为 10%，其余三种污染物与 SS 存在协同作用，因此 COD、TP 和 TN 削减率的上下限与 SS 保持一致。通过查阅国内外文献可知，LID 措施的成本投资比传统模式节约 18%～10%，但一些单项 LID 设施在建造完成后的管理维护期间成本略有增加。参考《海绵城市建设技术指南——低影响开发雨水系统构建》（试行），确定单位基建费用上限为 800 元，下限为 200 元；单位管理维护成本费用上限为 55 元，下限为 5 元。技术经济指标中的技术稳定性与设计鲁棒性，社会指标中的雨水利用效率、生态景观功能与公众接受度均采用评分制，以 10 分表示优（高），8 分表示较优（较高），6 分表示一般（中），4 分表示较差（较弱），2 分表示差（弱）。各 LID 措施的综合效能指标评价标准如表 9.2 所示。

表 9.2 LID 措施综合效能指标评价标准

评价指标	指标编号	等级				
		Ⅰ	Ⅱ	Ⅲ	Ⅳ	Ⅴ
洪峰削减率/%	C_1	55	43.75	32.5	21.25	10
径流削减率/%	C_2	50	40	30	20	10
SS 削减率/%	C_3	60	47.5	35	22.5	10
COD 削减率/%	C_4	60	47.5	35	22.5	10
TP 削减率/%	C_5	60	47.5	35	22.5	10
TN 削减率/%	C_6	60	47.5	35	22.5	10
单位基建成本/（元/m^2）	C_7	800	650	500	350	200
单位管理维护成本/［元/（m^2·a）］	C_8	55	42.5	30	17.5	5
技术稳定性	C_9	10	8	6	4	2
设计鲁棒性	C_{10}	10	8	6	4	2
雨水利用率	C_{11}	10	8	6	4	2
生态景观功能	C_{12}	10	8	6	4	2
公众接受度	C_{13}	10	8	6	4	2

（3）确定评价因素的权重向量

确定权重的方法主要包括主观权重赋值法与客观权重赋值法两大类（薛会琴，2008）。主观赋权法主要包括 AHP 法、Dephi 法、专家评分法等，客观赋权法主要包括标准离差法、熵权法、CRITIC 法和变异系数法等。本章选择客观赋权法中的 CRITIC 法与主观赋权法中的 AHP 法相结合的方法来进行定性和定量指标权重的赋值。

1）CRITIC 法

各个指标的客观权重就是以对比强度和冲突性来综合衡量的。设 C_j 表示第 j 个评价指标所包含的信息量，则 C_j 可以表示为

$$C_j = \sigma_j \sum_{t=1}^{n} (1 - r_{tj}) \quad j = 1, 2, \cdots, m \tag{9.3}$$

式中，σ_j 表示标准差；r_{tj} 表示指标 t 与 j 之间的相关系数。

C_j 越大，第 j 个指标所包含的信息量就越大，该指标的相对重要性也越大，则第 j 个指标的客观权重 W_j 应为

$$W_j = \frac{C_j}{\sum_{i=1}^{n} C_j} \qquad j = 1, 2, \cdots, m \tag{9.4}$$

2）AHP 法

采用 AHP 法构造比较判断矩阵，根据一定准则，对同一目标层上的各元素进行两两对比，确定元素之间的相对重要性，一般按照 1～9 的表度进行重要性程度赋值，如表 9.3 所示。比较判断矩阵构造完成后，需要进一步确定特征值及权重向量，并进行一致性检验，只有确认一致性检验合理，才能确定矩阵的合理性。

表 9.3　比较判断矩阵的标度方法

标度	两元素重要性对比
1	两者重要性相同
3	前者比后者稍微重要
5	前者比后者明显重要
7	前者比后者强烈重要
9	前者比后者极端重要
2，4，6，8	取上述相邻判断的中间值

一致性检验步骤如下：

A. 计算一致性指标 CI

$$\mathrm{CI} = \frac{\lambda_{\max} - n}{n - 1} \tag{9.5}$$

CI 值越大表明矩阵偏离一致性程度较大；CI 越接近 0 则表示矩阵一致性越好。

B. 确定随机一致性指标 RI

随机一致性指标 RI 可由表 9.4 确定。

表 9.4　随机一致性指标

矩阵阶数 n	1	2	3	4	5	6	7	8	9
RI	0	0	0.52	0.89	1.12	1.24	1.32	1.41	1.45

C. 计算一致性比率 CR

$$\mathrm{CR} = \frac{\mathrm{CI}}{\mathrm{RI}} \tag{9.6}$$

当 CR＞0.1 时，表示矩阵不符合一致性要求，需要重新构造矩阵；当 CR＜0.1 时，表明矩阵一致性较好。

3）混合加权法

将 CRITIC 法与 AHP 法的权重结果进行综合加权，结果以客观权重计算结果辅助主观权重，增强主观权重的准确性，结合主客观权重，综合评价结果等级（袁合才和辛艳辉，2011）。综合权重计算式如下：

$$w_{综合} = \frac{w_{\mathrm{CRITIC}.ij} \cdot w_{\mathrm{AHP}.ij}}{\sum (w_{\mathrm{CRITIC}.ij} \cdot w_{\mathrm{AHP}.ij})} \tag{9.7}$$

（4）进行单指标模糊评价，建立模糊关系矩阵 R

首先对一个指标进行评价，计算被评价对象隶属于评价集合 V 的程度，得到单指标模糊评价结果。在构造多等级模糊子集后，从每个因素上量化被评价对象，确定被评价对象对各级模糊子集的隶属度，从而获得模糊关系矩阵。对模糊关系矩阵进行归一化处理，消除量纲的影响。建立各评价因子随被评价对象的隶属度函数。

A. 当指标为定量指标时，评价因子为偏大型函数，则

$$r_{ij}=\begin{cases}0, & x<a \\ \left(\dfrac{x-a}{b-a}\right)^k, & a\leqslant x\leqslant b \\ 1, & x>b\end{cases} \tag{9.8}$$

当评价因子为偏小型函数，则

$$r_{ij}=\begin{cases}1, & x<a \\ \left(\dfrac{b-x}{b-a}\right)^k, & a\leqslant x\leqslant b \\ 0, & x>b\end{cases} \tag{9.9}$$

B. 当指标为定性指标时，其指标值通过分级评分法获得，隶属度函数选择一次线性函数，评价因子为偏大型函数，则

$$r_{ij}=\begin{cases}0, & x\leqslant a \\ \dfrac{x-a}{b-a}, & a<x\leqslant b \\ 1, & b<x\leqslant c \\ \dfrac{d-x}{d-c}, & c<x\leqslant d \\ 0, & x>d\end{cases} \tag{9.10}$$

当评价因子为偏小型函数，则

$$r_{ij}=\begin{cases}0, & x\leqslant a \\ \dfrac{x-a}{b-a}, & a<x\leqslant b \\ \dfrac{c-x}{c-b}, & b<x\leqslant c \\ 0, & x>c\end{cases} \tag{9.11}$$

本章研究的 LID 措施综合效能多指标评价体系包含定性与定量指标，指标集类型包括偏大性和偏小型两种。上述 13 个指标中 C_1～C_6、C_9～C_{13} 均为偏大型，即指标评价结果越大越好，C_7 与 C_8 属于偏小型。

1）洪峰削减率与径流削减率

洪峰削减率与径流削减率属于偏大型指标，参考式（9.8）与表 9.2，选择二次抛物线模糊分布，构建 C_1 与 C_2 的隶属度函数如下：

$$
r_1(x)=\begin{cases}0, & x<43.75\\ 2\left(\dfrac{x-43.75}{11.25}\right)^2, & 43.75\leqslant x<49.375\\ 1-2\left(\dfrac{x-55}{11.25}\right)^2, & 49.375\leqslant x\leqslant 55\\ 1, & x>55\end{cases} \tag{9.12}
$$

$$
r_2(x)=\begin{cases}0, & x<32.5\\ 2\left(\dfrac{x-32.5}{11.25}\right)^2, & 32.5\leqslant x<38.125\\ 1-2\left(\dfrac{x-43.75}{11.25}\right)^2, & 38.125\leqslant x<49.375\\ 2\left(\dfrac{x-55}{11.25}\right)^2, & 49.375\leqslant x\leqslant 55\\ 0, & x>55\end{cases} \tag{9.13}
$$

$$
r_3(x)=\begin{cases}0, & x<21.25\\ 2\left(\dfrac{x-21.25}{11.25}\right)^2, & 21.25\leqslant x<26.875\\ 1-2\left(\dfrac{x-32.5}{11.25}\right)^2, & 26.875\leqslant x<38.125\\ 2\left(\dfrac{x-43.75}{11.25}\right)^2, & 38.125\leqslant x\leqslant 43.75\\ 0, & x>43.75\end{cases} \tag{9.14}
$$

$$
r_4(x)=\begin{cases}0, & x<10\\ 2\left(\dfrac{x-10}{11.25}\right)^2, & 10\leqslant x<15.625\\ 1-2\left(\dfrac{x-21.25}{11.25}\right)^2, & 15.625\leqslant x<26.875\\ 2\left(\dfrac{x-32.5}{11.25}\right)^2, & 26.875\leqslant x\leqslant 32.5\\ 0, & x>32.5\end{cases} \tag{9.15}
$$

$$
r_5(x)=\begin{cases}1, & x<10\\ 2\left(\dfrac{x-10}{11.25}\right)^2, & 10\leqslant x<15.625\\ 2\left(\dfrac{x-21.25}{11.25}\right)^2, & 15.625\leqslant x\leqslant 21.25\\ 0, & x>21.25\end{cases} \tag{9.16}
$$

$$
r_1(x)=\begin{cases} 0, & x<40 \\ 2\left(\dfrac{x-40}{10}\right)^2, & 40\leqslant x<45 \\ 1-2\left(\dfrac{x-50}{10}\right)^2, & 45\leqslant x\leqslant 50 \\ 1, & x>50 \end{cases} \tag{9.17}
$$

$$
r_2(x)=\begin{cases} 0, & x<30 \\ 2\left(\dfrac{x-30}{10}\right)^2, & 30\leqslant x<35 \\ 1-2\left(\dfrac{x-40}{10}\right)^2, & 35\leqslant x<45 \\ 2\left(\dfrac{x-50}{10}\right)^2, & 45\leqslant x\leqslant 50 \\ 0, & x>50 \end{cases} \tag{9.18}
$$

$$
r_3(x)=\begin{cases} 0, & x<20 \\ 2\left(\dfrac{x-20}{10}\right)^2, & 20\leqslant x<25 \\ 1-2\left(\dfrac{x-30}{10}\right)^2, & 25\leqslant x<35 \\ 2\left(\dfrac{x-40}{10}\right)^2, & 35\leqslant x\leqslant 40 \\ 0, & x>40 \end{cases} \tag{9.19}
$$

$$
r_4(x)=\begin{cases} 0, & x<10 \\ 2\left(\dfrac{x-10}{10}\right)^2, & 10\leqslant x<15 \\ 1-2\left(\dfrac{x-20}{10}\right)^2, & 15\leqslant x<25 \\ 2\left(\dfrac{x-30}{10}\right)^2, & 25\leqslant x\leqslant 30 \\ 0, & x>30 \end{cases} \tag{9.20}
$$

$$
r_5(x)=\begin{cases} 1, & x<10 \\ 1-2\left(\dfrac{x-10}{10}\right)^2, & 10\leqslant x<15 \\ 2\left(\dfrac{x-20}{10}\right)^2, & 15\leqslant x\leqslant 20 \\ 0, & x>20 \end{cases} \tag{9.21}
$$

2）污染负荷削减率

四种污染物（SS、COD、TP 和 TN）的负荷削减率属于偏大型指标，参考式（9.8）与表 9.2，四种污染物的评价标准相同，选择二次抛物线模糊分布，构建 $C_3 \sim C_6$ 的隶属度函数如下：

$$r_1(x)=\begin{cases}0, & x<47.5\\ 2\left(\dfrac{x-47.5}{12.5}\right)^2, & 47.5\leqslant x<53.75\\ 1-2\left(\dfrac{x-60}{12.5}\right)^2, & 53.75\leqslant x\leqslant 60\\ 1, & x>60\end{cases} \tag{9.22}$$

$$r_2(x)=\begin{cases}0, & x<35\\ 2\left(\dfrac{x-35}{12.5}\right)^2, & 35\leqslant x<41.25\\ 1-2\left(\dfrac{x-47.5}{12.5}\right)^2, & 41.25\leqslant x<53.75\\ 2\left(\dfrac{x-60}{12.5}\right)^2, & 53.75\leqslant x\leqslant 60\\ 0, & x>60\end{cases} \tag{9.23}$$

$$r_3(x)=\begin{cases}0, & x<22.5\\ 2\left(\dfrac{x-22.5}{12.5}\right)^2, & 22.5\leqslant x<28.75\\ 1-2\left(\dfrac{x-35}{12.5}\right)^2, & 28.75\leqslant x<41.25\\ 2\left(\dfrac{x-47.5}{12.5}\right)^2, & 41.25\leqslant x\leqslant 47.5\\ 0, & x>47.5\end{cases} \tag{9.24}$$

$$r_4(x)=\begin{cases}0, & x<10\\ 2\left(\dfrac{x-10}{12.5}\right)^2, & 10\leqslant x<16.25\\ 1-2\left(\dfrac{x-22.5}{12.5}\right)^2, & 16.25\leqslant x<28.75\\ 2\left(\dfrac{x-35}{12.5}\right)^2, & 28.75\leqslant x\leqslant 35\\ 0, & x>35\end{cases} \tag{9.25}$$

$$r_5(x)=\begin{cases}1, & x<10\\ 1-2\left(\dfrac{x-10}{12.5}\right)^2, & 10\leqslant x<16.25\\ 2\left(\dfrac{x-22.5}{12.5}\right)^2, & 16.25\leqslant x\leqslant 22.5\\ 0, & x>22.5\end{cases}\tag{9.26}$$

3）单位基建与管理维护费用

单位基建费用与单位管理维护费用属于偏小型指标，指标越小越好，参考式（9.9）与表 9.2，四种污染物的评价标准相同，选择二次抛物线模糊分布，构建 C_7 和 C_8 的隶属度函数如下：

$$r_1(x)=\begin{cases}1, & x<200\\ 1-2\left(\dfrac{x-200}{150}\right)^2, & 200\leqslant x<275\\ 2\left(\dfrac{x-350}{150}\right)^2, & 275\leqslant x\leqslant 350\\ 0, & x>350\end{cases}\tag{9.27}$$

$$r_2(x)=\begin{cases}0, & x<200\\ 2\left(\dfrac{x-200}{150}\right)^2, & 200\leqslant x<275\\ 1-2\left(\dfrac{x-350}{150}\right)^2, & 275\leqslant x<425\\ 2\left(\dfrac{x-500}{150}\right)^2, & 425\leqslant x\leqslant 500\\ 0, & x>500\end{cases}\tag{9.28}$$

$$r_3(x)=\begin{cases}0, & x<350\\ 2\left(\dfrac{x-350}{150}\right)^2, & 350\leqslant x<425\\ 1-2\left(\dfrac{x-500}{150}\right)^2, & 425\leqslant x<575\\ 2\left(\dfrac{x-650}{150}\right)^2, & 575\leqslant x\leqslant 650\\ 0, & x>650\end{cases}\tag{9.29}$$

$$r_4(x)=\begin{cases}0, & x<500\\ 2\left(\dfrac{x-500}{150}\right)^2, & 500\leqslant x<575\\ 1-2\left(\dfrac{x-650}{150}\right)^2, & 575\leqslant x<725\\ 2\left(\dfrac{x-800}{150}\right)^2, & 725\leqslant x\leqslant 800\\ 0, & x>800\end{cases} \tag{9.30}$$

$$r_5(x)=\begin{cases}0, & x<650\\ 2\left(\dfrac{x-650}{150}\right)^2, & 650\leqslant x<725\\ 1-2\left(\dfrac{x-800}{150}\right)^2, & 725\leqslant x\leqslant 800\\ 1, & x>800\end{cases} \tag{9.31}$$

$$r_1(x)=\begin{cases}1, & x<5\\ 1-2\left(\dfrac{x-5}{12.5}\right)^2, & 5\leqslant x<11.25\\ 2\left(\dfrac{x-17.5}{12.5}\right)^2, & 11.25\leqslant x\leqslant 17.5\\ 0, & x>17.5\end{cases} \tag{9.32}$$

$$r_2(x)=\begin{cases}0, & x<5\\ 2\left(\dfrac{x-5}{12.5}\right)^2, & 5\leqslant x<11.25\\ 1-2\left(\dfrac{x-17.5}{12.5}\right)^2, & 11.25\leqslant x<23.75\\ 2\left(\dfrac{x-30}{12.5}\right)^2, & 23.75\leqslant x\leqslant 30\\ 0, & \mathrm{x}>30\end{cases} \tag{9.33}$$

$$r_3(x)=\begin{cases}0, & x<350\\ 2\left(\dfrac{x-350}{150}\right)^2, & 350\leqslant x<425\\ 1-2\left(\dfrac{x-500}{150}\right)^2, & 425\leqslant x<575\\ 2\left(\dfrac{x-650}{150}\right)^2, & 575\leqslant x\leqslant 650\\ 0, & x>650\end{cases} \tag{9.34}$$

$$r_4(x)=\begin{cases}0, & x<30 \\ 2\left(\dfrac{x-30}{12.5}\right)^2, & 30 \leqslant x<36.25 \\ 1-2\left(\dfrac{x-42.5}{12.5}\right)^2, & 36.25 \leqslant x<48.75 \\ 2\left(\dfrac{x-55}{12.5}\right)^2, & 48.75 \leqslant x \leqslant 55 \\ 0, & x>55\end{cases} \tag{9.35}$$

$$r_5(x)=\begin{cases}0, & x<42.5 \\ 2\left(\dfrac{x-42.5}{12.5}\right)^2, & 42.5 \leqslant x<48.75 \\ 1-2\left(\dfrac{x-55}{12.5}\right)^2, & 48.75 \leqslant x \leqslant 55 \\ 1, & x>55\end{cases} \tag{9.36}$$

4）技术稳定性、设计鲁棒性、雨水利用率、生态景观功能和公众接受度

对于技术稳定性、设计鲁棒性、雨水利用率、生态景观功能和公众接受度这 5 个定性参数通过文献法获得各性能的评价，然后根据 5 个评价等级进行赋分，这些指标的分布均属于离散型，因此选择一次线性函数构造隶属度函数，结合式（9.10）与表 9.2，构建 C_9～C_{13} 的隶属度函数如下：

$$r_1(x)=\begin{cases}1, & x \leqslant 2 \\ \dfrac{4-x}{2}, & 2<x \leqslant 4 \\ 0, & \mathrm{x}>4\end{cases} \tag{9.37}$$

$$r_2(x)=\begin{cases}0, & x \leqslant 2 \\ \dfrac{x-2}{2}, & 2<x \leqslant 4 \\ \dfrac{6-x}{2}, & 4<x \leqslant 6 \\ 0, & x>6\end{cases} \tag{9.38}$$

$$r_3(x)=\begin{cases}0, & x \leqslant 4 \\ \dfrac{x-4}{2}, & 4<x \leqslant 6 \\ \dfrac{8-x}{2}, & 6<x \leqslant 8 \\ 0, & x>8\end{cases} \tag{9.39}$$

$$r_4(x)=\begin{cases}0, & x\leqslant 6\\ \dfrac{x-6}{2}, & 6<x\leqslant 8\\ \dfrac{10-x}{2}, & 8<x\leqslant 10\\ 0, & x>10\end{cases} \tag{9.40}$$

$$r_5(x)=\begin{cases}0, & x\leqslant 8\\ \dfrac{x-8}{2}, & 8<x\leqslant 10\end{cases} \tag{9.41}$$

（5）多指标综合评价

模糊综合评价的合成算子模型为M加权平均型，并根据加权原则对评价结果向量计算，其公式为

$$M=\frac{\sum_{P=1}^{5} b_j \times j}{\sum_{P=1}^{5} b_j} \tag{9.42}$$

式中，b_j 为模糊综合评价向量的第 j 个数值，j 为按百分制计算的综合效能评价等级标准。Ⅰ级为 90～100（95），Ⅱ级为 80～90（85），Ⅲ级为 70～80（75），Ⅳ为 60～70（65），Ⅴ为 0～60（30）。

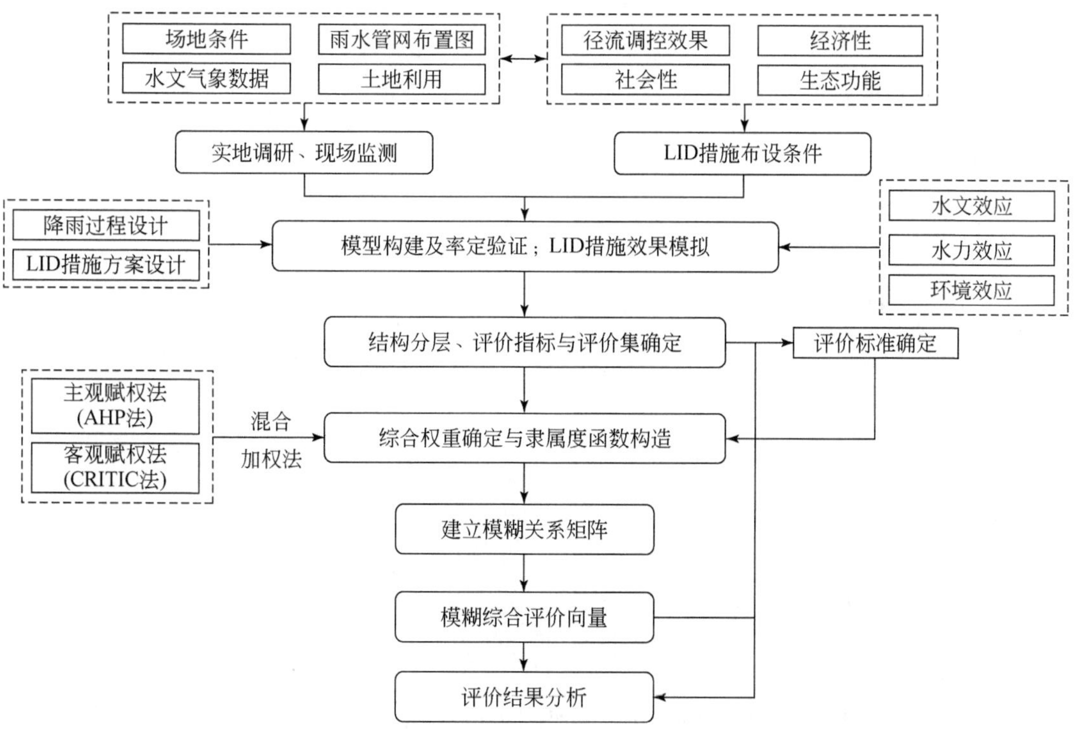

图 9.2　基于模糊综合评价的 LID 措施综合效能评价体系

（6）对模糊综合评价结果进行分析

评价结果向量 B 是被评价对象对各个等级的隶属程度描述。由于评价结果为一个模糊向量不能直接用于排序择优，还需要对结果进行综合分析，计算每个评价对象的综合分值，按大小进行排序，按序择优，从而挑选出最优者。本章主要采用加权平均原则对结果进行处理，最终确定被评价对象的相对位置。

2. LID 设施区域优化配置评价体系

不同的评价问题，需要建立能够全面反映评价问题的多指标评价体系。综合以上评价过程，本章采用模糊综合评价法对不同 LID 措施方案的综合效能进行多层次、多指标的综合评价，建立基于模糊数学的 LID 设施区域优化配置评价体系，客观反映 LID 措施控制效果，从而为 LID 措施的合理配置提供决策依据，如图 9.2 所示。

9.2　新建区低影响开发设施区域优化配置研究

9.2.1　新建区概况

西咸新区位于陕西省西安市与咸阳市之间，划分为泾河新城、秦汉新城、空港新城、沣东新城与沣西新城。其中，沣西新城位于沣河以西、渭河以南，是西咸新区的重要组成部分，其中建设用地 64 km^2，非建设用地 79 km^2，如图 9.3 所示。新建区位于西咸新区沣西新城，以西宝高速线、统一路、渭河大堤与韩非路为边界，总面积为 23.64 km^2。其地势走向为东南高，西部低，隶属于温带大陆性季风型半干旱、半湿润气候区，夏季多雨炎热，冬季干燥寒冷，四季分明，冷暖干湿变化明显。年均降水量 520 mm（1960～2014 年），自然年降水量变化程度较大，且分配呈现明显的季节性，其中 6～9 月降水较大，冬季相对较少。

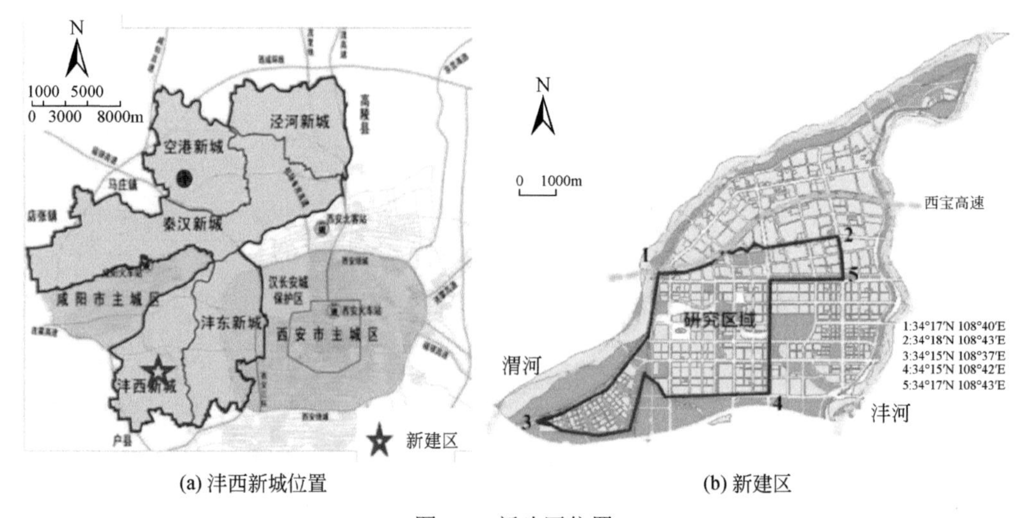

(a) 沣西新城位置　　(b) 新建区

图 9.3　新建区位置

9.2.2　新建区暴雨雨水管理模型的构建与验证

1. 新建区概化

目前新建区城市建设正在进行，区域内多为未开发的耕地。对新建区进行概化时，主要参考该海绵城市研究区的三年实施计划中规划建成的管网和下垫面资料，概化节点、管道和子汇水区面积，将模拟区概化为217个子汇水区域，165个管网节点，165个管道，出水口14个，概化结果如图9.4所示。

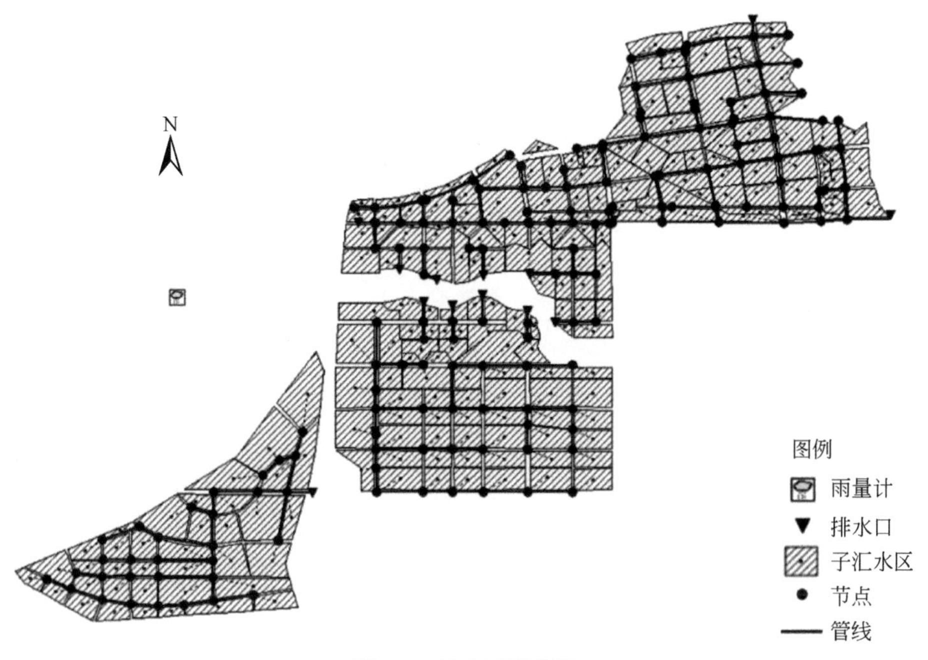

图9.4　新建区概化图

2. 降雨条件设置

在应用中常用设计暴雨法设计暴雨过程，并考虑单峰雨型。本章采用芝加哥雨型进行模拟，新建区实际暴雨强度公式为：

$$q=\frac{6789.002(1+2.297\lg P)}{(t+30.251)^{1.141}} \tag{9.43}$$

式中，q为暴雨强度，L/（s・hm^2）；P为设计重现期，年；t为降雨历时，min。

芝加哥雨型为单峰雨型，雨型较为“尖瘦”，且根据芝加哥雨型设计的长历时与短历时降雨过程趋势并无太大区别，因此本章降雨历时选择3 h（180 min），时间步长为5 min。因缺乏当地降雨统计资料，因此雨峰系数选用经验值0.4。设计降雨重现期分别为1年、2年、5年、10年、20年与50年，总降雨量分别为16.424 mm、27.782 mm、42.798 mm、54.157 mm、65.508 mm和80.524 mm。

3. 参数敏感性分析

利用Morris筛选法分别对研究区模型的水文、水力与水质参数进行敏感性分析。采用19.2 mm、2年一遇和20年一遇三场降雨的数据，对径流总量、峰值流量和SS总量进行参数敏感性分析。采用5%的固定步长对参数进行扰动，计算模型模拟结果的波动程度。分析结果见图9.5，为了便于排序，灵敏度SN值取绝对值。

径流总量灵敏度分析中，新建区模型的汇水区宽度均较为敏感。汇水区宽度由汇水区面积与地表漫流长度有关，降雨形成地表径流后，在汇流过程中随时间增长逐渐损失部分水量，故对径流总量变化影响最大的是汇水区宽度；径流峰值灵敏度分析中，管道曼宁系

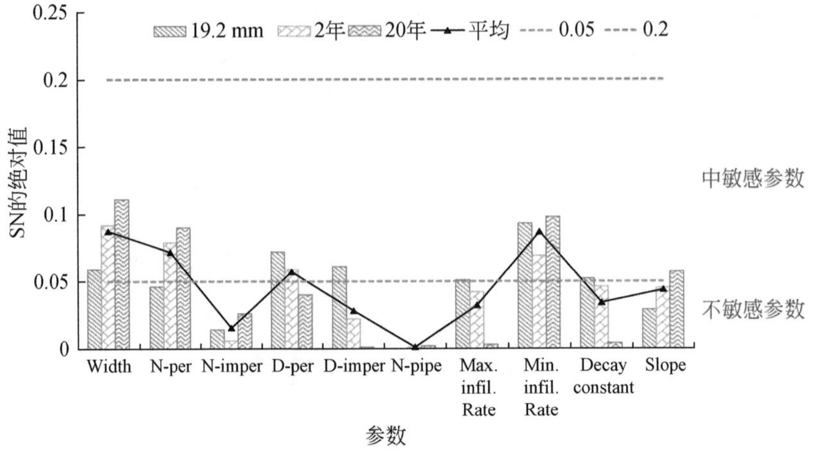

(a) 径流总量灵敏度

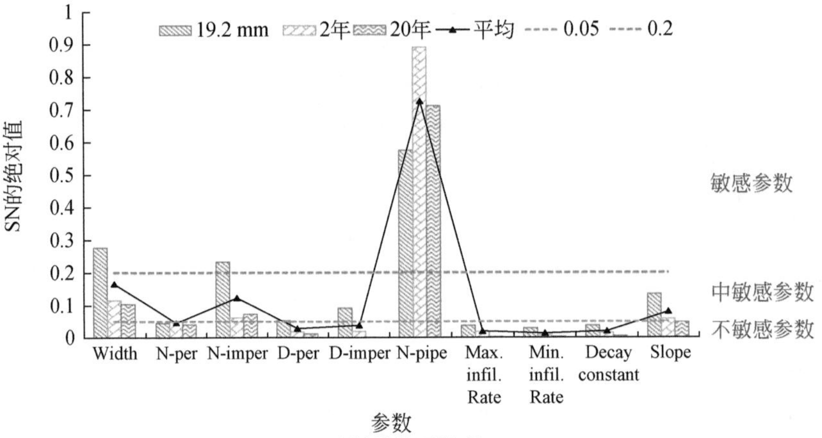

(b) 径流峰值灵敏度

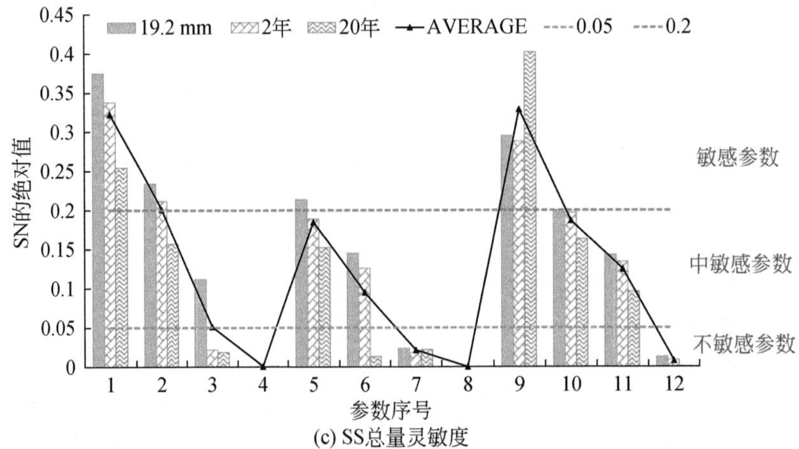

(c) SS总量灵敏度

图 9.5 SWMM 模型待率定参数的敏感性分析结果

注：图（a）、（b）中横坐标分别表示为汇水区特征宽度、透水区和不透水区曼宁系数、透水区和不透水区的洼蓄深度，管道曼宁系数、最大和最小下渗率、渗透衰减常数以及坡度。图（c）中横坐标 1～12 分别表示路面最大累积量、半饱和常数、冲刷系数与指数，屋面最大累积量、半饱和常数、冲刷系数与指数，屋顶最大累积量、半饱和常数、冲刷系数与指数

数为最敏感参数，汇水区宽度与坡度、不透水区曼宁系数次之；污染物总量灵敏度分析中，不同土地利用类型下，最大累积量为最敏感的参数，冲刷指数为最不敏感参数。

4. 参数率定验证与确定

选取“20160918”和“20170916”两场降雨的模拟数据以及沣景路 Y23（即模型 J4-7）的实际监测数据来率定水文水力及水质参数，同时选取 20170925 与 20180702 两场降雨的模拟数据以及沣景路 Y23（即模型 J4-7）验证模型参数。经过反复调试与计算，模型参数的率定验证结果如表 9.5 所示。四场降雨中，Ens 值均在 0.70 及以上，RE 值在范围±10%内，说明模型实测值与模拟值吻合度良好，模型参数能够应用于新建区水量水质的模拟分析。新建区模型最终确定的参数取值如表 9.6 所示。

表 9.5 新建区模型 Ens 值与 RE 值计算结果

降雨事件		流量	SS	COD	TN	TP
20160918	Ens	0.86	0.72	0.83	0.71	0.79
	RE/%	−7.14	−8.25	−2.06	3.52	−6.54
20170916	Ens	0.82	0.78	0.79	0.89	0.87
	RE/%	3.26	−5.27	4.81	2.67	3.18
20170925	Ens	0.87	0.71	0.83	0.73	0.83
	RE/%	8.77	−1.97	0.69	−7.14	−0.62
20180702	Ens	0.88	0.89	0.74	0.85	0.72
	RE/%	6.35	0.37	1.32	−8.24	4.52

表 9.6 新建区模型参数最终取值

项目	水文水力参数	取值	土地利用	水质参数	SS	COD	TP	TN
子汇水区	不透水区曼宁系数	0.013	屋顶	最大累积量/（kg/hm^2）	140	100	1.4	2.3
				半饱和常数（1/d）	10	10	10	10
	不透水区曼宁系数	0.14		系数	0.009	0.008	0.008	0.008
	不透水区洼蓄量/mm	2.06		指数	0.4	0.54	0.45	0.55
	透水区洼蓄量/mm	3.78	绿地	最大累积量/（kg/hm^2）	120	120	1	19
入渗模型	最大入渗率/(mm/h)	25.4		半饱和常数（1/d）	10	10	10	10
				系数	0.09	0.085	0.09	0.085
	最小入渗率/(mm/h)	3.37		指数	0.2	0.53	0.5	0.53
	衰减常数/d^{-1}	7	路面	最大累积量/（kg/hm^2）	130	90	1.5	27
管道	曼宁系数	0.013		半饱和常数（1/d）	8	8	6	8
				系数	0.008	0.007	0.007	0.007
				指数	0.5	0.8	0.45	0.45

9.2.3 LID 设施布设方案设计

LID 设施的规划布设要结合城市道路、广场、建筑与绿地等空间载体，建设可持续的城市雨水控制利用系统。综合分析 LID 措施的调控效果、经济、社会与生态等方面的特点，考虑新建区用地性质类型与建筑分布面积、SWMM 模型中 LID 模块参数，最终确定本章研究雨水花园、绿色屋顶、渗透铺装、植草沟等 4 种单项 LID 措施。制订具体布设方案如下：

（1）LID 措施的不同组合方式（设计单项 LID 设施总面积为新建区面积的 15%）

方案一：雨水花园+绿色屋顶+渗透铺装。

方案二：雨水花园+绿色屋顶+植草沟。

方案三：雨水花园+渗透铺装+植草沟。

方案四：绿色屋顶+渗透铺装+植草沟。

（2）LID 措施的不同布设位置

从 LID 措施的不同组合方式的四种方案中选出效果相对较好的一种 LID 单项措施；将排水管道总长度平均分为三段，靠近排水口的一段设定为下游，远离排水口的一段为上游；设计单项 LID 设施总面积为新建区面积的 15%，将其布设在排水系统的上游、中游与下游管段的附近子汇水区中。

（3）LID 措施的不同布设面积

以雨水花园为研究对象，设计雨水花园面积为新建区总面积的 5%，10%，15%，20%等。

9.2.4 不同 LID 措施条件下新建区水文与环境效应模拟

1. 不同组合条件下水文水力与环境效应研究

（1）水文效应

由图 9.6 分析可知，方案一降雨入渗量最大，方案四地表径流量与地表洼蓄量最大。这是因为雨水花园在雨水集蓄与补充地下水方面较强，植草沟主要用于转输与滞蓄雨水径流，延缓径流峰值，缓解城市管网压力（Muhammad et al，2018；Dietz and Clausen，2006）。各系统出流总量差异均较小。重现期为 1 年时，四种方案均无溢流产生；2 年与 5 年条件下，各方案的溢流量大小差别较小；在大重现期（10～50 年）条件下，总溢流量大小排序为：方案四＞方案一＞方案二＞方案三，且随重现期增大而增大。这是因为在相同的降雨条件下，雨水花园土壤层较绿色屋顶厚，且雨水花园含有蓄水层，因此在对降雨的入渗与控制方面雨水花园效果较好，相应的溢流量较小，与罗秀丽等（2018）的研究结果一致。

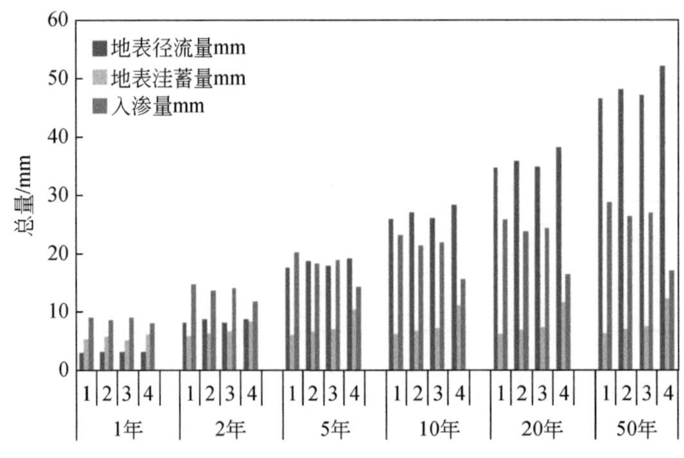

图 9.6　不同组合条件下水文模拟结果

注：图中横坐标 1～4 分别表示为方案一、方案二、方案三、方案四

如图 9.7 所示，随着重现期的增大，各方案径流系数均增大；在重现期为 1 年时，四种方案径流系数基本持平，重现期为 2～50 年时，径流系数大小排序为：方案一＜方案三＜方案二＜方案四，由此可知，相比于植草沟，雨水花园更倾向于集蓄雨水，削减地表径流。对于径流削减效果，随着重现期的增大，各方案的削减率逐渐减小；重现期为 1～50 年时，与未添加 LID 措施时相比，各方案的径流削减率均有所提高，分别提高了 31.97%、31.26%、27.84%、25.68%、23.82%和 21.70%；各方案径流削减率与其减幅大小排序均为：方案一＞方案三＞方案二＞方案四。因此，LID 措施对地表径流有良好的控制作用，就单项 LID 措施的径流削减效果而言，雨水花园＞渗透铺装＞绿色屋顶＞植草沟。

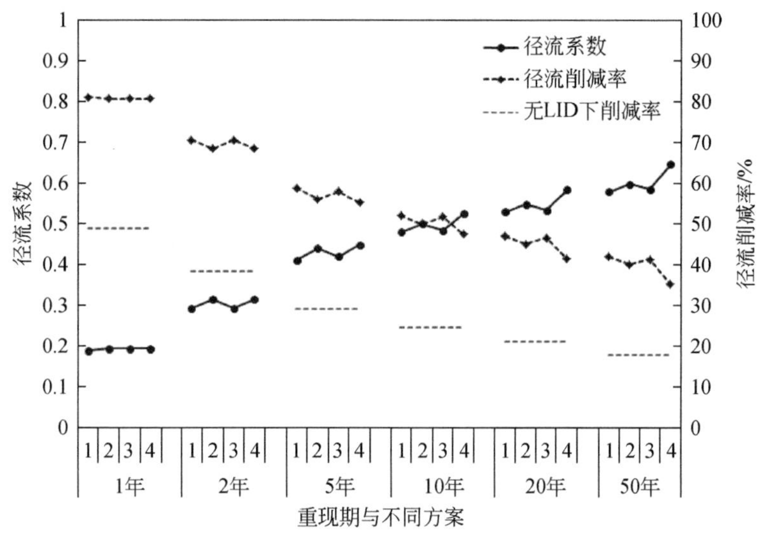

图 9.7　不同组合条件下地表径流分析结果

注：图中横坐标 1～4 分别表示为方案一、方案二、方案三、方案四

（2）水力效应

模拟计算 LID 措施不同组合条件下整个雨水系统的超载节点与管段，模拟结果如图 9.8 所示。随着重现期的增大，超载节点与管段逐渐增多。添加 LID 措施后，节点与管段超载率均有所降低，峰值流量均减少。在 1 年条件下，四种方案中节点与管段无超载现象；2 年条件下，四种方案中节点超载率均降低了 12.12%，方案三管段超载率降低了 31.52%，其余三个方案均降低了 30.91%；5～50 年条件下，四种方案节点超载率分别降低了 18.18%～36.97%、21.82%～38.18%、21.82%～40%和 17.57%～35.76%，管段超载率分别降低了 8.48%～52.72%、10.30%～53.94%、11.51%～56.97%和 7.88%～52.72%。节点与管段超载率降低程度排序为：方案四＜方案一＜方案二＜方案三。对于减缓节点内涝与管段超载状况，雨水花园＞植草沟＞渗透铺装＞绿色屋顶。雨水花园对径流控制效果较好，植草沟与渗透铺装对于削减洪峰流量，延迟峰值时间有正面效应。

（3）环境效应

模拟计算 LID 措施不同组合条件下整个雨水系统污染物（SS、COD、TP、TN）的负荷总量与负荷削减率等参数。由图 9.9、图 9.10 分析可知，重现期为 1～50 年条件下，LID 措施对四种污染物的平均控制量分别为 7002～17118 kg、7091～10160 kg、162～380 kg 和

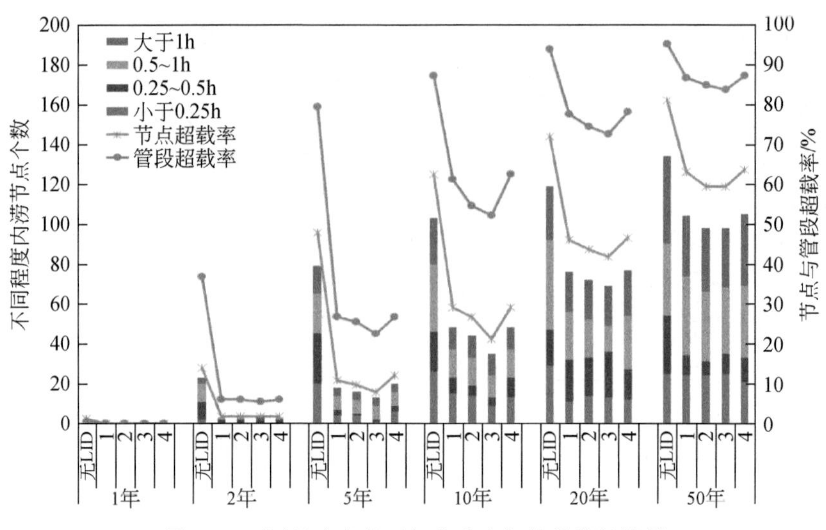

图 9.8　不同组合条件下超载节点与管段模拟结果

注：图中横坐标 1～4 分别表示为方案一、方案二、方案三、方案四

1704～3315 kg，平均削减率为 76%～98%、74%～96%、64%～95%和 66%～95%，随着重现期的增大，LID 措施对控制量逐渐增大，负荷削减率逐渐减小。

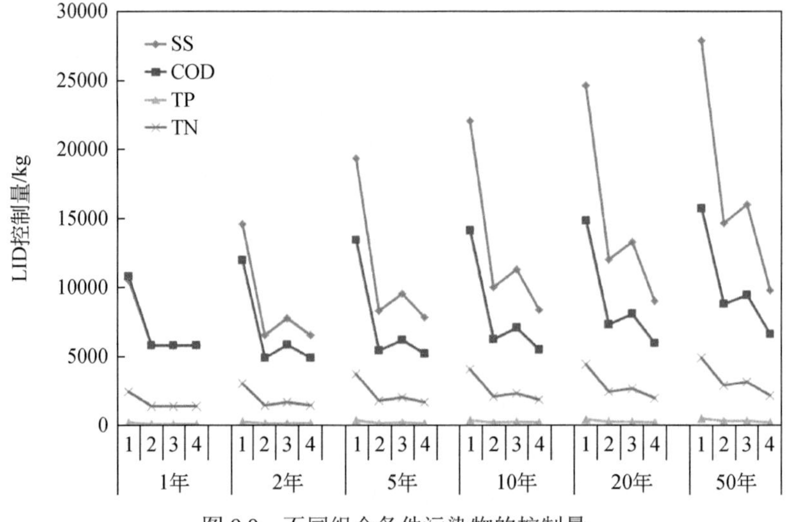

图 9.9　不同组合条件污染物的控制量

注：图中横坐标 1～4 分别表示为方案一、方案二、方案三、方案四

添加 LID 措施后，四种污染物指标的负荷削减率均有所提高。重现期为 1～50 年条件下，四种方案中 SS 负荷削减率分别提高了 4.78%～11.73%、4.73%～11%、4.73%～11.61%和 4.73%～9.02%；COD 负荷削减率分别提高了 8.43%～15.56%、8.33%～14.52%、8.33%～14.93%和 8.33%～13%；TP 负荷削减率分别提高了 10.22%～17.28%、10.1%～16.21%、10.1%～17.02%和 10.1%～13.26%；TN 负荷削减率分别提高了 10.67%～16.94%、10.54%～15.68%、10.54%～16.29%和 10.54%～13.31%。重现期为 1～50 年条件下，方案一的 LID 控制量最大。1 年条件下，其余三个方案的 LID 控制量相同，2～50 年条件下，四种方案的 LID

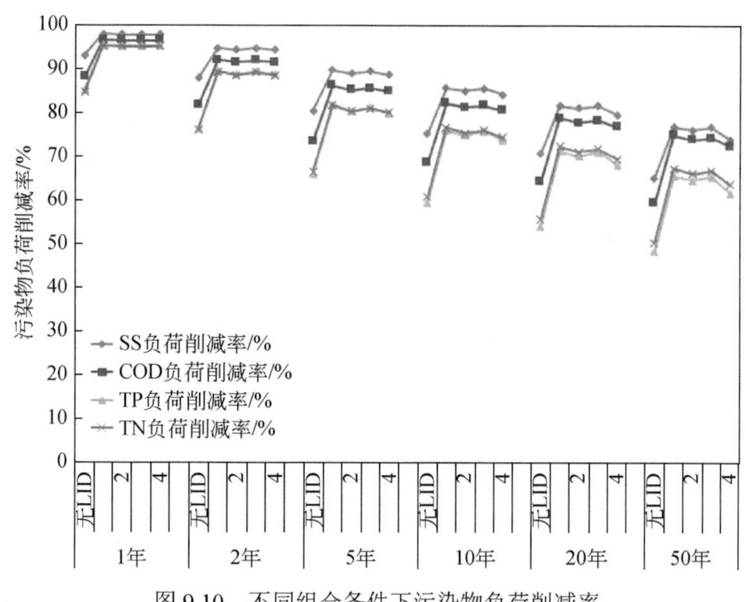

图 9.10　不同组合条件下污染物负荷削减率

注：图中横坐标 1～4 分别表示为方案一、方案二、方案三、方案四

控制量大小排序为：方案四＜方案二＜方案三＜方案一。单项 LID 措施对于污染负荷控制量与污染负荷削减率增幅的大小排序为：雨水花园＞渗透铺装＞绿色屋顶＞植草沟。LID 措施对污染物负荷具有较好的去除效果，可以有效改善径流水质状况。降雨过程中地表累积的污染物冲刷程度不同，伴随降雨径流所产生的面源污染负荷不同。虽然 LID 措施对于不同污染负荷去除效果不同，但污染物浓度变化曲线仍然具有一定的相似性，各污染物排放总量与降雨重现期呈正相关，随着降雨重现期的增大，降雨量增大，径流对地表污染物的冲刷程度变大，使得降雨径流污染负荷变大。降雨历时一定时，各污染负荷的削减率与重现期呈负相关。

2. 不同位置条件下水文水力与环境效应研究

（1）水文效应

由图 9.11 可知，LID 措施在不同位置，重现期为 1～50 年条件下，LID 措施布置在排水系统下游时，系统的入渗量大，在上游时最小。随着重现期的增大，降雨入渗量均增大。当 LID 措施主要布置在上游时，上游控制雨水大多为降雨初期雨水，中游与下游不仅要控制降雨初期雨水，且要接受上游产生的地表径流。在中游与下游，地表土层接受的雨水压力不同，入渗率有所变化，故此入渗量不同且下游相对较大。对于地表径流量，随着重现期的增大，各方案之间差别逐渐增大，在下游时最小，中游时最大。对于地表洼蓄总量与地表径流量结论相反，且重现期越大，各方案的地表洼蓄量均逐渐增大，但增加幅度较小。这是因为 LID 措施在下游时能控制更多雨水径流，最终产生的地表径流量最小。三种方案中，出流总量差异均较小。重现期为 1 年时，三种方案产生溢流量较小；在 2～20 年条件下，总溢流量大小排序为：中游＜上游＜下游，随重现期增大而增大。当 LID 措施布置在下游时，上游与中游产生的雨水径流较大，全部进入雨水系统下游，增大下游管网与 LID 措施压力，LID 措施对径流调控效果有限，因此溢流量较大。

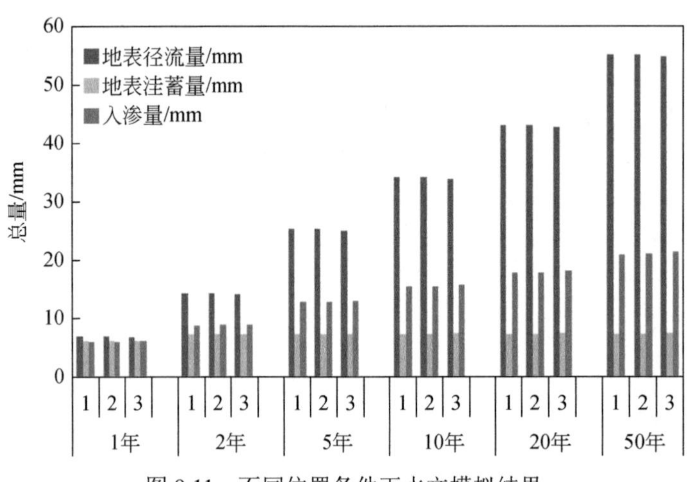

图 9.11　不同位置条件下水文模拟结果

注：图 9.11 中横坐标 1～3 分别表示为上游、中游、下游

如图 9.12 所示，随着重现期的增大，各方案径流系数均增大；重现期为 1～20 年时，径流系数大小排序为：下游＜中游＜上游，LID 措施布置在下游时，能更多地控制地表径流量。对于径流削减效果，随着重现期的增大，各方案的削减率逐渐减小；重现期为 1～50 年时，与未添加 LID 措施时相比，各方案的径流削减率均有所提高，分别提高了 9.19%、10.59%、11.87%、12.60%、13.14%和 13.68%；各方案径流削减率与其增幅大小排序均为：下游＞中游＞上游。因此，LID 措施布置在雨水系统下游时对地表径流有较好的控制作用。

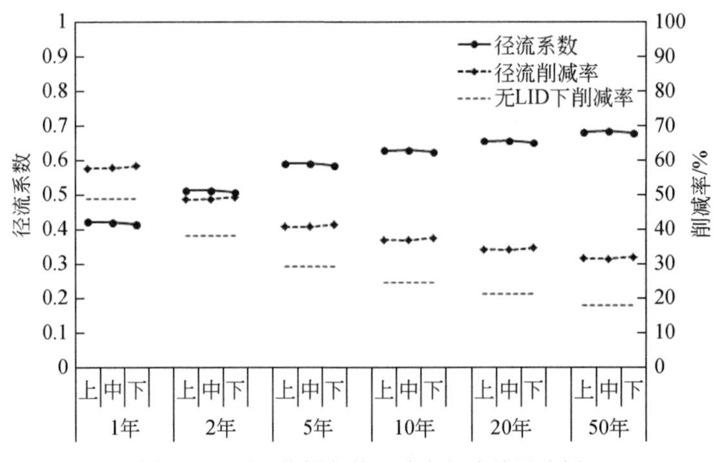

图 9.12　不同位置条件下地表径流结果分析

（2）水力效应

如图 9.13 所示，随着重现期的增大，超载节点与管段逐渐增多。添加 LID 措施后，节点与管段超载率均有所降低。相较于未添加 LID 措施的节点与管段超载率，布置 LID 措施的三种方案（上、中、下游）中节点超载率分别降低了 1.82%～4.85%、1.21%～18.79%、0.60%～13.33%、3.03%～6.67%和 3.63%～9.69%，管段超载率分别降低了 9.09%～15.15%、1.81%～20.60%、1.82%～8.48%、0～7.88%和 1.21%～2.42%。节点与管段超载率降低程度排序为：下游＜中游＜上游。综上，在小重现期时，节点与管段超载率降低程度随重现期

增大而增大，LID 措施对于缓解节点与管段超载状况效果较好；在大重现期条件下，随着重现期的增大，节点与管段超载率降低程度逐渐减小，说明 LID 措施对于内涝情况的缓解效果有限。地表径流由产生到漫流至流域末端时有一定的损失，且 LID 布置在上游与中游时，控制一部分水量，地表径流到达下游时对管网压力较小。布置在下游时，上游与中游产生的大量径流涌入下游管网，且 LID 措施控制能力有限，下游管网承载压力大，更易产生内涝现象。LID 措施布置在下游时，出水口的平均流量与最大流量最小，对流量峰值削减效果更好。加入 LID 可能是有效的控制措施，但如果没有合适的位置，积极的影响可能是有限的（Gilroy et al，2009）。

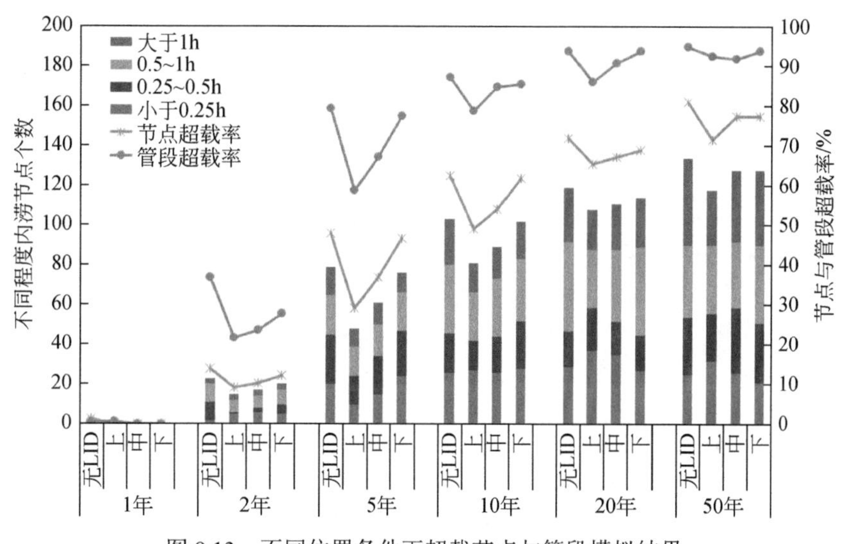

图 9.13　不同位置条件下超载节点与管段模拟结果

（3）环境效应

由图 9.14、图 9.15 分析可知，重现期为 1～50 年条件下，LID 措施对四种污染物的平均控制量分别为 3714～16875 kg、2562～7752 kg、76～326 kg 和 729～2784 kg，平均削减率为 72%～95%、68%～91%、58%～88%和 60%～88%，随着重现期的增大，LID 措施对控制量逐渐增大，负荷削减率逐渐减小。添加 LID 措施后，四种污染物指标的负荷削减率均有所提高。重现期为 1～50 年条件下，三种方案中 SS 负荷削减率分别提高了 1.15%～6.08%、1.41%～6.36%和 1.87%～7.04%；COD 负荷削减率分别提高了 2.41%～8.16%、2.85%～8.16%和 3.32%～8.45%；TP 负荷削减率分别提高了 2.76%～9.17%、3.19%～9.35%和 3.76%～9.97%；TN 负荷削减率分别提高了 3.17%～9.15%、3.49%～9.08%和 3.78%～9.39%。削减率增幅随着重现期的增大而增大，且增幅按大小排序为：上游＜中游＜下游。重现期为 1～50 年条件下，三种方案的 LID 措施对 SS、TP 的控制量基本相同；对 COD、TN 的控制量大小排序为：下游＜上游＜中游，但区别不大。因此 LID 措施对于污染负荷控制量并不会随着位置的不同而发生大的改变。

3. 不同面积条件下水文水力与环境效应研究

（1）水文效应

如图 9.16 所示，对于降雨入渗量，重现期为 1～50 年时，随着降雨强度的增加，降雨入渗量逐渐增大。在小重现期条件下，降雨入渗量随 LID 措施布设面积的增大而减小，大

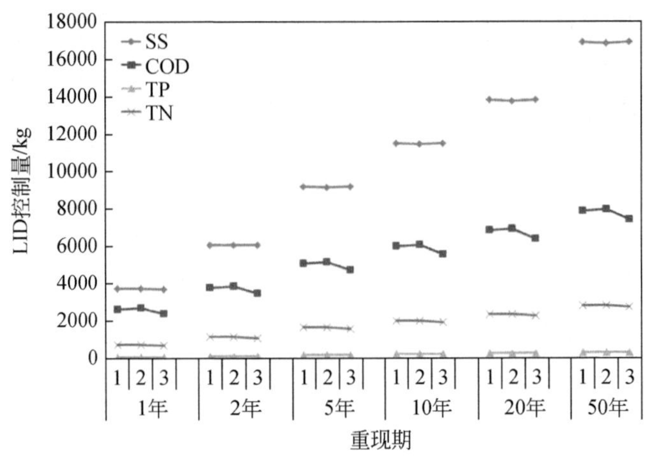

图 9.14　不同位置条件下污染物的 LID 控制量

注：图中横坐标 1～3 分别表示为上游、中游、下游

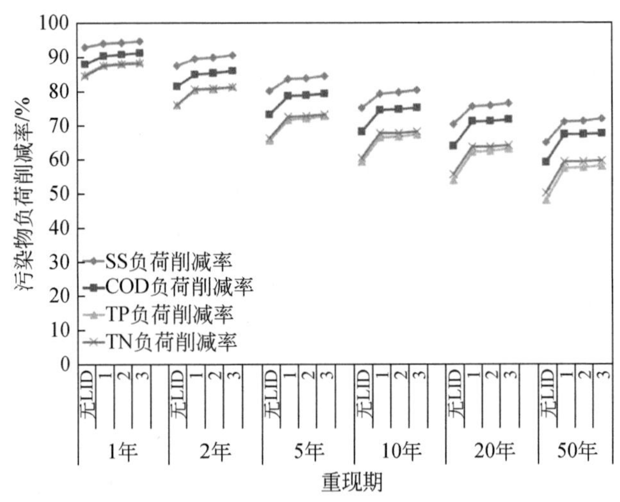

图 9.15　不同位置条件下污染物负荷削减率

注：图中横坐标 1～3 分别表示为上游、中游、下游

重现期与之相反。对于地表径流量，重现期为 1～50 年时，地表径流量随重现期的增大而增大，LID 措施对地表径流的控制量随着措施布设面积的增大而增大。对于地表洼蓄总量，各方案的地表洼蓄量几乎无变化。四种方案中，各系统出流总量随着 LID 措施布设面积的增大而减小。重现期为 1 年时，四种方案均无溢流产生；2～50 年条件下，各方案的溢流量随着 LID 措施布设面积的增大而减小；当 LID 措施面积由 5%增加到 20%，溢流量分别减小了 0、5830 m^3、3394 m^3、56724 m^3、81013 m^3 和 116992 m^3，系统出流量分别减小了 24143 m^3、42269 m^3、52896 m^3、62224 m^3、71306 m^3 和 80703 m^3，且每增加 5%的面积，溢流量与系统出流量均有减少，且随着面积越大，溢流量削减幅度逐渐减小，由此说明，面积的增加并不能使 LID 措施对径流的削减效果线性增长，当面积增长达一定程度时，削减效果将不再发生变化。

如图 9.17 所示，重现期为 1～50 年时，各方案径流系数随着重现期的增大而增大，径流系数大小排序为：5%＞10%＞15%＞20%。对于径流削减效果，随着重现期的增大，各方案的削减率逐渐减小；重现期为 1～50 年时，与未添加 LID 措施时相比，各方案的径流削减率均有所提高，分别提高了 12.98%、14.35%、15.51%、16.17%、16.68%和 17.18%；各方案径流削减率与其增幅大小排序均为：5%＜10%＜15%＜20%。随着 LID 措施布设面积的增大，径流削减效果逐渐增强。

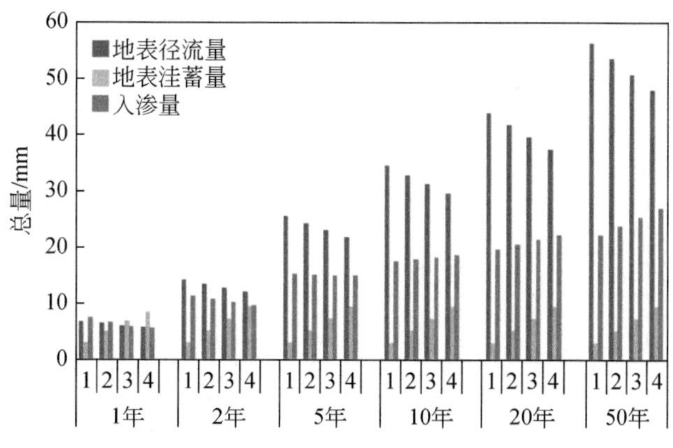

图 9.16　不同面积条件下水文模拟结果

注：图中横坐标 1～4 分别表示为 5%、10%、15%、20%

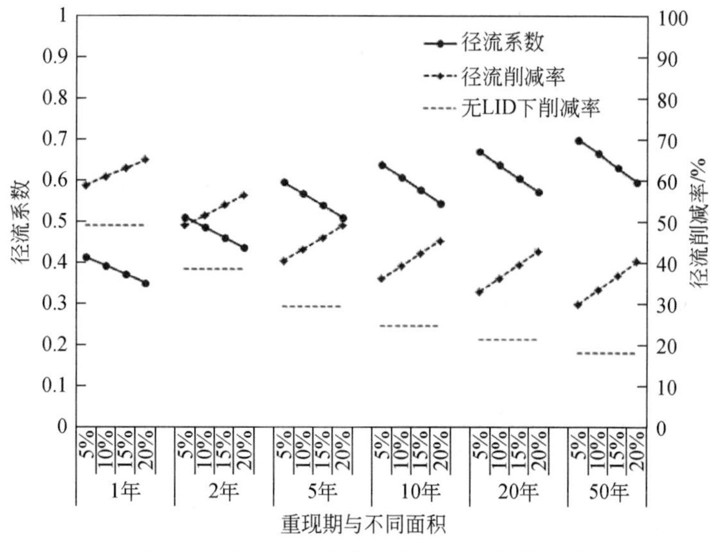

图 9.17　不同面积条件下地表径流分析结果

（2）水力效应

如图 9.18 所示，随着重现期的增大，超载节点与管段逐渐增多。添加 LID 措施后，节点与管段超载率均有所降低。在 1 年条件下，四种方案中节点与管段无超载现象；2～50 年条件下，节点与管段超载率随 LID 措施布设面积的增大而逐渐减小，但变化幅度很小。四种方案节点超载率分别降低了 4.24%～10.30%、5.45%～13.33%、6.06%～15.15%和 7.88%～16.97%，管段超载率分别降低了 0.61%～13.94%、0.61%～16.36%、1.21%～18.18%和 1.82%～21.21%。LID 措施对小重现期的节点与管段超载的缓解效果较大。节点与管段超载率降低程度排序为：5%＜10%＜15%＜20%。随着 LID 措施布设面积的增加，内涝削减效果更明显。排水系统末端流量随措施面积的增加而减小，各方案的最大流量与平均流量排序为：5%＞10%＞15%＞20%。LID 措施面积越大，所能处理的汇水面积与径流量就越大，经地表漫流至排水系统末端的径流量就越小。

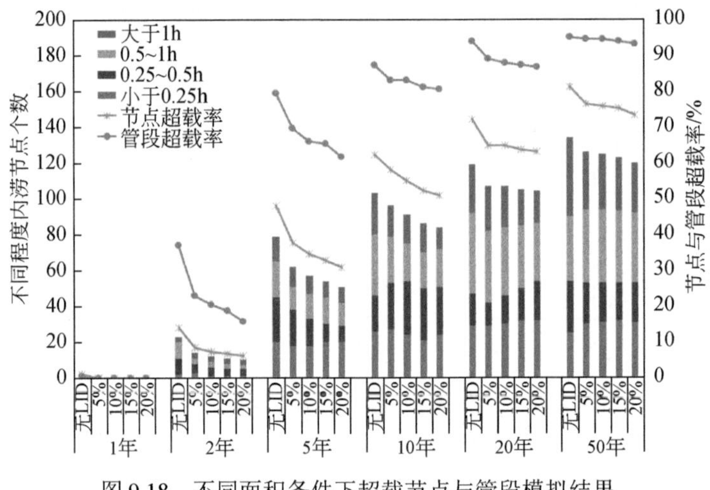

图 9.18　不同面积条件下超载节点与管段模拟结果

（3）环境效应

由图 9.19、图 9.20 分析可知，重现期为 1～50 年条件下，LID 措施对四种污染物的平均控制量分别为 4885～20760 kg、4970～12094 kg、107～411 kg 和 1164～3725 kg，平均削减率为 74%～95%、71%～93%、61%～90%和 63%～88%。随着重现期的增大，LID 措施对控制量逐渐增大，负荷削减率逐渐减小。添加 LID 措施后，四种污染物指标的负荷削减率均有所提高。重现期为 1～20 年条件下，四种方案中 SS 负荷削减率分别提高了 1.72%～6.22%、2.05%～7.81%、2.36%～9.39%和 2.67%～10.97%；COD 负荷削减率分别提高了 3.36%～8.33%、4.14%～10.63%、4.82%～12.74%和 5.45%～14.72%；TP 负荷削减率分别提高了 3.77%～9.03%、4.55%～11.44%、5.27%～13.78%和 5.96%～16.10%；TN 负荷削减率分别提高了 4.10%～8.98%、5.00%～11.40%、5.81%～13.70%和 6.51%～15.93%。重现期为 1～50 年条件下，四种方案的 LID 控制量与污染负荷削减率大小排序为：5%＜10%＜15%＜20%。因此，随着 LID 措施布设面积的增大，措施对污染负荷的削减效果有所提升，且削减率增幅随重现期与布设面积的增加而增大。

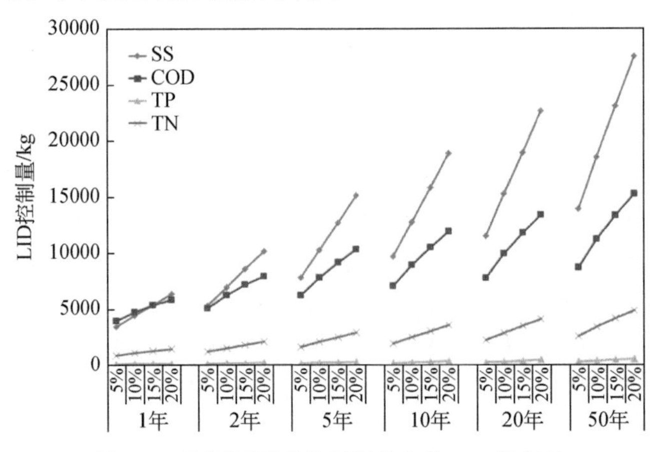

图 9.19　不同面积条件下污染物的 LID 控制量

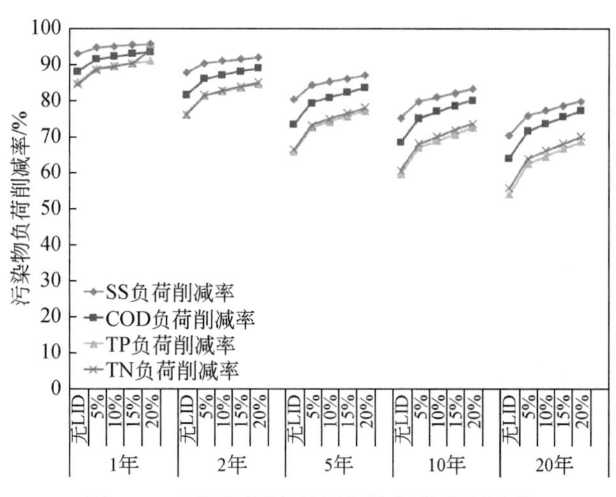

图 9.20　不同面积条件下污染物负荷削减率

LID 措施在不同的组合，位置和布设面积条件下会导致不同的有效性（Seo et al.，2014；Gilroy et al.，2009）。一些研究指出，LID 措施的有效性受多种因素的影响，如降雨过程、土壤类型、土地利用地形、LID 规划、设计条件等（Ackerman et al.，2008；Seo et al.，2017）。

9.2.5　新建区 LID 措施模糊综合评价

本节通过对新建区不同 LID 措施布设方案进行模糊综合评价，将 LID 措施综合效能的定性与定量分析紧密结合，以 CRITIC 法和 AHP 法相结合的混合加权法确定各指标权重，克服主观随意性，同时体现模糊性，充分发挥主观与客观优点，使结果更加符合实际，更加可靠。

1. 综合权重

以 2 年一遇降雨为例，采用 AHP 法分析计算 13 个指标的权重，采用 CRITIC 法分析计算四种方案下 13 个指标的权重，最后根据式 9.7 运用混合加权法确定各指标的综合权重。

运用 AHP 法确定 C 层合成权重为：W_{AHP}=（0.0494，0.1569，0.0880，0.0880，0.0880，0.0880，0.1122，0.1122，0.0348，0.0603，0.0658，0.0199，0.0362）

（1）不同 LID 措施组合条件下权重计算

运用 CRITIC 法确定的 C 层合成权重为：W_{CRITIC}=（0.0433，0.1026，0.1121，0.1127，0.1068，0.1109，0.0414，0.2073，0.0463，0.0246，0.0407，0.0407，0.0407），最终确定不同 LID 措施组合条件下最终权重为：W=（0.0229，0.1728，0.1060，0.1065，0.1009，0.1048，0.0499，0.2498，0.0173，0.0159，0.0287，0.0087，0.0158）

（2）不同 LID 措施位置条件下权重计算

运用 CRITIC 法确定的 C 层合成权重为：W_{CRITIC}=（0.2208，0.0840，0.1043，0.0732，0.0671，0.0390，0.1122，0.1122，0.0348，0.0603，0.0658，0.0199，0.0362），最终确定不同 LID 措施位置条件下最终权重为：W=（0.1281，0.1548，0.1078，0.0756，0.0694，0.0404，0.1480，0.1480，0.0142，0.0427，0.0509，0.0047，0.0154）

（3）不同 LID 措施面积条件下权重计算

运用 CRITIC 法确定的 C 层合成权重为：W_{CRITIC}=（0.1483，0.0584，0.0526，0.1684，0.0621，0.0985，0.1122，0.1122，0.0348，0.0603，0.0658，0.0199，0.0362），最终确定不同 LID 措施位置条件下最终权重为：W=（0.0850，0.1064，0.0537，0.1720，0.0635，0.1006，0.1462，0.1462，0.0141，0.0422，0.0503，0.0046，0.0152）

2. 模糊关系矩阵

根据 9.1.5 节构造的隶属度函数与各指标数值，计算不同 LID 措施布设条件下的新建区 13 个评价指标的模糊关系矩阵。

（1）不同 LID 措施组合条件下模糊关系矩阵

以下是不同 LID 措施组合条件得到四个方案模糊关系矩阵（方案一 $\boldsymbol{R}_1$、方案二 $\boldsymbol{R}_2$、方案三 $\boldsymbol{R}_3$、方案四 $\boldsymbol{R}_4$）：

$$\boldsymbol{R}_1=\begin{bmatrix} 0.0000 & 0.9654 & 0.0346 & 0.0000 & 0.0000 \\ 0.9345 & 0.0655 & 0.0000 & 0.0000 & 0.0000 \\ 0.2876 & 0.7124 & 0.0000 & 0.0000 & 0.0000 \\ 0.2569 & 0.7431 & 0.0000 & 0.0000 & 0.0000 \\ 0.1550 & 0.8450 & 0.0000 & 0.0000 & 0.0000 \\ 0.1230 & 0.8770 & 0.0000 & 0.0000 & 0.0000 \\ 0.0000 & 0.0000 & 0.2888 & 0.7112 & 0.0000 \\ 0.0000 & 0.5793 & 0.4207 & 0.0000 & 0.0000 \\ 0.0000 & 0.0000 & 0.6665 & 0.3335 & 0.0000 \\ 0.0000 & 0.0000 & 0.0000 & 0.6665 & 0.3335 \\ 0.0000 & 0.6665 & 0.3335 & 0.0000 & 0.0000 \\ 0.0000 & 0.0000 & 0.3335 & 0.6665 & 0.0000 \\ 0.0000 & 0.0000 & 0.0000 & 0.6665 & 0.3335 \end{bmatrix} \quad \boldsymbol{R}_2=\begin{bmatrix} 0.0000 & 0.9716 & 0.0284 & 0.0000 & 0.0000 \\ 0.0000 & 0.6004 & 0.3996 & 0.0000 & 0.0000 \\ 0.0064 & 0.9936 & 0.0000 & 0.0000 & 0.0000 \\ 0.0059 & 0.9941 & 0.0000 & 0.0000 & 0.0000 \\ 0.0000 & 0.9985 & 0.0015 & 0.0000 & 0.0000 \\ 0.0000 & 0.9932 & 0.0068 & 0.0000 & 0.0000 \\ 0.0000 & 0.5890 & 0.4110 & 0.0000 & 0.0000 \\ 0.0000 & 0.7010 & 0.2990 & 0.0000 & 0.0000 \\ 0.0000 & 0.0000 & 0.0000 & 0.6665 & 0.3335 \\ 0.0000 & 0.0000 & 0.3335 & 0.6665 & 0.0000 \\ 0.0000 & 0.6665 & 0.3335 & 0.0000 & 0.0000 \\ 0.0000 & 0.0000 & 0.0000 & 0.6665 & 0.3335 \\ 0.0000 & 0.0000 & 0.3335 & 0.6665 & 0.0000 \end{bmatrix}$$

$$\boldsymbol{R}_3=\begin{bmatrix} 0.0000 & 0.9816 & 0.0184 & 0.0000 & 0.0000 \\ 0.9255 & 0.0745 & 0.0000 & 0.0000 & 0.0000 \\ 0.2467 & 0.7533 & 0.0000 & 0.0000 & 0.0000 \\ 0.1743 & 0.8257 & 0.0000 & 0.0000 & 0.0000 \\ 0.1206 & 0.8794 & 0.0000 & 0.0000 & 0.0000 \\ 0.0756 & 0.9224 & 0.0000 & 0.0000 & 0.0000 \\ 0.0000 & 0.0000 & 0.1284 & 0.8716 & 0.0000 \\ 0.0000 & 0.5793 & 0.4207 & 0.0000 & 0.0000 \\ 0.0000 & 0.0000 & 0.3335 & 0.6665 & 0.0000 \\ 0.0000 & 0.0000 & 0.3335 & 0.6665 & 0.3335 \\ 0.3335 & 0.6665 & 0.0000 & 0.0000 & 0.0000 \\ 0.0000 & 0.0000 & 0.0000 & 0.6665 & 0.3335 \\ 0.0000 & 0.0000 & 0.0000 & 0.6665 & 0.3335 \end{bmatrix} \quad \boldsymbol{R}_4=\begin{bmatrix} 0.0000 & 0.9716 & 0.0284 & 0.0000 & 0.0000 \\ 0.3996 & 0.6004 & 0.0000 & 0.0000 & 0.0000 \\ 0.0065 & 0.9935 & 0.0000 & 0.0000 & 0.0000 \\ 0.0059 & 0.9941 & 0.0000 & 0.0000 & 0.0000 \\ 0.0000 & 0.9985 & 0.0015 & 0.0000 & 0.0000 \\ 0.0000 & 0.9932 & 0.0068 & 0.0000 & 0.0000 \\ 0.0000 & 0.6583 & 0.3417 & 0.0000 & 0.0000 \\ 0.9538 & 0.04652 & 0.0000 & 0.0000 & 0.0000 \\ 0.0000 & 0.0000 & 0.3335 & 0.6665 & 0.0000 \\ 0.0000 & 0.0000 & 0.6665 & 0.3335 & 0.0000 \\ 0.3335 & 0.6665 & 0.0000 & 0.0000 & 0.0000 \\ 0.0000 & 0.0000 & 0.3335 & 0.6665 & 0.0000 \\ 0.0000 & 0.0000 & 0.3335 & 0.6665 & 0.0000 \end{bmatrix}$$

（2）不同 LID 措施位置条件下模糊关系矩阵

以下是不同 LID 措施位置条件模糊关系矩阵（上游-$\boldsymbol{R}_1$、中游-$\boldsymbol{R}_2$、下游-$\boldsymbol{R}_3$）：

$$
R_1=\begin{bmatrix}
0.0000 & 0.0000 & 0.0000 & 0.0000 & 1.0000\\
0.3058 & 0.6942 & 0.0000 & 0.0000 & 0.0000\\
0.0000 & 0.0000 & 0.0000 & 0.0768 & 0.9232\\
0.0000 & 0.0000 & 0.0000 & 0.4577 & 0.5432\\
0.0000 & 0.0000 & 0.0000 & 0.1997 & 0.8003\\
0.0000 & 0.0000 & 0.0000 & 0.0436 & 0.5694\\
0.0000 & 0.0000 & 0.0000 & 0.0000 & 1.0000\\
0.0000 & 0.0000 & 0.0000 & 0.0000 & 1.0000\\
0.0000 & 0.0000 & 0.0000 & 1.0000 & 0.0000\\
0.0000 & 0.0000 & 0.0000 & 0.0000 & 1.0000\\
0.0000 & 0.0000 & 1.0000 & 0.0000 & 0.0000\\
0.0000 & 0.0000 & 0.0000 & 0.0000 & 1.0000\\
0.0000 & 0.0000 & 0.0000 & 0.0000 & 1.0000
\end{bmatrix}
\quad
R_2=\begin{bmatrix}
0.0000 & 0.0000 & 0.0000 & 0.0000 & 1.0000\\
0.2694 & 0.7906 & 0.0000 & 0.0000 & 0.0000\\
0.0000 & 0.0000 & 0.0000 & 0.3528 & 0.6472\\
0.0000 & 0.0000 & 0.0000 & 0.7488 & 0.2512\\
0.0000 & 0.0000 & 0.0000 & 0.4217 & 0.5783\\
0.0000 & 0.0000 & 0.0000 & 0.5529 & 0.4471\\
0.0000 & 0.0000 & 0.0000 & 0.0000 & 1.0000\\
0.0000 & 0.0000 & 0.0000 & 0.0000 & 1.0000\\
0.0000 & 0.0000 & 0.0000 & 1.0000 & 0.0000\\
0.0000 & 0.0000 & 0.0000 & 0.0000 & 1.0000\\
0.0000 & 0.0000 & 1.0000 & 0.0000 & 0.0000\\
0.0000 & 0.0000 & 0.0000 & 0.0000 & 1.0000\\
0.0000 & 0.0000 & 0.0000 & 0.0000 & 1.0000
\end{bmatrix}
$$

$$
R_3=\begin{bmatrix}
0.0259 & 0.9741 & 0.0000 & 0.0000 & 1.0000\\
0.5638 & 0.4362 & 0.0000 & 0.0000 & 0.0000\\
0.0000 & 0.0000 & 0.0000 & 0.9763 & 0.0237\\
0.0000 & 0.0000 & 0.0000 & 0.9954 & 0.0046\\
0.0000 & 0.0000 & 0.0000 & 0.8871 & 0.1129\\
0.0000 & 0.0000 & 0.0000 & 0.8304 & 0.1696\\
0.0000 & 0.0000 & 0.0000 & 0.0000 & 1.0000\\
0.0000 & 0.0000 & 0.0000 & 0.0000 & 1.0000\\
0.0000 & 0.0000 & 0.0000 & 1.0000 & 0.0000\\
0.0000 & 0.0000 & 0.0000 & 0.0000 & 1.0000\\
0.0000 & 0.0000 & 1.0000 & 0.0000 & 0.0000\\
0.0000 & 0.0000 & 0.0000 & 0.0000 & 1.0000\\
0.0000 & 0.0000 & 0.0000 & 0.0000 & 1.0000
\end{bmatrix}
$$

（3）不同 LID 措施面积条件下模糊关系矩阵

以下是不同 LID 措施面积条件下模糊关系矩阵（5%-$\boldsymbol{R}_1$、10%-$\boldsymbol{R}_2$、15%-$\boldsymbol{R}_3$、20%-$\boldsymbol{R}_4$）：

$$
R_1=\begin{bmatrix}
0.0000 & 0.000 & 0.0000 & 0.0000 & 1.0000\\
0.0000 & 0.0000 & 0.0000 & 0.3058 & 0.6942\\
0.0000 & 0.0000 & 0.0000 & 0.5714 & 0.4826\\
0.0000 & 0.0000 & 0.0000 & 0.7972 & 0.2028\\
0.0000 & 0.0000 & 0.0000 & 0.5174 & 0.4826\\
0.0000 & 0.0000 & 0.0000 & 0.6184 & 0.3816\\
0.0000 & 0.0000 & 0.0000 & 0.0000 & 1.0000\\
0.0000 & 0.0000 & 0.0000 & 0.0000 & 1.0000\\
0.0000 & 0.0000 & 0.0000 & 1.0000 & 0.0000\\
0.0000 & 0.0000 & 0.0000 & 0.0000 & 1.0000\\
0.0000 & 0.0000 & 1.0000 & 0.0000 & 0.0000\\
0.0000 & 0.0000 & 0.0000 & 0.0000 & 1.0000\\
0.0000 & 0.0000 & 0.0000 & 0.0000 & 1.0000
\end{bmatrix}
\quad
R_2=\begin{bmatrix}
0.0000 & 0.000 & 0.0000 & 0.0779 & 0.9221\\
0.0000 & 0.0000 & 0.0000 & 0.8877 & 0.1123\\
0.0000 & 0.0000 & 0.0000 & 0.9543 & 0.0457\\
0.0000 & 0.0000 & 0.0477 & 0.9523 & 0.0000\\
0.0000 & 0.0000 & 0.0000 & 0.9696 & 0.0304\\
0.0000 & 0.0000 & 0.0000 & 0.9984 & 0.0016\\
0.0000 & 0.0000 & 0.0000 & 0.0000 & 1.0000\\
0.0000 & 0.0000 & 0.0000 & 0.0000 & 1.0000\\
0.0000 & 0.0000 & 0.0000 & 1.0000 & 0.0000\\
0.0000 & 0.0000 & 0.0000 & 0.0000 & 1.0000\\
0.0000 & 0.0000 & 1.0000 & 0.0000 & 0.0000\\
0.0000 & 0.0000 & 0.0000 & 0.0000 & 1.0000\\
0.0000 & 0.0000 & 0.0000 & 0.0000 & 1.0000
\end{bmatrix}
$$

$$
\boldsymbol{R}_3=\begin{bmatrix}
0.0000 & 0.000 & 0.0000 & 0.3951 & 0.6049\\
0.0000 & 0.0000 & 0.0409 & 0.9591 & 0.0000\\
0.0000 & 0.0000 & 0.0683 & 0.9371 & 0.0000\\
0.0000 & 0.0000 & 0.6485 & 0.3515 & 0.0000\\
0.0000 & 0.0000 & 0.1047 & 0.8953 & 0.0000\\
0.0000 & 0.0000 & 0.2467 & 0.7533 & 0.0000\\
0.0000 & 0.0000 & 0.0000 & 0.0000 & 1.0000\\
0.0000 & 0.0000 & 0.0000 & 0.0000 & 1.0000\\
0.0000 & 0.0000 & 0.0000 & 1.0000 & 0.0000\\
0.0000 & 0.0000 & 0.0000 & 0.0000 & 1.0000\\
0.0000 & 0.0000 & 1.0000 & 0.0000 & 0.0000\\
0.0000 & 0.0000 & 0.0000 & 0.0000 & 1.0000\\
0.0000 & 0.0000 & 0.0000 & 0.0000 & 1.0000
\end{bmatrix}
\quad
\boldsymbol{R}_4=\begin{bmatrix}
0.0000 & 0.000 & 0.0000 & 0.8184 & 0.1816\\
0.0000 & 0.0000 & 0.5582 & 0.4418 & 0.0000\\
0.0000 & 0.0000 & 0.5392 & 0.4608 & 0.0000\\
0.0000 & 0.0000 & 0.9993 & 0.0007 & 0.0000\\
0.0000 & 0.0000 & 0.6377 & 0.3623 & 0.0000\\
0.0000 & 0.0000 & 0.8387 & 0.1613 & 0.0000\\
0.0000 & 0.0000 & 0.0000 & 0.0000 & 1.0000\\
0.0000 & 0.0000 & 0.0000 & 0.0000 & 1.0000\\
0.0000 & 0.0000 & 0.0000 & 1.0000 & 0.0000\\
0.0000 & 0.0000 & 0.0000 & 0.0000 & 1.0000\\
0.0000 & 0.0000 & 1.0000 & 0.0000 & 0.0000\\
0.0000 & 0.0000 & 0.0000 & 0.0000 & 1.0000\\
0.0000 & 0.0000 & 0.0000 & 0.0000 & 1.0000
\end{bmatrix}
$$

3. 模糊综合评价向量

将权向量与相对应的模糊关系矩阵合成模糊综合评价结果向量。各方案评价向量中各数字表示该方案的LID措施效能隶属于五种评价标准的程度。

1）不同LID措施组合条件下模糊综合评价向量：方案一：$\boldsymbol{R}_1$=（0.2478，0.5291，0.1443，0.0682，0.0106），对5个评价的隶属程度排序为：Ⅱ＞Ⅰ＞Ⅲ＞Ⅳ＞Ⅴ；方案二：$\boldsymbol{R}_2$=（0.0013，0.7656，0.1859，0.0385，0.0087），对5个评价的隶属程度排序为：Ⅱ＞Ⅲ＞Ⅳ＞Ⅴ＞Ⅰ；方案三：$\boldsymbol{R}_3$=（0.2343，0.5526，0.1230，0.0819，0.0082），对5个评价的隶属程度排序为：Ⅱ＞Ⅰ＞Ⅲ＞Ⅳ＞Ⅴ；方案四：$\boldsymbol{R}_4$=（0.3182，0.6055，0.0431，0.0332，0），对5个评价的隶属程度排序为：Ⅱ＞Ⅰ＞Ⅲ＞Ⅳ＞Ⅴ。

2）不同LID措施位置条件下模糊综合评价向量：上游：$\boldsymbol{R}_1$=（0.0473，0.1074，0.0509，0.0884，0.7059），对5个评价的隶属程度排序为：Ⅴ＞Ⅱ＞Ⅳ＞Ⅲ＞Ⅰ；中游：$\boldsymbol{R}_2$=（0.0417，0.1224，0.0509，0.1605，0.6338），对5个评价的隶属程度排序为：Ⅴ＞Ⅳ＞Ⅱ＞Ⅲ＞Ⅰ；下游：$\boldsymbol{R}_3$=（0.0906，0.1923，0.0509，0.2899，0.3763），对5个评价的隶属程度排序为：Ⅴ＞Ⅳ＞Ⅱ＞Ⅰ＞Ⅲ

3）不同LID措施面积条件下模糊综合评价向量：5%：$\boldsymbol{R}_1$=（0，0，0.0503，0.3066，0.6431），对5个评价的隶属程度排序为：Ⅴ＞Ⅳ＞Ⅲ＞Ⅱ=Ⅰ；10%：$\boldsymbol{R}_2$=（0，0，0.0585，0.4922，0.4493），对5个评价的隶属程度排序为：Ⅳ＞Ⅴ＞Ⅲ＞Ⅱ=Ⅰ；15%：$\boldsymbol{R}_3$=（0，0，0.2013，0.3928，0.4058），对5个评价的隶属程度排序为：Ⅴ＞Ⅳ＞Ⅲ＞Ⅱ=Ⅰ；20%：$\boldsymbol{R}_4$=（0，0，0.4354，0.1948，0.3698），对5个评价的隶属程度排序为：Ⅴ＞Ⅲ＞Ⅳ＞Ⅱ=Ⅰ。

4. 综合评价

根据上述构建的LID设施区域优化配置评价体系中的计算方法，最终得到综合评价结果。

1）不同LID措施组合条件下模糊综合评价向量：方案一（雨水花园+绿色屋顶+渗透铺装）：$\boldsymbol{M}_1$=84.09；方案二（雨水花园+绿色屋顶+植草沟）：$\boldsymbol{M}_2$=81.91；方案三（雨水花园+渗透铺装+植草沟）：$\boldsymbol{M}_3$=84.02；方案四（绿色屋顶+渗透铺装+植草沟）：$\boldsymbol{M}_4$=87.09；

2）不同LID措施位置条件下模糊综合评价向量：上游（5%雨水花园）：$\boldsymbol{M}_1$=44.37；中游（5%雨水花园）：$\boldsymbol{M}_2$=47.19；下游（5%雨水花园）：$\boldsymbol{M}_3$=58.90；

3）不同 LID 措施面积条件下模糊综合评价向量：5%雨水花园：$\boldsymbol{M}_1$=42.99；10%雨水花园：$\boldsymbol{M}_2$=49.86；15%雨水花园：$\boldsymbol{M}_3$=52.81；20%雨水花园：$\boldsymbol{M}_4$=56.41。

分析各方案的综合评价结果可知，不同 LID 措施组合条件下，各方案 LID 措施综合效能均较高，综合评价结果为Ⅱ级，四种方案相比，综合效能大小排为：方案四＞方案一＞方案三＞方案二。方案四（绿色屋顶+渗透铺装+植草沟）的评分最高，综合效能最大。各单项 LID 措施效能大小排序为：渗透铺装＞绿色屋顶＞植草沟＞雨水花园；因此在四种单项措施之间，新建区海绵设计过程中应优先考虑渗透铺装与绿色屋顶。绿色屋顶在保护城市环境和改善人类居住质量方面起着重要作用（Andréa et al.，2020）。渗透铺装适用于许多地区，施工方便。渗透铺装可以补充地下水，减少峰值流量并净化雨水。植草沟主要用于转输和存储雨水径流，从而延迟径流的峰值（Rujner et al.，2018），并且建造和维护成本低，易于与景观相结合。不同 LID 措施位置条件下，各方案 LID 措施综合效能均很低，综合评价结果为Ⅴ级，其次，LID 措施布置在上游时隶属于Ⅱ级程度较大。三种方案相比，综合效能大小排为：下游＞中游＞上游。LID 措施布置在下游的评分最高，综合效能最大，因此在其他 LID 措施布设条件有限制的情况下，尽可能多的将 LID 措施布置在排水系统下游。不同 LID 措施面积条件下，各方案 LID 措施综合效能均很低，综合评价结果为Ⅴ级，其次，面积为 20%时隶属于Ⅲ级的程度较大。四种方案相比，综合效能大小排为：20%＞15%＞10%＞5%。LID 措施布置面积为 20%时评分最高，综合效能最大，因此在研究区土地利用条件允许的情况下，尽可能多的布置 LID 措施。

比较三种设计条件的综合评价结果，不同 LID 措施组合条件下，综合效能最大，环境、技术与经济、社会综合效益最优。在新建区海绵设计过程中，应优先考虑不同措施组合，其次在土地条件与标准允许的情况下，尽可能多的布设 LID 措施，且将 LID 措施布置在靠近排水系统下游的位置。

9.3 建成区低影响开发设施区域优化配置研究

9.3.1 建成区概况

建成区位于西安市城区“西影路—浐河”区域，总面积 8.02 km^2，隶属于东亚暖温带半湿润大陆性季风气候，四季分明，冬季寒冷干燥，春季温暖干燥，夏季潮湿闷热，秋季凉爽多雨。年均降水量 576.6 mm（1970～2013 年）。具体位置如图 9.21 所示。

城市建成区由于历史原因，建筑密度普遍较高，绿地率相对较小且分布不均，城市管网设计标准低，难以承载极端暴雨天气形成的城市内涝（王婷等，2017）。目前，海绵城市的推进使得城市建成区绿地覆盖率逐渐增加，但由于建成区可利用区域较小，海绵改造较难进行。因此，在城市建成区改造过程中，首先应分析现状条件下内涝与污染问题，针对发现的问题制定相应的改造和设计方案以减轻城市管网压力，缓解城市内涝现象。本节设计多场芝加哥降雨，利用率定验证完成的建成区模型，对建成区现状情况下的降雨径流及其污染进行模拟分析；根据现状内涝情况，通过改变影响排水的因素，如管径、管道坡度及 LID 措施布设等，寻求最佳处理方案。

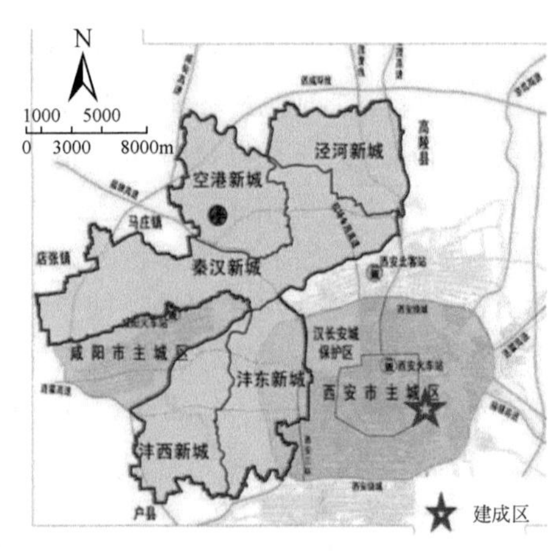

图 9.21 建成区位置图

9.3.2 建成区暴雨雨水管理模型的构建与验证

1. 建成区概化

将建成区内土地利用类型分为四类，即居住区、工业区、商业区、交通区，各子汇水区不同土地利用类型的面积比例根据研究区域用地性质图确定。依照研究区域的城市规划图和雨水管网图，结合研究区域排水系统走向、建筑物以及路面的分布状况，人工划分子汇水区域，将研究区划分为 118 个子汇水区，各子汇水区域的面积见于 0.49～56.88 hm^2 之间；雨水管道 96 段，管径范围为 500～2500 mm；雨水节点 96 个，入浐河排水口 1 个。概化结果如图 9.22 所示。

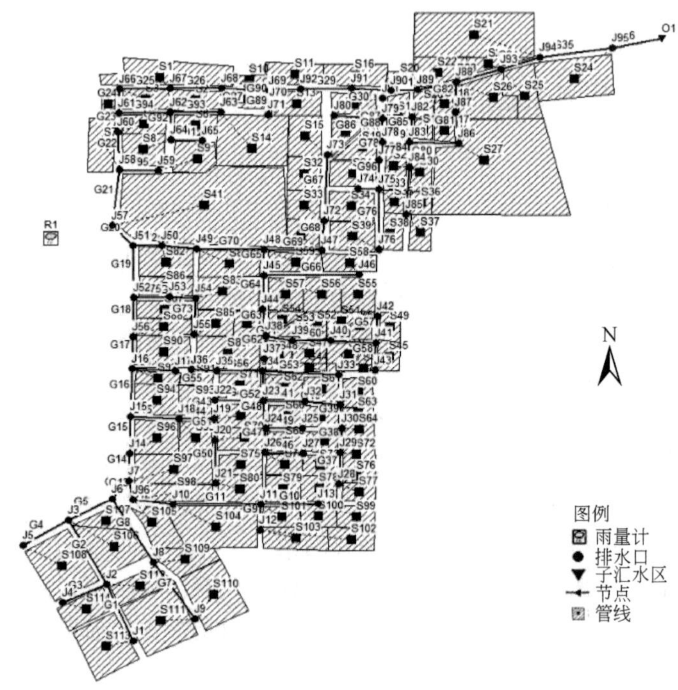

图 9.22 建成区概化图

2. 降雨条件设置

建成区实际暴雨强度公式为

$$q = \frac{6789.002(1 + 2.297\lg P)}{(t + 30.251)^{1.141}} \tag{9.44}$$

式中，q 为暴雨强度，L/（s • hm^2）；P 为设计重现期，年；t 为降雨历时，min。

设计降雨采用芝加哥雨型，根据式 9.14 设计降雨重现期分别为 1 年、2 年、5 年、10 年、20 年与 50 年等六场降雨。降雨历时选择 3 h（180 min），时间步长为 5 分钟，雨峰系数为 0.4。设计降雨重现期为 1 年、2 年、5 年、10 年、20 年与 50 年的总降雨量分别为 22.151 mm、29.914 mm、40.192 mm、47.964 mm、55.738 mm 和 66.009 mm。

3. 参数敏感性分析

建成区 SWMM 模型参数敏感性分析的降雨数据采用 2 年一遇和 20 年一遇两场降雨，对径流总量、峰值流量和 SS 总量进行参数敏感性分析。结合图 9.23 对 SWMM 模型参数的敏感性进行对比分析，为了便于排序，灵敏度 SN 值取绝对值。

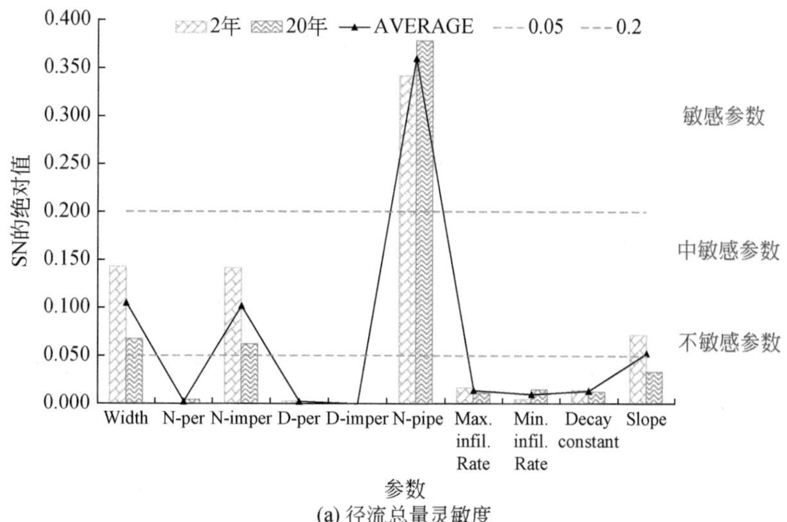

(a) 径流总量灵敏度

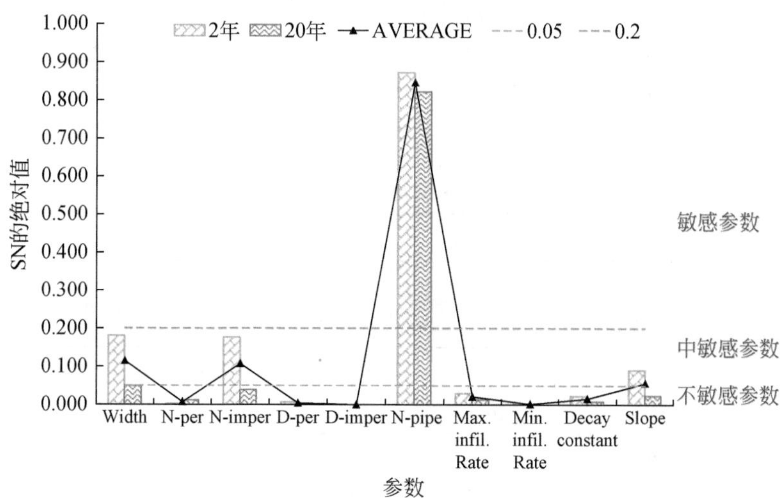

(b) 径流峰值灵敏度

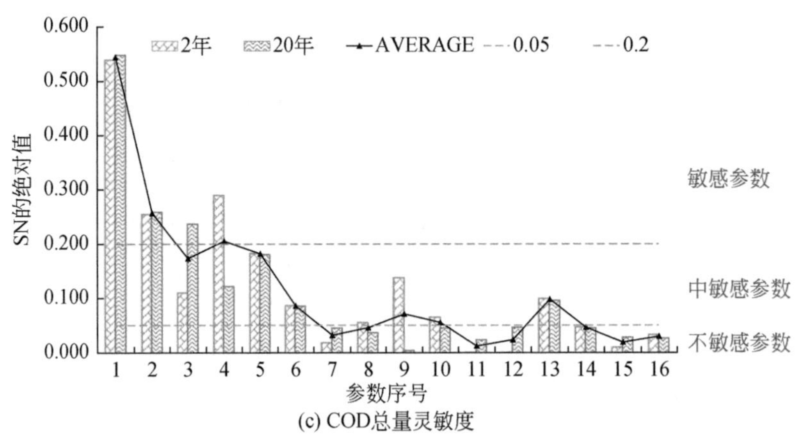

(c) COD总量灵敏度

图 9.23　SWMM 模型待率定参数的敏感性分析结果

注：图（a）、（b）中横坐标分别表示为汇水区特征宽度、透水区和不透水区曼宁系数、透水区和不透水区的洼蓄深度，管道曼宁系数、最大和最小下渗率、渗透衰减常数以及坡度。图（c）中横坐标 1-16 分别表示居民区最大累积量、居民区半饱和常数、居民区冲刷系数、居民区冲刷指数、商业区最大累积量、商业区半饱和常数、商业区冲刷系数、商业区冲刷指数、工业区最大累积量、工业区半饱和常数、工业区冲刷系数、工业区冲刷指数、交通区最大累积量、交通区半饱和常数、交通区冲刷系数、交通区冲刷指数

根据 Morris 筛选法灵敏度分类，水文、水力与水质参数中均不存在高敏感参数。径流总量灵敏度分析中，建成区与新建区模型的汇水区宽度均较为敏感。汇水区宽度由汇水区面积与地表漫流长度有关，降雨形成地表径流后，在汇流过程中随时间增长逐渐损失部分水量，故对径流总量变化影响最大的是汇水区宽度。径流峰值灵敏度分析中，建成区与新建区模型的管道曼宁系数为最敏感参数，汇水区宽度与坡度、不透水区曼宁系数次之。污染物总量灵敏度分析中，不同土地利用类型下，最大累积量为 4 个参数中最敏感的参数，新建区模型中冲刷指数为最不敏感参数，建成区模型中冲刷系数为最不敏感参数。

4. 参数率定验证与确定

选取“20130828”和“20131014”两场降雨的降雨数据以及研究区域总排水口的实际监测数据来率定水文水力及水质参数，同时选取“20140613”一场降雨的降雨数据以及研究区域总排水口的实际监测数据来验证水文水力及水质参数。经过反复调试与计算，模型参数的率定验证结果如表 9.7 所示。三场降雨中，Ens 值均大于 0.70，RE 值均小于±10%，说明模型实测值与模拟值吻合度良好，能应用于建成区水量水质的模拟分析。建成区模型的参数如表 9.8 所示。

表 9.7　Ens 值与 RE 值计算结果

降雨事件		流量	SS	COD	TN	TP
20130828	Ens	0.91	0.92	0.88	0.74	0.77
	RE/%	−6.80	−9.41	−1.17	0.45	−8.84
20131014	Ens	0.84	0.76	0.87	0.93	0.92
	RE/%	5.20	−4.36	5.34	3.59	4.25
20140613	Ens	0.90	0.89	0.79	0.91	0.77
	RE/%	0.52	−2.19	−5.00	−0.83	−3.58

表 9.8　建成区模型参数值

项目	水文水力参数	取值	项目	水质参数	SS	COD	TN	TP
子汇水区	a	0.015	居住区	i（kg/hm²）	200	100	6	1.4
				j/（1/d）	10	15	15	15
	b	0.1		k	0.14	0.14	0.07	0.06
				l	1.8	1.6	1.2	1
	c/mm	0.01	商业区	m（kg/hm²）	300	130	18	1
	d/mm	3		n/（1/d）	10	15	15	15
入渗模型				o	0.14	0.15	0.08	0.05
	e/（mm/h）	76		p	1.5	2	1.2	1
			工业区	q（kg/hm²）	300	150	27	1.5
	f/（mm/h）	3		r/（1/d）	10	15	15	15
	g/（1/d）	4		s	0.14	0.15	0.07	0.06
				t	1.9	2.1	1.2	1
管道			交通区	u（kg/hm²）	500	200	30	1.5
	h	0.013		v/（1/d）	10	15	15	15
				w	0.18	0.16	0.08	0.05
				x	1.8	2.2	1.5	1

注：表 7.14 中 a～x 分别表示为不透水区曼宁系数、透水区曼宁系数、不透水区和透水区的洼蓄量、最大入渗率、最小入渗率、衰减常数、管道曼宁系数、居住区最大累积量、居民区半饱和常数、居民区冲刷系数、居民区冲刷指数、商业区最大累积量、商业区半饱和常数、商业区冲刷系数、商业区冲刷指数、工业区最大累积量、工业区半饱和常数、工业区冲刷系数、工业区冲刷指数、交通区最大累积量、交通区半饱和常数、交通区冲刷系数、交通区冲刷指数

9.3.3　排水系统改造方案设计

统计超载时长大于 1 h 的节点与管段，以便后期优化方案的设计。重现期 1～50 年条件下，严重内涝节点由 11 个增加到 48 个，超载管段由 5 个增加到 21 个。超载时长逐渐增大，溢流量也呈增加趋势。结合超载时长大于 1 h 的节点与管段统计结果与建成区模型分析，超载节点主要分布在主干管上以及整个系统的下游雨水管上，或接受较多子汇水区雨水的支管上；超载管段主要分布于整个系统的下游及承接多根支管的主干管，部分支管易发生超载现象，分析原因为管径较小，在暴雨条件下接收子汇水区雨水时容易发生超载现象。根据统计结果，设计三种改造优化方案以达到缓解建成区内涝现象的目的。

方案一：增大部分雨水系统管径（将 DN600～DN800 的超载管段管径增至 DN1000～DN1200）；

方案二：在超载节点与管段附近的子汇水区添加 LID 措施（面积占各子汇水区面积的 15%）；

方案三：结合方案一与方案二。

建成区建筑密度大，屋面比例大，同时考虑老旧建筑物的建设强度与排水防渗功能，因此选择渗透铺装、雨水花园及集蓄作用较强且位置易变动的雨水桶等三种措施组合布置，每种类型 LID 措施布设面积为子汇水区面积的 5%。

9.3.4 不同改造方案下建成区水文水力与环境效应模拟

1. 水文效应分析

图 9.24 分析可知，对于降雨入渗量，方案一与改造前一致，改变管径大小后，建成区土地利用性质不变，因此降雨入渗量不变；方案二与方案三相近且方案三略小，方案二与方案三均添加 LID 措施，建成区部分土地性质发生变化，不透水率降低，入渗量增大。对于地表径流量，方案一与改造前一致，方案二与方案三相近且方案二略大，与降雨入渗量变化规律相反。对于地表洼蓄量，方案二与方案三相近且远大于方案一，方案二与方案三中添加的 LID 措施具有截留集蓄作用，故此地表洼蓄量较大。对于入流量、出流总量与总溢流量，均随重现期的增大而增大。重现期 1～50 年条件下，相比于改造前的系统总溢流量，三个方案均减小，并随重现期的增大而减小。

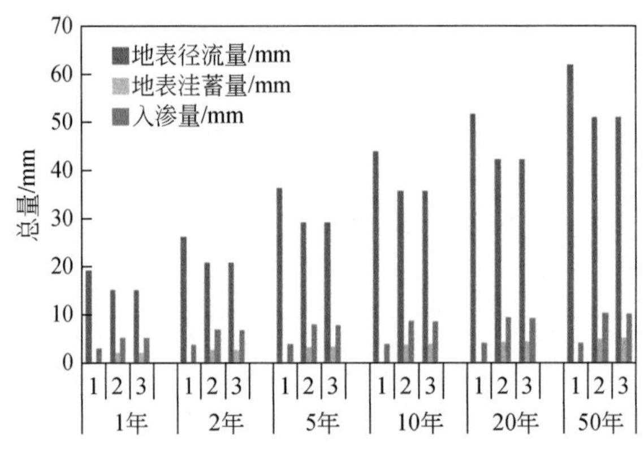

图 9.24 不同改造方案下水文模拟结果

注：图中 1～3 外依次表示方案一、方案二和方案三

各方案的径流系数均随重现期增大而增大，方案一与改造前一致，方案二与方案三相近且方案三略小。与改造前的径流削减率相比，方案一不变，方案二增加了 5.57%～6.15%，增幅随重现期逐渐减小，方案三增加了 5.57%～6.17%。改变管径大小对系统的径流削减效果没有影响，LID 措施能够截留雨水，有很明显的削减效果（图 9.25）。

综上，各方案出流总量大小排序为：方案一＞方案三＞方案二，总溢流量大小排序为：方案一＞方案二＞方案三，径流系数大小排序为：方案三＞方案二＞方案一，削减率大小排序为：方案三＞方案二＞方案一。故此可知，改变雨水管径大小与添加 LID 措施均可以减小溢流现象，使得更多的雨水能够通过雨水管网排出系统。但改变雨水管径对雨水截留没有影响，LID 措施对雨水径流有很好的截留、集蓄与削减效果。

2. 水力效应分析

由图 9.26 分析可知，相比于改造前，三种方案中严重内涝节点均有所减小，方案一中节点最大超载时长有所增加，其余两种方案均减小，添加 LID 措施可有效减少节点积水时长，缓解节点积水情况。小重现期下，三种方案中超载管段几乎无变化，而大重现期下，超载管段减少，且重现期越大，超载管段减少量越多；方案二与方案三的管段最大超载时长均有所减小。对于流量峰值，重现期为 1 年时，方案一与方案三的流量峰值分别增加了 7.32%与 2.15%，方案二减小了 2.59%；重现期为 2 年和 5 年时，方案一流量峰值增加了 0.04%

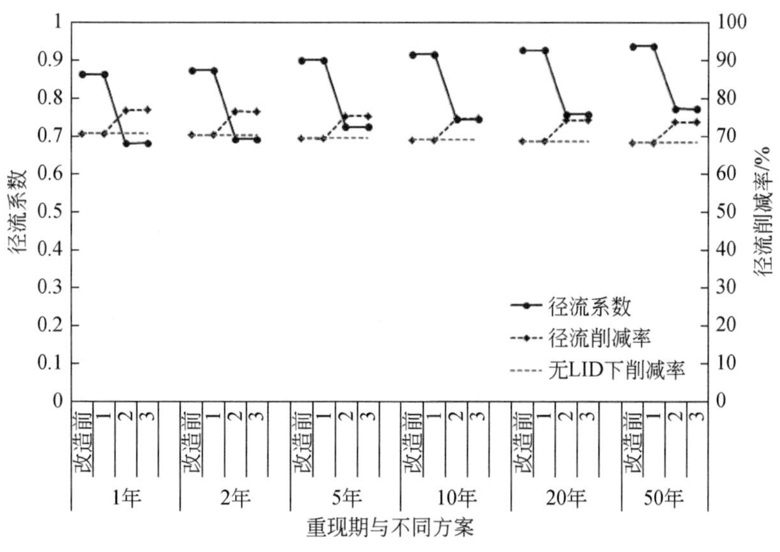

图 9.25　地表径流模拟结果

注：图中 1～3 外依次表示方案一、方案二和方案三

与 3.08%，方案二与方案三均减小，减小比率分别为 0.70%～1.88%和 0.41%～0.82%；重现期为 10～50 年时，三种方案的流量峰值均有所减小，方案一减小了 0.02%～0.11%，方案二减小了 0.34%～0.53%，方案三减小了 0.22%～0.37%。平均流量变化与流量峰值变化一致。添加 LID 措施能有效减小径流峰值，而增大管径，导致更多的雨水进入排水管网，系统出口面积不变而流量增大。

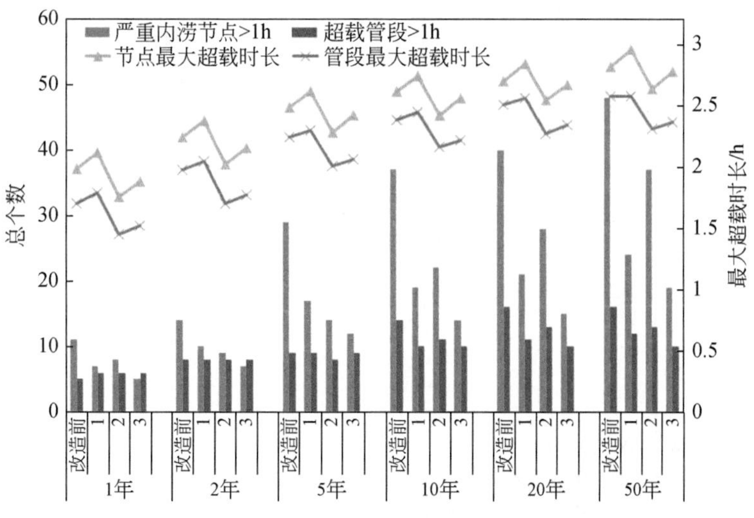

图 9.26　不同改造条件下超载节点与管段结果

注：图中 1～3 外依次表示方案一、方案二和方案三

综上，对于超载节点与管段总数，各方案大小排序为：方案三＞方案一＞方案二；对于严重内涝节点，各方案大小排序为：方案二＞方案一＞方案三；对于平均流量与流量峰值，各方案大小排序为：方案一＞方案三＞方案二。三种方案对超载节点与管段均有缓解效果；改变管径大小对于超载节点与管段的削减效果优于仅添加 LID 措施；结合管径与 LID

措施改造两种方案的内涝缓解效果最优，改变雨水管径更适用于大重现期的内涝缓解，而LID措施对小重现期与大重现期的内涝现象均有很好地削减效果。

3. 环境效应分析

模拟计算LID措施不同组合条件下整个雨水系统污染物（SS、COD、TP、TN）的负荷总量与负荷削减率等参数。分析图9.27和图9.28可知，随重现期的增加，各方案的污染负荷总量均增大，负荷削减效果均减小。三种方案中，方案一的污染负荷总量均大于改造前，雨水管径增大后，更多的污染物随径流排出系统；方案二与方案三的污染负荷总量均小于改造前，LID措施能有效削减污染负荷。相比与改造前，各方案的负荷削减率均有所增加，重现期为1～50年时，方案一中SS、COD、TP和TN的负荷削减率分别增加了0.38%～0.40%、0.21%～0.22%、1.06%～1.53%和0.59%～0.81%，SS与COD削减率增幅较小，

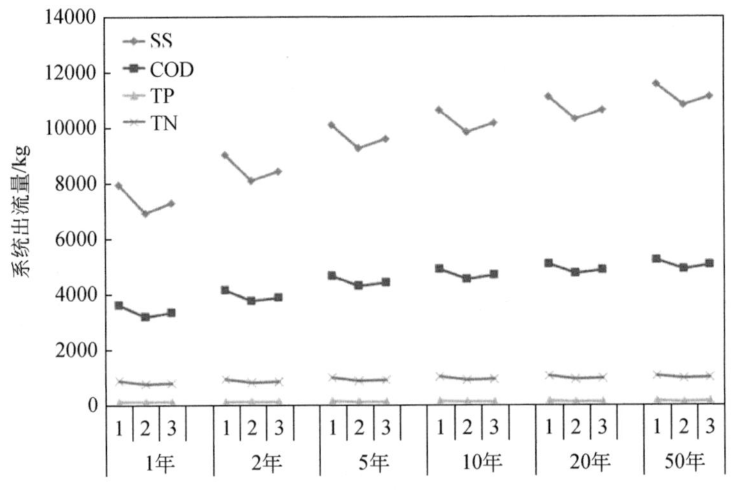

图9.27　不同改造条件下污染物系统出流总量

注：图中1～3外依次表示方案一、方案二和方案三

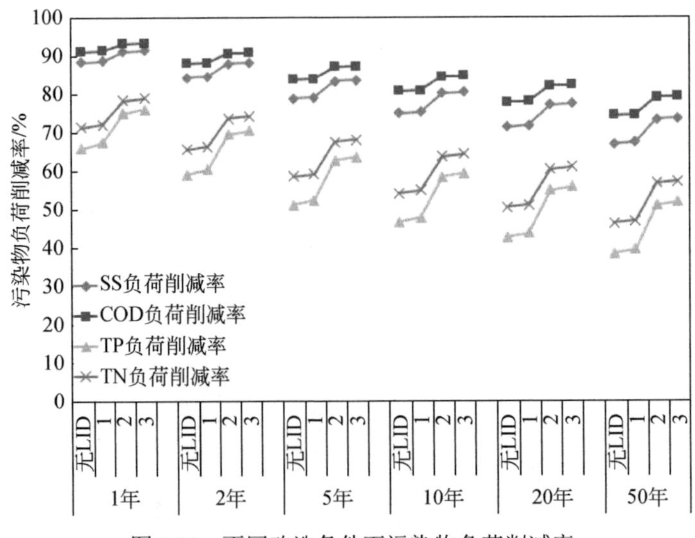

图9.28　不同改造条件下污染物负荷削减率

注：图中1～3外依次表示方案一、方案二和方案三

TP 与 TN 的削减率增幅较大，且随重现期增大而减小；方案二中 SS、COD、TP 和 TN 的负荷削减率分别增加了 2.81%～6.35%、2.02%～4.71%、9.07%～12.72%和 6.96%～10.43%，削减率增幅较大且均随重现期增大而增大；方案三中 SS、COD、TP 和 TN 的负荷削减率分别增加了 3.09%～6.67%、2.18%～4.89%、10.15%～13.55%和 7.55%～10.91%，削减率增幅较大且均随重现期增大而增大。增大管径对污染负荷削减效果几乎无影响，而添加 LID 措施能够明显提高各污染负荷的削减效果。

综上，对于污染物总量，各方案大小排序为：方案一＞方案三＞方案二；对于污染负荷削减率及其增幅，各方案大小排序为：方案三＞方案二＞方案一。

9.3.5 建成区 LID 措施模糊综合评价

建成区中的经济指标除 LID 措施的基建成本与维护管理成本外，还包括雨水管道改造费用与路面恢复费用，在进行建成区评价体系构建过程中，将建成区雨水管道改造费用（600 元/m）计入基建成本，路面恢复费用（300 元/m）计入维护管理成本。

1. 综合权重

以两年一遇降雨为例，采用 CRITIC 法分析计算三种方案下 13 个指标的权重，结合 9.2.5 节 AHP 法已计算出的 13 个指标的权重，根据式 9.7 运用混合加权法确定各指标的综合权重。

运用 AHP 法确定 C 层合成权重为：W_{AHP}=（0.0494，0.1569，0.0880，0.0880，0.0880，0.0880，0.1122，0.1122，0.0348，0.0603，0.0658，0.0199，0.0362），运用 CRITIC 法确定的 C 层合成权重为：W_{CRITIC}=（0.0296，0.2527，0.0507，0.0421，0.1226，0.0907，0.0046，0.0840，0.1112，0.1198，0.0658，0.0199，0.0362），最终确定不同方案下最终权重为：W=（0.0154，0.4166，0.0469，0.0389，0.1135，0.0839，0.0054，0.0992，0.0407，0.0759，0.0456，0.0042，0.0138）

2. 模糊关系矩阵

根据 9.1.5 节构造的隶属度函数与各指标数值，计算建成区不同方案下 13 个评价指标的模糊关系矩阵。

$$\boldsymbol{R}_1=\begin{bmatrix} 0.0000 & 0.0000 & 0.0000 & 0.0000 & 1.0000 \\ 0.0000 & 0.0000 & 0.0000 & 0.0000 & 1.0000 \\ 0.0000 & 0.0000 & 0.0000 & 0.0000 & 1.0000 \\ 0.0000 & 0.0000 & 0.0000 & 0.0000 & 1.0000 \\ 0.0000 & 0.0000 & 0.0000 & 0.0000 & 1.0000 \\ 0.0000 & 0.0000 & 0.0000 & 0.0000 & 1.0000 \\ 0.0000 & 0.0000 & 0.2222 & 0.7778 & 0.0000 \\ 0.0000 & 0.0000 & 0.0000 & 0.0000 & 1.0000 \\ 1.0000 & 0.0000 & 0.0000 & 0.0000 & 0.0000 \\ 1.0000 & 0.0000 & 0.0000 & 0.0000 & 0.0000 \\ 1.0000 & 0.0000 & 0.0000 & 0.0000 & 0.0000 \\ 1.0000 & 0.0000 & 0.0000 & 0.0000 & 0.0000 \\ 1.0000 & 0.0000 & 0.0000 & 0.0000 & 0.0000 \end{bmatrix}$$

方案一模糊关系矩阵

$$\boldsymbol{R}_2=\begin{bmatrix} 0.0000 & 0.0000 & 0.0000 & 0.0000 & 1.0000 \\ 0.0000 & 0.0000 & 0.0000 & 0.0000 & 1.0000 \\ 0.0000 & 0.0000 & 0.0000 & 0.0000 & 1.0000 \\ 0.0000 & 0.0000 & 0.0000 & 0.0000 & 1.0000 \\ 0.0000 & 0.0000 & 0.0000 & 0.0000 & 1.0000 \\ 0.0000 & 0.0000 & 0.0000 & 0.0000 & 1.0000 \\ 0.0000 & 0.6099 & 0.3901 & 0.0000 & 0.0000 \\ 0.0000 & 0.0000 & 0.0000 & 0.0000 & 1.0000 \\ 0.0000 & 0.0000 & 0.0000 & 0.6667 & 0.3333 \\ 0.0000 & 0.0000 & 0.0000 & 0.3333 & 0.6667 \\ 0.0000 & 0.0000 & 0.3333 & 0.6667 & 0.0000 \\ 0.0000 & 0.0000 & 0.3333 & 0.6667 & 0.0000 \\ 0.0000 & 0.0000 & 0.0000 & 0.6667 & 0.3333 \end{bmatrix}$$

方案二模糊关系矩阵

$$
\boldsymbol{R}_3 = \begin{bmatrix}
0.0000 & 0.0000 & 0.0000 & 0.0000 & 1.0000 \\
0.0000 & 0.0000 & 0.0000 & 0.0000 & 1.0000 \\
0.0000 & 0.0000 & 0.0000 & 0.0000 & 1.0000 \\
0.0000 & 0.0000 & 0.0000 & 0.0000 & 1.0000 \\
0.0000 & 0.0000 & 0.0000 & 0.0000 & 1.0000 \\
0.0000 & 0.0000 & 0.0000 & 0.0000 & 1.0000 \\
0.0000 & 0.6099 & 0.3901 & 0.0000 & 0.0000 \\
0.0000 & 0.0000 & 0.0000 & 0.0000 & 1.0000 \\
0.0000 & 0.0000 & 0.0000 & 0.6667 & 0.3333 \\
0.0000 & 0.0000 & 0.0000 & 0.3333 & 0.6667 \\
0.0000 & 0.0000 & 0.3333 & 0.6667 & 0.0000 \\
0.0000 & 0.0000 & 0.3333 & 0.6667 & 0.0000 \\
0.0000 & 0.0000 & 0.0000 & 0.6667 & 0.3333
\end{bmatrix}
$$

方案三模糊关系矩阵

3. 模糊综合评价向量

将权向量与相对应的模糊关系矩阵合成模糊综合评价结果向量。方案一：$\boldsymbol{R}_1$=（0.1802，0，0.0012，0.0042，0.8144），对 5 个评价的隶属程度排序为：Ⅴ＞Ⅰ＞Ⅳ＞Ⅲ＞Ⅱ；方案二：$\boldsymbol{R}_2$=（0，0.0842，0.0369，0.0948，0.7841），对 5 个评价的隶属程度排序为：Ⅴ＞Ⅳ＞Ⅱ＞Ⅲ＞Ⅰ；方案三：$\boldsymbol{R}_3$=（0，0.0033，0.0187，0.0948，0.8832），对 5 个评价的隶属程度排序为：Ⅴ＞Ⅳ＞Ⅲ＞Ⅱ＞Ⅰ。

4. 综合评价

根据加权原则对评价结果向量进行计算分析，并计算模糊综合评价的结果。方案一（增大管径）：$\boldsymbol{M}_1$=41.91；方案二（LID 措施）：$\boldsymbol{M}_2$=39.61；方案三（增大管径+LID 措施）：$\boldsymbol{M}_3$=34.34。

分析各方案的综合评价结果可知，各方案 LID 措施综合效能均很低，综合评价结果为Ⅴ级，三种方案相比，综合效能大小排为：方案一＞方案二＞方案三。各方案隶属于Ⅴ级程度最大，其次方案一隶属于Ⅰ级程度较大。最终综合评价结果中，方案一（增大管径）的评分最高，综合效能最大；因此在建成区雨水系统改造过程中应优先考虑增大雨水管道管径，若管径改造条件有限制，可考虑在可利用土地部分添加 LID 措施，并参考新建区不同条件评价结果，确定 LID 措施布置方法。

9.4 本章小结

本章在海绵城市建设大背景下，基于模糊综合评价法以及层次分析法，建立 LID 措施综合效能多指标评价体系。并以新建区（西咸新区沣西新城一片区）与建成区（西安市浐河流域一片区）为例，结合现场监测、模型模拟与综合评价等方法，评估其在环境、技术经济和社会的综合效能。主要结论如下：

1）本研究提出以模糊综合评价法以及层次分析法，构建了 LID 设施区域优化配置评价体系，用以评估不同模拟方案在环境，技术，经济和社会方面的综合效果，最后挑选出最佳方案。

2）量化了新建区不同重现期与不同 LID 措施布设条件（不同组合、不同位置与不同面积）下的雨水径流与面源污染负荷的响应情况。三种设计条件中，LID 组合措施对径流水量与面源污染负荷的削减效果最优。

3）量化了建成区不同重现期与不同改造方案（增大雨水管径、添加 LID 措施以及两者相结合）下的雨水径流与面源污染负荷的响应情况。各方案的径流系数、径流及污染负荷削减效果大小排序为：方案三（增大雨水管径+LID）＞方案二（添加 LID）＞方案一（增大雨水管径）。

4）基于模糊评价方法，综合评价了新建区不同布设条件下的 LID 措施综合效能：在新建区海绵设计过程中，应优先考虑不同措施组合，其次在土地条件与规划标准允许的情况下，尽可能多的布设 LID 措施，且将 LID 措施布置在靠近排水系统下游的位置。综合评价了建成区不同改造方案下的 LID 措施综合效能：方案一（增大管径）的评分最高，综合效能最大；建成区雨水系统改造过程中应优先考虑增大雨水管径，其次考虑在可利用土地部分添加 LID 措施。

参考文献

胡爱兵，任欣心，丁念，等. 2014. 基于 SWMM 的某区域低影响开发设施布局与优化//城乡治理与规划改革——2014 中国城市规划年会论文集（02-城市工程规划）. 海口：中国城市规划学会年会，7-20

刘家宏，王开博，徐多，等. 2019. 高密度老城区海绵城市径流控制研究. 水利水电技术，50（11）：9-17

刘文，陈卫平，彭驰. 2016. 城市雨洪管理低影响开发技术研究与利用进展. 应用生态学报，26（6）：1901-1912

罗秀丽，王莉莉，胡良宇. 2018. 绿色屋顶与雨水花园控源截污效率分析. 绿色科技，（22）：27-29

仇保兴. 2015. 海绵城市（LID）的内涵、途径与展望. 建设科技，（1）：1-7

尚蕊玲，王华，黄宁俊，等. 2016. 城市新区低影响开发措施的效果模拟与评价. 中国给水排水，32（11）：141-146

熊鸿斌，刘进. 2008. 城市生态环境质量模糊综合评价研究——以合肥市为例. 重庆：中国环境科学学会学术年会

薛会琴. 2008. 多属性决策中指标权重确定方法的研究. 兰州：西北师范大学硕士学位论文

袁合才，辛艳辉. 2011. 基于 AHP 和 CRITIC 方法的水资源综合效益模型. 安徽农业科学，39(4)：2225-2226

Ackerman D，Stein E D. 2008. Evaluating the effectiveness of best management practices using dynamic modeling. Journal of Environment Engineering，134：628-639

Ahiablame L，Shakya R. 2016. Modeling flood reduction effects of low impact development at a watershed scale. Journal of Environmental Management，171：81-91

Andréa S C，Goldenfum J A，André L S，et al. 2020. The analysis of green roof's runoff volumes and its water quality in an experimental study in porto alegre，southern brazil. Environmental ence and Pollution Research，2020（2）

Baffaut C，Delleur J W. 1989. Expert system for calibrating SWMM. Journal of Water Resources Planning and Management，115（3）：278-298

Dietz M E，Clausen J C. 2006. Saturation to improve pollutant retention in a rain garden. Environmental Science & Technology，40（4）：1335-1340

Gilroy K L，McCuen R H. 2009. Spatio-temporal effects of low impact development practices. Journal of Hydrology，367：228-236

Jia H，Yao H，Tang Y，et al. 2013. Development of a multi-criteria index ranking system for urban runoff best management practices（BMPs）selection. Environmental Monitoring & Assessment，185（9）：7915

Kwak D，Kim H，Han M. 2016. Runoff Control Potential for Design Types of Low Impact Development in Small Developing Area Using XPSWMM. Procedia Engineering，154：1324-1332

Li J K，Li Y，Li Y J. 2016. SWMM-based evaluation of the effect of rain gardens on urbanized areas. Environmental Earth Sciences，75（1）：17-30

Morris M D. 1991. Factorial sampling plans for preliminary computational experiments. Technometrics，33（2）：161-174

Muhammad S，Reeho K，Kwon K H. 2018. Evaluating the capability of grass swale for the rainfall runoff reduction from an urban parking lot，seoul，korea. International Journal of Environmental Research and Public Health，15（3）：537

Rujner H，Leonhardt G，Marsalek J，et al. 2018. High-resolution modelling of the grass swale response to runoff inflows with mike she. Journal of Hydrology，562：411-422

Seo M，Jaber F，Srinivasan R. 2017. Evaluating various low-impact development scenarios for optimal design criteria development. Water，9（4）：270

Seo，M，Jaber F H. 2014. Evaluation of the effectiveness of low impact development practices（LIDs）under various conditions. Agricultural Water Management，2014，134（2）：110-118.

Sharifan R A，Roshan A，Aflatoni M，et al. 2010. Uncertainty and sensitivity analysis of SWMM model in computation of manhole water depth and subcatchment peak flood. Procedia-Social and Behavioral Sciences，2（6）：7739-7740

Stephens D B，Miller M，Moore S J，et al. 2012. Decentralized groundwater recharge systems using roofwater and stormwater runoff. Journal of the American Water Resources Association，48（1）：134-144

第 10 章　雨水集中入渗土壤污染物累积规律

由于城市径流雨水存在严重的面源污染，在降雨冲刷作用下，城市下垫面沉积物中的氮、磷、重金属等污染物随着径流进入到可渗透区域或城市水体，是城市面源污染中重要的污染物之一，对城市土壤生态系统或水生态系统造成极大的危害作用。并且雨水花园、生物滞留等低影响开发设施集中入渗过程的水量和污染负荷强度大，长期集中入渗会造成填料堵塞、污染物吸附饱和等众多难题，降低设施削减水量和去除污染物的运行效率，缩短其使用寿命等，这些科学与技术难题已引起了众多专家的极大关注。目前，国内外主要针对低影响开发或源头措施本身的结构设计、不同填料对水量和污染物削减效果、影响机制、关键技术与模型模拟等开展了大量的研究（Jia et al.，2016；郭效琛等，2020；李家科等，2020），而雨水径流集中入渗设施（雨水花园、生物滞留设施等）长期接纳径流雨水对土壤氮、磷、重金属等造成的影响等问题缺乏系统研究，严重影响了这类技术的合理使用和海绵城市的纵深发展。因此，探索雨水花园土壤氮、磷、重金属等污染物随监测时间和垂向上的分布规律、评价设施土壤重金属的污染水平对保护城市生态环境具有重要作用，是响应我国海绵城市建设地下水水环境质量要求的重要举措。本章主要通过现场监测，探索雨水花园土壤中 N、P、TOC 含量随时间和垂向上的分布变化，分析污染物在土壤断面的累积状况，可进一步掌握雨水花园集中入渗屋面或路面雨水对设施土壤的污染规律，为海绵设施的设计和应用提供理论依据。

10.1　雨水花园集中入渗对土壤 N、P、TOC 含量的影响

10.1.1　土壤 N、P、TOC 含量随监测时间变化规律

土壤作为雨水花园中重要的填料层，其 N、P、TOC 是影响设施内养分循环、维护设施健康发展和保持其正常运行的重要生态因子，其含量的多寡可直接反应雨水径流集中入渗携带的污染物量，2017 年 4 月至 2018 年 1 月对两个雨水花园内土壤采集四次土样（对应春、夏、秋、冬四个季节），分析土壤 N、P、TOC 含量随时间的变化规律，如图 10.1 所示。

两个雨水花园及对照组土壤基质 N、P、TOC 含量随时间的变化如图 10.1 所示。雨水花园（包括 CK）不同土层深度处 N、P、TOC 含量随监测时间变化较大，其中 2017 年 4 月 27 日（春季）和 7 月 7 日（夏季）两次土样中两个花园（含 CK）土壤基质中 TN 含量较高，后期监测的两次土样中其含量有所降低，TN 含量随监测时间总体呈逐渐下降趋势；前期两次土样中 NH_3-N 含量较小，后期有所增大，随监测时间总体呈上升趋势；雨水花园中 NO_3-N 含量的变化幅度较大，有关研究表明硝酸盐在土壤中以离子形式存在，但并不是吸附在土壤颗粒上，而是在土壤中极为活动的（Li et al.，2015）。2017 年 4 月 27 日和 7 月 7 日两次土样中，NO_3-N 含量均较小，但 10 月 14 日（秋季）该次试验，两个花园（含 CK）中 NO_3-N 含量有所增加，主要受 7～10 月降雨冲刷效应的影响，2018 年 1 月 22 日（冬季）该次试验又有所降低，总体呈先增大后减小的趋势。

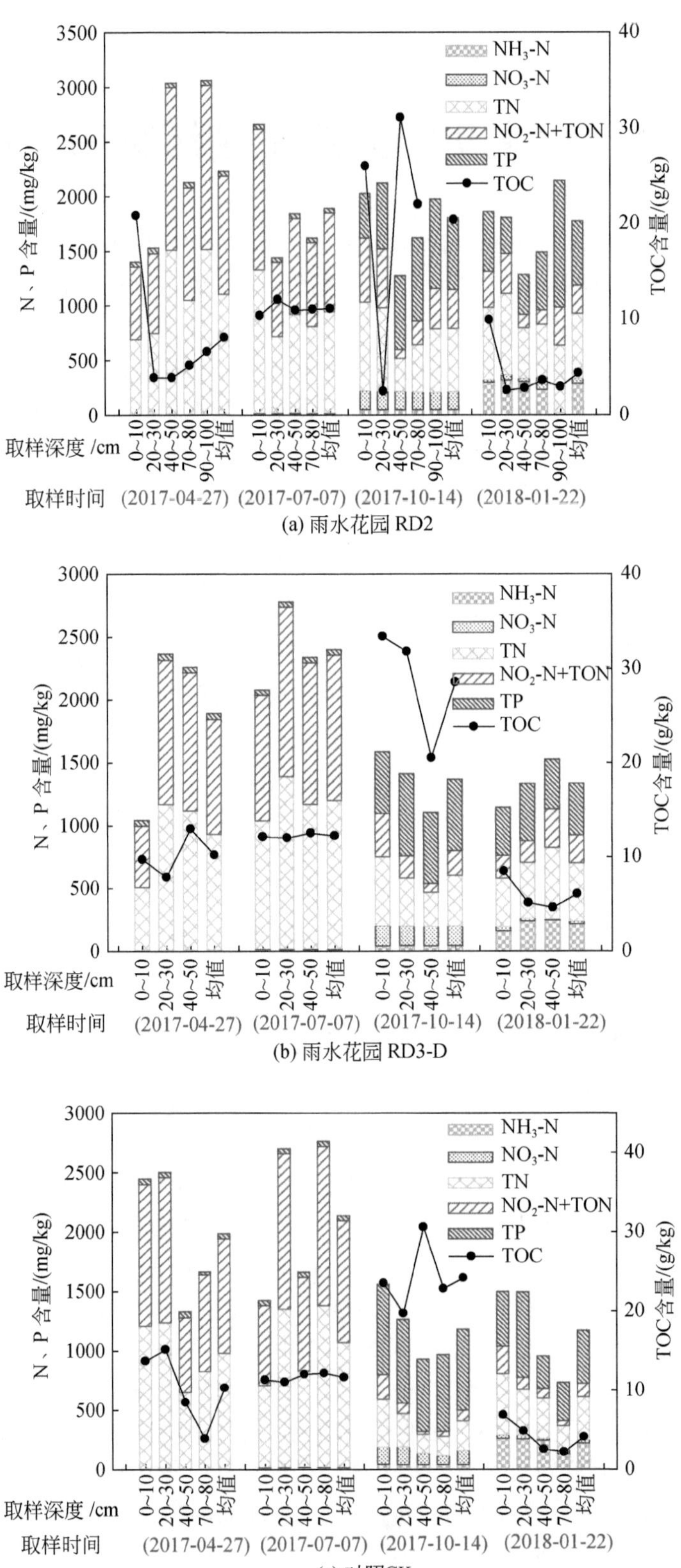

(a) 雨水花园 RD2

(b) 雨水花园 RD3-D

(c) 对照CK

图 10.1 土壤 N、P、TOC 含量随时间的变化过程

土壤中 N 包括 TN、NH_3-N、NO_3-N、NO_2-N（未检测）、TON（PON 和 DON）（未检测），本试验中（NO_2-N）+TON══TN−（NH_3-N）−（NO_3-N），整个监测过程中 TN 含量随监测时间逐渐降低，而 NH_3-N 和 NO_3-N 含量后期有所增加，故（NO_2-N）+TON 含量随监测时间逐渐降低。因此，土壤中 TN 含量的降低主要是由 NO_2-N、TON 减少引起的，这就说明春季和夏季，土壤中 NO_2-N、TON 含量较高，使得土壤 TN 含量较高；进入秋、冬季以后，土壤中 NO_2-N、TON 含量降低了，而 NH_3-N 和 NO_3-N 有所增加，但增幅小于 NO_2-N 和 TON，导致土壤 TN 含量总体呈下降趋势。其中春季、夏季土壤 NO_2-N 和 TON 含量较高的原因：一方面由于春、夏季节，随着气温回升，掉落于土壤表层的枯枝落叶与动物残体开始加速分解，增加了土壤中有机氮的含量；另一方面由于前期降雨量大但雨强小，空气中的氮随着降雨进入土壤中，有关研究表明空气中的氮是城市水体中氮的主要来源，在雨季城市降雨径流中有 50%的 N 来自大气湿沉降（Divers et al.，2014），而汇流面上的氮随着降水径流进入受纳土体。而后期降低的原因是研究区自 8 月以来降雨雨强较大，降雨对土壤的冲刷效应较大，N 流失的可能性较大。有关实验室研究（Linn and Doram，1984）和现场试验（Li et al.，2015）研究发现，NO_3-N 和 DON 在生物滞留设施中发生了极为严重的淋溶现象，因此，生物滞留设施实际上是 NO_3-N 和 DON 的释放源。

土壤中 TP 含量随监测时间呈上升趋势，前两次土样中，TP 含量较低，保持在 40 mg/kg 左右，后两次土样中 TP 含量保持在 274～1162 mg/kg，增加了 6.8～29 倍。这主要是由于 2017 年 7～10 月研究区降雨雨强较强，降雨冲刷效应大，下垫面沉积物中磷酸盐受冲刷后进入了雨水花园，引起土壤中 PO_4-P 含量逐渐增加，Yang 等（2018）监测了 29 场暴雨径流，其中 90%的径流中 PO_4-P：TP 大于 0.5，而雨季大量的 P 经暴雨冲刷后进入土壤，后期在土壤中有所累积，造成后期土壤中 TP 含量逐渐增大。土壤中 TOC 含量呈先增大后减小的趋势，四次试验中，2017 年 10 月 14 日土壤 TOC 含量最高，这主要是秋季植物枯萎，叶片凋落增加了土壤中的有机碳。

与对照 CK 相比，春季和夏季 RD2 中 0～80 cm 土壤 NH_3-N、NO_2-N+TON 和 TN 大多小于 CK，秋季和冬季均大于 CK，而四次采样中 RD2 中 0～80 cm 土壤 NO_3-N 含量均大于 CK（除 7 月 7 日 70～80 cm 和 1 月 22 日 0～10 cm 土层）；对于 RD3-D，与 CK 相比，春季 0～30 cm 中 NH_3-N、NO_3-N、NO_2-N+TON 和 TN 大多小于 CK，而夏季、秋季和冬季，上述指标有 80.6%大于 CK。TP 与 N 的表现不同，与对照 CK 相比，两个雨水花园各层（RD2 为 0～80 cm，RD3-D 为 0～30 cm）基质土壤中 70.8%TP 含量小于 CK，并且随时间没有明显的变化规律；通过计算发现，与对照相比，两个花园中 TOC 含量随时间的变化规律与 N 的变化规律，其中春季和夏季 RD2 中 0～80 cm 土壤 TOC 含量大多小于 CK，秋季和冬季均大于 CK；春季 RD3-D 的 0～30 cm 土壤中 TOC 含量小于 CK，其余时间内大于 CK。这就说明雨水花园集中入渗携带的大量含 N 和 TOC 的污染物在一年中后期有所累积，表现出明显的后期累积效应，而 TP 在时间上没有明显规律。

10.1.2 土壤 N、P、TOC 含量垂向分布规律

2017 年 4 月至 2019 年 2 月 7 次土样中不同土层深度处的 N、P、TOC 含量取算术平均值，得到雨水花园土壤中 N、P、TOC 含量的垂向分布规律如图 10.2 所示。

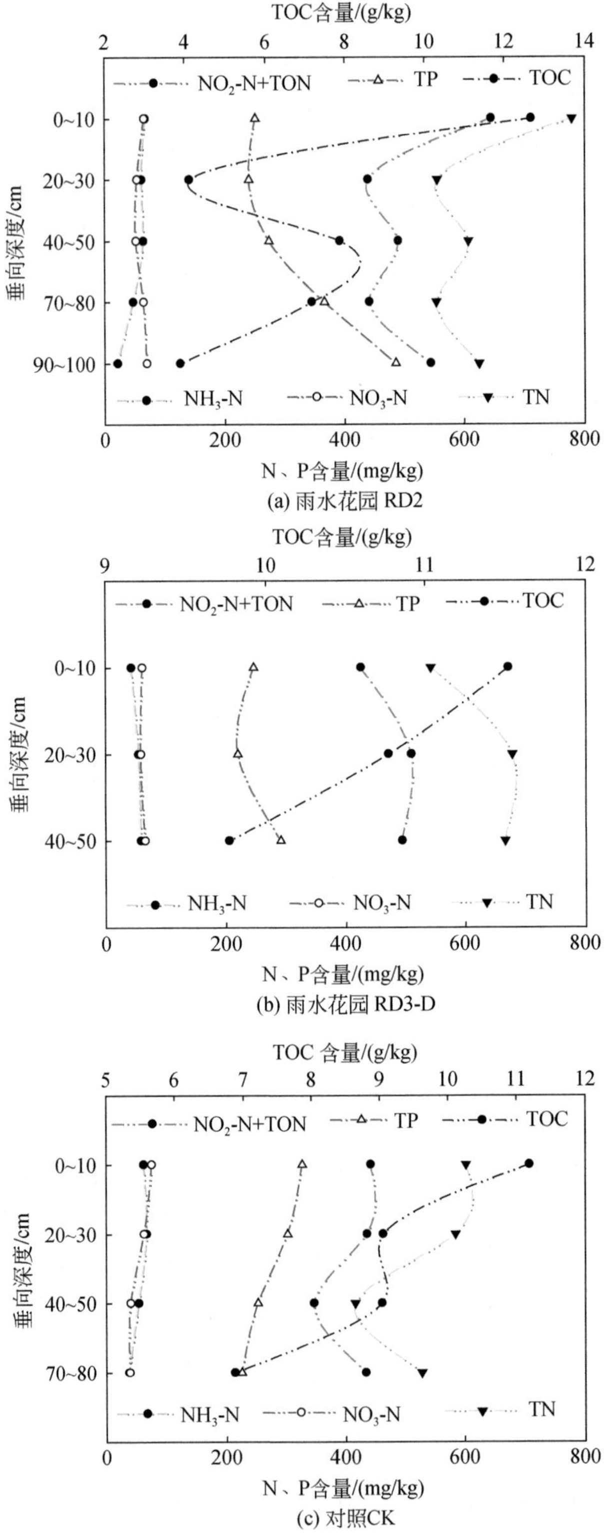

图 10.2　雨水花园 N、P、TOC 含量垂向分布规律

由图可以看出，两个花园和 CK 土壤中 NH_3-N 和 NO_3-N 含量较小，雨水花园 RD3-D 土层深度为 50 cm，NH_3-N 和 NO_3-N 含量随土层深度无明显变化，基本保持稳定；雨水花园 RD2 中 NH_3-N 含量随土层深度增加明显减小趋势，而 NO_3-N 含量随土层深度增加呈增大趋势；CK 土壤中 NH_3-N 和 NO_3-N 含量随土层深度增加均有减小趋势。土壤中 NO_2-N+TON、TN、TP 和 TOC 含量随土层深度变化幅度较大，其中 NO_2-N+TON 和 TN 含量随土层呈先减小后增大的趋势。陈伟伟通过研究青铜峡灌区土壤中三氮变化特征，结果表明土壤 TN 随土层深度也呈先减小后增大的趋势（陈伟伟等，2010）。雨水花园土壤中 TP 含量随土层深度增加逐渐增大，而 CK 土壤中 TP 含量随深度增加呈减小趋势。土壤中 TOC 含量随土层深度变化较大，但总体表现为随土层深度增加呈减小趋势。

1. 不同土壤深度 N、P 和 TOC 含量分布

0～30、0～50、0～80 和 0～100 cm 土壤污染物含量均值如图 10.3 所示。0～30 cm 范围内，两个花园土壤中 NH_3-N、NO_3-N、NO_2-N+TON 和 TN 含量均值分别为 64.66 mg/kg、60.03 mg/kg、542.32 mg/kg、667.0 mg/kg 和 48.71 mg/kg、59.93 mg/kg、501.86 mg/kg 和 610.50 mg/kg，而 CK 土壤中各形态的 N 含量均值分别为 64.84 mg/kg、69.51 mg/kg、459.04 mg/kg 和 593.39 mg/kg，两个花园除 NH_3-N 小于 CK（RD2 中 NH_3-N 略小于 CK），土壤 NO_2-N+TON 和 TN 含量均大于 CK，但 NO_3-N 含量小于 CK。0～50 cm 范围内，两个

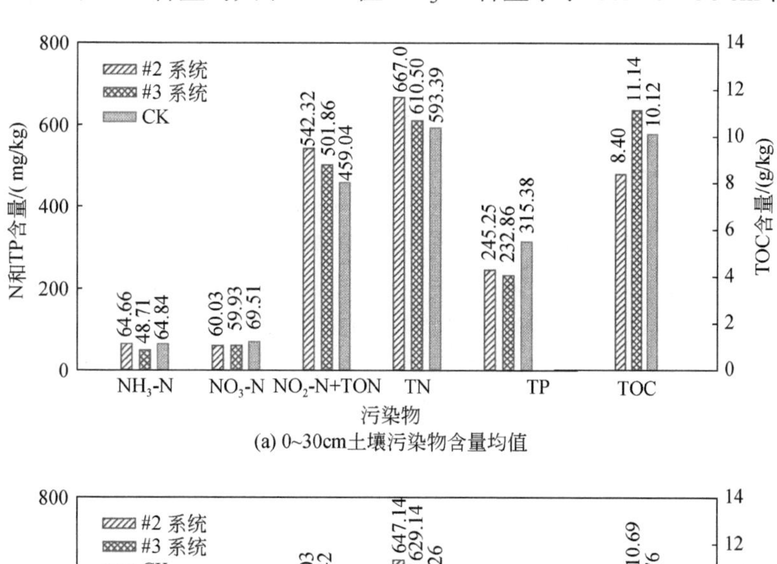

(a) 0~30cm土壤污染物含量均值

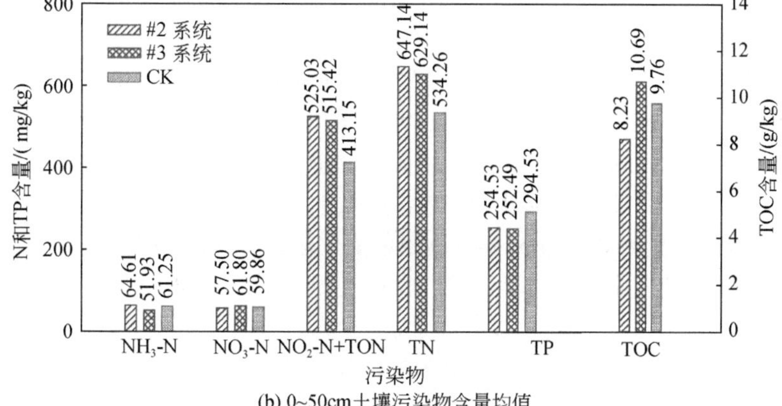

(b) 0~50cm土壤污染物含量均值

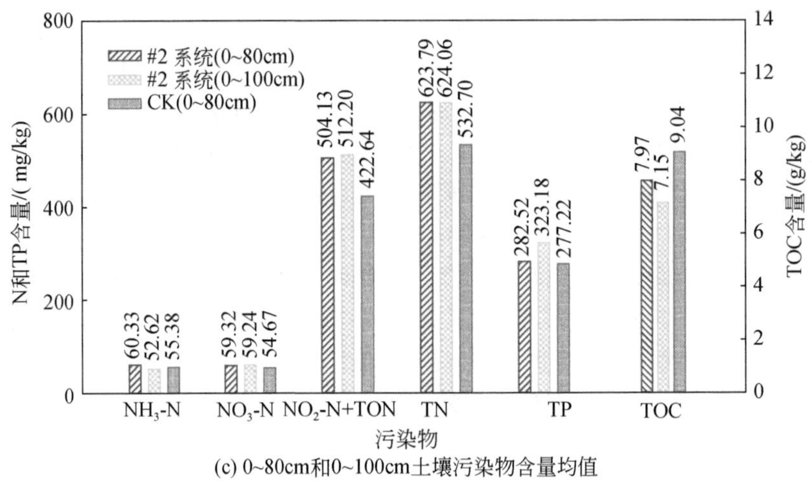

(c) 0~80cm和0~100cm土壤污染物含量均值

图 10.3　不同土壤深度污染物含量均值对比图

花园土壤中 NH_3-N、NO_3-N、NO_2-N+TON 和 TN 含量均值分别为 64.61 mg/kg、57.50 mg/kg、525.03 mg/kg、647.14 mg/kg 和 51.93 mg/kg、61.80 mg/kg、515.42 mg/kg、629.14 mg/kg，而 CK 土壤中各形态的 N 含量均值分别为 61.25 mg/kg、59.86 mg/kg、413.15 mg/kg 和 534.26 mg/kg，与 0～30 cm 规律大体一致，花园土壤中 NH_3-N（RD3-D 除外）、NO_2-N+TON 和 TN 含量均大于 CK，RD2 中 NO_3-N 含量仍然小于 CK，RD3-D 中 NO_3-N 含量略大于 CK。0～80 cm 范围内，雨水花园 RD2 土壤中 NH_3-N、NO_3-N、NO_2-N+TON 和 TN 含量均值分别为 60.33 mg/kg、59.32 mg/kg、504.13 mg/kg 和 623.79 mg/kg，而 CK 土壤中各形式 N 含量分别为 55.38 mg/kg、54.67 mg/kg、422.64 mg/kg 和 532.70 mg/kg，可以看出，与 0～30 和 0～50 cm 土层中 N 含量不同，雨水花园土壤中各种形式 N 含量均大于 CK。说明雨水径流携带的含氮污染物进入雨水花园以后，在花园土壤中存在一定累积作用。同时可以看出，上层土壤（0～50 cm）NH_3-N、NO_2-N+TON 和 TN 含量大于下层（50 cm 以下），也是受径流污染较为敏感的区域。而 NO_3-N 含量却相反，说明在径流冲刷作用下，土壤中硝酸盐随水分向下迁移，发生了显著的淋溶现象，使得上层土壤 NO_3-N 含量低，下层土壤含量高。王禄等（2006）通过人工滤柱试验发现，吸附态氨氮主要集中在 0～50 cm 砂层，并且随滤池深度增加逐渐降低，而硝氮在下一个布水期随水流快速排除系统。

雨水花园集中入渗对土壤中 TP 的影响过程与 NO_3-N 相同，0～30 cm 范围内，两个花园土壤 TP 含量均值分布为 245.25 和 232.86 mg/kg，均小于 CK 土壤中 TP 含量均值（315.34 mg/kg）。0～50 cm 范围内，两个花园中 TP 的平均含量分别为 254.53 和 252.29 mg/kg，仍然小于 CK（294.53 mg/kg）；0～80 cm 土层，花园 RD2 中 TP 的平均含量为 282.52 mg/kg，而 CK 为 277.22 mg/kg，雨水花园土壤 TP 含量大于 CK。可见，与对照组 CK 相比，雨水花园土壤中 TP 含量的变化规律与 NO_3-N 含量的变化规律一致，上层土壤 TP 含量低，下层土壤含量高。说明雨水花园土壤中可溶性 P 随水分入渗发生明显的迁移作用。对于雨水花园 RD2，0～100 cm 范围内 TP 含量均值显著高于 0～80 cm，从 282.52 mg/kg 增加到 323.18 mg/kg，说明 P 随水分向下迁移较为明显，具有显著的深层富集作用。雨水花园土壤中 TOC 含量与对照组 CK 没有明显规律，不同土层深度雨水花园 RD2 土壤中 TOC 含量均小于 CK，但 RD3 土壤 TOC 含量大于 CK，可能是由于土壤中 TOC 含量受下垫面类型的影响较大。

综上所示，两个花园上层土壤（0～50 cm）NO_3-N 和 TP 含量明显小于 CK，50 cm 以下土壤 NO_3-N 和 TP 却大于 CK，并且 NO_3-N 和 P 随水分入渗发生明显的迁移作用，主要是由于雨水径流中携带的硝酸盐、溶解性有效磷（SRP）和溶解性有机磷（DOP）进入雨水花园后，在降雨冲刷作用下发生深层渗漏。有关研究表明，降雨冲刷是导致土壤中 N、P 流失的主要因素，并且 N、P 的输出随降雨强度增大而增大（黎坤等，2011）。因此，对于地下水水位埋深较浅的地区，应用以黄土土壤基质作为填料层的雨水花园，应防止由于 NO_3-N 和可溶性 P 的深层渗漏引起的次生灾害，在设计雨水设施时，应设置一定高度的淹没区，加强 NO_3-N 的转化，进行进一步去除。此外，可增加改良填料的应用，如给水厂污泥（WTR）等，提高雨水花园土壤中铝盐、铁盐等金属离子的含量，促进雨水径流中 P 的沉淀和络合物的形成，提高雨水设施对 P 的去除效果（Liu and Davis，2014）。

2. 雨水花园 RD2 不同深度处 N、P 和 TOC 累积量

将雨水花园 RD2 土壤中 0～10 和 20～30 cm 土壤各污染物含量取平均值代表 0～30 cm 土层中污染累积情况，而 40～50 cm、70～80 cm 和 90～100 cm 各污染物含量分别代表 30～50 cm、50～80 cm 和 80～100 cm 不同深度土壤污染物累积情况。根据雨水花园入流中各污染物的 EMC 浓度值，可估算进入雨水花园 RD2 单位面积上的年污染物量。雨水花园 RD2 单位面积受纳的污染物量和土壤不同深度处污染物累积量如图 10.4 所示。

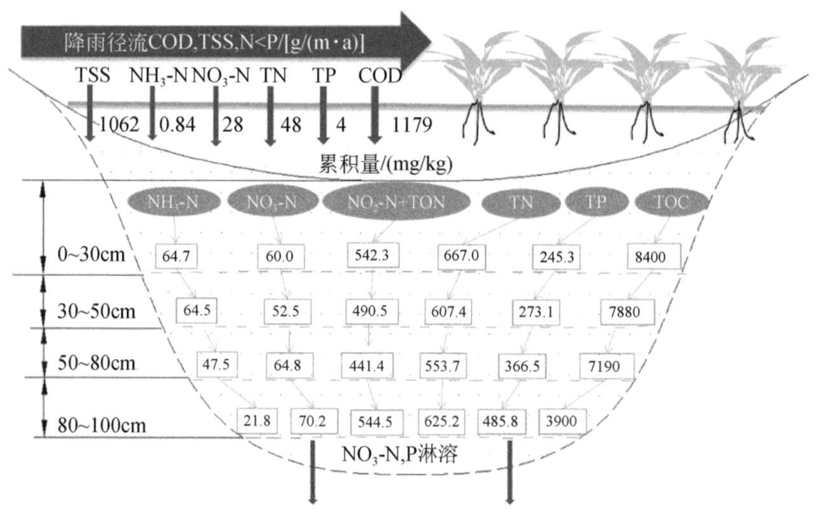

图 10.4 雨水花园 RD2 污染物在土壤不同深度处的累积量

可以看出，雨水花园 RD2 每年受纳 TSS 的量较大，而总悬浮物（TSS）中含有一定量的重金属和颗粒态 N 和 P（Gunawardena et al.，2019），而实际通过径流受纳的 N、P 污染负荷量较少。根据不同深度土壤剖面上污染物含量可以发现，雨水径流中携带的 NH_3-N 大多滞留在土壤表层下 0～50 cm 范围内；由于可溶性 N 的存在，土壤中 NO_2-N+TON 和 TN 随水分有向下迁移的可能，故 80～100 cm 范围内，其含量也较高，但 TN 含量总体小于表层 0～30 cm 范围内的含量；50 cm 以下各层土壤 NO_3-N 和 TP 含量均大于 0～50 cm 的含量。雨水花园 RD2 中 TOC 含量随土层深度增加呈逐渐降低的趋势。

综上所述，雨水径流中携带的 NH_3-N 大多累积在雨水花园土壤表层 50 cm 范围；NO_3-N 和 TP 随水分有向下迁移的风险；而 NO_2-N+TON 和 TN 随水分有向下迁移的可能；TOC 也大多集中在土壤表层 80 cm 范围内。

3. 土壤 N、P 和 TOC 含量与垂向深度的拟合关系

雨水花园 RD2 不同深度处污染物含量与垂向深度的关系进行线性拟合分析，如表 10.1 和图 10.5 所示。雨水花园土壤中 N、P 和 TOC 含量与垂向深度具有较好的线性拟合关系，R^2 大于 0.5，其中 TP 的相关系数达 0.999，NH_3-N 达 0.961。NH_3-N、NO_3-N、TN 和 TP 与雨水花园垂向深度符合二次曲线关系，而 TOC 与垂向深度符合对数关系，均呈抛物线状。NH_3-N 和 TOC 随垂向深度逐渐减小，TP 随垂向深度逐渐增加；而 NO_3-N 和 TN 随垂向深度呈先减小后增大的趋势，NO_3-N 在 50 cm 深度达到最小值，TN 在 60 cm 左右达到最小值，这主要与硝酸盐在土壤中的不稳定性有关（Li and Davis，2015）。

表 10.1　污染物含量与垂向深度拟合表

指标	拟合式	R^2
NH_3-N	$Y=-0.0081x^2+0.434x+61.645$	0.961
NO_3-N	$Y=0.007x^2-0.684x+70.484$	0.878
TN	$Y=0.071x^2-9.176x+836.79$	0.753
TP	$Y=0.043x^2-2.148x+267.74$	0.999
TOC	$Y=-2.845\ln(x)+17.74$	0.537

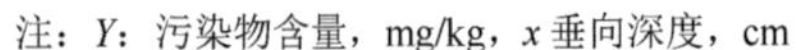
注：Y：污染物含量，mg/kg，x 垂向深度，cm

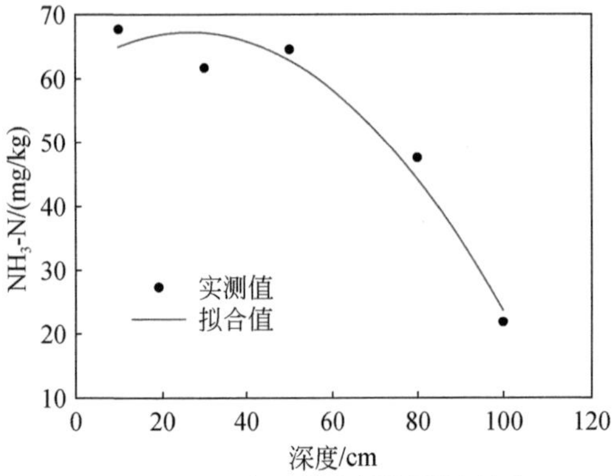

(a) NH_3-N与土壤垂向深度拟合关系

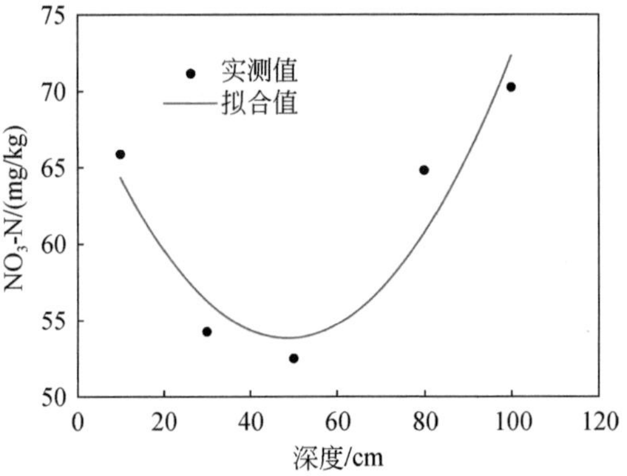

(b) NO_3-N与土壤垂向深度拟合关系

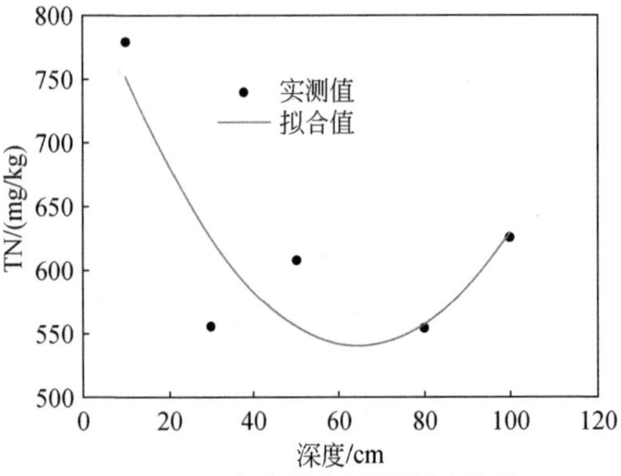

(c) TN与土壤垂向深度拟合关系

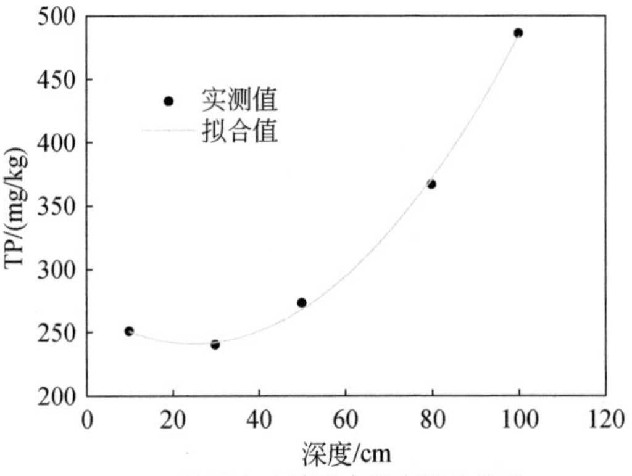

(d) TP与土壤垂向深度拟合关系

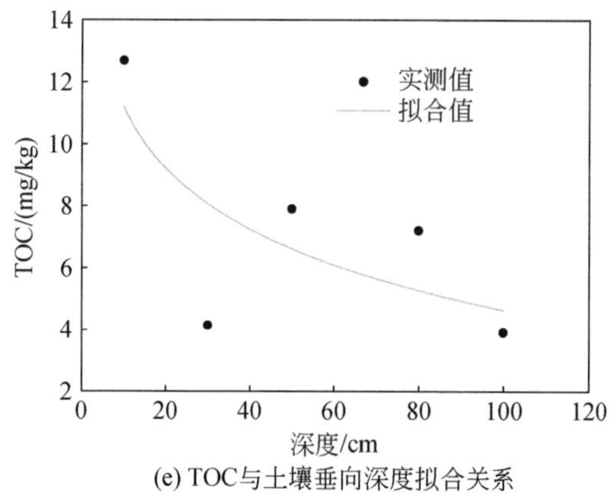

(e) TOC与土壤垂向深度拟合关系

图 10.5　污染物与土壤垂向深度拟合关系图

10.2　雨水花园集中入渗对土壤重金属含量的影响

在降雨冲刷作用下，城市下垫面沉积物中的重金属随着径流进入到可渗透区域或城市水体，是城市面源污染中重要的污染物之一，对城市土壤生态系统和水生态系统造成极大的危害作用。雨水花园通常用来处理一定汇水面上的雨水径流，既是城市雨水径流的纳污设施，也是城市浅层地下水的净化设施。因此，探索雨水花园土壤重金属含量随监测时间和垂向上的分布规律、评价设施土壤重金属的污染水平对保护城市生态环境具有重要作用，是响应我国海绵城市建设地下水水环境质量要求的重要举措。

10.2.1　土壤重金属随时间变化规律

2017 年 4 月至 2018 年 5 月雨水花园土壤重金属含量随时间的变化规律，如图 10.6 所示。

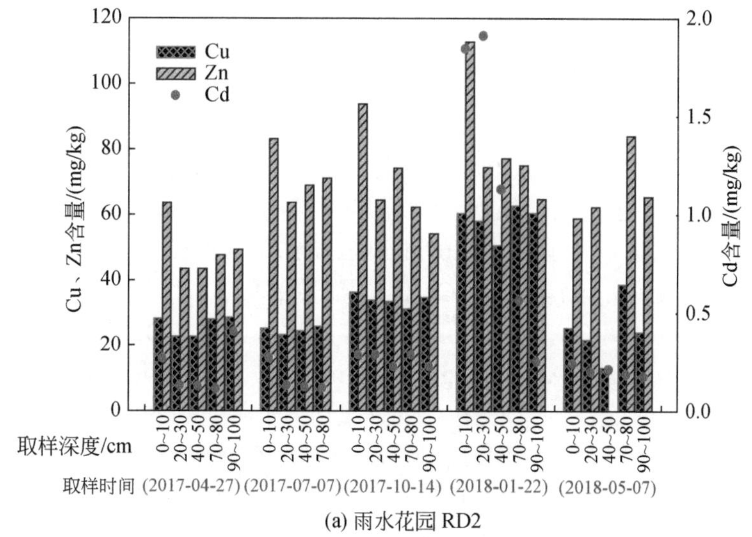

(a) 雨水花园 RD2

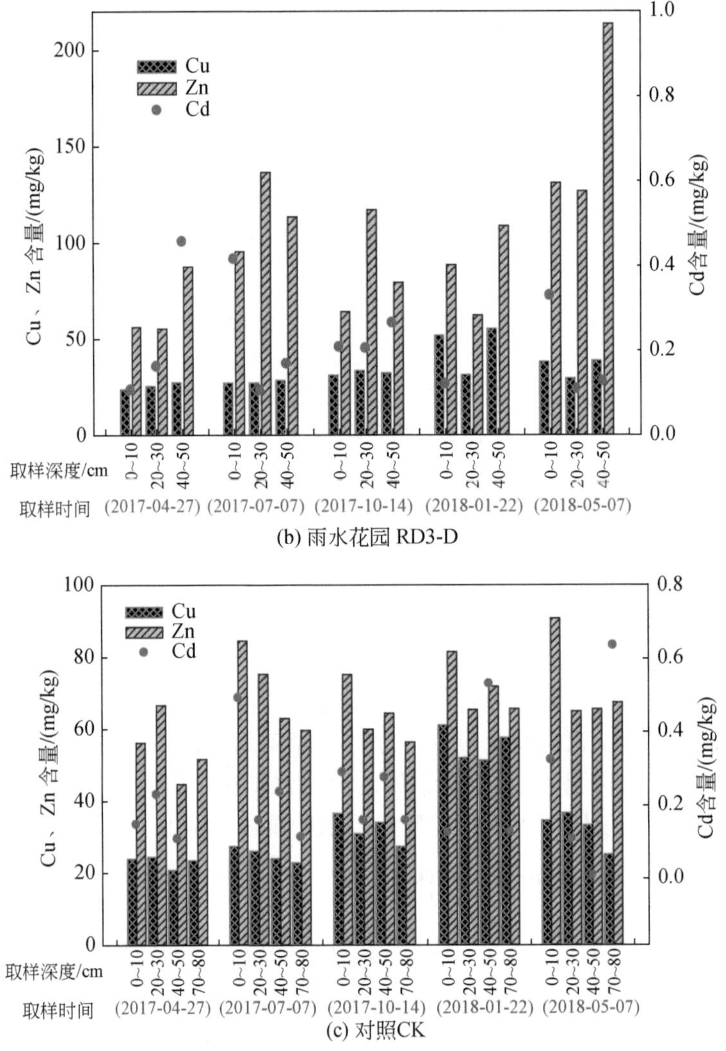

(b) 雨水花园 RD3-D

(c) 对照CK

图 10.6　雨水花园土壤重金属随时间变化分布图

两个雨水花园和 CK 土壤中重金属含量总体表现为 Zn＞Cu＞Cd（图 10.6），Helmreich 等（2010）研究表明道路径流中重金属含量大小排序为 Zn＞Cu＞Cd。雨水花园和 CK 土壤土壤中 Cu 和 Zn 含量随季节的变化幅度较为明显，冬季土壤中 Cu 含量较高。RD2 在 2017 年四次土壤中 Cu 平均含量分别为：26.09 mg/kg、24.78 mg/kg、33.97 mg/kg、58.42 mg/kg，2018 年 5 月 7 日（夏初）该次土样，Cu 含量又开始降低，平均含量为 24.62 mg/kg，与 2017 年前两次土样重金属 Cu 含量接近。2017 年四次土壤中，RD2 中 Zn 平均含量分别为：49.51 mg/kg、71.83 mg/kg、69.85 mg/kg、80.91 mg/kg，而 2018 年 5 月 7 日该次土样中 Zn 的平均含量为 67.70 mg/kg，冬季土壤中 Zn 含量均大于其他时段。雨水花园 RD3-D 和 CK 土壤中 Cu 含量随季节变化规律与 RD2 相同，Zn 含量略有差异（图 10.6）。Nicholson 等（2003）对威尔士地区的农业土壤重金属污染的研究表明，其中 38%～48%的 Cu 来自大气干沉降。Liu 等（2018）研究发现，与大气干沉降相比，湿沉降中含有更多的可溶性锌，因此，大气降水会引起大量的锌沉降，但重金属铜主要来自大气干沉积，因为铜含有较大的平均空气动力学直径（MMMAD），所以在冬天路面沉积物中含量大量的铜。

两个雨水花园和 CK 土壤中 Cd 含量较小，随季节的变化幅度不明显。雨水花园 RD2 中 Cd 含量保持在 0.112～1.91 mg/kg，雨水花园 RD3-D 中 Cd 的最大含量为 0.458 mg/kg，最小值超出了检测线（0.006 mg/kg），CK 土壤中 Cd 含量最大值为 0.637 mg/kg，最小值也超出了检测线。雨水花园 RD2 土壤基质中 Cd 含量明显高于 RD3-D 和 CK。雨水花园中和 CK 土壤 Cd 含量随土层深度基本呈下降趋势，说明 Cd 进入土壤以后主要富集于土壤表层，有关研究认为表层土壤重金属的富集主要受外源污染的影响（Guo et al.，2012）。

此外，西安市进入秋季以来，降雨强度较低，但频率较高。Ma 等（2019）发现降雨量对道路沉积物的影响大于降雨强度。由于降雨的冲刷作用，小于 250 mm 的污染物颗粒比粗颗粒具有更高的迁移性。其他相关研究学者发现，降雨径流中的细颗粒物所占比例较道路沉积物中的更大，并且细颗粒物中所含重金属浓度更高（Ma et al.，2018）。这说明粒径小于 250 mm 的颗粒物随降雨径流进入设施以后，土壤中也截留了较多的重金属等污染物。Wu 等（2018）研究表明，路边土壤中高浓度的重金属可能来自径流污染车辆，核电站周围的管道和基础设施。进入冬季以来，西安地区雾霾较为严重，土壤中重金属主要以大气干沉降为主（Yang and Toor，2018）。

10.2.2 土壤重金属在垂向分布规律

将雨水花园 2017 年 4 月～2019 年 2 月采集的 7 次土样中 3 种重金属含量取均值，研究雨水花园土壤重金属含量垂向分布规律，如图 10.7 所示。由图 10.7 可以看出，雨水花园和 CK 土壤重金属 Zn 和 Cd 大多富集在 0～30 cm 土层，并且土壤 Cd 含量随土层深度增加呈逐渐减小的趋势。土壤中重金属 Cu 的分布较均匀，RD2 的 70～100 cm 和 RD3-D 的 40～50 cm 土层中 Cu 含量略大于其他各层，而 CK 表层土壤重金属 Cu 含量略大于其他各层。

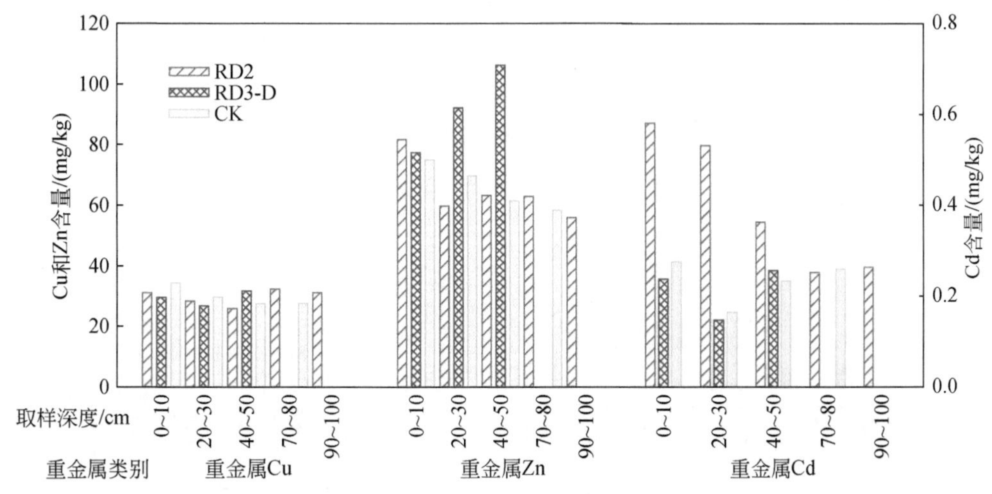

图 10.7 雨水花园土壤重金属垂向分布图

0～50 cm 土层，RD2 和 RD3-D 土壤基质中 Zn 含量分别为 81.58 mg/kg、70.66 mg/kg、59.73 mg/kg、56.93 mg/kg、58.48 mg/kg 和 77.36 mg/kg、84.74 mg/kg、92.13 mg/kg、99.18 mg/kg、106.23 mg/kg，可以看出，0～10 cm 土层，雨水花园 RD2 土壤基质中 Zn 含量较 RD3-D 大，

但是 20～50 cm 各层土壤中，RD3-D 中 Zn 含量分别是 RD2 的 1.20 倍、1.54 倍、1.74 倍、1.68 倍，这说明雨水花园土壤 Zn 含量受下垫面类型的影响较大，当外源污染物 Zn 进入雨水花园后，首先截留在土壤表层（10 cm 左右），若输入浓度较大时，就会随着水分入渗向下扩散、迁移。吴亚刚等（2018）研究得出西安市文教区路面和屋面径流中重金属 EMCs 浓度值分别为 629.70 μg/L 和 280.08 μg/L。由于 RD3-D 主要接纳路面径流，故 RD3-D 入流水质中 Zn 浓度远高于 RD2。重金属 Zn 在雨水花园土壤中迁移至底层，导致下层土壤中 Zn 含量较高，其中 40～50 cm 土层中，雨水花园 RD3-D 的 Zn 总量是 0～10 cm 的 1.37 倍。Davis 等（2001）通过大量研究认为锌在市区的主要来源是车辆的轮胎磨损、制动磨损、大气干湿沉积和石油、天然气的燃烧作用。汽车轮胎中通常含有二乙基锌盐或二甲基锌盐等抗氧化剂，润滑油中通常含有二硫代磷酸锌盐等抗氧化剂和分散剂，因此汽车轮胎磨损及润滑油燃烧是路边土壤 Zn 污染的重要来源（周礼恺，1987）。

0～50 cm 各层土壤，雨水花园 RD2 土壤 Cd 含量分别为 0.581 mg/kg、0.531 mg/kg、0.363 mg/kg，RD3-D 土壤重金属 Cd 分别为 0.237 mg/kg、0.147 mg/kg、0.256 mg/kg，而 CK 土壤分别为 0.277 mg/kg、0.165 mg/kg、0.233 mg/kg。可以看出，雨水花园 RD3-D 和 CK 土壤中 Cd 含量差异较小，但 RD2 土壤 Cd 含量远大于 RD3-D 和 CK，分别是 RD3-D 和 CK 的 2.45 倍、3.62 倍、1.42 倍和 2.09 倍、3.22 倍、1.56 倍，这可能与 RD2 东侧的垃圾场有关。

10.2.3 土壤重金属形态分布规律

2019 年 2 月 21 日采集两个雨水花园和一对照组土样，采用经典的 Tessierr 等连续提取法测定土壤中重金属 Cu、Zn、Cd、Pd 和 Cr 的化学形态（Tessier et al.，2001），包括可交换态（S1）、碳酸盐结合态（S2）、铁-锰氧化物结合态（S3）、有机结合态（S4）和残渣态（S5）。目前，有关研究学者大多认为可交换态和碳酸盐结合态两种形态的重金属不大稳定，随水分入渗易向下迁移。5 种重金属的各形态对其总量的贡献率如图 10.8 所示。

可以看出，雨水花园和对照 CK 土壤中重金属 Cu 主要以残渣态形式存在，可交换态、碳酸盐结合态、铁-锰氧化物结合态、有机结合态和残渣态对 Cu 总量贡献率区间（平均贡献率）分别为：0～0（0），6.59%～12.18%（9.68%）、12.88%～28.34%（18.35%）、6.94%～

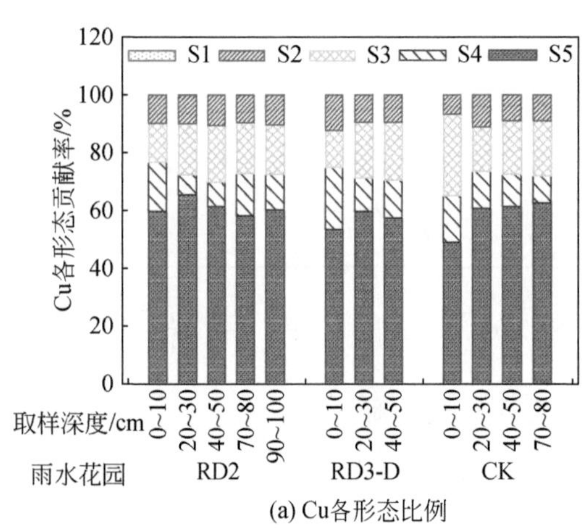

(a) Cu各形态比例

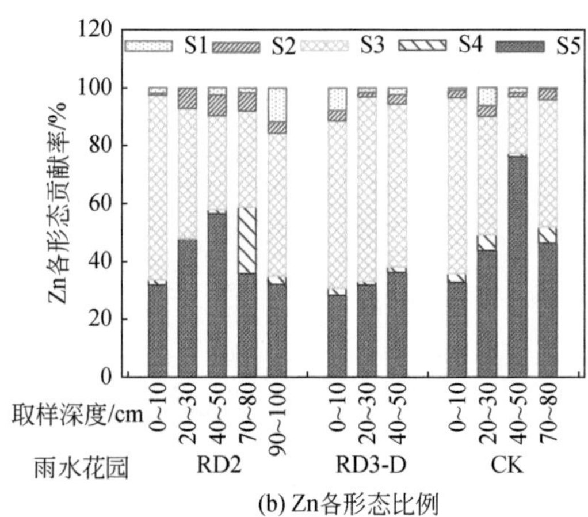

(b) Zn各形态比例

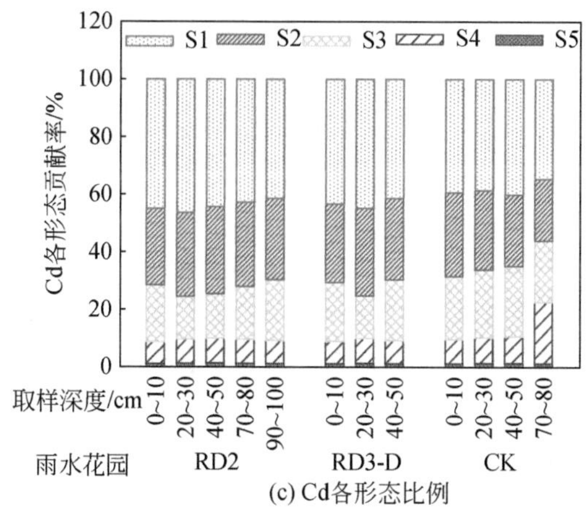

(c) Cd各形态比例

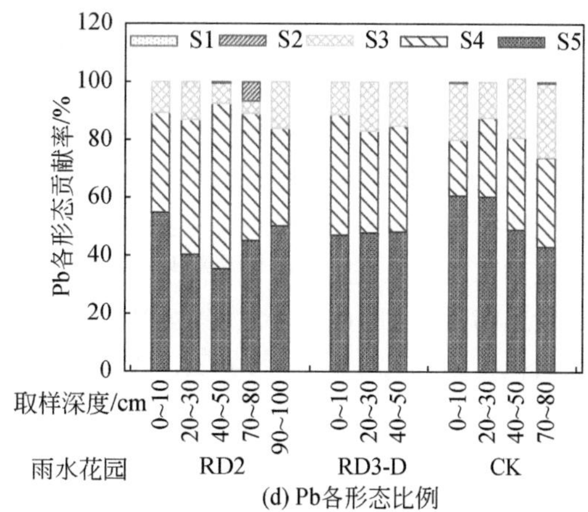

(d) Pb各形态比例

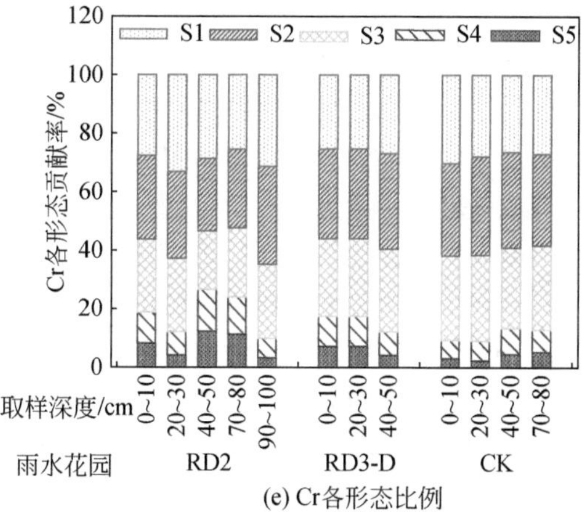

(e) Cr各形态比例

图 10.8　雨水花园土壤重金属各形态贡献率

21.37%（12.84%）、49.02%～65.47%（59.14%）。Cu 的化学形态总体分布为残渣态＞铁-锰氧化物结合态＞有机结合态＞碳酸盐结合态＞可交换态。土壤中可交换态的 Cu 含量为 0，碳酸盐结合态的 Cu 含量也较少，说明重金属 Cu 在土壤中相对稳定，随水分入渗向下迁移的可能性较小。

雨水花园和对照 CK 土壤中重金属 Zn 主要以铁-锰氧化物结合态和残渣态形式存在，可交换态、碳酸盐结合态、铁-锰氧化物结合态、有机结合态和残渣态对 Zn 总量贡献率区间（平均贡献率）分别为：0～11.7%（3.2%），0.56%～7.16%（3.69%）、19.79%～64.02%（47.42%）、0.07%～22.74%（4.05%）、28.32%～76.03%（41.65%）。Zn 的化学形态总体分布为铁-锰氧化物结合态＞残渣态＞有机结合态＞碳酸盐结合态＞可交换态。根据土样采样点的来源，可交换态 Zn 的大小排序为雨水花园 RD3-D（3.86%）＞RD2（3.54%）＞CK（2.29%）；碳酸盐结合态大小排序为 RD2（4.97%）＞CK（2.79%）＞RD3-D（2.76%）；铁-锰氧化物结合态为 RD3-D（59.43%）＞RD2（44.96%）＞CK（41.48%）；有机结合态大小排序为 RD2（5.68%）＞CK（3.72%）＞RD3-D（1.76%）；残渣态大小排序为 CK（49.73%）＞RD2（40.86%）＞RD3-D（32.18%）。雨水花园土壤中可交换态 Zn 含量较 CK 大，说明降雨径流中含有大量较高迁移性的 Zn，并随水分入渗有向下迁移的可能。

雨水花园和对照 CK 土壤中重金属 Cd 主要以可交换态、碳酸盐结合态形式存在，可交换态、碳酸盐结合态、铁-锰氧化物结合态、有机结合态和残渣态对 Pb 总量贡献率区间（平均贡献率）分别为：34.76%～46.37%（41.90%），21.34%～30.36%（21.77%）、14.90%～24.65%（19.96%）、7.43%～21.34%（9.33%）、1.15%～1.42%（1.26%）。Cd 的化学形态总体分布为可交换态＞碳酸盐结合态＞铁-锰氧化物结合态＞有机结合态＞残渣态。土壤中可交换态和碳酸盐结合态 Cd 含量较高，说明土壤中 Cd 随水分入渗有向下迁移可能较大。根据土样采样点的来源，可交换态 Cd 含量大小排序为 RD2（44.04%）＞RD3-D（43.21%）＞CK（38.23%）；碳酸盐结合态 Cd 的大小含量为 RD3-D（28.52%）＞RD2（28.50%）＞CK（25.63%）；铁-锰氧化物结合态 Pb 含量为 CK（22.96%）＞RD3-D（18.98%）＞RD2（18.16%）；有机结合态 Pb 含量大小排序为 CK（11.87%）＞RD2（8.06%）=RD3-D（8.06%）；残渣态大小 Pb 含量排序为 CK（1.31%）＞RD2（1.24%）＞RD3-D（1.23%）。雨水花园土壤中可交换态和碳酸盐结合态 Cd 含量较 CK 大。

雨水花园和对照 CK 土壤中重金属 Pb 主要以残渣态和有机结合态形式存在，五种形态对 Pb 总量贡献率区间（平均贡献率）分别为：0～0（0），0～6.54%（0.64%）、4.45%～25.71%（14.38%）、19.31%～56.94%（36.48%）、35.55%～60.77%（48.59%）。Pb 的化学形态总体分布为残渣态＞有机结合态＞铁-锰氧化物结合态＞碳酸盐结合态＞可交换态。土壤中可交换态 Pb 含量为 0，碳酸盐结合态 Pb 含量为较小，说明土壤中 Pb 随水分入渗有向下迁移可能较小。根据土样采样点的来源，碳酸盐结合态 Pb 含量大小排序为 RD2（1.40%）＞CK（0.18%）＞RD3-D（0）；铁-锰氧化物结合态 Pb 含量为 CK（19.49%）＞RD3-D（14.41%）＞RD2（10.27%）；有机结合态 Pb 含量大小排序为 RD2（43.04%）＞RD3-D（37.76%）＞CK（27.32%）；残渣态大小 Pb 含量排序为 CK（53.30%）＞RD3-D（47.83%）＞RD2（45.29%）。雨水花园土壤中铁-锰氧化物结合态和有机结合态 Pb 含量较 CK 大，说明降雨径流中的 Pb 也主要以这两种形式存在。

雨水花园和对照 CK 土壤中重金属 Cr 主要以可交换态、碳酸盐结合态和铁-锰氧化物结合态形式存在，五种形态对 Cr 总量贡献率区间（平均贡献率）分别为：25.33%～33.18%（27.97%），24.54%～33.55%（30.42%）、20.23%～29.46%（26.38%）、6.10%～14.20%（9.09%）、2.42%～12.31%（6.14%）。Cr 的化学形态总体分布为碳酸盐结合态＞可交换态铁-锰氧化物结合态＞有机结合态＞残渣态。土壤中可交换态和碳酸盐结合态 Cr 含量为较高，说明土壤中重金属 Cr 随水分入渗有向下迁移可能较大。根据土样采样点的来源，可交换态 Cr 的大小排序为 RD2（29.29%）＞CK（27.90%）＞RD3-D（25.87%）；碳酸盐结合态 Cr 含量大小排序为 CK（32.19%）＞RD3-D（31.19%）＞RD2（28.54%）；铁-锰氧化物结合态 Cr 含量为 CK（28.76%）＞RD3-D（27.28%）＞RD2（23.95%）；有机结合态 Cr 含量大小排序为 RD2（10.35%）＞RD3-D（9.43%）＞CK（7.26%）；残渣态大小 Cr 含量排序为 RD2（7.88%）＞RD3-D（6.24%）＞CK（3.90%）。与对照 CK 相比，雨水花园 RD2 土壤中可交换态 Cr 含量较 CK 大，而 RD3-D，说明雨水花园中 Cr 以屋面径流为主。尽管土壤中可交换态和碳酸盐结合态 Cr 含量较高，但受雨水径流集中入渗的影响不大。而两个雨水花园土壤中有机结合态和残差态 Cr 含量均大于 CK，说明降雨径流中的 Cr 大多以这两种形态存在。

综上所述，雨水花园和 CK 土壤重金属 Cu、Zn、Pb 基本以残渣态、有机结合态、铁-锰氧化物结合态为主要赋存形态，总体来看在土壤中相对稳定；而 Cd 主要以可交换态、碳酸盐结合态形式存在，Cr 以可交换态、碳酸盐结合态和铁-锰氧化物结合态存在，5 种重金属各形态对总量的贡献率各有不同。雨水径流集中入渗条件下，两个雨水花园土壤中可交换态 Zn 和 Cd 含量均大于 CK，说明重金属 Zn 和 Cd 有随水分向下迁移的风险，在后续研究中将进一步定量评价与分析各重金属的生物可利用性。

10.2.4　土壤重金属污染评价

《中国土壤元素背景值》给出的陕西省土壤元素背景值只包含 A 层和 C 层，A 层一般为 0～20 cm（去除表层 10 cm），B 层为 50 cm 左右（无数值），C 层为 100 cm 左右。本研究中若以中国土壤元素背景值为评价标准，将两个雨水花园五个采样期采集的 0～30 cm 土壤重金属含量的平均值与陕西省土壤元素 A 层的背景值进行比较；将 30 cm 以下各层土壤重金属含量的均值与陕西省土壤元素 C 层的背景值进行比较。中国《土壤环境质量建设用地土壤污染风险管控标准（试行）》（GB36600—2018）一类用地筛选值和世界土壤元素背景值没有分层标准，按照对应的统一标准进行比较，背景值含量如表 10.2 所示。采用内梅罗指数法、地累积指数法和潜在生态危害指数法三种方法对两个雨水花园土壤重金属进行污染评价，以 2017 年 4 月至 2019 年 2 月 7 次土样土壤重金属含量均值计算土壤污染评价指数。

表 10.2　土壤重金属背景值含量

评价标准	深度/cm	Cu/（mg/kg）	Zn/（mg/kg）	Cd/（mg/kg）
中国《土壤环境质量建设用地土壤污染风险管控标准（试行）》（GB36600—2018）一类用地筛选值	—	2000	—	20
陕西省土壤元素背景值	A 层	21.4±7.74	69.4±22.53	0.094±0.035
	C 层	20.4±6.27	62.6±16.37	0.086±0.026
世界土壤元素背景值	—	30	9	0.35

1. 内梅罗指数法

$$P_i = C_i / S_i \qquad (10.1)$$

$$P_{\text{com}} = \sqrt{\frac{\left(\frac{1}{n}\sum_{1}^{n} P_i\right)^2 + (P_{i\max})^2}{2}} \qquad (10.2)$$

式中，P_i 为单项污染指数；C_i 为污染物实测值；S_i 为根据需要选取的评价标准，采用中国《土壤环境质量建设用地土壤污染风险管控标准（试行）》（GB36600—2018）一类用地筛选值、陕西省土壤背景值（A 层和 C 层）和世界土壤元素背景值分别进行评价；$P_{i\max}$ 为最大单项污染指数，内罗梅指数评价标准如表 10.3 所示。

表 10.3　内罗梅指数评价标准

等级划分	P_i 单项污染指数	P_{com}	污染等级	污染水平
Ⅰ	0～0.7	0～0.7	安全	清洁
Ⅱ	0.7～1	0.7～1	警戒线	尚清洁
Ⅲ	1～2	1～2	轻污染	土壤轻度污染开始，作物开始受到污染
Ⅳ	2～3	2～3	中污染	土壤、作物均受中度污染
Ⅴ	>3	>3	重污染	土壤、作物污染已相当严重

以《土壤环境质量建设用地土壤污染风险管控标准（试行）》（GB36600—2018）一类用地筛选值、陕西省土壤环境背景值、世界土壤元素背景值为评价标准，按照内梅罗指数法计算雨水花园土壤基质中重金属 Cu、Zn、Cd 的单项和综合污染指数，如表 10.4 所示。

表 10.4 内梅罗污染指数计算表

雨水花园	重金属	《土壤环境质量建设用地土壤污染风险管控标准（试行）》（GB36600—2018）一类用地筛选值				陕西省土壤环境元素背景值				世界土壤元素背景值			
		A 层		C 层		A 层		C 层		A 层		C 层	
		P_i	P_{com}	P_i	P_{com}	P_i	P_{com}	P_i	P_{com}	P_i	P_{com}	P_i	P_{com}
RD2	Cu	0.02		0.02		1.39		1.46		0.99		0.99	
	Zn	—	0.02	—	0.01	1.02	9.99	0.97	4.16	7.85	16.34	6.74	12.07
	Cd	0.03		0.02		5.96		3.37		1.60		0.83	
RD3-D	Cu	0.02		0.02		1.31		1.55		0.94		1.06	
	Zn	—	0.01	—	0.01	1.22	2.26	1.70	3.93	9.42	22.20	11.80	34.26
	Cd	0.01		0.01		2.04		2.97		0.55		0.73	

相对于《土壤环境质量建设用地土壤污染风险管控标准（试行）》（GB36600—2018）一类用地筛选值，雨水花园土壤基质中重金属 Cu 和 Cd 单项和综合污染指数保持在 0.01～0.03，均小于 0.7，说明雨水花园土壤重金属 Cu、Cd 含量符合建设用地土壤染污风险一类用地筛选值标准要求，污染等级处于安全状态，土壤较为清洁。

以陕西省土壤环境背景值为评价标准，两个雨水花园土壤基质中重金属污染指数总体为 Cd＞Cu＞Zn。Cu 和 Zn 单项污染指数均大于 1 小于 2，土壤受到轻度污染，作物开始受到污染。雨水花园 RD2 中 A 层和 C 层土壤基质中重金属 Cd 的单项污染指数均大于 3，其中 A 层已达到 5.96，花园土壤受重金属 Cd 的污染已相当严重。雨水花园 RD3-D 土壤基质中重金属 Cd 的单项污染指数均大于 2 小于 3，处于中度污染，并且 C 层污染较 A 层严重。从综合污染指数来看，雨水花园 RD2 中 A 层和 C 层土壤重金属 Cu、Zn、Cd 综合污染指数均大于 3，其中 A 层达到 9.99，处于重污染水平。雨水花园 RD3-D 中 A 层土壤重金属的综合污染指数为 2.26，处于中度污染水平，但 C 层土壤的综合污染指数达到 3.93，处于重度污染。说明相对于陕西省土壤环境背景中重金属 Cu、Zn、Cd 含量，雨水花园集中入渗携带的大量重金属在土壤中表层有所积累，严重污染物了花园土壤基质。

以世界土壤元素背景值为评价标准，两个雨水花园土壤基质中重金属污染指数总体为 Zn＞Cu＞Cd。不同土层中重金属 Cu 的单项污染指数均小于 2，处于轻度污染状态。而重金属 Zn 的污染指数均大于 3，处于重度污染水平。雨水花园 RD2 中 A 层土壤重金属 Cd 的单项污染指数大于 1 小于 2，处于轻度污染水平，其余均小于 1，处于清洁和较清洁水平。从综合污染指数来看，两个雨水花园 A 层和 C 层土壤重金属 Cu、Zn、Cd 的综合污染指数远大于 3，其中雨水花园 RD3-D 中 C 层土壤综合污染指数达 34.26，这主要是由于雨水花园 RD3-D 中重金属 Zn 含量较高引起的。相对于世界土壤元素背景值，雨水花园土壤基质的重金属含量严重超标，达到重度污染水平，说明雨水花园集中入渗携带的大量重金属在雨水花园土壤基质中有所累积，汇水区为路面的重金属 Zn 含量较高，并随着水分入渗向下迁移。

2. 地累积指数法

$$I_{geo} = \log_2[C_n / KB_n] \tag{10.3}$$

式中，C_n 为元素 n 在沉积物中的浓度；B_n 为沉积物中该元素的地球化学背景值；K 是为考虑各地岩石差异可能会引起背景值的变动而取的系数（一般取值为 K=1.5），地积累指数评价标准如表 10.5 所示。

表 10.5　地积累指数评价标准

指标	等级	污染水平
I_{geo}≤0	0 级	清洁
0<I_{geo}≤1	1 级	轻度污染
1<I_{geo}≤2	2 级	中度污染
2<I_{geo} o≤3	3 级	重度污染
I_{geo}>3	4 级	严重污染

以陕西省土壤环境背景值和世界土壤元素背景值为评价标准，按照地累积指数法计算雨水花园土壤基质中重金属 Cu、Zn、Cd 的污染指数，如表 10.6 所示。

表 10.6　地累积污染指数计算表

雨水花园	重金属	陕西省土壤元素背景值		世界土壤元素背景值	
		A 层	C 层	A 层	C 层
RD2	Cu	−0.113	−0.041	−0.600	−0.598
	Zn	−0.559	−0.631	2.388	2.167
	Cd	1.990	1.169	0.093	−0.856
RD3-D	Cu	−0.193	0.045	−0.706	−0.511
	Zn	−0.297	0.178	2.625	2.976
	Cd	0.444	0.986	−1.477	−1.039

以陕西省土壤元素背景值为评价标准，雨水花园 RD2 土壤 A 层和 C 层土壤重金属 Cu 和 Zn 的污染指数均小于 0，说明土壤未受到 Cu 和 Zn 污染，尚处于清洁状态；但 Cd 的地累积污染指数大于 1 小于 2，达到中度污染水平。雨水花园 RD3-D 中 A 层土壤中的 Cu 和 Zn 的地累积污染指数均小于 0，土壤未受到重金属 Cu 和 Zn 的污染，处于清洁状态。但 C 层土壤 Cu 和 Zn 以及 A、C 两层中重金属 Cd 的污染指数均大于 0 小于 1，为 1 级污染。说明雨水花园 RD3-D 下层土壤受到重金属 Cu、Zn 轻度污染，而整个土层均受到了重金属 Cd 的轻度污染。

以世界土壤元素背景值为评价标准，两个雨水花园各层土壤 Cu 和 Cd 的污染指数较小，除了雨水花园 RD2 中 A 层土壤 Cd 的污染指数为 0.093 以外，其余均小于 0，说明相对于世界土壤元素背景值，两个雨水花园土壤中未受到重金属 Cu 和 Cd 的污染。但是对于重金属 Zn，雨水花园 RD2 的 A、C 两层中 Zn 的污染指数大于 2 小于 3，雨水花园 RD3-D 的 A 层土壤 Zn 的污染指数也大于 2 小于 3，C 层土壤 Zn 的污染指数达到 2.976，说明两个雨水花园基质土壤中的重金属 Zn 达到中度，甚至重度污染水平。并且雨水花园 RD3-D 重金属 Zn 污染水平较雨水花园 RD2 高。

3. 潜在生态指数法

$$\mathrm{RI}=\sum_{i=1}^{n}T_r^iC_r^i=\sum_{i=1}^{n}T_r^i(C_{\mathrm{mea}}^i/C_n^i) \tag{10.4}$$

式中，RI 为采样点多种重金属综合潜在生态危害指数；T_r^i 为采样点某一重金属的毒性响应系数，根据 Hakanson 制定的标准化重金属毒性系数得到（Singh et al.，1989）；C_r^i 为该元素的污染系数；C_{mea}^i 为该元素的实测含量；C_n^i 为该元素的参比值，采用陕西省土壤背景值（A 层和 C 层），潜在生态危害指数评价标准如表 10.7 所示。

表 10.7　潜在生态危害指数评价标准

单因子潜在生态危害系数 C_{mea}^i/C_n^i	多因子潜在生态危害指数 RI	潜在生态危害程度
0～40	0～150	轻度
40～80	150～300	中度
80～160	300～600	较强
160～320	＞600	很强
＞320	—	极强

以《土壤环境质量建设用地土壤污染风险管控标准（试行）》（GB36600—2018）一类用地筛选值、陕西省土壤环境背景值、世界土壤元素背景值为评价标准，按照潜在生态指数法计算雨水花园土壤基质中重金属 Cu、Zn、Cd 的单因子和多因子污染指数，如表 10.8 所示。

表 10.8　潜在生态污染指数计算表

雨水花园	重金属	《土壤环境质量建设用地土壤污染风险管控标准（试行）》（GB36600—2018）一类用地筛选值				陕西省土壤元素背景值				世界土壤元素背景值			
		A 层		C 层		A 层		C 层		A 层		C 层	
		单因子	多因子	单因子	多因子	单因子	多因子	单因子	多因子	单因子	多因子	单因子	多因子
RD2	Cu	1.48	18.76	1.49	10.59	6.94	187.69	7.29	110.39	5.59	69.62	5.74	44.86
	Zn	0.47		0.40		2.04		1.94		16.03		14.26	
	Cd	16.8		8.70		178.72		101.16		48.00		24.86	
RD3-D	Cu	1.40	7.72	1.58	9.95	7.48	70.23	7.74	100.26	4.68	39.96	5.26	50.77
	Zn	0.57		0.71		2.44		3.39		18.83		23.61	
	Cd	5.76		7.67		61.23		89.13		16.44		21.90	

以《土壤环境质量建设用地土壤污染风险管控标准（试行）》（GB36600—2018）一类用地筛选值为评价标准，两个雨水花园各层土壤中单因子和多因子危害指数均较小，说明雨水花园土壤重金属 Cu 和 Cd 含量符合建设用地土壤污染风险一类用地筛选值标准要求。

以陕西省土壤环境背景值为评价标准，两个雨水花园土壤基质中重金属污染指数总体为 Zn＞Cu＞Cd。A 层和 C 层土壤中重金属 Cu 和 Zn 的单因子污染指数均小于 10，土壤处于轻度污染水平。但 Cd 的潜在生态危害指数较大，雨水花园 RD2 中 A 层土壤重金属 Cd 的潜在生态危害指数达 178.72，C 层污染指数为 101.16，说明雨水花园 RD2 中土壤基质中重金属 Cd 的污染水平很强，尤其是 0～30 cm 土层，Cd 的单因子污染指数较高，表明其受到人为干扰活动的影响非常强烈，其他学者研究发现 Cd 对城市土壤中潜在的生态风险有显著贡献（Holems et al.，1994）。雨水花园 RD3-D 中 A 层土壤重金属 Cd 的潜在生态危害为 61.23，C 层土壤 Cd 的污染指数为 89.14，分别达到中度和较强的污染水平。以多因子污染指数来看，雨水花园 RD2 中 A 层土壤的多因子潜在生态危害指数达 187.69，达到中度污染水平，其中 Cd 的生态潜在风险贡献最大，但 RD2 中 C 层土壤和雨水花园 RD3-D 中 A、C 两层土壤多因子生态危害指数均小于 150，为轻度污染。

以世界土壤元素背景值为评价标准，对于 A 层土壤两个雨水花园土壤基质中重金属污染指数总体为 Cd＞Zn＞Cu，C 层土壤为 Zn＞Cd＞Cu。除了雨水花园 RD2 中 A 层土壤 Cd 的潜在生态指数大于 40（48.0）以外，其余各层土壤重金属的单因子生态指数均小于 40，说明以世界土壤元素背景值为评价标准，雨水花园土壤重金属 Cu、Zn、Cd 的污染较轻，为轻度或中度污染。以多因子污染指数来看，两个花园的生态危害指数均小于 150，污染水平较低，为轻度污染。

综上所示，雨水花园 RD2 连续运行了 9 年，RD3 连续运行了 8 年，以《土壤环境质量 建设用地土壤污染风险管控标准（试行）》（GB36600—2018）一类用地筛选值为评价标准，雨水花园土壤并未受到重金属 Cu 和 Cd 的污染；以陕西省土壤环境背景值和世界土壤元素背景值为评价标准，土壤重金属 Cd 和 Zn 受到中度甚至重度污染，而受 Cu 污染为较轻水平。

10.3 本 章 小 结

本章对 3 个雨水花园进行连续多年的现场监测，分析雨水花园对径流量和污染物浓度负荷削减效果；采集雨水花园入流中的堰沉积物和设施内不同深度的土壤样本，用于分析雨水径流集中入渗对土壤 N、P、TOC、重金属含量以及酶和微生物随时间和垂向上的分布规律；连续监测雨水花园和渗井地下水水位埋深、水质浓度，探索雨水花园和渗井地下水水位、水质的影响大小；明确雨水径流集中入渗对土壤和地下水的影响规律和污染水平，取得的主要结论如下：

1）在一年监测期内，雨水花园土壤基质中重金属 Cu、Zn、Cd 含量随季节变化较为明显，冬季土壤中 Cu 含量较高。雨水径流中携带的重金属 Cu 和 Cd 大多富集于土壤表层土壤，0～30 cm 土壤基质中重金属 Cu 和 Zn 含量约为 948.70 和 7.37 g，分别占整个雨水花园（0～100 cm）土壤中 Cu 和 Zn 含量的 32.50%和 42.31%，雨水花园集中入渗对上层土壤具有重金属污染的风险。

2）雨水花园和 CK 土壤重金属 Cu、Zn、Pb 基本以残渣态、有机结合态、铁-锰氧化物结合态为主要赋存形态，总体来看在土壤中相对稳定；Cd 主要以可交换态和碳酸盐结合态形式存在，而 Cr 以碳酸盐结合态、可交换态和铁-锰氧化物结合态存在，5 种重金属各形态对总量的贡献率则各有不同。雨水径流集中入渗条件下，两个雨水花土壤中可交换态 Zn 和 Cd 含量均大于 CK，说明重金属 Zn 和 Cd 有随水分向下迁移的风险。

3）不同评价标准得到雨水花园土壤重金属污染程度不同，以《土壤环境质量建设用地土壤污染风险管控标准（试行）》（GB36600—2018）一类用地筛选值，对于运行 8～9 年的雨水花园土壤并未受到重金属 Cu、Zn、Cd，污染，土壤较为清洁，仍处于安全状态；以陕西省土壤环境背景值和世界土壤元素背景值为评价标准，土壤重金属 Cd 和 Zn 受到中度甚至重度污染，而 Cu 处于轻度污染水平。

参 考 文 献

陈伟伟，粟晓玲，李强坤. 2010. 青铜峡灌区土壤中三氮变化特征研究. 水利科技与经济，16(10)：1177-1178

郭效琛，杜鹏飞，李萌，等. 2019. 基于监测与模拟的海绵城市典型项目效果评估. 中国给水排水，（11）：130-134

黎坤，江涛，陈建耀，等. 2011. 华南湿润区坡地氮素流失规律比较试验研究. 生态环境学报，20（3）：447-451

李家科，张兆鑫，蒋春博，等. 2020. 海绵城市生物滞留设施关键技术研究进展. 水资源保护，36（1）：1-8

王禄，喻志平，赵智杰. 2006. 人工快速渗滤系统氨氮去除机理. 中国环境科学，（4）：500-504

吴亚刚，陈莹，陈望，等. 2018. 西安市某文教区典型下垫面径流污染特征. 中国环境科学，38(8)：306-314

周礼恺. 1987. 土壤酶学. 第1版. 北京：科学出版社，116-206

Davis A P，Shokouhian M，Ni S. 2001. Loading estimates of lead，copper，cadmium，and zinc in urban runoff from specific sources. Chemosphere，44（5）：997-1009

Divers M T，Elliott E M，Bain D J. 2014. Quantification of nitrate sources to an urban stream using dual nitrate isotopes. Environ Sci Technol，48（18）：10580-10587

Gunawardena J，Egodawatta P，Ayoko G A，et al. 2013. Atmospheric deposition as a source of heavy metals in urban stormwater. Atmospheric Environment，68（1）：235-242

Guo G H，Wu F C，Xie F Z，et al. 2012. Spatial distribution and pollution assessment of heavy metals in urban soils from southwest China. Journal of Environmental Sciences. 24（3）：410-418

Helmreich B，Hilliges R，Schriewer A，et al. 2010. Runoff pollutants of a highly trafficked urban roade Correlation analysis and seasonal influences. Chemosphere，80（9）：991-997

Holems W E，Zak D R. 1994. Soil microbial biomass dynamics and net nitrogen mineralization in northern hardwood ecosystems. Soil Science Society of America Journal，58（1）：238-243

Jia Z，Tang S，Luo W，et al. 2016. Small scale green infrastructure design to meet different urban hydrological criteria. Journal of Environmental Management. 117：92-100

Li L Q，Davis A P. 2015. Urban Storm-water Runoff Nitrogen Composition and Fate in Bioretention Systems. Environment Science&Technology，48（6）：3403-3410

Linn D M，Doran J W. 1984. Effect of water-filled pore space on carbon dioxide and nitrous oxide production in tilled and nontilled soils. Soil Science Society of America Journal，48（4）：647-653

Liu A，Ma Y K，Janaka M A. et al. 2018. Heavy metals transport pathways：The importance of atmospheric pollution contributing to stormwater pollution. Cotoxicology and Environmental Safety，164：696-703

Liu J Y，Davis A P. 2014. Phosphorus speciation and treatment using enhanced phosphorus removal bioretention. Environmental Science and Technology，48：607-614

Ma Y K，He W Y，Zhao H T，et al. 2019. Influence of Low Impact Development practices on urban diffuse pollutant transport process at catchment scale. Journal of Cleaner Production. 213：357-364

Ma Y，Hao S，Zhao H，et al. 2018. Pollutant transport analysis and source apportionment of the entire non-point source pollution process in separate sewer systems. Chemosphere，211：557-565

Nicholson F A，Smith S R，Alloway B J，et al. 2003. An inventory of heavy metals inputs to agricultural soils in England and Wales. Science of the Total Environment，311（1-3）：205-219

Singh J S，Raghubanshi A S，singh R S，et al. 1989. Microbial biomass acts as a source of plant nutrients in dry tropical forest and savanna. Nature，338（6215）：499-500

Tessier A，Campbell P G C，Bisson M. 1979. Sequential extraction procedure for the speciation of particulate trace metals. Environmental Technology，15（1）：844-851

Wu W，Wu P，Yang F，et al. 2018. Assessment of heavy metal pollution and human health risks in urban soils around an electronics manufacturing facility. Science of The Total Environment，630：53-61

Yang Y Y，Toor G S. 2018. $\delta^{15}N$ and $\delta^{18}O$ Reveal the sources of nitrate-nitrogen in urban residential stormwater runoff. Environmental Science & Technology，50（6）：2881-2889

第 11 章　污染物积累对微生物群落结构影响

近年来，关于生物滞留设施对常规污染物（TSS、N、P、COD）净化效果开展了一些研究，特别是生物滞留设施填料及其改良已成为国内外研究的热点问题（Rahman et al.，2020；Tian et al.，2019）。生物滞留系统经过填料改良后，由于改良填料多具有高效的污染物吸附性能，在生物滞留系统中，污染物被截留在填料层 10～30 cm 处（Tedoldi et al.，2016），这也就意味着填料中累积的污染物负荷量高于原有土壤。随着生物滞留系统中污染物累积程度的增加，势必对设施中酶活性及微生物群落结构存在影响。因此，必须识别运行状态下生物滞留设施中填料的微生态效应。目前的研究都忽略了污染物累积对生物滞留系统的影响，而对于不同种类改良填料中污染物累积与填料内部酶活性与微生物群落之间的效应关系并未涉及。本章对常规及改良填料生物滞留设施中污染物（常规污染物和重金属）的累积水平及特征开展研究，并分析污染物累积对设施中酶活性及微生物群落结构的影响，揭示污染物累积对生物滞留系统土壤/填料微生态系统的影响，为生物滞留设施的设计及高效运行、污染物累积的污染风险管控提供科学依据。

11.1　试验材料和方法

11.1.1　装置与材料

1. 试验装置

在西安理工大学海绵城市试验基地建立了六根生物滞留滤柱，如图 11.1 所示。柱子主体是 DN400 PVC 管，壁厚 6 mm，高 1.2 m。固定小型雨水设施，并在底部安装周身带孔的集水管，并用纱网包裹，防止填料堵塞孔隙影响排水。连接出水口。自下而上依次是：砾石层、填料层、覆盖层、蓄水层。滤柱的覆盖层以下 5～15 cm 为上层、45～50 cm 为下层，每层设置 5 个取土孔，以备后期取土样，设施示意图如图 11.2 所示。

图 11.1　滤柱现场图

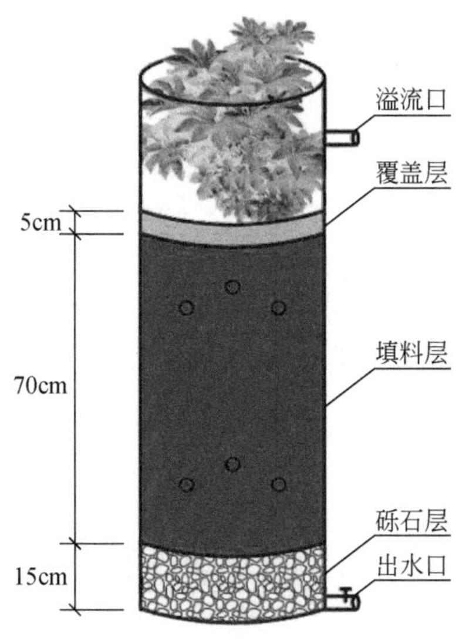

图 11.2　滤柱结构图

2. 试验材料

本次试验将西安市西咸新区当地的种植土过 2 mm 筛。然后将当地的河砂、土壤和木屑以 65%、30%和 5%的比例混合（本次试验均为质量比），制成传统 BSM 填料。再以西安市曲江水厂污泥（water treatment residue，WTR）作为改良剂与 BSM 以 1∶19 的配比制成改良填料，并与种植土和 BSM 进行比较。装置填料填充如表 11.1 所示。

表 11.1　小试装置填料填充表

编号	#1/#4	#2/#5	#3/#6
植被	黄杨+黑麦草	黄杨+黑麦草	黄杨+黑麦草
蓄水层	15 cm	15 cm	15 cm
覆盖层	5 cm 树皮	5 cm 树皮	5 cm 树皮
填料层	土（70 cm）	BSM	BSM+5%WTR
砾石层	15 cm 砾石	15 cm 砾石	15 cm 砾石

11.1.2　试验安排

1. 试验场次设计

查阅文献，西安市多年月平均降水量如图 11.3 所示，因每年 1 月、2 月、11 月、12 月降水量极少，将其与 3 月合并设置第一场试验水量，即共安排八场配水试验，每场试验间隔期为 4 天。

2. 进水水量设计

西安年平均降水量为 600 mm（杨佳等，2016；李斌等，2016），由于试验设施条件限定，设定整个试验阶段模拟降雨量为 600 mm 的 1/3，即 200 mm 左右。根据每个月不同降雨量，代入西安市暴雨强度公式（式（11.1）），同时考虑设计 120 min 和 360 min 两种降雨历时和 0.5 年、1 年、2 年、3 年四种重现期，汇流比为 20∶1，进而确定每次试验进水水量，水量计算表如表 11.2 所示。最后，将计算所得降雨量与西安每月降雨量对应，设计试验顺序，如图 11.4 所示。

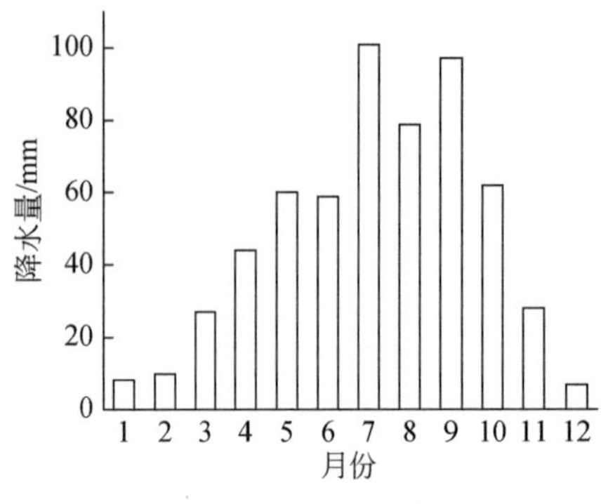

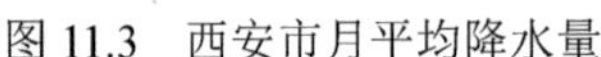
图 11.3　西安市月平均降水量

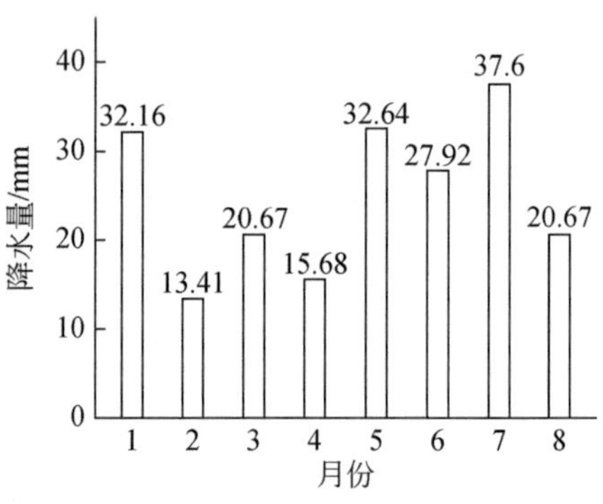

图 11.4　试验水量安排

根据西安市暴雨强度公式：

$$i=\frac{16.715(1+1.6158\lg P)}{(t+16.813)^{0.9302}} \tag{11.1}$$

式中：i 为设计暴雨强度，mm/min；P 为设计重现期；t 为降雨历时。

表 11.2　水量计算表

试验	重现期 P/年	降雨时间 t/（min）	汇水面积 F/（m^2）	径流系数 φ	暴雨强度 i/（mm/min）	雨量 H/mm	单根水量 V/L
1	0.5	120	2.512	0.9	0.1118	13.41	30.33
2	1				0.1722	20.67	46.72
3	2				0.2327	27.92	63.12
4	3				0.2680	32.16	72.71
5	0.5	360			0.0436	15.68	35.45
6	1				0.0671	24.16	54.62
7	2				0.0907	32.64	73.79
8	3				0.1044	37.60	85.00

3. 进水水质设计

实验选取 6 根滤柱作为研究装置，进水浓度参照西安市地区不同下垫面类型多年降雨径流平均水质浓度，可参考西安市地区降雨过程的实际监测数据综合确定 COD、NH_4^+-N、NO_3^--N、TN、TP、重金属的配水浓度。

传统上，前半英寸的径流被认为达到不透水表面输送 90%的总污染，这一概念通常被称为初次冲刷（Bertrand-Krajewski，1998），描述在风暴事件开始时污染物的高度浓度/质量，随后迅速下降的现象。因此，考虑降雨的初期冲刷，设计在试验前 5 min 按照高浓度水质进水，后期按照低浓度水质进水。

实验选取#1～#3 滤柱作为常规污染物研究装置，选取#4～#6 滤柱作为常规污染物+重金属研究装置，配水浓度如表 11.3 所示。

表 11.3　配水浓度及试剂　　单位：mg/L

研究装置		COD	NO_3^--N	NH_4^+-N	TP	Cu	Zn	Cd
#1～#3	高浓度	600	12	6	2.5	—	—	—
	低浓度	100	3	1.5	1	—	—	—

续表

研究装置		COD	NO_3^--N	NH_4^+-N	TP	Cu	Zn	Cd
#4～#6	高浓度	600	12	6	2.5	1	1.5	0.5
	低浓度	100	3	1.5	1	0.3	0.5	0.1
试剂		葡萄糖	硝酸钾	氯化铵	磷酸二氢钾	氯化铜	硫酸锌	氯化镉

4. 试验安排

在 120 min 和 360 min 两种降雨历时和 0.5 年、1 年、2 年、3 年四种重现期下，进行组合布置，布置方式如表 11.2 所示，共进行 8 场放水试验。根据西安市降雨雨型特点，设计试验配水过程为 Pilgrim & Cordery 雨型，如图 11.5 所示。每次放水试验分高低浓度两个阶段，两次放水的间隔期为 4 天。当遇到自然降雨时，及时用雨棚遮盖，避免对试验的干扰。

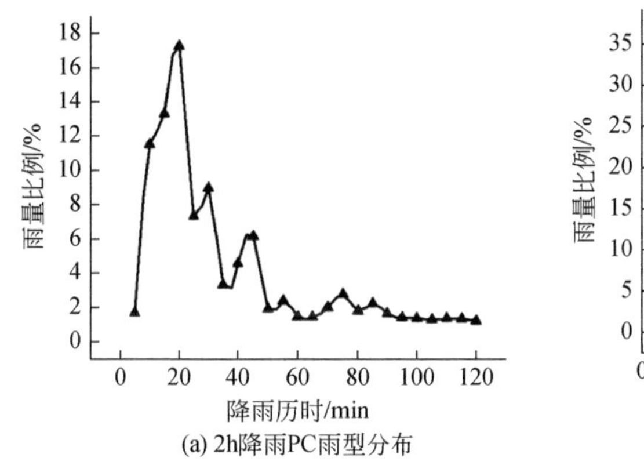

(a) 2h降雨PC雨型分布

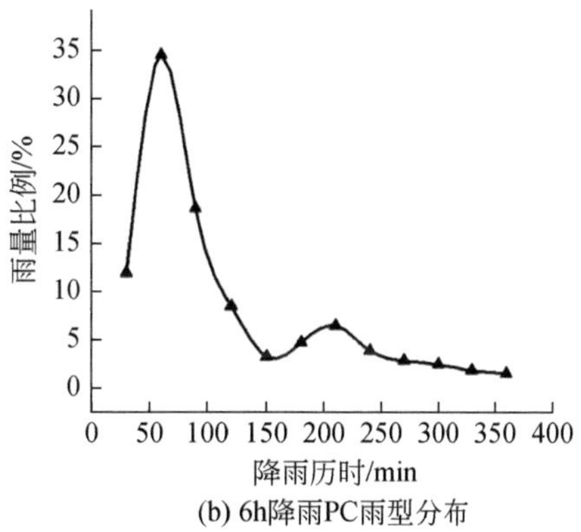

(b) 6h降雨PC雨型分布

图 11.5　PC 雨型图

11.1.3　样品采集与分析

1. 样品采集

（1）水样

实验记录本上从有出水、溢流时刻开始计时，每五分钟监测一次出水/溢流水量，每十五分钟监测一次出水/溢流水质并记录分析，用 500 mL PVC 采样瓶接取出水水样，秒表记录时间。

（2）填料

在实验开始前 3d 以及实验结束后 3d，从每个滤柱的覆盖层下 5～15 cm、45～50 cm 两层共 10 个孔均匀采集填料样品（取样孔如图 11.6 所示），每层的 5 个取样孔取出的样混合作为该层的样品。采样前需对采样工具以及自封袋进行灭菌处理，并在自封袋上标记好样品信息，减少取样时样品在空气中的暴露时间。采样时佩戴一次性手套，取完一个样品后及时更换手套。每个样品先保留一部分原状土分三份（每份约 20 g）放于铝盒中以便土壤含水率的测定，将一部分装入 8 号灭菌自封袋（约 500 g），所有柱子的上层样品取一部分分三份装入 1 号自封袋（约 10 g）。取样结束后，迅速将样品带回实验室，进行含水率的测定，1 号自封袋的样品放于添加干冰的保温箱，尽量每个自封袋四周都由干冰包裹，送至基因测序公司送进行高通量测序的检测；8 号自封袋的样品用于土壤理化性质（含水率、

pH 值、NH_4^+-N、NO_3^--N、TN、TP、Cu、Zn、Cd）和土壤酶（脲酶、磷酸酶、蔗糖酶、脱氢酶）活性的测定，避光风干后研磨，过 100 目筛并在 4℃下储存。

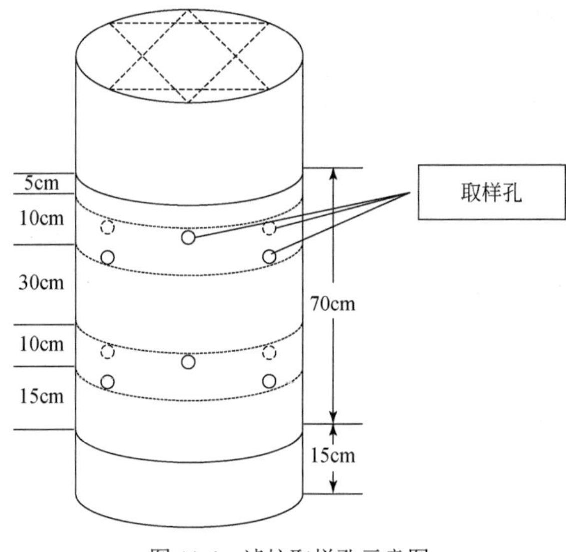

图 11.6　滤柱取样孔示意图

2. 样品检测

本研究依托西安理工大学省部共建西北旱区生态水利国家重点实验室完成相关指标的测定，具体检测方法如表 11.4～表 11.6 所示。

（1）水质指标检测方法

表 11.4　水质指标检测方法

序号	指标	检测方法
1	COD_{Cr}	快速消解-分光光度法
2	NH_4^+-N	纳氏试剂比色法
3	NO_3^--N	苯酚二磺酸分光光度法
4	TN	过硫酸钾氧化-钼锑抗分光光度法
5	TP	
6	Cu	火焰原子吸收法
7	Zn	
8	Cd	

（2）土壤指标检测方法

表 11.5　土壤指标检测方法

指标	检测方法	简要步骤
pH 值	NY/T-2007	土水比 1∶2.5，浸泡 30 min 后，采用多参数数字化分析仪（HACHHQ40d）测定
含水率	铝盒烘干法	105℃烘箱烘 12 h，移入干燥器内冷却至室温，立即称重
TOC	重铬酸钾氧化-外加热法	称取 1.000 g 风干土，加水充分将土样摇散，再加重铬酸钾溶液标准溶液、浓硫酸和水，静置或过夜，吸取上清液稀释定容，读取

续表

指标	检测方法	简要步骤
NH_4^+-N	靛酚蓝比色法	20.00 g 新鲜土样用试剂氯化钾浸提，于 625nm 波长处比色
NO_3^--N	镀铜镉还原-重氮化偶合比色法	20.00 g 新鲜土样用试剂氯化钾浸提，震荡过滤后吸出 5 mL 滤液滴入 10%硫酸定容，读取
TN	凯氏定氮法	称取风干土 1 g 至凯氏管，加入加速剂、浓硫酸消煮。结束后，取下凯氏烧瓶，冷却，加药蒸馏。取出蒸馏液于 pH 试纸上，用盐酸标准溶液滴定
TP	碳酸钠熔融-钼锑抗比色法	称取 0.2500 g 样品于坩埚加药后放入马弗炉中升温，取出冷却。加水加热溶解后，溶液全部转入离心杯离心，静置后将上清液定容到 100 mL，量取至比色管定容，显色读取（鲍士旦，2005）
Cu Zn Cd Pb	火焰原子吸收法	称取土样到坩埚，湿润后加盐酸低温加热，然后加 HNO_3，HF，$HCLO_4$，消解完成后将溶液定容，上机测定

（3）酶的活性检测方法

酶的活性是根据将土壤与底物培养一段时间进行反应，然后测量产生的代谢物的数量的原理来测定的。对于土壤酶活性测定，首先称取 5 g 土壤，添加对应的底物和缓冲液，混合摇匀后在 37℃恒温箱培养 24 小时，培养结束后取出样品进行过滤、稀释或加有机溶剂离心萃取，最后在相应波长下测定。表给出目标土壤酶的测定。表 11.6 概述了底物、缓冲液、培养后操作、分光光度波长和单位表达。

表 11.6 土壤酶活性测定方法

酶指标	缓冲溶液	底物	培养后操作	波长/nm	单位
蔗糖酶	磷酸缓冲液	8%蔗糖溶液	迅速过滤，吸取滤液 1 mL，加 3 mL DNS 试剂，水浴加热 5 min，冷水冷却后定容至 50 mL	508	葡萄糖·g·h
脲酶	柠檬酸盐缓冲溶液	10%尿素	过滤稀释加苯酚钠溶液和次氯酸钠溶液	578	mg/g
酸性磷酸酶	醋酸盐缓冲液	氯代二溴对苯醌亚胺试剂	加 0.3%硫酸铝溶液并过滤，吸取 3 mL 滤液定容至 50 mL	660	μmol/（g·h）
脱氢酶	Tris-HCl 缓冲溶液	1%的 TTC 溶液	加甲醇离心	485	μg/（g·h）

（4）微生物多样性检测方法

测序遵循基本高通量测序流程，依次进行样品 DNA 提取与检测、PCR 扩增、产物纯化、文库制备及库检、Miseq 上机测序。测序采用 Illumina Miseq（2000）系统完成。对测序得到的下机数据进行拼接和质控（运用 Fast-QC 软件对测序数据的质量进行整体评估），再进行嵌合体过滤，得到可用于后续分析的有效数据。为研究各样本的物种组成，对所有样本的 Effective Tags，以 97%的一致性进行 OTUs（operational taxonomic units）聚类，然后对 OTUs 的序列进行物种注释。

3. 统计方法

采用 SPSS 19.0 进行土壤理化性质与土壤酶活性的皮尔逊相关性分析。用 Canoco4.5 对小试试验前后、现场设施汛前汛后样品的环境因子与微生物门水平丰度进行（redundancy analysis，RDA）分析。基于皮尔逊皮尔逊相关系数（Pearson correlation coefficient）分析填料理化性质与微生物属水平丰度用 R 语言 Heatmap 包绘制热图。

11.2 生物滞留设施污染物积累情况

污染物在土壤或介质中积累、降解或浸出的可能性由在土壤中以及在水渗入过程中发生的物理、物理化学和生物过程共同主导。在生物滞留设施建设初期，为均质填料，填料中含有一定沉积物，通过预实验来减轻干扰。配水试验前后两次取样，样品的理化性质与重金属含量变化如图 11.7 所示。

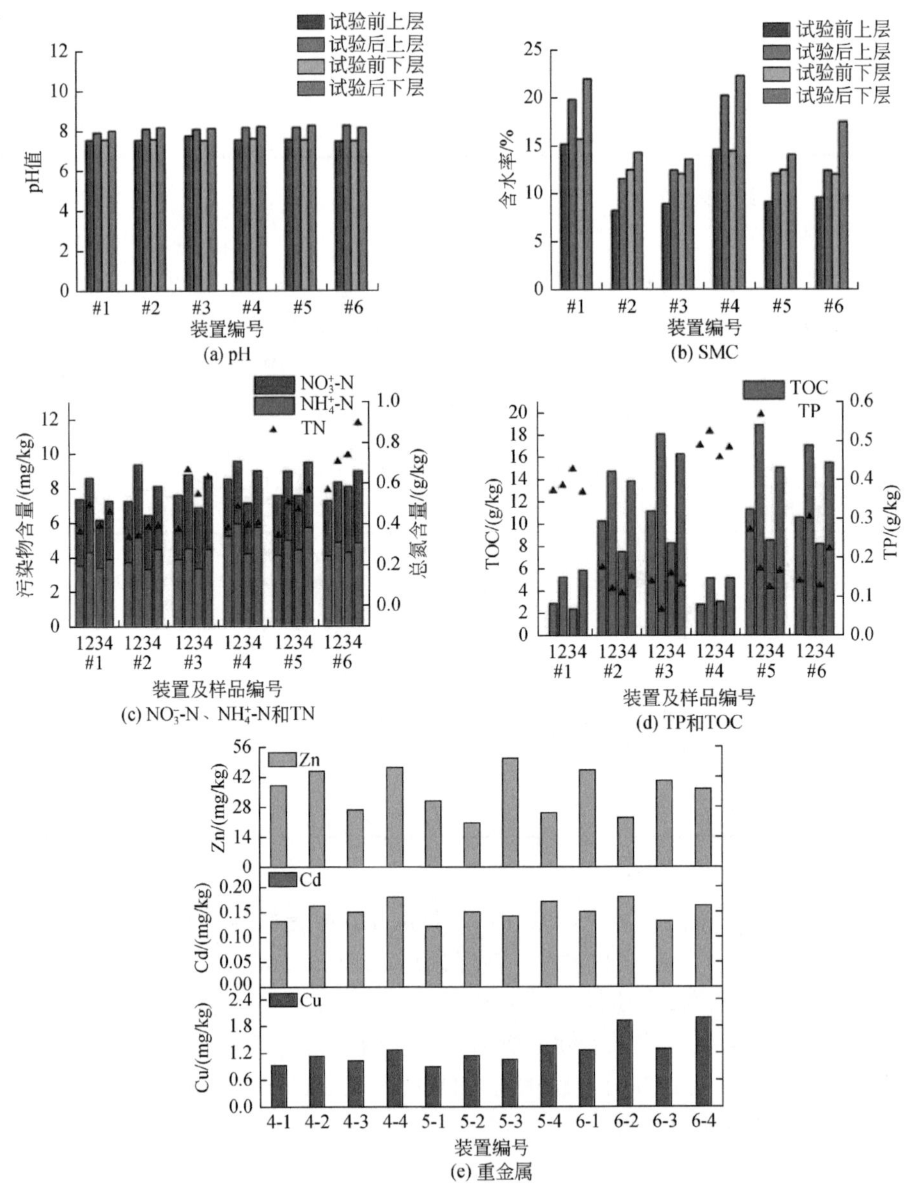

图 11.7 试验前后填料理化性质与重金属含量变化

注：(c)、(d) 和 (e) 图中的 1-4 编号分别代表：试验前上层、试验后上层、试验前下层、试验后下层的相关数据

11.2.1 碳氮磷积累变化情况

pH 值在配水试验之后略有增加，但幅度不大，上下层无明显分界。含水率的变化呈种植土＞BSM+5%WTR＞BSM 的趋势，且下层含水率显著大于上层。试验前后比较来看，TOC 含量均增加了，且上层的含量要略高于下层。#1 和#4 TOC 的本底值小，仅为其他装置的 30%左右，增加量也要远小于其他滤柱。与之相反，#1 和#4 TP 本底值却要远高于其他填料的装置。在垂直分布上，没有明显的规律。但在试验之后，来水污染物有重金属的#4-#6 装置，呈现下层浓度低于上层的结果。因为吸附是生物滞留设施中磷酸盐的主要去除机制，而重金属与固相有着截然不同的吸附亲和力可能会影响对 P 的去除。

一些研究中已经注意到 LID 设施中磷的浸出现象，并将其归因于多种机制（Hunt et al.，2006）。磷从介质中浸出的可能性与其磷指数有关，磷指数是一种介质磷含量的量度指标（Bratieres et al.，2008）。生物滞留实践中使用的覆盖物和堆肥等有机物实际上会增加渗透水中的磷浓度，因为有机物分解并释放有机磷和无机磷（Paus et al.，2014）。

生物滞留系统中的氮主要分布在介质、渗透性土工布或砾石层中，并可能随着下一次降雨而淋失。试验后 NH_4^+-N 和 NO_3^--N 含量均增加，分别是试验前的 12.59%～44.09%、9.12%～21.66%，TN 的变化幅度差异最大，增加幅度是 1.55%～76.92%。有机氮的转化和径流氮污染物的入渗造成 NO_3^--N 和 NH_4^+-N 的增加的主要因素。滤料层的氮主要有两大类：有机和无机。有机氮由尿素、氨基酸和蛋白质组成，无机氮由铵、硝酸盐和亚硝酸盐组成。无机氮一般不容易通过生物滞留除去，需经过氨化、硝化和反硝化一系列生物反应过程。此外，无机氮可先被植物或微生物吸收/固定，在生物的作用下转化为有机氮，再通过浸出、生物死亡等途径返回介质氮池，再通过矿化作用释放。释放的 N 可被微生物迅速吸收，有机含氮化合物在微生物的作用下转化为氨，NH_3 被氧化成 NO_3^-，在缺氧条件下得到电子并被转化通过反硝化作用转化成 N_2。

根据以上原理，径流中的 NO_3^--N 污染大部分滞留在设施内，滞留期间反硝化或植物吸收同化去除了 80%以上，但土壤中残留 NH_4^+-N 的去向尚不清楚。有学者用 15N 同位素追踪在土壤层探测 NH_4 的命运之路。结果显示 57.79%的 NH_4^+-N 在微生物生物量氮、有机氮和 NO_3^--N 的形态，27.63%仍为原来的 NH_4^+-N 形态，13.32%为硝化反硝化连续反应去除或植物吸收同化，剩下的 1.26%被渗透进入浸没层或随污水离开系统（Fan et al.，2019）。Soyoung 等（Lee et al.，2014）建立的湿地氮平衡模型发现，反硝化和植物吸收同化造成的氮污染占 35%，系统滞留占 20%，渗漏占 45%。此外，生物滞留设施中使用的有机改良剂，如堆肥和覆盖物，会释放不稳定的 N 和 P。

11.2.2 重金属积累变化情况

三种重金属在装置中的情况，Zn 与其他两个不同，Cd、Cu 整体是增加的趋势，涨幅范围是 18.75%～23.07%、22.14%～54.36%。#4 的 Zn 增加，而#5 和#6 的含量减少。金属在固体/水界面存在各种物理化学反应。其中，物理吸附是由静电和范德华力相互作用引起的，这种机制被称为“非特异性吸附”，因为任何带相同电荷的物种（主要阳离子）都以相同的方式被保留下来。化学吸附意味着金属和作为配体的表面活性基团（金属氧化物/氢氧化物、有机分子上的各种自由基）之间的短程相互作用（即共价键或配位键）。土壤的反应性取决于其表面结构和化学物种，因此这种现象被称为“特异性吸附”。

而后者作用由于结合能更高，更易使金属被稳定的保留下来。在渗透水高度污染的情况下，土壤溶液变得过饱和，沉淀可能有助于重金属的固定（Bourg et al.，1988）。溶质浓度、酸碱度或氧化还原状态的变化可能会逆转沉淀平衡，并导致沉淀金属的溶解。一些研究证明了胶体在金属和有机污染物的移动和分散中的重要作用，因为它们通常具有高比表面积，可以作为金属和有机分子的螯合剂，然后作为土壤中的运输载体（Jonge et al.，2004；Sen and Khilar，2006）。

事实上，污染剖面的形状似乎取决于设施的年龄。对于最近的设备（10～12 年），金属浓度的下降幅度很大，最高浓度梯度位于表层以下 2.5～10 cm，低于该梯度，金属含量保持大致恒定（Camponelli et al.，2010）。对于较老的设施（10～30 年），上面两个或三个土壤样品的浓度几乎相同，受污染和未受污染介质之间的“过渡区”位于 10 cm 以下（Dierkes and Geiger，1999）。

11.3 生物滞留设施填料酶活性情况

雨水径流进入生物滞留系统后，改变了微生物的代谢环境。在各种污染物的共同作用下，不同酶的不同对污染物的转化过程有不同，因此酶活性的变化是不一致的。在本研究中，我们对八次人工降雨前后的填料取样，分析了脲酶、酸性磷酸酶、蔗糖酶和脱氢酶的变化特点。

11.3.1 试验前后填料酶活性变化情况

脱氢酶的活性反映了微生物生物量的总氧化活性，它参与了新陈代谢的中心环节；脲酶催化尿素水解成氨或铵离子，在参与土壤氮循环的酶中，脲酶的作用最为显著；磷酸酶在将有机磷转化为适合植物生长的无机形态方面起着重要的作用；蔗糖酶直接参与土壤碳循环过程，能为土壤微生物提供足够的能量。试验后，酸性磷酸酶的含量均减少，约为试验前的 13.36%～31.03%；脲酶与之相反，增长约 17.82%～74.28%，其中填料是 BSM 的滤柱增加幅度最大。填料不同的装置蔗糖酶本底值差别较大，种植土试验前的蔗糖酶活性约为其他装置的 13 倍，但在试验后大幅度减少，达到与其他装置相似水平，而其他滤柱在配水后增加到 1.03～3.23 倍。脱氢酶的变化可能受进水差异的影响，在进水中有重金属的装置中减少了 7.36%～22.58%，其他增加了 20.14%～66.94%（图 11.8）。

11.3.2 土壤理化性质及重金属与酶活性相关性分析

试验前后填料理化性质（含水率、pH 值、NH_4^+-N、NO_3^--N、TN、TP、Cu、Zn、Cd）与四种酶活性的相关性如表 11.7 所示。在土壤基本理化性质中，土壤 pH 是一个非常重要的因素。土壤 pH 影响酶的形成、组成和生理特性。

表 11.7 理化性质与土壤酶 Pearson 相关性分析

理化性质	TE	AP	UE	DE
pH 值	−0.142	−0.138	0.600**	0.023
SMC	0.340*	−0.631**	−0.198	−0.124

续表

理化性质	TE	AP	UE	DE
TOC	−0.578**	0.256	0.908**	0.390*
TP	0.509**	−0.392*	−0.664**	−0.378*
NH_4^+-N	−0.044	−0.193	0.338*	0.041
NO_3^--N	0.267	−0.246	−0.094	−0.231
TN	−0.256	−0.578**	0.528**	0.380*
Cu	−0.335	0.512*	0.670**	0.532*
Cd	−0.281	−0.623**	−0.498*	−0.579*
Zn	0.15	−0.383	−0.611**	−0.850**

* 代表显著相关 $P<0.05$；** 代表极显著相关 $P<0.01$

注：TE 代表蔗糖酶；UE 代表脲酶；AP 代表酸性磷酸酶；DE 代表脱氢酶

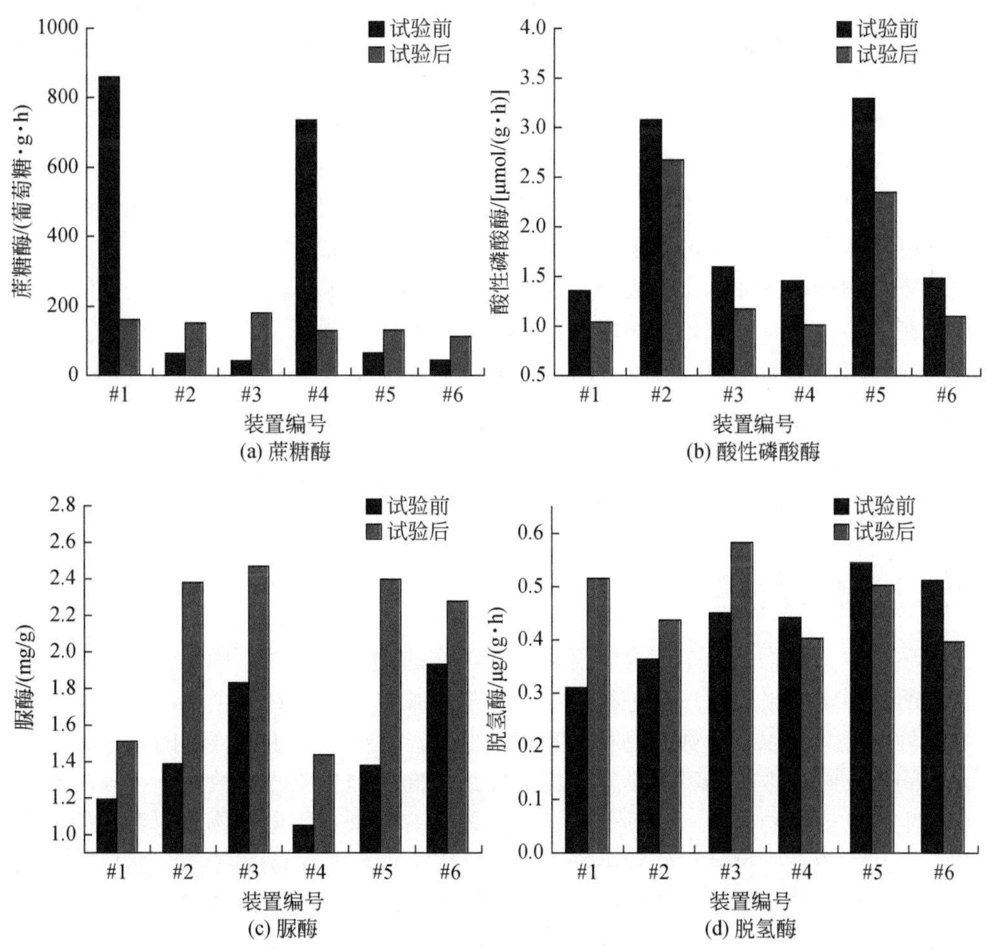

图 11.8　试验前后土壤酶活性变化情况

观察两两因素相关系数大小，发现脲酶与土壤TOC的相关性最强，除去SMC和NO_3^--N两个因素，与其他因素均有相关性。前人发现 pH 值与转化酶和碱性磷酸酶活性呈负相关（Huang et al.，2017）。但在本节中，pH值与酶的相关效果不明显，可能是试验前后pH值基本不变的原因。TOC、TN和TP对酶影响较大。各种研究中，人们广泛观察到氮肥施用对酸性磷酸酶活性的刺激。基于8至26个农业点的元分析显示，增加氮肥对蛋白酶、碱性磷酸酶和脲酶没有显著影响（Geisseler and Scow，2014）。以前的研究报告发现，土壤有机碳对未受污染土壤中磷酸酶活性有正向影响（Singh et al.，2019）。甚至认为，预测土壤酶活性的最佳指标是养分水平，即土壤养分的有效性和质量会影响酶活性，而低养分水平会抑制土壤酶的产生（Xu et al.，2015）。其他论文报告说，较低的酶活性与营养缺乏的关系比与长期重金属积累的关系更密切（Ciarkowska et al.，2016）。不稳定的有机碳不仅为微生物提供了底物，而且通过与黏土和腐殖质形成复合物保护土壤酶发挥重要作用（Saha et al.，2008）。

三种重金属中，Cu对酶基本没有负相关影响，可能是因为酶作为蛋白质需要一定量的重金属离子作为辅助因子，而重金属可以促进酶活性位点与底物之间的配位，Cu对蛋白质中存在的硫醇和氨基基团具有高亲和力。但有人发现土壤有机质能够掩盖 Cu 对环境的影响。Zn和Cd与酸性磷酸酶、脲酶和脱氢酶负相关性明显。Zn和Cd的增加导致土壤酶活性的抑制可能是由于金属离子与酶的磺基团反应，或与基质发生反应。在广西铅锌尾矿的被污染土壤中发现，转化酶、蛋白酶和脲酶的活性与重金属浓度呈相反的分布规律，而过氧化氢酶的活性与它们相反（Liu et al.，2010）。脱氢酶是直接改变离子价态并参与重金属解毒的氧化还原酶。在许多研究中，选定的土壤酶活性与Cu、Cd、Zn有相似或不同的相关性，这可能是由于不同的污染水平、酶活性测定方法、土壤性质等（Yang et al.，2016）。

由于复杂的环境条件和土壤类型，土壤酶对土壤参数的响应尚未达成一致结论，现有文献中存在许多差异。例如，酸碱度对酶活性的影响，不同研究得到了三种不同结论，即酸碱度与碱性磷酸酶活性呈负相关（Huang et al.，2017）、无关（Yang et al.，2016）和呈正相关（Bera et al.，2016）。

11.4 生物滞留设施微生物多样性分析

11.4.1 稀释曲线

土壤环境中微生物是一个庞大的群落，有丰富的物种多样性。稀释性曲线又名丰富度曲线是从所测样本中采用对序列进行随机抽样随机抽取一定数量的个体，统计这些个体所代表的物种数目，并以个体数与物种数来构建曲线，主要用来说明样本的测序数据量是否合理，并间接反映样本中物种的丰富程度。曲线趋向平坦说明测序数据量合理，数据量增加只会产生少量新的OTU，反之则测序不足。本研究对来自不同生物滞留系统的初始样品和试验后样品中的微生物种群结构进行了排序。通过聚类获得OTU总量，然后随机选择序列。在97%的相似性水平下，绘制以序列数为横坐标，OTU数目为纵坐标的稀释曲线。通过作稀释性曲线得出样品的测序深度情况。当随机抽取的数据量接近30000时，各样本OTU数量趋近平坦，表明测序深度达标，能基本覆盖样品中的绝大多数物种（图11.9）。

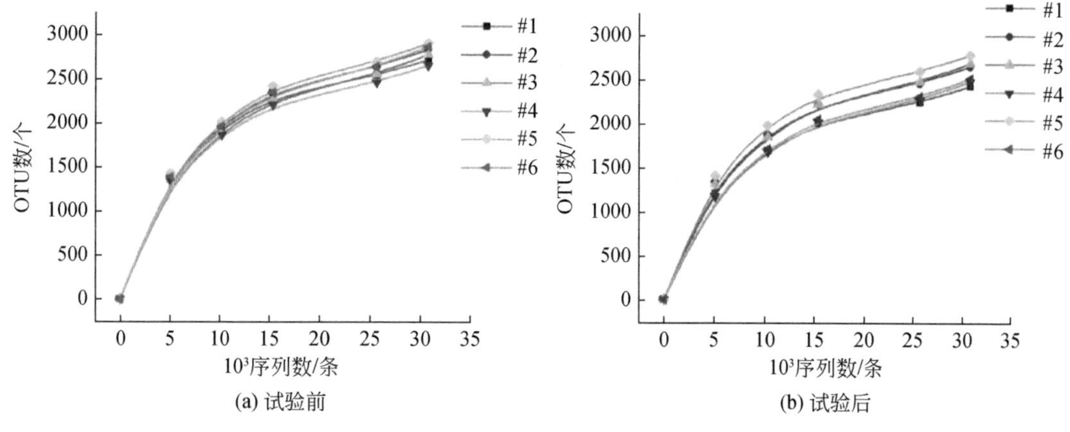

图 11.9 相似度为 97%条件下试验前后样品稀释曲线

11.4.2 α多样性指数

Alpha 多样性通常用于度量群落生态中物种的丰富度，是反映物种丰富度和均匀度的综合指标（Wu et al.，2016）。丰富度指数是生态稳定性的一个指标，丰富度指数越高，生态稳定性越好。一般在文献中多次出现的多样性指数为 Chao1 指数、ACE、Shannon 指数和 Simpson 指数。其中 Chao1 指数、ACE 是表示菌群丰度的指数，数值越大代表样本中所含物种越多，群落的丰富度越高；Shannon 指数和 Simpson 指数是表示菌群多样性的指数，数值越大表示该环境的物种越丰富，各物种分配均匀度越好。

试验前后 α 多样性指数汇总在表 11.8，Chao1 指数和 ACE 在试验后均发生减少趋势，但#1 和#4 两座装置略微减少，#3 和#6 装置下降最明显，可见它们的物种丰富度变化最大。Shannon 指数有所降低，但并不显著，表明径流污染在一定程度上影响了填料微生物多样性。Simpson 指数基本都在 0.99 以上。

表 11.8 试验前后 α 多样性指数

	装置编号	Shannon	Simpson	Chao1	ACE
试验前	#1	9.514	0.995	3360.188	3445.155
	#2	9.594	0.996	3515.954	3681.899
	#3	9.449	0.996	4041.399	4103.400
	#4	9.374	0.994	3653.582	3654.465
	#5	9.607	0.996	3855.431	3985.969
	#6	9.513	0.995	3931.023	4035.327
试验后	#1	8.754	0.982	3304.680	3375.245
	#2	9.344	0.993	3234.308	3395.878
	#3	9.265	0.992	3531.633	3709.894
	#4	8.432	0.991	3691.183	3758.506
	#5	9.439	0.993	3398.162	3517.806
	#6	8.576	0.975	3546.471	3659.430

11.5 生物滞留设施微生物群落结构分析

为了进一步明确各装置之间微生物的差异，主要针对试验前后门和属水平相对丰度变化情况进行分析。

11.5.1 试验前后门水平微生物群落结构变化

对门水平相对丰度前 10 种优势菌群做百分比堆积图（图 11.10）。可以看出，在初始样品和试验后样品中前 10 位的优势菌群(占总菌群的 1%以上)，占总菌群的相对比例超过 95%。六根滤柱的土壤的优势菌群相似，包括变形菌门(Proteobacteria)、放线菌门(Actinobacteria)、酸杆菌门（Acidobacteria)、厚壁菌门（Firmicutes)、拟杆菌门（Bacteroidetes)、芽单胞菌门(Gemmatimonadetes）等。其中 Proteobacteria 相对丰度可达 60%，是各种类型土壤中三种最丰富、分布最广、最普遍的细菌之一。这可能与 Proteobacteria 广泛降解代谢特性及其在多种栖息地栖息的能力有关（Hanna et al.，2013)。Proteobacteria、硝化螺旋菌门（Nitrospirae)、

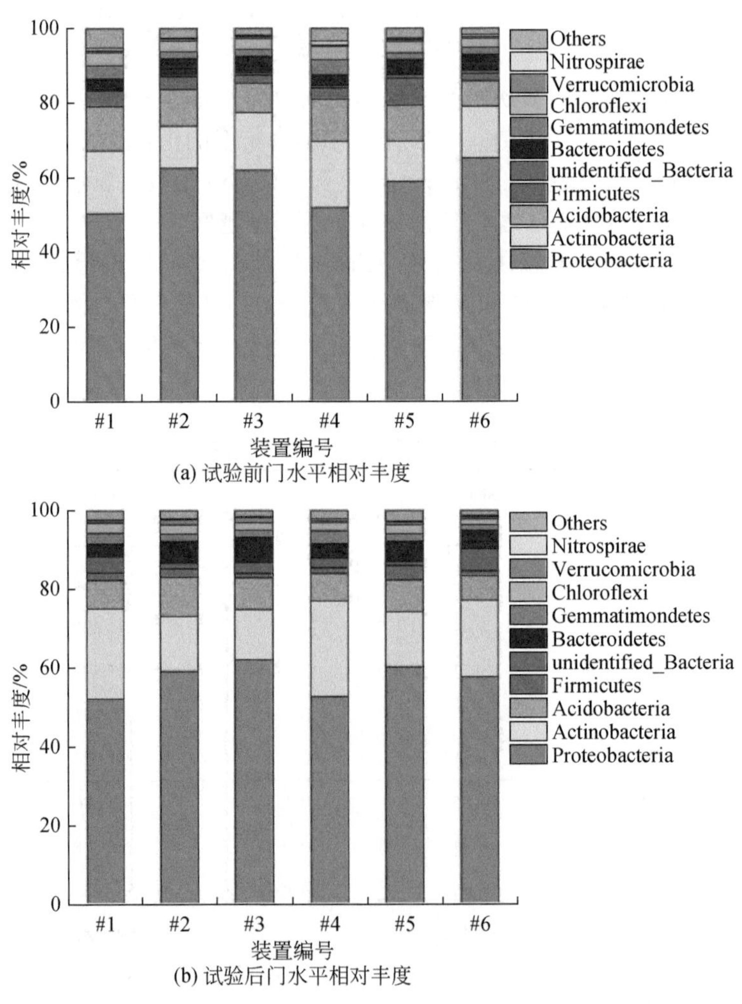

(a) 试验前门水平相对丰度

(b) 试验后门水平相对丰度

图 11.10 试验前后门相对丰度前 10 种优势菌群百分比堆积图

Acidobacteria、Firmicutes 和浮霉球菌门（Planctomycetes）类下的都有参与氮循环的微生物，Proteobacteria 类下微生物参与氮固定、硝化、反硝化过程（王敏等，2011）；*Nitrospirae* 在液固相之间 NH_4^+-N、NO_2^--N、NO_3^--N 循环转化充当重要角色（Nielsen et al.，2010）；Actinobacteria 有大量属类存在于同步除磷脱氮系统中（王娟丽，2019）；Firmicutes 类下可以在厌氧条件下参与 NO_3^--N 有关的硝化过程（庞长泷，2016）；Planctomycetes 类下的厌氧氨氧化菌，在提高氮的转化中发挥巨大作用（van Teeseling et al.，2015）；Bacteroidetes 下的细菌多通过降解 COD 获得能量，囊括了参与脱氮除磷的菌属（王娟丽，2019）。Proteobacteria、Bacteroidetes、Actinobacteria 和 Firmicutes 是主要的金属抗性细菌。Proteobacteria 和 Firmicutes 可以在极端环境中共存，被认为有修复重金属污染的潜力（Edita et al.，2011）。

六根滤柱试验前后上层填料微生物门水平丰度变化趋势较统一，三个门微生物相对丰度没有明显变化，两个门微生物相对丰度显著增加，四个门相对丰度有明显减少。Proteobacteria、Actinobacteria、Gemmatimonadetes 没有明显变化；Firmicutes 和 Bacteroidetes 相对丰度显著增加；疣微菌门（Verrucomicrobia）、绿弯菌门（Chloroflexi）、Nitrospirae 和 Acidobacteria 有明显减少。

11.5.2 试验前后属水平微生物群落结构变化

整体上看，试验前后相对丰度前 15 的微生物类群是同样的十五种（表 11.9、表 11.10）。试验前鞘氨醇单胞菌属（*Sphingomonas*）相对丰度最大，试验后丰度降低 21%～60%，其中#4～#6 滤柱较其他装置丰度减少较多。节杆菌属（*Arthrobacter*）取代它成为丰度最高的菌群，增加了 4～16 倍，#1 和#4 增加幅度最显著。其他菌群变化较小，其中戴沃斯菌属（*Devosia*）、*Dongia* 相对丰度增加；生丝微菌属（*Hyphomicrobium*）、不动杆菌属（*Acidibacter*）、酸杆菌属（*Acidobacterium*）、溶杆菌属（*Lysobacter*）、食酸菌属（*Acidovorax*）、*Altererythrobacter*、*Reyranella* 相对丰度减少；其他在不同装置有不同的变化情况，假单胞菌属（*Pseudomonas*）和 *Reyranella* 在#1～#3 装置减少，#4～#6 增加；马赛菌属（*Massilia*）在#1～#3 增加，#4～#6 减少。*Reyranella* 和 *Pseudomonas* 是常见的金属抗性菌株，后者在生长早期分泌大量的氢氰酸（HCN），HCN 与重金属形成络合物促进重金属的溶解迁移（Faramarzi et al.，2006）。芽孢杆菌（*Bacillus*）在#1～#3 减少，#4～#6 无明显变化，可能由于 *Bacillus* 是对重金属有抗性的菌属，有研究者从尾矿分离出四个形态不同的重金属抗性菌落，其中 *Bacillus* 对 Cu、Pb 表现出最大的抗性（Govarthanan et al.，2013）。

表 11.9 试验前属水平相对丰度前 15 的微生物类群 单位：%

门	纲	属	#1	#2	#3	#4	#5	#6
Proteobacteria	Gammaproteobacteria	*Acidibacter*	1.11	**2.59**	2.29	0.66	2.51	2.15
Proteobacteria	Alphaproteobacteria	*Bauldia*	0.48	**1.56**	1.22	0.20	1.40	1.14
Proteobacteria	Alphaproteobacteria	*Dongia*	0.84	**1.41**	1.07	0.55	1.25	1.15
Proteobacteria	Alphaproteobacteria	*Altererythrobacter*	0.99	1.35	**1.99**	0.86	1.13	1.63
Proteobacteria	Alphaproteobacteria	*Reyranella*	0.54	1.25	**1.56**	0.28	1.10	1.23
Proteobacteria	Alphaproteobacteria	*Hyphomicrobium*	0.50	1.13	**1.15**	0.28	1.00	1.00
Proteobacteria	Alphaproteobacteria	*Sphingomonas*	7.76	4.86	6.46	**9.22**	4.88	6.12
Acidobacteria	Acidobacteria	*Acidobacterium*	3.01	2.65	2.01	**3.73**	2.59	1.84
Proteobacteria	Gammaproteobacteria	*Massilia*	1.81	0.38	0.52	**3.70**	0.61	0.72

续表

门	纲	属	#1	#2	#3	#4	#5	#6
Proteobacteria	Gammaproteobacteria	*Lysobacter*	2.05	1.25	1.52	**2.78**	1.35	1.93
Actinobacteria	Actinobacteridae	*Acidovorax*	1.51	1.30	1.11	**1.86**	0.82	1.45
Actinobacteria	Actinobacteridae	*Arthrobacter*	2.09	2.23	2.34	2.17	2.07	**3.42**
Proteobacteria	Gammaproteobacteria	*Anaerolinea*	0.86	1.41	1.17	0.86	1.24	**1.29**
Proteobacteria	Gammaproteobacteria	*Pseudomonas*	0.38	0.99	0.53	0.41	1.10	**1.19**
Proteobacteria	Alphaproteobacteria	*Devosia*	0.47	0.96	0.92	0.31	0.89	**1.01**

注：加粗数字代表该属在六个装置中的最高丰度

表 11.10　试验后属水平相对丰度＞1%的微生物类群　　单位：%

门	纲	属	#1	#2	#3	#4	#5	#6
Proteobacteria	Alphaproteobacteria	*Sphingomonas*	**6.09**	3.49	3.96	5.30	3.17	2.46
Proteobacteria	Gammaproteobacteria	*Pseudomonas*	**1.95**	1.77	1.58	1.45	1.20	1.64
Proteobacteria	Gammaproteobacteria	*Lysobacter*	**1.80**	0.94	0.99	1.77	0.86	0.56
Acidobacteria	Acidobacteria	*Acidobacterium*	1.88	**2.18**	1.81	1.61	1.90	1.56
Proteobacteria	Gammaproteobacteria	*Acidibacter*	1.01	**1.93**	1.27	0.58	1.24	1.57
Proteobacteria	Alphaproteobacteria	*Dongia*	0.57	**1.55**	1.49	0.58	1.62	1.46
Proteobacteria	Alphaproteobacteria	*Altererythrobacter*	0.70	0.98	**1.36**	0.65	0.87	0.89
Proteobacteria	Alphaproteobacteria	*Devosia*	0.63	1.10	**1.32**	0.55	0.99	1.12
Proteobacteria	Alphaproteobacteria	*Hyphomicrobium*	0.32	0.68	**0.71**	0.25	0.70	0.69
Actinobacteria	Actinobacteridae	*Arthrobacter*	11.73	6.56	7.20	**15.11**	6.52	14.18
Proteobacteria	Gammaproteobacteria	*Acidovorax*	0.61	0.55	0.61	**3.86**	0.07	0.12
Proteobacteria	Gammaproteobacteria	*Massilia*	2.08	0.78	0.84	**2.21**	0.58	0.20
Proteobacteria	Gammaproteobacteria	*Anaerolinea*	0.68	1.12	1.02	1.06	**1.52**	1.47
Proteobacteria	Alphaproteobacteria	*Bauldia*	0.24	1.19	1.05	0.27	**1.23**	1.03
Proteobacteria	Alphaproteobacteria	*Reyranella*	0.30	1.20	1.27	0.34	1.21	**1.29**

注：加粗数字代表该属在六个装置中的最高丰度

11.6　环境因子与微生物群落相关性分析

土壤微生物群落是由多种因素共同驱动的，即土壤理化性质和重金属等有毒污染物的综合作用。为了揭示环境因素与土壤微生物多样性之间的相互关系，本研究从冗余分析（redundancy analysis，RDA）和皮尔逊相关系数两方面着手进行研究。

11.6.1　填料环境因子与微生物群落门水平 RDA 分析

使用 Canoco4.5 研究了微生物群落门水平相对丰度与环境参数之间的多元关系。除趋势对应分析（DCA）用于确定线性或非道德模型。结果表明，第一个纵坐标轴的长度小于 3，这说明应该通过冗余分析（RDA）来探索它们之间的关系。按照进水水质的不同分两组分别利用 RDA 图量化了环境参数（包括 7 个土壤理化性质（SMC、pH、NH_4^+-N、NO_3^--N、TOC、TN、TP）和 3 种重金属（Cu、Zn、Cd））对微生物群落结构丰度和组成的影响（图 11.11）。红色箭头长度的代表该影响因子所占比重，箭头越长则其影响或作用越大。而红色箭头（环境因子）与蓝色箭头（微生物）连线夹角的余弦值的表示该因子与相应微生物的相关程度的大小。

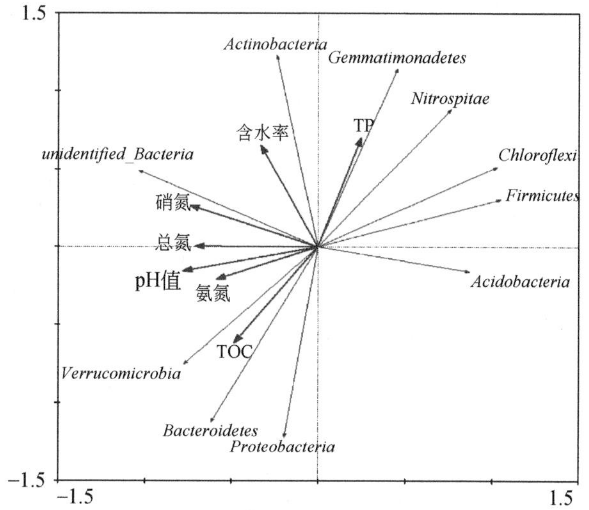

(a) #1~#3滤柱内环境因子与微生物群落结构门水平RDA分析

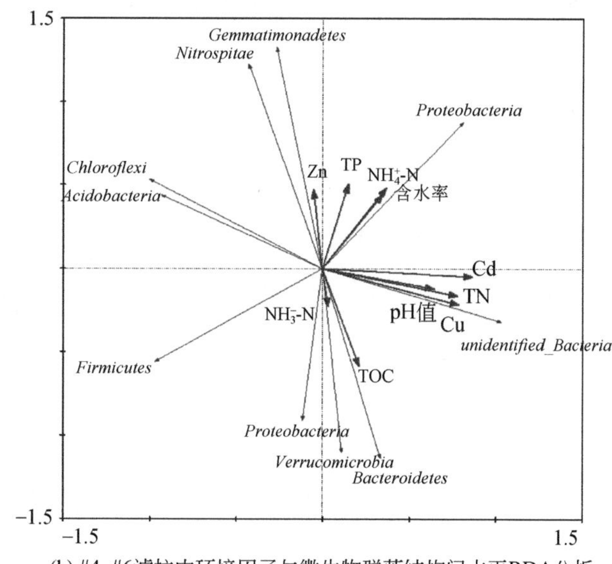

(b) #4~#6滤柱内环境因子与微生物群落结构门水平RDA分析

图 11.11　滤柱内环境因子与微生物群落结构门水平 RDA 分析

1. #1-#3 填料环境因子与微生物群落门水平 RDA 分析

在图 11.11（a）中，第一轴解释量为 62.9%，第二轴解释量 29.2%，累计达 92%可涵盖数据大量信息，可以充分反应土壤环境因子与微生物种属分布的关系。TOC、SMC、TP、pH 和 NO_3^--N 这些影响因子所占比重较大，其他因子影响程度均小于它们。环境因子对微生物的相关影响较分散，没有一个明显的集中体现，其中 TP 与 Gemmatimonadetes 显著正相关，与 Bacteroidetes 显著负相关；TOC 与 Verrucomicrobia、Bacteroidetes 显著正相关，与 Nitrospirae 负相关；SMC 与 Actinobacteria 相关性较好；NO_3^--N 与 Acidobacteria 有负相关关系；pH 值、TN 和 NH_4^+-N 与 Firmicutes 和 Chloroflexi 负相关性良好。

2. #4-#6 填料环境因子与微生物群落门水平 RDA 分析

在图 11.11（b）中，第一轴解释量为 65.8%，第二轴解释量 24.5%，累计达 90%可涵盖数据大量信息，它可以充分反应土壤环境因子与微生物种属分布的关系。土壤环境因子对微生物菌群丰度相关性大小为 Cd＞Cu＞TN＞TOC＞pH＞NH_4^+-N＞TP＞SMC＞Zn＞NO_3^--N。Cd、TN、pH 和 Cu 与 Chloroflexi、Acidobacteria 负相关性明显；Zn 与 Gemmatimonadetes 正相关；SMC 和 NH_4^+-N 与微生物的相关性一致，与 Proteobacteria、Firmicutes 分别呈正相关、负相关；NO_3^--N、TOC 与 Verrucomicrobia、Bacteroidetes 正相关，与 Gemmatimonadetes、Nitrospirae 负相关；TP 和 Zn 恰好与它们相反。Beattie 等（2018）发现，Acidobacteria、Actinobacteria、Bacteroidetes、Chloroflexi、Planctomycetes、Proteobacteria 和 Verrucomicrobia 至少与一种分析金属显著相关。在受金属污染矿区发现，微生物群落中优势种 Proteobacteria 和 Firmicutes 相关性基本一致，与矿区的 Zn、Cd 和 Pb 呈正相关（Zhao et al.，2019）。Pb 的毒性抑制了 Planctomycetes 的生长，总铅含量还与 Gemmatimonadetes 和 Nitrospirae 的相对丰度呈负相关（Lage et al.，2012）。高浓度的 Pb、Zn 和 Cd 一起培养过后的土壤，Firmicutes 变成了最丰富的门（Fajardo et al.，2018），其由于外膜脂类的缺乏以及特化的分泌系统从而导致了对重金属的敏感性（尚文勤，2017）。

11.6.2 填料理化性质与微生物群落属水平 Pearson 相关性分析

通过皮尔逊相关性分析，可以揭示环境因素与土壤微生物多样性之间的相互关系，表 11.11 和表 11.12 是小试装置填料属分类（丰度前 15）水平上的 Pearson 分析。Heatmap 图可以表示物种与环境因子的关联分析，它是二维数值矩阵图，图颜色所表示的数值是物种与环境因子的皮尔逊相关系数，颜色越深，相关性越好。图 11.12 所示，是将表 11.11 和表 11.12 的数据应用 R 语言 Heatmap 包进行绘制。

表 11.11 #1～#3 滤柱填料环境因子与微生物群落属水平的 Pearson 相关关系

属	pH 值	SMC	TOC	TP	NH_4^+-N	NO_3^--N	TN
Arthrobacter	0.284	0.697**	0.098	0.196	0.466	0.582*	0.537*
Sphingomonas	−0.110	0.295	−0.684**	0.646**	−0.470*	−0.071	−0.149
Acidobacterium	0.226	0.335	0.173	0.019	0.552*	0.378	0.051
Massilia	−0.311	−0.146	−0.434	0.288	−0.395	−0.388	−0.353
Lysobacter	0.148	0.793**	−0.603**	0.803**	0.011	0.375	0.040
Acidibacter	0.015	0.433	−0.628**	0.677**	−0.293	0.091	−0.104
Pseudomonas	−0.152	−0.894**	0.532*	−0.766**	−0.171	−0.452	−0.080
Altererythrobacter	0.170	0.328	0.285	−0.095	0.470*	0.347	0.298
Dongia	−0.125	−0.734**	0.331	−0.577*	−0.259	−0.390	−0.080
Bauldia	−0.068	−0.716**	0.721**	−0.850**	0.237	−0.252	−0.014
Reyranella	−0.122	−0.925**	0.566*	−0.797**	0.003	−0.459	−0.283
Devosia	0.015	−0.852**	0.673**	−0.866**	0.092	−0.291	−0.121
Hyphomicrobium	0.118	−0.523*	0.870**	−0.893**	0.376	0.016	0.350
Acidovorax	−0.073	−0.870**	0.372	−0.616**	−0.179	−0.446	−0.336
Anaerolinea	−0.117	−0.840**	0.628**	−0.816**	−0.046	−0.372	−0.004

表 11.12　#4～#6 滤柱填料环境因子与微生物群落属水平的 Pearson 相关关系

属	pH 值	SMC	TOC	TP	NH_4^+-N	NO_3^--N	TN
Arthrobacter	0.284	0.697^{**}	0.098	0.196	0.466	0.582^{*}	0.537^{*}
Sphingomonas	−0.110	0.295	-0.684^{**}	0.646^{**}	-0.470^{*}	−0.071	−0.149
Acidobacterium	0.226	0.335	0.173	0.019	0.552^{*}	0.378	0.051
Massilia	−0.311	−0.146	−0.434	0.288	−0.395	−0.388	−0.353
Lysobacter	0.148	0.793^{**}	-0.603^{**}	0.803^{**}	0.011	0.375	0.040
Acidibacter	0.015	0.433	-0.628^{**}	0.677^{**}	−0.293	0.091	−0.104
Pseudomonas	−0.152	-0.894^{**}	0.532^{*}	-0.766^{**}	−0.171	−0.452	−0.080
Altererythrobacter	0.170	0.328	0.285	−0.095	0.470^{*}	0.347	0.298
Dongia	−0.125	-0.734^{**}	0.331	-0.577^{*}	−0.259	−0.390	−0.080
Bauldia	−0.068	-0.716^{**}	0.721^{**}	-0.850^{**}	0.237	−0.252	−0.014
Reyranella	−0.122	-0.925^{**}	0.566^{*}	-0.797^{**}	0.003	−0.459	−0.283
Devosia	0.015	-0.852^{**}	0.673^{**}	-0.866^{**}	0.092	−0.291	−0.121
Hyphomicrobium	0.118	-0.523^{*}	0.870^{**}	-0.893^{**}	0.376	0.016	0.350
Acidovorax	−0.073	-0.870^{**}	0.372	-0.616^{**}	−0.179	−0.446	−0.336
Anaerolinea	−0.117	-0.840^{**}	0.628^{**}	-0.816^{**}	−0.046	−0.372	−0.004

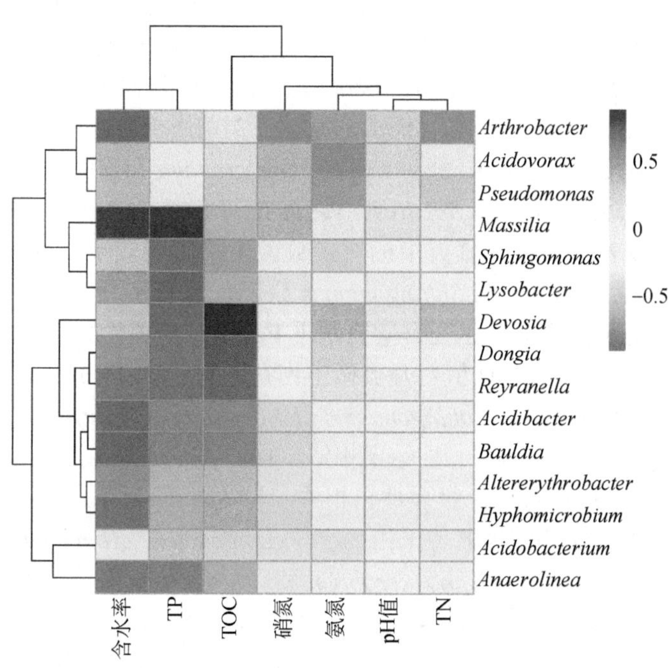

(a) #1~#3滤柱填料环境因子与微生物群落属水平的Pearson相关热图

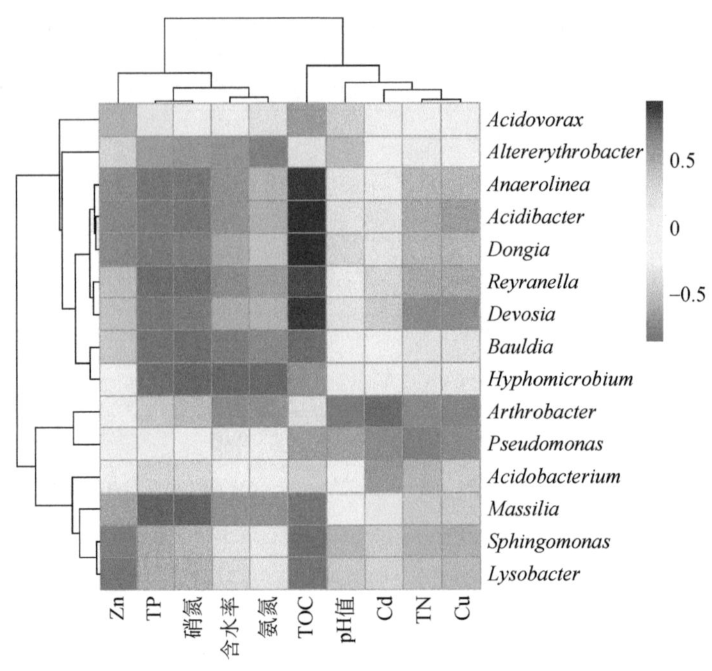

(b) #4~#6滤柱填料环境因子与微生物群落属水平的Pearson相关热图

图 11.12 填料环境因子与微生物群落属水平的 Pearson 相关热图

注：x 轴和 y 轴分别代表环境因子和微生物门水平相对丰度。颜色变化反映正相关（红色）或负相关（蓝色），颜色深度表示正相关或负相关水平，例如，颜色越深，相关性越好，如右边的刻度所示

1. #1～#3 填料环境因子与微生物群落属水平 Pearson 相关性分析

pH 值对微生物基本没有影响，可能与本研究小试前后 pH 值变化幅度不明显有关。SMC 对十类菌属有极显著性关系，其中对 *Arthrobacter*、*Massilia* 显性正相关，其他均是负相关。TOC 与 *Sphingomonas*、*Lysobacter* 和 *Acidibacter* 这三类菌属极显著负相关，而 TP 与它们极显著正相关；此外，TOC 与 *Bacillus*、*Devosia*、*Hyphomicrobium* 和假厌氧绳菌属（*Anaerolinea*）极显著正相关，TP 与 *Pseudomonas*、*Bacillus*、*Reyranella*、*Devosia*、*Hyphomicrobium*、*Acidovorax* 和 *Anaerolinea* 极显著负相关，氮类指标对多数微生物影响较小，仅与 *Arthrobacter* 和 *Altererythrobacter* 显著正相关，与 *Sphingomonas* 显著负相关。

2. #4～#6 填料环境因子与微生物群落属水平 Pearson 相关性分析

与#1～#3 滤柱结果不同，pH 值对几类微生物有影响，与 *Arthrobacter* 极显著正相关，与 *Pseudomonas* 显著正相关，与 *Sphingomonas*、*Lysobacter*、*Altererythrobacter* 显著负相关。SMC 对微生物的影响力和#1～#3 滤柱结果相似。TOC 与 *Acidibacter*、*Dongia*、*Bacillus*、*Reyranella*、*Devosia*、*Anaerolinea* 极显性正相关，与 *Sphingomonas*、*Massilia*、*Lysobacter* 极显性负相关。TP 与 Massilia 极显著正相关，与 *Acidibacter*、*Altererythrobacter*、*Dongia*、*Bacillus*、*Reyranella*、*Devosia*、*Hyphomicrobium* 和 *Anaerolinea* 极显著负相关。氮类指标对微生物影响程度较大，NH_4^+-N 和 NO_3^--N 尤其明显，NH_4^+-N 与 *Altererythrobacter*、*Bacillus*、*Reyranella* 和 *Hyphomicrobium* 极显著负相关；NO_3^--N 与八类菌属极显著负相关，与 *Massilia* 极显著正相关。

重金属指标的影响程度依次是 Zn＞Cu＞Cd。Zn 对 *Sphingomonas*、*Lysobacte* 极显性正

相关，与 *Acidibacter*、*Dongia*、*Anaerolinea* 极显性负相关；Cu 与 *Arthrobacter*、*Pseudomonas* 极显性正相关，*Sphingomonas* 极显性负相关；Cd 与 *Arthrobacter* 极显性正相关，与 *Acidobacterium* 极显性负相关。

11.6.3 相关性讨论

相关研究表明：微生物群落结构主要受污染物和土壤理化性质的影响（Ahmad et al.，2016），以及对不断变化的环境的响应。综合 11.6.1、11.6.2 分析结果，pH 值的影响程度不同，前者分析结果显示 pH 值是影响较大的因素，后者显示在#1～#3 滤柱中 pH 值不是影响微生物群落结构的重要因素，但在#4～#6 滤柱有较大影响作用。事实上 pH 值对微生物群落的影响不是直接的，而是通过影响某个土壤性质，达到影响结果，因此其他理化性质才是微生物群落受影响的根本原因。两种分析方法显示：所有滤柱中 TOC、TP 和 SMC 是影响较大的三个因素，这和第三章现场监测设施中得出的结果相似。土壤含水量太少降低新陈代谢速度，抑制微生物的生长，甚至直接影响微生物的生物化学反应，进而影响微生物群落多样性（沈琼雯，2019）。有研究表明（Martiny et al.，2005）*Actinobacteria* 类细菌在贫营养环境（缺少 C、N、P）下会形成胞内聚合体，丰度会明显提升。

重金属通过抑制与能量代谢有关的基本细胞功能对几乎所有细菌都有毒性（Lorenz et al.，2006），反过来，微生物通过一系列生物化学反应改变重金属形态，降低其毒性，甚至有的微生物可以改变自身的遗传物质，逐渐适应环境（劳昌玲等，2020）。Zn 含量与特定细菌的相对丰度之间有显著正相关，可能归因于操纵子的存在，其可调节细胞中的金属离子浓度，并具有产生胞外聚合物以降低土壤中重金属毒性的能力（Andreazza et al.，2012）；Cd 能引起 DNA 单链断裂，造成 DNA 损伤，损害 DNA 修复系统（高扬，2010）；Cu 过量时会产生活性氧化物，破坏微物细胞内金属键与金属平衡，与生物大分子如蛋白质结合，破坏大分子的正常生理能（陈新才，2006），铜离子似乎对某些生长繁殖很快的微生物类群，例如 *Gammaproteobacteria* 产生比较明显的抑制作用，而对有些能降解聚合物或芳香族化合物的类群如 *Actinobacteria* 有显著增强其对底物降解能力的刺激作用（谢学辉，2010）。土壤中重金属的有效性受土壤的化学和物理性质的影响（Smith，2009）。甚至有学者发现，低浓度的重金属对微生物有一定促进作用。如 Cd、Pb、Zn 浓度低于 0.025 mg/kg 时会强化 *Nostoc* 属的固氮效果，浓度在 0.025～125 mg/kg，则会降低固氮效果（Irha et al.，2003）。Cu 和 Zn 在低浓度时对微生物生物量的影响较小，一旦 Cu 和 Zn 的浓度偏高，则导致生物量减少 40%（Rajkumar and Freitasr，2008）。

Sphingomonas 是长期污染土壤中最丰富的一个属，具有较大的环境保护潜力（Guo et al.，2017）。谢学辉（2010）以德兴铜矿尾砂库为研究对象，分离到菌株 *Sphingomonas sp.Strain* DX-T3-03 对 Cd、Cu 和 Pb 都具有一定的抗性，但是最显著的是该菌耐受重金属 Zn 的能力。有文献报道过 *Bacillus*，*Pseudomonas* 和 *Arthrobacter* 具有抗多种重金属的活性，是重金属抗性菌株（Harichová et al.，2012；Zampieri et al.，2016）。这与填料理化性质与微生物群落属水平 Pearson 相关性分析结果中，Zn 对 *Sphingomonas*、*Lysobacter* 极显性正相关，Cu 与 *Arthrobacter*、*Pseudomonas* 极显性正相关，Cd 与 *Arthrobacter* 极显性正相关相符合。

11.7 本章小结

本章利用搭建的六根生物滤柱，模拟自然降雨进入 LID 装置，研究传统与改良填料生物滞留设施的水质水量去除效果、填料中污染物累积水平以及对酶活性和微生物群落的影响，结论如下：

1）实验后填料理化性质发生了变化，SMC 呈种植土＞BSM+5%WTR＞BSM 的趋势；氮素均增加了，但是 TN 的变化幅度差异最大，增加幅度是 1.55%～76.92%；TOC、TP 含量均增加，但#1 和#4 增加量要远小于其他滤柱；Cd、Cu 整体是增加的趋势，涨幅 18.75%～23.07%、22.14%～54.36%。#4 滤柱 Zn 含量增加，而#5 和#6 的含量减少。

2）土壤酶变化特点是：酸性磷酸酶的含量均减少，约为试验前的 13.36%～31.03%，脲酶与之相反，增长约 17.82%～74.28%，蔗糖酶变化规律不同，但试验后总体达到相似水平；脱氢酶的变化可能受进水差异的影响，在进水中有重金属的装置中减少了 7.36%～22.58%，其他增加了 20.14%～66.94%。

3）脲酶受绝大多数理化性质影响，除去 SMC 和 NO_3^--N 两个因素，与其他因素均有相关性。pH 对酶活性影响较小，TOC、TN 和 TP 影响较大。三种重金属中，Cu 对酶活性基本没有负相关影响，Zn 和 Cd 的增加会导致土壤酶活性受到抑制。

4）从微生物多样性指数分析，试验后物种丰富度变小。从微生物群落结构来看，门水平上，前 10 位的优势菌门没有发生变化；属水平上，试验前 Sphingomonas 属相对丰度最大，试验后丰度降低 21%～60%，Arthrobacter 属取代它成为丰度最高的菌群，增加了 4～16 倍。Reyranella、Pseudomonas、Massilia 和 Bacillus 在进水水质不同的#1～#3 和#4～#6 滤柱的相对丰度变化相反。

5）基于微生物门水平相对丰度与环境因子 RDA 分析结合土壤理化性质以及重金属与微生物属水平相对丰度相关性分析得出，pH 影响微生物群落结构程度不明确，TOC、TP 和 SMC 是影响较大的三个因素，三种重金属对微生物门水平和属水平相对丰度影响程度不统一。

参考文献

鲍士旦. 2005. 土壤农化分析. 北京：中国农业出版社

陈新才. 2006. 重金属在土壤—微生物界面相互作用的分子机制. 杭州：浙江大学博士学位论文

高扬. 2010. 崇明岛冲积土重金属污染毒理效应及生物修复技术研究. 上海：上海交通大学博士学位论文

劳昌玲，罗立强，沈亚婷，等. 2020. 微生物与重金属相互作用过程与机制研究进展. 环境科学研究，1-12

雷浪伟，韩炳星，兰海云，等. 2015. 头低位卧床期间人体肠道益生菌多样性变化. 中国微生态学杂志，27（11）：1253-1257

李斌，解建仓，胡彦华，等. 2016. 西安市近 60 年降水量和气温变化趋势及突变分析. 南水北调与水利科技，14（2）：55-61

庞长泷. 2016. 组合型潜流人工湿地净化效能及微生物强化作用分析. 哈尔滨：哈尔滨工业大学博士学位论文

尚文勤. 2017. 淮北采煤沉陷区土壤重金属分布赋存及微生物生态特征研究. 合肥：安徽大学博士学位论文

沈琼雯. 2019. 贵州喀斯特地貌土壤产脲酶细菌种群资源及其促生作用研究. 南宁：广西大学硕士学位论文

王娟丽. 2019. 给水厂污泥改良生物滞留系统对氮磷去除的优化探究. 北京：北京建筑大学博士学位论文

王敏，尚海涛，郝春博，等. 2011. 饮用水深度处理活性炭池中微生物群落分布研究. 环境科学，32（5）：1497-1504

谢学辉. 2010. 德兴铜矿污染土壤重金属形态分布特征及微生物分子生态多样性研究. 上海：东华大学博士学位论文

杨佳，钱会，高燕燕，等. 2016. 西安市多年降水特征分析及降水量预测. 南水北调与水利科技，14（3）：30-35

Ahmad M，Yong S O，Rajapaksha A U，et al. 2016. Lead and copper immobilization in a shooting range soil using soybean stover-and pine needle-derived biochars：Chemical，microbial and spectroscopic assessments. Journal of Hazardous Materials，301：179-186

Andreazza R，Okeke B C，Pieniz S，et al. 2012. Characterization of Copper-Resistant Rhizosphere Bacteria fromAvena sativaandPlantago lanceolatafor Copper Bioreduction and Biosorption. Biological Trace Element Research，146（1）：107-115

Beattie R E，Henke W，Campa M F，et al. 2018. Variation in microbial community structure correlates with heavy-metal contamination in soils decades after mining ceased. Soil Biology and Biochemistry，126：57-63

Bera T，Collins H P，Alva A K，et al. 2016. Biochar and manure effluent effects on soil biochemical properties under corn production. Applied Soil Ecology，107：360-367

Bertrand-Krajewski J L，Chebbo G，Saget A. 1998. Distribution of pollutant mass vs volume in stormwater discharges and the first flush phenomenon. Water Research，32（8）：2341-2356

Bourg A C M. 1988. Metals in Aquatic and Terrestrial Systems：Sorption，Speciation，and Mobilization. Chemistry and Biology of Solid Waste，3-32

Bratieres K，Fletcher T D，Deletic A，et al. 2008. Nutrient and sediment removal by stormwater biofilters：A large-scale design optimisation study. Water Research，42（14）：3930-3940

Camponelli K M，Lev S M，Snodgrass J W，et al. 2010. Chemical fractionation of Cu and Zn in stormwater，roadway dust and stormwater pond sediments. Environmental Pollution，158（6）：2143-2149

Ciarkowska K，Gargiulo L，Mele G. 2016. Natural restoration of soils on mine heaps with similar technogenic parent material：A case study of long-term soil evolution in Silesian-Krakow Upland Poland. Geoderma，261（1）：141-150

Dierkes C，Geiger W F. 1999. Pollution retention capabilities of roadside soils. Water Science & Technology，39（2）：201-208

Fajardo C，Costa G，Nande M，et al. 2018. Pb，Cd，and Zn soil contamination：Monitoring functional and structural impacts on the microbiome. Applied Soil Ecology

Fan G，Li Z，Wang S，et al. 2019. Migration and transformation of nitrogen in bioretention system during rainfall runoff. Chemosphere，232：54-62

Faramarzi M A，Brandl H. 2006. Formation of water-soluble metal cyanide complexes from solid minerals by Pseudomonas plecoglossicida. Fems Microbiology Letters，259（1）：47-52

Geisseler D，Scow K M. 2014. Long-term effects of mineral fertilizers on soil microorganisms – A review. Soil Biology and Biochemistry，75：54-63

Govarthanan M，Lee K-J，Cho M，et al. 2013. Significance of autochthonous Bacillus sp. KK1 on biomineralization of lead in mine tailings. Chemosphere，90（8）：2267-2272

Guo H，Nasir M，Lv J，et al. 2017. Understanding the variation of microbial community in heavy metals contaminated soil using high throughput sequencing. Ecotoxicol Environ Saf，144：300-306

Hanna S，Kaarina L，M. S L，et al. 2013. Bacteria contribute to sediment nutrient release and reflect progressed eutrophication-driven hypoxia in an organic-rich continental sea. Plos One，8（6）：e67061

Harichová J，Karelová E，Pangallo D，et al. 2012. Structure analysis of bacterial community and their heavy-metal resistance determinants in the heavy-metal-contaminated soil sample. Biologia，67（6）：1038-1048

Huang D，Liu L，Zeng G，et al. 2017. The effects of rice straw biochar on indigenous microbial community and enzymes activity in heavy metal-contaminated sediment. Chemosphere，174：545-553

Hunt W F，Jarrett A R，Smith J T，et al. 2006. Evaluating Bioretention Hydrology and Nutrient Removal at Three Field Sites in North Carolina. Journal of Irrigation & Drainage Engineering，132（6）：600-608

Jonge L W D，Kjaergaard C，Moldrup P. 2004. Colloids and colloid-facilitated transport of contaminants in soils：an introduction. Vadose Zone，3（2）：321-325

Karelová E，Harichová J，Stojnev T，et al. 2011. The isolation of heavy-metal resistant culturable bacteria and resistance determinants from a heavy-metal-contaminated site. Biologia，66（1）：18-26

Lee S，C M，Maniquiz-Redillas，et al. 2014. Nitrogen mass balance in a constructed wetland treating piggery wastewater effluent. Journal of Environmental Sciences，26（6）：1260-1266

Liu E，Yan C，Mei X，et al. 2010. Long-term effect of chemical fertilizer，straw，and manure on soil chemical and biological properties in northwest China. Geoderma，158：173-180

Long C，Zhou D M，Wang Q Y，et al. 2009. Effects of electrokinetic treatment of a heavy metal contaminated soil on soil enzyme activities. Journal of Hazardous Materials，172（2-3）：1602-1607

Lorenz N，Hintemann T，Kramarewa T，et al. 2006. Response of microbial activity and microbial community composition in soils to long-term arsenic and cadmium exposure. Soil Biology and Biochemistry，38（6）：1430-1437

Martiny A C，Albrechtsen H-J，Arvin E，et al. 2005. Identification of Bacteria in Biofilm and Bulk Water Samples from a Nonchlorinated Model Drinking Water Distribution System：Detection of a Large Nitrite-Oxidizing Population Associated with Nitrospira spp. Applied and Environmental Microbiology，71（12）：8611-8617

Nielsen P H，Mielczarek A T，Kragelund C，et al. 2010. A conceptual ecosystem model of microbial communities in enhanced biological phosphorus removal plants. Water Research，44（17）：5070-5088

Olga，Maria，Lage，et al. 2012. Determination of zeta potential in Planctomycetes and its application in heavy metals toxicity assessment. Archives of Microbiology，194：847-855

Patra A K. 2016. Biochar and manure effluent effects on soil biochemical properties under corn production. Applied Soil Ecology，107：360-367

Paus K H，Morgan J，Gulliver J S，et al. 2014. Effects of bioretention media compost volume fraction on toxic metals removal，hydraulic conductivity，and phosphorous release. Journal of Environmental Engineering，140（10）：554-555

Rahman M Y A，Nachabe M H，Ergas S J. 2020. Biochar amendment of stormwater bioretention systems for nitrogen and Escherichia coli removal：Effect of hydraulic loading rates and antecedent dry periods. Bioresource Technology，310，123428

Rajkumar M，Freitas H. 2008. Influence of metal resistant-plant growth-promoting bacteria on the growth of Ricinus communis in soil contaminated with heavy metals. Chemosphere，71（5）：834-842

Saha S，Prakash V，Kundu S，et al. 2008. Soil enzymatic activity as affected by long term application of farm yard manure and mineral fertilizer under a rainfed soybean–wheat system in N-W Himalaya. European Journal of Soil Biology，44（3）：309-315

Sen T K，Khilar K C. 2006. Review on subsurface colloids and colloid-associated contaminant transport in saturated porous media. Advances in Colloid and Interface Science，119（2-3）：71-96

Singh J P，Vaidya B P，Goodey N M，et al. 2019. Soil microbial response to metal contamination in a vegetated and urban brownfield. Journal of Environmental Management，244：313-319

Smith R S. 2009. A critical review of the bioavailability and impacts of heavy metals in municipal solid waste composts compared to sewage sludge. Environment international，35（1）：142-156

Tedoldi D，Chebbo G，Pierlot D，et al. 2016. Impact of runoff infiltration on contaminant accumulation and transport in the soil/filter media of Sustainable Urban Drainage Systems：A literature review. Science of The Total Environment，569-570（1）：904-926

Tian J，Jin J，Chiu P C，et al. 2019. A pilot-scale，bi-layer bioretention system with biochar and zero-valent iron for enhanced nitrate removal from stormwater. Water Research，148，378-387

Van Teeseling M C F，Mesman R J，Kuru E. 2015. Anammox Planctomycetes have a peptidoglycan cell wall. Nature Communications，6（6878）

Wu M，A. Dick W，Li W，et al. 2016. Bioaugmentation and biostimulation of hydrocarbon degradation and the microbial community in a petroleum-contaminated soil. International Biodeterioration and Biodegradation，107（3）：158-164

Xu Z，Yu G，Zhang X，et al. 2015. The variations in soil microbial communities，enzyme activities and their relationships with soil organic matter decomposition along the northern slope of Changbai Mountain. Applied Soil Ecology，86：19-29

Yang J H，Yang F L，Yang Y，et al. 2016. A proposal of "core enzyme" bioindicator in long-term Pb-Zn ore pollution areas based on topsoil property analysis. Environmental Pollution，213：760-769

Yu F，Li Y，Li F，et al. 2019. The effects of EDTA on plant growth and manganese（Mn）accumulation in Polygonum pubescens Blume cultured in unexplored soil，mining soil and tailing soil from the Pingle Mn mine，China. Ecotoxicology and Environmental Safety，173（5）：235-242

Zampieri B D B，Pinto A B，Schultz L，et al. 2016. Diversity and Distribution of Heavy Metal-Resistant Bacteria in Polluted Sediments of the Araça Bay，São Sebastião（SP），and the Relationship Between Heavy Metals and Organic Matter Concentrations. Microbial Ecology，72（3）：582-594

Zhao X，Huang J，Lu J，et al. 2019. Study on the influence of soil microbial community on the long-term heavy metal pollution of different land use types and depth layers in mine. Ecotoxicology and Environmental Safety，170：218-226

第 12 章　多环芳烃污染对生物滞留系统的影响及高效多环芳烃降解菌群的构建

多环芳烃（Polycyclic Aromatic Hydrocarbons，PAHs）广泛存在于环境中，结构稳定且自然衰减十分缓慢。由于降雨径流中含有有害的 PAHs，对于降雨径流中各类 PAHs 的控制及去除是控制城市非点源污染的一个重要环节。已有研究显示生物滞留系统对 PAHs 的去除有一定的效果，生物滞留系统的表层对截留和去除地表径流中的 PAHs 有很大贡献。生物滞留系统表面常设有覆土层，用以防止土壤层的侵蚀与干燥，并去除地表径流中的某些有害成分（如重金属）。而这个覆土层还可以用来截留石油烃类污染物，原因是覆土层中含量较高的木质素对疏水性 PAHs 化合物有很强的亲和力。由于其较强的疏水特性，PAHs 趋向于吸附并汇聚在土壤、沉积物等固体介质中，在生物滞留系统填料中也会大量存在。生物滞留系统中 PAHs 的去除以吸附截留为主，微生物的降解效率不高，这导致 PAHs 没有被完全去除，随着其不断累积，在高强度降水条件下，生物滞留系统可由汇转为源，先前截留的 PAHs 解吸并被冲刷出来，进而进入土壤和地下水中，造成污染隐患。本章通过试验分析，重点研究 PAHs 冲击下对生物滞留系统性能的影响及生物滞留系统微生物的生态效应，并构建以关键 PAHs 降解功能菌为主体的耐重金属高效 PAHs 降解菌群，为生态类雨水径流净化设施的科学设计与推广应用提供科学依据和理论支撑。

12.1　多环芳烃污染对生物滞留系统的影响研究

12.1.1　材料与方法

1. 生物滞留系统小试装置

本研究自行设计了 3 组 6 套生物滞留系统小试装置（图 12.1、图 12.2）。土柱内径 10 cm，

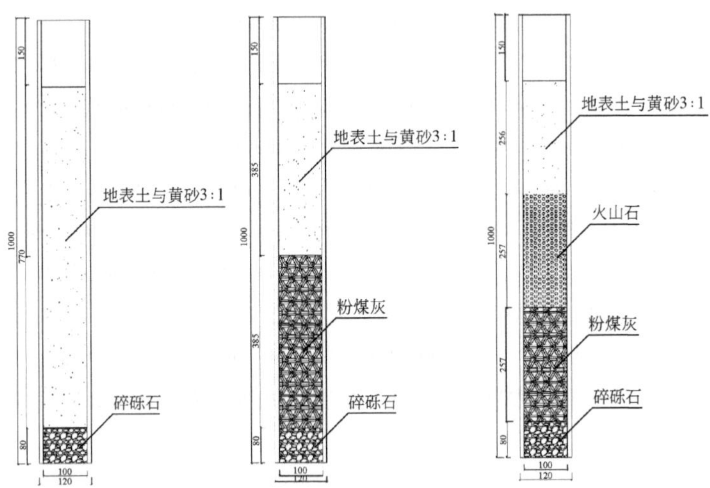

图 12.1　生物滞留系统小试装置（设计图）（单位：mm）

高 1 m，自上而下分别为蓄水层（15 cm）、人工填料层（77 cm）和砾石排水层（8 cm），砾石排水层底部设排水管。其中自然土组（S）土柱 S1、S2 采用地表土与黄砂的 3∶1 混合填料填充；自然土+粉煤灰组（SC）土柱 SC1、SC2 上层采用地表土与黄砂的 3∶1 混合填料，下层采用粉煤灰填充；自然土+火山石+粉煤灰组（SLC）土柱 SLC1、SLC2 上层采用地表土与黄砂的 3∶1 混合填料，中层采用火山石，下层采用粉煤灰填充。各柱填料按比例混合后测定理化性质如表 12.1 所示。

图 12.2　生物滞留系统小试装置（实物）

表 12.1　小试装置填料理化性质

填料	pH 值	TC/%	TOC/%	COD/%	TN/（g/kg）	TP/（g/kg）
S	7.84±0.03	37.4±3.2	1.53±0.17	2.64±0.29	0.53±0.06	0.13±0.02
SC	7.46±0.19	38.5±1.4	0.83±0.47	1.42±0.82	0.49±0.06	0.12±0.01
SLC	7.92±0.04	42.2±2.0	1.28±0.21	2.20±0.36	0.56±0.07	0.13±0.05

2. 配水水量及水质的确定

本研究根据相关设计导则和西安市降雨特征模拟地表径流，设计重现期选定为 2 年，降雨历时 120 min，汇流比 10∶1，采用芝加哥雨型作为设计雨型，雨峰位置系数取 0.35，不同降雨历时的降雨强度如图 12.3 所示。经计算得到设计降雨量为 27.206 mm，平均雨强为 0.227 mm/min，最大雨强为 1.126 mm/min，总水量为 2.14 L。

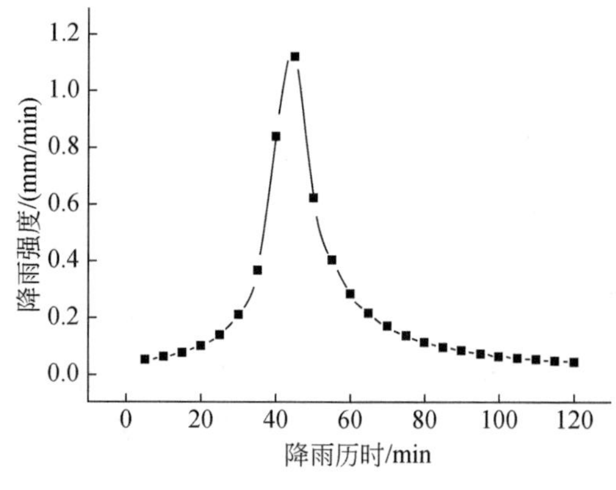

图 12.3　芝加哥雨型图

试验用水参考西安市城市道路雨水径流水质状况配置，含COD300 mg/L、氨氮 4 mg/L、有机氮 4 mg/L、硝氮 4 mg/L、磷酸盐 3 mg/L 和溶解性固体 120 mg/L（表 12.2）。

表 12.2　模拟地表径流配水组成及浓度

成分	来源	浓度
pH 值	盐酸/氢氧化钠	7.0
CODCr	葡萄糖/尿素	300 mg/L
氨氮	氯化铵	4 mg-N/L
有机氮	尿素	4 mg-N/L
硝氮	硝酸钠	4 mg-N/L
磷酸盐	硫酸二氢钾	3 mg-P/L
溶解性固体	氯化钙	120 mg/L

3. 土壤及水质指标分析方法

土壤理化指标分析：pH 采用电位法测定，总有机碳利用 TOC 分析仪测定，有机质采用重铬酸钾法测定，TN 和 TP 分别采用凯氏定氮法和钼锑抗分光光度法测定。

水质指标分析：COD 采用快速消解分光光度法测定，不同形态 N、P 指标（图 12.4、图 12.5）经预处理后采用国标方法进行分析。

不同 PAHs 污染负荷的影响：本试验过程分 4 个阶段，第 I 阶段（0～40 d）为系统启动与稳定运行阶段；第 II 阶段（40～80 d）开始时，向土柱 S2、SC2 和 SLC2 中投加一定量的芘，使填料中芘的平均浓度达到 30 mg/kg；第III阶段（80～120 d）和第IV阶段（120～160 d）依次将 PAHs 浓度提高到 60 mg/kg 和 90 mg/kg。根据相关文献资料，源自长期使用柏油路面的城市地表径流中 PAHs 以高分子量 PAHs 荧蒽和芘为主，因此选用芘为代表性 PAHs。第 II 、III和IV阶段分别代表低负荷、中负荷和高负荷 PAHs 污染水平。

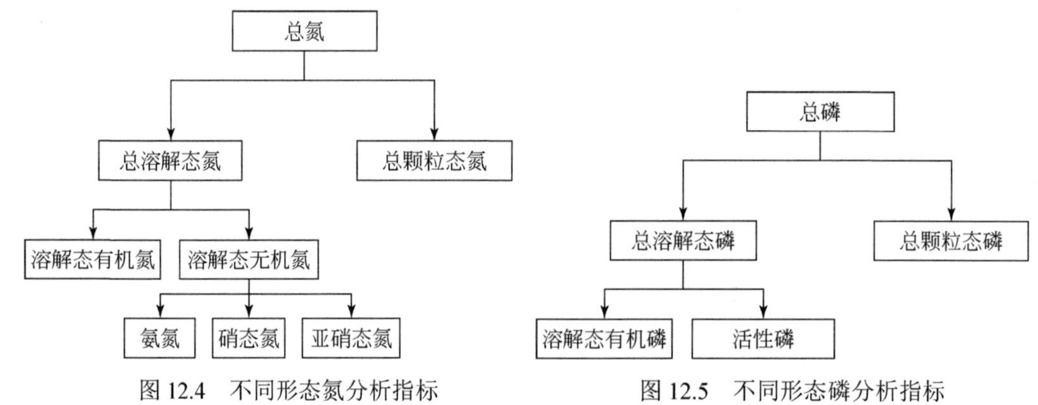

图 12.4　不同形态氮分析指标　　　图 12.5　不同形态磷分析指标

4. 微生物酶活的测定

从土柱采样口采集不同位置的填料，除掉砂石后研磨混匀，在冰箱中低温保存。主要分析酶活包括土壤脱氢酶、蔗糖酶、脲酶和过氧化氢酶，采用 Solarbio 分析试剂盒进行反应，利用 Synergy H1 酶标仪（BioTek，Winooski，VT，USA）进行测定。各生物酶相对酶活性=实验组酶活性/对照组酶活性×100%。

5. DNA 的提取与测序

使用 DNeasy PowerSoil Kit 试剂盒（MoBio Laboratories，Carlsbad，CA，USA）对各填料样品进行总 DNA 的提取。提取后的 DNA 用 BioSpectrometer basic 紫外分光光度计（Eppendorf，Hamburg，Germany）测定样品浓度，用 0.8%琼脂糖凝胶电泳检测完整性。采用 Applied Biosystems 2720 PCR 扩增仪（Thermo Fisher Scientific，Waltham，MA，USA）对质量满足建库测序要求的 DNA 样品进行 PCR 扩增。扩增体系（25 μL）：5×reaction buffer 5 μL，5×GC buffer 5 μL，dNTP（2.5 mM）2 μL，Forward primer（10 uM）1 μL，Reverse primer（10uM）1 μL，DNA Template 2 μL，ddH2O 8.75 μL，Q5 High-Fidelity DNA Polymerase（NEB，Herts，UK）0.25 μL。扩增参数：Initial denaturation 98℃ 2 min，Denaturation 98℃ 15 s，Annealing 55℃ 30 s，Extension 72℃ 30 s，Final extension 72℃ 5 min，10℃ Hold. 30 Cycles。PCR 产物定量、混样后利用 TruSeq Nano DNA LT Library Prep Kit 试剂盒（Illumina，San Diego，CA，USA）进行建库。PCR 产物用 Agencourt AMPure XP beads（Beckman Coulter，Danvers，MA，USA）纯化后，用 Quantus 荧光计（Promega，Madison，WI，USA）和 Agilent 2100 生物分析仪（Agilent，Santa Clara，CA，USA）完成质控分析。合格的文库使用 Illumina MiSeq 高通量分析仪（BGI Tech Solutions Co.，Ltd.，Shenzhen，China）进行 2×300bp 双末端测序。

6. 生物信息学分析

测序数据的生物信息学处理和统计分析主要采用 Mothur（v.1.31.2）和 QIIME（v1.8.0）软件实现。原始测序数据首先经过数据过滤，以滤除低质量数据。剩余高质量序列使用 FLASH（v1.2.7）软件完成序列拼接，再用 UCLUST 软件在 97%相似度下聚类划分 OTUs。采用 Greengenes（Release 13.5）数据库针对代表性的 OTU 进行注释。各样品的 Alpha 多样性分析通过 QIIME 软件进行，包括 Chao1 丰富度指数、ACE 丰富度指数、Shannon 多样性指数和 Shannon 多样性指数。各样品的 Beta 多样性分析主要通过 QIIME 软件进行，包括基于 UniFrac 距离的非度量多维尺度分析（NMDS）等。

12.1.2　PAHs 污染对生物滞留系统性能的影响

1. PAHs 污染对 COD 处理效果的影响

由图 12.6 可知，各生物滞留系统在启动-稳定运行期（第 I 阶段）对 COD 的去除效果随时间逐渐变好。在出水水质达到稳定后，COD 的去除率为 83%～91%。投加 PAHs 负荷后，各系统出水的 COD 浓度明显升高。在低 PAHs 负荷条件下（第Ⅱ阶段）的初次降雨实验后，S2、SC2 和 SLC2 组的 COD 去除率分别降至 42%、35%和 48%，并在随后降雨实验中逐渐升高并接近无污染条件下的去除率。在中、高 PAHs 负荷条件下（第Ⅲ、Ⅳ阶段），各组的 COD 去除率也有类似变化趋势，且随着 PAHs 负荷的升高进一步降低。在第Ⅳ阶段后期，受 PAHs 污染生物滞留系统的 COD 去除率均明显低于对照组（无污染），为 27%～44%。

2. PAHs 污染对不同形态氮处理效果的影响

由图 12.7 可知，各生物滞留系统在启动-稳定运行期（第 I 阶段）对总氮（TN）的去除效果随时间逐渐变好。在出水水质达到稳定后，TN 的去除率为 79%～91%。投加 PAHs 负荷后，各系统的 TN 去除率均有一定程度的降低，其中 SLC2 组的 TN 去除率在随后降雨实验中有明显回升趋势。在第 IV 阶段后期，受 PAHs 污染的生物滞留系统的 TN 去除率均

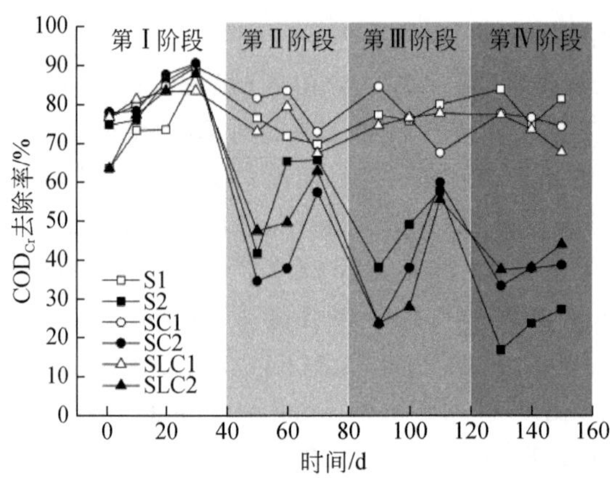

图 12.6　PAHs 污染对 COD 处理效果的影响

低于对照组，为 72%～77%。

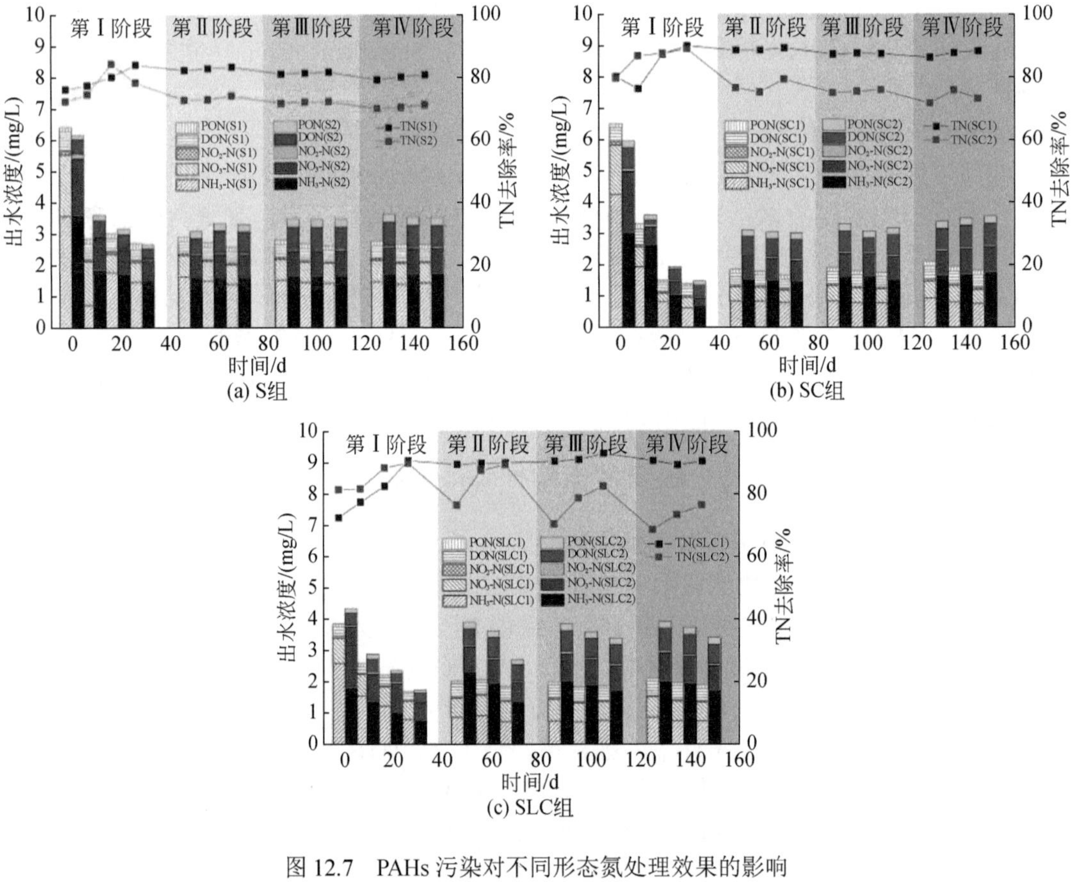

(a) S组

(b) SC组

(c) SLC组

图 12.7　PAHs 污染对不同形态氮处理效果的影响

氮素在各系统出水中的主要形态包括颗粒态有机氮（PON）、溶解态有机氮（DON）、亚硝氮（NO_2-N）、硝氮（NO_3-N）和氨氮（NH_3-N）等，其中 NH_3-N 占比最高（49%），其次为 NO_3-N（26%）和 DON（17%）。DON 进入系统后易被填料吸附，进而被填料中的微生物经氨化作用降解并释放出 NH_3-N。NH_3-N 因带正电荷与主要带负电荷的土壤胶体颗粒接触后被大量吸附，进而可经硝化细菌的硝化作用转化为 NO_2-N 和 NO_3-N。NO_3-N 则主要在缺氧条件下可经异养反硝化细菌的反硝化作用转化为 N_2O 和 N_2，部分 NO_3-N 还可经硝酸盐异化还原为铵（DNRA）途径转化为 NH_3-N。模拟径流中的 DON 成分为尿素，可被大部分异养微生物吸收利用。系统中多孔填料的投加和径流中易降解有机物的存在有利于 NO_3-N 的去除。出水中 NH_3-N 浓度相对较高可能与填料中 NH_3-N 的解吸和微生物的氨化作用、DNRA 途径有关。投加 PAHs 污染后，各形态氮素在系统出水中的浓度均有所升高，其中 DON 和 NH_3-N 浓度升高较多，可能与 PAHs 污染导致的相关功能微生物活性抑制和死亡菌体的分解释放有关。

3. PAHs 污染对不同形态磷处理效果的影响

由图 12.8 可知，各生物滞留系统在启动-稳定运行期（第 I 阶段）对总氮（TP）的去除效果随时间逐渐变好。在出水水质达到稳定后，TP 的去除率为 83%～91%。投加 PAHs 负荷后的各系统 TP 去除率无明显降低，在第 IV 阶段后期，去除率仍为 80%～83%。磷素在各系统出水中的主要形态包括颗粒态磷（PP）、溶解态有机磷（DOP）和可溶性活性磷（SRP）等，其中绝大部分为 SRP。由于模拟径流仅含 SRP，出水中少量的 PP 和 DOP 可能来自填料本身。SRP 的去除主要靠填料的吸附作用和沉淀反应，微生物和植物吸收的作用很小，这可能是 PAHs 污染对系统除磷效果影响较小的原因。

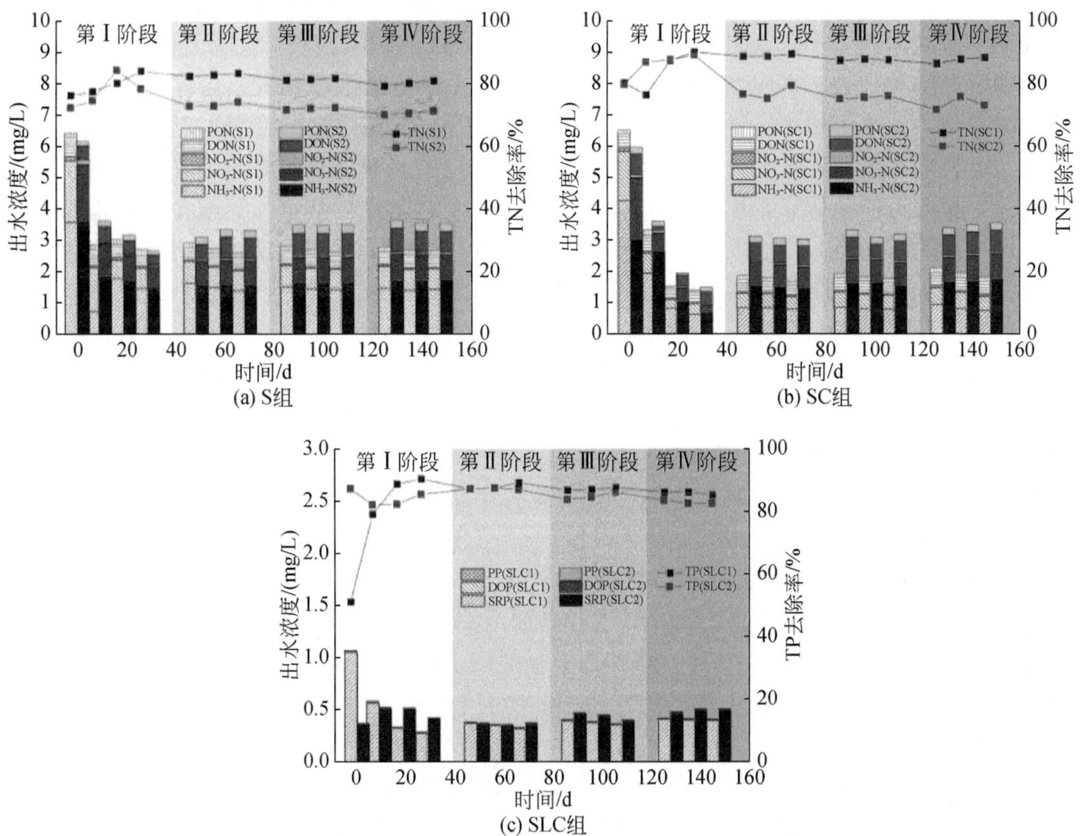

图 12.8　PAHs 污染对不同形态磷处理效果的影响

总之，PAHs 污染对生物滞留系统 COD 处理效果有显著影响。高负荷 PAHs 污染会使生物滞留系统丧失恢复能力，这可能与填料中微生物的活性受到不可逆抑制、无法有效降解有机物有关。投加粉煤灰、火山石的生物滞留系统对 PAHs 污染的耐受性较好；PAHs 污染对生物滞留系统氮素处理效果有明显影响，出水各形态氮素浓度均有所升高。投加火山石的生物滞留系统对 PAHs 污染的耐受性相对较好；PAHs 污染对生物滞留系统磷素处理效果的影响较小，出水各形态磷素浓度的变化可能是填料或水质波动造成的。

12.1.3 PAHs 污染对生物滞留系统微生物的生态效应

PAHs 污染对生物滞留系统的 COD 和氮素处理效果有影响，推测其主要是通过对相关功能微生物的抑制来实现的。因此有必要对系统中微生物的组成、功能和在 PAHs 污染条件下的动态演变进行研究。本研究对不同 PAHs 污染条件下各系统填料样品进行相关功能微生物酶活分析。同时提取 16S rRNA 采用高通量测序技术进行宏基因组学研究，比较分析生物滞留系统中微生物多样性、种群结构、优势种群及关键功能性种群相对丰度等随填料组分、运行阶段与污染负荷的演变特征。

1. PAHs 污染对微生物酶活性的影响

土壤脱氢酶的活性可以反映土壤活性微生物量及其对有机物的降解活性，可以作为土壤微生物降解性能的指标（靖玉明等，2008）。由图 12.9（a）可知，各系统土壤脱氢酶相对活性随 PAHs 负荷的升高逐渐降低，这可能是生物滞留系统在 PAHs 污染条件下 COD 处理效果变差的原因之一。投加粉煤灰的 SC2 组受 PAHs 的影响较小，表现出较好的耐受性，与前期研究结果一致。蔗糖酶活性与微生物数量及土壤呼吸强度相关，可作为评价土壤熟化程度和肥力的重要指标（钟晓兰等，2015）。由图 12.9（b）可知，PAHs 污染对蔗糖酶活性有一定影响，负荷的升高对酶活影响不明显。S2 组的相对酶活降幅较小，表现出一定的耐受性。脲酶可催化尿素水解为 CO_2 和 NH_3，也与土壤微生物数量和氮素含量有正相关关系（周晓兵等，2011）。由图 12.9（c）可知，脲酶对 PAHs 污染的抑制效应很敏感，可作为表征 PAHs 污染的指示指标。前期研究也发现，投加 PAHs 后的生物滞留系统脱氮效果降低。各系统在高污染负荷条件下几乎不表现出脲酶活性，此时模拟径流中氮素的去除可能主要来自填料吸附的贡献，这影响了生物滞留系统的处理效果和使用寿命，不利于其长期稳定运行。过氧化氢酶能分解土壤呼吸过程产生的过量 H_2O_2 而消除其毒害作用，在有机质氧化和腐殖质形成过程中起着重要作用（Fatemi et al.，2016）。由图 12.9（d）可知，PAHs 污染对过氧化氢酶活性有抑制作用，并随负荷的升高而明显增强，这可能与 PAHs 的毒性抑制作用有关。

2. PAHs 污染对微生物菌群多样性的影响

对提取自 21 组填料样品的 DNA 进行高通量测序和数据处理后，得到 32075～45726 条有效序列。稀释曲线（图 12.10）基本趋于平缓但未达到平台期，说明填料样品中微生物菌群多样性较高，测序深度未覆盖到样品中的所有物种，但所得结果已基本能够反映样品的菌群多样性情况。

α多样性分析结果（表 12.3）显示，各微生物菌群的 OTUs（近似为属）数量在 6146～11956 个之间，物种丰富度和多样性较高。这说明本实验采用的以自然土为主要组成的填料中存在大量土著微生物，这有利于各污染物的持续去除，使各系统长期保持良好的处理效果。随着实验的进行，实验组和对照组的多样性指数均有所降低，这与系统只以模拟径流中组成简单的碳氮磷为微生物营养源有关。在第Ⅳ阶段后期，S2 组的多样性指数降幅

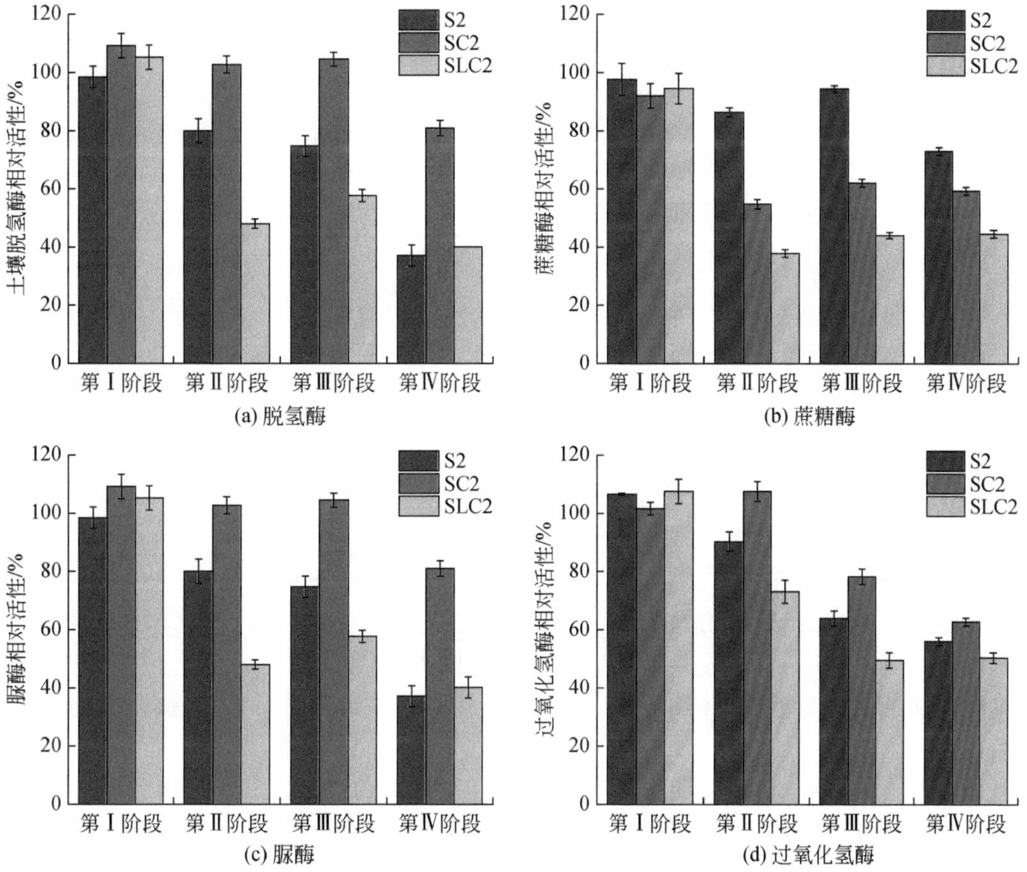

(a) 脱氢酶

(b) 蔗糖酶

(c) 脲酶

(d) 过氧化氢酶

图 12.9　PAHs 污染对微生物酶活性的影响

明显，Chao1 指数和 ACE 指数为对照组的 75%～80%，说明填料中部分微生物因不适应较强的 PAHs 胁迫压力而被淘汰，从而使物种丰富度降低。与对照组相比，SC2 组和 SLC2 组的多样性受 PAHs 的影响较小，表现出一定的稳定性。

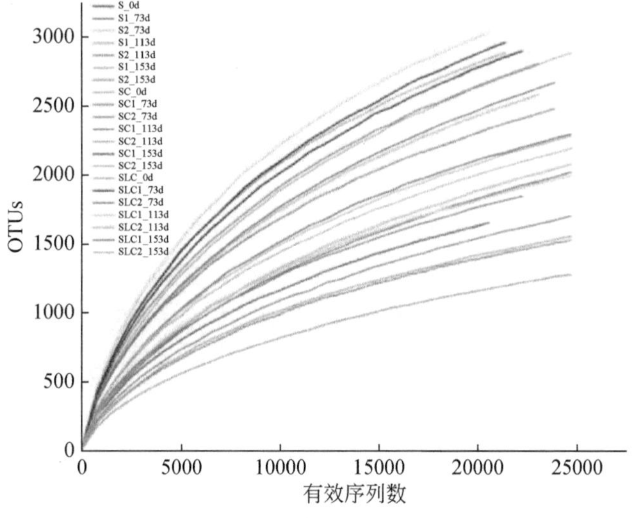

图 12.10　各样品 OTUs 稀释曲线

表 12.3　微生物菌群α多样性统计结果

样品	有效序列	OTUs	Chao1	ACE	Shannon	Simpson
S_0 d	43301	11663	1730	2196	8.58	0.988
S1_73 d	45726	9369	1425	1836	6.48	0.880
S2_73 d	43747	11874	1883	2372	9.18	0.993
S1_113 d	44985	10929	1513	1910	8.16	0.986
S2_113 d	44479	9149	1224	2018	6.82	0.946
S1_153 d	38321	9153	1264	1555	7.43	0.966
S2_153 d	39894	6857	933	1251	6.26	0.943
SC_0 d	43974	11956	1721	2234	8.10	0.979
SC1_73 d	33334	9971	1501	1854	8.07	0.982
SC2_73 d	42986	11190	1678	2128	8.23	0.980
SC1_113 d	40887	7600	976	1283	6.20	0.932
SC2_113 d	43714	6146	794	1244	5.79	0.941
SC1_153 d	32075	7010	926	1194	6.78	0.957
SC2_153 d	40941	6814	950	1242	6.00	0.933

对各样品 UniFrac 距离的 NMDS 分析结果（图 12.11）显示，S 组填料中微生物群落组成在实验前期（第Ⅰ、Ⅱ阶段）相似度较高，主要集中在第 3 象限。在实验中后期（第Ⅲ、Ⅳ阶段），对照组和实验组群落组成均发生较大变化，分别分布在第 1、2 象限，说明系统持续运行时间和 PAHs 负荷均对微生物群落组成有影响。SC 组群落组成受系统运行的影响较明显，在实验初期（第Ⅰ阶段）即发生较大变化，PAHs 负荷在实验中后期也产生一定影响。SLC 组在持续运行期间的群落组成变化较小，实验组各点之间距离较近，表现出一定稳定性。

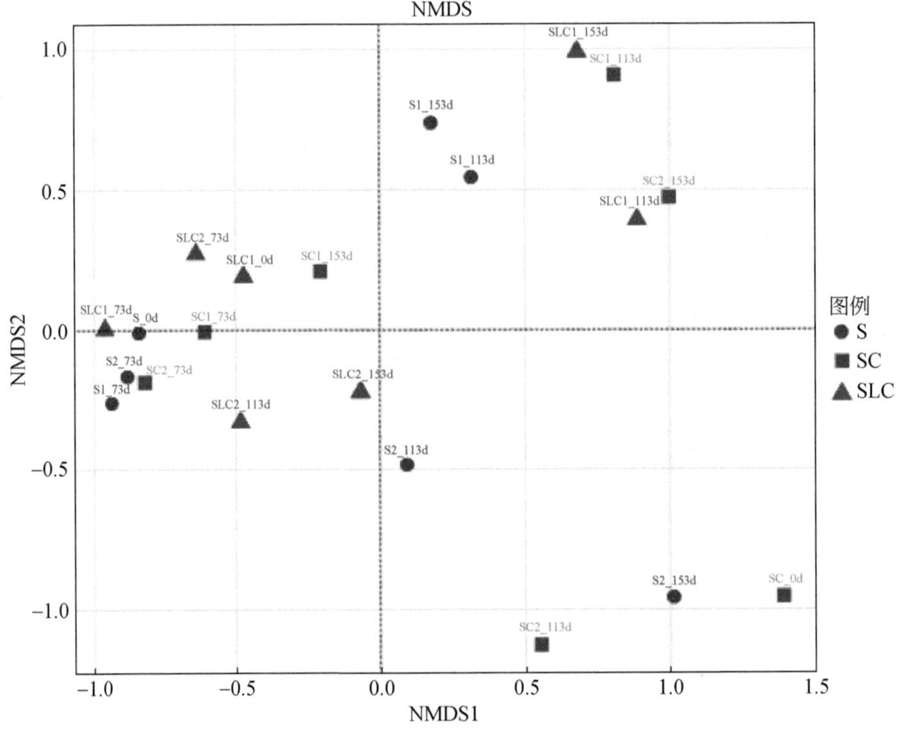

图 12.11　各样品 NMDS 分析图

3. PAHs 污染对微生物群落结构的影响

群落结构分析结果表明，各菌群主要包含变形菌门（Proteobacteria）、厚壁菌门（Firmicutes）、拟杆菌门（Bacteroidetes）、放线菌门（Actinobacteria）和酸杆菌门（Acidobacteria）5 个门（图 12.12）。其中，变形菌门细菌在所有菌群中均占绝对优势，含量占细菌总数的 31%～85%。变形菌门是细菌中最大的一门，所有细菌均为革兰氏阴性菌，该门中许多细菌具有石油烃降解能力，经常在石油污染土壤微生物中占优势（Jurelevicius et al.，2013）。

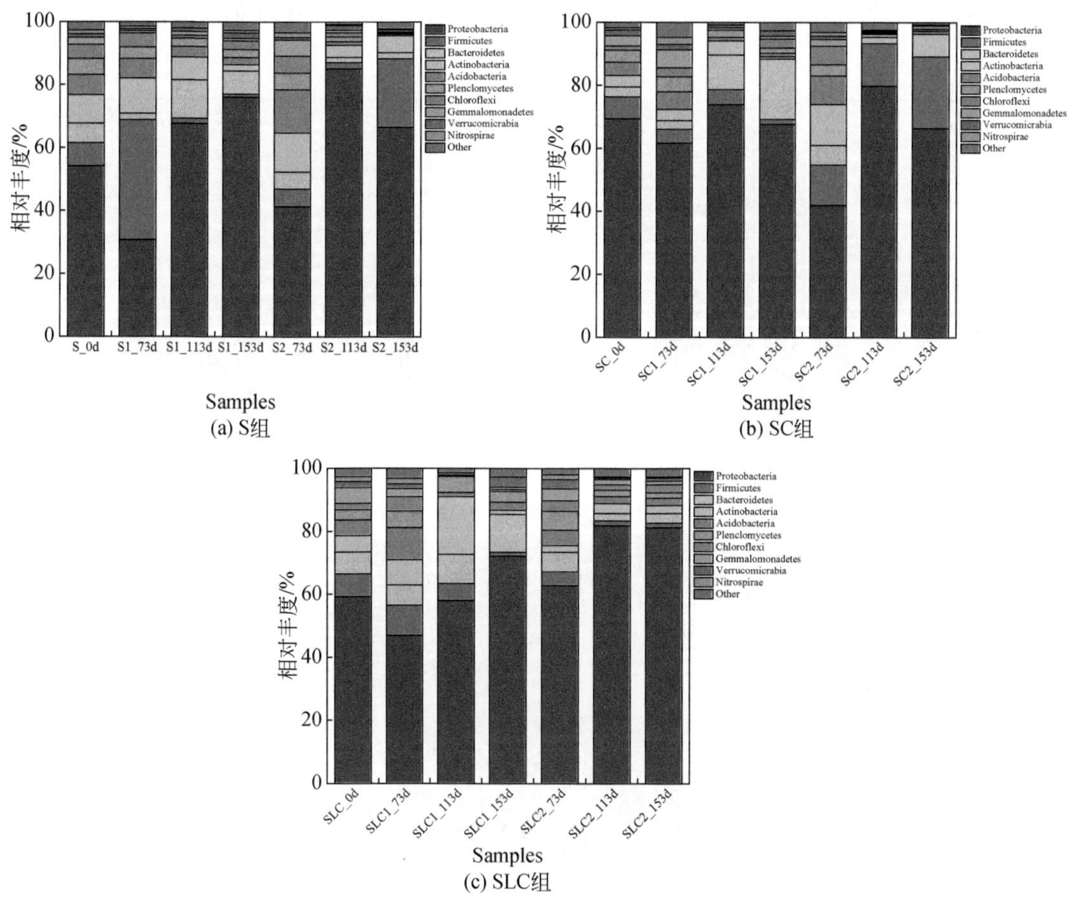

图 12.12　各样品在门分类水平上的细菌相对丰度分布图

在纲的分类水平上（图 12.13），优势细菌主要分布在β-变形菌纲（β-Proteobacteria）、γ-变形菌纲（γ-Proteobacteria）和α-变形菌纲（α-Proteobacteria）中。杆菌纲（Bacilli）和放线菌纲（Actinobacteria）也在部分样品中占优势。在石油污染土壤微生物修复过程中，α-变形菌纲细菌常在生物降解过程前期占优势，γ-变形菌纲细菌常在后期占优势，β-变形菌纲常在 2～4 环 PAHs 生物降解过程中出现，可作为生物处理结束阶段的指示生物。随着 PAHs 负荷的提高，各系统样品中β-变形菌纲的占比有升高趋势，这有利于 PAHs 的持续降解。

在属的分类水平上（图 12.14），优势菌主要分布在假单胞菌属（*Pseudomonas*）、固氮好氢单胞菌属（*Azohydromonas*）、芽孢杆菌属（*Bacillus*）、节杆菌属（*Arthrobacter*）和 *Methylibium* 属等。与对照组相比，*Methylibium* 属、假单胞菌属和固氮好氢单胞菌属的相对丰度分别在 S2、SC2 和 SLC2 组中较高。*Methylibium* 属部分菌株被发现具备降解蒽和甲基叔丁基醚的能力。假单胞菌属则是常见的可降解石油烃和 PAHs 的微生物，相关研究很多。Romero 等（1998）最早从炼油厂污染水体中分离的一株假单胞菌 *Pseudomonas aeruginosa* 可在含有高浓度菲的条件下生长并在 30 d 内将其完全降解。*Pseudomonas aeruginosa* 还可以产生生物表面活性剂，促进了 PAHs 在水相中的溶解和生物可给性。Moscoso 等（2015）发现一株 *Pseudomonas stutzeri* CET 930 不仅可降解低分子量 PAHs 菲，还可降解 60%以上的高分子量 PAHs 芘。固氮好氢单胞菌属是土壤氮循环中重要的参与者，其固氮作用有利于促进其他微生物的活性。另外，芽孢杆菌属和节杆菌属部分菌株也被认为可有效降解 PAHs。

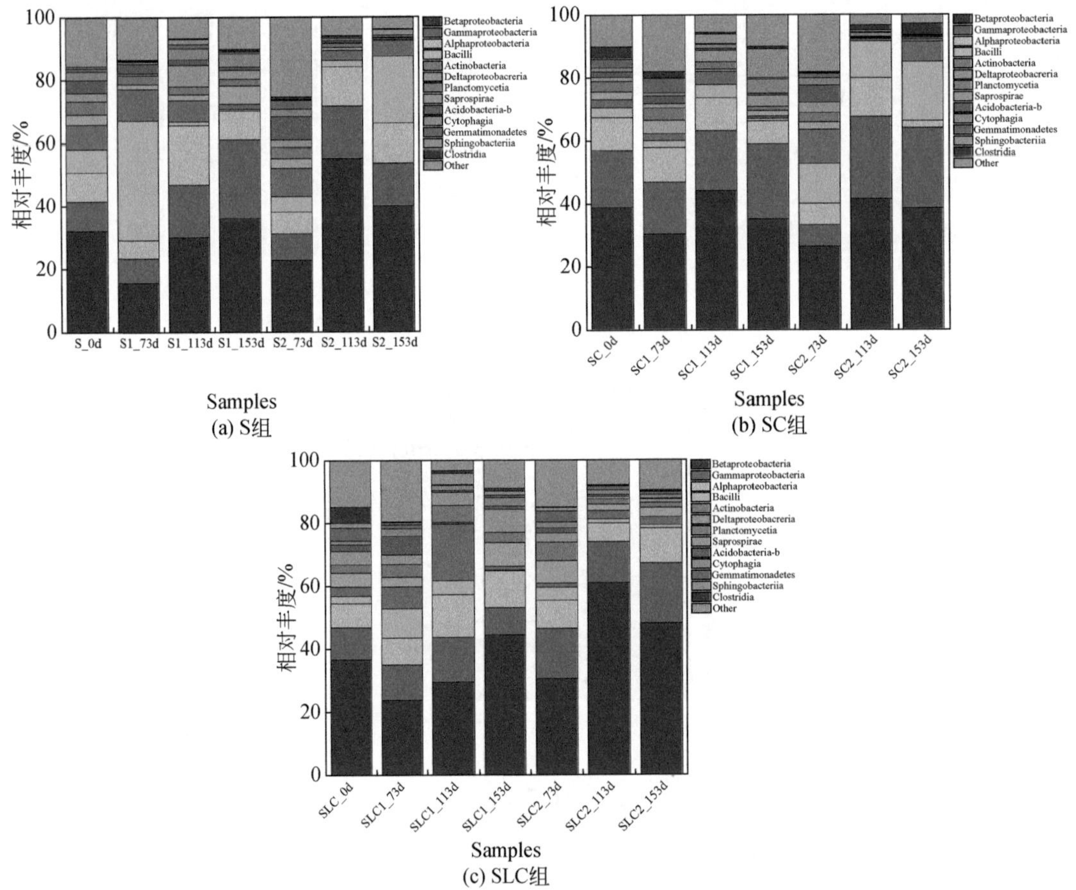

图 12.13　各样品在纲分类水平上的细菌相对丰度分布图

总之，PAHs 对微生物酶活有一定抑制作用，对脲酶的影响最显著，导致生物滞留系统生物脱氮效能降低。土壤脱氢酶相对活性随 PAHs 负荷升高而降低，可能是 COD 处理效果变差的原因之一；通过提取 21 组填料样品的 DNA 进行高通量测序分析发现，样品中微生物物种丰富度和多样性随系统持续运行时间和 PAHs 负荷逐渐降低。结合 NMDS 分析结果表明，PAHs 对 S 组微生物群落有较明显影响，投加粉煤灰、火山石的 SLC 组表现出一定的稳定性；群落结构分析显示，所有样品中的微生物均以变形菌门β-变形菌纲细菌为主。受PAHs负荷冲击的生物滞留系统逐渐向以具备PAHs降解能力微生物为主体的群落结构演进。这有利于提高对 PAHs 污染的耐受性，减轻 PAHs 对系统性能的持续抑制效应。

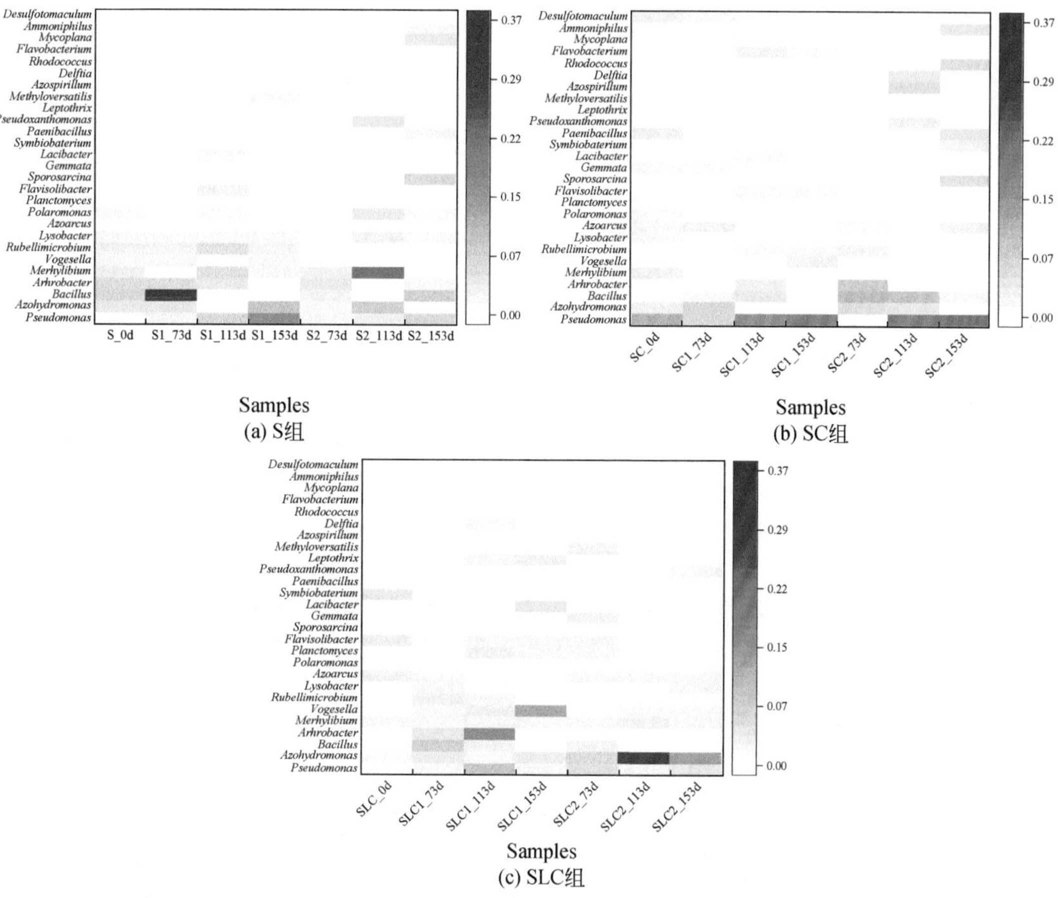

图 12.14　各样品在属分类水平上的细菌相对丰度分布图（部分）

12.2　高效多环芳烃降解菌群的构建及降解特性研究

生物强化技术通过投加具有特定功能微生物的方法，可以改善受污染的环境介质或生物反应器中的处理效果，具有成本低、安全性高和环境友好等优点，可用于受石油烃或 PAHs 污染填料的生物修复。本研究从石油污染严重地区采集土壤样品，以几种代表性 PAHs 为主要碳源进行筛选和富集培养，从中得到能够有效降解 PAHs 的基础混合菌群，为生物强化处理 PAHs 提供合适菌源；同时对高效 PAHs 降解菌群 W 的 HMW PAHs 降解特性及降解动力学进行分析，确定最佳降解条件，利用相关动力学模型进一步掌握菌株的降解能力、生长能力与适应能力。

12.2.1　材料与方法

1. 高效多环芳烃降解菌群的构建

（1）土样采集

土壤样品于 2014～2015 年间分别在延长油田、中石化加油站、西安理工大学校园附近采集。采样点的位置设置在已经或可能受到 PAHs 污染的地点。采样时先把土表砾石和动植物残体等去除掉，然后铲取 2～10 cm 深的土壤，按四分法取弃，最后留下 1～3 kg

装入干净样品袋中并快速带回实验室。风干后的土壤样品经研磨过 20 目筛后，在冰箱中低温保存。

（2）菌群的筛选与鉴定

富集与驯化：分别称取 5 组土壤样品各 1g，分别加入以葡萄糖为唯一碳源的 MSM 培养基（100 mL）中，放于摇床 30℃、120rpm 培养。取已到达对数生长期的菌悬液以 1%接种量转接入 PAH 选择培养基中继续培养。逐渐提高培养基中 PAH 的含量，同时减少葡萄糖的含量，以达到驯化的目的。培养基首先选用 2 环 PAH 萘作为碳源，再用 3 环 PAH 蒽、4 环 PAH 芘替代进行驯化。

生长和降解曲线的测定：将获取的菌体用灭菌 0.01 M 磷酸盐缓冲溶液（PBS）洗涤 3 次制成接种菌悬液（OD_{600}=1.0），以 20%接种量加入 PAH 选择培养基，30℃、120rmp 避光培养，通过测定 OD_{600} 值计算生物量并绘制生长曲线。培养基剩余 PAH 含量测定时，向瓶中分别 3 次加入等体积乙酸乙酯进行涡旋振荡萃取，将收集的有机相加无水硫酸钠脱水后转入旋转蒸发仪，减压浓缩并置换溶剂为正己烷后供 GC-MS 分析，同时做空白对照实验。

PAHs 降解菌株的筛选与鉴定：利用喷涂法制备含 PAHs 的无机盐液体培养基（MSM）固体培养基，在平板上通过反复划线分离获得纯菌株。将所得纯菌株接种于含 50 mg/L 芘的 MSM 液体培养基中培养，分析其降解能力。同时提取纯菌株 DNA 样品，送深圳华大基因公司进行测序，序列结果在 NCBI 数据库中检索比对获得鉴定结果。

（3）高效 PAHs 降解菌群的群落结构分析

DNA 的提取与测序：使用 UltraClean®细菌 DNA 提取试剂盒（MoBio Laboratories，Carlsbad，CA，USA）对处于稳定期的各菌群样品进行总 DNA 的提取。提取后的 DNA 用 Qubit dsDNA BR 分析试剂盒和 Qubit 2.0 荧光仪（Invitrogen，Life Technologies，Grand Island，NY，USA）测定样品浓度，用 1%琼脂糖凝胶电泳检测完整性。采用 V4 dual-index Fusion PCR 引物和 Phusion High-Fidelity PCR Master Mix（NEB，Herts，UK）试剂对质量满足建库测序要求的 DNA 样品进行 PCR 扩增（30 ng of DNA，melting temperature：56℃，PCR cycle：30）。PCR 产物用 Agencourt AMPure XP beads（Beckman Coulter，Danvers，MA，USA）纯化后，用 qPCR 仪（EvaGreen，Hayward，CA，USA）和 Agilent 2100 生物分析仪（Agilent，Santa Clara，CA，USA）完成质控分析。合格的文库使用 Illumina MiSeq 高通量分析仪（BGI Tech Solutions Co.，Ltd.，Shenzhen，China）进行 2×250bp 双末端测序。

生物信息学分析：测序数据的生物信息学处理和统计分析主要采用 Mothur（v.1.31.2）和 QIIME（v1.8.0）软件实现。原始测序数据首先经过数据过滤，以滤除低质量数据。剩余高质量序列使用 FLASH（v1.2.11）软件完成序列拼接，再用 USEARCH（v7.0.1090）软件在 97%相似度下聚类划分分类操作单元（OTUs）。采用 RDP（v2.2）和 Greengenes（v201305）数据库针对代表性的 OTU 进行注释（置信度阈值 0.8）。各样品的 Alpha 多样性分析通过 Mothur 软件进行，包括 Chao1 丰富度指数、ACE 丰富度指数、Shannon 多样性指数和 Simpson 多样性指数。各样品的 Beta 多样性分析主要通过 QIIME 软件进行，包括基于 UniFrac 距离的聚类分析、距离热图分析和主坐标分析（PCoA）等。

2. 降解菌群的降解特性及动力学分析

（1）耐重金属高效 PAHs 降解菌群的 HMW PAHs 降解特性分析

如表 12.4 所示，设定不同条件，对高效 PAHs 降解菌群 W 的 HMW PAHs 降解特性进行分析，确定最佳降解条件，并考察了菌群 W 在高 PAHs 浓度和重金属胁迫下的耐受性。

表 12.4　高效 PAHs 降解菌群降解特性分析实验条件

实验条件	实验步骤
不同外加碳源	配制 5 组芘浓度 50 mg/L 的培养基，向其中 4 组中分别加入一定量预灭菌的琥珀酸、邻苯二钾酸、葡萄糖、乳糖储备液，使其浓度达到 50 mg/L。随后以 20%接种量向瓶中加入菌悬液，30℃、120rpm 摇床振荡培养
不同氮源	配制 4 组芘浓度 50 mg/L 的培养基，配制过程中将其中 3 组培养基中的原有氮源（NH_4Cl）换成其它氮源，包括 $NaNO_3$、NH_4NO_3、酵母膏。随后以 20%接种量向瓶中加入菌悬液，30℃、120rpm 摇床振荡培养
不同初始 pH 值	配制 6 组芘浓度 50 mg/L 的培养基，配制过程中用 1 M HCl 或 NaOH 调节该培养基的 pH 值，使其达到分别达到 4、5、6、7、8、9。随后以 20%接种量向瓶中加入菌悬液，30℃、120rpm 摇床振荡培养
不同培养温度	配制 5 组芘浓度 50 mg/L 的培养基。随后以 20%接种量向瓶中加入菌悬液，分别置于温度为 20℃、25℃、30℃、35℃、40℃，120rpm 摇床振荡培养
不同芘初始浓度	先配制 5 组 MSM 培养基，灭菌后分别加入一定量芘的丙酮溶液（5g/L，预先过 0.22 μm 滤膜灭菌），置于无菌操作台 10 小时，待丙酮挥发尽，使其浓度分别为 50 mg/L、100 mg/L、200 mg/L、500 mg/L、1000 mg/L。随后以 20%接种量向瓶中加入菌悬液，30℃、120rpm 摇床振荡培养
不同外加重金属离子	配制 5 组芘浓度 50 mg/L 的培养基，向其中 4 组中分别加入一定量预灭菌的 Cd^{2+}、Cu^{2+}、Pb^{2+}、Zn^{2+} 储备液，使其浓度达到 50 mg/L。随后以 20%接种量向瓶中加入菌悬液，30℃、120rpm 摇床振荡培养

（2）耐重金属高效 PAHs 降解菌群的 HMW PAHs 降解动力学分析

根据获取的生长与降解数据，分析了不同条件下菌群 W 的生长动力学和底物降解动力学，利用相关动力学模型进一步掌握菌株的降解能力、生长能力与适应能力。采用的模型主要有 Gompertz 模型（式（12.1））、修饰 Gompertz 生长模型（式（12.2））、修饰 Gompertz 降解模型（式（12.3））、Haldane 生长动力学模型（式（12.4）、式（12.5））。

Gompertz 模型：

$$S = a\exp\{-\exp[-k(t-t_{\text{opt}})]\} \tag{12.1}$$

式中，S 为 PAHs 浓度；a 为动力学相关系数，mg/L；k 为动力学相关系数，d^{-1}；t 为培养时间，d；t_{opt} 为达到最大降解速率时间，d。

修饰 Gompertz 生长模型：

$$X = A\exp\left\{-\exp\left[\frac{\mu_{\text{m}}\text{e}}{A}(t_0-t)+1\right]\right\} \tag{12.2}$$

式中，X 为生物量浓度；A 为稳定期生物量，mg/L；e 为数学常数；μ_{m} 为最大生长速率，mg/（L·d）；t 为培养时间，d；t_0 为迟滞时间，d。

修饰 Gompertz 降解模型：

$$S = S_0\left\{1-\exp\left[\exp\left(\frac{\text{e}R_{\text{m}}}{S_0}(t_0-t)+1\right)\right]\right\} \tag{12.3}$$

式中，S 为芘浓度，mg/L；S_0 为芘初始浓度，mg/L；R_{m} 为最大降解速率，mg/（L·d）；t_0 为迟滞时间，d；t 为培养时间，d；e 为数学常数。

Haldane 生长动力学模型：

$$\mu_s = \frac{\mu^* S}{K_S + S + \dfrac{S^2}{K_i}} \tag{12.4}$$

式中，μ_s为比生长速率，d^{-1}；μ^*为表观最大比生长速率，d^{-1}；K_S为生长半饱和常数，mg/L；K_i为底物抑制常数，mg/L；S为限制性底物质量浓度，mg/L。

$$q_s = \frac{R_m}{X_{opt}} \tag{12.5}$$

式中，q_s为比降解速率，g/（g·d）；R_m为最大降解速率，mg/（L·d）；X_{opt}为达到最大降解速率时的生物量，mg/L。

12.2.2　PAHs 降解菌群的构建及群落结构分析

通过菌群的驯化以及高效多环芳烃降解菌群的优选得到能够高效降解 PAHs 的菌群：通过筛选与富集，从土壤样品中得到 5 个能够以 PAHs 为唯一碳源和能源的菌群（菌群 J、T、W、C 和 L），其中菌群 J、T 和 W 在蒽和芘条件下的生长与降解能力强于菌群 C 和 L，其中又以菌群 W 的降解效果最佳，14 天的蒽降解率达 94.6%，芘降解率达 91.5%；群落结构分析显示，所有菌群中的微生物均以变形菌门为主，菌群 J、T 和 W 均以γ-变形菌纲假单胞菌属为优势菌属，菌群 C 以β-变形菌纲无色杆菌属为优势菌属，菌群 L 以γ-变形菌纲肠杆菌科为优势菌。研究表明，经过培养与驯化的土壤微生物菌群形成了以 PAHs 降解菌为主体的群落结构，因此能够有效降解高浓度石油烃类污染物。不同菌群的群落结构在物种组成和数量比例上的不同是其降解率出现差异的重要原因（李家科等，2016）。

12.2.3　耐重金属高效 PAHs 降解菌群的降解特性及动力学分析

1. 耐重金属高效 PAHs 降解菌群的 HMW PAHs 降解特性分析

（1）不同外加碳源条件下菌群 W 的降解特性

为考察不同外加碳源对菌群 W 降解情况的影响，选择琥珀酸、邻苯二甲酸、葡萄糖和乳糖开展实验研究。由图 12.15（b）可知，在降解反应前期（第 0～8 d），外加碳源组的芘降解速率低于对照组（无外加碳源）。这一现象表明菌群 W 中的微生物在碳源丰富条件下趋向于优先利用外加碳源作为主要代谢基质。在降解反应后期，外加碳源组的芘降解速率明显提高，其中邻苯二甲酸和琥珀酸组的降解速率更快，14 d 降解率分别达到 89%和 93%。丰富的外加碳源能提高菌群微生物量，其中可降解芘的关键微生物量也将随之提高。在污染物降解过程中投加低毒、易降解或含有相似化学结构的化合物可以诱导微生物产生相关降解酶，从而实现污染物的共代谢降解。邻苯二甲酸含有苯环结构，且是 PAHs 常见的代谢产物，因此在菌群 W 降解芘过程中投加有可能促进了共代谢作用（单稼琪，2017）。

（2）不同氮源条件下菌群 W 的降解特性

为考察不同氮源对菌群 W 降解情况的影响，选择无机氮 NH_4Cl、$NaNO_3$、NH_4NO_3和有机氮酵母膏开展实验研究。由图 12.16（b）可知，与对照组（NH_4Cl）相比，NH_4NO_3和 $NaNO_3$的促进作用不明显，降解反应前期（第 0～8 d）的降解速率略高于对照组。酵母膏对菌群 W 降解芘的促进更加显著，降解反应前期的降解速率明显高于对照组，芘降解率在第 8 d 即达到 88%以上，14 d 降解率达到 98%。酵母膏常被用于微生物的富集培养和驯化，其富含的大量营养物质和微量元素可加速微生物的生长和降解。

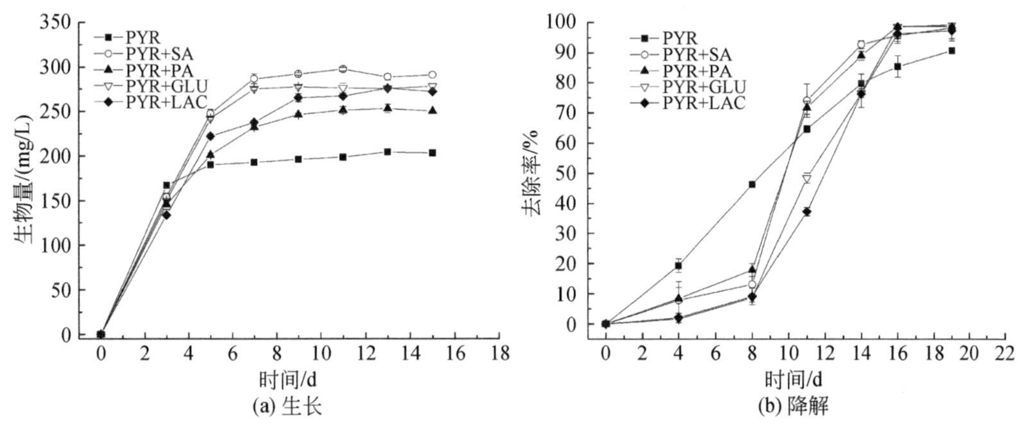

图 12.15 菌群 W 在不同外加碳源条件下的生长与降解曲线

PYR：芘；SA：琥珀酸；PA：邻苯二甲酸；GLU：葡萄糖；LAC：乳糖

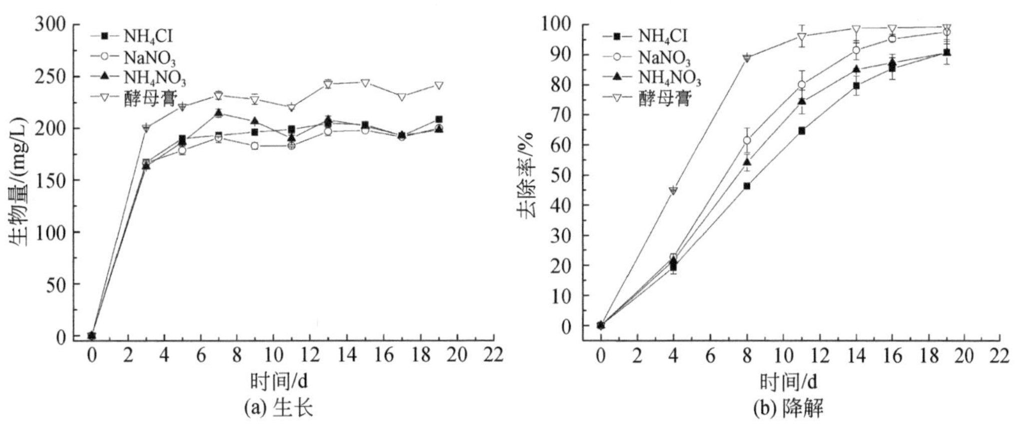

图 12.16 菌群 W 在不同氮源条件下的生长与降解曲线

（3）不同 pH、温度条件下菌群 W 的降解特性

为考察其他环境因子对菌群 W 降解情况的影响，选择不同 pH 值（4～10）和温度（20～40℃）条件开展实验研究。由图 12.17（b）可知，菌群 W 在 pH=7～9 的中性和碱性条件下 14 d 降解率较高，均在 80%以上。在 pH=6 的偏酸性条件下降解速率减慢，14 d 降解率为 54%。强酸（pH=4～5）和强碱（pH=10）条件对菌群生长和芘的降解均有显著抑制作用，21 d 降解率在 20%～43%。大多数研究认为，微生物降解 PAHs 的适宜 pH 在 5～9 之间。由图 12.18（b）可知，菌群 W 在 25～35℃常温条件下 14 d 降解率较高，均在 70%以上。在 20℃和 40℃条件下降解速率减慢，21 d 降解率分别为 55%和 69%。

（4）不同芘初始浓度条件下菌群 W 的降解特性

菌群 W 在芘初始浓度升高到 100 mg/L 后仍可高效降解芘，14 d 降解率为 85%，略高于对照组（50 mg/L）。芘初始浓度升高到 200 mg/L 后，降解过程出现了迟滞期（图 12.19（b）），但迟滞期结束后菌群 W 仍可有效降解高浓度的芘。芘初始浓度为 500 mg/L 和 1000 mg/L 时菌群 W 的降解迟滞期达到 7 d，降解效果也明显降低，14 d 降解率分别为 59%和 45%，而 21 d 降解率可达 88%和 75%，这表明高浓度芘条件下积累的中间产物或芘本身产生的毒性作用使微生物降解受到一定抑制。菌群 W 在高浓度芘条件下最终仍可达到 70%以上的降解率，说明其耐受性良好。

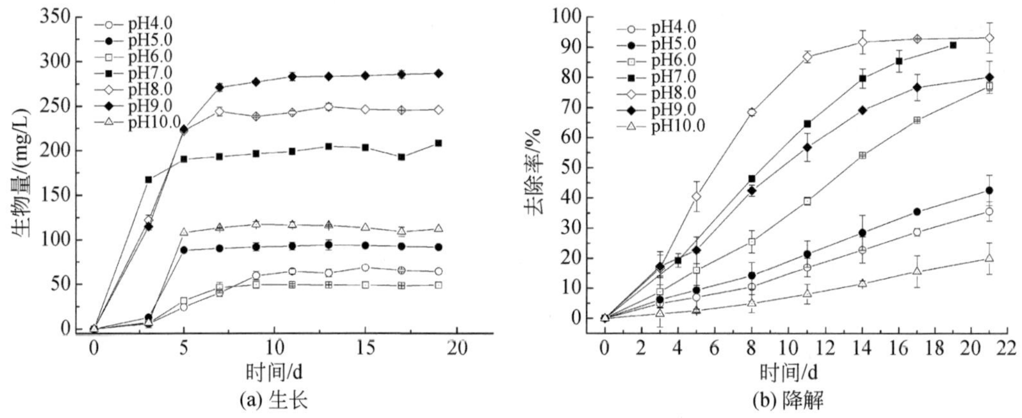

(a) 生长　(b) 降解

图 12.17　菌群 W 在不同 pH 值条件下的生长与降解曲线

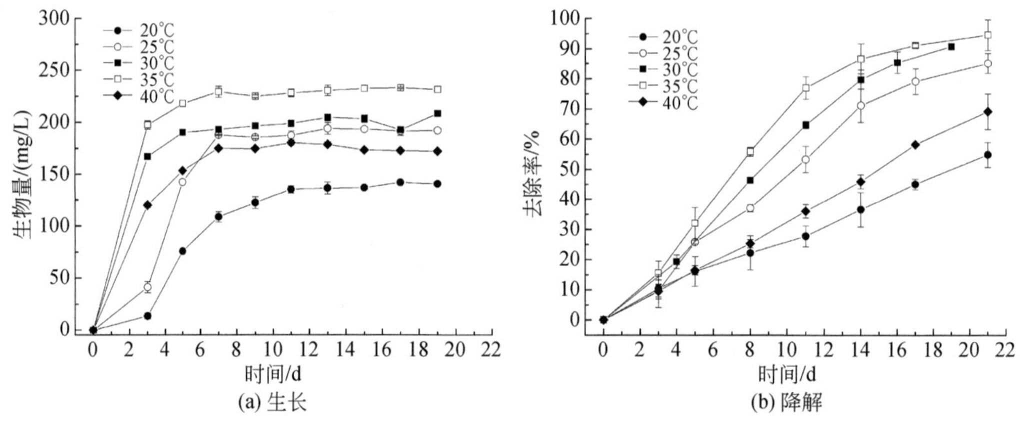

(a) 生长　(b) 降解

图 12.18　菌群 W 在不同温度条件下的生长与降解曲线

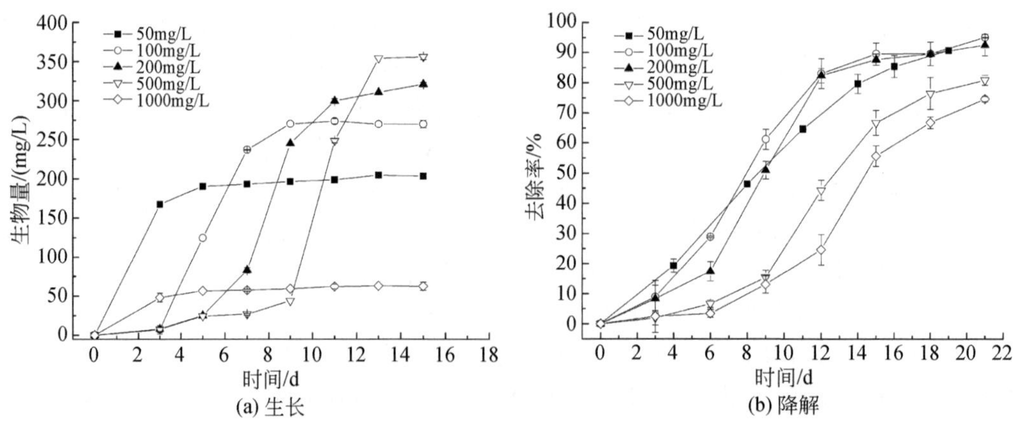

(a) 生长　(b) 降解

图 12.19　菌群 W 在不同芘初始浓度条件下的生长与降解曲线

（5）不同重金属条件下菌群 W 的降解特性

为考察不同金属离子对菌群 W 降解情况的影响，向芘培养基中投加 50 mg/L 的 Cd^{2+}、Cu^{2+}、Pb^{2+}、Zn^{2+}开展实验研究。由图 12.20（b）可知，投加 Cu^{2+}对菌群 W 造成了明显影响，21 d 降解率仅为 10%。投加 Cd^{2+}和 Zn^{2+}使菌群 W 的降解过程出现 10 d 的迟滞期。迟滞期结束后，菌群 W 仍可有效降解芘，但降解效果低于对照组，14 d 降解率分别为 49%和 39%。投加 Pb^{2+}对菌群 W 的影响相对较小，尽管仍然有 7 d 的迟滞期，但迟滞期结束后降解速率较高，14 d 降解率为 70%。低浓度的 Cu^{2+}和 Zn^{2+}等金属离子可以促进微生物的生长，但高浓度的重金属会引起细胞氧化损伤、DNA 损伤、蛋白质损伤和细胞膜破裂等，从而对微生物生长和降解活性产生抑制作用。实际 PAHs 污染场地常出现的重金属增加了其生物修复难度，而 HMW PAHs-重金属复合污染的修复则更加困难。目前有关耐重金属 HMW PAHs 降解微生物的研究报道较少。菌群 W 在投加 Cd^{2+}、Pb^{2+}和 Zn^{2+}条件下最终仍可达到 80%以上的降解率，说明其对重金属的耐受性良好。

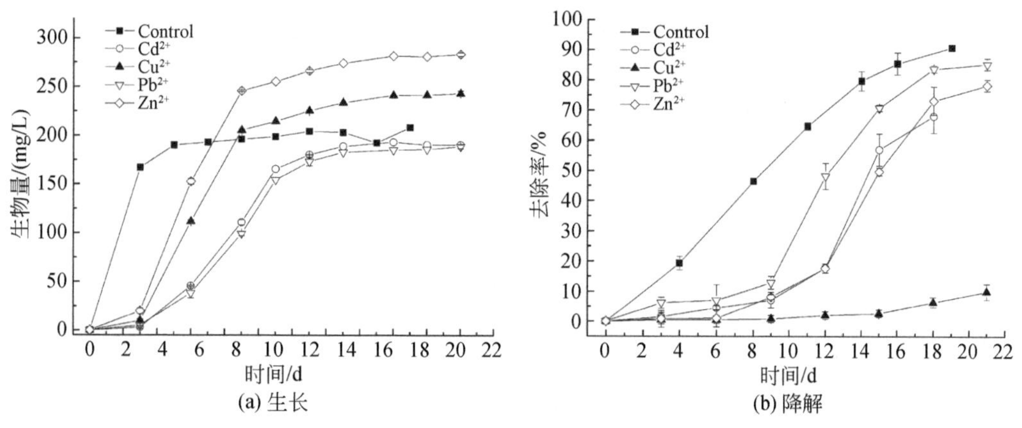

图 12.20　菌群 W 在不同重金属条件下的生长与降解曲线

总之，不同外加碳源条件下，菌群 W 对初始浓度为 50 mg/L 芘的 14 d 降解率为 76%～93%，投加琥珀酸和邻苯二甲酸明显促进了菌群 W 对芘的降解，且降解速率更快；不同氮源条件下，菌群 W 对初始浓度为 50 mg/L 芘的 11 d 降解率为 65%～97%，投加酵母膏显著提高了芘降解速率，14 d 降解率达到 98%；酸性（pH≤6）、强碱（pH=10）和低温（20℃）条件对菌群的生长有抑制作用。pH=8、温度为 35℃条件下菌群 W 的芘降解性能较好；不同芘初始浓度（50～1000 mg/L）条件下，菌群 W 对芘的 15 d 降解率为 56%～90%。芘浓度在 1000 mg/L 时仍可达到 80%以上的降解率，说明菌群对芘浓度的耐受性良好；投加不同重金属离子条件下，菌群 W 对初始浓度为 50 mg/L 芘的 14 d 降解率为 3%～81%，抑制作用从高到低依次为 Cu＞Zn＞Cd＞Pb；通过驯化获得的菌群 W 在优化条件下可高效降解 HMW PAHs，且表现出一定的耐高浓度芘和重金属胁迫能力，在利用生物强化技术处理受重金属 PAHs 复合污染的生物滞留系统填料方面具有良好的应用前景。

2. 耐重金属高效 PAHs 降解菌群的 HMW PAHs 降解动力学分析

（1）不同外加碳源条件下菌群 W 的生长与降解模型

由表 12.5 可知，外加碳源条件下最大生长速率μ_m以投加邻苯二甲酸最慢，投加葡萄糖最快。由表 12.6 可知，外加碳源条件下降解迟滞时间 t_0 为 7.07～8.82 d，以投加乳糖最长，投加邻苯二甲酸最短。最大降解速率 R_m 以投加葡萄糖最慢，投加琥珀酸最快。达到最大降解速率时间 t_{opt} 以投加乳糖最慢，投加邻苯二甲酸最快。比降解速率 q_s 以投加葡萄糖最低，投加邻苯二甲酸最高。

表 12.5　不同外加碳源条件下菌群 W 生长动力学参数

外加碳源	A/（mg/L）	t_0/d	μ_m/[mg/（L・d）]	μ_s/d^{-1}	R^2
无	199.07±2.15	0.50±0.50	79.20±16.36	0.316±0.065	0.991
琥珀酸	293.73±2.10	0.97±0.17	76.14±5.52	0.304±0.022	0.999
邻苯二甲酸	250.10±3.32	0.38±0.27	53.85±4.95	0.215±0.019	0.995
葡萄糖	277.93±1.37	1.11±0.12	80.17±4.64	0.320±0.018	0.999
乳糖	270.25±4.30	0.65±0.33	57.02±6.51	0.228±0.026	0.993

表 12.6　不同外加碳源条件下菌群 W 降解动力学参数

外加碳源	t_0/d	R_m/[mg/（L・d）]	t_{opt}/d	q_s [g/（g・d）]	R^2
无	1.61±0.22	3.63±0.10	6.58	0.0183	0.999
琥珀酸	7.48±0.28	11.16±1.26	9.04	0.0383	0.992
邻苯二甲酸	7.07±0.34	9.51±1.13	8.97	0.0387	0.991
葡萄糖	7.88±0.40	7.78±0.85	10.42	0.0280	0.992
乳糖	8.82±0.43	8.02±0.97	10.94	0.0308	0.991

（2）不同氮源条件下菌群 W 的生长与降解模型

由表 12.7 可知，不同氮源条件下最大生长速率 μ_m 以投加 NH_4NO_3 最慢，投加酵母膏最快。由表 12.8 可知，不同氮源条件下降解迟滞时间 t_0 以投加 $NaNO_3$ 最长，投加 NH_4NO_3 最短。最大降解速率 R_m 以投加 NH_4Cl 最慢，投加酵母膏最快。达到最大降解速率时间 t_{opt} 以投加 NH_4Cl 最慢，投加酵母膏最快。比降解速率 q_s 以投加 NH_4Cl 最低，投加酵母膏最高。

表 12.7　不同氮源条件下菌群 W 生长动力学参数

名称	A/（mg/L）	t_0/d	μ_m/[mg/（L・d）]	μ_s/d^{-1}	R^2
NH_4Cl	199.07±2.15	0.50±0.50	79.20±16.36	0.316±0.065	0.991
$NaNO_3$	190.79±2.68	0.46±0.60	80.48±20.25	0.210±0.081	0.985
NH_4NO_3	200.81±3.29	0.53±0.77	75.69±23.94	0.302±0.095	0.980
酵母膏	233.48±3.26	0.48±0.63	96.19±25.15	0.384±0.100	0.995

表 12.8　不同氮源条件下菌群 W 降解动力学参数

名称	t_0/d	R_m/[mg/（L・d）]	t_{opt}/d	q_s/ [g/（g・d）]	R^2
NH_4Cl	1.61±0.22	3.63±0.10	6.58	0.0183	0.999
$NaNO_3$	1.85±0.09	5.12±0.08	5.44	0.0270	1.000
NH_4NO_3	1.37±0.40	4.06±0.23	5.56	0.0206	0.995
酵母膏	1.73±0.17	11.44±0.82	3.36	0.0552	0.999

（3）不同 pH 值条件下菌群 W 的生长与降解模型

由表 12.9 可知，不同 pH 条件下最大生长速率μ_m以 pH=4 最慢，pH=8 最快。由表 12.10 可知，不同 pH 值条件下降解迟滞时间 t_0 以 pH=10 最长，pH=8 最短。最大降解速率 R_m 以 pH=10 最慢，pH=8 最快。达到最大降解速率时间 t_{opt} 以 pH=10 最慢，pH=8 最快。比降解速率 q_s 以 pH=10 最低，pH=6 最高。

表 12.9　不同 pH 值条件下菌群 W 生长动力学参数

名称	A/（mg/L）	t_0/d	μ_m/［mg/（L·d）］	μ_s/d^{-1}	R^2
pH=4	66.65±1.40	2.88±0.32	11.11±1.12	0.044±0.004	0.990
pH=5	92.57±0.44	2.83±0.03	64.02±5.21	0.256±0.020	0.999
pH=6	49.23±0.30	2.65±0.08	14.35±0.61	0.057±0.002	0.999
pH=7	199.07±2.15	0.50±0.50	79.20±16.36	0.316±0.065	0.991
pH=8	245.16±1.22	1.62±0.12	88.84±6.82	0.316±0.065	0.999
pH=9	284.62±0.86	1.38±0.06	70.83±2.01	0.283±0.008	0.999
pH=10	114.06±1.02	3.01±0.07	82.23±10.46	0.328±0.041	0.997

表 12.10　不同 pH 值条件下菌群 W 降解动力学参数

名称	t_0/d	R_m/［mg/（L·d）］	t_{opt}/d	q_s/［g/（g·d）］	R^2
pH=4	4.96±0.45	1.20±0.05	14.47	0.0182	0.992
pH=5	3.45±0.51	1.31±0.06	12.41	0.0142	0.991
pH=6	2.56±0.32	2.40±0.08	11.13	0.0489	0.996
pH=7	1.61±0.22	3.63±0.10	6.58	0.0183	0.999
pH=8	1.41±0.37	5.43±0.42	4.56	0.0263	0.992
pH=9	1.56±0.23	4.15±0.15	6.05	0.0162	0.998
pH=10	10.05±0.27	0.99±0.04	16.97	0.0087	0.994

（4）不同温度条件下菌群 W 的生长与降解模型

由表 12.11 可知，不同温度条件下最大生长速率μ_m以 20℃最慢，35℃最快。由表 12.12 可知，不同温度条件下降解迟滞时间 t_0 以 20℃最长，35℃最短。最大降解速率 R_m 以 20℃最慢，35℃最快。达到最大降解速率时间 t_{opt} 以 20℃最慢，35℃最快。比降解速率 q_s 以 20℃最低，35℃最高。

表 12.11　不同温度下菌群 W 生长动力学参数

名称	A/（mg/L）	t_0/d	μ_m/［mg/（L·d）］	μ_s/d^{-1}	R^2
T=20℃	138.50±1.91	2.47±0.21	27.99±2.23	0.112±0.008	0.994
T=25℃	191.64±1.39	2.34±0.09	59.97±3.30	0.239±0.013	0.998
T=30℃	199.07±2.15	0.50±0.50	79.20±16.36	0.316±0.056	0.991
T=35℃	229.08±1.48	0.49±0.31	96.16±12.59	0.384±0.050	0.997
T=40℃	175.22±1.73	0.48±0.31	48.84±5.71	0.195±0.022	0.994

表 12.12 不同温度下菌群 W 降解动力学参数

名称	t_0/d	R_m/[mg/(L·d)]	t_{opt}/d	q_s/[g/(g·d)]	R^2
T=20℃	5.37±0.42	1.24±0.05	18.17	0.0089	0.993
T=25℃	3.19±0.41	2.41±0.10	9.50	0.0126	0.994
T=30℃	1.61±0.22	3.63±0.10	6.58	0.0183	0.999
T=35℃	1.38±0.20	4.33±0.14	5.47	0.0191	0.998
T=40℃	3.94±0.29	1.81±0.05	15.41	0.0103	0.997

（5）不同芘初始浓度条件下菌群 W 的生长与降解模型

由表 12.13 可知，不同芘初始浓度条件下最大生长速率μ_m以浓度为 1000 mg/L 最慢，浓度为 50 mg/L 最快。由表 12.14 可知，不同芘初始浓度条件下降解迟滞时间 t_0 以浓度为 1000 mg/L 最长，浓度为 50 mg/L 最短。达到最大降解速率时间 t_{opt} 以浓度为 1000 mg/L 最慢，浓度为 50 mg/L 最快。

表 12.13 不同芘初始浓度条件下菌群 W 生长动力学参数

名称	A/（mg/L）	t_0/d	μ_m/[mg/(L·d)]	μ_s/d^{-1}	R^2
50 mg/L	199.07±2.15	0.50±0.50	79.20±16.36	0.316±0.065	0.991
100 mg/L	278.29±2.67	3.65±0.26	53.41±4.80	0.213±0.019	0.997
200 mg/L	339.96±6.12	7.41±0.32	55.54±5.38	0.222±0.021	0.994
500 mg/L	379.89±19.31	12.22±0.49	48.01±6.45	0.192±0.025	0.986
1000 mg/L	60.19±1.07	0.49±0.66	21.61±5.94	0.864±0.023	0.985

表 12.14 不同芘初始浓度条件下菌群 W 降解动力学参数

名称	t_0/d	R_m/[mg/(L·d)]	t_{opt}/d	q_s/[g/(g·d)]	R^2
50 mg/L	1.61±0.22	3.63±0.10	6.58	0.0183	0.999
100 mg/L	2.78±0.42	9.82±0.73	8.37	0.0447	0.993
200 mg/L	3.98±0.60	20.73±2.36	9.48	0.1796	0.984
500 mg/L	6.99±0.42	43.59±2.93	13.81	0.5447	0.994
1000 mg/L	7.61±0.58	67.47±4.92	14.46	1.1089	0.990

（6）不同重金属条件下菌群 W 的生长与降解模型

由表 12.15 可知，不同重金属条件下生长迟滞时间 t_0 以投加 Pb^{2+}最长，投加 Zn^{2+}最短。最大生长速率μ_m以投加 Pb^{2+}最慢，投加 Zn^{2+}最快。由表 12.16 可知，不同重金属条件下降解迟滞时间 t_0 以投加 Cu^{2+}最长，投加 Pb^{2+}最短。最大降解速率 R_m 以投加 Cu^{2+}最慢，投加 Cd^{2+}最快。达到最大降解速率时间 t_{opt} 以投加 Cu^{2+}最慢，投加 Pb^{2+}最快。比降解速率 q_s 以投加 Cu^{2+}最低，投加 Pb^{2+}最高。

表 12.15 不同重金属条件下菌群 W 生长动力学参数

名称	A/（mg/L）	t_0/d	μ_m/[mg/(L·d)]	μ_s/d^{-1}	R^2
空白	199.07±2.15	0.50±0.50	79.20±16.36	0.316±0.065	0.991
Cd	194.91±3.53	4.57±0.32	28.40±2.38	0.113±0.009	0.994

续表

名称	A/（mg/L）	t_0/d	μ_m/［mg/（L·d）］	μ_s/d^{-1}	R^2
Cu	238.97±2.58	3.24±0.23	40.83±2.84	0.163±0.011	0.997
Pb	190.73±2.38	4.81±0.32	26.69±2.18	0.106±0.008	0.994
Zn	278.54±2.38	2.86±0.17	48.79±2.65	0.195±0.010	0.998

表 12.16　不同重金属条件下菌群 W 降解动力学参数

名称	t_0/d	R_m/［mg/（L·d）］	t_{opt}/d	q_s/［g/（g·d）］	R^2
空白	1.61±0.22	3.63±0.10	6.58	0.0183	0.999
Cd	10.87±0.37	7.88±0.87	13.11	0.0443	0.988
Cu	19.11±0.60	3.54±0.38	22.09	0.0148	0.974
Pb	8.28±0.43	6.71±0.70	11.00	0.0450	0.990
Zn	10.95±0.50	6.84±0.86	13.60	0.0244	0.987

总之，通过修正 Gompertz 方程得到的菌群生长与降解动力学曲线相关系数均在 0.96 以上，拟合度较高；动力学分析结果表明，本研究成功构建了以菌群 W 为代表的高效 PAHs 降解菌群。菌群 W 的最佳生长与降解条件为：邻苯二甲酸为外加碳源、1g/L 酵母膏为氮源、pH=8、温度 35℃。菌群 W 对高浓度的芘和重金属有较好的耐受能力。

12.3　本 章 小 结

本章针对降雨径流中存在的 PAHs，模拟 PAHs 进入生物滞留设施，研究多环芳烃对生物滞留系统的影响并提出一种生物强化的方法。成果可应用于生物滞留系统的改良和生物修复，为解决城市雨水径流中 PAHs 污染问题、优化生物滞留系统运行提供了一定的理论基础和技术支撑，主要结论如下：

1）构建生物滞留系统小试装置，考察了 PAHs 污染对系统处理性能、微生物酶活、多样性及群落结构的影响，结果表明 PAHs 污染对生物滞留系统 COD 和氮素处理效果有明显影响，对磷素处理效果较小，投加粉煤灰等填料提高了系统 PAHs 耐受能力。PAHs 污染对填料微生物土壤脱氢酶和脲酶活性有明显影响。利用分子生物学探明了不同 PAHs 胁迫压力对不同填料组成生物滞留系统的微生物生态效应，揭示了系统对 PAHs 的耐受性和微生物动态变化规律。

2）通过对受 PAHs 污染土壤微生物的驯化筛选，构建了以 PAHs 降解功能菌为主体的高效 PAHs 降解菌群，利用分子生物学手段掌握了高效菌群的群落结构信息，表明经过培养与驯化构建的菌群减少了底物竞争，维持了关键菌的生存条件和协同效应，有利于 PAHs 的高效降解。

3）对高效 PAHs 降解菌群的生长和降解特性进行了分析，对不同外加碳源、氮源、pH、温度、芘初始浓度和重金属条件进行了考察，确定了菌群生长和降解 PAHs 的耐受范围和最佳条件，利用动力学模型对菌群生长动力学和降解动力学进行了分析，为菌群在生物滞留系统生物强化和修复中的应用提供了技术保障。

总之，LID 设施对雨水径流中的重金属及持久性有机污染物（Persistent Organic

Pollutants，POPs）具有较好的去除效果，但主要的去除机制仍以吸附为主，被截留在系统中的污染物可能并没有被完全降解或无害化。因此，需要采用土壤修复的方法提升 LID 设施中累积的污染物的降解程度。根据已有案例研究发现，虽然目前土壤修复技术在 LID 设施污染物修复方面有较好的效果，但主要的研究案例都停留在实验室阶段，并未在实际场地开展研究。因此，为了进一步推广应用，之后相关研究应针对实际地表径流和区域特点构建中试或大规模生物滞留系统实验装置，在大尺度下考察土壤污染修复技术在 LID 设施中的使用效果，为工艺的实际应用提供指导。

参考文献

靖玉明，张建，张成禄，等. 2008. 人工湿地中脱氢酶活性及其与污染物去除之间的相关性研究. 环境工程，26（1）：95-96

李家科，李怀恩，李亚娇，等. 2016. 城市雨水径流净化与利用 LID 技术研究：以西安市为例. 北京：科学出版社

单稼琪. 2017. 多环芳烃对生物滞留系统的影响及微生物的生态效应研究. 西安：西安理工大学硕士学位论文

钟晓兰，李江涛，李小嘉，等. 2015. 模拟氮沉降增加条件下土壤团聚体对酶活性的影响. 生态学报，35（5）：1422-1433

周晓兵，张元明，陶冶，等. 2011. 古尔班通古特沙漠土壤酶活性和微生物量氮对模拟氮沉降的响应. 生态学报，31（12）：3340-3349

Fatemi F R，Fernandez I J，Simon K S，et al. 2016. Nitrogen and phosphorus regulation of soil enzyme activities in acid forest soils. Soil Biology & Biochemistry，98：171-179

Jurelevicius D，Alvarez VM，Marques JM，et al. 2013. Bacterial community response to petroleum hydrocarbon amendments infreshwater，marine，and hypersaline water-containing microcosms. Applied and Environmental Microbiology，79（19）：5927-5935

Moscoso F，Deive F J，Longo M，et al. 2015. A insights into polyaromatic hydrocarbon biodegradationby Pseudomonas stutzeri CECT 930：Operation at bioreactorscale and metabolic pathways. International Journal of Environmental Science and Technology，12（4）：1243-1252

Romero M C，Cazau M C，Giorgieri S，et al. 1998. Phenanthrene degradationby microorganisms isolated from a contaminated stream. Environmental Pollution，101（3）：355-359

第 13 章　雨水集中入渗对地下水的影响模拟研究

传统开发模式下雨水径流入渗通常以面状入渗为主，降雨径流雨水较为离散，在整个区域内分散入渗，单位面积接纳的入渗水量较小；而低影响开发模式下雨水径流集中入渗一般以点状入渗为主。一般而言，LID 设施的汇流比为 5∶1～20∶1，而雨水渗透井则远大于该值。这就说明 LID 设施要汇集其自身 5～20 倍的径流总量，入渗水量明显增加。另外，传统开发模式下由于入渗区域很大，使得单位面积受纳的污染负荷量较小；而在低影响开发模式下，整个汇水区的污染物随降雨径流汇集到 LID 设施内，单位面积受纳的污染负荷明显增大。雨水花园、雨水渗井是海绵城市建设中典型的低影响开发措施，目前国内外针对两者的研究主要集中在结构设计、应用效果等方面，然而此类设施在雨水径流集中入渗条件下对土壤、地下水的影响过程及污染风险尚不明确，影响了此类设施的合理应用。因此，为了海绵设施的合理化配置及科学推广，有必要开展海绵设施雨水入渗对土壤、地下水的影响研究。本章以西安理工大学的两个雨水花园和咸阳职业技术学院的渗井为研究对象，收集了 2018～2019 年两个研究区域的降雨数据，并通过现场实验监测获取了 2018～2019 年两种海绵设施的进出水数据、地下水埋深、地下水质数据，分析了两种雨水设施对雨水径流的调控效果，并探讨了雨水径流集中入渗条件下对地下水埋深、地下水质的影响。最后，通过水文地质条件概化，建立了雨水花园和沣西新城水文地质概念模型，以地下水数值模拟软件 Visual MODFLOW 为平台建立雨水花园和沣西新城地下水数值模拟模型，预测不同情景地下水位变化。

13.1　典型海绵设施介绍

本章主要涉及两个雨水花园 RD2 和 RD3 内部地下水监测井和渗井西侧两个地下水井，J0 作为雨水花园背景监测井。雨水花园地下水位置和现场如图 13.1 和图 13.2 所示，两个花园处地下水埋深主要受来自屋面、路面的降雨径流入渗影响。RD2 建成于 2011 年，主要用来收集实验室屋顶以及道路径流；园内入流口和出流口处分别有地下水观测井 J1 和 J2。RD3 建成于 2012 年，位于防渗土建实验室楼后，主要用来收集实验室屋顶以及道路径流，该花园一侧为防渗型，另一侧为入渗层，并在入渗层有一眼地下水观测井 J3。背景井 J0 周边为学校不透水区域，位于 RD2 以南约 40 m 处。

距离咸阳职业技术学院渗井西侧有两眼地下水井，地下水井（J4）距离渗井 25 m，装有一台地下水位在线监测仪，每 5 min 实时监测一次地下水位值，并定期采集两眼地下水井的水质，分析渗井周边地下水水位、水质的变化情况。渗井监测期为 2017 年 10 月至 2019 年 2 月，渗井位置如图 13.3 所示。雨水花园和渗井地下水采集装置如图 13.4 所示。

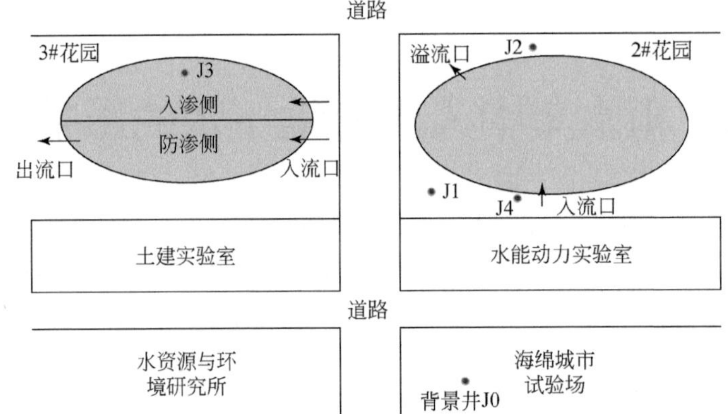

图 13.1　地下水监测井分布图

(a) 雨水花园RD2地下水井J2　　(b) 雨水花园RD3地下水井J3

图 13.2　地下水井现场图

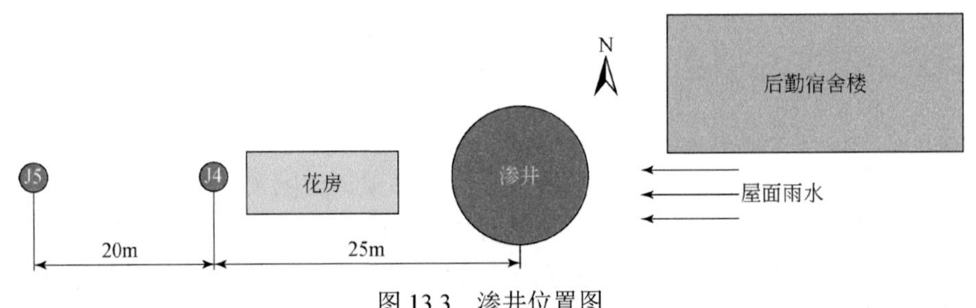

图 13.3　渗井位置图

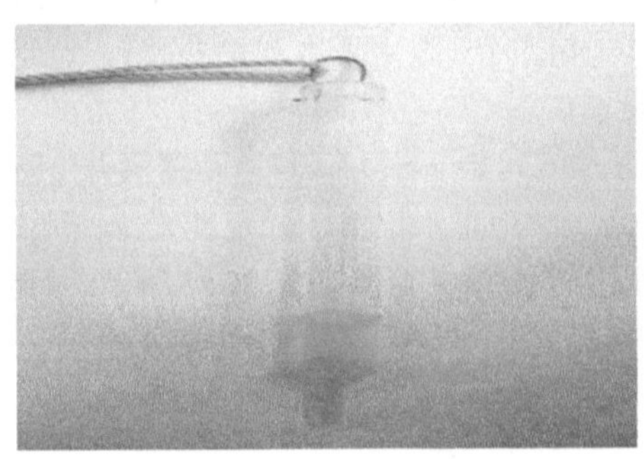

(a) 雨水花园地下水样采集器

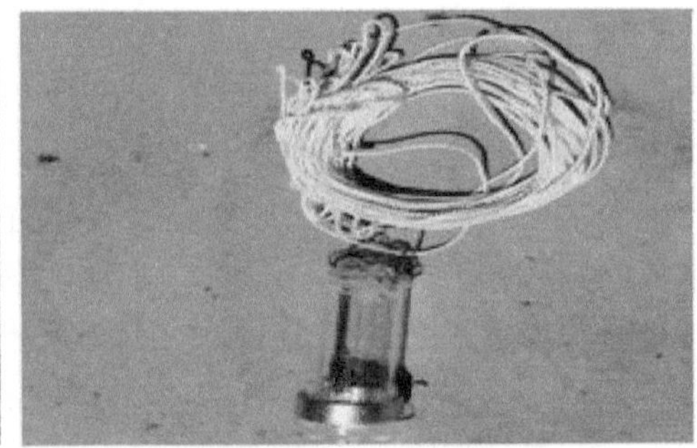

(b) 渗井地下水样采集器

图 13.4　地下水水样采集器

13.2 雨水径流集中入渗对地下水埋深的影响分析

雨水花园、渗井等典型海绵设施通过雨水径流集中入渗，会对区域地下水产生良好的补给效果。而目前关于两种设施长期运行条件下地下水补给的定量研究还不成熟。有研究结果表明，地下水位上升对黄土斜坡稳定性、黄土地基、地表建筑物、地下工程运营安全等诸多方面存在影响（熊维等，2013）；关于低影响开发措施下地下水位上升的负面效应研究主要以透水铺装设施为主（Scholz et al.，2013）。雨水花园、渗井作为对地下水补给效果较好的低影响开发设施，其对地下水的补给量研究，以及地下水补给所造成的地下水位上升是否会造成区域地表及地下的负面效应，是当下海绵城市建设需要探讨的问题。通过西安理工大学校内雨水花园试验场、西咸新区咸阳职业技术学院渗井试验场分别对雨水花园、渗井区域的地下水埋深变化进行监测，以此探讨两种措施在雨水径流集中入渗条件下对地下水埋深的影响。

13.2.1 雨水花园地下水埋深的年际变化

本节汇总了雨水花园地下水监测以来 2012～2019 年的地下水埋深监测数据（郭超，2019；李凡，2019；赵苗苗，2015；唐双成，2016，仵艳，2016），以分析雨水花园雨水径流集中入渗的地下水埋深的年际变化规律。结合监测期内的年降雨量数据，作出雨水花园地下水埋深的年际变化过程线（图 13.5）。图中，J0 表示位于研究区域海绵技术试验场中的地下水背景监测井，J2 表示 2#雨水花园溢流口处的地下水监测井（因 J1 于 2016 年设置，2016 年以前无监测数据），J3 表示 3#雨水花园入渗侧的地下水监测井。图中的地下水埋深数据均由该年的年末数据表示，因 2017 年未对地下水埋深进行监测，故无该年的地下水埋深数据。

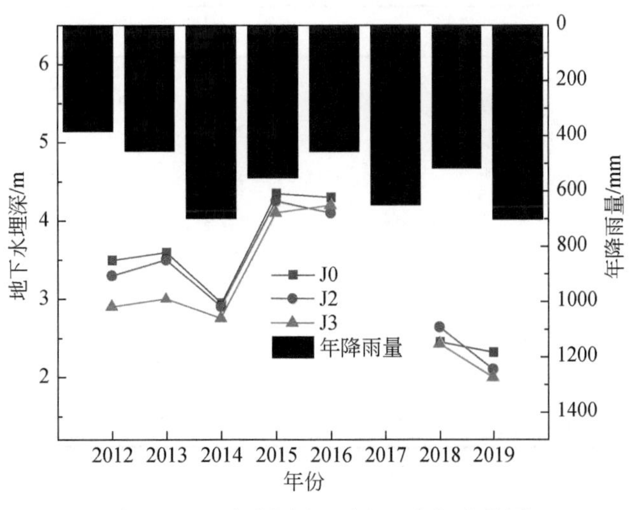

图 13.5 雨水花园地下水埋深年际变化图

通过年降雨量与地下水埋深变幅的相关关系分析，可以得出如下结论：①与 2012 年监测初期相比，雨水花园处的地下水埋深上升幅度高达 1 m 左右，故雨水花园的应用对地下水的涵养效果是十分显著的。②2012～2019 年监测期内，J0、J2、J3 的地下水埋深变化幅度分别为 2.03 m、2.15 m、2.20 m，呈现出 J3＞J2＞J0 的趋势，雨水花园处的地下水埋深变幅大于不透水区域，足以说明雨水花园的雨水径流集中入渗的效果显著。③雨水花园地下水埋深与年降雨量存在着明显的响应关系，其中 2014 年、2019 年的年降雨量分别为 698 mm、701 mm，两个年份所引起的地下水埋深上升幅度亦更大。在 2015 年、2016 年降雨量较小的年份地下水埋深有所下降。

13.2.2 雨水花园地下水埋深的年内变化

根据地下水埋深监测方案对雨水花园进行了 2018～2019 年为期两年的监测，获取的地下水埋深监测数据统计如表 13.1 所示。对监测期内地下水埋深数据进行统计分析，得出表 13.2。从表 13.2 可以看出，2#雨水花园内的 J1、J2、J4 以及 3#雨水花园内的 J3 的地下水埋深变化幅度均大于不透水区域的背景监测井 J0，充分说明了降雨集中入渗对雨水花园设施地下水埋深具有显著的影响。从 2018 年与 2019 年的年内均值结果来看，雨水花园处 2019 年的年内均值均小于 2018 年的年内均值，而背景井处的年内均值无明显差异，分析其原因主要在于两个年份的年降雨量有所差异，2018 年为 517 mm，2019 年为 701 mm，故雨水花园处两个年份的降雨入渗量有所差异，充分说明了雨水花园设施良好的地下水涵养效果。

表 13.1 2018～2019 年雨水花园地下水埋深监测数据统计表 单位：cm

井编号	J0	J1	J2	J3	J4
2018 年	28	50	50	50	0
2019 年	59	76	76	76	37
合计（次）	87	126	126	126	37

表 13.2 监测期内地下水埋深数据统计表 单位：cm

年份	统计量	J0	J1	J2	J3
2018	最大值	257.6	287.6	328.7	257.0
	最小值	200.2	202.3	231.7	176.1
	变幅	57.4	85.3	97.0	80.9
	均值	235.7	241.2	274.2	219.3
2019	最大值	275.0	255.7	299.8	247.0
	最小值	214.0	172.7	205.2	169.0
	变幅	61.0	83.0	94.6	78.0
	均值	242.7	231.3	255.6	220.0
2018～2019	最大值	275.0	287.6	328.7	257.0
	最小值	200.2	172.7	205.2	169.0
	变幅	74.8	114.9	123.5	88.0
	均值	240.2	235.2	263.0	219.7

从雨水花园内不同区域的地下水监测井的地下水埋深监测结果来看，3#雨水花园内的J3变化幅度整体上略小于2#雨水花园内的地下水监测井，主要原因在于3#雨水花园的汇流面积约为141.3 m^2，远小于2#雨水花园的汇流面积539.42 m^2，且3#雨水花园为混合型花园分为防渗和入渗侧，故其所收纳的降雨径流量远小于2#雨水花园。2#雨水花园入流口J1处的地下水埋深均值小于溢流口处，说明了研究区域地下水流向为由南向北；3#雨水花园J3处地下水埋深的年内均值小于2#雨水花园入流口J1处，说明了研究区域地下水东西流向为由西向东。

通过地下水埋深监测数据计算得出月均地下水埋深值，结合监测期内的月降雨量统计结果，建立二者关系图（图13.6）。从图中可以看出，雨水花园地下水埋深与月降雨量之间具有响应关系，在2018年6～9月汛期、2018年10月至翌年3月非汛期、2019年6～10月雨水花园内的月均地下水埋深分别呈现出上升、下降、上升的趋势，但降雨集中入渗对地下水的补给具有滞后性，与仵艳（2016）的研究结果相符合。2019年10～12月雨水花园地下水埋深无明显的变化幅度，主要是2019年9月降雨量高达163 mm，且2019年10月、11月亦有降雨，故雨水地下水埋深未发生较大幅度变化。

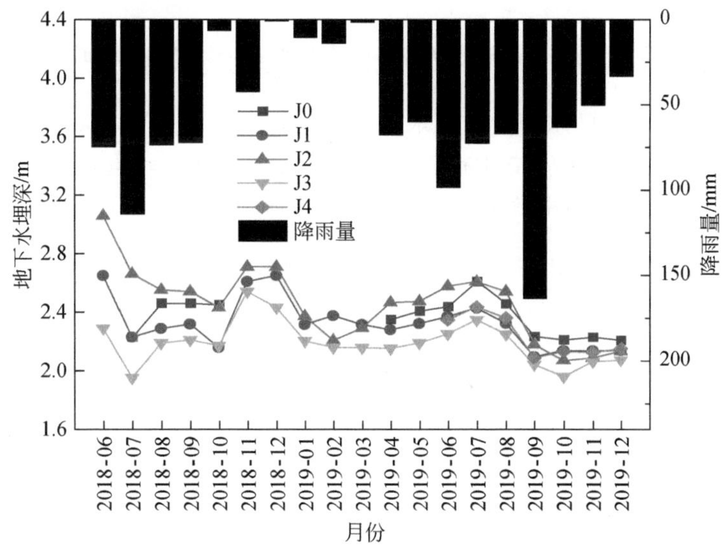

图13.6　2019年月降雨量与地下水埋深相关关系图

根据研究区域雨量的统计结果以及地下水的监测数据，作出研究区域场次降雨量与地下水埋深的相关关系图，如图13.7所示。从图中可以看出，2018～2019年间地下水埋深呈现总体上升的趋势，主要原因在于2019年的降雨总量大于2018年。2018年7月2～4日雨量为72.4 mm，引起了地下水埋深的明显上升，雨水花园处地下水埋深的变化趋势与降雨量具有显著的相关关系，降雨会引起雨水花园处地下水埋深的明显上升，而2018年10～12月降雨量较少，雨水花园处地下水埋深有明显的下降过程；2019年5月19日至6月15日的下降是因为降雨较少，2019年6月20～30日明显上升，2019年6月底至7月初明显下降。因此，可以认为雨水花园设施通过雨水径流集中入渗对地下水具有良好的涵养效果。

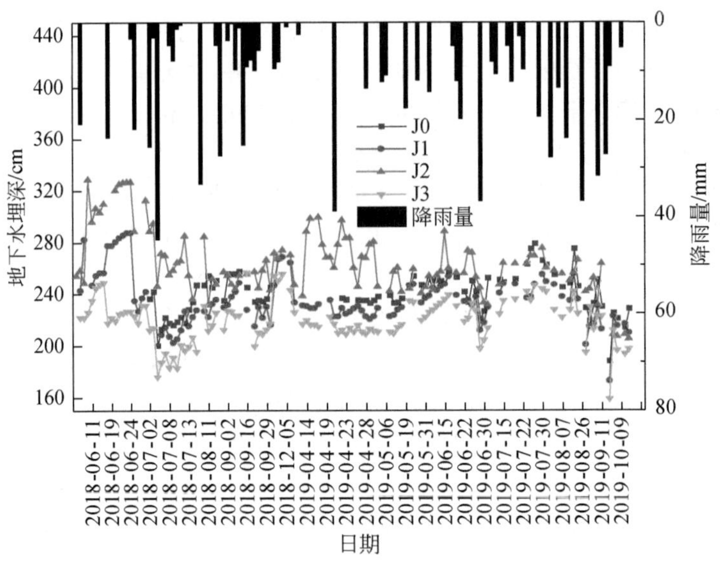

图 13.7　场次降雨量与地下水埋深关系图

13.2.3　雨水花园地下水埋深对降雨特征的响应关系分析

现结合场次降雨前后雨水花园地下水埋深的监测结果得出不同降雨特征条件下的地下水埋深变幅统计表（表 13.3）。并根据表 13.3 中的数据作出了不同降雨特征条件下的雨水花园地下水埋深变化图，如图 13.8 所示。

表 13.3　2018～2019 年不同降雨特征条件下雨水花园地下水埋深变幅统计表

降雨类型	日期	雨量/mm	雨前干旱天数	变化幅度/cm			
				J0	J1	J2	J3
小雨	2019-04-12	2.4	2		6.2	21.1	11
	2018-09-27	5.6	1	2.1	8.4	13.9	3.4
	变化范围			2.1	6.2～8.4	13.9～21.1	3.4～11
中雨	2019-04-28	13.5	7	2.3	10	35	6.5
	2019-05-28	11.8	8	8	14.5	19	14
	2019-08-26	23.7	16	27	35	25	35
	2018-06-08	20.8	4		39.5	47.9	27.2
	2018-06-18	23.6	10		30.9	16.9	31.4
	2018-06-26	21.8	6		52.9	40.8	16.3
	变化范围			2.3～27	10～52.9	19～47.9	6.5～35
大雨	2019-06-28	36.8	5	20.8	25.8	20.1	29.2
	2018-08-09	33.2	9	9.5	20.1	53	35.4
	2019-04-20	38.8	7		12.7	36.7	13.2
	变化范围			9.5～20.8	12.7～25.8	20.1～53	13.2～35.4
连续降雨	2018-07-08	4.6	3	10.5	24.5	20.4	17.7
	2018-07-09	7.8	0				
	2019-05-05	12.2	6	6	6.5	18.5	4.5

续表

降雨类型	日期	雨量/mm	雨前干旱天数	变化幅度/cm			
				J0	J1	J2	J3
	2019-05-06	10.8	0				
	2019-05-07	5.2	0				
	2019-06-19	4.8	13	22.6	22.3	17.5	20.5
	2019-06-20	12	0				
	2019-06-21	19.8	0				
	2019-07-16	4.8	5	2.3	7.3	17.1	11.2
	2019-07-17	12.2	0				
	2018-07-02	25.6	5	48	65.3	66.6	55.3
	2018-07-04	46.8	0				
	变化范围			2.3～48	6.5～65.3	17.1～66.6	4.5～55.3

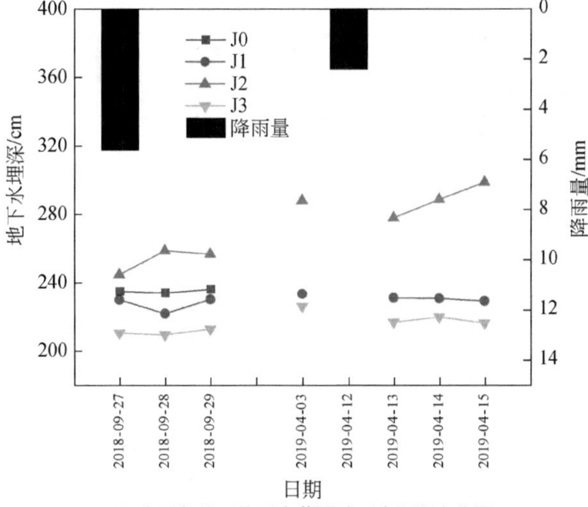

(a) 小雨条件下的雨水花园地下水埋深变化图

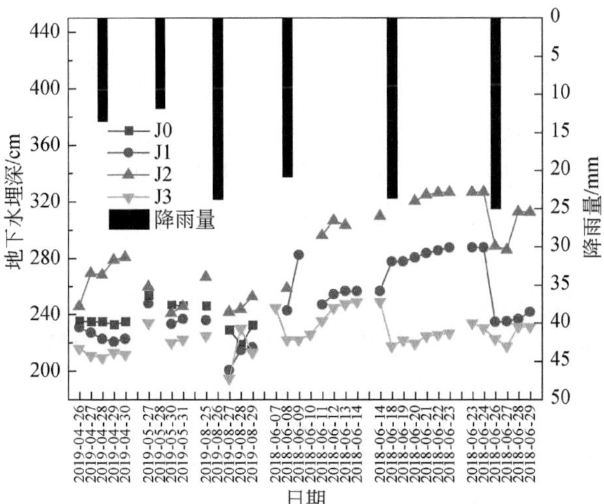

(b) 中雨条件下的雨水花园地下水埋深变化图

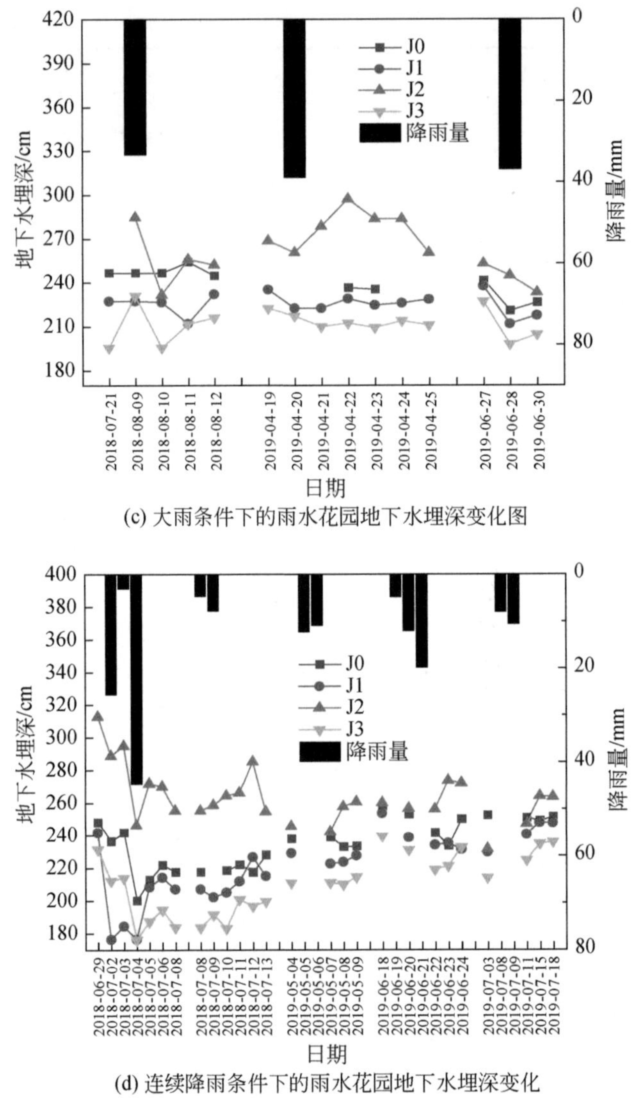

(c) 大雨条件下的雨水花园地下水埋深变化图

(d) 连续降雨条件下的雨水花园地下水埋深变化

图 13.8　不同降雨特征条件下的雨水花园地下水埋深变化图

从表 13.3 及图 13.8 可以看出，无论何种降雨条件下，雨水花园内地下水埋深的变化幅度均大于不透水区域的背景井处，证实了雨水花园良好的地下水涵养效果。

结合表 13.3 以及图 13.8，对不同降雨条件下地下水埋深的变化幅度进行分析讨论。讨论结果如下：

小雨条件下，监测期内仅监测了两场降雨分别是 2019 年 4 月 12 日（2.4 mm）以及 2018 年 9 月 27 日（5.6 mm），雨水花园内的地下水埋深变幅为 3.4～21.9 cm。中雨条件下，雨水花园的地下水埋深变幅为 6.5～52.9 cm，从图 12.8（b）可以看出中雨条件下降雨量越大，地下水埋深的变幅越大；此外 2018 年的三场降雨地下水埋深的变化幅度大于 2019 年的三场降雨，分析其原因主要在于 2018 年的三场降雨的降雨量分别为 20.8 mm、23.6 mm、21.8 mm，略大于 2019 年降雨量分别为 13.5 mm、11.8 mm、23.7 mm 的三场降雨，且 2018 年三场降雨的雨前干旱天数小于 2019 年的三场降雨。大雨条件下，雨水花园的地下水埋深变幅为

12.7～53 cm，总体来看大雨条件下雨水花园的地下水埋深变幅与中雨条件下的地下水埋深变幅相差不大，甚至有的大雨条件下的地下水埋深变幅小于中雨条件下的变化。连续降雨条件下，雨水花园的地下水埋深变幅为4.5～66.6 cm。2018年7月2～4日连续的大雨引起了雨水花园地下水埋深的大幅变化，而连续的中雨条件为西北地区汛期常见的降雨类型，监测期内所监测的三场连续中雨类型（2019年5月5～7日，2019年6月19～21日，2019年7月16～17日）地下水埋深变幅甚至比单场中雨条件下的地下水埋深变幅要小，因此可以认为连续的大雨会增大地下水埋深的变化幅度、连续的中雨会削弱地下水埋深的变化幅度。

从雨水花园内不同区域的地下水埋深变幅结果来看，背景井地下水埋深的变化幅度为2.1～41.6 cm，对其影响最大的降雨为2018年7月2～4日的连续性大雨，变幅为48 cm，其次为2019年8月26日的中雨（23.7 mm），变化幅度为27 cm。2#雨水花园中的监测井J1、J2地下水埋深变幅分别为8.4～65.3 cm、16.9～66.6 cm，两眼监测井分别位于2#雨水花园的入流侧和溢流侧，整体上来看J2的地下水埋深变幅略强于J1，分析其原因可能在于研究区域地下水的流向为由南向北，即J1流向J2，故J2的地下水埋深变化幅度略大。J3位于3#雨水花园内，其地下水埋深变幅为3.4～54.3 cm，略小于2#雨水花园内的J1、J2，主要原因在于两个花园的汇流面积有所差异，3#雨水花园汇流面积约为141.3 m^2，远小于2#雨水花园的汇流面积539.42 m^2，且3#雨水花园所收纳的雨水径流有一部分通过排水侧排出雨水花园系统，故3#雨水花园收纳的雨水径流量较小，不同降雨场次条件下所引起的地下水埋深变幅较小。

应用相关分析法对2#雨水花园内的J1、J2中场次降雨条件下的地下水埋深数据进行相关性分析，其相关性系数为0.78，因此以J1中的监测数据代表2#雨水花园，以J3中的监测数据代表3#雨水花园。以监测期内的单场降雨的降雨量作为横坐标，J1、J3随单场降雨产生的地下水埋深变化幅度为纵坐标，作图12.9，以此分析地下水埋深变幅对单场降雨的响应关系。J1、J3地下水埋深变幅与场次降雨量的关系分别为：$Y=3.631P-0.078P^2-8.547$，$R^2=0.70$；$Y=2.385P-0.043P^2-3.868.547$，$R^2=0.67$。其中，$Y$表示地下水埋深变幅，$P$表示场次降雨量。

由图13.9可以看出地下水埋深的变化幅度随着降雨量呈现出先增大、后减小的趋势，地下水埋深变动幅度最大出现在雨量约为25 mm时。分析其原因，可能是由于雨量与降雨入渗量的相关关系亦为先增大后减小的非线性相关（李萍等，2014）。此外，本项研究结果与仵艳（2016）的结果有所差异，但总体趋势相同，因本研究的监测序列较长，故更具可靠性。

此外，本章对雨前干旱天数这一降雨特征与地下水埋深变幅的相关关系进行分析讨论，如图13.10所示。从图中二者的总体趋势可以看出，雨水花园地下水埋深变幅与雨前干旱天数的关系呈现出正相关关系，即雨前干旱天数越长，雨水花园地下水埋深变幅越大。雨水花园的水量削减与雨前干旱天数的关系亦呈现出该趋势（唐双成等，2016），故分析出现该现象的原因如下：雨前干旱天数越长，土壤雨前含水量越低，且干旱期内产生的蒸发总量越大，故包气带中可以储存的水量越大，故在降雨发生时可以入渗的水量越大，从而雨前雨后产生的地下水埋深变幅较大。

综上所述，雨水花园地下水埋深变幅与场次降雨量的关系为非线性相关，随着降雨量的增大，地下水埋深变幅呈现出先增大后减少的趋势（降雨量约为25 mm时出现最大值）；地下水埋深变幅与雨前干旱天数的关系为线性的正相关。

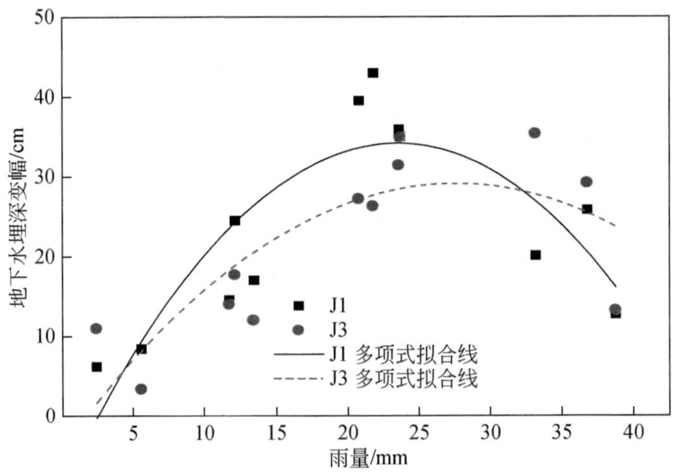

图 13.9　场次降雨量与地下水埋深变幅关系图

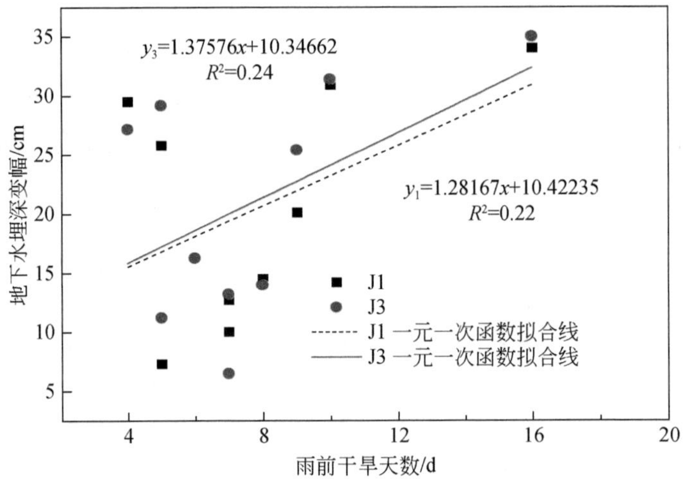

图 13.10　雨前干旱天数与地下水埋深变幅关系图

13.2.4　雨水花园地下水埋深变化的风险分析

已有研究表明，雨水花园、透水铺装设施在长期运行条件下会引起地下水位的上升现象（Scholz，2013）。而地下水位的上升会引起地基强度的降低，压缩模量大幅减小，致使建筑物地基湿陷、地基沉降增大，从而威胁建筑物安全，尤其是在湿陷性黄土地区。地下水位的上升还有可能对地下工程产生漏水、上浮、腐蚀等一系列的工程问题，严重威胁工程运营安全。如日本东京某车站因地下水上升 6～9 m，致使 U 形挡墙发生了 1.3 m 隆起、顶部伸缩缝张开 70 cm 的工程危害现象（徐光黎等，2015）；我国西北某市的一座教学楼在竣工时地下水位距离基底的距离为 10 m，而在投入使用后地下水位上升至距基底 3 m 左右，上升幅度高达 7 m，由此造成的建筑附加沉降量高达 300 mm（Scholz，2013）。也有研究表明，黄土地区引水灌溉会引起源区地下水位的上升，从而导致滑坡崩塌等自然灾害的发生（金艳丽和戴福初，2007）。而雨水花园设施具有良好的地下水涵养效果，降雨集中入渗会引起地下水位的上升，且研究区域为西安黄土地区，地下水位的上升是否会造成一系列的工程负面影响，是当下研究区域海绵城市建设推广需要考虑与探讨的问题。

从雨水花园地下水埋深变幅来看，J2 地下水埋深 2018 年年内变幅为 0.97 m，为年内最大变幅，场次降雨引起的地下水埋深变幅最大出现在 2018 年 7 月 2～4 日连续降雨时，为 0.67 m。该变化幅度低于上述两个工程案例中的地下水埋深的上升幅度，因此雨水花园集中入渗所引起的地下水埋深变幅暂未带来建筑工程的负面效应。

本项目研究了单个低影响开发设施的应用条件下所引起的地下水埋深幅度，目前并未造成建筑工程的负面效应。而目前在海绵城市示范区域多个集中入渗设施共同作用下的地下水埋深变幅的定量化研究还较少，且特殊地下水埋深条件下海绵城市建设对地下水埋深的定量化影响尚不成熟，这是海绵城市建设推广应用中下一步应该探讨的问题。

13.2.5 渗井雨水径流集中入渗对地下水埋深的影响

雨水渗井区域的地下水位监测通过液位计及地下水位在线观测仪获取，于 2017 年 10 月开始。现根据 2017 年 10 月～2018 年 12 月测期内月降雨量统计数据以及月均地下水位监测数据的对应关系，对渗井设施运行前后的地下水埋深变化进行分析（图 13.11）。2018 年 6 月渗井设施的填料回填完毕，开始发挥其对地下水的补给效应。从图中可以看出，2018 年 6～9 月降雨显著，从 2018 年 8 月、9 月研究区域的月均地下水埋深有了明显的上升趋势，最终达到 2018 年地下水埋深最浅值，约 12.00 m，因 2018 年 10～12 月降雨量较少，故渗井区域的月均地下水埋深数值在 9 月之后无明显的波动。雨水渗井运行前后，地下水埋深有了明显的上升，上升幅度高达 0.48 m，因此雨水渗井的地下水涵养效果显著。《海绵城市建设绩效评价与考核指标（试行）》中对于地下水位的考核要求为年均地下水潜水位保持稳定，或下降趋势得到明显遏制，平均降幅低于历史同期；而渗井设施的建设引起了研究区域地下水潜水位的上升，故其符合地下水位的考核要求。

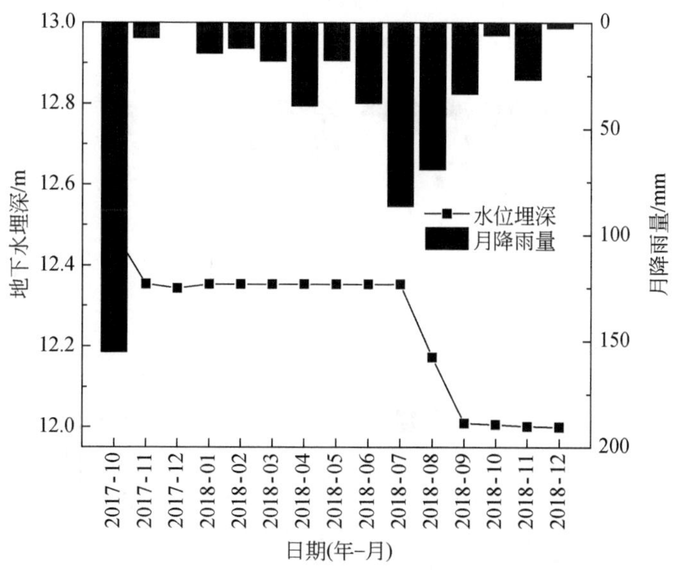

图 13.11 渗井运行前后月降雨量与地下水埋深关系图

2019 年 2 月起，渗井区域地下水位在线观测仪不能正常使用，故 2019 年 4～12 月对渗井区域地下水监测井进行现场人工监测地下水位，监测频率为汛期 4 次/月、非汛期 2 次/月。2019 年 4～12 月间对渗井背景井处的地下水位共进行人工监测 25 次，两眼背景监测井的地下水埋深均值分别为 14.066 m、13.939 m，整体上 J1 地下水埋深比 J2 要深，符合研究区域地下水自西向东的流向。

根据 2019 年 4～12 月地下水埋深的监测数据以及 2019 年研究区域的降雨数据，对月降雨量与月均地下水埋深的关系进行分析，如图 13.12 所示，对场次降雨量与地下水埋深的关系作图 13.13。从图中可以看出，雨水渗井处地下水监测井 J1、J2 的地下水埋深的年内变幅分别为 0.60 m、0.47 m，因 J1 距离渗井较近，受渗井区域雨水集中入渗的影响，地下水埋深变幅较大。地下水埋深最大值出现在 2019 年 8 月 2 日，分析其原因主要在于研究区域 2019 年 6 月和 7 月份降雨量较少，且此次人工测量时间恰好处于长达半个月的无雨

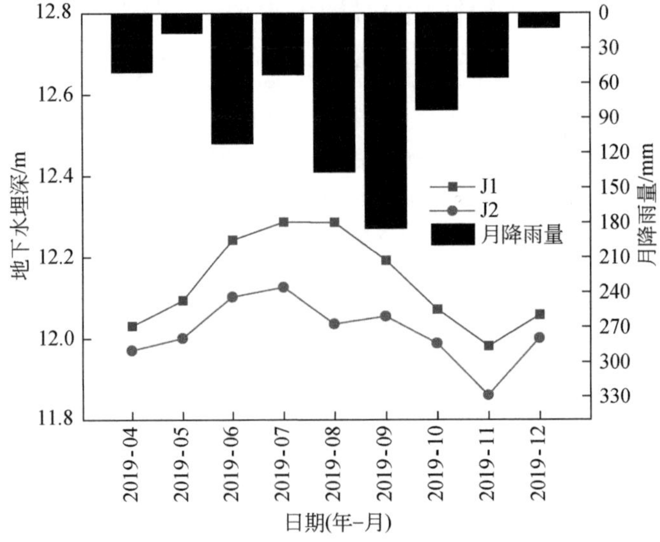

图 13.12　月降雨量与地下水埋深关系图

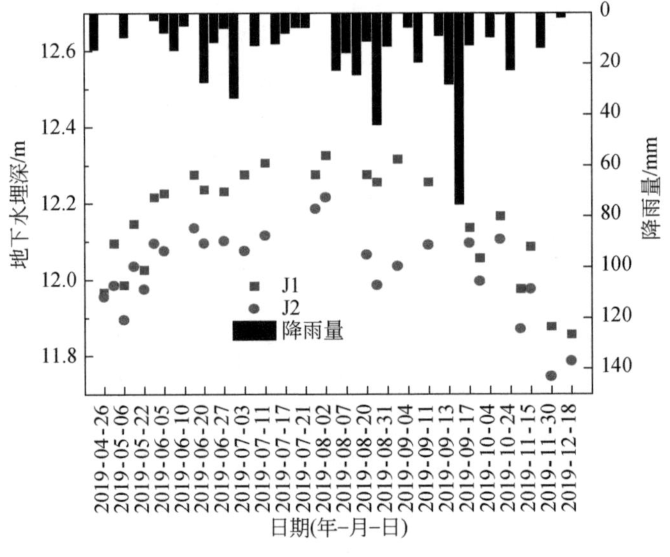

图 13.13　场次降雨量与地下水埋深变化相关图

期之后；最小值出现在 2019 年 11 月底，因研究区域 8～10 月间降雨量分别为 136.6 mm、185.1 mm、83.2 mm，三个月累积降雨量较大，补给了渗井区域地下水，故引起了地下水埋深的显著提升。

与雨水花园地下水埋深对降雨的响应情况相比，渗井设施雨水径流集中入渗对地下水的补给具有一个月左右的滞后性，分析其原因主要是渗井建设区域的地下水埋深较大，为 12 m 以下，而雨水花园研究区域的地下水埋深为 3～5 m 之间。有学者研究了咸阳试验区气候变化对地下水的影响因素（赵耀东等，2012），结果表明地下水埋深越大，降雨量变化与降雨量变化的关联性越差，而本节中对渗井研究区域的地下水埋深变化与降雨量的关系分析结果恰好与该结果相吻合。

13.3 雨水径流集中入渗对地下水质的影响分析

雨水径流经过雨水花园、渗井等低影响开发设施集中入渗后，对建设区域的地下水具有良好的补给效果。而当下对低影响开发设施建设应用区域的地下水质研究较少，对降雨径流中的污染物在土壤、地下水中迁移转化过程尚不明确。本章节主要探讨雨水花园、渗井等集中入渗设施建设区域的地下水质的年内变化特征，分析降雨量、入流水质对地下水质中各污染物指标的影响程度，并应用综合污染指数法、地下水环境容量指数法对研究区域地下水的污染风险进行定量评价，确定两种低影响开发雨水入渗设施应用的安全性。

13.3.1 雨水花园地下水水质的年内变化分析

对雨水花园进行了 2018～2019 年为期两年的监测，获取的地下水质数据统计如表 13.4。地下水取样时每个监测井均有平行地下水样品的采集，以保证实验监测数据的可靠性。对雨水花园地下水质的分析指标主要包括 COD、氨氮、硝氮、总氮、总磷、Cu、Zn 等。本章节主要探讨 2019 年监测期内各污染物指标与场次降雨量、雨水花园入流水质浓度三者的对应关系。

1. 雨水花园地下水中总磷的年内变化特征

2#雨水花园处入流口监测井 J1、溢流口处监测井 J2 以及 3#雨水花园 J3 的地下水总磷浓度的年内均值分别为 0.068 mg/L、0.096 mg/L、0.093 mg/L，三者的年内均值均高于背景井 J0 处的浓度 0.059 mg/L，其中 J2 地下水中总磷的浓度整体上高于 J1，主要是因为 J2 位于 2#雨水花园的溢流口，溢流口处地下水位的变幅也大于入流口处。

与雨水花园入流口处 TP 的浓度值相比，地下水中 TP 浓度要低很多，主要原因在于两个方面，一方面雨水花园对 TP 的去除率为 22.56%～81.52%，另一方面，通过包气带土壤的过滤、吸附、植物吸收以及微生物同化（周艳丽等，2011），进入地下水中的磷有了很大程度的去除。通过图 13.14，亦可得出雨水花园处的地下水监测井 J1、J2、J3 处的 TP 浓度随降雨的变化波动趋势要大于背景井处，总体上地下水中 TP 的浓度范围为 0.003～0.238 mg/L。因此，可以得出结论：雨水花园设施的应用对地下水中 TP 浓度具有一定的影响，但影响程度很小。

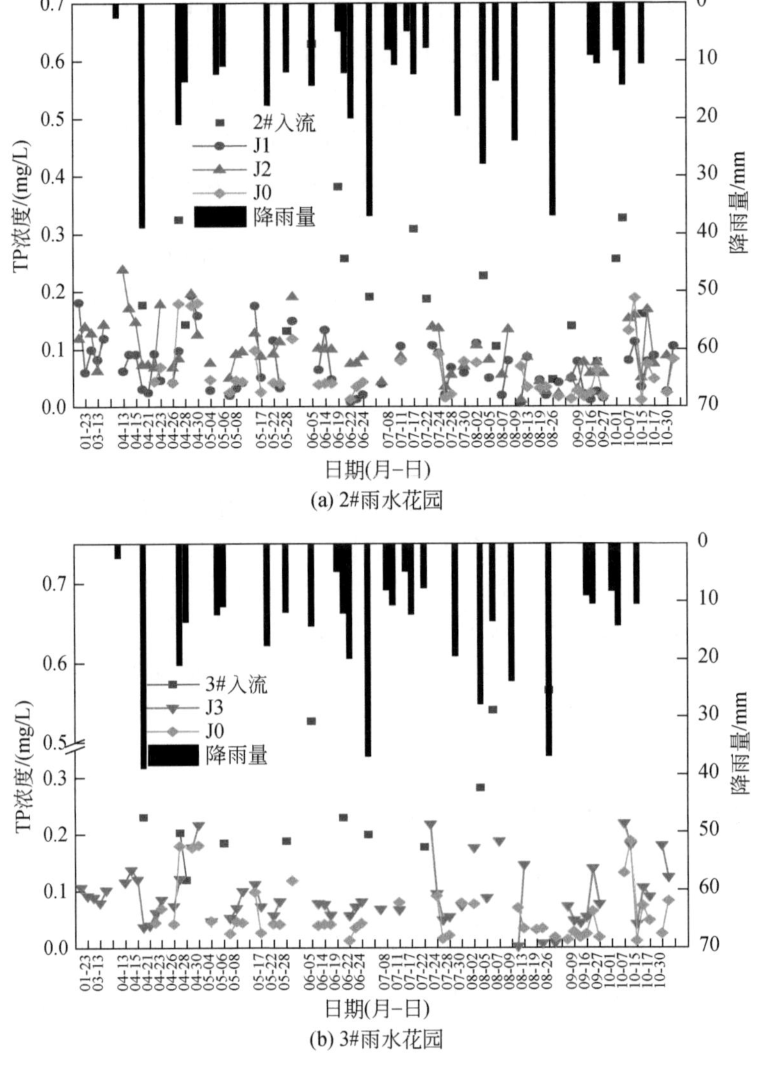

图 13.14　雨水花园地下水中 TP 浓度的年内变化

2. 雨水花园地下水中 COD 的年内变化特征

从表 13.4 可以看出，研究区域地下水中 COD 均劣于《地下水质量标准（GB/T 14848—2017）》中的Ⅴ类标准，主要和研究区域地下水中 COD 的本底值有关。J0、J1、J2、J3 地下水中 COD 浓度的年内均值分别为 33.986 mg/L、42.181 mg/L、41.619 mg/L、38.249 mg/L，浓度的年内均值和波动变幅不存在明显的差异，但均略高于背景井处。

表 13.4　雨水花园地下水污染物浓度统计表　　单位：mg/L

雨水花园	统计值	污染物指标						
		TP	COD	NH_4^+-N	NO_3^--N	TN	Cu	Zn
2#　入流	浓度范围	0.13～0.63	15.91～169.94	0.45～7.94	0.40～2.39	0.75～9.12	0.005～0.038	0.005～0.255
	平均浓度	0.30	89.85	2.21	1.38	3.36	0.112	0.120

续表

雨水花园		统计值	污染物指标						
			TP	COD	NH_4^+-N	NO_3^--N	TN	Cu	Zn
2#	J0	浓度范围	0.01～0.19	2.09～81.36	0.18～1.01	0.40～2.39	0.37～5.81	0.002～0.049	0.002～0.239
		平均浓度	0.06	33.99	0.50	2.16	2.29	0.020	0.077
	J1	浓度范围	0.02～0.19	11.29～99.11	0.12～1.26	0.35～2.61	0.04～5.68	0.006～0.075	0.001～0.282
		平均浓度	0.07	42.18	0.53	1.45	1.51	0.023	0.098
	J2	浓度范围	0.02～0.24	2.86～108.39	0.03～1.01	0.12～2.52	0.15～5.61	0.03～0.066	0.001～0.667
		平均浓度	0.10	41.62	0.15	0.68	1.11	0.025	0.085
3#	入流	浓度范围	0.10～0.56	27.42～114.16	0.45～1.90	0.49～6.46	0.89～4.17	0.005～0.037	0.007～0.321
		平均浓度	0.26	71.12	1.04	3.54	3.09	0.232	0.103
	J0	浓度范围	0.01～0.19	2.09～81.36	0.18～1.01	0.40～2.39	0.37～5.81	0.002～0.049	0.002～0.239
		平均浓度	0.06	33.99	0.50	2.16	2.29	0.020	0.077
	J3	浓度范围	0.01～0.22	3.89～78.88	0.03～1.31	0.11～4.17	0.18～5.58	0.001～0.080	0.007～0.518
		平均浓度	0.10	38.25	0.13	1.76	1.87	0.025	0.063

从图 13.15 可以看出，雨水花园地下水中 COD 浓度在雨后第二天会有明显的升高，随后逐渐恢复至正常水平，地下水中 COD 浓度的上升具有一天的滞后性。雨水花园地下水中的 COD 浓度与入流水质 COD 浓度具有响应关系，入流 COD 浓度越高，地下水中 COD 含量的增幅越大，其中连续的降雨对地下水中 COD 含量的影响较大。由此说明，降雨径流集中入渗会引起地下水中 COD 浓度的升高，但地下水的稀释与自净作用下，地下水中的 COD 浓度值会有所降低，最终恢复至降雨前的浓度水平。2#雨水花园处地下水中的 COD 浓度的年内均值大于 3#雨水花园处，分析其原因，主要是因为 2#雨水花园靠近校内垃圾收集场，加之雨水径流汇集槽处有树木落叶等物质，导致了其入流水质中携带有大量的有机质，且有研究表明化学需氧量在地下水中的运移扩散与地下水流场具有相关关系（徐玉良等，2018），故在 2#雨水花园入流口处地下水中 COD 浓度较高。

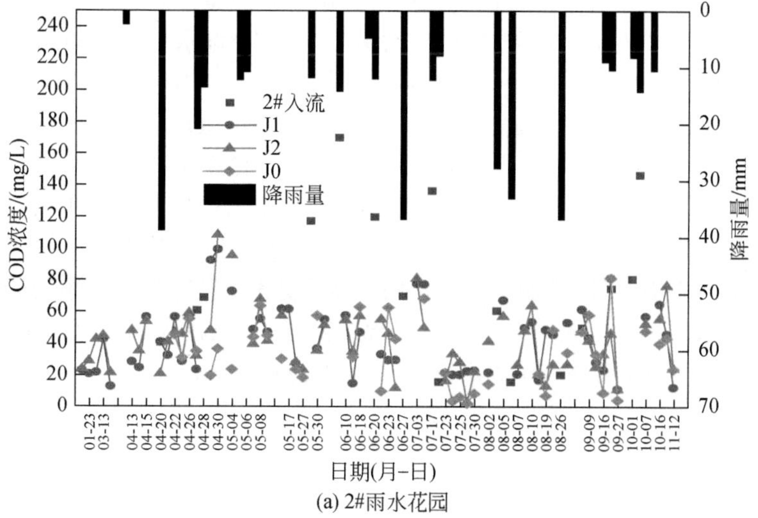

(a) 2#雨水花园

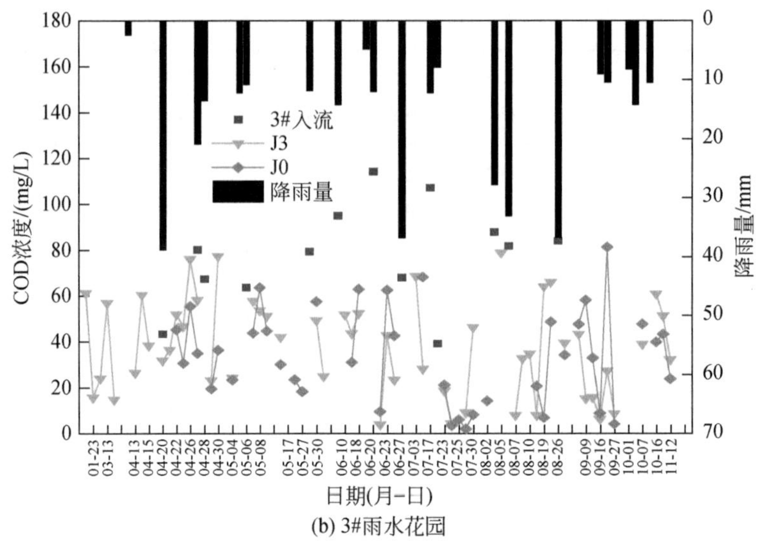

(b) 3#雨水花园

图 13.15　雨水花园地下水中 COD 浓度的年内变化

3. 雨水花园地下水中氮元素的年内变化特征

从表 13.4 可以看出，J1、J2、J3 总氮浓度年内均值分别为 1.524 mg/L、1.113 mg/L、1.875 mg/L，而 J0 总氮的浓度均值为 2.287 mg/L，雨水花园处地下水中总氮浓度年内均值低于背景井处，原因可能是几眼监测井中的总氮浓度本底值存在差异。

2019 年为丰水年，连续降雨场次较多，连续降雨对地下水中总氮的浓度影响较大。从图 13.16 可以看出，雨水花园地下水中 TN 浓度在汛期、非汛期变化程度存在差异，在 1～3 月、10～12 月非汛期，TN 的浓度变化范围为 0.181～1.321 mg/L，4～9 月汛期地下水中 TN 的浓度变化范围为 0.218～5.610 mg/L。且雨水花园地下水中 TN 浓度受降雨的影响程度较大，影响最大时雨水花园地下水中的 TN 浓度高达 5.610 mg/L，较降雨前的 TN 浓度上升幅度高达 3.000 mg/L。

从表 13.4 可以看出，雨水花园地下水中氨氮浓度的年内均值介于 0.500 mg/L 左右，属于《地下水质量标准（GB/T 14848—2017）》中的Ⅲ类标准，且雨水径流集中入渗过程中带正电荷的氨氮易被土壤介质吸附转化为硝氮，故雨水径流集中入渗未造成地下水中氨氮浓度的明显变化，与李凡的研究结果（李凡，2019）相符。雨水径流中的硝氮带负电荷，不易被雨水花园中的介质所吸附，且雨水径流中的氨氮易转化为硝氮，但是在土壤包气带中的吸附、硝化及反硝化作用下形成 NO_3^-、NO_2、N_2，其中 NO_2、N_2 可挥发至大气中，仅有少量的 NO_3^- 可继续向下迁移（李晶，2010），且根据表 13.4 中的统计结果，雨水花园地下水中的硝氮浓度均介于《地下水质量标准（GB/T 14848—2017）》中的 I 类、II 类标准，故研究区域雨水径流集中入渗亦未对地下水中硝氮浓度产生较大影响。

通过对 2018～2019 年监测期内地下水中总氮、氨氮、硝氮三者关系的研究分析，地下水中硝氮与总氮浓度呈正相关关系，在汛期含量较高，非汛期含量较低。而氨氮浓度与总氮浓度呈负相关，氨氮的年内变化为汛期较低，非汛期较高。

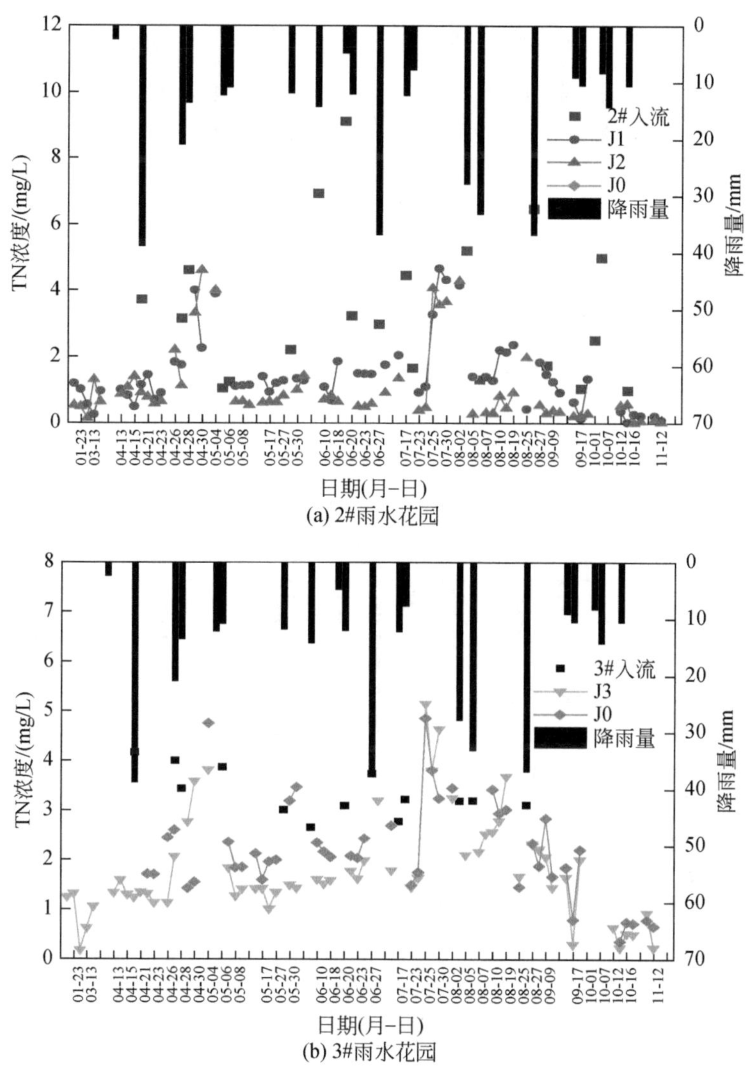

图 13.16　雨水花园地下水中 TN 浓度的年内变化

4. 雨水花园地下水中重金属的年内变化特征

从图 13.17 可以看出，雨水花园地下水 Cu 浓度会随着降雨集中入渗有所上升，但雨后立即恢复至正常水平，整体上地下水中 Cu 浓度高于雨水花园入流水质中 Cu 的浓度。地下水监测井 J0、J1、J2、J3 Cu 浓度年内均值分别 0.021 mg/L、0.023 mg/L、0.024 mg/L、0.025 mg/L，均属于《地下水质量标准（GB/T 14848—2017）》中的Ⅱ类标准 0.05 mg/L，且背景井与雨水花园处地下水中 Cu 浓度年内均值与年内变化趋势无明显差异。由此说明地下水中 Cu 的升高并非雨水花园的应用而引起。此外，相关研究表明（马闯等，2012），再生水回灌之后，重金属 Cu、Zn 主要在土壤表层 0～20 cm 累积，向地下水迁移的趋势很小。

研究区域地下水中 Cu 浓度年内最高值为 0.070 mg/L，远低于《地下水质量标准（GB/T 14848—2017）》中的Ⅲ类标准值 1.00 mg/L，因此从地下水污染风险角度来看，降雨径流集中入渗并未造成地下水重金属 Cu 污染风险。

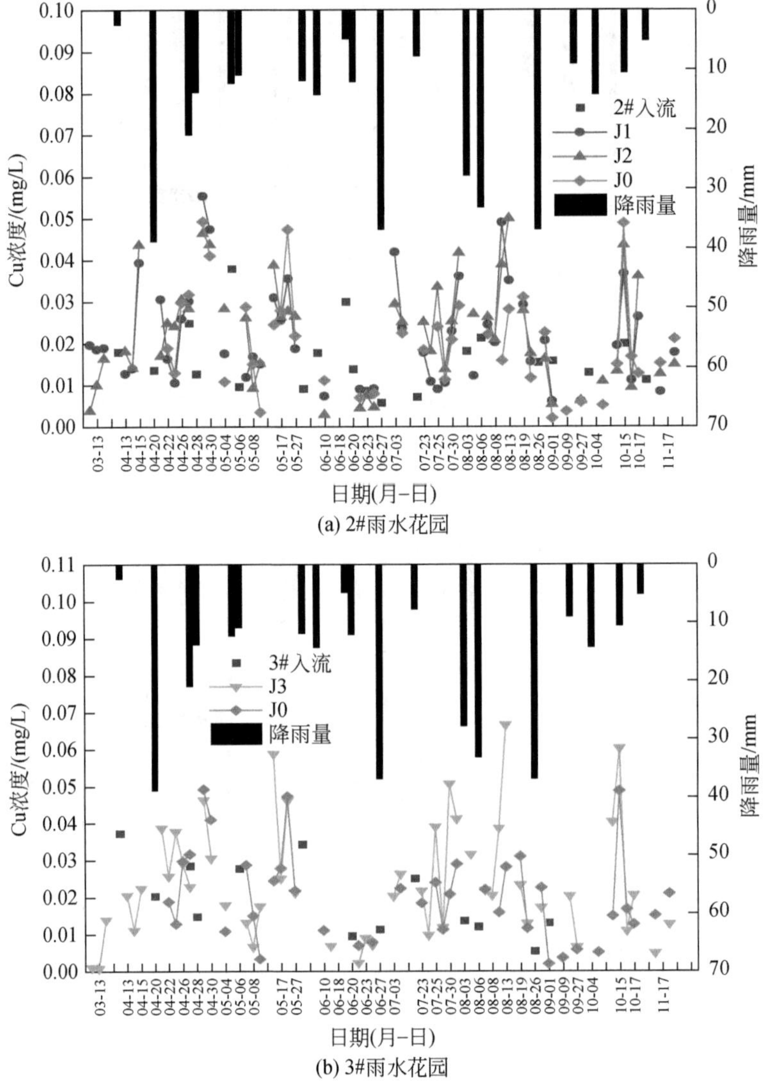

图 13.17　雨水花园地下水中 Cu 浓度的年内变化

从图 13.18 可以看出，雨水花园地下水 Zn 浓度会随着降雨集中入渗有所上升，但上升幅度很小，整体上地下水中 Zn 浓度低于雨水花园入流水质中 Zn 的浓度，故降雨集中入渗对雨水花园地下水中 Zn 浓度的影响很小。地下水监测井 J0、J1、J2、J3 中 Zn 浓度年内均值分别 0.046 mg/L、0.041 mg/L、0.049 mg/L、0.045 mg/L，均属于《地下水质量标准（GB/T 14848—2017）》中的 I 类标准 0.05 mg/L，故从地下水污染风险的角度来看，研究区域雨水花园的应用未产生地下水重金属 Zn 的污染风险。

综上所述，雨水径流集中入渗对地下水中 Cu 浓度有一定影响，对 Zn 浓度的影响较小，但从地下水污染风险角度来看，研究区域雨水花园设施的应用均未产生地下水重金属 Cu、Zn 的污染风险。

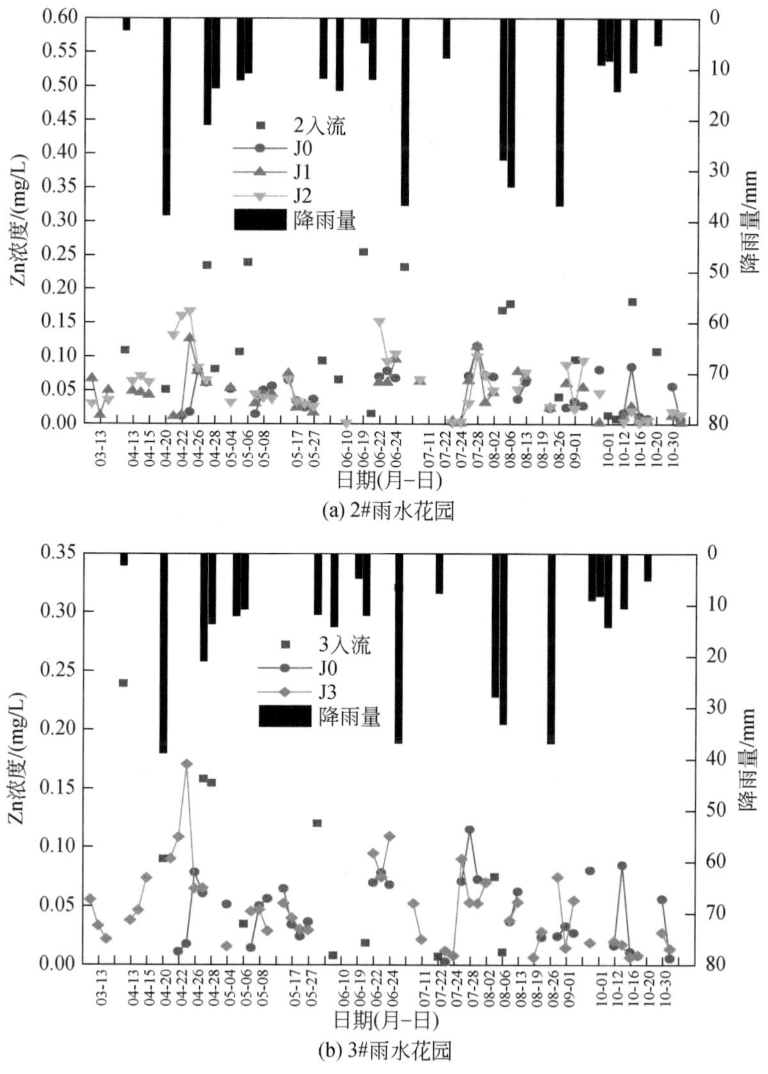

(a) 2#雨水花园

(b) 3#雨水花园

图 13.18 雨水花园地下水中 Zn 浓度的年内变化

通过对研究区域降雨量、雨水花园入流水质、地下水水质三者相关关系的分析，得出结论：降雨对雨水花园地下水中 COD、TN、重金属 Cu 具有一定影响，对 TP、氨氮、硝氮、重金属 Zn 的影响很小。其中，地下水中 TN 浓度受汛期影响较大，COD 浓度对降雨的响应具有一天的滞后期。

13.3.2 雨水花园地下水污染风险分析

1. 地下水污染风险评价方法的选择

地下水环境质量评价即根据地下水的用途，参照国家发布的相关标准，应用评价参数和评价方法对地下水的质量进行定性、定量化的描述（周长松等，2012）。地下水质评价方法是评价研究区域地下水质量客观性、合理性地关键。本节对研究区域地下水污染风险评价从地下水环境质量评价、地下水环境容量评价两个角度入手，分析研究区域地下水质状况以及低影响开发设施的应用对研究区域地下水的影响程度。

（1）地下水环境质量评价

常用的地下水环境质量评价主要包括单因子评价方法和综合评价方法两大类，因单因子评价方法不能够全面、客观地反映地下水环境质量的整体情况，故本节选择综合评价方法来进行。综合评价方法又包括综合污染指数法、模糊综合评价法、灰色综合评价法、主成分分析法、神经网络评价法、地理信息系统（GIS）评价等等（马成有，2009），受到研究区域前期数据收集的限制，本节主要采用综合污染指数法中的综合评分法以及改进的内梅罗指数法（王晓鸥，2014）。

A. 综合评分法

综合评分法是一种操作简单的地下水环境质量评价方法。首先参照地下水水质评分标准表，对单项污染因子的分值进行评判，然后根据式（13.1）对综合分值 F 进行计算，结合表 13.5 即可得出研究区域地下水质状况及对应的水质类型。

表 13.5　地下水水质评分标准表

类别（级别）	F_i	水质级别	F 值
Ⅰ类	0	优良	＜0.8
Ⅱ类	1	良好	0.8～2.5
Ⅲ类	3	较好	2.5～4.25
Ⅳ类	6	较差	4.25～7.2
Ⅴ类	10	极差	＞7.2

$$F=\sqrt{\frac{\overline{F}^2+{F_{\max}}^2}{2}} \tag{13.1}$$

$$\overline{F}=\frac{1}{n}\sum_{i=1}^{n}F_i \tag{13.2}$$

式中，$\overline{F}$ 为各污染因子单项分值的平均值；$F_{\max}$ 为各污染因子单项分值的最大值；n 为项数；F_i 为各项污染因子的单项分值。

B. 改进的内梅罗指数法

因内梅罗指数法在评价过程中过大地突出了地下水质最大污染因子的作用，并且计算过程中应用了算术平均值，对各污染因子同等对待，不能够客观全面地反映研究区域地下水环境质量，故本节选用了改进的内梅罗指数法（马成有，2009），其计算过程：

1）选取水质评价指标，即评价因子。

2）应用改进的内梅罗指数公式（13.3）计算污染指数值。

传统的内梅罗指数公式计算方法如下：

$$N_i=\frac{c_i}{s_{ij}} \tag{13.3}$$

$$N=\sqrt{\frac{\overline{N}^2+N_{\max}^2}{2}} \tag{13.4}$$

式中，c_i为污染因子的实测浓度；s_{ij}为污染因子所对应的标准浓度，后文中考虑到海绵城市建设中对于地下水质的考核要求，故选择《地下水质量标准（GB/T14848—2017)》III类标准；N_i为污染因子的单项指数值，$\overline{N}$为多个单项指数值的均值；N为传统的内梅罗指数。

改进的内梅罗指数法考虑到了不同污染因子对地下水质的影响程度，引入各污染因子的权重值，让地下水质量评价更客观合理。计算公式如下：

$$N' = \sqrt{\frac{\overline{N}^2 + \tilde{N}^2}{2}} \tag{13.5}$$

$$\tilde{N} = \frac{N_{\max} + N_{\text{quan}}}{2} \tag{13.6}$$

$$r_i = \frac{s_{\max}}{s_i} \tag{13.7}$$

$$\omega_i = \frac{r_i}{\sum_{i=1}^{n} r_i} \tag{13.8}$$

式中，N'为改进的内梅罗污染指数值；N_{quan}为权重最大的污染因子对应的单项指数值；s_i为各污染因子对应的标准值；$s_{\max}$为各污染因子标准值的最大值；ω_i为污染因子的权重值。

3）参照改进的内梅罗污染指数表13.6确定研究区域地下水的水质类型。

表13.6　改进的内梅罗污染指数标准等级表

类别（级别）	I类	II类	III类	IV类	V类
N'值	<0.59	0.59～0.75	0.75～1.00	1.00～3.96	>3.96

（2）地下水环境容量评价方法

地下水环境容量是在满足水资源质量标准条件下，地下水体对污染物质的最大承纳量。地下水环境容量评价的方法主要包括：构建综合指标体系法、经验公式法、罚函数与变尺度法相结合的优化模型法、地下水特征污染物容量指数法等等（周长松，2012）。QVELT综合指标体系法考虑地下水水质综合指数、地下水开发利用程度、森林覆盖率、地下水水位降深、地下水水温年平均值等指标，所需数据系列较长而本项目研究缺乏相关数据支撑；经验公式法考虑的因素欠缺且相关参数本项目未获取；罚函数与变尺度法相结合的优化模型法亦缺乏长序列的数据支撑。因此选择地下水特征污染物容量指数法作为本项目地下水容量评价方法。

地下水中溶解污染物组分较多，且每种污染物组分的容量存在差异，为了确定地下水中每种污染物组分容量情况，引入容量评价指数TCD。TCD_i其定义为在地下水环境条件下，i组分标准值与监测值的差值与其标准值的百分比。容量评价指数TCD_i数值的物理意义表示在不对地下水价值造成影响条件下，允许地下水中i组分的容量值大小。单组分容量评价指数和多组分容量评价指标的计算过程如下：

$$\mathrm{TCD}_i = \frac{(C_{\mathrm{is}} - C_i)}{C_{\mathrm{is}}} \tag{13.9}$$

$$\mathrm{TCD} = \sqrt{\frac{(\overline{\mathrm{TCD}_i}^2 + \mathrm{TCD}_g{}^2 + \mathrm{TCD}_m{}^2)}{3}} \tag{13.10}$$

式中，TCD_i 为 i 组分的容量评价指数；C_{is} 为 i 组分的标准值；C_i 为 i 组分的监测值；$\overline{\mathrm{TCD}_i}$ 为各组分的算术平均值；TCD_g 为 TCD_i 中的次大值；TCD_m 为 TCD_i 中的最大值。

根据多组分容量评价指数计算结果，将其划分为 5 个评价等级，详细划分如表 13.7 所示。每个多组分容量评价指数对应的评价等级对应一个水环境风险等级和一个评分值，容量指数值越大，对应的水环境状态越好，评分值越低。

表 13.7　容量评价值划分标准表

多组分容量评价指数	评价等级	水环境风险等级	评分值
0～0.2	V	极度脆弱	5
0.2～0.4	Ⅳ	较脆弱	4
0.4～0.6	Ⅲ	脆弱	3
0.6～0.8	Ⅱ	良好	2
>0.8	Ⅰ	优	1

2. 地下水环境质量评价结果分析

（1）综合评分法

对雨水花园地下水质的年内变化分析结果，可以看出，在年内汛期与非汛期研究区域地下水质存在着明显的差异，故在对地下水环境质量评价时考虑汛期、非汛期、年内均值三个角度对监测井进行综合评分，确定不同监测井处地下水质量及其类型。根据 2019 年降雨的年内分布特征，将 5～10 月确定为该年份的汛期，其余月份确定为非汛期。根据研究区域地下水监测数据资料，本节选择氨氮、硝氮、Cu、Zn 等指标作为地下水污染物评价指标，监测分析结果如表 13.8 所示，《地下水质量标准（GB/T 14848—2017）》中对于这些指标的标准划分值如表 13.9 所示，结合表 13.5 得出各地下水监测井的单项污染评分值，最终应用式（13.10）计算出各地下水监测井处的地下水质量综合评分值，如表 13.10 所示。从表 13.10 可以看出，除了 2#雨水花园入流口处的 J1 在年内均值以及汛期均值的水质级别较差外，其余各项地下水质状况都属于良好级别；对地下水质综合评分值影响最大的污染指标是氨氮含量，氨氮的单项污染评分值为 3 或 6，说明其介于Ⅲ类与Ⅳ类标准之间。综合评分法计算过程简单，但并不能全面客观地反映不同监测井在不同时期的地下水质状况。

表 13.8　雨水花园地下水特征污染物测定结果表

编号		污染物指标/（mg/L）			
		氨氮	硝氮	Cu	Zn
年内均值	J0	0.499	2.162	0.020	0.046
	J1	0.526	1.455	0.022	0.042

续表

编号		污染物指标/（mg/L）			
		氨氮	硝氮	Cu	Zn
年内均值	J2	0.450	0.675	0.023	0.053
	J3	0.428	1.763	0.024	0.045
汛期	J0	0.501	2.069	0.021	0.049
	J1	0.558	1.469	0.022	0.048
	J2	0.495	0.603	0.024	0.062
	J3	0.494	1.707	0.025	0.052
非汛期	J0	0.469	2.679	0.019	0.030
	J1	0.447	1.396	0.020	0.021
	J2	0.341	0.940	0.017	0.017
	J3	0.265	1.980	0.021	0.021
地下水III类标准		0.5	20.0	1.00	1.00

表 13.9　各污染因子的地下水质标准划分表

指标/（mg/L）	I 类	II 类	III类	Ⅳ类	V 类
氨氮（以 N 计）	≤0.02	≤0.1	≤0.50	≤1.50	＞1.50
硝氮（以 N 计）	≤2.0	≤5.0	≤20.0	≤30.0	＞30.0
Cu	≤0.01	≤0.05	≤1.00	≤1.50	＞1.50
Zn	≤0.05	≤0.5	≤1.00	≤5.00	＞5.00

表 13.10　各监测井处的综合评分值计算表

指标		氨氮	硝氮	Cu	Zn	F_i	水质级别
年内均值	J0	3	1	1	0	2.30	良好
	J1	6	0	1	0	4.42	较差
	J2	3	0	1	1	2.30	良好
	J3	3	0	1	0	2.24	良好
汛期	J0	3	1	1	0	2.30	良好
	J1	6	0	1	0	4.42	较差
	J2	3	0	1	1	2.30	良好
	J3	3	0	1	1	2.30	良好
非汛期	J0	3	1	1	0	2.30	良好
	J1	3	0	1	0	2.24	良好
	J2	3	0	1	0	2.24	良好
	J3	3	0	1	0	2.24	良好

（2）改进的内梅罗指数法

应用改进的内梅罗指数法对雨水花园地下水监测井不同时期的地下水质量进行计算分析，并对地下水水质等级进行评定，计算结果如表 13.11 所示。从表 13.11 可以看出，除了

2#雨水花园入流口处地下水质在年内与汛期呈现出III类水质外，其他监测井均呈现出Ⅰ类水质特征。年内、汛期、非汛期的内梅罗指数值相比较，不难发现，整体上三者的关系为汛期＞年内＞非汛期，汛期的地下水质是最差的。汛期背景井J0与雨水花园处监测井J1～J3相比，内梅罗指数值大小关系为J1＞J2、J3＞J0，故可得出结论，雨水径流集中入渗会对雨水花园处地下水产生影响，但影响非常小。年内均值和非汛期背景井J0处地下水质的内梅罗指数值反而大于J2、J3，故可以认为非汛期雨水径流集中入渗不会对雨水花园处地下水质产生负面影响。

表 13.11　雨水花园地下水改进的内梅罗指数法计算结果表

编号		各污染因子的单项指数 N_i				内梅罗指数值	等级判定
		氨氮	硝氮	Cu	Zn		
年内均值	J0	1.00	0.11	0.02	0.05	0.42	Ⅰ类
	J1	1.05	0.07	0.02	0.04	0.77	III类
	J2	0.90	0.03	0.02	0.05	0.38	Ⅰ类
	J3	0.86	0.09	0.02	0.04	0.36	Ⅰ类
汛期	J0	1.00	0.10	0.02	0.05	0.41	Ⅰ类
	J1	1.12	0.07	0.02	0.05	0.82	III类
	J2	0.99	0.03	0.02	0.06	0.42	Ⅰ类
	J3	0.99	0.09	0.03	0.05	0.42	Ⅰ类
非汛期	J0	0.94	0.13	0.02	0.03	0.39	Ⅰ类
	J1	0.89	0.07	0.02	0.02	0.37	Ⅰ类
	J2	0.68	0.05	0.02	0.02	0.28	Ⅰ类
	J3	0.53	0.10	0.02	0.02	0.23	Ⅰ类
地下水III类标准		0.5	20.0	1.00	1.00		

3. 地下水环境容量指标评价法结果分析

根据研究区域地下水监测数据资料，确定将氨氮、硝氮、铜、锌作为研究区域地下水特征污染物。应用式（13.10）对两眼地下水监测井的多组分容量评价指数进行计算，因海绵城市建设中对于地下水质的考核要求为地下水监测点位水质不低于《地下水质量标准（GB/T14848—2017）》III类标准，或不劣于海绵城市建设前，故在地下水质量标准的选用上应用III类标准进行。最终的地下水多组分容量评价指数计算结果如表13.12所示。

表 13.12　雨水花园地下水多组分容量评价指数计算结果

项目	多组分容量评价指数值			
	J0	J1	J2	J3
年内均值	0.888	0.888	0.902	0.896
汛期	0.887	0.882	0.898	0.886
非汛期	0.898	0.909	0.929	0.933

从表13.12可以看出，研究区域地下水多组分容量评价指数值均大于0.8，地下水环境风险等级为优，整体上地下水质较好。汛期与非汛期相比，多组分容量评价指数值较小，

即汛期地下水质劣于非汛期，说明汛期降雨对地下水质存在影响。汛期四眼地下水监测井的多组分容量评价指数值的大小关系为 J2＞J0＞J3＞J1，即 2#雨水花园入流处与 3#雨水花园处的地下水质劣于背景井处，可以认为降雨径流集中入渗对 2#雨水花园入流处与 3#雨水花园处的地下水质有影响，与上文中内梅罗指数法的计算结果一致。

4. 结果分析

应用地下水质量综合评分法、改进的内梅罗指数法、地下水环境容量指标评价法对雨水花园研究区域的地下水质进行评价，可以确定在研究区域地下水中氨氮为主要的污染因子。结合研究区域地下水水质的年内变化分析结果，可以确定雨水径流集中入渗会对地下水质产生一定影响，其中对入流口处的影响较大；故在未来的雨水设施应用中应考虑对雨水径流中的 COD、总氮、重金属 Cu 进行预处理的加强，具体的管控措施可参照再生水回灌的地下水风险防控措施进行（陈坚等，2016）。

13.3.3 渗井雨水径流集中入渗对地下水质的影响

1. 雨水渗井地下水质年内变化分析

渗井区域背景监测井地下水样的采集频率为非汛期 2 次/月，汛期（6～10 月）为 4 次/月，降雨时加测。本节整理了 2018 年 6～12 月、2019 年 1～12 月渗井区域背景井处地下水的水质情况，其中 2018 年采集地下水样 14 次、2019 年 25 次，地下水质常规指标测定结果如表 13.13 所示，其中 2018 年未对地下水样中的重金属指标进行测定。

表 13.13 2018～2019 年雨水渗井地下水质常规指标统计表 单位：mg/L

雨水渗井		统计量	TP	COD	NH_4^+-N	NO_3^--N	TN	Cu	Zn
2018 年 6～12 月	J1	浓度范围	0.023～0.233	16.240～84.953	0.155～0.809	0.025～0.240	0.232～2.145		
		Avg±Sd	0.089±0.070	43.757±20.486	0.584±0.208	0.080±0.064	1.061±0.650		
	J2	浓度范围	0.003～0.241	29.839～79.544	0.471～1.775	0.004～1.815	0.398～5.542		
		Avg±Sd	0.089±0.075	50.032±13.286	0.915±0.338	0.316±0.538	1.743±1.346		
2019 年 1～12 月	J1	浓度范围	0.031～0.172	7.709～92.545	0.058～0.989	0.208～2.805	0.228～3.025	0.005～0.250	0.020～0.708
		Avg±Sd	0.104±0.046	46.508±22.131	0.459±0.236	0.940±0.624	1.281±0.709	0.038±0.053	0.248±0.188
	J2	浓度范围	0.010～0.128	9.432～119.24	0.217～1.930	0.041～1.933	0.222～2.742	0.003～0.183	0.019～0.564
		Avg±Sd	0.056±0.031	53.405±26.022	0.778±0.434	0.470±0.477	1.149±0.528	0.034±0.041	0.191±0.171
2018 年 6 月至翌年 12 月	J1	浓度范围	0.023～0.233	7.709～92.545	0.058～0.989	0.025～2.805	0.228～3.025	0.005～0.250	0.020～0.708
		Avg±Sd	0.092±0.060	43.573±22.733	0.548±0.223	0.456±0.473	1.236±0.669	0.038±0.053	0.248±0.188
	J2	浓度范围	0.003～0.241	9.432～119.24	0.217～1.930	0.004～1.933	0.222～5.542	0.003～0.183	0.019～0.564
		Avg±Sd	0.089±0.066	52.429±21.734	0.809±0.354	0.505±0.566	1.128±0.704	0.034±0.041	0.191±0.171

2018～2019 年的地下水质测定分析结果如表 13.13 所示，从表中可以看出，2018 年、2019 年的监测结果不存在明显的差异，但背景井 J1 与 J2 之间的地下水水质存在差异，J1 处 COD、氨氮、硝氮浓度值略低于 J2，两眼监测井水质中 TP、TN、Cu、Zn 等浓度值不存在明显的差异。因 2019 年对渗井区域的地下水监测频率较高，且监测数据较 2018 年更为完整，故对 2019 年各污染物指标的年内变化进行分析，两眼地下水监测井的水质指标 2019 年的年内变化趋势如图 13.19～图 13.23 所示。

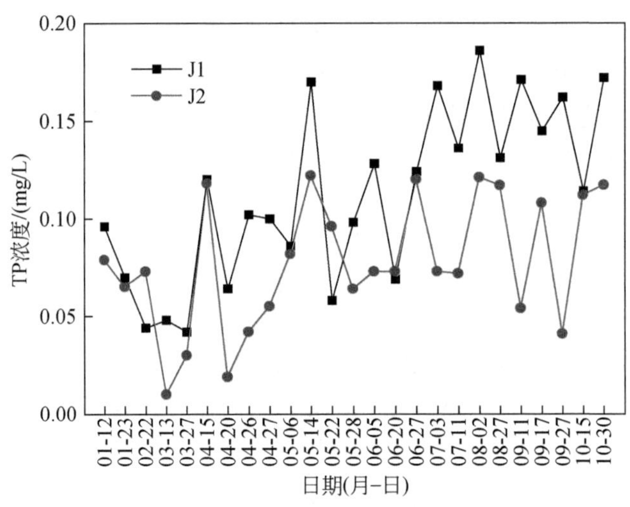

图 13.19　2019 年渗井区域地下水中 TP 浓度的年内变化

从图 13.19 可以看出，渗井区域地下水中 TP 浓度在汛期（6～10 月）较高，非汛期（1～4 月）较低，且距离渗井设施较近的 J1 地下水中 TP 浓度值略高于 J2。监测期内 J1、J2 地下水中 TP 的平均浓度分别为 0.092 mg/L、0.089 mg/L，均小于渗井设施入流水质中 TP 的浓度值 0.104 mg/L。

从图 13.20 可以看出，渗井区域地下水中 COD 浓度在汛期（7～10 月）较高，分析其原因主要是 7～10 月均为 2019 年年内降雨量较高的时期。结合表 12.13，J1 与 J2 地下水质中 COD 的年均浓度质分别为 46.508 mg/L、53.405 mg/L，地下水中 COD 浓度值范围为 7.709～119.24 mg/L。因靠近渗井的 J1 中 COD 浓度值反而低于 J2，故可认为研究雨水渗井的应用未造成地下水中 COD 的迁移转化，主要在于渗井区域地下水埋深较深，为 12～15 m。

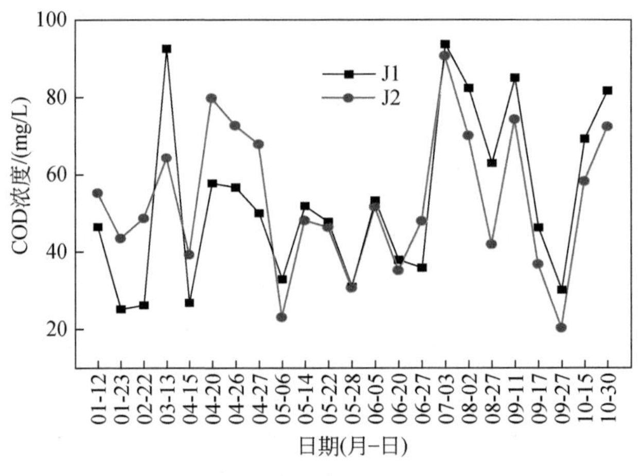

图 13.20　2019 年渗井区域地下水中 COD 浓度的年内变化

从图 13.21～图 13.23 可以分析雨水渗井区域地下水中氮素的年内变化及其相关关系。地下水中氨氮、硝氮浓度值均是 J1 略小于 J2，硝氮浓度值在汛期 7～10 月较高，非汛期 1～5 月较低，而氨氮浓度则与之相反，汛期浓度值较低，非汛期较高，说明地下水中氨氮与硝氮存在着负相关关系。硝氮与 TP 的变化趋势大致相同，故二者存在正相关关系。

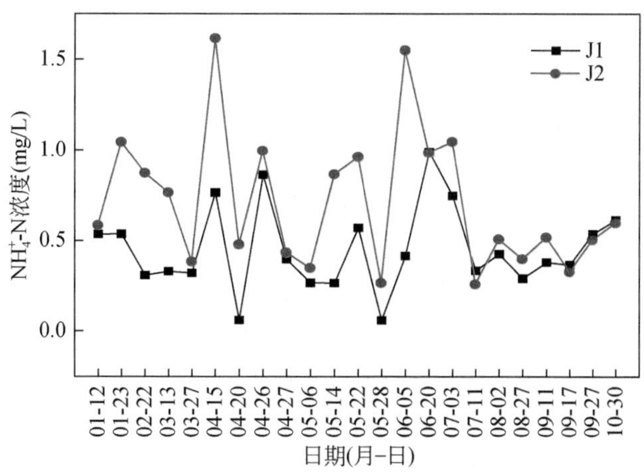

图 13.21　2019 年渗井区域地下水中氨氮浓度的年内变化

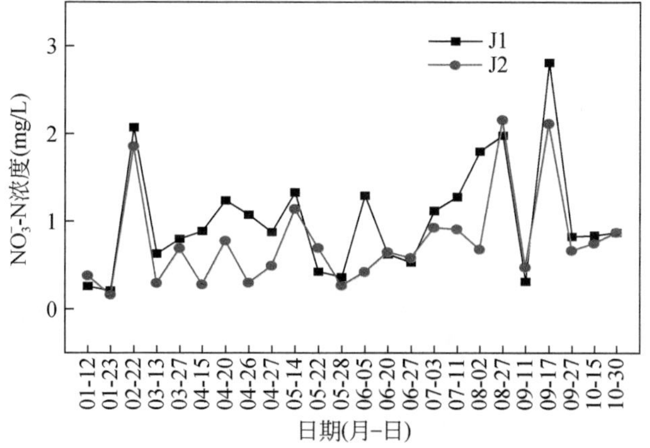

图 13.22　2019 年渗井区域地下水中硝氮浓度的年内变化

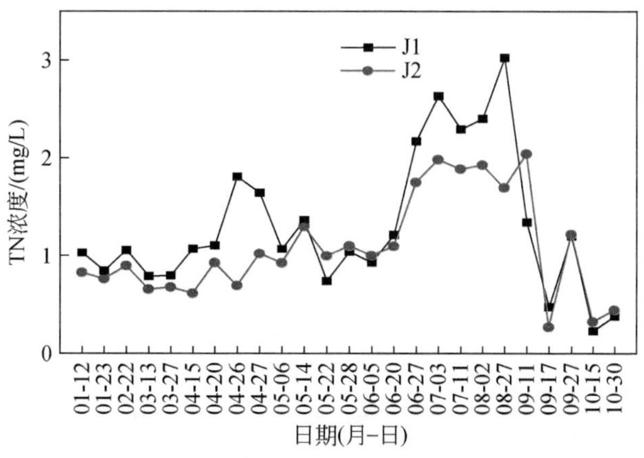

图 13.23　2019 年渗井区域地下水中 TN 浓度的年内变化

从图 13.21 可以看出，J1 与 J2 中氨氮的年均浓度值分别为 0.459 mg/L、0.778 mg/L，分别介于《地下水质量标准（GB/T 14848—2017）》中的III类、IV 标准。因氨氮浓度值较高的监测井 J2 距离渗井设施较远，故不能认定 J2 处较高的氨氮浓度值是渗井设施的降雨集中入渗造成，可能是由于两眼地下水中监测井氨氮本底值存在差异。J1 与 J2 中硝氮的年均浓度值分别为 0.940 mg/L、0.470 mg/L，均属于《地下水质量标准（GB/T 14848—2017）》中的 I 类标准，故从地下水污染风险角度来看，研究区域地下水中不存在硝氮的污染风险。

从图 13.22 可以看出，地下水中 TP 浓度年内变化 6～8 月较高，浓度值为 1.000～3.000 mg/L 之间，而其他月份浓度值为 1.000 mg/L 左右，整体上 J1 浓度值略高于 J2，J1 与 J2 中 TP 的年均浓度值分别为 1.149 mg/L、1.236 mg/L，均低于雨水花园处。

从图 13.24 和图 13.25 可以看出，渗井区域地下水中重金属 Cu、Zn 浓度的年内变化并未呈现出明显的规律，J1 与 J2 监测井中的监测结果亦未出现明显差异。研究区域地下水中 Cu 浓度的年内变化范围为 0.003～0.250 mg/L，J1 与 J2 中 Cu 浓度的年内均值分别为 0.038 mg/L、0.034 mg/L，均属于《地下水质量标准（GB/T 14848—2017）》中的Ⅱ类标准。地下水中 Zn 浓度值的年内变化范围为 0.019～0.708 mg/L，J1 与 J2 年内均值分别为 0.248 mg/L、0.191 mg/L，均属于《地下水质量标准（GB/T 14848—2017）》中的Ⅱ类标准。故从地下水污染的角度来看，研究区域地下水中不存在重金属 Cu、Zn 的污染风险。

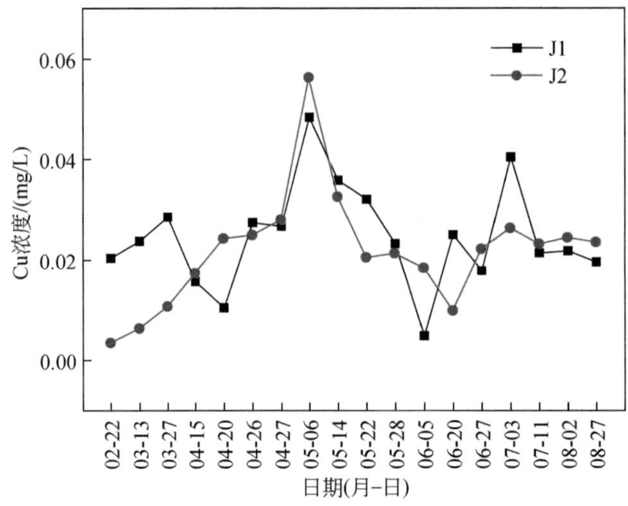

图 13.24　2019 年渗井区域地下水中 Cu 浓度的年内变化

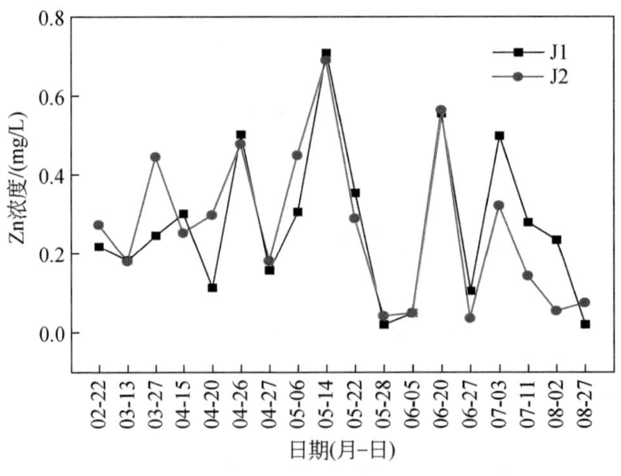

图 13.25　2019 年渗井区域地下水中 Zn 浓度的年内变化

综上所述，雨水渗井设施研究区域的地下水质中 TP、COD、TN、硝氮浓度均呈现出汛期较高、非汛期较低的年内变化趋势，氨氮浓度值呈现出汛期较低、非汛期较高的年内变化趋势，重金属 Cu、Zn 浓度值无明显的年内变化规律；距离渗井较近的监测井 J1 处地下水质中 COD、氨氮浓度值略低于 J2，两眼监测井水质中 TP、TN、硝氮、Cu、Zn 等浓度值不存在明显的差异。

2. 雨水渗井地下水污染评价

（1）地下水环境质量评价结果分析

对渗井区域地下水质的年内变化趋势分析，可以得出，雨水渗井地下水质在汛期非汛期存在着明显的差异，故在对地下水环境质量评价时考虑将其分为年内均值、汛期、非汛期三个角度进行，根据 2019 年渗井区域的月降水量数据将 6～10 月确定为该年的汛期。根据渗井区域的地下水质测定数据资料，确定将氨氮、硝氮、Cu、Zn 作为研究区域的地下水特征污染物指标，测定结果如表 13.14 所示。从表中可以看出地下水中硝氮、Cu、Zn 的浓度均是 J1＞J2，仅氨氮的浓度为 J2＞J1；汛期和非汛期相比，地下水中硝氮、Cu 的浓度大小比较为汛期＜非汛期，Zn 浓度为汛期＞非汛期。

表 13.14　雨水渗井区域地下水特征污染物测定结果表

指标/（mg/L）		氨氮	硝氮	Cu	Zn
年内均值	J1	0.459	0.940	0.038	0.248
	J2	0.682	0.793	0.034	0.191
汛期	J1	0.405	0.846	0.027	0.282
	J2	0.655	0.663	0.022	0.201
非汛期	J1	0.526	1.042	0.054	0.171
	J2	0.590	0.923	0.053	0.169

A. 综合评分法

结合表 13.14 得出雨水渗井背景监测井的单项污染评分值，并应用式（13.1）计算出地下水监测井处的地下水质量综合评分值，如表 13.15 所示。

表 13.15　渗井区域地下水质量综合评分值计算表

指标		氨氮	硝氮	Cu	Zn	F_i	水质级别
年内均值	J1	1	0	1	1	0.88	优良
	J2	3	0	1	1	2.30	良好
汛期	J1	1	0	1	1	0.88	优良
	J2	3	0	1	1	2.30	良好
非汛期	J1	3	0	3	1	2.46	良好
	J2	3	0	3	1	2.46	良好

从表 13.15 可以看出，研究区域对地下水影响较大的污染因子为氨氮；在汛期的评分值 J1＜J2，说明 J1 处地下水质量优于 J2，因监测井 J1 距离渗井设施更近，但水质却更好，很好地证实了渗井设施的应用未对地下水造成负面的影响。造成这一现象的原因，可能是研究区域为新建区域，降雨径流所产生的污染物质较少，故而未发生污染物质向地下水中

的运移，另一方面，两眼地下水监测井相距 20 m，二者的地下水质浓度存在本底差异。

B. 改进的内梅罗指数法

应用改进的内梅罗指数法对渗井区域地下水监测井不同时期的地下水质量进行计算分析，并对地下水水质等级进行评定，计算结果如表 13.16 所示。

表 13.16　雨水渗井地下水改进的内梅罗指数法计算结果表

编号		各污染因子的单项指数 N_i				内梅罗指数值	等级判定
		氨氮	硝氮	Cu	Zn		
年内均值	J1	0.92	0.05	0.04	0.25	0.41	Ⅰ类
	J2	1.36	0.04	0.03	0.19	0.62	Ⅱ类
汛期	J1	0.81	0.04	0.03	0.28	0.36	Ⅰ类
	J2	1.31	0.03	0.02	0.20	0.55	Ⅰ类
非汛期	J1	1.05	0.05	0.05	0.17	0.46	Ⅰ类
	J2	1.18	0.05	0.05	0.17	0.51	Ⅰ类
地下水Ⅲ类标准		0.50	20	1.00	1.00		

从表 13.16 可以看出，渗井设施建设区域的地下水质除 J2 的年内均值对应的内梅罗指数值隶属于Ⅱ类水质外，其他项均处于Ⅰ类水质的状态，整体上研究区域地下水质量较好。通过 J1、J2 的内梅罗指数值的对比，汛期和非汛期二者的关系均为 J1＜J2，说明距离渗井设施较近的地下水监测井 J1 处的地下水质量好于 J2，如果渗井设施集中入渗对地下水质有影响，应该是 J1 处地下水质较差，从这个角度证实了雨水渗井对地下水质不存在负面影响。

（2）地下水环境容量指标评价法结果分析

根据研究区域地下水监测数据资料，确定将氨氮、硝氮、Cu、Zn 作为研究区域地下水特征污染物。应用上述公式对渗井设施附近的两眼地下水监测井的多组分容量评价指数进行计算，地下水质量标准选用《地下水质量标准（GB/T 14848—2017）》中的Ⅲ类标准，计算结果如表 13.17 所示。

表 13.17　雨水花园地下水多组分容量评价指数计算结果

项目	年内均值		汛期		非汛期	
井编号	J1	J2	J1	J2	J1	J2
多组分容量评价指数值	0.877	0.858	0.888	0.868	0.864	0.859

从表 13.17 可以看出，无论是汛期、非汛期两眼地下水监测井的多组分容量评价指数值均介于 0.8～1.0 之间，即对应水环境风险等级为优，水环境质量较好。无论汛期还是非汛期，两眼地下水监测井处的多组分容量评价指数值的相关关系均为 J1＞J2，说明距离渗井设施较近的 J1 处地下水质好于 J2 处，进一步证实雨水渗井降雨径流集中入渗未对渗井设施地下水产生负面影响，该结果与改进的内梅罗指数法计算出的结果一致。

（3）结果分析

应用地下水质量综合评分法、改进的内梅罗指数法、地下水环境容量指标评价法对渗井建设区域的地下水质进行评价，结果表明研究区域的地下水质较好。且距离渗井设施较近的 J1 地下水水质优于距离渗井较远处的 J2，故从雨水径流集中入渗的角度来看，雨水渗井未对研究区域的地下水质造成负面影响。

水资源的重复利用是当今社会各界关注的问题，再生水回灌是当下水资源重复利用的重要方式，已有多个城市开展了再生水回灌地下水的试点工作。与再生水回灌的实际案例相对比，研究区域的屋面雨水径流水质较好，且渗井设施同样存在径流入渗的填料处理过程，故有必要进一步开展雨水渗井回灌地下水的相关研究，以推进我国再生水利用的进一步发展。

13.4 雨水径流集中入渗对地下水影响的模拟研究

13.4.1 雨水花园对地下水影响的模拟预测

1. 雨水花园概念模型

雨水花园区内地下水动态监测井始建于 2012 年，2012 年开始全面监测，2017 年之前共有监测井 3 个，2018 年在 2#花园溢流口增加一观测井（J2），其中，为了研究小区域内降雨对雨水花园的影响，将采用人工边界作为模型边界，通过对西安地区地下水研究，将水流模型定义为西东走向，南北为隔水边界，与外界物质交换通量为零。

地下水数值模拟主要将复杂问题简单化，这就要求在收集资料时，对研究区域进行合理的网格化。因此，一个可靠且较准确的模型应包括下面几个部分：模型网格后的数值模型是否能够真实的反映地下介质性能的真实情况；模型网格后的初始水头、人为定义的边界是否合理可靠；模型网格后的各内部参数、外部输入的参数是否接近真实的土质岩性；所建立的概念模型是否具有完整的隔水、补排泄条件；模型网格后的数值模型是否能正确表达该区域的地下水径流状况等。

根据研究区域基本情况，对研究区的水文、水文地质条件进行分析和总结，建立适用于该区域的地下水概念模型，由于入渗范围较小且不同雨水花园集中入渗大气补给量差异大，所以为确定研究区补给和排泄情况，拟采用定水头边界。定水头边界的确定以 J2 和 J3 动态资料为依据，确定东边界和西边界，初始条件采用 J2 和 J3 的模拟期观测的第一天数据。无其余源汇项，最终确定以位置水头作为总水头，其边界水头为 16 米。为便于计算，将含水层介质概化为各向同性均匀介质的三维非稳定流。

将研究区域概化为长 90 m、宽 50 m 的区域，如图 13.26 所示。参考在模拟时采用 90 m×50 m 的等间距网格剖分，每个网格为 1 m×1 m，共 90 列 50 行，如图 13.27 所示。

2. 水文地质数学模型

根据上文建立的花园地下概念模型，并对模拟区域地下水含水层进行合理、科学的概化。研究区域的范围较小，观测资料不全，缺乏周边回灌设施及其他实验试抽水资料，故将当地的地下水简化为两个补充来源、一个排泄途径。补给包括一为大气降雨的缺省补给，二为汇流强补给；排泄途径为浅层地下水的蒸发。这三者共同作用成为该区域内的源汇项。并将其定义为三维非稳定流，Viaual MODFLOW 所建立的适用于该条件下的数学方程为

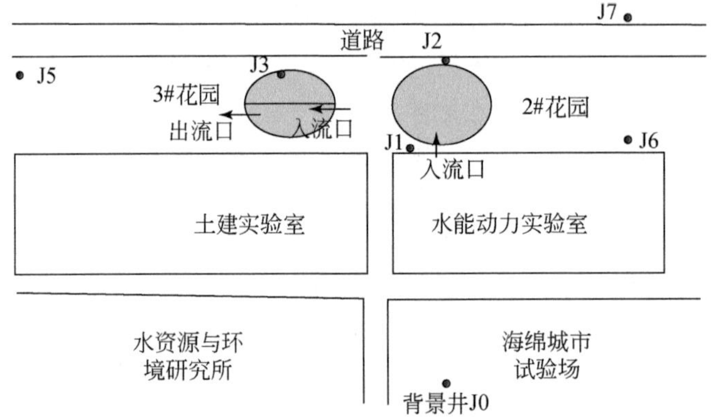

图 13.26　研究区域概化图

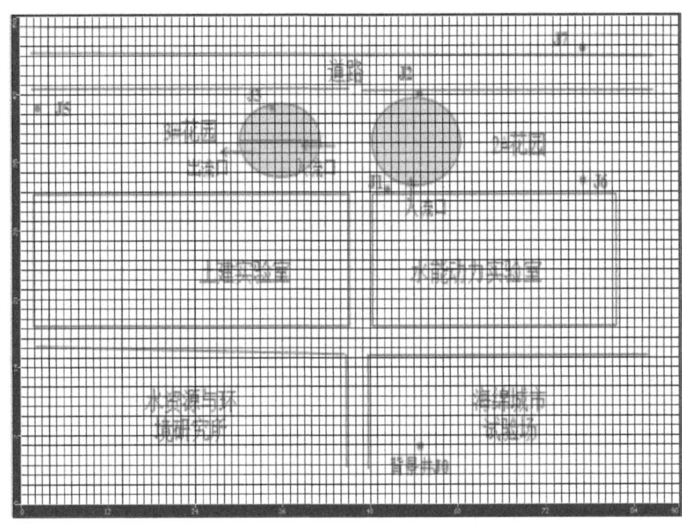

图 13.27　研究区域网格剖分图

Viaual MODFLOW 所建立的适用于该条件下的数学方程如下所示：

$$
\begin{cases}
\dfrac{\partial}{\partial \chi}\left(K_x \dfrac{\partial \mathrm{h}}{\partial y}\right)+\dfrac{\partial}{\partial y}\left(K_y \dfrac{\partial h}{\partial y}\right)+\dfrac{\partial}{\partial z}\left(K_z \dfrac{\partial h}{\partial z}\right)-q=s_y \dfrac{\partial H}{\partial t} \\
(x,y,z)\in \varepsilon \\
H(x,y,z,t)=H_0(x,y,z) \\
\end{cases}
\tag{13.11}
$$

$$
H\big|_{\varepsilon}=H(x,y,z) \tag{13.12}
$$

式中：K 为三个方向（x, y, z）边界法线方向渗透系数，cm/s；q 为源汇项强度（集中入渗强度），1/d；s_y 为含水层给水度，矢量；H 为地下水水头，m；ε 为浅层潜水模拟区域；H_0 是初始水头边界（模型的初始条件），m；$H\big|_{\varepsilon}$ 是模型的定解条件（第一类定水头边界），m。

3. 水文地质参数

根据上文收集到的雨水花园及其周边区域模型所需资料，由于收集到的资料有及便于计算，将各块简化成各项均质非稳定流计算，除大气降水外无其他源汇项。2#雨水花园收集其周边建筑物的屋面雨水，蓄水层的深度是 20 cm，面积约是 30.24 m^2，汇流比是 20∶1，汇流面积是 604.7 m^2，3#的两个雨水花园根据地形接受路面雨水径流，根据是否具有渗透性被一分为二，它可被概化为长直径为 6.2 m 和短直径为 2 m 的椭圆，汇流比为 15∶1，花园面积约 9.74 m^2，汇流面积 155.84 m^2，2#花园和 3#花园属于大型洼地。根据上文的降雨入渗补给进行模型计算，降雨补给与相对湿度和温度的关系和不同雨水花园的补给情况如图 13.28 所示。模型的初始条件以长期动态监测数据为依据，除去异常数据筛选出合理的 J3 和 J2 监测井地下水位埋深数据。通常而言，应选择具有丰水期和枯水期的观测数据，即选择一个完整的水平年作为模拟期。根据第 2 章对雨水花园 2016 年和 2018 年地下水位埋深的长期观测可知，2016～2018 年雨水花园集中入渗后的地下水埋深均值为 3.0～4.5 m。故本次研究选取 2018 年 6 月 1 日的流场作为地下水模拟的初始流场，模拟期为 480 天，以 1 个月为一个步长。

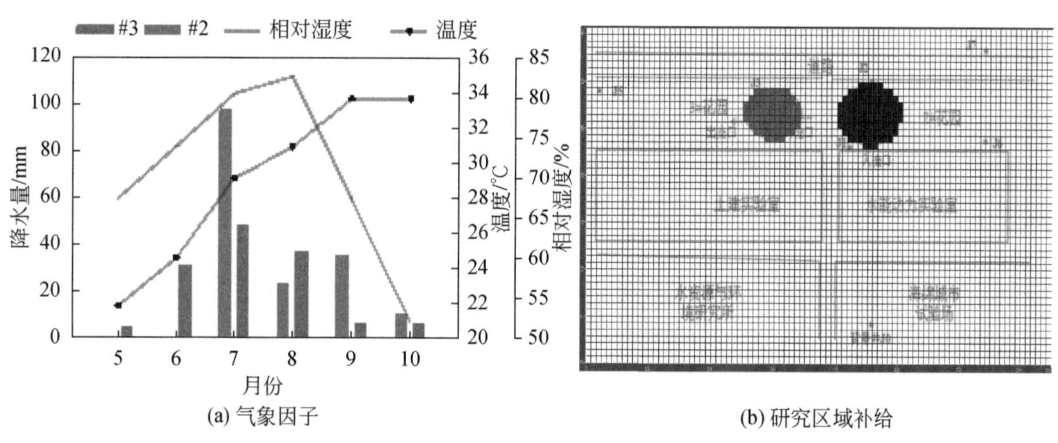

(a) 气象因子

(b) 研究区域补给

图 13.28 雨水花园补给

Visual Modflow 模型参数包括外部参数（源汇项、边界条件、蒸发等）和内部参数（下渗速度、储水率、给水度、孔隙度等）。在 2016～2018 年度数次观测结果显示，雨季雨后地下水位有回升，非雨季的地下水位埋深稍有降低，数值模拟中通过分析取地下水位埋深均值的整数作为初始地下水埋深。研究区域的渗透系数经常年动态资料观测和实验取其均值为 2.7×10^{-5} m/s。由于研究区面积不大，且含水介质相对比较均匀，故按照传统做法，将整个研究区的渗透系数取为同一数值。2#的均质是当地黄土，3#是为分层填料，土壤样品经测量显示属于粉砂土且随时间推移，粉砂土的含量在缓慢增加，2015 年底达到 73.49%，储水率取 10^{-5} m^{-1}，重力给水度取 0.208，有效孔隙率取 0.3，总孔隙率取 0.3。

4. 源汇项计算与处理

在场次降雨的观测条件下，雨水花园可在一定范围及程度上补给地下水。雨水花园作为小型的生态系统，其植物叶面和根系会阻挡、滞纳部分汇流收集到的水量，在这个系统中，水资源量守恒，大气降水一部分在未抵达地面前有少量雨水被蒸发，到达地面后一部分被滞留在包气带和植物叶面上，另一部分通过包气带汇入地下径流中，还有少量的雨水被用于包气带的蒸发和使包气带达到饱和状态。上述降雨集中汇流的量由上到下汇入到地下水径流的全过程中，可被归纳总结为一般降雨入渗补给如图 13.29（a）所示，有填洼或渗沟等非平地表面入渗补给地下水机理如图 13.29（b）所示。

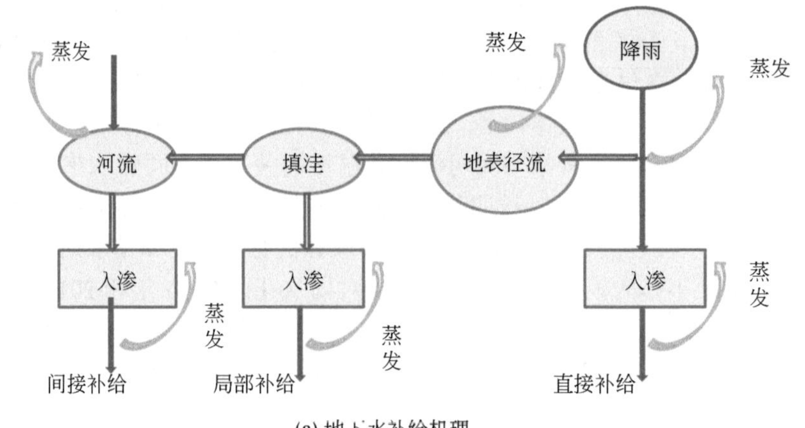

(a) 地下水补给机理

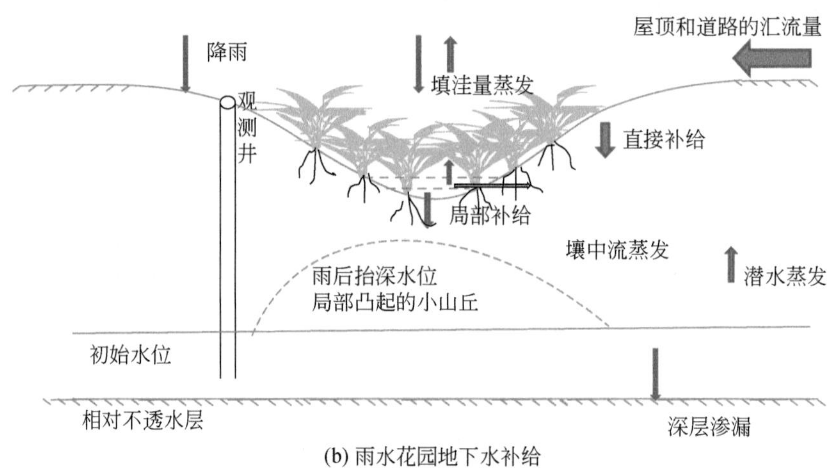

(b) 雨水花园地下水补给

图 13.29　地下水补给机理

除特殊的地质岩性，一般地质中潜水层均符合达西定律，通常而言，降雨汇流到地表面时先进行横向扩散，当下渗速度大于降雨强度时，降雨渗入土壤包气带中，并随着降雨逐渐达到饱和状态，纵向扩散速度一般为横向扩散的十分之一。地下水补给量的推算方法较多，然而各种计算方法有一定的差异且要求比较严格，如具有连续长期动态数据、使用的范围无其余源汇项或地面要求平整无可截留降雨量，目前经常采用的方法可划分为物理、化学和数值模拟三大类：①物理，如地下水位波动（WTF）或渠道水量预算；②化学，如氯化物质量平衡或应用示踪剂；③数值，如降雨/径流模型或可变饱和流动模型（HYDRUS)。降雨入渗补给对正确评价雨水、土壤水与地下水“三水转换”环节具有重要意义。地下水的补给类型如图 13.29（a）所示，包括直接补给、局部补给和间接补给。雨水花园地下水补给如图 13.29（b）所示，主要包括直接补给和局部补给，在这个系统中，水资源量守恒，大气降水一部分在未抵达地面前有少量雨水被蒸发，到达地面后一部分被滞留在包气带和植物叶面上，另一部分通过包气带汇入地下径流中，还有少量的雨水被用于包气带的蒸发和使包气带达到饱和状态。参考有关前人关于雨水花园包气带介质的渗透性能，其中粉砂土含量达到最大并有逐年增加的趋势，目前可将花园系统中包气带介质入渗率为 2.277 m/d（仵艳，2016）。Loheid（2005）通过使用变饱和带二维数值模拟（VS2D）提出不同介质瞬时给水度的合理取值，当埋深较浅时可采用式（13.13）进行计算。该系统中多年饱和含水量通常为 40.2%～50.0%，雨前包气带湿度较小，含水量通常为 19.5%～29.1%，给水度值介于 0.111～0.305。Gerla（1992）提出了一种适用于地下水位较浅的给水度计算方法，式（12.14）给水度值介于 0.031～0.829 之间，给水度初始值采取两种计算方法的平均值取 0.208。美国爱荷华州的 Walnut Creak 湿地中藨草生长区的地下水蒸发蒸腾量，采用式（13.14）。得到表 13.18 中#2 和表 13.19 #3 的地下水补给、给水度、地下水位高差。

$$S_y = \theta_s - \theta_{surface} \tag{13.13}$$

$$S_y = \frac{P_r}{\Delta H} \tag{13.14}$$

式中，S_y 是给水度；θ_s 是饱和含水率，%；$\theta_{surface}$ 是地表含水率，%；P_r 是降雨补给，mm；ΔH 是地下水水位埋深高差，mm。

表 13.18　雨水花园降雨补给量计算结果（2#雨水花园）

降雨场次	降雨量 P/mm	高差 ΔH/mm	降雨补给 P_r/mm
2018-06-08	20.8	100	20.8
2018-06-18	23.6	0	0
2018-06-26	21.8	610	126.88
2018-07-02	25.6	653	135.82
2018-07-04	46.8	366	76.13
2018-07-09	12.2	48	9.98
2018-07-26	16.4	—	—
2018-08-09	33.2	45	9.36
2018-08-22	32	59	12.27
2018-09-05	9.6	0	0
2018-09-15	34.2	210	43.68
2018-09-18	17.4	127	26.42
2018-09-27	5.6	81	16.85
2019-04-20	38.8	367	76.336
2019-04-28	13.5	350	72.8
2019-05-06	22.8	185	38.48
2019-05-28	11.8	190	39.52
2019-06-21	19.8	175	36.4
2019-06-28	36.8	201	41.808
2019-07-17	12.2	171	35.568
2019-08-26	23.7	250	52
2019-09-16	22.3	186	38.688

表 13.19　雨水花园降雨补给量计算结果（3#雨水花园）

降雨场次	降雨量 P/mm	高差 ΔH/mm	降雨补给 P_r/mm
2018-06-08	20.8	228	47.42
2018-06-18	23.6	314	65.31
2018-06-26	21.8	92	19.14
2018-07-02	25.6	193	40.14
2018-07-04	46.8	378	78.62
2018-07-09	12.2	109	22.67
2018-07-26	16.4	112	23.3
2018-08-09	33.2	192	39.94
2018-08-22	32	133	27.66
2018-09-05	9.6	0	0
2018-09-15	34.2	—	—
2018-09-18	17.4	55	11.44
2018-09-27	5.6	65	13.52
2019-04-20	38.8	132	27.456
2019-04-28	13.5	65	13.52
2019-05-06	22.8	45	9.36
2019-05-28	11.8	140	29.12
2019-06-21	19.8	205	42.64
2019-06-28	36.8	292	60.736
2019-07-17	12.2	112	23.296
2019-08-26	23.7	350	72.8
2019-09-16	22.3	173	35.984

5. 模型识别与水流模拟结果

Visual MODFLOW 中参数的识别和检验方法主要是通过模型中计算水头和观测水头随时间的拟合结果，即水头随时间变化结果离 45 度蓝线越近越好。并通过 Sigmaplot 绘图软件刻画出模型计算的地下水位月平均埋深和观测的月平均地下水位埋深拟合值。本模型的识别期为 2018 年 6～12 月，验证期为 2019 年 1～9 月，识别与验证结果如图 13.30 所示，J1、J2 和 J3 地下水位埋深和时间变化观测值与模拟值进行曲线拟合（图 13.31），结果表明，模型能较好地反映研究区域的实际情况。

6. 模型的参数敏感性分析

参数敏感性分析是地下水水流模拟和溶质运移模拟的必要环节，地下水数值模拟中参数的敏感性反映了改变外部条件或内部条件时，模型计算结果对不同参数的响应程度（王洪涛，2008）。Visual MODFLOW 中 PEST 模块可对模型多种参数四种方式调节，并将参数值以 txt 的形式输出，对于经验值有较好的调节作用。通常情况下，对于已知的钻孔资料可进行敏感性分析，并对识别后的各项参数（含水层参数、外部影响、内部影响等）的不确定性进行量化并判断对水流模型计算结果的影响程度，从而提高模拟结果的精度。在不同

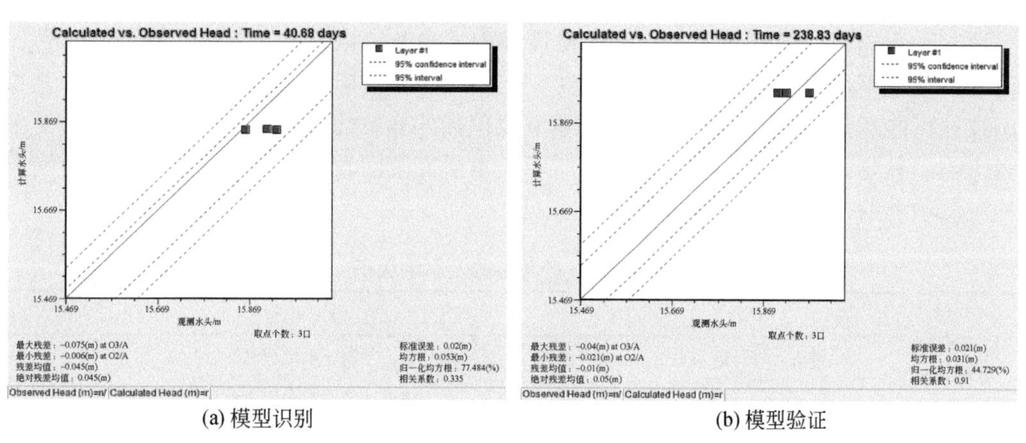

(a) 模型识别　　(b) 模型验证

图 13.30　模型的识别与验证

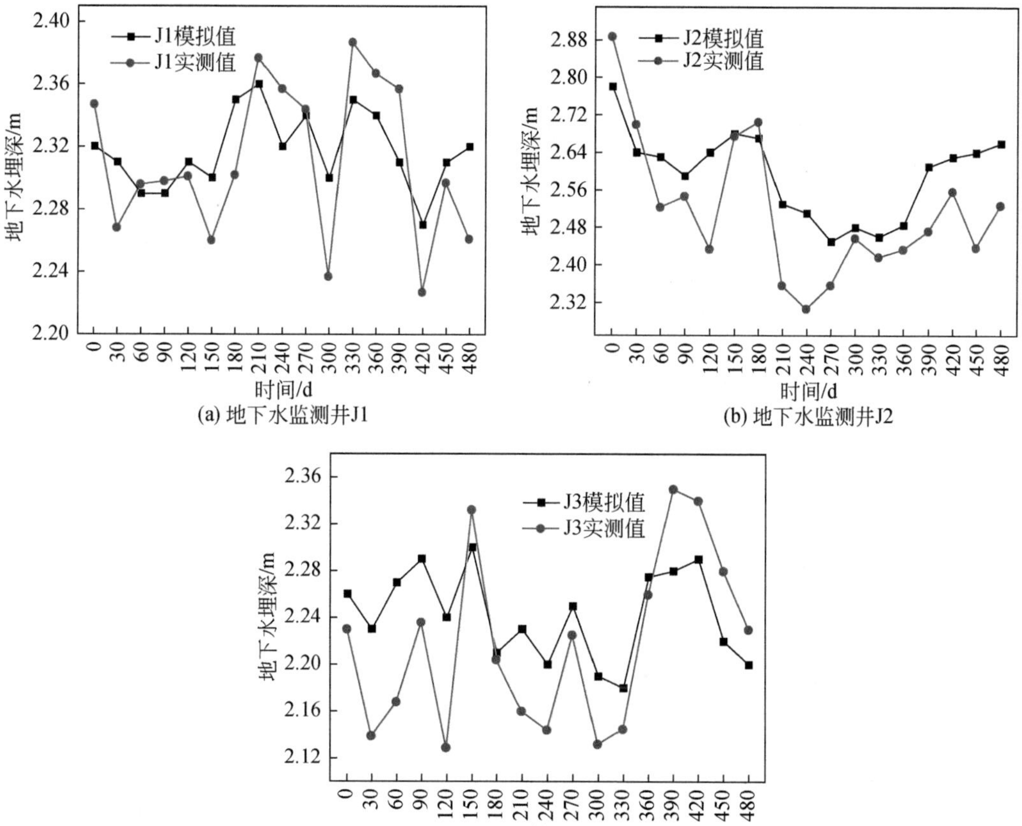

(a) 地下水监测井J1

(b) 地下水监测井J2

(c) 地下水监测井J3

图 13.31　地下水流模拟与实测值的拟合结果

的专业领域采用的参数敏感性方法大同小异，按照求解原理可以分为 Morris 筛选法、蒙特卡罗法、矩方程法、贝叶斯法等。Morris 筛选法在水文领域及水文模型参数识别可进行全局敏感性分析而被广泛应用（李家科等，2017），本研究采用 Morris 筛选法进行地下水外部参数和内部参数的筛选与识别。

地下水水流数值模拟和水质运移模拟过程中的参数可以分为外部参数和内部参数，郑春苗等关于地下水中参数的调节幅度为 1%～5%，而在实际工程中，参数要达到理想拟合状态往往可能达到 50%。本次花园模拟中主要包括外部参数和内部参数，且各参数受多种因素影响，具体的影响因素如表 13.20 所示。本研究范围较小，研究区范围内没有河流及其他源汇项补给，最终确定影响因子。

表 13.20　各种参数及影响因子

参数		影响因素
外部因素	降雨入渗补给系数	①降水历时；②降雨强度；③地下水位埋深
	蒸发升腾量	①水面蒸发强度；②下垫面；③地下水位埋深
内部因素	渗透系数	①渗流液体物理性质；②含水层岩性；③含水层颗粒分选状况；④尺度
	给水度、储水率	①岩性；②底层结构；③地下水位埋深；④尺度
	孔隙度	①岩性；②尺度

文中利用 Morris 方法对内部因素和外部因素以 5%为固定步长进行敏感性分析，取值范围在各参数值的−20%到+20%以每 5%变化进行取值，结果如表 13.21 所示。可知，外部因素比内部因素影响更大，补给强度为稍敏感参数，渗透系数、储水率、给水度和孔隙度为小范围内的不敏感参数。

表 13.21　参数敏感性分析结果

分类	参数	物理意义	单位	取值范围	敏感度值	敏感等级
外部因素	补给强度	降雨强度、降雨历时	mm/a	38.4～1353.6	3.81047e-5	不敏感
内部因素	渗透系数	空隙介质、颗粒特性	m^3/d	0.0000216～0.0000324	0	不敏感
	储水率	地下水位埋深、尺度	m^{-1}	0.000008～0.000012	0	不敏感
	给水度	岩性、尺度	—	0.16～0.24	0	不敏感
	孔隙度	岩性、尺度	—	0.24～0.36	0	不敏感

7. 模型预测

（1）雨水花园地下水流模拟预测

经过模型的识别与验证，已经证明了该模型在所设置参数及汇源项条件下能够对研究区域的地下水情况进行模拟。为了保证地下水模拟的准确性，一般以验证期限结束之后地下水流场作为初始的地下水流场。

本节 2019 年 9 月 9 日流场作为初始流场，假设了 2020 年作为丰、平、枯三种不同水平年份情景，对 2020 年底的地下水流场进行了预测。其中丰、平、枯三种水平年份的降雨量参照研究区域雨量的皮尔逊 III 型曲线分析结果，对应的年雨量分别为 649.29 mm、560.37 mm、481.92 mm。

经过 MODFLOW 模型模拟预测，得出 2020 年作为丰水年、平水年、枯水年三种情景下的年末地下水埋深等值线图，为了方便显示，应用 ArcGIS 中的 Kriging 差值方法对地下水埋深等值线进行绘制，如图 13.32 所示。

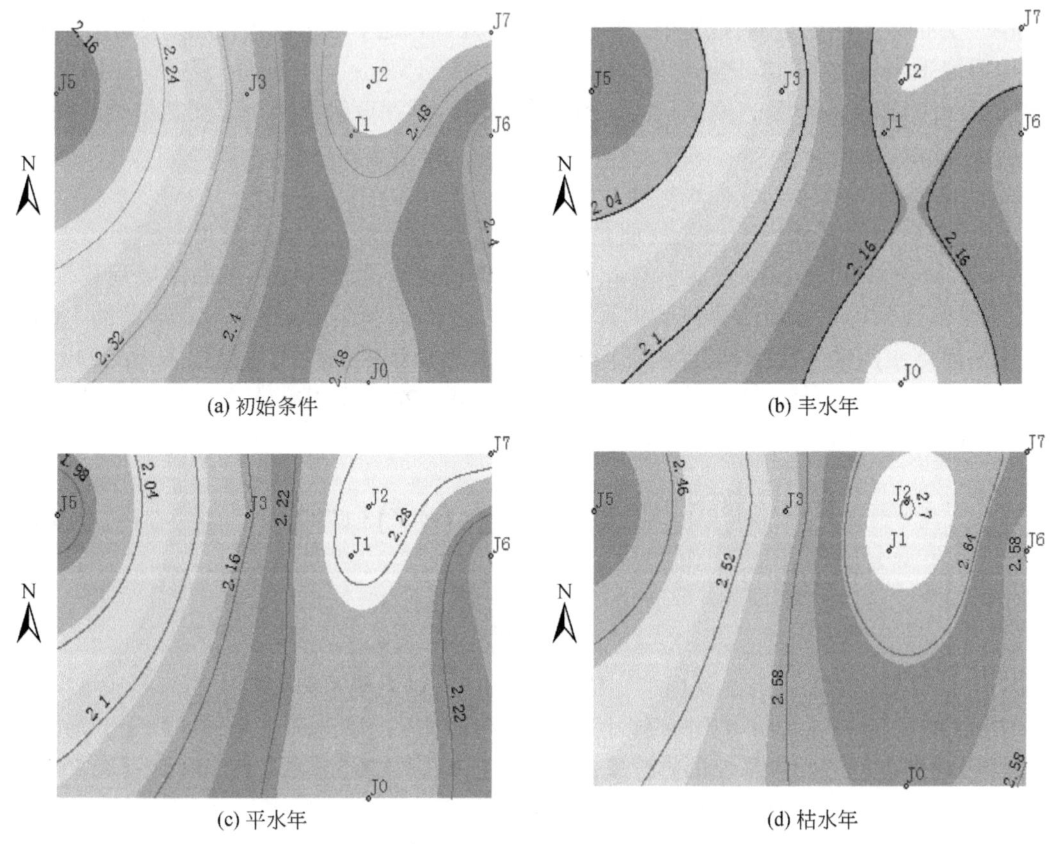

(a) 初始条件　(b) 丰水年　(c) 平水年　(d) 枯水年

图 13.32　不同情景下的地下水等值线图（单位：m）

结合模拟结果（表 13.22），不难得出，相较于 2019 年 9 月 9 日的初始地下水埋深，2020 年作为丰水年时雨水花园处的地下水监测井的地下水埋深上升幅度为 0.27～0.38 m；2020 年作为平水年时，地下水埋深上升幅度为 0.16～0.27 m；2020 年作为平水年时，地下水埋深下降幅度为 0.14～0.33 m。与实际监测情况相同，2#雨水花园溢流口处 J2 的变化幅度最大，3#雨水花园处 J3 的变化幅度最小。

表 13.22　不同情境下的地下水埋深及其变幅　　单位：m

时间	项目	J1	J2	J3
2019 年 9 月 9 日	地下水埋深	2.46	2.58	2.33
丰水年	地下水埋深	2.17	2.2	2.06
	变幅	0.29	0.38	0.27
平水年	地下水埋深	2.3	2.31	2.15
	变幅	0.16	0.27	0.18
枯水年	地下水埋深	2.79	2.81	2.47
	变幅	−0.33	−0.23	−0.14

对地下水埋深年际变化的分析结果表明，相较于 2018 年末，2019 年末的实际地下水埋深上升幅度约为 0.5 m。而模拟结果中的地下水埋深变化幅度较小，主要是有两个方面的

原因，一方面，本次模拟的预测期从 2019 年 9 月开始，地下水埋深数值相对年初已经有所上升，而地下水埋深年际变化的计算数值为年初年末的变幅；另一方面，根据马亚鑫（2017）针对西安市的地下水埋深的模拟分析，模拟的地下水埋深变幅亦略小于实测结果。故本次模拟的结果是合理的。

（2）雨水花园地下水质扩散分析

为了明确雨水径流中的污染物质是否会对雨水花园地下水质造成负面影响，本节在上述选择 MODFLOW 模拟软件中的 MT3DMS 模块进行雨水花园区域的溶质运移模拟。通过对雨水花园地下水质污染风险的评价结果，选择了对地下水质有一定影响的 COD、TN 作为地下水污染物质指标。雨水花园 COD、TN 入流浓度的最大值分别为 169.94 mg/L、6.93 mg/L，均远超《地表水环境质量标准（GB3838—2002）》中的Ⅴ类标准。本节选用的地下水溶质运移数学模型为

$$n\frac{\partial C}{\partial t}=\frac{\partial}{\partial x_i}\left(nD_{ij}\frac{\partial C}{\partial x_j}\right)-\frac{\partial}{\partial x_i}\left(vCV_i\right)\pm C'W \tag{13.15}$$

$$D_{ij}=\alpha_{ijmn}V_mV_n/\left|V\right| \tag{13.16}$$

式中，n 为有效孔隙度，与水流模拟一致，取值 0.3；C 为模拟污染物质的浓度（本项研究主要指 COD、TN），mg/L；C' 为模拟污染质的源汇浓度；W 为源汇单位面积上的通量；V 为孔隙平均速度；D_{ij} 为含水层的弥散度；α_{ijmn} 为含水层的弥散系数；V_m、V_n 分别为方向 m、n 上的速度分量；$\left|V\right|$ 为速度模。

地下水溶质运移模拟的关键参数为弥散度，而获取此项参数的方法主要有现场弥散实验以及室内土柱弥散实验两种，本项研究未进行弥散实验获取弥散系数、参数度等参数，故本节通过查阅文献获取了关中盆地的弥散度 1.45 cm。研究区域的渗透系数取值为 2.402 m/d。其他内部参数的取值分别为储水率 $10^{-5}\ \mathrm{m}^{-1}$，重力给水度 0.208，有效孔隙率 0.3，总孔隙率取 0.3。

在雨水花园水流模拟的基础上，结合 2018～2019 年的地下水 COD、TN 浓度的实测资料结果，应用 MODFLOW 模拟软件中的 MT3DMS 模块进行模拟分析。本节针对有可能进入地下水含水层的 COD、TN 作为地下水污染物质指标，以 2018 年初地下水中污染物等值线扩散情况为初始条件（图 13.33），根据雨水花园入流浓度的最高值假设进入含水层的浓度分别为 200 mg/L、7.00 mg/L，分别以丰、平、枯三种水平年份进行注水，持续一年时间，模型输入情况见表 13.23。污染物质的扩散结果如图 13.34 所示。

表 13.23　不同水平年份模型输入表

项目		2#花园	3#花园
注水量/m^3	丰水年	350	90
	平水年	300	80
	枯水年	250	70
TN 输入浓度/（mg/L）		7.00	7.00
COD 输入浓度/（mg/L）		200	200

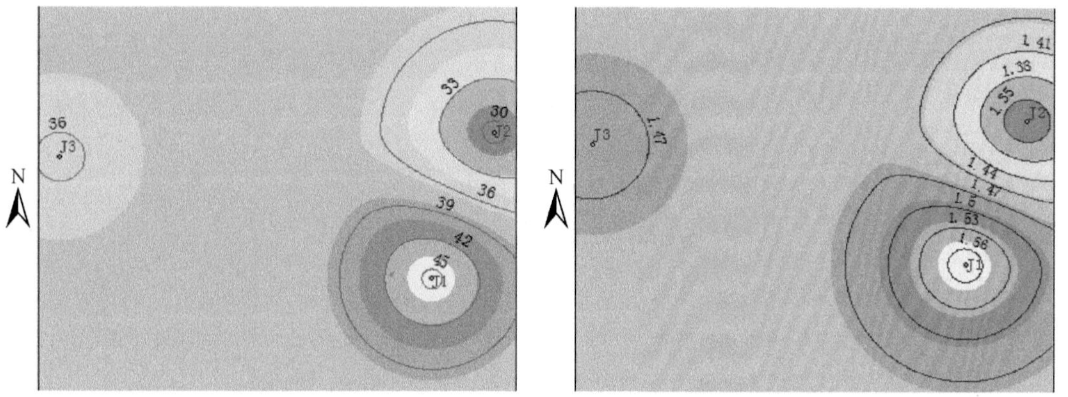

(a) 地下水中COD浓度等值线图

(b) 地下水中TN浓度等值线图

图 13.33　2018 年初地下水中污染物质等值线图（单位：mg/L）

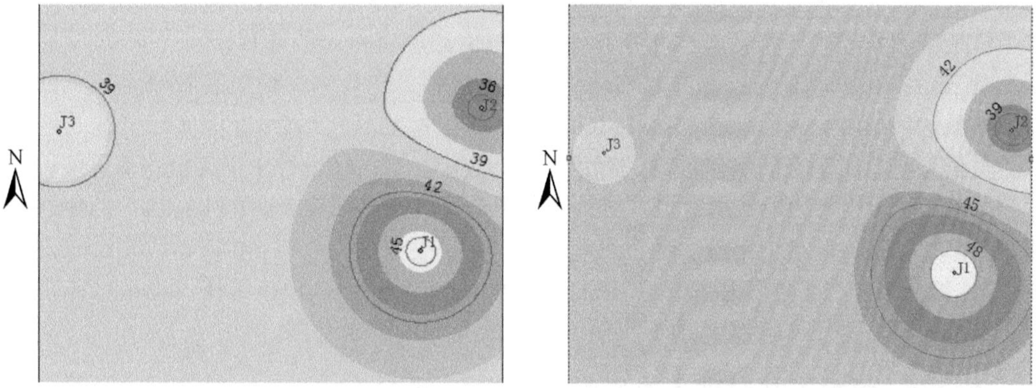

(a) COD平水年一年等值线扩散图

(b) COD丰水年一年等值线扩散图

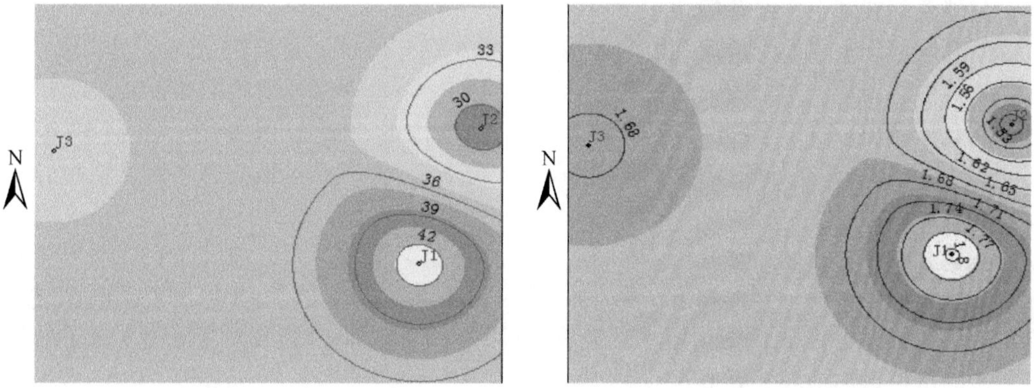

(c) COD枯水年一年等值线扩散图

(d) TN平水年一年等值线扩散图

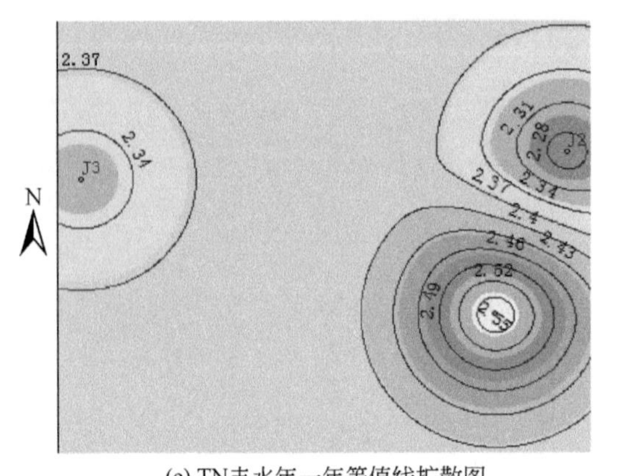

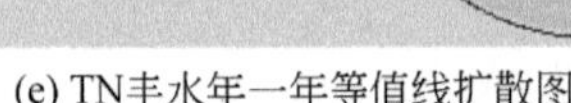
(e) TN丰水年一年等值线扩散图

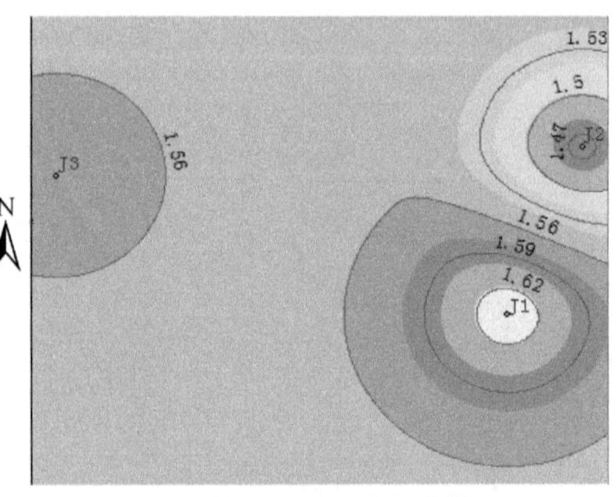

(f) TN枯水年一年等值线扩散图

图 13.34　地下水中污染物质扩散结果图（单位：mg/L）

从图 13.33 和图 13.34 可以看出：雨水花园在丰水年、平水年、枯水年雨水径流入渗条件下未发生 COD 浓度的迁移转化，主要原因在于雨水径流集中入渗对地下水中 COD 浓度的影响是短暂的。而在丰水年之后 TN 浓度会发生一定的迁移，故可认为雨水径流集中入渗会对雨水花园地下水中 TN 浓度有一定的影响，与地下水质监测分析结果相同，而丰水年中汛期降雨量较大，故在丰水年后地下水中 TN 浓度有一定的迁移。

利用雨水花园现有的监测井建立地下水概念模型，进行水文地质参数概化、源汇项计算及参数的敏感性分析，通过 Visual MODFLOW 软件建立符合雨水花园实际情况的地下水水流数值方程，对未来的水位埋深进行预测。通过丰、平、枯三种水平年份的情景假设，对研究区域 2020 年末的地下水等值线进行了模拟预测，预测结果表明雨水花园内的地下水埋深在丰、平、枯三种水平年份后地下水埋深的上升幅度分别为 0.27～0.38 m、0.16～0.27 m、−0.33～−0.14 m；在丰水年后地下水中 TN 浓度有一定的扩散。模拟结果可为雨水花园不同水平年份条件下地下水埋深、地下水质变化的研究提供数据支撑。

13.4.2　雨水渗井对地下水影响的模拟预测

1. 沣西新城地下水概念模型

研究区地下水主要受渭河和沣河的影响如图 13.35 所示，在天然的河流边界下，为探索整个沣西新城地下水情况，结合研究区域现有的地下水埋深及地质勘探资料，现有的监测井网几乎覆盖了 2/3 个片区，区内地下水动态监测井网始建于 2016 年，2016 年 6 月份 13 个监测井开始全面监测。截至 2018 年底，沣西新城海绵试点区域共有水位监测井 14 个，以水位监测为主。

该研究区域地基通过钻孔（未穿透，未见承压层）资料可知，咸阳职业技术学院雨水渗井区域土层自上而下分为如下 7 层，如图 13.36 所示。2017 年 7～8 月研究区域Ⅱ稳定地下水埋深在 14.5～15 m，据区域水文地质资料，地下水位年内季节性变幅约 1.5 m 左右，多年最高水位可达地表下 8 m 左右。

本研究通过沣西新城多个地下水观测井在 2016 年的观测数据确定地下水流场，模拟区域具有天然的河流边界和多个观测井数据，西邻渭河、东邻沣河，相对于人为定义的小区域水头边界，渭河和沣河的天然河流边界可以更准确的预测整个试点区域地下水流场变化。根据第 3 章对研究区域Ⅱ概述，对研究区的水文、水文地质条件进行分析和总结，并结合

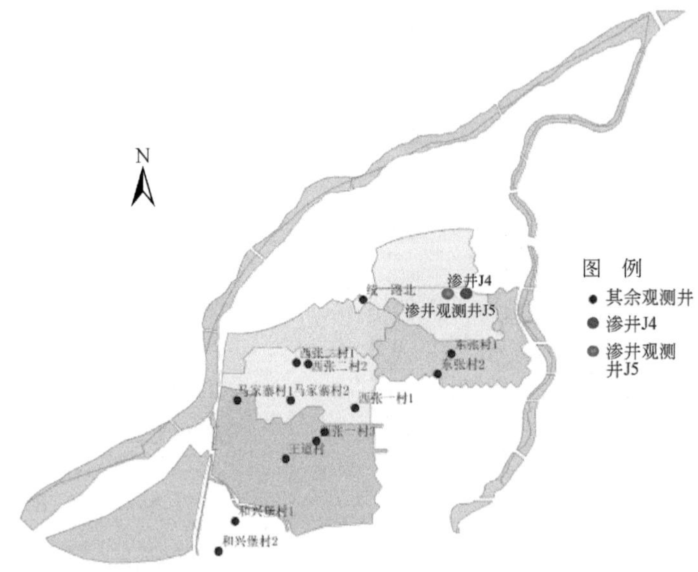

图 13.35　研究区及观测井的地理位置

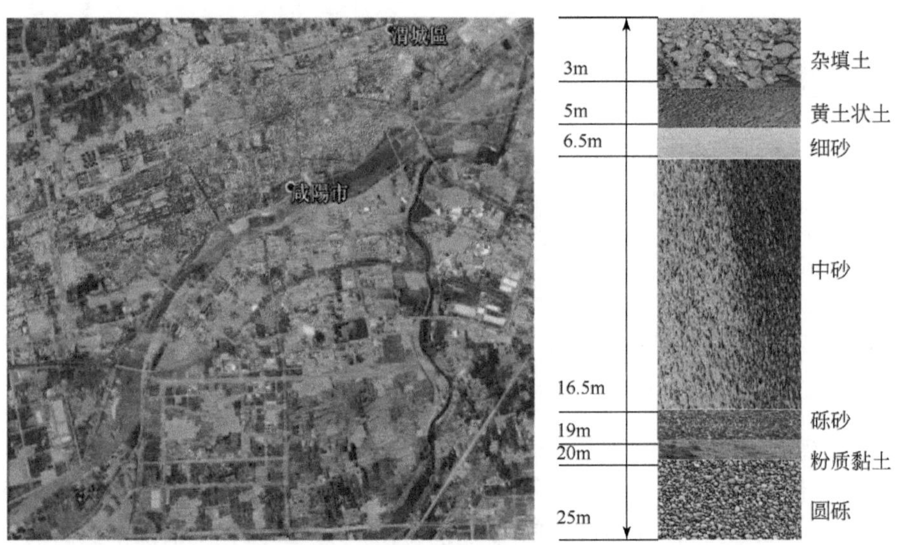

图 13.36　研究区概况及研究区土层剖面

研究区域地基土的研究，参照钻孔资料 14 个地下水井观测数据将研究区域概化为三层非均质非稳定流概念模型。

2. 地下水初始流场

通过 Google earth 获得研究区域经纬度和高程数据在 Visual MODFLOW 中用反距离插值法得出研究区地表高程如图 13.37（a）所示，由图可知，沣西试点区域西北高东南低。

地下水流场反映地下水的纵向实际变化特征，有利于识别模型边界条件，对地下水数值模型的建立有着重要意义。本节通过 Google MAP 获取研究区域地理坐标 X 为 482845～495334 m，Y 介于 3791287～3803352 m 地表高程为 378～478，表现为从西向东；区域研究范围总长 14976 m，总宽 12064 m 并获取研究范围内的 30 个点位通过 Visual MODFLOW 软件通过 Kriging 插值法生成地表高程（图 13.37（a））和整个研究区三维剖面图（图 13.37

(b))、地下水枯水期初始地下水位等值线如图 13.30（c），地下水丰水期初始地下水位等值线如图 13.37（d）所示。地下水初始水流方向从西向东的，即西部为地下水流入边界。

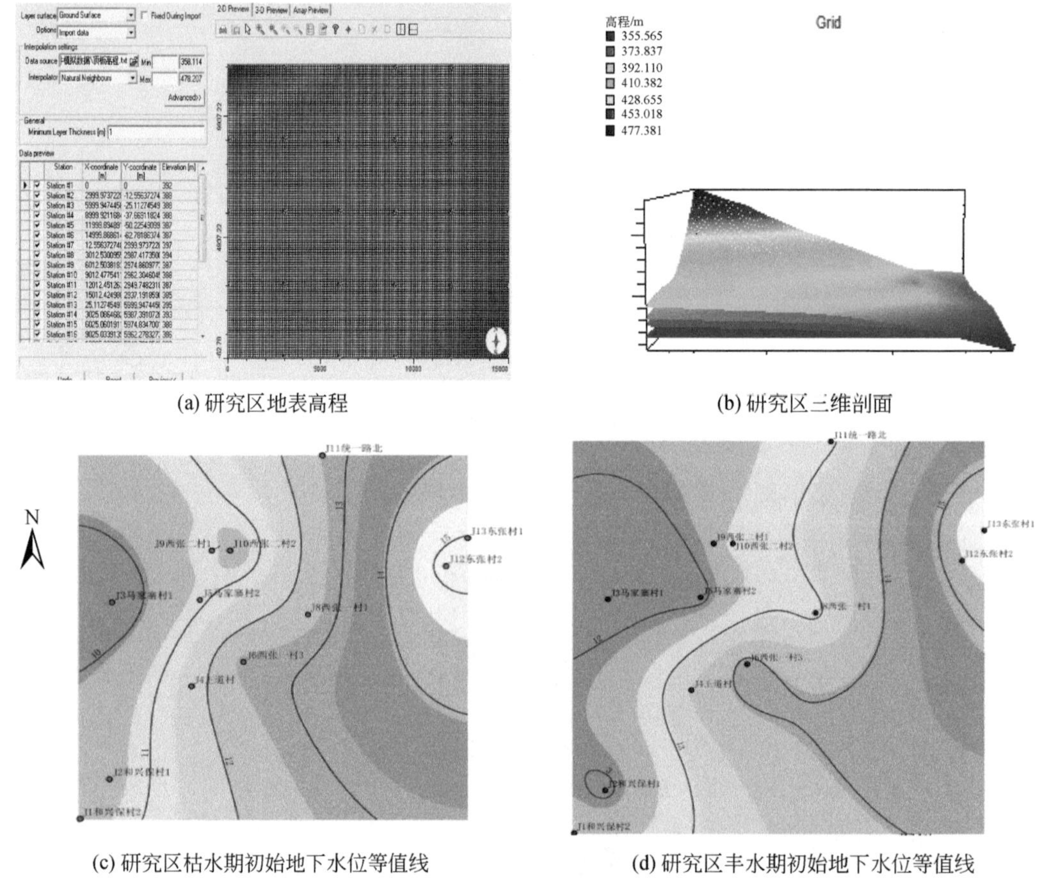

(a) 研究区地表高程

(b) 研究区三维剖面

(c) 研究区枯水期初始地下水位等值线

(d) 研究区丰水期初始地下水位等值线

图 13.37　研究区高程及地下水位等值线

3. 水流数值方程

根据上文建立的沣西新城区域内的水文地质概念模型，并对模拟区域地下水含水层进行合理、科学的概化。沣西新城区内的地下水因缺乏农田灌溉和生活抽水资料而简化为三个补充来源，一为大气降雨的缺省补给，二为渭河和沣河的河流补给，三为渗井集中注水补给。这三者共同作用改变研究区域内的地下水状况。根据现有的咸阳职业技术学院后勤办公楼附近土层钻孔数据将水流方程概化为三维非均质非稳定流，且有多个源汇项。Viaual MODFLOW 所建立的适用于该条件下的数学方程为

$$\begin{cases}\dfrac{\partial}{\partial \chi}\left(K_x\dfrac{\partial \mathrm{h}}{\partial y}\right)+\dfrac{\partial}{\partial y}\left(K_y\dfrac{\partial h}{\partial y}\right)+\dfrac{\partial}{\partial z}\left(K_z\dfrac{\partial h}{\partial z}\right)-q=\mu_{\mathrm{s}}\dfrac{\partial H}{\partial t}\\(x,y,z)\in B_1\\H\big|_{B_1}=H(x,y,t)\end{cases} \tag{13.17}$$

$$H(x,y,z,t)\big|_{t=0}=H_0(x,y,z) \tag{13.18}$$

式中，K 为边界法线方向渗透系数，1/m；q 为源汇项强度（包括降雨量；集中入渗强度；蒸发强度；渭河、沣河补给及排泄强度），1/d；μ_S 为含水层给水度，矢量；H 为 14 个观测井的地下水水头，m；B_1 为深层地下水场模拟区域；$H|_{B_1}$ 是第一类定水头边界，m；H_0 是 2017 年 10 月份观测到的初始水头边界，m。

4. 模型的建立及定义不活动区域

沣西区域研究范围总长 14976 m，总宽 12064 m。地理坐标 X 为 482845～495334 m，Y 为 3791287～3803352 m（地心坐标）地表高程介于 385～392 m。根据研究区域范围，将概念模型 x 方向剖分 150，每个网格 100 m，y 方向剖分 120，每个网格 100 m，重点研究区域网格加密，研究区域渭河以北、沣河以东定义为不活动单元格如图 13.38 所示，整个区域地下水流主要受渭河、沣河、降雨和蒸发的影响。

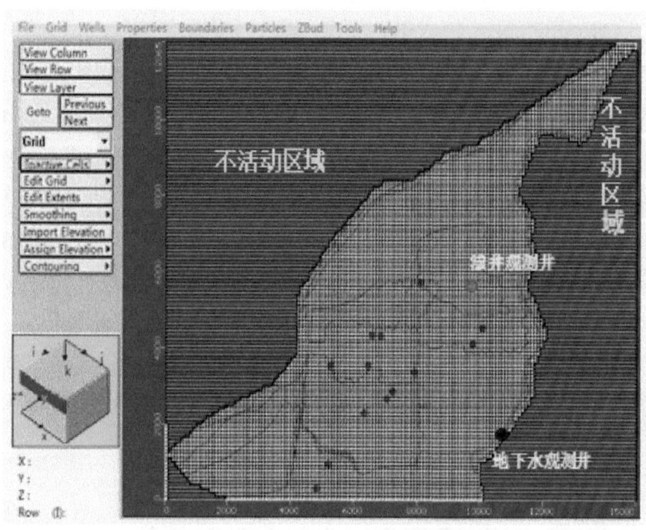

图 13.38　研究区域活动范围

5. 水文地质参数及定解条件

本节水头及浓度观测井打在潜水层中，潜水层深度未知，2017 年咸阳职业技术学院地勘资料显示，不同潜水层深度处的介质不同，故将潜水层分为两层，水文地质参数主要包括潜水含水层的地表高程、顶板高程、底板高程、渗透系数、给水度、储水系数等。为便于计算，人为将地下水数值模型概化为三层，地表高程到潜水层顶板高程为第一层（C1）；潜水层顶板高程到层底埋深 16.5 m 以上为第二层（C2）；层底埋深 16.5 m 以下到层底埋深 25 m 为第三层（C3 勘探井未穿透）。根据地勘资料和经验值确定的水文地质资料如表 13.24 所示，模型参数剖分图如图 13.39 所示。

表 13.24　含水层数值模拟参数

层数	岩性	渗透系数（cm/s）			平均给度	有效孔度	总孔隙度
		K_x	K_y	K_z			
C1	黄土	13.87×10^{-6}	13.87×10^{-6}	4.35×10^{-6}	0.03	0.44	0.44
C2	中砂	2.87×10^{-5}	2.87×10^{-5}	4.67×10^{-6}	0.23	0.39	0.39
C3	粉质黏土	1.5×10^{-6}	1.5×10^{-6}	578.36×10^{-6}	0.18	0.30	0.30

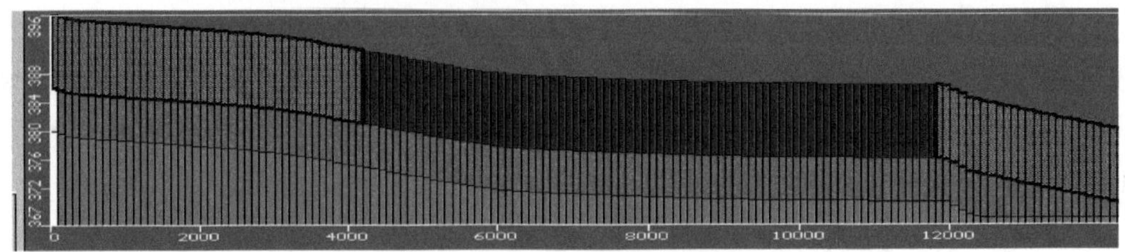

图 13.39 研究区域参数剖面图

6. 模拟期的确定

本模型以渗井观测井 J5 的长期动态观测数据为依据，选取 2017 年 10 月 1 日的流场作为地下水模拟的初始流场，选取 2017 年 10 月至 2018 年 10 月为模拟时期，包含汛期与非汛期阶段。因降雨量的不同以月份为基础划分 12 个时段，1.2 天为 1 个时间步长。

7. 源汇项计算与处理

（1）降雨入渗补给量

研究区域降雨入渗补给主要来自三部分，渗井工程内径以 2.5 m 计算，渗水面积为 4.91 m^2，渗井底部设内径 600 mm 的集水管两个，高度以 6 m 计算。现场实际汇水面积为 1100 m^2（950 m^2 混凝土不透水面，150 m^2 绿地面积）汇流比大约为 1∶220。雨水渗井周边道路（a：190 m^2）、周围草地（b：150 m^2）、办公楼顶层汇流（c：760 m^2）。三大部分降雨补给量及模型降水补给量如表 13.25 所示。

根据降雨量、降雨入渗补给系数及计算面积计算降雨补给入渗量，据计算公式为

$$W_{雨补}=P\times F/f\times 10^{-6} \tag{13.19}$$

式中，$W_{雨补}$为降雨入渗补给量，m^3/a；P 为降雨量，mm；F 为汇流面积，m^2；f 为渗井计算面积，m^2。

表 13.25 模型降雨补给量

日期（年-月）	有效降雨量/mm	补给时间/d	补给/（m^3/d）
2017-10	0	30	0
2017-11	0	60	0
2017-12	0	90	0
2018-01	0	120	0
2018-02	43.12	150	0.009530
2018-03	53.68	180	0.011863
2018-04	154.88	210	0.034228
2018-05	57.2	240	0.012641
2018-06	149.6	270	0.033062
2018-07	40.48	300	0.008946
2018-09	25.52	330	0.005640
2018-10	111.76	360	0.024699

（2）河流补给量

研究区西部接受渭河汛期（4～9 月）对地下水补给量，研究区东部接受沣河汛期（4～9 月）对地下水补给量，计算方法为

$$W_{侧补}=K\times I\times B\times M\times \Delta T \tag{13.20}$$

式中，$W_{侧补}$为地下水侧向补给量；K为断面附近的含水层渗透系数，m/a；I为垂直于断面的水力坡度；B为断面宽度，m；M为含水层厚度，m；ΔT为计算时间，年。

河流补排量计算参数选取：渗透系数 0.20～20.87 m/d，水力坡度为 1.85‰～23.0‰，补排天数为 180 天；为便于计算，初始渗透系数取 10 m/d，水力坡度取 12‰，含水层厚度取 20 m，研究区域内的渭河断面宽度通过 ArcGIS 获取平均值 562 m，沣河断面宽度通过 ArcGIS 获取平均值 290 m。通过计算可知，渭河对地下水的补给量为 242784 m^3/a，沣河对地下水的补给量为 125280 m^3/a。

（3）河流边界的处理

模型的边界处理主要包括三种方法，主要针对特定的研究目的，选择适合这种目的的边界，在此次模拟中，渭河和沣河段作为天然的地表水体边界。边界处理的方法主要有两种，一种方法是获取研究范围内渭河及沣河在汛期和非汛期的水头，另一种是计算河流断面的流量。一般而言，在模型中通常采用定水头处理的方法，然而两条河流与观测井之间存在着比较复杂的补排关系。渭河与沣河边界条件如图 13.40 所示。

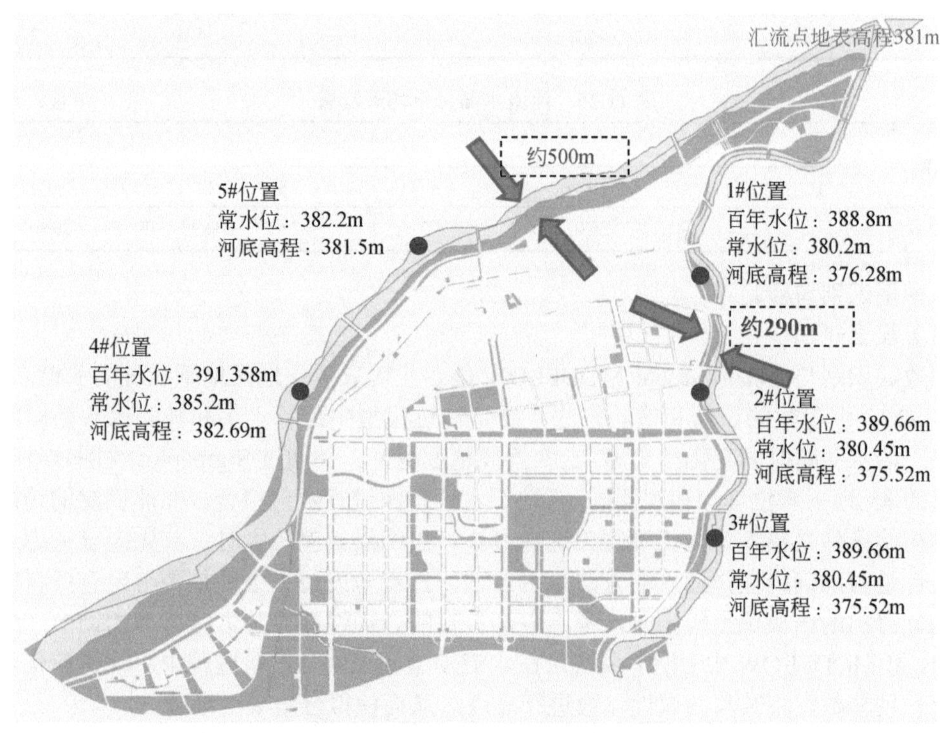

图 13.40 河流边界条件

其中渭河沣西新城段长 15 km，河宽 500～1000 m，河床比降 0.90‰，河床水位埋深 6～9 m，河道含水层由细砂-中粗砂及砂砾石组成，地下水主要受大气降水补给，一般向下游方向径流排泄，洪水期（7～9 月）漫滩区地下水接受河水的方向给，有效孔隙率 0.35，总孔隙率 0.36，河床高程介于 382.21～391 m。

沣河西咸新区段河道长 8.7 km，比降 8.2‰，河槽最深 10 m，多年平均流量 470 m^3/s，河床水位埋深约 5 m 左右，地表高程介于 385.0～405.0 m，河床高程介于 371.2～384.3 m，纵向比降约 0.8‰，河道含水层主要为砂土层，滩面高程介于 385.0～399.5 m，枯水期与平水期水位变化幅度不大约为 0.2～0.7 m。

（4）蒸发排泄处理

通常情况下，模型模块排泄的参数应当最少包括以下三个方面：一是地下水蒸发量、二是河流表面蒸发量、三是用于工业或灌溉的量。然而由于该地土层较厚，地下水位埋深（8～15 m）超过极限蒸发深度（黄土地区 $h<5$ m），不同岩性的地下水极限蒸发深度如表 13.26 所示，故不考虑地下水蒸发项；因现有资料缺乏，故无法具体计算出工业或灌溉的量；而第二部分河流表面蒸发量作为该区域唯一可控的排泄途径，其数值的合理性和准确性对模型的识别有着极其重要的作用。依据 14 个地下水井观测数据利用 Kirging 法确定该区域的地下水埋深变化情况，结合部分井的观测资料，不同月份平均水平面蒸发量如表 13.27 所示。

表 13.26　不同岩性潜水蒸发极限埋深值（赵旭，2009）　　单位：m

指标	岩性				
	亚黏土	黄土质亚砂土	亚砂土	黏砂土	砂砾石
埋深	5.16	5.10	2.95	4.10	2.38

表 13.27　河流水面月平均蒸发量　　单位：mm

指标	月份											
	1	2	3	4	5	6	7	8	9	10	11	12
平均蒸发量	17.1	25.4	41.1	56.0	70.1	94.2	87.7	72.3	50.7	38.5	23.9	15.9

8. 模型识别与检验

（1）模型识别

参数的识别与检验是 Visual MODFLOW 能否正确表达该地区地下状况的关键，Visual MODFLOW 中参数的识别和检验方法主要是通过模型中计算水头和观测水头随时间的拟合结果，即水头随时间变化结果离 45 度蓝线越近越好。并通过 Sigmaplot 绘图软件绘制模型计算的 J5 地下水位埋深和观测的 J5 地下水位埋深进行数值拟合。在非稳定的情况下，模型的初始条件是模型是否正确的关键性参数。当结果偏差较大时，首先应该考虑选取的初始条件是否准确或选择插入的方法是否合理，接着考虑边界条件是否与现有资料时间一致；当计算出的结果偏差较小时，考虑内部参数的合理性并对其进行合理的调节。一般而言，Visual MODFLOW 中 PEST 模块可在水流模型的识别与检验过程中手动进行优化，通常改变一种参数，将其与同属性参数进行靠近，从而使拟合结果更准确。

本场次模拟将 2017 年 10 月至 2017 年 12 月地下水位数据作为模型率定值，模拟结果（图 13.41（a））与观测结果在 95%的置信区间内，表明所获得的模型初始参数能够较好地反映该区域的地质情况。将 2018 年 1 月至 2018 年 9 月地下水位数据作为模型验证值（图 13.41（b））。根据拟合结果来看，该模型参数可较好地反映实际情况。

（2）模型识别评价

根据研究区域的水文地质条件及监测情况（图 13.42），选取了渗井观测井的多年月平均观测地下水位埋深与模型计算出的月平均地下水位埋深进行拟合，拟合结果如图 13.43 所示。

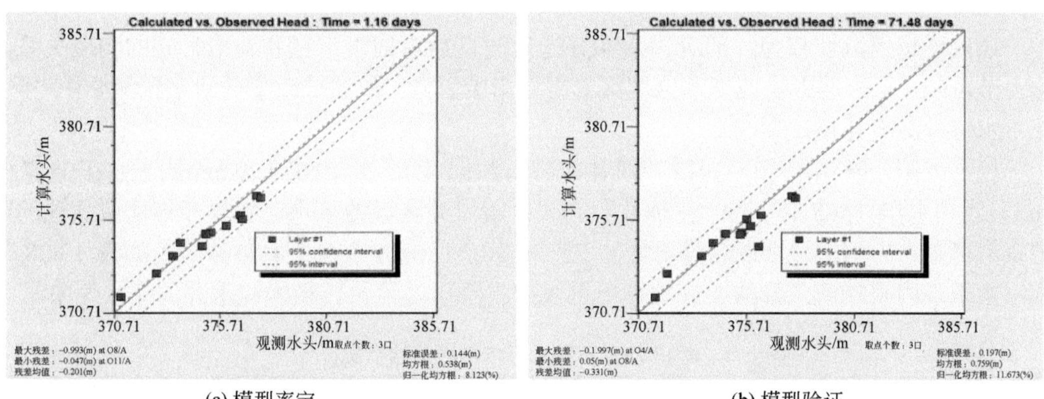

(a) 模型率定　　(b) 模型验证

图 13.41　模型的率定与验证

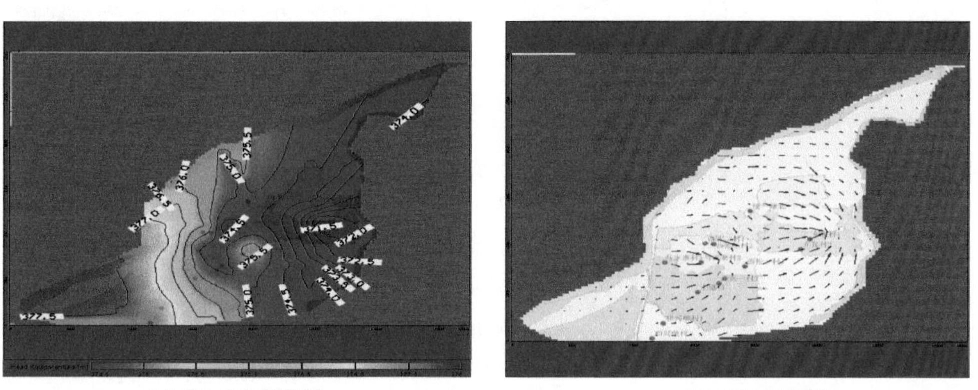

(a) 地下水位等值线　　(b) 地下水速度场

图 13.42　地下水矢量图

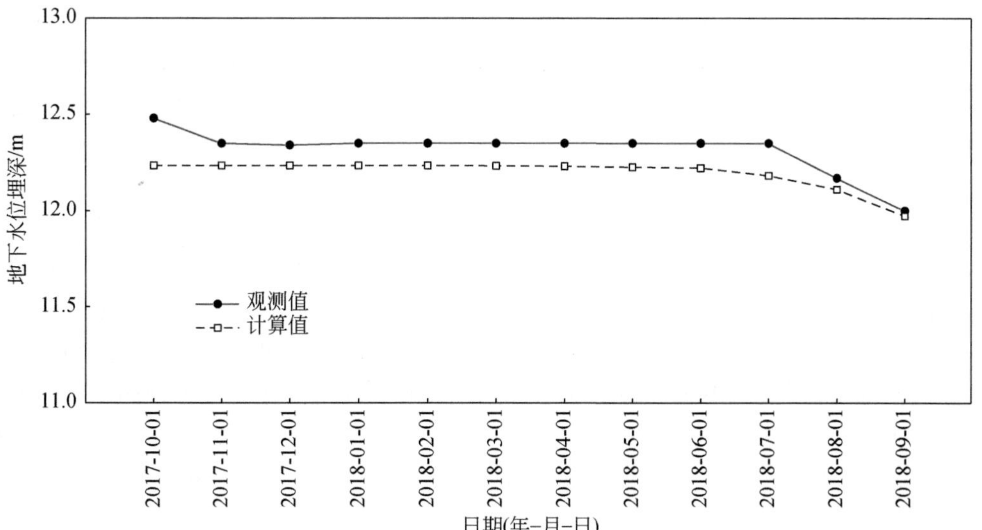

图 13.43　J5 的观测值与计算值拟合结果

9. 不同情景下区域地下水动态预测

（1）不同情景下的地下水补给方案

通过现场监测和模拟，研究雨水渗井通过改良后对地下水量和补给时间的响应关系。由上节可知，补给是影响地下水位埋深的主要影响因素。故通过改变补给来预测 2019 年的地下水位埋深变化情况。

根据咸阳永寿站 1960～2013 年统计的降雨数据，以丰水年（639.29 mm）、平水年（547.68 mm）及枯水年（468.47 mm）三种补给方式补给渗井区域地下水，根据多年西咸两地的降雨资料可知，7～10 月份占总降雨量的 75%，其余月份占 25%。具体补给量如表 13.28 所示，由于降雨直接流入到渗井底端，所以表中将降雨补给量转换为注水井的注水速率。

表 13.28　不同水平年降雨补给情况

日期（年-月）	补给时间/d	补给量/（m^3/a）		
		丰水年	平水年	枯水年
2018-11	390	0.004415	0.003782	0.003235
2018-12	420	0.004415	0.003782	0.003235
2019-01	450	0.004415	0.003782	0.003235
2019-02	480	0.004415	0.003782	0.003235
2019-03	510	0.004415	0.003782	0.003235
2019-04	540	0.004415	0.003782	0.003235
2019-05	570	0.004415	0.003782	0.003235
2019-06	600	0.004415	0.003782	0.003235
2019-07	630	0.026491	0.022694	0.019412
2019-08	660	0.026491	0.022694	0.019412
2019-09	690	0.026491	0.022694	0.019412
2019-10	720	0.026491	0.022694	0.019412

通过模型降雨补给可得出未来一年之后 2019 年 10 月的 J5 观测井的地下水水位埋深情况（图 13.44），渗井周边地下水位埋深丰水年年末可提升 1.6 m，枯水年年末提升 1.2 m。地下水位埋深趋势变化为 12 月至翌年 5 月较平缓，7～10 月变化幅度较大，这主要受降雨集中入渗的影响。

（2）不同情景下的地下水污染运移情况

为更详细地模拟 TN、TP、COD 等在地下水中的迁移规律及渗井是否对地下水产生二次污染，本次模拟沿地下水流方向即靠近办公楼一侧虚设模拟浓度观测井及观测到的水质浓度。根据上文建立的概念模型及拟合程度较好的水流模型，以 TN、TP、COD 现场监测数据为依据，以丰、平、枯三种补给方式利用 Visual MODFLOW 中 MT3DMS 模块建立污染物在饱和带中二维运移模拟，对未来一年后的运移转化情况进行模拟预测，从而为研究区污染场地的控制提供依据。

对溶质运移可概化为，进入含水层的污染物主要有 TN、TP、COD，共持续 360 天，进入含水层的浓度分别为 5.29 mg/L、0.011 mg/L、271.86 mg/L，模型中每 10 m 一个网格。

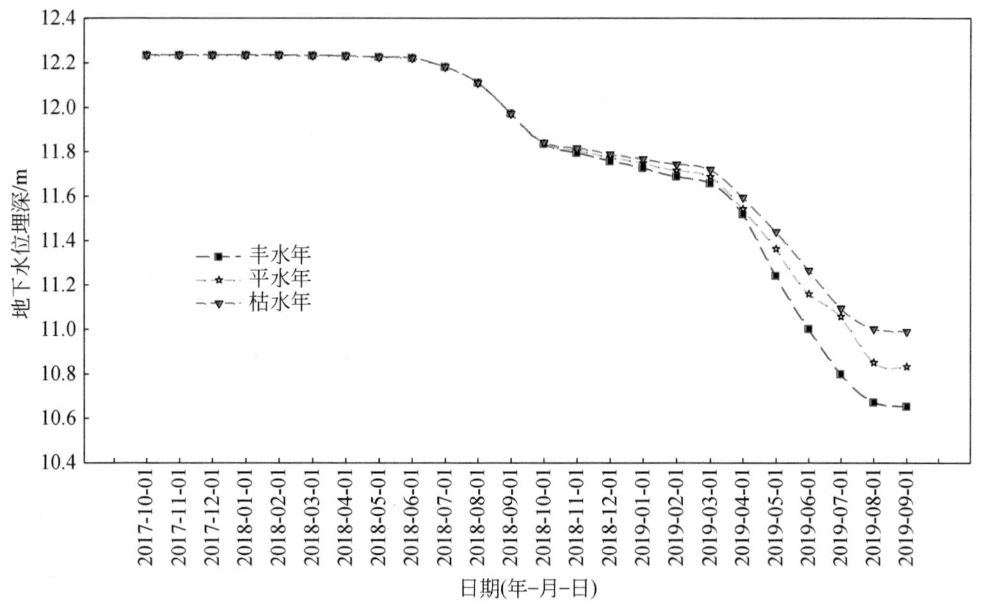

图 13.44　2019 年不同降雨条件下的水位埋深变化情况

符合该区域的水质数学方程如下：

$$\frac{\partial}{\partial x_i}\left(D_{ij}\frac{\partial c}{\partial x_i}+D_{ij}\frac{\partial c}{\partial x_j}\right)-\frac{\partial}{\partial x_i}(u_i c)+\frac{q}{\theta}C_s-\gamma\left(c+\frac{\rho_b}{\theta}\overline{c}\right)=R\frac{\partial c}{\partial t} \tag{13.21}$$

式中，c 为 TN、TP、COD 浓度，mg/L；x_i 为沿坐标轴方向的距离，m；D_{ij} 为水力扩散系数，无量纲；u_i 为地下水流沿坐标轴各轴方向的分速度，m/d；q 为源汇项强度（包括降水量；集中入渗强度；蒸发强度；渭河、沣河补给及排泄强度），1/d；θ 为含水层孔隙率，无量纲；C_s 为 TN、TP、COD 的点源浓度，mg/L；γ 为反应速率常数，1/d；ρ_b 为多孔隙介质比重，mg/L；$\overline{c}$ 为介质吸附的污染物浓度，mg/kg。

污染物扩散规律如图 13.45 所示，在丰水年最大注水负荷下，COD、TN、TP 一年的迁移范围是 80～180 m；在枯水年注水负荷下，COD、TN、TP 一年的迁移范围是 70～150 m，故其对地下水的污染影响风险较小。

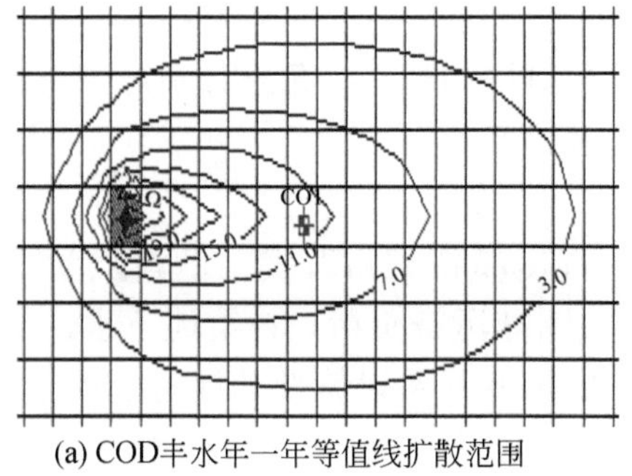

(a) COD丰水年一年等值线扩散范围

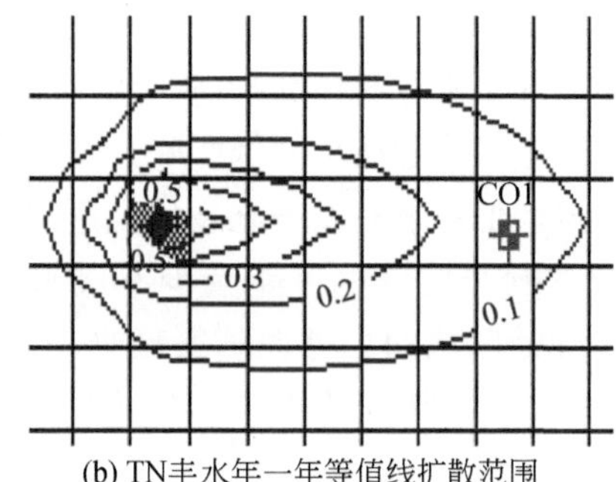

(b) TN丰水年一年等值线扩散范围

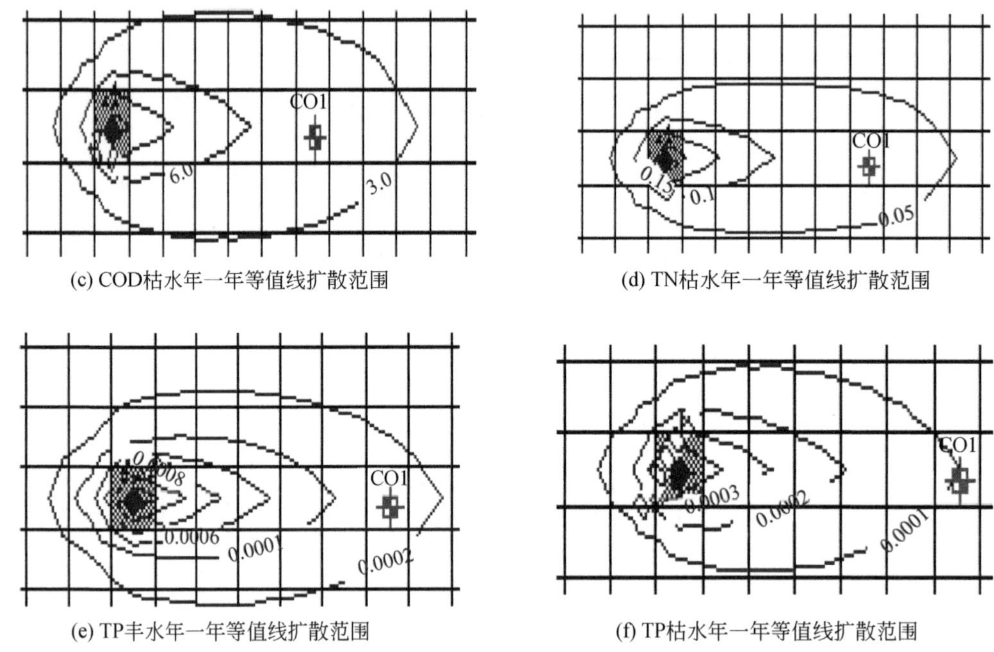

(c) COD枯水年一年等值线扩散范围　　(d) TN枯水年一年等值线扩散范围

(e) TP丰水年一年等值线扩散范围　　(f) TP枯水年一年等值线扩散范围

图 13.45　地下水污染物扩散结果（单位：mg/L）

通过收集到的沣西新城内的 14 个地下水观测井网及水文地质资料构建利用 Visual MODFLOW 软件建立了沣西新城地下水模型。结果表明，所确定的水文地质参数能够客观地反映雨水渗井实际地质概念模型，所以建立的模型能较好地贴近地下水系统的实际情况，模型基本反映了研究区地下水系统的动态特征、沣河、渭河、降雨等对地下水动态的影响。降雨入渗补给是渗井 J1 地下水位埋深变化的主要影响因素，通过模拟不同水平年下的渗井地下水水位埋深可知，在未来一年之后，J1 地下水位埋深最少抬升 1.2 m，最高抬升 1.6 m（将区域蒸发量概化为零通量），在相同的补给条件下，COD、TN、TP 一年的迁移范围是 80～180 m，故其对地下水的污染范围有限。

13.4.3　沣西新城多点集中入渗对地下水的数值模拟预测

为探究低影响开发对地下水的影响，利用第四章所建立的地下水模型，从建设规模、设施类型组合、LID 布设位置、降雨及地下水开采四方面共计 15 个情景模拟预测地下水位变化。以地下水位等值线形态、水位变化幅度、水位分区面积三个角度分别对各情景地下水位进行分析，进而总结低影响开发对地下水的影响。

1. 典型低影响开发设施及研究区建设范围

低影响开发以尽可能减少不透水面积，最大程度模拟城市开发前的自然状态为原则，通过分散式的小型控制措施来控制降雨径流、削减污染负荷、补给地下水，从而达到雨水的有效利用，改善生态环境的目的。典型的低影响开发设施及功能特点如表 13.29 所示。

表 13.29　典型低影响开发设施及功能

单项设施	功能			控制指标			经济性		景观效果
	雨水集蓄利用	补充地下水	雨水传输	径流总量	径流峰值	水质净化	建造费用	维护费用	
雨水花园	−	++	−	++	+	+	低	低	一般
绿色屋顶	−	−	−	++	+	+	高	中	一般
渗透铺装	−	++	−	++	+	+	低	低	/
下沉绿地	−	++	−	++	+	+	高	中	好
雨水湿地	++	−	−	++	++	++	高	中	好
植草沟	−	+	++	++	−	+	中	低	好
渗井	−	++	−	++	+	+	低	低	/

注：++表示强，+表示较强，—表示一般

结合沣西新城 2016～2030 年土地利用规划以及沣西新城核心区低影响开发专项研究报告，确定研究区低影响开发建设范围，其面积大小为 47 km^2，如图 13.46 所示。本章拟从低影响开发规模、设施类型、LID 布设位置、降雨及地下水开采四个方面分析低影响开发对地下水位的影响，模拟预测时间为 2017～2027 年。

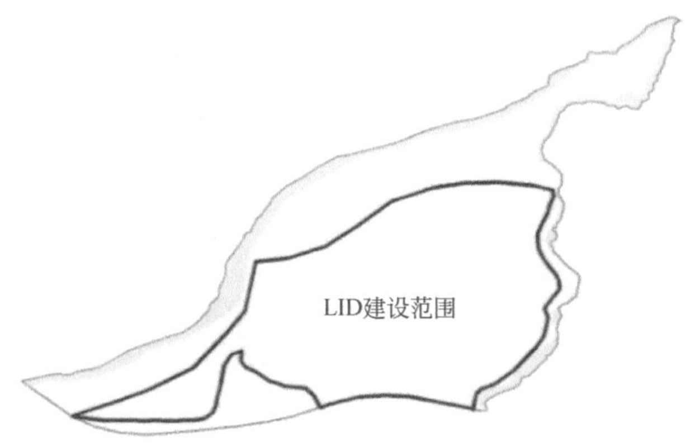

图 13.46　低影响开发建设范围

2. 雨水设施规模对地下水位的影响预测

从沣西新城低影响开发专项研究报告可知研究区 LID 设施规划面积为 8.7 km^2，2018 年底 LID 设施面积约为 1.1 km^2，结合以上数据，沣西新城低影响开发规模对地下水位的影响拟设四种情景，具体情景如表 13.30 所示。拟定研究区 LID 覆盖区域降雨入渗系数为 0.4，未设置 LID 设施区域以不透水面代替，降雨入渗系数为 0.02，其他区域降雨入渗系数取 0.27。

表 13.30　低影响开发规模情景设置

情景编号	年降雨量/mm	汇源项（除去降雨）	LID 面积/km^2
情景一	520	2017 年现状	1
情景二	520	2017 年现状	3
情景三	520	2017 年现状	6
情景四	520	2017 年现状	9

图 13.47 是 2027 年不同 LID 面积下的地下水流场图，图 13.48 为四种不同低影响开发规模下 2017～2027 年典型观测井水位变化。情景一中，在多年平均降雨条件下，保持 2017 年现状地下水开采强度不变，研究区 LID 面积为 1 km^2，主要以不透水面为主。不透水面积过大，很大程度上限制了雨水的下渗能力，从而导致地下水补给量大幅减弱，此外，多年平均降雨量小于 2017 年现状降雨量 682.9 mm，两方面因素使得地下水位普遍下降，下降幅度为 4～6.5 m。情景二中，LID 面积为 3 km^2 时，模拟结果与情景一相比，区域地下水位等值线形态发生变化，但地下水位仍然表现出下降趋势，下降幅度有所减缓，普遍为 1～3.5 m。其中 LID 覆盖区域东张村 2，马家寨村 2 地下水位比情景一分别上升了 4.1 m、3.9 m。而 LID 未覆盖区域水位变化幅度相对较小，如和兴堡村 2 水位比情景一上升了 2.9 m。这主要是低影响开发措施改变了下垫面的透水率，使得局部地下水补给增强。情景三中，低影响开发面积达到 6 km^2，其地下水位等值线形态进一步变化，地下水位整体表现出上升趋势，水位较预测初期提高 1.5～3.2 m，比情景一提高了 5.5～9.2 m，LID 覆盖区域与未覆盖区水位变化幅度差别不大。情景四中，LID 面积达到 9 km^2，区域地下水位等值线形态变化较大，地下水位上升趋势更加明显，普遍提高 3～4.8 m，与情景一相比提高了 7～10.6 m。

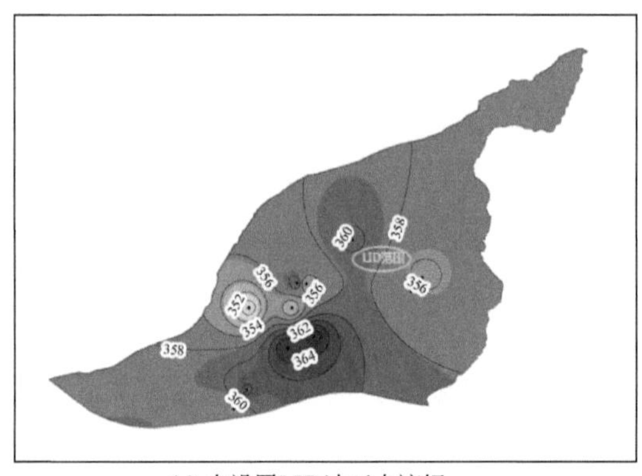

(a) 未设置LID地下水流场

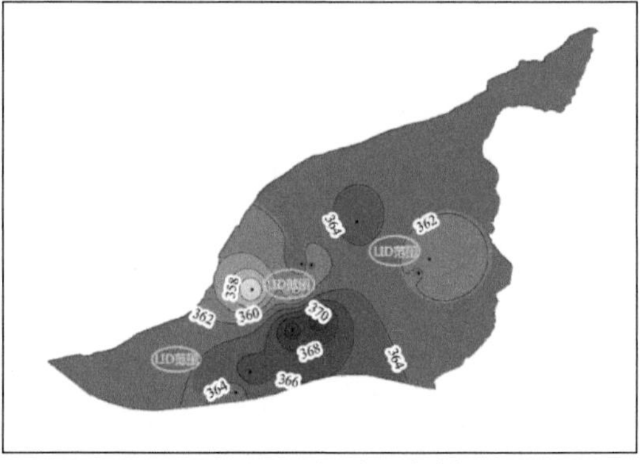

(b) 5km^{2}LID面积地下水流场

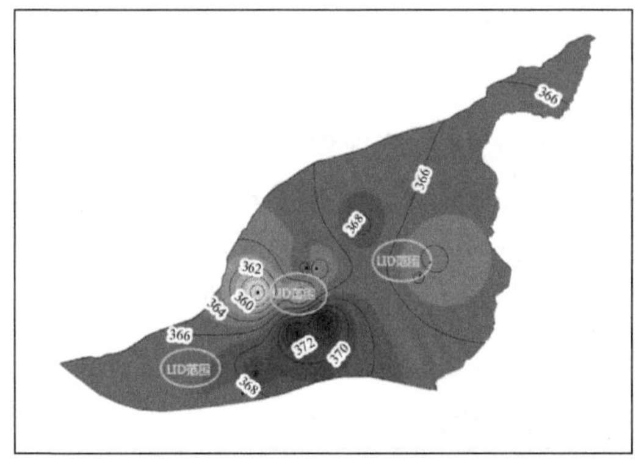

(c) 10km^2 LID面积地下水流场

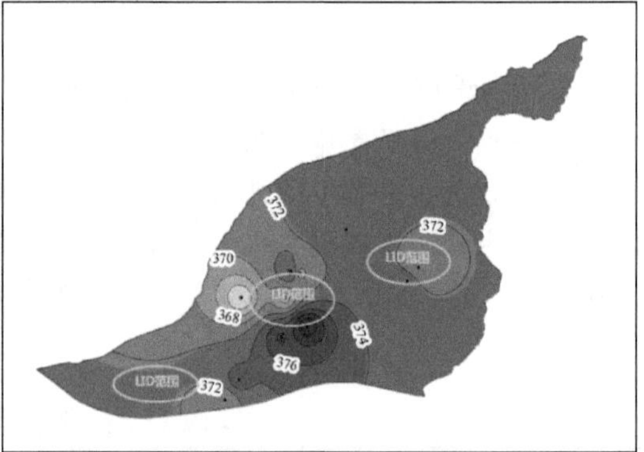

(d) 15km^2 LID面积地下水流场

图 13.47　雨水设施不同规模地下水流场

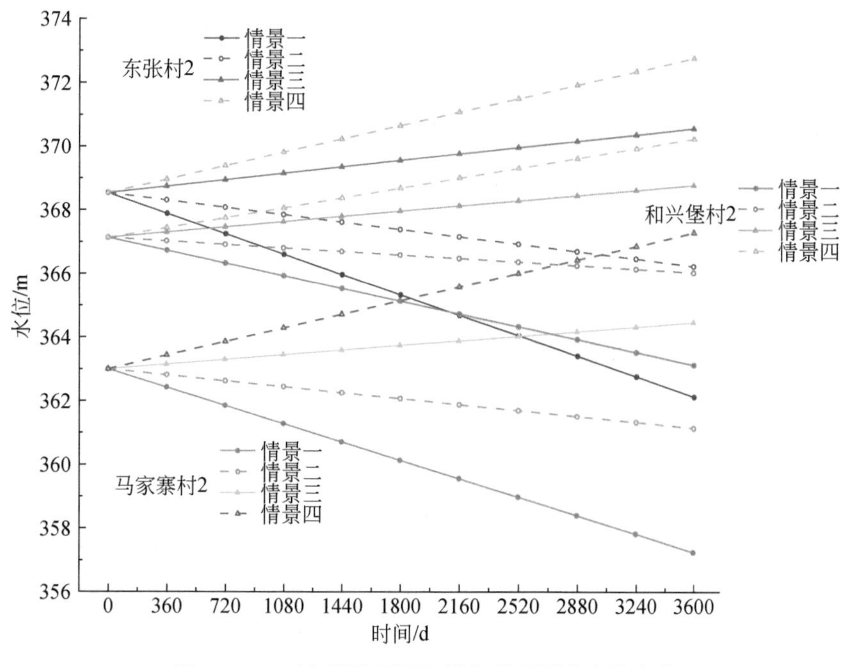

图 13.48　雨水设施不同规模典型观测井水位变化

表 13.31 统计了上述四种情景下研究区地下水位所占的区域面积。情景一中地下水位在 362～365 m 之间的面积达到了 36.69 km^2，情景二中水位在 365～368 m 时对应的面积为 39.93 km^2，情景三有 42.34 km^2 面积水位介于 371～373 m，情景四中水位介于 372～375 m 的面积为 47.88 km^2。四种情景下地下水位平均值分别为 363.4 m、366.4 m、370.7 m、372.5 m。

表 13.31　不同低影响开发比例水位分区面积

情景一		情景二		情景三		情景四	
水位/m	面积/km^2	水位/m	面积/km^2	水位/m	面积/km^2	水位/m	面积/km^2
354～358	2.96	357～361	2.72	363～367	2.72	364～368	1.99
359～361	18.36	362～364	14.93	368～370	13.40	369～371	6.06
362～365	36.69	365～368	39.93	371～373	42.34	372～375	47.88
366～368	8.00	369～371	8.35	374～377	7.33	376～378	9.61
369～372	2.37	372～375	2.44	378～380	2.56	379～382	2.82

3. 雨水设施类型对地下水位的影响预测

设置四种低影响开发设施组合分析其对地下水位的影响。具体情景设置如表 13.32 所示。不同设施类型组合的综合降雨入渗系数依据表 13.29 中补给地下水性能强弱并借鉴马萌华的成果（马萌华，2019）来确定，其中雨水花园+渗透铺装+植草沟的综合降雨入渗系数 0.43，雨水花园+渗透铺装+绿色屋顶综合降雨入渗系数 0.38，雨水花园+绿色屋顶+植草沟综合降雨入渗系数 0.32，绿色屋顶+渗透铺装+植草沟综合降雨入渗系数 0.3。

表 13.32　低影响开发类型情景设置

情景编号	多年平均降雨量/mm	其他汇源项	LID 面积/km^2	LID 类型
情景一	520	2017 年现状	9	雨水花园+渗透铺装+植草沟
情景二	520	2017 年现状	9	雨水花园+渗透铺装+绿色屋顶
情景三	520	2017 年现状	9	雨水花园+绿色屋顶+植草沟
情景四	520	2017 年现状	9	绿色屋顶+渗透铺装+植草沟

图 13.49 是 2027 年不同低影响开发类型的地下水流场，图 13.50 为四种不同低影响开发组合类型 2017～2027 年典型观测井水位变化。由图可知，不同的低影响开发类型组合对地下水位等值线形态基本没有影响。从地下水位变化来看，尽管多年平均降雨量小于 2017 年现状降雨量 682.9 mm，但是低影响开发达到一定规模时，能够较好的利用雨水资源补给地下水，因此上述四种情景下地下水位普遍提升。不同低影响开发设施组合下，地下水位提升幅度有所不同。王道村在情景一条件下，水位提高了 3.8 m，情景二下水位提高了 2.7 m，情景三下水位提高了 1.9 m，情景四下水位提高了 1.8 m。西张二村 1 四种情景下分别提高了 3.9 m、3.1 m、1.9 m、1.8 m。东张村 1 四种情景下分别提高了 1.7 m、1.2 m、0.4 m、0.3 m。造成这一现象的原因是不同低影响开发措施补

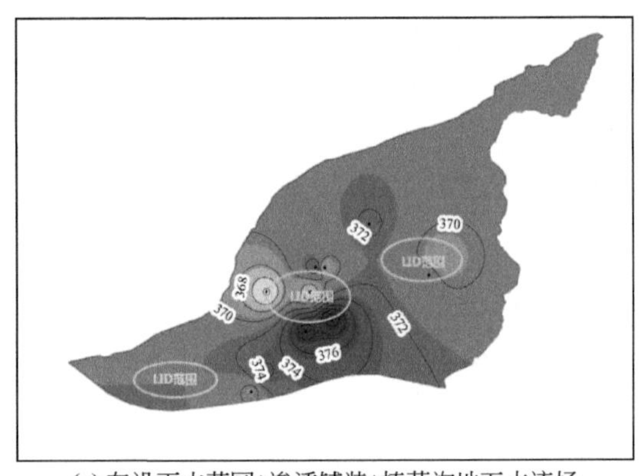

(a) 布设雨水花园+渗透铺装+植草沟地下水流场

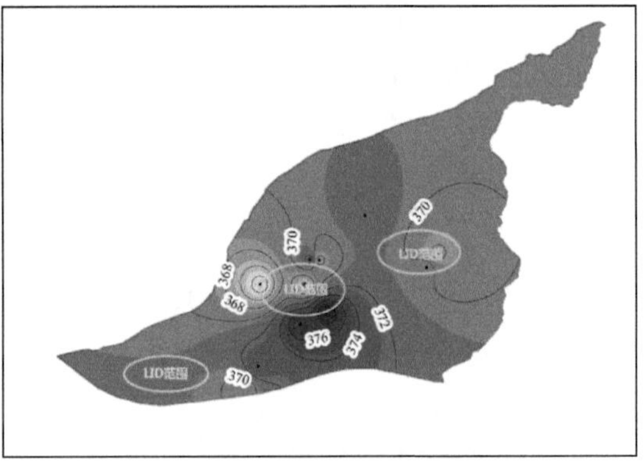

(b) 布设雨水花园+渗透铺装+绿色屋顶地下水流场

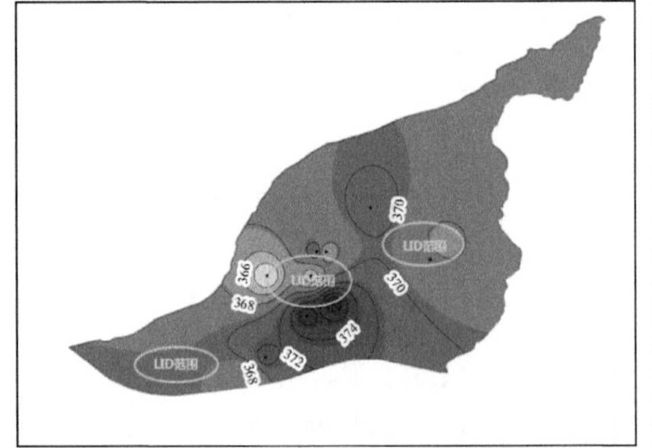

(c) 布设雨水花园+绿色屋顶+植草沟地下水流场

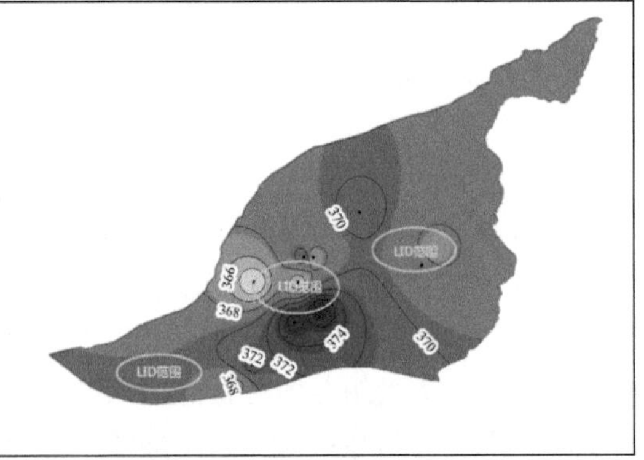

(d) 布设绿色屋顶+渗透铺装+植草沟地下水流场

图 13.49　雨水设施不同类型地下水流场

给地下水的性能强弱造成的。模拟中所选的四种低影响开发措施中，雨水花园和渗透铺装在补给地下水方面性能较强；植草沟侧重于雨水的传输，补给地下水性能一般，绿色屋顶能够缓解排水压力，但对地下水的补给作用微弱。此外，还可以发现，同种情景下不同位置处的水位变化不同，这可能跟该处地形、包气带厚度等因素有关。

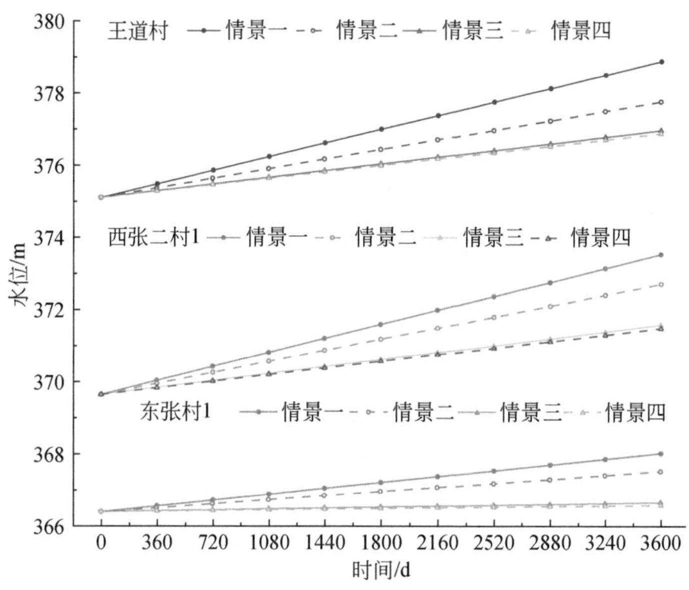

图 13.50　不同低影响开发组合类型典型观测井水位变化

表 13.33 计算了四种低影响开发类型组合不同地下水位区间所占面积。情景一中地下水位在 372～374 m 之间的面积为 42.13 km²，情景二水位在 371～373 m 的面积为 43.76 km²，情景三水位在 370～372 m 的面积为 44.04 km²，情景四中水位介于 370～372 m 的面积为 44.2 km²。四种情景下地下水位平均值分别为 371.5 m、370.7 m、369.8 m、369.7 m。

表 13.33　不同低影响开发类型组合水位分区面积

情景一		情景二		情景三		情景四	
水位/m	面积/km²	水位/m	面积/km²	水位/m	面积/km²	水位/m	面积/km²
364～367	2.49	363～367	2.3	362～366	2.34	362～365	2.32
368～371	13.87	367～370	12.5	367～369	12.17	366～369	12.01
372～374	42.13	371～373	43.76	370～372	44.04	370～372	44.2
375～378	7.85	374～377	7.27	373～376	7.28	373～376	7.28
379～381	2.6	378～380	2.54	377～379	2.54	377～379	2.55

通过对不同低影响开发组合类型地下水位等值线、地下水位变化幅度，水位区间面积统计分析，可以发现雨水花园+渗透铺装+植草沟组合能够较好的促进雨水下渗，对地下水补给作用明显，雨水花园+渗透铺装+绿色屋顶组合效果次之，雨水花园+绿色屋顶+植草沟的类型组合与绿色屋顶+渗透铺装+植草沟的类型组合补给地下水效果一般。因此，区域低影响开发建设中，从补给地下水的角度而言，可优先考虑布置雨水花园、渗透铺装、植草

沟等补给地下水性能较强的设施。

4. 雨水设施位置对地下水位的影响预测

地下水补给受到多方面影响，其中包气带厚度以及地形为其中的两个因素。包气带厚度小，地下水补给作用较强，但随着包气带逐渐饱和，雨水入渗速率下降，地下水补给作用减弱；包气带厚度大，雨水下渗后多滞留在非饱和带，不易补给地下水。地形平坦，雨水下渗量较多，地形起伏较大，则易形成地表径流，雨水下渗量减小。结合研究区实际低影响开发建设情况，选取雨水花园+渗透铺装+绿色屋顶的类型组合，在此基础上，确定三种情景研究低影响开发布设位置对地下水位的影响，具体如表 13.34 所示。

表 13.34　低影响开发布设位置情景设置

情景编号	降雨量	汇源项（除去降雨）	LID 面积	LID 类型	布设位置
情景一	520 mm	2017 年现状	9 km^2	雨水花园+渗透铺装+绿色屋顶	地下水位埋深埋深 10～12 m 处
情景二	520 mm	2017 年现状	9 km^2	雨水花园+渗透铺装+绿色屋顶	地下水位埋深埋深 12～13 m 处
情景三	520 mm	2017 年现状	9 km^2	雨水花园+渗透铺装+绿色屋顶	地下水位埋深埋深 13～15 m 处

图 13.51 是 2027 年 LID 不同布设位置的地下水流场，图 13.52 为三种不同低影响开发布设位置 2017～2027 年典型观测井水位变化。三种情景下，地下水位等值线形态基本相同，水位普遍上升。情景一中，将低影响开发设施布置在埋深 10～12 m 处，和兴堡村 1、马家

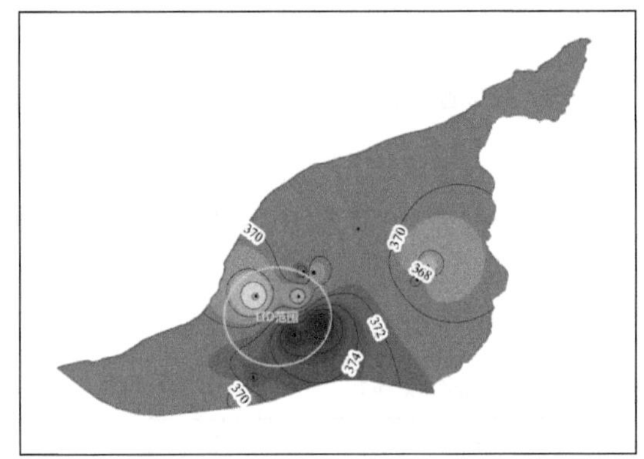

(a) 埋深10~12m处地下水流场

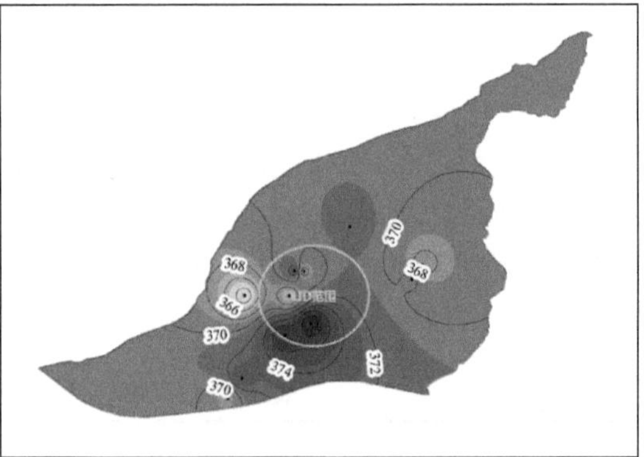

(b) 埋深12~13m处地下水流场

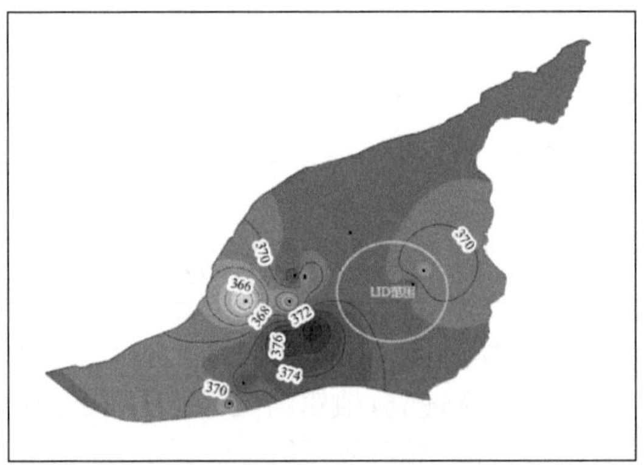

(c) 埋深13~15m处地下水流场

图 13.51　雨水设施不同布设位置地下水流场

寨村 2、东张村 1 水位分别提高 2.5 m、3.6 m、0.6 m；情景二中，低影响开发设施布置在埋深 12～13 m 处，和兴堡村 1、马家寨村 2、东张村 1 水位分别提高 1.7 m、3 m、0.7 m；情景三中，将低影响开发设施布置在埋深 13～15 m 处，和兴堡村 1、马家寨村 2、东张村 1 水位分别提高 1.3 m、2.5 m、1.8 m。对比监测井水位模拟结果可知，在埋深 10～12 m 处布置低影响开发设施对地下水的补给作用最明显。埋深 10～12 m 处包气带厚度相对较小且地势平坦，地下水补给量较多；埋深 12～13 m 处包气带厚度较大，地势有一定起伏，地表径流相比埋深 10～12 m 处较强，地下水补给量较少；埋深 13～15 m 处包气带厚度最大，地势平坦，地下水补给量与情景二相当。

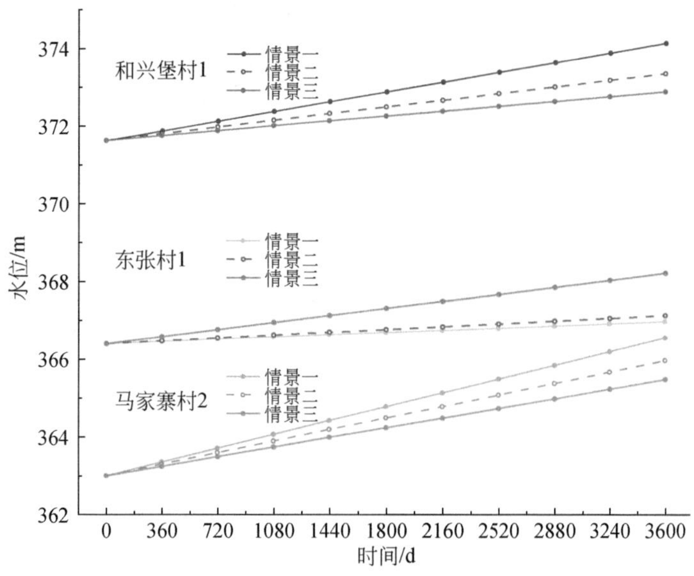

图 13.52　不同低影响开发布设位置典型观测井水位变化

表 13.35 计算了三种布设位置地下水位区间所占面积。情景一中地下水位在 372～374 m 之间的面积为 39.26 km^2；情景二水位在 371～373 m 的面积为 42.76 km^2；情景三水位在 371～373 m 的面积为 47.23 km^2；三种情景下地下水位平均值分别为 371.1 m、370.7 m、370.8 m。

表 13.35　不同低影响开发布设位置水位分区面积

情景一		情景二		情景三	
水位/m	面积/km^2	水位/m	面积/km^2	水位/m	面积/km^2
364～367	2.84	363～367	2.37	363～366	1.95
368～371	16.38	368～370	13.24	367～370	7.63
372～374	39.26	371～373	42.76	371～373	47.23
375～377	7.24	374～377	7.31	374～376	8.66
378～381	2.64	378～380	2.68	377～380	2.88

通过不同位置布设低影响开发设施地下水位的对比分析，可以发现，位置布设需考虑周边地势，包气带厚度因素。研究区埋深 10～12 m 处地势平坦且包气带厚度相对较小，能

够最大程度的补给地下水，埋深 12～13 m 处与埋深 13～15 m 处条件相对不利，补给地下水效果一般。

5. 不同降雨和地下水开采条件下低影响开发对地下水位的模拟预测

研究区地下水主要受降雨以及地下水开采强度影响，因此考虑最不利条件和最有利条件，设置了表 13.36 中四种情景，分析不同降雨及地下水开采条件下低影响开发对地下水位的影响。降雨量确定根据咸阳秦都气象站 1959～2018 年降雨数据，采用水文学里边常用的皮尔逊III型（P-III）曲线进行降雨频率的拟合，拟合结果如图 13.53 所示。降雨频率为 25%为最有利条件，对应雨量为 590 mm，降雨频率为 75%为最不利条件，对应雨量为 420 mm。地下水开采量根据研究区 2007～2015 年开采最大值与最小值确定。

表 13.36　降雨开采条件情景设置

情景编号	年降雨量/mm	地下水开采量/万 m^3	LID 规模/km^2
情景一	420	4000	9
情景二	420	5500	9
情景三	590	4000	9
情景四	590	5500	9

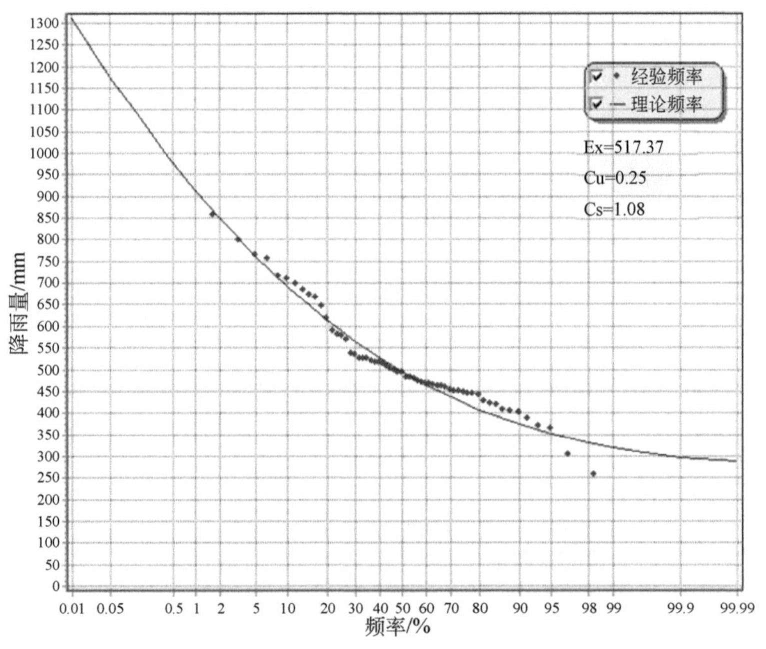

图 13.53　秦都气象站降雨 P-III曲线拟合

图 13.54 为四种降雨及开采条件下地下水流场，图 13.55 为四种不同降雨开采条件下 2017～2027 年典型观测井水位变化。情景一中，虽然降雨量相对 2017 年现状降雨量 682.9 mm 较少，但由于低影响开发覆盖面积广，能够有效利用雨水资源对地下水进行补给，加之开采量也是近些年最低值，因此水位普遍上升。和兴堡村 1、西张二村 1、东张村 1 分别上升 1.2 m、1.9 m、1.4 m。情景二中，地下水位等值线形态相比情景一有所变化，虽然降雨同情景一相同，但地下水开采量大大增加，低影响开发所利用的雨水资源不足以平衡开

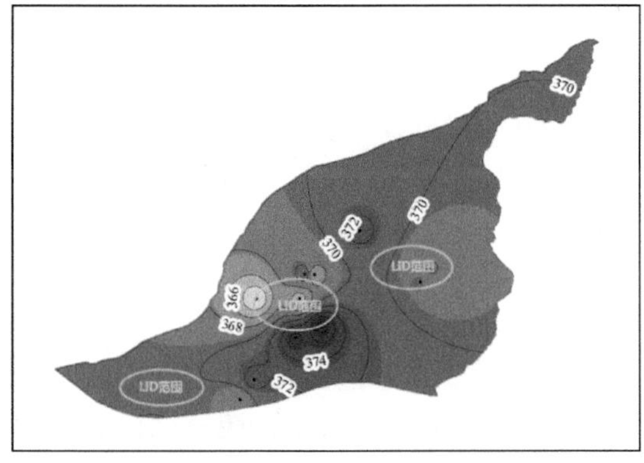

(a) 降雨420mm开采4000万m³地下水流场

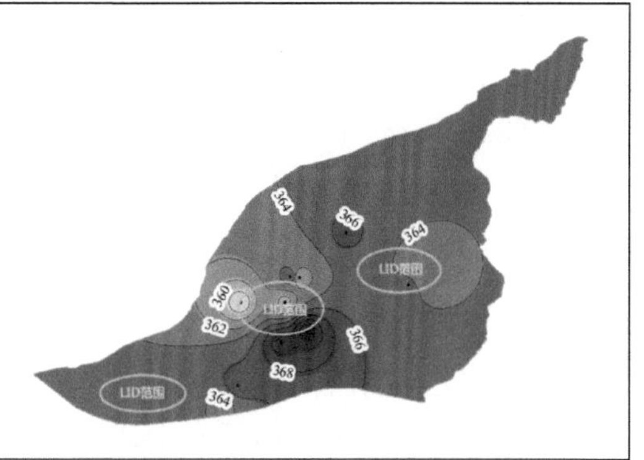

(b) 降雨420mm开采5500万m³地下水流场

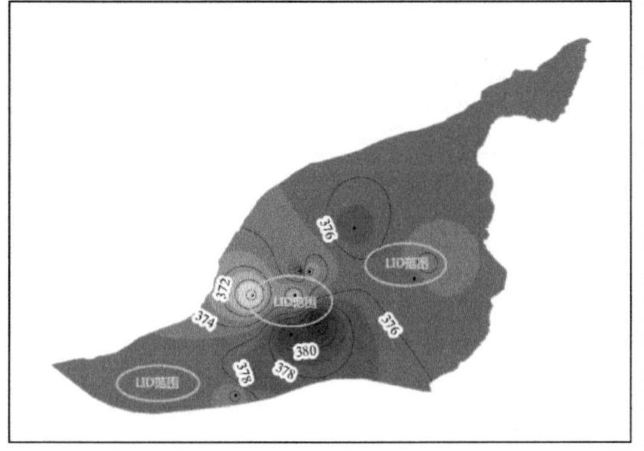

(c) 降雨590mm开采4000万m³地下水流场

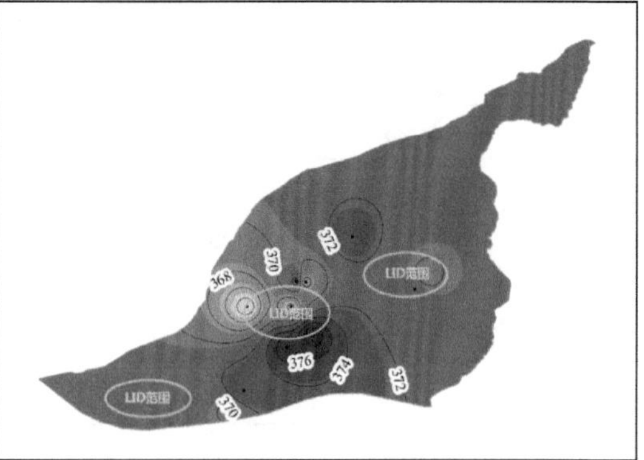

(d) 降雨590mm开采5500万m³地下水流场

图 13.54　不同降雨及开采条件下地下水流场

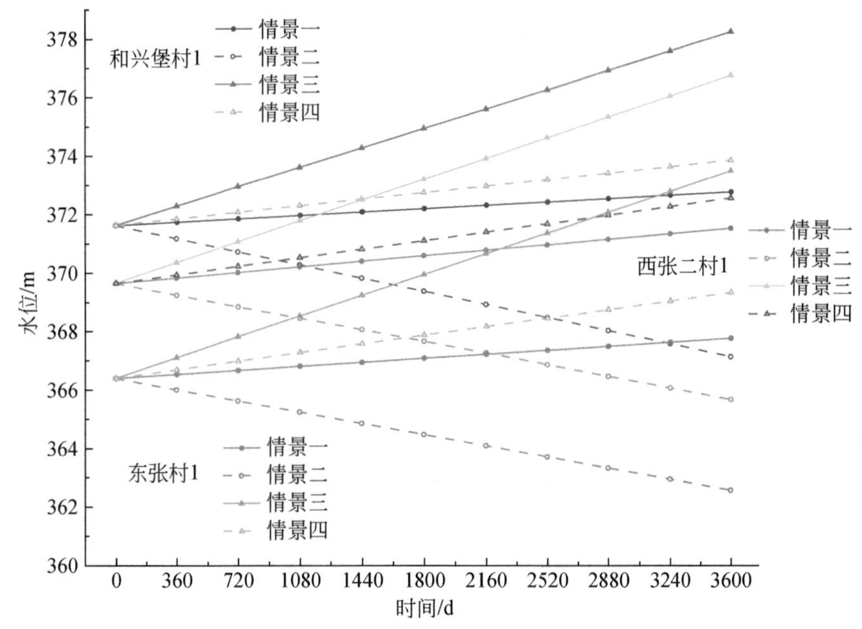

图 13.55　不同降雨开采条件下典型观测井水位变化

采地下水量，因此水位下降比较明显。和兴堡村 1、西张二村 1、东张村 1 分别下降 4.5 m、4 m、3.8 m。情景三中，地下水位等值线形态相比情景一变化较大。降雨量大于 2017 年现状降雨 682.9 mm，地下水开采量也相对较少，大量的雨水经低影响开发设施后，很好地补充了地下水，水位上升幅度明显。和兴堡村 1、西张二村 1、东张村 1 分别上升 6.6 m、7.1 m、7.1 m。情景四中，降雨量同情景三相同，但地下水开采量大幅增加，水位上升幅度相对不明显。和兴堡村 1、西张二村 1、东张村 1 分别上升 2.2 m、2.9 m、3 m。

表 13.37 计算了不同降雨及开采条件下地下水位区间所占面积。情景一中地下水位在 370～372 m 之间的面积为 42.93 km^2，情景二水位在 364～367 m 的面积为 44.44 km^2，情景三水位在 375～378 m 的面积为 45.1 km^2，情景四水位在 371～373 m 的面积为 46.22 km^2。四种情景下地下水位平均值分别为 370.1 m、364.5 m、375.5 m、371.2 m。

表 13.37　不同降雨及开采条件下地下水位分区面积

情景一		情景二		情景三		情景四	
水位/m	面积/km^2	水位/m	面积/km^2	水位/m	面积/km^2	水位/m	面积/km^2
362～366	2.59	357～360	2.97	368～371	2.48	363～366	2.33
367～369	9.95	361～363	9.36	372～374	8.15	367～370	7.32
370～372	42.93	364～367	44.44	375～378	45.10	371～373	46.22
373～376	10.23	368～370	9.00	379～381	9.97	374～376	9.79
377～379	2.66	371～373	2.60	382～384	2.65	377～380	2.71

通过上述分析，可以看出，不同降雨量、地下水开采量对研究区地下水影响差异较大。低影响开发能够将雨水蓄渗，进而补给地下水，但其作用主要受降雨影响。降雨越大，对地下水补给量越大，当地下水开采量较小的情况下，此时地下水位上升明显，而开采量大时，地下水上升幅度减缓；降雨越小，地下水补给量小，此时地下水开采量较小时，地下水位依然能够稳步回升，但当开采量较大时，水位会大幅下降。

13.5 本 章 小 结

通过雨水花园和渗井地下水水位、水质监测，探索集中入渗地下水的影响，利用 Visual MODFLOW 模拟软件，预测地下水为变化规律，主要得出以下结论。

（1）雨水花园通过降雨径流集中入渗对地下水具有良好的涵养效果，地下水埋深的年际、年内变化趋势与降雨量具有显著的相关关系；地下水埋深变幅与场次降雨量、雨前干旱天数具有相关关系，其中与场次降雨量的大小呈现出先增大后减小的趋势（降雨量为 25 mm 时变幅最大），与雨前干旱天数呈现出正相关关系。雨水渗井具有良好的地下水涵养功能，其建成前后地下水埋深的上升幅度为 0.48 m；雨水径流集中入渗会引起地下水埋深的变化，但存在滞后性。

（2）降雨对雨水花园地下水中 COD、TN、重金属 Cu 具有一定影响，对 TP、NH_4^+-N、NO_3^--N、重金属 Zn 的影响很小。其中，地下水中总氮浓度受汛期影响较大，COD 浓度对降雨的响应具有一天的滞后期。应用地下水质量综合评分法、改进的内梅罗指数法以及地下水环境容量指标评价法对雨水花园不同时期的地下水污染风险进行评价，结果表明：研究区域雨水花园地下水质量较好；汛期雨水花园地下水质受降雨径流集中入渗的影响较大，其中 2#雨水花园入流口处地下水质受到的影响最大。

（3）渗井地下水质中磷、COD、TN、NO_3^--N 浓度均呈现出汛期较高、非汛期较低的年内变化趋势，NH_4^+-N 浓度值呈现出汛期较低、非汛期较高的年内变化趋势，重金属 Cu、Zn 浓度值无明显的年内变化规律。应用地下水质量综合评分法、改进的内梅罗指数法以及地下水环境容量指标评价法对渗井设施不同时期的地下水污染风险进行评价，结果表明：研究区域地下水质量较好；距离渗井较近的 J1 地下水质量优于 J2，故雨水渗井集中入渗未对地下水埋深为 12～15 m 的研究区域的地下水产生负面影响。

（4）所确定的水文地质参数能够客观地反应雨水渗井实际地质概念模型，所以建立的模型能较好地贴近地下水系统的实际情况，模型基本反映了研究区地下水系统的动态特征、沣河、渭河、降雨等对地下水动态的影响。降雨入渗补给是渗井 J1 地下水位埋深变化的主要影响因素，通过模拟不同水平年下的渗井地下水水位埋深可知，在未来一年之后，J1 地下水位埋深最少抬升 1.2 m，最高抬升 1.6 m（将区域蒸发量概化为零通量），在相同的补给条件下，COD、TN、TP 一年的迁移范围是 80～180 m，故其对地下水的污染范围有限。

（5）不透水面积过大是造成地下水位降低的重要原因。低影响开发措施可以加强下垫面的渗透能力，从而有利于地下水的补给。地下水的变化幅度和范围与低影响开发规模相关，小规模的建设对局部地下水位影响明显，整体地下水位影响较小；当达到一定规模时，对整体水位变化影响增大，规模越大，影响越明显。

（6）不同低影响开发设施组合下，对研究区整体地下水位影响不同，四种组合类型对地下水影响作用由大到小依次为：雨水花园+渗透铺装+植草沟＞雨水花园+渗透铺装+绿色屋顶＞雨水花园+绿色屋顶+植草沟≥绿色屋顶+渗透铺装+植草沟。研究区地下水位主要受降雨和地下水开采量影响。低影响开发能够将雨水蓄渗，进而补给地下水，但其作用受降雨大小影响，降雨越大，其补充地下水作用越明显，降雨越小，补给作用小。

参 考 文 献

陈坚，刘伟江，白福高，等. 2016. 再生水回灌地下水风险管理建议. 环境保护科学，42（5）：22-25

杜新强，贾思达，方敏，等. 2019. 海绵城市建设对区域地下水资源的补给效应. 水资源保护，35（2）：13-17

郭超. 2019. 雨水花园集中入渗对土壤和地下水影响的试验研究. 西安：西安理工大学博士学位论文

金艳丽，戴福初. 2007. 地下水位上升下黄土斜坡稳定性分析. 工程地质学报，15（5）：599-606

李凡. 2019. 西安地区雨水花园和雨水渗井集中入渗对地下水影响的初步分析. 西安：西安理工大学硕士学位论文

李家科，赵瑞松，李亚娇. 2017. 基于 HYDRUS-1D 模型的不同生物滞留池中水分及溶质运移特征模拟. 环境科学学报，（11）：4150-4159

李晶. 2010. 氮污染在地下水中迁移、转化规律的研究. 环境保护科学，36（1）：21-23

李萍，魏晓妹，降亚楠，等. 2014. 关中平原渠井双灌区地下水循环对环境变化的响应. 农业工程学报，30（18）：123-131

马成有. 2009. 地下水环境质量评价方法研究. 吉林：吉林大学博士学位论文

马闯，杨军，雷梅，等. 2012. 北京市再生水灌溉对地下水的重金属污染风险. 地理研究，31（12）：2250-2258

马萌华. 2019. 基于模糊综合评价的海绵城市 LID 措施综合效能评价体系研究. 西安:西安理工大学硕士学位论文

马亚鑫. 2017. 西安市土地利用变化的水文效应分析. 西安：长安大学硕士学位论文

唐双成. 2016. 海绵城市建设中小型绿色基础设施对雨洪径流的调控作用研究. 西安：西安理工大学博士学位论文

唐双成，罗纨，贾忠华，等. 2016. 填料及降雨特征对雨水花园削减径流及实现海绵城市建设目标的影响. 水土保持学报，30（1）：73-78

王洪涛. 2008. 多孔介质污染物迁移动力学. 北京：高等教育出版社

王晓鸥. 2014. 基于改进内梅罗污染指数法和模糊数学的水质评价. 西部探矿工程，26（5）：103-106

仵艳. 2016. 雨水花园对地下水的影响研究及模拟优化. 西安：西安理工大学硕士学位论文

熊维，王瑞海，唐浩等. 2013. 地下水位上升对黄土地基的影响. 工程勘察，41（3）：11-14

徐光黎，徐光大，范士凯，等. 2015. 地下水位变动对地下工程的危害分析. 工程勘察，43（1）：41-44

徐玉良，贾超，陈奂良，等. 2018. 随机模拟方法在地下水中化学需氧量迁移模拟研究中的应用. 科学技术与工程，18（10）：299-305

赵苗苗. 2015. 雨水花园集中入渗对地下水影响的研究. 西安：西安理工大学硕士学位论文

赵旭. 2009. 基于 FEFLOW 和 GIS 技术的咸阳市地下水数值模拟研究. 杨凌：西北农林科技大学硕士学位论文

赵耀东，王杰，李少锋. 2012. 咸阳试验区气候变化对地下水影响因素分析. 地下水，34（2）：33-34

周长松，郑秀清，臧红飞，等. 2012. 地下水环境容量综合指标体系的构建及其应用. 中国农学通报，28（29）：259-265

周艳丽，佘宗莲，孙文杰. 2011. 水平潜流人工湿地脱氮除磷研究进展. 水资源保护，27（2）：42-48

Gerla P J. 1992. The relationship of water-table changes to the capillary fringe，evapotranspiration，and precipitation in intermittent wetlands. Wetlands，12（2）：91-98

Loheide S P，Butler J J，Gorelick S M. 2005. Estimation of Groundwater Consumption by Phreatophytes Using Diurnal Water Table Fluctuations：A Saturated-Unsaturated Flow Assessment. Water Resources Research，41（7）：1-14

Saether O M，de Caritat P. 1997. Geochemical processes，weathering and groundwater recharge in catchments. Journal of Environmental Quality，27（6）：1551

Scholz M. 2013. Water quality improvement performance of geotextiles within permeable pavement systems：a critical review. Water，5（2）：462-479